Zhongguo Dizhi Daxue(Wuhan) Nianjian

中国地质大学(武汉)年鉴 2023

中国地质大学(武汉)学校办公室 编

图书在版编目(CIP)数据

中国地质大学(武汉)年鉴.2023/中国地质大学(武汉)学校办公室编.—武汉：中国地质大学出版社,2024.9. —ISBN 978-7-5625-6075-3

Ⅰ.P5-40

中国国家版本馆 CIP 数据核字第 2024V4F936 号

中国地质大学(武汉)年鉴2023	中国地质大学(武汉)学校办公室 编
责任编辑：舒立霞	责任校对：何澍语

出版发行：中国地质大学出版社(武汉市洪山区鲁磨路388号)　邮编：430074
电　　话：(027)67883511　传　　真：(027)67883580　E-mail:cbb@cug.edu.cn
经　　销：全国新华书店　　　　　　　　　　　　　　　http://cugp.cug.edu.cn
开本：787mm×960mm　1/16　　　　字数：950 千字　印张：41　图版：42
版次：2024 年 9 月第 1 版　　　　　　印次：2024 年 9 月第 1 次印刷
印刷：湖北睿智印务有限公司
ISBN 978-7-5625-6075-3　　　　　　　　　　　　　　　　定价：108.00 元

如有印装质量问题请与印刷厂联系调换

《中国地质大学（武汉）年鉴2023》编委会

主　任：黄晓玫　王焰新
副主任：王林清
委　员（以姓氏笔画为序）：
　　　　王　华　王　甫　王力哲　吕一兵　刘　杰
　　　　李建威　陈文武　唐忠阳　蒋少涌

《中国地质大学（武汉）年鉴2023》编辑部

主　编：张　玮　李宇凯
副主编（以姓氏笔画为序）：
　　　　李周波　单红峰　胡　燕　黄　蕾　程　旬
编辑人员（以姓氏笔画为序）：
　　　　丁继国　王　珩　王　碧　王艳波　宁　蒙
　　　　刘庆庆　张　冰　张　霞　宫斯宁　高思宇
　　　　潘　娜

编辑说明

年鉴是记录学校发展历史的重要载体,是汇集学校事业发展情况的资料性文献汇编。《中国地质大学(武汉)年鉴2023》全面系统地反映2023年中国地质大学(武汉)事业发展及重大活动的基本情况,重点反映学校党的建设、教学科研、学科建设、人才培养、师资队伍建设、学校管理、对外合作交流、校园文化建设等方面的重要工作、事件、活动和所取得的经验、成果等,为中国地质大学(武汉)教职员工提供学校的基本文献、基本数据、最新工作进展和经验,是兄弟院校和社会各界了解中国地质大学(武汉)的窗口。中国地质大学(武汉)年鉴自2012年起开始编写,每年一期。

一、年鉴客观地记述2023年学校各领域、各方面的建设发展情况,分专题、学校概况、党建与思想政治工作、发展规划与学科建设、人才培养、科学研究与学术管理、教师队伍建设、校园文化建设、社会服务与合作、港澳台与国际交流合作、学院基本情况、财务与资产管理、办学支撑体系建设与保障服务、机构与干部、学校发布规章制度、表彰与奖励、院士及高层次人才计划入选者、学校十大新闻、大事记、媒体地大、教育部网站登载学校信息目录等栏目。

二、年鉴的内容表述有专文、条目、图片、附录等几种形式,以条目为主。年鉴主体内容按分类排列,分栏目、分目和条目。

三、年鉴选题基本范围为2023年1月1日至2023年12月31日间的重大事件、重要活动及各个领域的新进展、新成果、新信息,依实际情况,部分内容时间上有前后延伸。

四、年鉴编委会确定年鉴编写框架体系,年鉴所刊内容由学校各二级单位负责撰稿,年鉴编辑部负责统稿。

《中国地质大学(武汉)年鉴2023》编委会

目录

专题 /1

中国地质大学(武汉)2023年工作要点 /1

中国地质大学(武汉)2023年工作总结 /8

中国地质大学(武汉)学习贯彻习近平新时代中国特色社会主义思想主题教育总结报告 /23

中国地质大学(武汉)第十三次党代会工作情况 /33

在学习贯彻习近平新时代中国特色社会主义思想主题教育总结大会上的讲话　　　　　　　　　黄晓玫 /39

砥砺奋进　开拓创新　加快建设地球科学领域国际知名研究型大学——在中国共产党中国地质大学(武汉)第十三次代表大会上的报告　　　　黄晓玫 /47

坚守使命　忠诚履职　为建设地球科学领域国际知名研究型大学提供坚强保障——中共中国地质大学(武汉)十二届纪律检查委员会向中共中国地质大学(武汉)第十三次代表大会的工作报告　　　唐忠阳 /64

深入学习贯彻党的二十大精神　坚定不移推进全面从严治党　以高质量党建引领保障学校事业发展——2023年全面从严治党工作会议上的讲话　　黄晓玫 /75

强基与致远——在2023年毕业典礼上的讲话
　　　　　　　　　　　　　　　王焰新 /84

初心如磐　勇攀高峰——在2023级本科生开学典礼上的讲话　　　　　　　　　　王焰新 /88

正德厚生　精进至善——在2023级研究生开学典礼上的讲话　　　　　　　　　　王焰新 /92

I

中国地质大学武汉概况 /96

中国地质大学(武汉)简介 /96
中国地质大学(武汉)章程 /100
学校机构简介 /118

党建与思想政治工作 /119

党的领导与党的建设 /119
思想建设 /123
组织建设 /127
党风廉政建设 /135
统战工作 /136
教师思想政治工作 /139
学生思想政治教育 /141
校园安全稳定与综合治理 /145
信息公开 /147
共青团工作 /148
工会与教代会工作 /151
离退休工作 /155

发展规划与学科建设 /157

发展规划 /157
学科建设 /159

人才培养 /164

本科生教育 /164
研究生教育 /172

国际学生教育/203
远程与继续教育/207

科学研究与学术管理/227

科学研究/227
学术管理/267

教师队伍建设/270

校园文化建设/274

全国文明校园建设/274
校园文化/275
体育活动/278
学生科技竞赛/279
学生社团活动/280
社会实践活动/281

社会服务与合作/283

社会服务/283
社会合作/285
校友与教育基金工作/292

港澳台与国际交流合作/299

港澳台工作/299
国际交流与合作/300

学院基本情况/306

地球科学学院/306
资源学院/310
材料与化学学院/314
环境学院/317
工程学院/321
地球物理与空间信息学院/326
海洋学院/330
机械与电子信息学院/333
自动化学院/338
经济管理学院/343
外国语学院/346
地理与信息工程学院/350
数学与物理学院/352
珠宝学院/355
公共管理学院/358
计算机学院/363
体育学院/366
艺术与传媒学院/368
马克思主义学院/371
李四光学院/374
未来技术学院/378
教育研究院/381
高等研究院/395
地质过程与矿产资源国家重点实验室/423
生物地质与环境地质国家重点实验室/426

财务与资产管理/429

财务工作/429
国有资产管理/433
经营性资产管理/435
审计工作/437
采购与招标管理/438

办学支撑体系建设与保障服务/440

实习基地建设/440
教学实验室建设/442
设备管理/446
网格信息化建设/447
图书文献工作/450
期刊工作/453
出版工作/455
档案工作/461
博物馆工作/464
校史馆工作/467
校园规划与基本建设/469
未来城校区运行管理/470
房产管理/473
后勤保障/476
医疗保障/479
社区建设/480
基础教育/483

机构与干部/486

学校领导班子成员/486

中共中国地质大学(武汉)第十二届委员会委员名单/486

中共中国地质大学(武汉)第十三届委员会委员名单/487

中共中国地质大学(武汉)第十二届纪律检查委员会委员名单/487

中共中国地质大学(武汉)第十三届纪律检查委员会委员名单/487

中共中国地质大学(武汉)第十三届纪律检查委员会书记、副书记名单/487

中国地质大学(武汉)学术委员会委员名单/488

教学科研机构中层干部/488

管理与服务机构中层干部/494

学校外派挂职中层干部/500

2023年学校发布规章制度/501

表彰与奖励/505

建校70周年校庆工作先进个人、校庆突出贡献校友会和校友/505

"五月的鲜花"2022年度五四评优活动先进集体和先进个人/507

2023届先进毕业班和优秀毕业生/527

第十四届青年教师教学竞赛结果/534

2023年优秀博士、硕士学位论文作者及指导教师名单/535

2022年度平安建设工作先进集体和先进个人/546

2022年本科教学卓越奖评选结果/548

首届研究生卓越导学团队等评选结果/549

2022—2023学年度学生奖学金、先进集体和优秀个人评选结果/550

2022年度本科教学质量评价受表彰和奖励教师名单/584

院士、高层次人才计划入选者/587

中国科学院院士/587
中国工程院院士/587
国家、省部级高层次人才计划入选者/587

2023年学校十大新闻/589

2023年大事记/593

2023年媒体地大/613

2023年教育部网站登载学校信息目录/639

中国地质大学（武汉）2023年工作要点

2023年，学校工作的总体要求是：以习近平新时代中国特色社会主义思想为指导，深入学习贯彻党的二十大精神，坚持和加强党对学校工作的全面领导，全面贯彻党的教育方针，落实立德树人根本任务，深入推进"十四五"规划和"双一流"建设，召开学校第十三次党代会，总结办学经验，擘画学校发展蓝图，以"改革攻坚年"为主题，持续深化改革，守正创新，锐意进取，不断提升学校治理能力水平，以高质量党建引领保障学校事业高质量发展，为全面建设地球科学领域国际知名研究型大学而努力奋斗。

一、坚持和加强党的全面领导，持续提升党建引领保障能力

1.用党的创新理论武装头脑。学习宣传贯彻党的二十大精神，扎实开展主题教育，落实习近平新时代中国特色社会主义思想大学习领航计划。完善党委理论学习中心组学习体系和党校课程体系，落实"第一议题"学习制度，实现对干部、教师、学生政治理论学习的分类指导。打造理论宣讲矩阵，广泛开展党的二十大精神学习宣讲活动，擦亮"美丽中国讲师团"等品牌，加强宣讲队伍建设，持续营造学习宣传良好氛围。建好马克思主义理论学科特区，开好"习近平新时代中国特色社会主义思想概论课"。加强理论研究阐释，召开系列理论研讨会，组织马克思主义学院教师和党员干部等对党的创新理论进行深入解读，建好"大思政课"建设教育实践基地，推出一批有深度、有影响的成果，推进党的创新理论进教材进课堂进头脑。

(责任单位:党委宣传部、党委组织部、学校办公室、党委统战部、人力资源部、党委学生工作部、党委研究生工作部、马克思主义学院、科学技术发展院、高等研究院、校工会、校团委,各二级党组织)

2.以政治建设为统领加强党的建设。贯彻《中国共产党普通高等学校基层组织工作条例》,落实党委领导下的校长负责制,贯彻落实民主集中制,强化党对学校工作的全面领导。召开学校第十三次党代会,做好大会的组织宣传保障,规范完成学校党委和纪委换届选举工作。落实干部队伍建设"十四五"规划,强化分层分类开展干部教育培训,加强干部交流锻炼,完成专职中层领导干部轮岗交流及选任工作。持续加强党组织"对标争先"建设,深入推进全国党建工作示范高校以及党建工作标杆院系、样板支部建设,积极申报新一轮全国和湖北省高校党建"双创"项目,争取实现研究生样板党支部培育创建新突破,力争培育一批校级"双带头人"教师党支部书记工作室,推动创建"一院一品"党建品牌,强化基层党组织政治功能。加强对二级党组织党委会、党政联席会议事规则执行情况的督导检查,做好二级党组织书记抓基层党建工作述职评议考核,强化结果运用和整改落实。组织好党支部"主题党日"活动,加强"党员之家"规范化建设和管理,积极推动"智慧党建"建设。严格规范党员发展,着力在高层次人才、优秀青年教师中发展党员。积极组织开展党员干部下沉社区工作,发挥党员引领示范作用。(责任单位:党委组织部、学校办公室、党委统战部、党委教师工作部、党委学生工作部、党委研究生工作部,各二级党组织)

3.坚定不移推进全面从严治党。贯彻党委(党组)落实全面从严治党主体责任规定,深化完善二级党组织全面从严治党"四责协同"机制。制定《巡察工作规划(2023—2027)》,适时启动新一轮巡察工作,开展"三重一大"决策制度执行情况专项巡察。以"全周期管理"理念深化"三不"一体推进,开展"廉洁润初心 铸魂担使命"等主题宣教活动,开展党风廉政建设责任制检查和专题警示教育,持续推进"清廉地大"建设。以违规吃喝专项整治工作为契机,深化纠治"四风",进一步加固中央八项规定精神堤坝。针对师生急难愁盼问题,深化巡视审计整改,督促各管理与服务机构进一步细化小微权力清单和负面清单。努力构建同向发力、同频共振、同题共答的贯通协同监督模式,抓住信息沟通、专题会商、线索移送、成果共享等关键环节,推动纪检监察监督与审计监督、财会监督有效协同,切实发挥全面从严治党引领保障作用。强化"一线规则",改进工作作风,深入一线调研,健全校院级领导班子和机关干部深入基层联系师生工作制度。(责任单位:学校办公室、党委组织部、党委宣传部、纪委办公室、党委巡察办公室、审计处、财务与资产管理部,各二级党组织)

4.加强统战、群团和离退休工作。强化统一战线思想政治引领,完善大统战工作格局,制定专项工作方案,加强对党外人士的培养力度,统筹考虑党外人士选拔培养发展规划,拓展民主党派、无党派人士参与民主监督、建言献策、参政议政渠道。健全完善民族宗教工作常态化机制,铸牢中华民族共同体意识,抵御宗教渗透和防范校园传教。提升共青团信息化水平,推动"网上共青团"建设;健全完善党建带团建机制,广泛开展各类活动,加强共青团基层建设,激发基层活力。完善民主管理和民主监督渠道,健全教代会、团学代会提案办理机制,强化提案考评运用。提升离退休职工党建工作规范化水平,推进关工委建设,加强对离退休人员的精准服务。(责任单位:党委统战部、校工会、校团委、离退休工作处,各二级党组织)

5. 维护校园安全稳定。全面推进依法治校,加强宪法学习宣传,提升法治意识,执行落实学校章程。提升战略管理能力,发挥教代会、学科建设委员会、战略咨询委员会对学校重大改革发展的决策咨询作用。加强政治安全和网络意识形态安全建设,落实意识形态工作责任制,加强各类阵地管理,做好舆情监测、研判、处置工作。落实安全维稳责任制,加强饮食、实验室、消防安全等管理,完善突发事件应急处置工作机制,深入推进平安校园建设,加强人防、物防、技防三位一体建设,推进建设一体化安全治理体系。认真落实保密工作责任制,加强保密宣传教育,落实保密归口管理和GF项目的保密管理。深入落实"乙类乙管"下疫情防控各项举措,制定专项工作方案,强化防疫物资和医疗用品保障,普及防疫知识,围绕"保健康、防重症"保障师生生命健康。(责任单位:学校办公室、党委宣传部、党委统战部、党委学生工作部、党委研究生工作部、科学技术发展院、实验室与设备管理处、国际合作处、信息化工作办公室、安全保卫部、校团委、图书档案与文博部、出版社、期刊社、校医院,各二级单位)

二、构建高质量人才培养体系,全面提升人才自主培养能力

6. 完善学校思想政治工作体系。落实教育部"时代新人铸魂工程",丰富完善全程贯通、空间联通、队伍互通、内容打通、评价融通的"三全育人"工作格局,推动"五育并举"落地落实。做好湖北省高校思政研究会换届工作,优化马克思主义理论研究和建设工程项目及"双一流"文化建设项目实施机制,建好"大思政课"建设教育实践基地,建好大中小幼思政课一体化共同体,推出一批理论研究、思政课程以及工作案例。加快推进两校区"一站式"学生社区建设,开展导学思政建设,推动形成育人合力。加强思政课程与课程思政建设,讲好"开学第一课",上好"大思政课",推进"美丽中国、宜居地球"系列示范课程攻坚计划,打造具有地大品牌影响力的特色通识课程体系。加强网络思政育人,创作与传播一批师生喜闻乐见的网络文化产品。加强对导师、班主任、辅导员的专项培训,加强学生心理健康教育,持续推进学院心理辅导站建设,构建"四位一体"学生心理健康教育工作格局,构建院校家医心理工作新模式。健全部门之间和校院两级协同联动机制,完善信息共享通报、统一指挥调度、资源协同保障等机制,形成"大宣传大思政大文化"格局。(责任单位:党委宣传部、党委组织部、党委学生工作部、党委研究生工作部、党委教师工作部、马克思主义学院、校团委,各培养单位)

7. 提高一流本科人才培养质量。启动学校新一轮本科教育教学审核评估工作,制定专业

评估实施方案,实施学校专业动态调整;完善培养过程质量管理机制,建设智慧考试平台,科学评价学生学习效果和教学质量,全面实施第二课堂成绩单,完善学生综合素质评价体系,深入推进大学生创新创业教育,提升学生能力素质。优化"三融合"本科人才培养模式,修订本科生人才培养方案,完善大类招生政策和"招生-培养-就业"联动机制。跟进国家基础学科拔尖人才培养战略行动,推进地质学、地球物理学"珠峰计划",优化李四光学院、未来技术学院运行机制,谋划推进现代产业学院建设,探索创新人才培养新路径。加强一流本科专业建设,对国家级和省级一流专业建设点建设情况进行跟踪评估;评选校级一流专业建设点,逐步形成一流专业建设梯队。推进基础学科和"四新"关键领域核心课程建设,落实"十四五"本科教材规划,推动形成学校自编教材更新优化、特色优势学科以自编教材为主的新格局。建立教材信息库,搭建教材立项、出版、选用、展示的信息化平台。加强教学实验室建设,规范基层教学组织建设,修订学校《教师本科教学评价工作实施办法》,落实教学评价"一院一策"工作,加强对学院评价工作流程和结果的审定、监督。完善"本科—硕士—博士"相衔接的优质生源选拔方式。(责任单位:本科生院、研究生院、校团委、学校办公室、人力资源部、发展规划与学科建设处、实验室与设备管理处、出版社、后勤保障部,各培养单位)

8.提升高质量研究生培养水平。夯实"三融三跨"人才培养模式,修订研究生人才培养方案。构建本研一体化课程体系、教材体系,全面推动本研课程互选,实现本研有效衔接、培养前移和跨学科交叉培养。启动卓越工程师专项培养计划和卓越工程师学院建设,优化完善招生指标分配方案,向工程硕博士培养改革专项倾斜。推进4个交叉学科学位点、6个新一轮一级学科博士点以及4个专业博士学位授权点申报建设工作,全方位推进学位授权点合格评估自评估和专项评估工作。强化学位论文全过程质量管理,全面实施硕士研究生学位论文盲审制度,学位论文同行评审精准实施动态管理。加强导师队伍建设,强化研究生导师教育培训,持续推进卓越导学团队培育创建,做好研究生党员标兵培育工作。做好"挑战杯""互联网+"等创新创业赛事,提升大学生创新能力,培育拔尖创新人才。(责任单位:研究生院、党委研究生工作部、本科生院、党委学生工作部、学校办公室、人力资源部、发展规划与学科建设处、实验室与设备管理处、科学技术发展院、高等研究院、出版社,各培养单位)

9.做好学生就业工作。压实就业工作"一把手"责任,建立健全就业促进工作机制。持续开展访企拓岗促就业专项行动,深化产教融合、校企合作,实施"千企万岗进校园计划",为毕业生提供优质就业岗位。加强社会实践基地建设,引领学生走进岗位,走进基层,增强综合素质及竞争实力,进一步促进行业和基层就业开足开好课程,办好办精活动,引导、支持毕业生到重点行业重点领域重点岗位就业,健全完善分阶段、全覆盖的大学生生涯规划与就业指导体系。高质量建设"宏志助航计划"全国高校毕业生就业能力培训基地,精准开展重点群体就业帮扶。稳妥应对就业报到证取消的新变化,严格执行教育部"三严禁""四不准"要求,确保就业数据真实有效。优化简化学生就业工作综合评价体系，切实发挥以评促建的作用，进一步夯实管根本、管长远的就业工作基础。（责任单位：学生就业指导处、本科生院、研究生院、校友与社会合作处、校团委，各培养单位）

10. 加强继续教育。落实教育部高等学历继续教育改革要求，做好学历继续教育专业建设，完善科学合理的应用型专业人才培养方案。规范非学历教育管理，制定《关于加强和改进非学历教育工作的意见》，完善非学历教育运行机制，加强非学历教育资源建设，发挥学科优势发展非学历教育。（责任单位：远程与继续教育学院、校友与社会合作处，各培养单位）

三、扩大对外开放，全面提升服务国家重大战略能力

11. 推进重大科技创新能力体系建设。落实学校科技、人才、国际化会议精神，进一步落实"四链融合"的新型举校体制，打通产学研赋能链条。积极拓宽项目申报渠道，实现重大科研项目、重大科技奖励新突破，继续争取科研经费年增长10%。全面推进国家重点实验室优化重组，加快筹建全国重点实验室、国家技术创新中心等国家级平台建设；围绕湖北"51020"现代产业集群体系以及光谷科创大走廊和武汉新城建设积极谋划新一轮省部级科研基地建设。重点推进新一轮找矿突破战略行动等重大科技任务，谋划国家重大科技基础设施，加快推进GF重点实验室建设。落实教育部"高校哲学社会科学高质量发展行动计划"，实施"新型特色智库培育计划"，提升智库服务政府决策的能力。加强"地球科学科普研究与创作中心"建设，打造特色科普名片。（责任单位：科学技术发展院、高等研究院、校友与社会合作处、武汉中地大资产经营有限公司，各培养单位）

12. 加强师资队伍建设。落实教育部"高质量教师队伍建设战略行动"，完善师德师风长效机制，选树师德典型。优化人才工作模式，坚持"一点一策"，继续举办"国际青年学者地大论坛"，持续实施"地大百人计划"、特任系列等校内人才项目，精准引育一流人才。启动"地大学者""特任岗位"等修订工作，实施"攀登计划"高水平团队建设，加强高水平学术团队阶梯建设，深化教师评价改革，探索建立不同学科、不同类型人才的分类评价体系。落实学校辅导员队伍建设文件要求，探索建立辅导员四级培训体系，加强辅导员示范团队过程管理与指导。开展第二届"卓越青年研究生导师评选"，启动2023年度团队培育创建。健全教师培训制度，强化教师思想政治建设，构建分层分类教师培训体系。组织开展"教学月""教学观摩"等活动，促进教师执教能力提升。优化教师队伍结构，加强博士后队伍建设，打通博士后岗位与学校青年人才岗位间的晋升通道，扩大博士后队伍规模，提升队伍质量。加强教师思想政治工作和师德师风建设，强化警示教育。（责任单位：人力资源部、本科生院、研究生院、纪委办公室，各培养单位）

13. 扩大国际合作交流。积极参与"高水平教育对外开放推进行动"，筹建联合国教科文

组织"地学与可持续发展研究中心",挂牌"中非地学研究中心非洲学院"。结合已有来华留学平台,紧密依托自然资源行业,力争挂牌建设"一带一路"国际地学教育培训中心。采用"课程+实践"的培养模式实施"全球胜任力能力提升计划",积极拓展学生的国际视野,有效引导学生赴国际组织任职实习。加强国际人文交流与合作。成立"全球地大国际学生招生大使团",提高国际学生生源质量、优化生源结构。(责任单位:国际合作处、人力资源部、本科生院、研究生院、校友与社会合作处,各二级单位)

14. 推动社会合作提质增效。拓宽合作渠道,推动教育部、自然资源部和湖北省人民政府联合共建,实施"名企合作计划""中小企业合作伙伴计划",丰富办学资源、提升服务能力。持续开展校庆工作总结表彰大会、政产学研用论坛等校庆系列活动,扩大学校社会影响。加强制度创新,制定《社会合作管理办法》《异地科研机构管理办法》《关于加强和改进校友工作的若干意见》,以制度创新激发开放办学新活力。推动机制创新,建立健全校院(实验室、中心)两级社会合作工作体系,成立学校社会合作工作领导小组,加强形势预判和工作统筹。加强校友服务体系建设,全面提升基金会工作质量。继续做好"银龄讲学"工作,做好乡村振兴、定点帮扶等相关工作。(责任单位:校友与社会合作处、发展规划与学科建设处、学校办公室、科学技术发展院、高等研究院、本科生院、研究生院、国际教育学院、远程与继续教育学院、离退休工作处、校庆工作办公室,各二级单位)

四、持续深化改革,不断提高学校治理水平

15. 统筹推进学科建设。结合"十四五"规划、"双一流"建设和第五轮学科评估结果对学科进行分层分类调整和优化。召开学科建设工作会,出台学科专业发展规划,统筹做好存量升级、增量优化、余量消减工作。优化学科生态布局,依靠战略发展委员会、双一流建设委员会、学科建设委员会等分类推进地球科学、特色工科、人文社科、基础学科和交叉学科建设。组织"双一流"建设进展评估,举办湖北省优势特色学科群建设研讨会,推动优势特色学科群提升质量。发挥地球科学优势,适度延伸学科链条,在新兴学科和交叉学科领域有所作为。统筹开展学校"十四五"规划实施中期评估,对照目标任务找准发展方位和短板弱项,落实发展规划管理办法,加快推动重点任务落地见效。(责任单位:发展规划与学科建设处、科学技术发展院、高等研究院,各二级单位)

16. 深入推进综合改革。深入推进人力资源改革,印发学校人力资源规划,修订岗位管理实施方案,修订完善中层领导班子和领导干部考核办法。推进绩效分配、财经资源分配管理、设备资源、房产水电资源等资源配置与使用绩效管理改革,稳步推进校院两级管理体制改革。加强目标管理,扎实推进二级单位"亮点(重点)项目"。用好教育部贴息贷款项目,坚持购置与研发两条腿走路,推动学校实验设备升级更新和大型仪器开放共享。(责任单位:学校办公

室、人力资源部、财务与资产管理部、实验室与设备管理处、后勤保障部、未来城校区管理办公室、各二级单位）

17.持续加强信息化建设。落实教育部"教育数字化战略行动",建成数据中心,推动"5G+生态文明教育示范建设"项目有实质性进展,推动学校"一网两厅"投入使用,并加强部门协同联动,提升数据治理、校务服务和协同监管能力。以智慧教室建设为契机,推进信息技术与教育教学的深度融合,搭建人才培养一体化管理平台。加强审计和国有资产监管,规范固定资产处置,完善固定资产信息平台服务功能。推动议事协调机构发挥咨询、论证、把关等作用,推进智慧办系统全面运行,建立统筹推进工作机制,狠抓工作落实。推进教育融媒体中心建设。继续加强实验室建设,完善物联网监管系统,提高实验室管理水平和对外服务能力。（责任单位：信息化工作办公室、学校办公室、党委宣传部、本科生院、研究生院、后勤保障部、未来城校区管理办公室、实验室与设备管理处、各二级单位）

18.打造特色育人文化。做好全国文明校园复检审查工作,扎实开展"六个文明创建",落实"十四五"卓越文化建设行动计划,深化校史校情研究,优化文化建设评估,引领地大特色文化建设。推进"一院一品"校园文化建设,做好优秀原创文化精品培育、资助和报奖工作；做好原创话剧《大地之光》巡演工作,加强"编钟艺术"教育部中华优秀传统文化传承基地建设,大力培育校园文化品牌。（责任单位：党委宣传部、后勤保障部、学校办公室、未来城校区管理办公室、图书档案与文博部、各学院）

19.强化基础保障。加快推进《校园综合发展研究报告》《校园总体规划（2021—2035）》及分规划编制报审工作,全面推进新校区二期建设土地权属证办理,尽早启动二期基础设施建设。加快南望山校区基本建设,推进教师周转公寓建设、学生宿舍维修及拆除新建、教学科研用房维修（二期、三期）、秭归产学研基地维修（一期）、校医院维修等重要基础建设项目,完善校区餐饮、超市、快递、水电维修等便捷服务项目,打造节约型、智慧型、生态型校园。持续加强校史馆、图书馆、博物馆展陈和信息化建设,加强期刊出版、科技情报和专利服务中心建设。优化提升两校区就医环境,加强"健康驿站"建设。持续提升附属学校教学质量,启用未来城校区幼儿园。持续做好社区服务工作。（责任单位：校园规划与基建处、后勤保障部、未来城校区管理办公室、新校区建设指挥部、图书档案与文博部、期刊社、出版社、校医院、附属学校）

中国地质大学（武汉）2023年工作总结

　　2023年是全面贯彻落实党的二十大精神的开局之年，是学校实施"十四五"规划承上启下的关键一年，是学校胜利召开第十三次党代会、加快推进地球科学领域国际知名研究型大学新征程的起步之年，学习贯彻习近平新时代中国特色社会主义思想主题教育启动之年。学校以习近平新时代中国特色社会主义思想为指导，深入学习贯彻落实党的二十大精神，深刻认识"两个确立"的决定性意义，增强"四个意识"、坚定"四个自信"、做到"两个维护"，坚持和加强党的全面领导，全面贯彻党的教育方针，落实立德树人根本任务，以高质量党建引领保障高质量发展，加快党建思政与事业发展深度融合，推动"十四五"规划落地落实，全面推进"双一流"建设，聚焦深化改革，持续保障和改善民生。在全校干部师生的共同努力下，海内外校友及社会各界的鼎力支持下，各项事业取得新进展，呈现良好的发展态势。

　　一、持续强化党对学校事业的全面领导，坚持不懈用党的创新理论武装头脑，"政治三力"不断提升

　　1.坚持深学实干，扎实推动学习贯彻习近平新时代中国特色社会主义思想主题教育走深走实。牢牢把握"学思想、强党性、重实践、建新功"的总要求，通过理论学习、调查研究、检视问题、整改落实推动学校事业发展。坚持统筹联动，第一时间传达部署，研究制定主题教育实施方案，分类施策，强化督促指导。强化组织保障，成立主题教育领导小组，党委书记、校长任双组长，领导小组下设办公室和4个专项工作组，每周召开工作例会，协同联动推进落实。坚持以学铸魂，严格落实"第一议题"学习制度，党委理论中心组围绕习近平生态文明思想、教育强国建设等开展专题领学。党委书记、校长带队赴山东省地矿局第六地质大队与山东省地矿局、济宁市人民政府开展联学联建，学习习近平总书记重要回信精神，合作共育新时代"英雄地质队员"。邀请12个以英雄人物命名的全国党建工作样板支部开展联学联创，共同倡议做新时代教育战线的先锋队、奋斗者和传承人。开好习近平新时代中国特色社会主义思想概论课，加强"大思政课"实践教育基地和"红蓝绿"大中小学思政课一体化建设，带动师生深入基层宣传阐释。坚持领题深研，制定调查研究工作方案，校领导带队奔赴10余省市，调研20多所兄弟高校、科研机构和行业单位，学习借鉴行业特色高校党建引领发展、高素质人才培养以及科研服务国家战略等成功经验，制定校级领导班子和班子成员39项问题清单、122项整改举措,推动时代新人铸魂工程实施方案制定、人才培养方案修订等具体举措落地落实。坚持笃行实干,利用科学家精神教育基地和全国科普基地传承地质科学家精神,依托"美丽中国讲师团""大学生长江大保护行动计划"等巩固思政教育的"自然大课堂",持续推动以李四光先生为原型的大学生原创话剧《大地之光》全国巡演,以青年人喜闻乐见的方式实施时代化、校本化的铸魂育人工程。梳理12项民生重点任务,着力解决大学生就业、教师子女入园、两校区交通保障、师生服务大厅优化升级等民生关注问题。以"强国建设、地大何为"为主题,引导师生积极投入地质报国中。揭牌广州南沙地大滨海研究院,组织8个学科交叉团队入驻,有组织科研服务粤港澳大湾区发展。部署推动建功新一轮找矿突破战略行动,与长江三峡集团、紫金矿业集团等单位深化人才共育、科技共创、平台共建等合作,培育一批有原创性和影响力的重大成果。持续服务乡村振兴战略,助力云南施甸、湖北竹山巩固脱贫攻坚成果,连续被中央和湖北省委农村工作领导小组评价为"好"最高等次,获评"第十批中央和国家机关、中央企业援疆干部人才优秀团队",入选第八届教育部直属高校精准帮扶典型项目。主题教育经验做法先后被中国组织人事报、教育部网站、微言教育等刊载。

2. 胜利召开学校第十三次党代会,开启学校发展新征程。7月8日至9日,圆满召开学校第十三次党代会,全面回顾学校第十二次党代会以来的主要工作、取得的成绩和经验,深刻分析新时期新阶段学校事业改革发展面临的机遇与挑战,明确学校新时代新征程的光荣使命、战略路径、建设目标和重点任务,审议通过党委工作报告和纪委工作报告,选举产生新一届党委和纪委,坚持以更高水平开放、更深层次改革、更高质量创新,加快建设地球科学领域国际知名研究型大学。面向全校印发《关于认真学习贯彻落实学校第十三次党代会精神的通知》《学校第十三次党代会主要任务分解方案》,把落实第十三次党代会精神作为学校近阶段首要任务,把全校共产党员和师生员工的智慧和力量凝聚到党代会确定的战略目标和各项任务上,引领师生在建设教育强国、服务中国式现代化建设中担当新使命、展现新作为。

3. 推进党建示范创建,全面提升党建质量。构建"样板支部—标杆院系—示范高校"的培育创建体系,形成"点上辐射、线上延伸、面上覆盖"的工作链。1个离退休党支部入选湖北省离退休干部"示范党支部",3个教师党支部入选湖北省高校"双带头人"教师党支部书记工作室培育创建名单,3个研究生党支部入选湖北省"研究生样板党支部"培育创建名单,3名研究生入选湖北省"研究生党员标兵"培育创建名单。推动"一院一品"党建品牌建设,指导18项党建工作品牌立项建设,持续实施教工党支部"结对领航"工程,144个教工党支部与学生党支部、班级参与结对立项。组织开展党建结对共建活动,学校7个全国党建工作样板支部、1个湖北省党建工作样板支部参加校内外结对共建。巴东国家野外科学观测站党支部与当地党组织联合开展科研与党建活动。

4. 抓好基层党建,强化党组织政治功能。全面落实《中国共产党普通高等学校基层组织工作条例》，推进二级党组织建设"五个到位"和党支部建设"七个有力"落地落实。落实校院两级党委班子成员联系指导师生党支部制度，不断优化党支部设置，推动学生党支部按专业学科纵向设置，在教研团队、导学团队、项目团队和野外实习队成立临时党支部，实现党组织全覆盖。完成31个"党员之家"建设验收工作，建好党建活动阵地。修订《发展党员工作指导手册》，完善发展党员工作流程，落实发展党员工作问题反馈和约谈机制，年度发展党员1740人，同时注重优化发展党员结构，加大在教师特别是高层次人才中发展党员力度，发展教职工党员26人。加强流动党员和出国（境）党员管理，完成流动党员管理专项自查，严格执行专人负责、定期联系、加强教育、定期检查、半年上报的工作制度。积极开展党员志愿服务活动，组建180名党员干部参加火车站迎新等工作。坚持党内关怀帮扶，看望慰问工作条件艰苦和承担急难险重任务同志，为9名党龄达到50年的老党员颁发"光荣在党50年"纪念章，完善党员"政治生日"仪式。

5.以能力建设为重点，建设高素质干部队伍。落实学校《干部队伍建设"十四五"规划》，系统推进干部育选管用全链条机制建设，提升干部适应学校高质量发展的能力和水平。进一步推进干部工作规范化建设，严格落实选人用人工作规范，认真做好干部选拔任用工作纪实。稳步推进专职中层领导干部轮岗交流及选任工作。坚持政治首要标准，突出事业为上、以事择人、人岗相适等原则，专职中层干部新提任32人，退出领导岗位18名，轮岗交流38名，完成10名中层干部试用期满考核。指导干部做好离任交接工作。加强教学科研单位与管理服务单位、行政岗位与党务岗位之间干部相互提任或交流任职，全年累计交流干部共45人次。持续开展中青年教师校内挂职锻炼工作，遴选8名中青年教师到机关挂职，完成17名中青年教师挂职期满考核。开展优秀年轻干部选培机制调研，分类召开3场校内座谈会，形成调研报告。在服务乡村振兴战略中强化干部实践锻炼，完成新疆塔里木大学、竹山县援派干部续任工作，选派10名干部人才借调挂职或承担驻外工作，推荐4名干部人才作为教育部外派储备干部，1名副校级领导提任省属高校党委副书记、校长。

6.发扬自我革命精神，纵深推进全面从严治党。召开全面从严治党工作会，系统部署全年重点工作，抓住"关键少数"，落实"一岗双责"，强化责任落实。修订《关于加强二级党组织全面从严治党"四责协同"工作的实施办法》，推动学校各级党组织主体责任、书记第一责任人责任、班子成员"一岗双责"与纪委监督责任一体落实。持续强化对领导班子、党员领导干部践行"两个维护"和贯彻执行民主集中制、落实立德树人根本任务和推动事业高质量发展等重要事项的政治监督。抓实重点关键领域风险防治，综合运用集体谈话、调研督导、"四不两直"式检查、受理信访举报、督促巡视巡察整改等形式开展日常监督。坚持一体推进"三不腐"，开展经常性警示教育，持续推进"清廉地大"建设。完成一届任期内党委对二级党组织常规巡察全覆盖，全面总结回顾党委巡察工作，研判部署后续工作。组建6个专项督查组，对所有二级党组织和主要职能部门开展深化巡视巡察整改专项督查,对7个学院开展常规和专项巡察,5个学院党委开展巡察"回头看",持续抓好巡察整改落实工作;聚焦巡察发现的14个共性问题,围绕作风建设、教育评价改革、有组织科研等重大决策部署落实情况,进一步促进治理提升。紧盯学校第十三次党代会选举以及中层干部调整等选人用人工作重大事项,印发工作提示、通报典型案例、观看警示教育片,加强换届和选举纪律教育,营造风清气正的换届环境。聚焦立德树人开展习近平新时代中国特色社会主义思想"三进"专项监督,聚焦从严管党治校开展学习贯彻习近平新时代中国特色社会主义思想主题教育专项督查,聚焦"国之大者"开展乡村建设盲目"造景"行为专项排查,聚焦学校高质量发展开展设备更新改造贷款财政贴息项目专项监督,聚焦权力运行开展"三重一大"民主决策制度执行情况专项调研,查找问题,提出整改意见并抓好整改落实。贯彻落实纪检监察体制改革要求,打造专兼结合的纪检监察"铁军"。

7. 强化阵地管理,严防意识形态风险。坚持阵地意识、底线思维,严把重点环节加强风险隐患研判和预案准备。依据论坛活动专项清理整治工作要求,开展摸底调研和专项清理整治,总结经验成效。持续强化学校论坛等学术活动"五位一体"管理机制,落实哲学社会科学学术活动网络审批备案工作要求,全年审批哲学社会科学学术活动71场。严格审查意识形态较强的教材出版及选用,对重点出版物进行意识形态把关,严守图书出版阵地。开展意识形态有害出版物清查,及时清理4本馆藏图书。扎实推进习近平新时代中国特色社会主义思想"三进",持续推进《习近平谈治国理政》多语种版本进高校进教材进课堂。强化对哲学社会科学类学术活动的管理审核,探索建立哲学社会科学研究成果意识形态审查机制。印发《关于开展新媒体账号备案登记的通知》,加强新媒体平台审批备案和动态管理,完成学校300余个新媒体账号登记备案和年度审查。开展校内电子屏清查,汇总完成197处电子屏安装点,200余块电子屏备案上报和风险隐患排查工作。强化师生自媒体平台管理,按责任归属加强敏感节点、重要时段的师生自媒体动态监管。组织党员干部积极参加教育系统干部媒介素养和舆论引导培训班、湖北省高校涉稳舆情工作等专题学习培训,持续提升业务能力水平。落实"风险预防—应急预警—事实调查—舆情回应—事件处理—舆论引导"工作机制,加强网络舆情监测,及时收集网络信息,处置网上不当言论,全年及时妥善处置网络舆情10余起。依托学生园区建立"园区长—楼栋长—楼层长—寝室长"四级网格体系,及时掌握学生动态。

8. 稳步推进平安校园建设。完善平安校园建设领导体制机制,成立学校安全治理委员会,统筹开展安全稳定各项工作。切实落实校院两级领导责任制,健全责任体系和运转机制,严格落实重要时间节点和重要保障期领导带班值班,构建"1+8+N"值班工作体系。建立突发事件应急处置工作体系。完善应急处突工作预案,组建跨部门突发事件处置工作专班,明确工作职责,分工协作,形成合力。完成48个二级单位自建监控系统1637个监控点位并网整合,接入安防专网,实现安防数据互通、全校平台一体化指挥。推进安全教育学分制管理,开展新生入学安全和法制教育必修课，做到新生全覆盖。开设"大学生安全与生活"通选课，开发"安全微课"线上安全教育系统，提高学生安全防范意识。加强与喻家山派出所、左岭派出所合作共建校园警务室，强化警校联动联防联治，邀请驻校民警积极参与校园安全教育、案件处理等工作，为师生提供便捷服务。加强新时代总体国家安全观教育。开展国家安全日主题宣传教育系列活动，邀请国家安全厅专家来校授课，深入学生开展国家安全政策宣讲，大力开展安全教育进课堂，将国家安全教育融入新生入学安全教育课专题授课，并纳入"安全微课"平台和"大学生安全与生活"课程。组织师生依托通选课程、网络公开课、公众号推文、主题党日、主题班会活动等，集中学习总体国家安全观指引，常态化开展师生安全教育。

9. 扎实开展统战群团等工作。持续完善党委统一领导、统战部门牵头协调、有关方面各负其责的大统战工作格局。开展"凝心铸魂强根基、团结奋进新征程"主题教育，引导广大民主党派和无党派人士学习学校第十三次党代会精神，发挥民主监督建言献策积极作用。积极搭建平台助力作用发挥，不断加强党外代表人士队伍建设，向湖北省委统战部推荐上报13名党外专家参加湖北省党外知识分子服务地方发展供需对接活动。各级人大代表、政协委员、政府参事积极履行参政议政、民主监督职责。武汉市政府参事、民进会员李长安获评武汉市建言献策成绩突出参事二等奖，咨政建议获湖北省领导批示。民盟地大委员会获评民盟中央"民盟思想政治建设和宣传工作先进集体"，是唯一一个入选的高校单位。本年度有7人正在办理民主党派成员发展手续。打造线上线下互相促进、有机融合的工会工作新格局，推动实现工会组织高效运转、精准服务、科学决策，做到"让数据多跑路，让职工少跑腿"。举办"初心如磐·薪火相传"教职工荣休典礼，增强教职工爱校情怀。举行学校九届五次教代会暨十八届五次工代会，充分发挥教代会民主管理和民主监督作用。学校团委当好桥梁纽带作用，引导青年学生助力学校建设发展。校团委被授予2023年全国五四红旗团委，1个学生团支部荣获全国高校"活力团支部"最具服务力TOP10，1人当选共青团十九大代表，1人入选湖北省青年马克思主义者培养工程。

二、坚决落实立德树人根本任务，着力培养拔尖创新人才，人才自主培养能力持续提升

10. 完善"五通融合"立德树人体系，思想政治教育持续加强和改进。印发《关于完善"五通融合"立德树人体系　落实时代新人铸魂工程的实施方案》，对标教育部部署制定37项贯彻落实举措，推动全程贯通、空间联通、队伍互通、内容打通、评价融通的"五通融合"立德树人体系与时代新人铸魂工程融合融通。结合学校校训精神、南迁办学精神、攀登精神以及李四光精神、"三光荣""四特别"等行业精神融合育人，铸牢师生地质报国之魂。坚持产教融合育人、信息技术赋能，统筹推进理论武装培根铸魂、实习实践强基铸魂、"大先生"引领铸魂、精神文化浸润铸魂4个方面，确保工程落地见效。扎实推进"地学摇篮　强基铸魂"野外地质实习

"大思政课"基地建设,在学校秭归实习基地牵头发起成立全国高校地学类专业实践教学联盟,北京大学、南京大学、浙江大学、同济大学等全国40所兄弟高校加盟,组织召开地学类专业拔尖创新人才培养研讨会,联合搭建"大平台"、共享"大资源"、推进"大课堂"、培育"大师资",为培养地学类拔尖创新人才提供支撑。持续推进"美丽中国 青春建功"大学生长江大保护行动计划、"扎根基层 强国有我"服务能源资源战略专项行动等实践育人工程,把育人高地打造成铸魂高地。充分利用现代信息技术,建成国内首家国土安全虚拟仿真实验室,开展沉浸式体验教育,入选第二批高校数字思政精品项目。高标准推进"一站式"学生社区建设,初步形成"一个校区一个示范中心、一个片区一个学生社区、一个学院一个工作驿站"的"2+6+N"社区育人新格局。夯实队伍下沉"主阵地",制定《专职辅导员入住学生宿舍管理办法》,推动辅导员与学生同吃、同住、同生活,做到全员覆盖、全时保障。校党委书记深入学生社区开讲新生"开学第一课",校长以《强基与致远》为题寄语2023届毕业生,传承和弘扬地大精神,厚植地质报国情怀。组织41支学生团队近1000名大学生践行学习之路社会实践,打造"信念红""国防绿""志愿橙""奋斗蓝""梦想金"等"五彩青春"品牌。成功举行学生党支部风采大赛,开展支部好案例、党建好微课和党员好故事评选,用青春之声传播党的创新理论。选优建强辅导员、班主任队伍,举办湖北省高校辅导员适岗履职培训班,开展"向阳成长营""向阳骨干营""向阳快乐营"系列辅导员等职业能力提升培训,选派骨干辅导员和教师参加教育部、湖北省思政骨干培训,不断加强思政队伍职业化专业化建设。坚持"严在地大"学风建设,加强后疫情时代大学生管理,坚持延续学校早锻炼优良传统,创新开展"我的专业与国家安全""消防安全演习""网络安全我来讲"等微活动,加强校纪校规宣传教育,修订完善学生手册,依法依规严肃执纪,违纪人数较2022年大幅下降。

11.一流本科人才培养体系不断完善。圆满完成2023版本科人才培养方案修订,深化教育教学改革,优化课程体系,提升专业核心竞争力。修订学校《教材建设与选用管理办法》,教材立项共35项。未来技术学院吴敏教授团队入选战略性新兴领域"十四五"高等教育教材体系建设团队。学校与湖北其他高校共同编写出版劳动教育教材。优质课程资源建设取得成效,14门课程入选第二批国家级一流本科课程,27门课程入选湖北省一流本科课程。教育教学研究成果有成效,2项教学成果获2022年高等教育(本科)国家级教学成果奖,23项教学成果获第九届湖北省高等学校教学成果奖。首次组织本科生开展国际地质实习,7个学院、9个项目、125名学生赴意大利、澳大利亚、泰国、日本等地开启国际实习试点工作,拓展学生国际视野,提升学生国际比较能力。组织近500名学生赴山西等开展拓展实习、教学实习、毕业实习、社会调查、"双百励志圆梦行"和"我把地大带回家"等。学校获批"长江国际创客学院"省级双创学院,为学校后续创新创业工作提供了更大的舞台。数字化转型赋能教育教学,启用推免工作系统,进一步科学规范推免工作数据管理、资料留存与标准化执行,切实提高工作效率。试点"大学英语""大学物理""高等数学"等课程实现试卷审批、印刷和批阅线上办理,以立项的形式推动考试管理信息化建设工作。出台学校本科专业自评工作实施方案,启动本科专业自评工作,校内外专家开展分类评估工作。启动审核评估筹备工作,组织全校相关人员参加教育部审核评估培训会。学生培养成效显著,4 人获评"中国大学生自强之星""湖北青年五四奖章",3 人入选"荆楚英才学校"湖北省大学生骨干培训班,2023 年学生获省及以上奖项 633 项(2022 年 614 项),获奖人数 1462 人(2022 年 1038 人),较去年增幅明显。学校学生首夺"西门子杯"中国智能制造挑战赛特等奖,斩获第十三届"挑战杯"大学生创业计划赛全国金奖,捧得"小挑"全国"优胜杯";首获第十八届"挑战杯"大学生课外学术作品竞赛"揭榜挂帅"专项特等奖,并取得"大挑"全国联合发起高校资格(全国 85 所)。"互联网＋"大赛取得湖北省赛 8 金、4 银、12 铜,国赛中取得银奖 4 项、铜奖 4 项,实现了大赛高质量成绩的稳定输出,学校再次获评湖北省"互联网＋"大赛"突出贡献奖"和"优秀组织单位"两项荣誉。语言文字工作取得新突破,我校《红铁》《你是我的路》2 个作品获第五届中华经典诵读大赛全国 2 等奖。

12.研究生教育改革不断深化。成立卓越工程师学院,获批湖北省卓越工程师校企联合培养项目。成立长江教育创新带人才培养和科技创新合作体。完成中组部工程硕博士培养改革专项招生工作,招生规模、涉及领域皆创新高。制定专项重点领域研究生培养方案和专项研究生管理办法,完成新一轮研究生培养方案的全面修订并全面施行。以模块化培养课程设计推动"三融三跨"培养模式、"本—硕—博"贯通培养高水平人才专项工作落地,完善"三融三跨"培养模式,建设高质量人才培养体系。加强国际化联合培养博士,全日制博士生国际交流与合作率达 100%。设立研究生国际合作与交流基金,117 名博士生被国家留学基金委"国家建设高水平大学公派研究生项目"录取,到国外一流大学攻读博士学位或联合培养的博士生。设立"研究生国际合作与交流基金",资助 13 名研究生出国参加国际会议,12 名博士生短期联合培养。加强卓越导学团队建设,评选出 3 个卓越导学团队,4 个示范导学团队,12 个优秀导学团队,推动导学团队建设实现新突破。加强研究生学位论文关键环节管控,启动硕士学位论文答辩前全盲审制度,聘请专家对研究生开题、预答辩、答辩等关键环节进行督导,有效提升学位论文质量。学位授予人数突破 4000 人,较上一年度增加近 1000 人。评选出校优博学位论文 10 篇,优博提名论文 30 篇,校优硕学位论文 98 篇。持续支持开展研究生教育教学改革、研究生课程建设、研究生精品教材建设等。本年度获得湖北省高等学校研究生教学成果奖一等奖 1 项、二等奖 2 项。湖北省高等学校研究生教改项目首次分赛道申报,我校获批 7 项,获批项目数在省内高校中名列前茅。制定交叉学科学位点研究生培养方案,交叉学位点数量创新高,8 个交叉学科学位点开始博士生招生培养,"新能源科学与工程"第 9 个自设交叉学科博士点完成申报备案工作。开展 36 个学位点的合格评估工作,组织完成 10 个学位点的专项核验工作,并全部通过。在中国国际大学生创新大赛研究生共获全国银奖3项,铜奖2项。在第二十届中国研究生数学建模竞赛中,我校获全国一等奖1项、二等奖12项,总获奖比例达到44.93%,各奖项比例均远高于全国平均获奖比例。在第十八届中国研究生电子设计大赛中,荣获华中赛区一等奖6项、二等奖13项。

13.招生就业质量稳步提升。圆满完成4700名本科生、97名少数民族预科生招生录取工作,本科生生源质量持续提升。持续加强招生宣传,校领导、知名专家教授、全校师生全员参与招生宣传工作,确保生源质量稳步提升。2023年学校录取位次稳中有升,11个学院大幅提升,9个学院保持稳定,调剂显著下降。2023级统招的各生源省份新生中,地质类专业报考回暖,考生报考地质学类(国家拔尖计划,国家理科基地班)分数高、意向强,在山西省等6个省市分数线超过部分985院校。顺利完成4065名硕士研究生和603名博士研究生的招录工作。全日制研究生优质生源("双一流"高校生源和推免生源)2361人,优质生源比例57%。强化组织领导,建立健全学校主要负责同志亲自抓、分管校领导靠前抓、各培养单位具体抓,相关管理与服务机构协同推进、全员参与的就业工作责任体系。落实校领导深入联系就业工作、部门联席会商、定期通报交流、就业状况动态管理等就业工作运行机制,坚持"一找两促""一对一"帮扶等特色工作。强化供需对接,大力开展访企拓岗促就业行动,校领导带头深入开展访企访校拓岗促就业专项行动,先后走访中国三峡集团、中国地质调查局、广州海洋地质调查局、中石化西北油田、中石油塔里木油田公司、中国海油上海分公司、新疆生产建设兵团、新疆地质局、甘肃省地矿局、内蒙古地质调查研究院等100余家优质单位,强化产学研融合,推动校企、校地合作走深走实,实现互利共赢、共同发展。全面深化与山西省、云南省等校地合作。深入落实"学子留汉"工程,举办青山区、汉阳区、洪山区专场招聘会。推动宜昌市人才工作站落地,促进毕业生留鄂就业创业,为地方经济发展提供人才支撑。依托能源动力行业就指委,举办自然资源领域、能源动力行业及校友企业等招聘活动,努力为毕业生提供更多优质就业岗位。主动邀请中国石油、中国石化、中国海油、三峡集团等重要领域、重点单位来校招聘,全年度举办10场大中型双选会,开展27场组团招聘会,组织863场线下宣讲会,同比增长18.71%、140场线上宣讲活动,累计线下进校招聘单位2789余家,同比增长62.81%,线上招聘单位417家,线上线下校园招聘活动为毕业生提供22.8万个就业岗位,同比增长60.56%。开展"校园招聘月""百日冲刺""宏志助航""湖北百校联动"系列活动,抢抓求职关键期,开展未就业毕业生精准推介招聘会,全力促进毕业生充分就业。2023届毕业生初次就业率84.47%,同比增加2.9个百分点,在武汉地区部属高校位居第三,年终就业率93.1%,较上年有所增加。

14.继续教育和国际教育亮点纷呈。积极开展校外教学点设置与备案工作,强化校外教学点管理。规范工作流程,严把网络教育招生入口关,严格学籍学历学位管理。以专业建设、课程建设为抓手,提高网络成人教育质量。加强自学考试,做好命题、考务、阅卷及学籍管理工作。按照"管办分离"原则调整非学历教育,顺利通过教育部非学历教育领域问题专项整治入校核查工作。依托学科与专业优势,积极服务自然资源行业各类培训,精准帮扶云南施甸以及自然资源部定点帮扶的黑龙江海伦、海南琼中、江西赣州等4省7区县,助力乡村振兴。

加快推进"一带一路"国际地学教育培训中心建设,探索校企合作新模式,开展订单式人才培养、定向委托培养和联合培养,引领地球科学领域国际化高水平人才培养模式。"一带一路"国际地学教育培训中心成功入选第三届"一带一路"国际合作高峰论坛务实合作项目清单。深化与希腊、斯里兰卡、乌兹别克斯坦等"一带一路"沿线国家高校建立合作,探索海洋工程、海洋商贸、宝石资源开发、地质勘探领域的实质性合作。响应教育部关于推动内地与港澳高校加强教育合作的号召,积极开展与港澳高校合作,新建设香港名校大学生国际交流项目3项,新签与澳门科技大学战略合作协议1项。按照"统筹规划,分批推进"的原则,分批建设具有国际招生吸引力、反映我校优势学科前沿的"双一流"研究生全英文学科课程群。建立平安留学行前培训宣讲制度、大学生国际交流回访制度等,提升服务水平。获批中国教育国际教育交流协会《新青年全球胜任力人才培养计划项目》。加快推进来华留学"预科—本科—研究生"三级分类培养,国际学生培养质量显著提升。加强国际学生中国国情教育,学校"钢铁侠"国际学生志愿服务队社会实践团赴河南渑池开展主题为"读懂中国"社会实践活动,活动被中国日报、湖北高校思政网等媒体报道。国际学生在湖北省国际学生及孔子学院(课堂)学员中文演讲比赛中获二等奖,学校获得优秀组织奖。承办由国家留学基金管理委主办的"感知中国:全国来华留学生博士论坛暨丝路博士论坛",近千人参加论坛。

三、深化改革攻坚,不断优化创新生态格局,服务国家重大战略能力有效提升

15."十四五"规划序时推进。推动落实战略规划,开展"十四五"规划执行中期评估。组织成立学校"十四五"规划中期评估工作领导小组,制定中期评估方案,召开规划执行情况中期检查汇报会,23个教学科研单位、7个专项规划牵头单位汇报发展指标、发展任务完成情况和取得的标志性成果。校领导、相关单位负责人和学术委员会及专门委员会委员担任评委,对汇报单位规划执行情况开展诊断分析,推动各单位进一步增强战略管理意识,明确"十四五"后半段的工作思路和举措。

16."双一流"建设全面推进。环境/生态学、地球科学学科领域分别首次进入ESI全球机构排名前1‰、1‱,标志着学校在地球科学领域的影响力达到新高度。学校共有地球科学、工程学、环境/生态学、材料科学、化学、计算机科学、社会科学、农业科学8个领域进入ESI全球机构排名前1%。组织第二轮"双一流"建设中期检查,制定学校自评工作方案,组织相关单位全面深入开展学校整体自评、建设学科自评、"双一流"建设项目自评和典型案例提炼,全面梳理"双一流"建设成效和存在的问题。形成学校"双一流"建设中期自评报告和地质学、地质资源与地质工程2个"双一流"学科中期自评报告并报教育部。推进"双一流""6+3"重点项目建设,组织各项目完成中期自评和汇报工作。推进"双一流"文化传承创新专项建设,组织新立项文化传承创新项目17项。启动2023年"双一流"国际交流合作专项,组织新立项研究生全英文学科课程群项目4项。首次将高水平研究生培养计划项目、未来技术学院学生创新能力提升项目、珠峰计划项目、湖北省优势特色学科群项目纳入地方"双一流"经费支持范围,大力推进学校拔尖创新人才培养和学科交叉融合。持续推进学科培育计划项目、"111"引智基地计划项目、学科特区项目建设和任务落实,做好项目管理服务工作。完成2023年"双一流"建设经费、学科培育经费、"111"引智基地配套经费、学科特区经费分配,全年拨付55项学科建设经费项目合计6 912.67万元。认真审核,严格把关,确保经费使用合理规范,同时督促提升执行效率,确保项目建设落地见效。组织学科建设类设备更新改造贷款财政贴息项目验收,对29个项目材料进行审核、组织专家论证。

17.持续打造高水平师资队伍。编制《人力资源发展规划(2024—2030)》,提升人力资源质量,激发教职工干事创业活力。以岗定责、因岗聘人,基本完成岗位聘用工作。加强思政教师队伍(含辅导员)、实验教师队伍建设,构建相互支撑、协同发展的人力资源体系。始终把师德师风建设摆在首要位置,突出"师德师风"第一标准,坚持把理想信念、师德师风、社会主义核心价值观等内容纳入新入职人员岗前培训、教师轮训等各类培训必修内容。在教师资格认定、职称评审、人才项目申报、教学竞赛等各环节强化审核把关,分层分类加强思想政治和师德师风建设考核评价。推进人才强校战略,成功举办第九届国际青年学者地大论坛。人才引育工作取得新突破。新增国家杰出青年科学基金获得者及同等层次国家级领军人才5人,国家优秀青年科学基金获得者及同等层次国家级青年人才16人,国家级博士后人才41人,湖北省高层次人才23人,海外优青项目入选9人,创历史新高。打造博士后人才蓄水池,2023年度获批新设"应用经济学"博士后科研流动站,全年共组织24批次博士后项目申报工作,36人获批博士后科学基金面上资助,6人获特别资助,132人获得省市各类博士后项目,获批经费达1 633.7万元。学校3组项目进入第二届全国博士后创新创业大赛决赛。开展最美教师、全国教书育人楷模、全国高校黄大年式教师团队、荆楚好老师、湖北省先进集体和先进个人评选。矿产勘查教师团队入选第三批"全国高校黄大年式教师团队",本科生院熊程获评"湖北省教育工作先进个人"。王焰新院士获"中国环境科学学会会士";王力哲教授获"2023智慧城市先锋榜领军人物";9名教授先后获2023"海洋强国青年科学家"、自然资源青年科技奖、第十九届侯德封矿物岩石地球化学青年科学家奖、第二届"中国沉积学终身成就奖""第六届青年古生物学奖"等。国际合作方面,谢树成院士获"阿尔弗雷德·特雷布斯奖",当选"2023年国际地球化学会士"和"美国地质学会荣誉会士";左仁广教授当选国际应用地球化学家协会副主席并候任主席。

18. 开展有组织科技创新。组织召开全校科技工作会议、服务国家能源资源战略能力提升专题会,集中力量推动有组织科技创新,基础研究发展态势良好,重大、重点项目不断涌现。科研合同经费 83 869 万元,实到经费 81 548 万元,实到经费较 2022 年增涨 15.6%。国家自然科学基金获资助 228 项(含国家创新研究群体 1 项)。获批国家重点研发计划项目 13 项、课题 23 项。获批国家社会科学基金 15 项(含重大 2 项、重点 3 项),教育部人文社科项目 7 项;获批省部级项目 54 项,获批数量和质量创新高,实到经费 4629 万元,较上年同期增长 47%。全年横向项目立项 1035 项。积极谋划聚光太阳能电池、长江流域生态环境全系监测与智慧管理重大科技基础设施,与中石化共建深层地热富集机理与高效开发全国重点实验室、与东华理工大学共建放射性矿产资源全国重点实验室、与中国地质调查局岩溶地质研究所共建岩溶水资源与安全利用全国重点实验室;推进由三峡集团牵头建设长江实验室。湖北省科技厅批复支持学校牵头建设地球科学基础学科研究中心。获批地下水质与健康教育部重点实验室、自然灾害风险防控与应急管理湖北省智库、神农架大九湖湿地关键带野外科学观测研究站;筹备行星地质与深空探测、流域环境与长江文化湖北省重点实验室。加强重大奖励培育,荣获湖北省科学技术奖励共 20 项,其中作为牵头单位获奖 14 项、一等奖 3 项;一等奖数量创历史最好成绩,首次获非地学领域自然科学一等奖;获自然资源科技进步奖二等奖 3 项。加强新型特色智库建设,17 项成果获省部级领导批示、教育部、武汉市采用。荣获 CTTI2023 年度智库研究优秀成果特等奖、二等奖各 1 项。聚焦 JMRH 重点领域,有组织推进 GF 科研,新立项 GF 项目 163 项,合同经费 10 660 万元,首次突破亿元大关,新增 GF 到账经费 8686 万元。获批 ZB 预研教育部联合基金 4 项、JW 重点项目 4 项、湖北省重点研发公益类 1 项。申报获批地质环境领域湖北省 GF 科技(军民融合)重点学科实验室、能源领域湖北省 GF 科技(军民融合)创新团队各 1 个,实现省部级 GF 科研创新平台、团队新突破。成功承办"2023 东湖论坛-新能源与绿色产业"主题论坛,以及 2023 年全国岩溶地质学术年会等学术交流活动,其中第 12 届全国环境化学大会参会人数逾万人,学校学术影响力持续提升。加强科普建设,新增 2 家全国科学家精神教育基地或国家自然资源科普教育基地等,逐渐形成覆盖各学科,服务多领域的多层级科普教育平台。3 部作品获评湖北省优秀科普作品或微视频,1 部作品获评自然资源部优秀科普作品。积极举荐科普人才,3 人分别获湖北省科普先进工作者、省十佳科普达人,1 人获科普中国星空计划"优秀创作者"。知识产权专利申请 767 件,专利授权 723 件,其中发明专利 613 件,专利授权数同比增长 15%。年度专利转化 1032 万元。推进湖北省清洁能源产业运营中心建设,组织团队围绕湖北现代产业集群,深化产学研协同创新,联合企业申报省知识产权局高端装备制造、光电子信息等高价值专利培育中心。

19. 持续强化开放办学。社会合作稳步推进,与中石油天然气集团有限公司、紫金矿业、三峡集团3家央企公司签署战略合作协议,实现了与"三桶油"战略合作全覆盖。与中南财经政法大学、华中师范大学签署战略合作协议,深化全方位合作,致力拔尖创新人才培养、促进学校高质量发展。聚焦国家能源资源安全战略,与中国自然资源航空物探遥感中心、中国自然资源环境监测院、中国地质科学院探矿工艺研究所签署合作协议,持续扩大与中国地质调查局系统各单位广泛合作。与甘肃省自然资源厅、重庆市地矿局、安徽省地矿局、浙江省地质院等签署战略合作协议,扩大各区域服务面。持续构建"政产学研"开放办学命运共同体。服务湖北省"以流域综合治理为基础推进四化同步发展"规划布局,与江夏区政府协议共建湖北省生态环保产业技术研究院。与北京市房山区、荆门市、石首市、山阴县、施甸县实施多项合作,助力周口店实践基地、野外科学观测研究站、乡村振兴等建设。参与汉阳地理信息系统产业建设取得实质性进展,推动GIS中心与汉阳市政共同谋划的项目获准立项。健全校院两级相结合的多层次、多渠道的社会支持长效机制,年度获捐赠2712.86万元。新增非学历教育平台和研究项目。学校成功入选数字技术工程师培育项目国家级培训机构。办学规模持续扩大。全年非学历教育立项447项,培训7342人次,合同金额3133万余元,项目数及合同金额较往年均大幅增加。完善举校帮扶机制,精准对接教育、科技、人才优势与"五个振兴"需求,连续被中央和湖北省委农村工作领导小组评价为最高等次"好",获评"第十批中央和国家机关、中央企业援疆干部人才优秀团队",入选第八届教育部直属高校精准帮扶典型项目。校领导带队先后赴云南施甸、湖北竹山指导调研帮扶工作。深入挖掘施甸县地质资源禀赋,持续推进产教融合,成功打造"地质马车"赋能乡村振兴的特色帮扶模式,助力施甸全面推进乡村振兴。全年投入帮扶资金229.45万元,引进帮扶资金1815.2万元,培训基层干部、带头人和技术人员共2280余人次,助力施甸获批"云南省乡村振兴科技创新示范县"创建单位。共派出16批110人次的师生到施甸开展各类帮扶活动。帮助竹山县研制绿松石产业中长期发展规划(2023—2030);建成"湖北省绿松石质量监督检验中心",成功举办"2023中国设计名师乡村振兴竹山行"品牌活动,持续助力竹山绿松石全产业链发展,带动就业7.5万人,年综合产值突破50亿元,全行业年创税近亿元。有序推进深圳研究院规范管理、浙江研究院注销改制等工作,成立内蒙古研究院,建设海洋领域国际合作创新高地。广州南沙地大滨海研究院在南沙视联科创谷揭牌成立,并获批成为广东省基础与应用基础研究基金依托单位。

四、坚定不移深化改革,统筹发展安全与民生保障,治理能力稳步提升

20. 治理结构持续优化。组织召开学校法治工作推进会,部署学校法治工作重点任务。2023年学校被列入湖北省依法治校示范校创建名单。健全师生权益保护机制,履行对教师、学生作出处理处分决定前的合法性审查程序,为师生依法维护权益提供咨询和服务。做好重大事项合法性审查和合同审查。构建运转高效的合同管理体系,全年审核重大经济合同近

180项,非经济合同近200项。推进普法教育。开展学校第十届"学宪法 讲宪法"系列活动。充分发挥发展战略委员会、"双一流"建设委员会等战略咨询组织的作用,积极为学校战略发展贡献智慧和力量。大力支持学术委员会履职尽责,开展学校学科生态战略研究、加强学术诚信规范和科研伦理建设,营造风清气正的良好学术环境。切实加强组织领导,构建大督办工作体系,制定学校《2023年工作要点》重点督办事项,组织召开工作推进会,有效提高督办效能。提升信息工作质量和显示度,全年向教育部、湖北省委省政府、湖北省教育厅等单位报送信息141篇,教育数字化转型发展、校园安全、主题教育等多篇信息被教育部网站刊载。修订《规范性文件管理规定》,规范发文流程,提升办文质量和文件流转效率。加强学校校名、校标、校徽的管理,规范教职工荣誉体系。健全两校区运行机制,强化两校区统筹,加强未来城校区服务保障和资源管理,不断推进多校区顺畅运行。

21.绩效管理改革稳妥推进。围绕"结构、机制、保障",在人力资源、财经分配、房产水电、大型设备等重点领域全面深化改革。进一步完善资金筹措机制,积极主动谋资源、想方设法保收入,最大限度地保障和拓展办学资金,实现全年总收入31.63亿元。持续推进内部控制建设,全力推进预算管理一体化改革,科学合理编制预算,加大资金统筹力度,严格预算追加调整,推行"零基预算"管理,提高资金执行率,强化国有资产、经营性资产管理,进一步盘活存量资金和沉淀资金,有效提高资金和资产效益。修订出台《收入分配管理实施办法》《预算管理办法》《国有资产管理办法》《所属企业经营绩效考核暂行办法》等系列管理制度,提高学校财经风险防控能力。修订出台《仪器设备管理办法》《大型仪器设备开放共享管理实施办法(试行)》《大型仪器设备购置论证实施细则(试行)》《大型仪器设备绩效评估实施细则》《大型仪器设备资源有偿管理实施细则(试行)》等文件,建立"论证—采购合同—借款—入关—入校验货—调试安装—验收—入库—上网—报账—运行—调配—报废"等13个流程的大型仪器全生命周期管理标准。推进大型仪器设备物联网建设,深化大型仪器设备开放共享平台功能,打通共享平台与房产资源库、设备资源库、财务数据库的接口,提升大型仪器的开放共享水平。统筹推进公用房、周转房和产业经营用房管理改革,出台《周转房管理办法(修订)》《公用房定额管理实施办法(试行)》《社会合作服务保障用房维修管理办法(暂行)》,稳步推动资源配置提质增效。推进水电管理改革,制定出台《水电定额管理实施办法》,建立校院两级分担水电管理模式,推动实施标准配额、超标付费制。改善水电基础设施,有效减少能耗,供电能效提高25%以上。节能工作得到省、市两级管理部门认可,后勤能源管理团队荣获全国教育后勤系统"2022年度'最美后勤人'"完成11所食堂"互联网+"明厨亮灶智慧食安平台建设项目,在全省高校率先实现食品安全智慧化监管,全面提高校园食品安全防控与治理水平。

22.信息化建设强力推进。围绕"一云两地三中心"的数据中心,不断完善云平台的建设服务。从云资源建设、云安全加固、云管理规范、云服务细化4个方面,完成了未来城云生产中心的IT基础设施建设和南望山云生产中心教学域资源扩容,实现了"地大云"资源池的分域管理。云平台共计服务于50个二级单位,新增业务系统79个,新增云主机356台,累计运行云主机998台,数据存储系统达到904.53TB。基于"一网三台"(5G双域专网、数据中台、AI中台和物联中台)的数字化底座,搭建跨学科、跨时空、融合线上与线下的一体化教学平台,实景仿真引擎、智慧大脑引擎,打造虚实结合的互动教学、实践教学、科普教育示范应用,全面融入地质E站、科普教育基地、野外实践基地等场景。"5G泛在化生态文明教育建设"应用,在第六届"绽放杯"5G应用征集大赛六万多个项目中脱颖而出,获得湖北省一等奖、全国三等奖。

23.民生得到持续保障和改善。严格落实工资政策,按教育部要求及时调整在职人员基本工资标准。降低湖北省机关事业单位养老保险年度缴费工资基数重新调整带来的影响,调整在职职工基础性绩效标准,有效保障教职工工资水平不降。继续推进机关事业单位养老保险改革工作,加大政策争取力度,加快审核速度,确保已通过审核的退休"中人"转入社保领取养老金。组织90余名教职工赴福建福州、平潭等地开展疗休养活动,开展球类、棋类、书画类、征文类、合唱、舞蹈等丰富多彩、格调高雅的文体活动,丰富教职工文化生活。探索福利发放多元化,满足不同年龄教职工的个性化需求和高品质要求,采取"电子平台+积分制"选购慰问品和快递配送的方式,为全校教职工采购受众面广、质优价廉的福利物资。坚持实施送温暖工程,开展春节寒假、妇女节、教师节等走访慰问关爱,继续为全校2100余名女性教职工购买安康保险并做好保险理赔工作。尊重关心爱护老同志,发挥关工委作用,推进银龄教师计划。完善"一栋一楼长"工作模式,建立离退休职工信息台账,成立"困难离退休教职工关爱工作专门小组",为校内居住的困难离退休人员提供全方位帮扶服务。组织老干部、老专家、老教授组成"学习贯彻党的二十大精神银龄宣讲团",圆满完成20位"老有所归"住京老同志代表返校参观活动,举办老年人春秋季趣味运动会、九九重阳节老同志文艺汇演、诗书画影艺展、主题征文活动、主题诗词创作及朗诵活动,举办集体寿庆活动,推进活动中心轮椅坡道等适老化改造。退休第七党支部申报获评全省离退休干部"示范党支部"称号,1部微视频作品、1篇征文作品荣获教育部关工委2023年"读懂中国""优秀微视频"和"优秀征文"奖项;4篇作品分别获湖北省教育厅关工委最佳征文奖、优秀征文奖、最佳微视频奖、优秀微视频奖,学校关工委荣获优秀组织奖。积极开展医保宣传,加强重点人群健康服务、健康管理,加强医疗物资保障供给,继续推进广大教职工健康体检和女教职员工专项体检,扎实开展形式多样的健康教育。加强校园基础设施建设,完成《新校区二期项目("中约大学"中国校区)基本建设发展规划》编制工作,并顺利完成新校区二期规划设计招标,人才周转公寓、体检中心、学生宿舍改造等项目有序推进。不断优化图书馆纸质、数字文献资源建设和信息化建设,加强博物馆馆藏建设,不断改善硬件条件,着力建设优质景区。完成档案馆档案库房综合改造,极大提升档案安全管理水平。持续完善校史馆功能,硬软件水平优化升级。不断丰富朱训书屋展陈,拓展未来城图书馆育人功能。持续做好科技查新、检索及文献传递等,着力打造公共文化服务优质平台、文化育人创新发展高地。期刊出版工作,持续服务学术繁荣和师生,《地球科学》荣获"中国国际影响力优秀学术期刊""第五届湖北出版政府奖",*Journal of Earth Science* 荣获"中国国际影响力优秀学术期刊",《安全与环境工程》荣获省科协"科技创新源泉工程"优秀科技期刊,《中国地质大学学报(社会科学版)》荣获"全国高校精品社科期刊"。全年出版选题申报选题356种,出版图书350余种,获得奖励(资助)45项(其中国家级22项、省部级18项)。附属学校幼教、中小学教育质量稳步提升,促进教职工子女全面成长成才,有效稳定了师资队伍,提升教职工幸福感。

2024年将迎来新中国成立75周年,是推进"十四五"事业发展规划实施的攻坚年。立足加快建设地球科学领域国际知名研究型大学的新起点,我们将以习近平新时代中国特色社会主义思想为指导,深入学习贯彻党的二十大精神,坚持"两个确立",做到"两个维护",增强历史自觉和历史主动,贯彻党的教育方针和党中央决策部署,落实好学校第十三次党代会精神要求,以高质量党建引领保障高质量发展,统筹推进"十四五"规划、"双一流"建设和深化改革,坚持改革思维、系统思维、法治思维,以更高水平开放、更深层次改革、更高质量创新,蹄疾步稳、敢为善为,为教育强国建设、全面推进中国式现代化建设贡献地大力量!

中国地质大学（武汉）学习贯彻习近平新时代中国特色社会主义思想主题教育总结报告

中共中国地质大学（武汉）委员会

中国地质大学（武汉）党委认真开展学习贯彻习近平新时代中国特色社会主义思想主题教育，牢牢把握"学思想、强党性、重实践、建新功"总要求，坚持学思用贯通、知信行统一，把习近平新时代中国特色社会主义思想转化为坚定理想、锤炼党性、指导实践、推动工作的强大力量，推动学校事业高质量发展。现将学校主题教育情况总结如下。

一、主题教育做法

1.统筹联动，加强组织领导。学校高度重视开展主题教育，将主题教育作为首要政治任务，按要求不折不扣地推动落实。一是及时传达部署。自中央于4月3日召开主题教育工作会议后，学校党委及时传达学习，在教育部作主题教育动员部署后第一时间组织专题学习。4月20日，学校召开主题教育动员大会进行部署，统筹推进主题教育，为推动学校高质量发展提供思想保证和精神动力。二是加强顶层设计。学校党委精心谋划，研究制定主题教育实施方案、理论学习方案以及专题读书班学习计划，统筹理论学习、调查研究、推动发展、检视整改、总结评估，明确分工，协同推进，建立校院两级党组织分级负责、系统推进的责任体系，形成不同群体分类施策、聚焦问题强化整改的工作格局。三是注重跟进落实。指定专人对接，每周定期上报学校主题教育进展情况、经验案例和下周工作计划，传达教育部主题教育领导小组办公室和巡回指导组工作提示，及时按要求调整强化工作节奏，落实工作要求，得到指导组有力督促指导，确保学校主题教育不走样不变形。四是强化组织保障。成立主题教育领导小组，由党委书记、校长任组长，其他校领导班子成员任副组长，领导小组下设办公室，组建调研文秘、学习培训、宣传宣讲、整改整治等4个工作组，每周四定期召开领导小组办公室工作例会，协同联动推进落实，并把主题教育开展情况作为领导班子和领导干部年度考核、党组织书记抓党建述职评议考核的重要内容，确保主题教育取得实效。

2.以学铸魂，强化理论学习。加强党的创新理论学习，采取请进来、走出去的方式强化思想武装头脑、指导实践、推动工作。一是坚持"第一议题"学习制度。校院两级党委理论学习中心组第一时间组织学习,党委书记黄晓玫带头领学,学校领导班子成员主动将自学、研学、讲学、联学融会贯通,做到以上率下、学以致用、知行合一,在理论学习中筑牢根本、强化忠诚。4月25日组织全校读书班开班仪式,党委书记黄晓玫就专题读书班学习提出具体要求。学校领导班子成员围绕习近平新时代中国特色社会主义思想世界观和方法论、习近平生态文明思想、中国式现代化、总体国家安全观、习近平法治思想、建设教育强国等10项专题重点领学、研讨交流,在国家战略、区域行业、科技发展全局中定位学校发展、谋划强国作为。学校党委共组织专家辅导报告5场次,集中研学11场次。组织处级领导班子专题读书班学习共356场次。针对中层干部、科级干部、高层次人才及党外代表人士等分层分类组织培训,引导师生党支部开展"深入开展主题教育、喜迎学校第十三次党代会"主题党日活动,营造积极向上的学习氛围。二是组织理论宣讲。学校领导班子成员作为湖北省美丽中国宣讲团专家,面向学校师生、兄弟院校和行业单位宣讲。党委书记黄晓玫带头给"双肩挑"干部以及提任轮岗交流干部讲授《锤炼政治素质,提升战略能力,奋力开创事业发展新局面》专题党课,为青年学生讲授《传承科学家精神 涵养报国情怀》专题党课;校长王焰新院士为轮训教师讲授《树立战略思维 坚持改革创新开放,争做教研"双一流"的"大先生"》专题党课,校党委副书记王林清给全省职业院校教育教学管理干部讲授关于生态文明建设美丽中国专题党课,校党委副书记王甫给第29期发展对象讲授关于新发展阶段新发展理念专题党课等,校级、处级领导班子成员以及党支部书记分别讲授党课20场次、290场次、530场次,让生态文明理念、教育强国思想等习近平新时代中国特色社会主义思想深深扎根在师生心中。作为湖北省首批重点马克思主义学院,开好习近平新时代中国特色社会主义思想概论课,带动师生深入基层宣传阐释,打造英山"理论热点面对面"湖北省优秀示范基地。三是开展联学联创。党委书记、校长带队赴山东地质六队,与山东地矿局、济宁市人民政府开展联学联建,学习习近平总书记给地质工作者的重要回信精神,围绕保障国家能源资源安全、服务新一轮找矿突破战略行动,深化局校地合作,共谋协同发展,共育新时代"英雄地质队员"。邀请12个以英雄榜样人物命名的全国党建工作样板支部来校开展联学联创,共同倡议做新时代教育战线的先锋队、奋斗者和传承人,让英雄精神薪火相传。学校党委组织部、党委统战部、图书档案文博部、离退休工作处、工会、外国语学院、艺术与传媒学院等党委理论学习中心组开展"六组联学";学校湖北巴东地质灾害国家野外科学观测研究站党支部走进巴东县,联合野三关镇铁厂荒社区党支部开展主题党日,发挥学校科技优势和地方特色,助力"两山"转化先行示范。四是组织特色活动。举办"学习新思想 喜迎党代会 奋进新征程"党支部风采大赛,开展党建好案例、支部好微课和党员好故事评选,进行"百名支书讲团课"菜单式预约宣讲,先后组织开展五四青年师生座谈、机关青年论坛、组织员党建工作论坛等系列活动,用青春之声传播党的创新理论。成立"名师伴行"工作室,深化研究生卓越导学团队创建,举办"向阳成长营"等系列活动,推动师生共学、教学相长。周口店实习基地临时党支部组织"传承摇篮精神 争做时代新人"主题党日活动,邀请学校杰出校友、中国科学院院士潘永信为实习师生作辅导报告,强化科学家精神教育和理想信念教育,确保暑期理论学习不间断。

3. 突出重点,做深调查研究。围绕中央关于大兴调查研究12项具体调研内容,统筹学校学习贯彻党的二十大精神、筹备召开第十三次党代会、落实"十四五"规划和"双一流"建设以及教代会、工代会汇集的重点问题,推进主题教育持续走深走实。一是制定调研方案。学校于4月25日印发《关于落实大兴调查研究工作实施方案》,做到与学校主题教育同研究部署、同推动落实。明确全面从严治党、高素质人才培养、有组织科研、治理能力提升以及增强师生获得感等5项重点调研主题,分阶段深入开展调查研究,凝聚改革发展共识。二是集中开展调研。3月中下旬,学校领导班子成员带队,围绕党的领导和党的建设、高素质人才培养、有组织科技创新、优化治理能力等4个专题集中组织校内调研,查找学校党建引领保障学校事业高质量发展中存在的突出问题,对接国家重大战略和区域经济建设发展谋划地大如何作为。4—6月,校领导带队赴兄弟高校和企事业单位广泛开展调研,党委书记黄晓玫带队赴湖南、陕西、北京、山西、江苏、山东等地10多所高校以及多家企事业单位广泛开展调研,学习借鉴和谋划学科行业特色高水平大学建设,深度了解行业企业和地方需求,系统梳理制约学校改革发展的突出问题,整合力量对接国家需求打造国之重器,拓展学校办学资源,探索解决问题切实可行的路径和方法。坚持问题导向,明确以"开放提速、改革提效、创新提质、实现高质量发展"为主题集中调研,在调查研究中深化认识,召开战略发展委员会第三次会议,邀请数十位两院院士和高等教育专家为学校改革发展把脉问诊。三是组织专项调研。学校领导班子成员每人牵头1~2项调研主题,领办完成涉及党建、人才培养、内部治理等3类12项调研任务。校长王焰新院士围绕优化学科专业布局深入开展调研,带队赴山西、山东、广东、北京、安徽等地走访调研兄弟高校、科研院所和企事业单位,学校其他班子成员主要围绕贯彻落实八项规定精神、优秀年轻干部选培机制、强化培养就业联动、青年学生扎根西部就业、构建高质量人才培养体系、推进有组织科研、推动大型仪器设备开放共享、优化多校区办学运行管理模式、提高附校办学质量等主题开展调研,为推动学校改革发展助力。四是推进成果交流。先后组织召开部门主题教育调研阶段性工作交流会以及校级领导班子调研成果交流会,校级领导班子成员及9个职能部门主要负责人结合调研情况交流研讨,直奔问题,分析形势,研究解决对策。校级领导班子成员先后聚焦落实时代新人铸魂工程、博士点申报、人才培养方案修订、有组织科研等调研事项开展研讨,围绕附属学校办学基础设施、教师队伍和幼儿园体制机制建设以及周边环境治理等民生事项深入开展调研,加强师生基础条件保障,切实为师生办实事解难事。五是强化成果转化。在校内外充分调研以及召开8场次座谈会广泛征求师生意见的基础上,高质量起草形成学校党代会报告,并将调研成果、问题整改的长效化机制以及"时代新人铸魂工程"等重要工作写进党代会报告，转化为巩固主题教育成果、保障学校高质量发展的长远规划和制度安排，转化为干部师生投身教育强国建设的生动实践。印发通知要求认真学习贯彻学校第十三次党代会精神，明确下一步工作举措，并就党代会报告征求意见座谈会和党代会代表团审议时师生重点关注的问题进行梳理，进一步抓好贯彻落实。

4.对标对表，落实检视整改。学校在广泛调研的基础上，边学习对照边检视整改，对照巡视巡察和审计监督、教代会师生反馈等存在的问题，系统梳理调查研究发现的问题、推动学校改革发展遇到的问题以及师生反映强烈的问题，研究制定了校级领导班子问题清单10项、领导班子成员问题清单29项、领导班子专项整治方案5项、基层治理2项，并细化整改措施抓好落实，基本完成了整改任务。一是重点开展专项整治。将构建高质量人才培养体系、开展有组织科研、人事制度改革、完善大型仪器设备共享机制、优化多校区管理模式等列为学校专项整治整改事项，推动制定落实时代新人铸魂工程实施方案，修订人才培养方案，推进"一站式"学生社区建设，统筹校内外资源，解决制约学校改革发展的主要问题。树立正确政绩观，推动完成给基层减轻负担、强化两校区"一站式"服务等两项基层治理任务，坚决防止形式主义，杜绝"低级红""高级黑"现象。二是深入推进时代新人铸魂工程。"新形势下如何推动落实'时代新人铸魂育人'工程，优化调整学校人才培养目标，构建与之匹配的高质量人才培养体系"的整改任务，因与教育部党组年度重点任务相契合被列为重点关注事项。学校党委深入推进"时代新人铸魂工程"，党委书记黄晓玫与分管领导班子成员暑期组织会议进行专题研讨，向教育部思政司、高教司汇报沟通并争取指导和支持，加强与北京市房山区及企业合作共建周口店实习基地，整合秭归"大思政课"育人基地和校史馆科学家精神教育基地等思政实践资源，打造大中小一体化思政课实践育人基地；研究制定关于完善"五通融合"立德树人体系、落实时代新人铸魂工程实施方案，聚焦"十大工程"推出37项主要举措，把思政工作贯通学科体系、教学体系、教材体系、管理体系，进一步强化全程贯通、空间联通、队伍互通、内容打通、评价融通的"五通融合"立德树人体系；制定关于加强"习近平新时代中国特色社会主义思想概论"课建设实施方案，全面提升思政课教学质量，构建适应时代要求的高质量人才培养体系。三是着力加强问题整改。对照领导班子和班子成员问题清单制定122项整改举措，推动完成党建示范组织培育创建、加强二级党组织全面从严治党"四责协同"、开展学校"双一流"建设中期自评、加强高质量人才培养、强化有组织科研、健全社会合作机制和完善监督体制机制、加强校园文化建设等具体整改任务。重点解决民生问题，把年初工会教代会提案和反映师生急难愁盼的问题梳理成12项重点任务，着力解决大学生就业、学生学风建设、教师子女入园、两校区交通保障、建立体检中心、周转房保障、师生服务大厅功能优化升级和信息化建设等师生期盼的重点难点问题。四是有序组织主题教育测评。研究制定学校主题教育测评工作方案，主动接受群众监督和评价，指导31个二级党组织采用线下问卷方式随机开展测评。参加测评对象包括党员干部、普通党员和非党员等共计205人。主题教育测评结果显示，师生对学校开展主题教育9个方面的评价整体上比较满意，对本校开展主题教育的总体评价为"好"和"较好"的比例达100%，对党员干部加强党的创新理论学习的评价以及对党员领导干部讲专题党课的评价为"好"和"较好"的比例均为100%。五是筹备召开专题民主生活会。聚焦学习贯彻习近平新时代中国特色社会主义思想，深入开展谈心谈话，从理论学习、政治素质、能力本领、担当作为、工作作风、廉洁自律等6个方面梳理问题，围绕选定的反面典型案例进行深刻剖析，严肃开展批评与自我批评，扎实抓好问题整改。

5.笃行实干，推动学校发展。以深入开展主题教育为契机，牢牢把握高质量发展首要任务，坚持把理论学习、指导实践、推动发展贯通起来，有机融合、一体推进，推动主题教育取得实效。一是筹备并顺利召开学校第十三次党代会。党代会报告全面回顾了学校第十二次党代会以来完成的主要工作、取得的显著成绩和形成的宝贵经验，深刻分析了学校在新征程上面临的机遇和挑战，擘画了学校未来发展蓝图，提出了学科特色型大学创建世界一流大学的历史使命，明确了加快建设地球科学领域国际知名研究型大学的重点任务，对推动学校改革发展、实现高质量发展指明了前进方向。二是谋划推动学科专业调整。赴行业特色高校开展调研，学习学科建设先进经验。组织召开"双一流"建设中期评估工作布置会，两个一流学科和各建设任务牵头单位成立工作专班，举行专家评审会充分听取意见建议，形成学校第二轮"双一流"建设中期自评报告。召开学科调整优化工作推进会，讨论5个D类学科优化调整问题，相关学科已形成调整优化方案。筹备建设新一轮学位点和交叉学科，整理形成学科专业优化调整调研报告。三是加强高质量人才培养。坚持以个性化培养、国际化视野、科教融合、产教协同为特色，探索李四光学院、未来技术学院、卓越工程师学院、现代产业学院等新地学教育拔尖创新人才培养路径，全面提高人才自主培养质量。高质量修订本科人才培养方案，召开2023版本科人才培养方案评审会，分4个分会场听取70个专业汇报，与会专家针对专业定位、培养目标、专业知识图谱、课程体系、课程思政、毕业要求等提出意见建议，在新一轮人才培养方案中得到体现和改进。四是开展有组织科研。强化教育、科技、人才一体化发展理念，以"强国建设、地大何为"为主题，积极探索依托科研平台、教学科研团队设置党组织，筑牢科研攻关一线红色"战斗堡垒"，引导师生将地质报国作为科研导向和个人价值追求。揭牌广州南沙地大滨海研究院，组织8个学科交叉团队入驻，服务粤港澳大湾区发展。召开服务国家能源资源战略能力提升专题会议，多次组织专题研讨，汇聚力量部署推动建功新一轮找矿突破战略行动。与长江三峡集团、紫金矿业集团等单位签署战略合作协议，深化人才共育、科技共创、平台共建等合作，聚焦国家重大工程建设中的资源环境、安全健康等"卡脖子"关键问题，培育一批有原创性和广泛影响力的重大成果。五是服务乡村振兴。依托"援派干部+科研团队"帮扶模式，推动施甸县成功打造云南省首个全国地质文化乡和第二批天然富硒土地品牌；聚焦湖北竹山绿松石全产业链发展，协助引进绿松石抖音电商直播基地，推动当地绿松石年产值突破50亿元，助力加快建设"经济倍增先行区、绿色发展示范县"，打造教育帮扶助力乡村振兴的地大样本。旅游管理系党支部作为全国党建工作样板支部，深入乡村开展地学旅游资源勘察、地质公园建设、乡村旅游振兴、遗产保护等课题调研，服务经济社会发展。六是强化实践文化育人。利用科学家精神教育基地和2个全国科普基地，宣传近百名地质科学家的光辉事迹，传承地质科学家精神。打造"行走的思政课"品牌，依托"美丽中国讲师团""乡村振兴学校实践育人基地""大学生长江大保护行动计划""学习之路"等平台，巩固思政教育的"自然大课堂"。举办"强国有我、青春有为"主题社会实践活动，聚焦"学习践行二十大""科技强国逐梦""青春志愿行，奉献新时代"等12个主题组建147支实践团队，1500余名师生深入开展社会实践，深入学习领会习近平新时代中国特色社会主义思想的科学内涵和实践伟力。举行中华民族文化交流展演，武汉8所高校近3000名民族师生共同体验一堂民族文化育人"大课"。持续推动以李四光先生为原型的大学生原创话剧《大地之光》全国巡演，举办"礼赞二十大，奋进新征程"编钟音乐会、世界地球日主题宣传周、"学习新思想建功新时代"主题教育文艺汇演等活动，以青年人喜闻乐见的方式实施时代化、校本化的铸魂育人工程。七是推进全面从严治党。坚持把推进全面从严治党、"清廉地大"建设、建立"四责协同"机制、党风廉政建设等纳入年度工作要点，组织召开全面从严治党工作会议和"清廉地大"建设推进会部署工作，谋划推动"两个责任"贯通联动、一体落实。聚焦从严管党治校，紧盯基层党建工作、意识形态责任制、师德师风建设，落实全面从严治党"两个责任"和领导干部"一岗双责"、党风廉政建设责任制、开学第一课等落实情况开展"多合一"专项检查。聚焦干部队伍建设，研究制定中层领导干部廉政档案建设管理办法、党风廉政意见回复实施办法等，严把党风廉政意见回复关。聚焦"关键少数"，坚持对重点领域新任正处级干部开展一对一廉政谈话，督促廉洁履职规范用权。聚焦作风建设，开展违规吃喝问题整治、借培训之名组织公款旅游自查自纠、违反中央八项规定精神问题治理、"三重一大"决策制度执行情况以及习近平新时代中国特色社会主义思想"三进"工作专项调研等，压实主体责任，深化标本兼治。八是防范化解重大安全风险。在五一劳动节、暑假等重点节假日，校领导带队开展校园安全专项检查，全面排查校园安全风险隐患，强化重点领域安全管理，消除11类66处实验室安全、27处消防安全、28处水电使用安全、8处食品安全等隐患，开展校园交通专项整治3项，处理交通事故5起，切实维护师生安全和校园稳定。学校积极加强教职工安全教育、开展食品安全操作规范、消防安全演习、生产安全知识等安全生产系列培训，确保实现安全生产平稳运行。

6.注重协同，加强宣传推广。学校注重把主题教育宣传与学校第十三次党代会宣传有机结合，开设"喜迎党代会""主题教育"等专题网站，推出主题教育专题橱窗，录制党代会专题片"领航"，开展"地大这五年""书记谈党建""党代表建言献策""师生热议"等深度报道和专题宣传,加强舆论正面引导,为主题教育营造良好氛围。学校坚持按要求完成规定动作,引导开展自选动作,4月以来被省级以上报纸期刊宣传报道30余篇,其中校党委书记黄晓玫主讲和录制的教育部高校党组织示范微党课《传承科学家精神　涵养报国情怀》被新华网、光明网、央视网、人民网、共产党员网、微言教育、全国高校思政网相继展播;校长王焰新署名的文章《不断增进最普惠的民生福祉》被人民日报刊载;《深学实干　地质报国　中国地质大学(武汉)推动主题教育走深走实》先后被中国组织人事报、微言教育刊载;赴山东省地矿局第六地质大队(简称山东地质六队)开展联学联建、民族文化交流展演、全国高校英雄支部相聚地大等特色活动获得校外媒体广泛关注和转载,及时选树和上报组建"银龄宣讲团"、深化联学联建、地质科学家精神涵育时代新人、英雄精神导航师生成长等20个特色经验案例,营造浓厚的学习氛围,引领师生在建设教育强国、服务中国式现代化建设中担当新使命、展现新作为。

二、主题教育取得的成效

1. 凝心铸魂方面。一是加强理论学习。引导党员干部和师生坚持不懈用习近平新时代中国特色社会主义思想凝心铸魂,更加自觉深刻领悟"两个确立"的决定性意义,增强忠诚核心、拥戴核心、维护核心、捍卫核心的政治自觉、思想自觉、行动自觉,转化为履职尽责、做好工作的实际行动。学校主题教育测评中,师生对党员干部加强党的创新理论学习的评价均认为"好"和"较好"等次,其中被评为"好"的占比91.7%。二是深化党建示范高校培育创建。召开全国党建工作示范高校培育创建推进暨党建标杆院系、样板支部主题教育推进会,充分发挥榜样引领作用。学校党建"双创"工作取得实效,1个学院、2个党支部分别入选"全省党建工作标杆院系、样板支部"培育创建单位,3个教师党支部入选湖北省高校"双带头人"教师党支部书记工作室培育创建名单,3个学生支部、3名研究生分别入选湖北省"研究生样板党支部""研究生党员标兵"培育创建名单。三是推进党员干部系统化训练。坚持以理想信念教育为核心,以提升履职尽责能力为重点,以推动学校事业高质量发展为目标,不断锤炼品格强化忠诚,激励干部和师生担当作为,制定《2023年干部素质能力提升计划》,分中层干部、科级干部、党外人士、纪检干部等7个类别开展专题网络培训,举办"双肩挑"中层干部政治能力提升专题培训和"学习贯彻党的二十大精神集中轮训",组织125名管理干部赴浙江大学开展专题培训,举办"红专并进·博学报国"系列党课3期,教育引导干部和师生以学铸魂、以学增智、以学正风、以学促干。四是进一步强化统战工作。画好同心圆,制定《关于支持各民主党派、无党派人士和党外知识分子开展"凝心铸魂强根基、团结奋进新征程"主题教育实施方案》,推进各民主党派积极开展校内外主题教育联学联建活动,集中开展民族宗教政策专题培训,承办全国台联海峡两岸和平小天使活动。

2. 事业发展方面。一是聚焦党代会大调研,谋划学校未来发展。分门别类统筹开展大习、大调查、大研讨、大实践系列活动,推动学习成果大转化、工作质量大提升。高质量起草形成学校党代会报告,系统总结出"六个始终坚持"成功经验,展望未来教育强国建设的"四大使命"、研究型大学建设的"七项行动"以及高质量党建的"五项部署",转化为干部师生投身教育强国建设的生动实践。二是聚焦一流学科,优化学科专业生态。形成学科专业布局优化调研报告,为进一步做好学科专业设置、调整、建设工作,加强学科专业发展规划提供理论和实践依据;进一步健全学科分层发展体系,推进学科分类发展,为学校资源配置、科学引才提供参考意见;全面梳理学校"双一流"建设成效和存在的问题,形成自评报告,以评促建;推动成立新能源学院,布局建设新能源科学与工程交叉学科学位点和本科专业;组织新一轮学位点的自评估论证和制定自设二级学位点的评估方案,对学位点进行调整和优化;制定本科专业结构优化与动态调整实施管理办法,建立健全专业增设、升级与退出的动态机制,完善和优化专业结构与布局。三是聚焦以党育人为国育才,提高人才自主培养质量。对标国内外高水平大学的同类专业,制定地大特色的人才培养目标和培养要求,开展本科专业自评估,高质量完成人才培养方案的修订工作。新的本科人才培养方案,进一步完善了课程管理,构建了以目标为导向的培养方案知识图谱;建立基础课分层方案,明确专业课归属,建立跨学院的课程组;新一轮研究生培养方案以聚焦立德树人、贯彻本研贯通、坚持一流标准、推进分类培养为基本原则,以全面提升研究生知识创新能力和实践创新能力为目标,强化思想理论教育和价值引领,实施分层分类改革,夯实了"三融三跨"的研究生培养模式。四是聚焦有组织科研,推进科技工作体制机制改革。坚持以"四个面向"为指引,加强多学科交叉融合,印发《关于推进有组织科研的实施意见》,建立新型举校体制,强化统筹规划和协调联动,融合各类科研平台,分层分类设立团队,形成建制化、成体系服务国家和区域战略需求的科技力量;建立有组织科技创新工作领导小组,校领导为组长,采取联席会议制度定期研究推进相关工作。五是聚焦建章立制,推动形成长效机制。坚持"当下改"与"长久立"中聚焦关键问题,立足学校长远发展,研究制定32项政策性制度文件,努力破解当前制约学校发展的迫切问题。已建立《所属企业经营绩效考核暂行办法》《毕业生就业市场拓展实施办法(试行)》等21项制度,其他11项政策性文件近期将陆续出台。主题教育测评中对党员干部大兴调查研究、运用党的创新理论研究新情况、解决新问题的评价以及对党员干部树立和践行正确政绩观、坚持高质量发展、推动解决发展难题的评价为"好"和"较好"的比例均为98.5%。

3.为师生办实事方面。学校党委把推动解决师生急难愁盼问题作为检验主题教育成效的重要内容,校领导带头赴各二级单位召开专题座谈会,组织机关全体中层干部深入2023年"两代会"各代表团分组讨论,把学校教代会、工代会44个提案和师生反映的急难愁盼问题装进"篮子",切实为师生解难题。一是及时解决师生反映的突出问题。共收集师生在提升治理能力、教育教学、学科与专业建设、师资队伍建设、改善民生等方面的意见建议177条,梳理形成年度重点任务12项,多部门协同任务36项,部门任务89项,已解决各类突出问题96个,充分运用"浦江经验"切实为师生办实事解难题。如深入推进师生"一网两厅"一站式服务建设,网上厅可办理事项从启用时的117项增至目前的182项,南望山校区服务大厅投入使用,可为师生及社区居民提供75项线下服务、36项自助服务以及687项武汉市政务和便民服务。积极响应两校区师生诉求,制定《两校区文件转接服务实施细则(试行)》,启动文件资料转运服务,完善两校区运行机制,提高工作效率。增设两校区往返交通车、建立体检中心、毕业季送站服务、平安地大建设等便民利民惠民事项深受广大师生好评。中国教育报以《中国地质大学(武汉):"小社区"彰显"大作为"》为题进行报道。二是强化教代会提案办理。2023年共收到各代表团提案44件,经审议确定了重点立案提案5件,一般立案提案22件,17件提案作为工作建议提交相关管理服务部门,高质量提案办理有效地回应了群众关切。三是主动为师生解难题。协调远程与继续教育学院、珠宝学院、公管学院、经管学院等单位为南望山附属幼儿园捐款28万用于设施更新,为教职工子女教育环境和设施完善作贡献。持续优化教职工福利多元化发放方式,通过电商平台自主选购+定点帮扶采购等优化福利发放方式,为教职工提供便利。组织90余名优秀教师和先进工作者赴福建开展暑假教职工疗休养活动,让教师们充分感受到学校的关心和温暖。主题教育测评中对建立民生项目清单、解决师生急难愁盼问题的评价为"好"和"较好"的比例达98.5%,对领导干部运用"浦江经验"开展下访接访、解决师生难题、化解信访积案评价为"好"和"较好"的比例达97.1%。

三、存在不足及下一步努力方向

在开展主题教育过程中还存在一些不足。一是理论学习不够系统深入。系统把握习近平新时代中国特色社会主义思想的科学体系和深刻内涵有待加强;对党的创新理论吸收、消化和运用还有差距,学用结合不够紧密;基层党组织理论学习形式有待丰富创新,党校培训和思政课建设还需不断加强,结合具体工作对党的创新理论深学细读做得还不够扎实。理论学习成效有待提升,提高思想认识、形成理论研究成果等方面存在不足。二是持续推动改革攻坚的力度有待加强。开展主题教育时间较短,问题整改还需继续推动落实,尤其是改革进入深水区后破解资源瓶颈、推动学校事业高质量发展能力有待加强,在控制办学成本、加强资源筹措、优化资源配置模式、加强资源共享等方面还需要更加努力。三是解决群众急难愁盼问题的力度还不够,加强师生民生保障还需进一步提升。下一步,将持续做好以下3个方面的工作。

1.持续强化理论武装。坚持把学习贯彻习近平新时代中国特色社会主义思想作为首要政治任务,引导广大党员师生深刻领悟"两个确立"的决定性意义,坚决做到"两个维护"。一是坚持原原本本学。学深悟透习近平新时代中国特色社会主义思想指定读本,及时跟进学习习近平总书记最新重要讲话和文章,用党的创新理论武装头脑、指导实践。二是坚持集中研讨学。强化"第一议题"学习制度,注重个人自学与集中研讨相结合,依托校院两级党委理论学习中心组、以专题读书班等形式加强领导班子理论研学;组织师生党员以"三会一课"、主题党日等形式,通过交流研讨、宣讲阐释、案例教学、线上培训等方式组织党员学习,充分运用红色教育资源、党性教育基地等常态化系统开展培训,推动理论学习常态化。三是坚持结合实际学。暑期依托学校4大实习基地和科学家精神基地强化实习实践,组织实习实践交流分享会,交流学习体会,促进共同提升。

2.扎实开展调查研究。继续推动校院两级领导班子立足职责职能尤其是对照学校年度重点工作任务深入开展调研,查找存在的问题,推动整改落实,写好主题教育成果转化运用的后半篇文章。一是推动校级领导班子调研成果转化。在召开学校调研成果交流会后,继续推动落实《学校领导班子调查研究工作规定》(地大党发〔2020〕64号)文件要求,推动深化校级领导班子调查成果的转化运用,抓好调研整改措施的具体落实,把调查研究的"问题清单"转化为体现工作实绩的"成效清单"。二是抓好处级领导班子调研。指导各二级党组织按要求深入开展调研,将调研成果转化为推动本单位事业发展的成效。三是坚持调查研究常态化。继续推动开展下基层察民情解民忧暖民心实践活动,组织党员干部深入师生一线推动开展常态化、有针对性调研,听取师生意见,帮助师生解决实际困难。

3.巩固深化主题教育成果。把"当下改"与"长久立"结合起来,建立巩固深化主题教育成果的长效机制,进一步健全学习贯彻党的创新理论制度机制,确保主题教育常态长效。一是贯彻落实学校党代会精神。对照学校年度重点工作任务,把学习贯彻落实学校第十三次党代会精神、落实时代新人铸魂工程作为下一步工作重点,将党代会描绘的美好愿景转化为施工图、责任书,进行工作任务分解,明确工作分工和完成时限,细化工作举措,推动主题教育取得实效。二是继续抓好问题整改。校级领导班子专题民主生活会后,及时梳理上报学校民主生活会进展情况并扎实抓好问题整改;指导各二级党组织和师生党支部按要求开好专题民主生活会和专题组织生活会,并督促抓好问题整改,推动主题教育取得实际成效。三是深入推进建章立制。对照领导班子及班子成员问题整改事项,继续推动《周转房管理办法(修订)》《人力资源"十四五"发展规划》等11项制度性文件的出台,指导各二级党组织对照问题清单整改落实,持续完善工作体制机制,不断推动学校改革发展。

中国地质大学（武汉）第十三次党代会工作情况

在党的二十大精神鼓舞下，在中共教育部党组和中共湖北省委组织部亲切关怀和领导下，在全校各级党组织和广大党员的共同努力下，7月8日—9日学校第十三次党员代表大会胜利召开，本次党代会是在全校师生员工深入学习贯彻党的二十大精神，我国全面建设社会主义现代化国家、向第二个百年奋斗目标进军，吹响加快建设教育强国号角的关键时期召开的一次重要会议。

学校第十二次党员代表大会于2018年1月召开，大会选举产生的第十二届委员会于2023年1月任期届满，经请示中共教育部党组和中共湖北省委组织部，同意我校第十三次党员代表大会于2023年6月召开。2023年4月21日，学校党委印发《关于召开第十三次党员代表大会的通知》（地大党发〔2023〕23号）、《关于选举第十三次党员代表大会代表的通知》（地大党发〔2023〕24号）、《关于推荐提名第十三届党委委员、纪委委员候选人的通知》（地大党发〔2023〕25号），成立了以黄晓玫、王焰新同志为组长的筹备工作领导小组和文稿起草组、组织工作组、宣传工作组、大会会务组、监督执纪组、代表资格审查小组等工作机构，并对党代会相关工作做了详细规定。2023年5月19日，学校党委召开第十三次党员代表大会工作布置会，全面启动第十三次党员代表大会的会议筹备工作。相关筹备与召开情况如下。

一、选举产生了第十三次党员代表大会代表

根据学校党委《关于选举第十三次党员代表大会代表的通知》（地大党发〔2023〕23号）规定的选举单位、代表名额、代表条件及代表产生办法，各选举单位认真贯彻民主集中制原则，充分发扬民主，自下而上、上下结合、充分酝酿，根据多数党支部和党员意见研究提出代表候选人预备人选，经代表资格审查小组审查后，由学校党委常委会审定，确定了正式代表候选人预备人选。各分党委（党总支部）召开全体党员大会，采取无记名投票方式进行差额选举（差额20%）产生学校第十三次党员代表大会代表，共选出代表255名。

二、认真起草了第十二届党委、纪委工作报告

根据大会的指导思想、主要任务和议程，学校党委对第十二届党委、纪委（以下简称"两委"）工作报告的起草工作进行了专门研究部署，确定了起草"两委"报告的指导思想、主要内容和有关要求，成立了"两委"工作报告起草小组。"两委"工作报告起草小组在学校党委领导下，拟定了"两委"工作报告初稿。2023年6月26日，在面向校领导班子成员征求意见和建议的基础上，学校党委召开第十二届103次常委会专题审议了"两委"工作报告初稿。同时，分别召开8场座谈会，面向"两委"委员、二级党组织书记和院长、职能部门和群团组织负责人、直属单位负责人、院士和高层次人才代表、教学名师和青年教师代表，民主党派代表和党外代表人士、离退休教职工代表、教代会（执委会）代表、学生党员代表，广泛听取了意见和建议。"两委"工作报告起草小组充分吸纳座谈会收集整理的意见和建议，经过多次修改完善，形成了"两委"工作报告。第一次全体会议上将向大会报告，提请全体代表审查。

三、严肃认真地推选了第十三届党委委员和纪委委员候选人预备人选

经中共湖北省委组织部批准，中共教育部党组同意，学校第十三届党委委员为25名，纪委委员为11名。按差额20%的选举规定，党委委员候选人预备人选为30名（差额5名），纪委委员候选人预备人选为14名（差额3名）。

学校党委高度重视第十三届党委、纪委组成人员候选人的推荐提名工作。根据中共教育部党组和中共湖北省委组织部批准的第十三届党委、纪委的组成方案，印发《关于推荐提名第十三届党委委员、纪委委员候选人的通知》（地大党发〔2023〕25号），及时对第十三届党委委员、纪委委员的推荐提名原则、基本条件、提名程序及纪律要求作出了详尽规定，提出了具体要求。全校31个分党委（党总支部）和189个教职工党支部，认真贯彻执行党的民主集中制原则，广泛发扬民主，严格程序，采取自下而上、上下结合、充分酝酿、广泛听取意见、逐级遴选的办法，对第十三届党委委员、纪委委员候选人进行充分酝酿、民主推荐。2023年6月2日，学校党委召开第十二届100次常委会，根据多数党组织和党员的意见，按照中共湖北省委组织部批复"两委"委员名额的150%，提出了38名党委委员候选人初步人选名单和17名纪委委员候选人初步人选名单，并将候选人初步人选名单及简况反馈给各分党委（党总支部）征求意见。

根据各基层党组织征求意见反馈情况，2023年6月12日，学校党委召开第十二届101次常委会，会议根据多数基层党组织和党员的意见，按照中共湖北省委组织部批复"两委"委员名额的120%，提出了30名党委委员和14名纪委委员候选人预备人选建议名单。常委会结束后，学校召开第十二届24次全委会，通过了30名党委委员和14名纪委委员候选人预备人

选建议名单。学校党委将候选人预备人选建议名单及简况再次反馈给各分党委（党总支部）征求意见。

根据各基层党组织征求意见反馈情况，2023年6月26日，学校党委召开第十二届103次常委会再次审议了学校第十三届党委委员和纪委委员候选人预备人选名单。会议认为第十三届党委委员、纪委委员候选人预备人选的年龄、学历、职称结构合理，性别比例比较适当，职能部门和学院党政主要领导及教师的比例搭配比较得当。常委会结束后，学校党委召开了第十二届25次全委会，最终审定了学校第十三届党委委员和纪委委员候选人预备人选。会后按照相关规定报请中共湖北省委组织部和中共教育部党组审查同意，作为候选人提交大会进行选举。

四、认真审查了党费收缴、使用和管理情况

根据本次党员代表大会议程的要求，大会筹备工作领导小组责成党委组织部和纪委办公室对党费进行审查。党委组织部对五年来党费的收缴、使用和管理情况进行了自查，在此基础上形成了《关于中国共产党中国地质大学（武汉）第十二次代表大会以来全校党费收缴、使用和管理情况的报告》，请全体代表审查。

五、大会的规模、议程、会期和组织机构

出席本次党员代表大会的正式代表255名，列席人员建议人选23名，邀请列席人员建议人选14名，共计292人参会，大会共编为11个代表团。

大会主要议程有5项：

（一）听取和审查中国共产党中国地质大学（武汉）第十二届委员会工作报告；

（二）审查中国共产党中国地质大学（武汉）第十二届纪律检查委员会工作报告；

（三）审查中国共产党中国地质大学（武汉）第十二次代表大会以来全校党费收缴、使用和管理情况的报告；

（四）选举中国共产党中国地质大学（武汉）第十三届委员会；

（五）选举中国共产党中国地质大学（武汉）第十三届纪律检查委员会。

大会会期2天半时间，其中预备会议半天，正式会议2天。

大会的各项工作，在大会主席团领导下进行。大会主席团设常务委员会和秘书处，负责大会具体工作。

六、会议召开情况

2024年7月8日上午，中国共产党中国地质大学（武汉）第十三次代表大会在南望山校区弘毅堂隆重开幕。党委书记黄晓玫代表中国共产党中国地质大学（武汉）第十二届委员会

作题为《砥砺奋进　开拓创新　加快建设地球科学领域国际知名研究型大学》的工作报告。党委副书记、校长王焰新主持中国共产党中国地质大学（武汉）第十三次代表大会开幕式暨第一次全体会议。

大会主题：以习近平新时代中国特色社会主义思想为指导，全面贯彻落实党的二十大精神和湖北省第十二次党代会决策部署，传承和弘扬优良办学传统，落实立德树人根本任务，砥砺奋进、开拓创新，以更高水平开放、更深层次改革、更高质量创新，加快建设地球科学领域国际知名研究型大学，为建设教育强国、以中国式现代化全面推进中华民族伟大复兴作出新贡献。

出席大会的领导嘉宾有教育部人事司副司长朱保江，中共湖北省委组织部部务委员王发读，中共湖北省委教育工委专职副书记、湖北省教育厅党组成员张幸平，中国地质大学（北京）党委书记雷涯邻，长江大学党委副书记、校长刘勇胜，教育部直属高校主题教育第八巡回指导组副组长任应坤，教育部高校党建工作联络员谢守成。在主席台就座的还有湖北省教育厅组织处处长乔志强、中共湖北省委组织部干部五处副处长徐杨、中国地质大学（北京）党委常委多宏宇。

原校级领导干部，未当选为代表的党员处级正职干部和"两委"委员候选人列席大会，全国人大代表、政协委员，湖北省人大代表、政协委员，学校民主党派负责人，非党员院长应邀列席大会。北京大学、清华大学、武汉大学、华中科技大学等86所兄弟高校及我校各民主党派、人民团体，向大会发来贺信贺电。

朱保江受教育部党组委派，向大会的召开表示祝贺。他表示，自第十二次党代会以来，中国地质大学（武汉）深入学习贯彻习近平新时代中国特色社会主义思想，全面落实党的教育方针，坚定社会主义办学方向，充分发挥党委领导核心和政治核心作用，切实担负起管党治党、办学治校主体责任，团结带领广大师生员工，锚定建设地球科学领域世界一流大学目标，全面深化综合改革，推动学校党的建设和事业发展不断开创新局面，为国家、行业和地方经济社会发展作出了重要贡献。希望学校新一届党委，高举习近平新时代中国特色社会主义思想伟大旗帜，深入学习贯彻党的二十大精神，深刻领悟"两个确立"的决定性意义，牢固树立"四个意识"、坚定"四个自信"、做到"两个维护"，不断强化创新理论武装，加强党对学校的全面领导，把牢社会主义办学方向，落实立德树人根本任务，扎实推进"双一流"建设，不断开创学校党的建设和事业发展新局面，为建设教育强国、以中国式现代化全面推进中华民族伟大复兴作出新的更大贡献。

王发读代表中共湖北省委组织部对大会召开表示祝贺。他表示，中国地质大学（武汉）党委在教育部党组和省委正确领导下，高举中国特色社会主义伟大旗帜，以习近平新时代中国特色社会主义思想为指导，在党的建设、人才培养、科学研究、社会服务、文化传承创新、国际交流合作等方面都取得了优异成绩,为教育强国战略和湖北高质量发展作出了突出贡献。他希望,中国地质大学(武汉)新一届党委坚持和加强党的全面领导,不断提高办学治校水平,坚持内涵式高质量发展,扎实推进"双一流"建设,坚持"四个面向",在与湖北同频共振中奋发作为,不断开创学校事业发展新局面,为湖北经济社会发展作出地大贡献。

张幸平代表湖北省委教育工委、省教育厅党组致辞。他表示,中国地质大学(武汉)党委,自十二次党代会以来,各项事业蓬勃发展,取得令人瞩目成绩,同时深度融入地方发展,为湖北经济社会高质量发展提供有力的智力、人才和创新支撑。他希望,新一届领导班子坚持以党的建设统领学校各项工作,以高质量党建引领高质量发展,坚持以立德树人为根本任务,培养担当民族复兴重任的时代新人,坚持高质量创新发展,加快推进国际知名研究型大学建设,持续立足湖北、扎根湖北,积极对接地方重大战略、重大平台建设需要,助力湖北"建设全国构建新发展格局先行区"、武汉"打造全国科技创新高地"。

会上,中国共产党中国地质大学(武汉)第十二届纪律检查委员会向第十三次党代会作了书面工作报告。同时,党费收缴、管理和使用情况的报告以书面形式提请大会审议。

7月9日下午,中国共产党中国地质大学(武汉)第十三次代表大会胜利闭幕。大会选举产生了中国共产党中国地质大学(武汉)第十三届委员会和纪律检查委员会,黄晓玫等25人当选新一届党委委员,唐忠阳等11人当选新一届纪委委员。表决通过了关于中国共产党中国地质大学(武汉)第十二届委员会报告的决议和中国共产党中国地质大学(武汉)纪律检查委员会工作报告的决议。闭幕式由党委副书记、校长王焰新主持。闭幕会后,中国共产党中国地质大学(武汉)第十三届委员会第一次全体会议和中国共产党中国地质大学(武汉)第十三届纪律检查委员会第一次全体会议召开,会议选举产生了中国共产党中国地质大学(武汉)第十三届委员会常务委员会委员和书记、副书记,中国共产党中国地质大学(武汉)第十三届纪律检查委员会书记、副书记。

以下25位同志当选为中国共产党中国地质大学(武汉)第十三届委员会委员(按姓氏笔画排序):

王 华　　王 甫　　王力哲　　王文起　　王林清　　王焰新　　邬海峰
刘 杰　　李建威　　杨从印　　吴元保　　张 玮　　陈文武(女)　周建伟
赵葵东　　胡兆初　　胡守庚　　胡祥云　　侯志军　　徐绍红　　高复阳
郭上江　　唐忠阳　　黄晓玫(女)　章军锋

以下11位同志当选为中国共产党中国地质大学(武汉)第十三届纪律检查委员会委员(按姓氏笔画排序):

刘世勇　　阮一帆　　孙雅静(女)　李宇凯　　李红丽(女)　陈 慧(女)　周 刚
郭秀蓉(女)　唐 勤(女)　唐忠阳　　瞿祥华

以下10名同志当选为中国地质大学（武汉）第十三届党委常委（按姓氏笔画排序）：

王　华　　王　甫　　王力哲　　王林清　　王焰新　　刘　杰　　李建威　陈文武(女)　唐忠阳　　黄晓玫(女)

黄晓玫同志当选为中国共产党中国地质大学（武汉）第十三届委员会书记。王甫、王林清、王焰新、唐忠阳4位同志（按姓氏笔画排序）当选中国共产党中国地质大学（武汉）第十三届委员会副书记。

唐忠阳同志当选为中国共产党中国地质大学（武汉）第十三届纪律检查委员会书记，唐勤同志当选中国共产党中国地质大学（武汉）第十三届纪律检查委员会副书记。

七、学习贯彻落实党代会精神情况

2024年7月16日，学校党委印发《中共中国地质大学（武汉）委员会关于认真学习贯彻落实学校第十三次党代会精神的通知》（地大党发〔2023〕39号），就学习贯彻落实作出专题部署。通知要求全校各级党组织和全体党员要进一步深化学习贯彻习近平新时代中国特色社会主义思想主题教育工作成效，把开展主题教育同落实学校第十三次党代会精神统一到学校事业高质量发展上，把全校共产党员和师生员工的智慧和力量凝聚到党代会确定的战略目标和各项任务上来，充分认识学校第十三次党代会的重要意义，全面准确理解把握党代会精神，认真抓好贯彻落实。

学校第十三次党代会作出了以更高水平开放、更深层次改革、更高质量创新，加快建设地球科学领域国际知名研究型大学的重大决策部署，明确了学校今后五年党的建设、思想政治工作和改革发展的主要任务。为切实强化责任，合理分解任务，狠抓工作落实，2023年12月29日，学校党委印发《中国地质大学（武汉）第十三次党代会主要任务分解方案》（地大党发〔2023〕65号），要求全校各单位要把思想和行动统一到学校第十三次党代会决策部署上来，科学把握战略机遇和风险挑战，主动承担和完成党代会确定的各项工作，充分调动广大干部和师生的积极性，推动学校事业改革创新发展。方案要求各单位要围绕学校第十三次党代会确定的目标任务，深入研究谋划，拿出硬招实招，确保落地见效。

在学习贯彻习近平新时代中国特色社会主义思想主题教育总结大会上的讲话

黄晓玫

（2023年9月7日）

同志们：上午好！

根据中央主题教育统一部署和教育部工作安排，学校党委从今年4月21日正式启动主题教育，到8月底结束，历时4个多月。在教育部主题教育领导小组办公室以及部直属高校第八巡回指导组的指导下，在全体党员干部的共同努力下，学校认真开展学习贯彻习近平新时代中国特色社会主义思想主题教育，牢牢把握"学思想、强党性、重实践、建新功"总要求，一体化统筹推进理论学习、调查研究、检视整改、推动发展等主题教育各环节工作，高标准、高质量圆满完成了主题教育的各项任务。

在主题教育期间，第八巡回指导组对学校主题教育工作进行了全面、深入、细致的指导，对学校开展主题教育的各个环节严格把关、督促落实，并下沉到珠宝学院、工程学院给予具体指导，为学校主题教育取得实效提供了坚强保障。同时，通过主题教育，学校与第八巡回指导组的各位领导、同志结下了深厚的友谊。在此，我提议，让我们以热烈的掌声，对第八巡回指导组一直以来对我校的指导和关怀，表示衷心的感谢！

刚才，4名二级单位同志分别作了交流发言，从大家的发言中我们可以感受到，通过本次主题教育，全校师生党员进一步树牢"四个意识"，坚定"四个自信"，做到"两个维护"，切实把思想和行动统一到习近平总书记的重要讲话精神上来，统一到党中央的决策部署上来，为推动学校事业高质量发展奠定了思想基础。

下面，我代表学校党委从3个方面全面总结学校主题教育工作，推动主题教育走深走实。

一、强化政治站位，有序完成主题教育任务

主题教育期间，学校始终坚持发展导向，通过理论学习筑牢思想根基，通过调查研究补齐发展短板，通过检视问题改进工作作风，通过整改落实推动事业发展，切实达到凝心铸魂筑牢根本、锤炼品格强化忠诚、实干担当促进发展、践行宗旨为民造福、廉洁奉公树立新风的目标。测评显示，师生对学校开展主题教育的总体评价"好"的比例为95%。

1.加强组织领导。学校党委将主题教育作为首要政治任务,按要求不折不扣地推动落实。一是及时传达部署。学校党委及时学习传达习近平总书记关于开展主题教育的重要讲话精神,制定学校主题教育工作方案,分类施策,强化督促指导。二是注重跟进落实。指定专人对接,每周定期上报学校主题教育进展情况、经验案例和下周工作计划,传达上级工作提示,落实工作要求,得到了指导组有力的督促指导,确保学校主题教育不走样、不变形。三是做好组织保障。成立主题教育领导小组,由党委书记、校长任组长,其他校领导班子成员任副组长,领导小组下设办公室并组建4个专项工作组,每周定期召开领导小组办公室例会,协同联动推进落实。

2.强化理论学习。加强党的创新理论学习,采取请进来、走出去的方式强化思想武装头脑、指导实践、推动工作。一是坚持"第一议题"学习制度。校院两级党委理论学习中心组严格执行"第一议题"制度,党委书记带头领学,学校领导班子成员围绕习近平新时代中国特色社会主义思想的世界观和方法论、习近平生态文明思想、中国式现代化、总体国家安全观、习近平法治思想、建设教育强国等10项专题重点领学,做到学思用贯通、知信行统一。学校党委共组织专家辅导报告5场次,集中研学11场次。组织处级领导班子专题读书班学习共356场次。组织中层干部、科级干部、高层次人才及党外代表人士等分层分类培训,指导党支部开展主题党日活动,营造积极向上的学习氛围。测评显示,对党员、干部加强党的创新理论学习的评价"好"的比例为91.7%。二是组织理论宣讲。党委书记、校长分别带头讲好专题党课,校级、处级领导班子成员以及党支部书记分别讲授专题党课20场次、290场次、530场次。马克思主义学院带动师生深入基层宣传阐释,打造英山"理论热点面对面"湖北省优秀示范基地。测评显示,对党员干部加强党的创新理论学习的评价以及对党员领导干部讲专题党课的评价"好"的比例为100%。三是开展联学联创。学校赴山东地质六队,与山东省地质矿产勘查开发局、济宁市政府开展联学联建,学习习近平总书记给地质工作者的重要回信精神,深化局校地合作,共谋协同发展,共育新时代"英雄地质队员"。环境学院邀请12个以英雄榜样人物命名的全国党建工作样板支部来校开展联学联创,共同倡议做新时代教育战线的先锋队、奋斗者和传承人,让英雄精神薪火相传。党委组织部、校工会、图书档案文博部、离退休工作处、外国语学院、艺术与传媒学院等党委理论学习中心组开展主题教育"六组联学",赴安徽泾县皖南事变烈士陵园等开展实践研学,组织专家进行系列专题辅导,学习网络评论之道,传达和解读习近平总书记在文化传承发展座谈会上的重要讲话精神。高等研究院湖北巴东地质灾害国家野外科学观测研究站党支部走进巴东县,联合野三关镇铁厂荒社区党支部开展主题党日活动。四是组织特色活动。举办"学习新思想 喜迎党代会 奋进新征程"党支部风采大赛,开展党建好案例、支部好微课和党员好故事评选,进行"百名支书讲团课"菜单式预约宣讲,先后组织开展五四青年师生座谈、机关青年论坛、组织员党建工作论坛等,传播宣讲党的创新理论。深化研究生卓越导学团队创建，举办"向阳成长营"等系列活动，推动师生共学、教学相长。各二级党组织开展形式多样的活动，远程与继续教育学院暑期组织教职工赴延安开展"弘扬延安精神　培塑优良作风"专题培训，离退休工作党委组织10余场次"银龄宣讲团"老少共学活动，数理学院打造"党建＋专业志愿服务"品牌，进社区、进乡村、进学校弘扬科学精神、服务基层治理、助力科学普及；周口店实习基地临时党支部联合资源学院、环境学院和海洋学院组织"传承摇篮精神　争做时代新人"主题党日活动，邀请学校杰出校友、中国科学院院士潘永信为实习师生作辅导报告，强化科学家精神和理想信念教育，确保暑期理论学习不间断。

3.开展调查研究。围绕中央大兴调查研究12项具体调研内容，统筹学校学习贯彻党的二十大精神、筹备召开第十三次党代会等深入开展调研，推进主题教育持续走深走实。一是明确调研主题。学校制定调查研究实施方案，明确全面从严治党、高素质人才培养、有组织科研、治理能力提升以及增强师生获得感等5项重点调研主题，深入开展调查研究，凝聚改革发展共识。二是集中开展调研。自3月开始，学校集中组织校内调研，聚焦调研主题，查找学校存在的突出问题。4—6月，学校领导带队赴10余家高校和企事业单位开展调研，学习借鉴兄弟高校经验，深度了解行业企业和地方需求，梳理制约学校改革发展的突出问题；召开战略发展委员会第三次会议，邀请数十位两院院士和高等教育专家为学校改革发展把脉问诊。三是组织专项调研。领导班子成员围绕优化学科专业布局、贯彻落实八项规定精神、优秀年轻干部选培机制、强化培养就业联动、青年学生扎根西部就业、提高附校办学质量等12项主题开展调研，推动学校事业高质量发展。各二级党组织立足主责主业深入开展调研，资源学院、材料与化学学院、计算机学院走访调研企事业单位，深度拓展产学研合作；地理与信息工程学院组建"党员地灾应急突击队"开展地灾应急监测救援，为北京市房山区周口店镇地灾隐患调查及时提供精准的数据并建立灾害隐患三维建模；公共管理学院联合5个省份自然资源执法系统骨干就"自然资源与林草执法关系问题"开展调研；期刊社调研高起点新刊和知名期刊，提高办刊质量；资产公司走访调研企业高校以及政府部门，完善以企业为主体、以产教融合为主要形式的社会合作模式；全国党建工作样板支部经济管理学院旅游管理系党支部深入乡村开展地学旅游资源勘察、地质公园建设、乡村旅游振兴、遗产保护等课题调研，推动主题教育取得成效。四是推进成果交流。组织召开部门主题教育调研阶段性工作交流会以及校级领导班子调研成果交流会。校级领导班子成员及9个职能部门主要负责人结合调研情况交流研讨，各二级党组织分头召开本单位调研成果交流会，查找发展问题，分析形势，研究解决对策。推动完成附属学校改善办学基础设施、教师队伍和幼儿园体制机制建设以及周边环境治理等民生专题研讨，为师生办实事解难事。五是强化成果转化。在校内外充分调研以及召开8场次征求意见座谈会的基础上，高质量起草形成学校党代会报告，将调研成果、问题整改的长效化机制以及"时代新人铸魂工程"等重要工作写进党代会报告,转化为新一届党委巩固主题教育成果、保障学校高质量发展的长远规划和制度安排。测评显示,对党员、干部大兴调查研究、运用党的创新理论研究新情况、解决新问题的评价"好"的比例为88.3%。

  4.推进检视整改。学校研究制定校级领导班子问题清单10项、领导班子成员问题清单29项、领导班子专项整治方案5项以及基层治理2项,细化整改措施并抓好落实,基本完成了整改任务。一是开展专项整治。将构建高质量人才培养体系、开展有组织科研、人事制度改革、完善大型仪器设备共享机制、优化多校区管理模式等列为学校专项整治整改事项,推动修订人才培养方案,加强"一站式"学生社区建设等,全力解决制约学校改革发展的主要问题。测评显示,对专项整治开展情况的评价"好"的比例为90.2%。二是深入推进时代新人铸魂工程。"新形势下如何推动落实时代新人铸魂育人工程"的整改任务与教育部年度重点工作相匹配。学校党委组织专题研究,制定关于完善"五通融合"立德树人体系、落实时代新人铸魂工程实施方案以及加强"习近平新时代中国特色社会主义思想概论"课建设实施方案,聚焦"十大工程"推出37项主要举措。同时,积极向教育部有关司局请示汇报,加强与北京市房山区和企业合作共建周口店实习基地,整合秭归"大思政课"育人基地和校史馆科学家精神教育基地等资源,打造大中小一体化思政课实践育人基地。三是加强问题整改。对照学校领导班子和班子成员问题清单制定的122项整改举措,有效完成整改任务,解决了一批制约学校发展的突出问题,着力解决大学生就业、学生学风建设、教师子女入园、两校区交通保障、建立体检中心、周转房保障、师生服务大厅功能优化升级等师生期盼的重点难点问题。测评显示,对领导干部运用"浦江经验"开展下访接访、解决师生难题、化解信访积案的评价"好"的比例为82.4%;对主题教育期间建立民生项目清单、解决师生急难愁盼问题的评价"好"的比例为89.8%。

  5.推动高质量发展。以深入开展主题教育为契机,牢牢把握高质量发展首要任务,将理论学习、指导实践和推动发展融会贯通,推动学校事业高质量发展。一是谋划学校未来发展蓝图。通过校内外集中调研了解到,兄弟高校扬优势、补短板、谋发展,企事业单位积极主动服务对接国家发展战略。在高等教育竞争日益白热化的态势下,我们越来越感觉到等不得、坐不住、输不起,汇聚力量、凝聚共识在学校第十三次党代会党委工作报告中描绘了学校未来发展蓝图,对推动学校高质量发展指明了方向。二是加强高质量人才培养。探索李四光学院、未来技术学院、卓越工程师学院、现代产业学院等新地学教育拔尖创新人才培养路径,修订本科生和研究生人才培养方案,全面提高人才自主培养质量。同时,不断强化实践文化育人工作,打造"行走的思政课"品牌,依托"美丽中国讲师团""乡村振兴学校实践育人基地""大学生长江大保护行动计划"等平台,巩固思政课的"自然大课堂"。各二级党组织积极探索人才培养方法和路径,如地球科学学院组织成立"名师伴行"工作室,邀请名家大师担任校外班主任,以优秀师资涵养优良教风学风;工程学院深入推进学院-校友联合育人机制,开设"工程行业认知"公选课,聘请校友担任校友班导师,与校友所在企业开展党建联建、科研攻关、联合育人等,坚定学生学习专业的信心。三是开展有组织科研。以"强国建设,地大何为"为主题,积极探索依托科研平台、教学科研团队设置党组织,筑牢科研攻关一线"战斗堡垒",引导师生将地质报国作为科研导向和个人价值追求。揭牌广州南沙地大滨海研究院,8个学科交叉团队入驻,服务粤港澳大湾区发展。召开服务国家能源资源战略能力提升专题会议,组织多次专题研讨,与长江三峡集团、紫金矿业集团等单位签署战略合作协议,汇聚力量部署推动建功新一轮找矿突破战略行动等。四是防范化解重大安全风险。全面排查校园安全风险隐患,强化重点领域安全管理,消除11类66处实验室安全、27处消防安全、28处水电使用安全、8处食品安全等隐患,开展校园交通专项整治3项,处理交通事故5起。各二级党组织改进工作方式有效促进事业发展,自动化学院自主研发并公益运行集组织生活监督、党员教育课堂、党务信息库、发展流程规范化于一体的"青春向党"智慧系统,目前已覆盖学院20余个学生党支部和400余名党员。经济管理学院以"一废二改三补"原则开展建章立制,废除一批过时和陈旧的制度,对一批现有制度进行规范性修改,及时把好做法好经验上升为制度机制。

6.加强宣传引导。学校注重把主题教育宣传与学校第十三次党代会宣传有机结合,开设"主题教育""喜迎党代会"等专题网站,推出主题教育专题橱窗,录制党代会专题片"领航",开展"地大这五年""书记谈党建""党代表建言献策""师生热议"等宣传报道,加强舆论正面引导。4月以来,被省级以上报纸、期刊宣传报道30余篇,其中党委书记主讲的示范微党课"传承科学家精神　涵养报国情怀"被新华网、光明网、央视网、人民网、共产党员网等相继展播;校长署名的文章《不断增进最普惠的民生福祉》被《人民日报》刊载;《深学实干　地质报国中国地质大学(武汉)推动主题教育走深走实》先后被中国组织人事报、微言教育刊载。

二、注重成果转化,有力推动主题教育出成效

1.凝心铸魂方面。一是关于政治建设。引导党员干部和师生坚持不懈用习近平新时代中国特色社会主义思想凝心铸魂,更加自觉深刻领悟"两个确立"的决定性意义,增强忠诚核心、拥戴核心、维护核心、捍卫核心的政治自觉、思想自觉、行动自觉。测评显示,师生对党员干部加强党的创新理论学习的评价均认为"好""较好"。二是关于组织建设。1个学院、2个党支部分别入选"全省党建工作标杆院系、样板支部"培育创建单位,3个教师党支部入选湖北省高校"双带头人"教师党支部书记工作室培育创建名单,3个学生支部、3名研究生分别入选湖北省"研究生样板党支部""研究生党员标兵"培育创建名单。三是关于干部队伍建设。制定《2023年干部素质能力提升计划》,分成7类开展专题网络培训,举办"双肩挑"中层干部政治能力提升专题培训和"学习贯彻党的二十大精神集中轮训",组织125名管理干部赴浙江大学开展专题培训,举办"红专并进·博学报国"系列党课3期,教育引导干部师生以学铸魂、以学增智、以学正风、以学促干。四是关于统一统战工作。研究制定《关于支持各民主党派、无党派人士和党外知识分子开展"凝心铸魂强根基、团结奋进新征程"主题教育实施方案》，推进各民主党派积极开展联学联建，集中组织民族宗教政策专题培训，承办全国台联海峡两岸和平小天使活动。五是关于全面从严治党。聚焦干部队伍建设，研究制定中层领导干部廉政档案建设管理办法、党风廉政意见回复实施办法等，严把党风廉政意见回复关。聚焦"关键少数"，对重点领域新任正处级干部开展一对一廉政谈话，督促廉洁履职规范用权。聚焦作风建设，开展违规吃喝问题整治、借培训之名组织公款旅游自查自纠、违反中央八项规定精神问题治理、执行"三重一大"决策制度以及习近平新时代中国特色社会主义思想"三进"工作专项调研，压实主体责任，深化标本兼治。测评显示，对党员、干部真抓实干、担当作为，力戒形式主义、官僚主义的评价"好"的比例为91.7%。

2.事业发展方面。一是关于顶层设计。学校党代会报告系统总结出"六个始终坚持"成功经验，明确未来教育强国建设的"四大使命"、研究型大学建设的"七项行动"以及高质量党建的"五项部署"，以更高水平开放、更深层次改革、更高质量创新，加快建设地球科学领域国际知名研究型大学。二是关于优化学科布局。形成学科专业布局优化调研报告，进一步推进学科分类发展，为学校资源配置、科学引才提供参考意见。推动成立新能源学院，布局建设新能源科学与工程交叉学科学位点和本科专业；组织新一轮学位点的自评估论证，对学位点进行调整和优化；制定本科专业结构优化与动态调整实施管理办法，建立健全专业增设、升级与退出的动态机制。三是修订人才培养方案。新修订的本科人才培养方案，完善了课程管理，构建了以目标为导向的培养方案知识图谱。新一轮研究生培养方案，以聚焦立德树人、贯彻本研贯通、坚持一流标准、推进分类培养为基本原则，以提升研究生创新能力为目标，强化思想理论教育和价值引领，实施分层分类改革，夯实了"三融三跨"的研究生培养模式。四是关于科技工作体制机制改革。加强多学科交叉融合，印发《关于推进有组织科研的实施意见》，建立新型举校体制，强化统筹联动，融合各类科研平台，分层分类设立团队，形成建制化、成体系服务国家和区域战略需求的科技力量；建立有组织科技创新工作领导小组，通过联席会议制度定期研究推进工作。五是形成长效机制。坚持在"当下改"与"长久立"中聚焦关键问题，研究制定32项政策性制度文件，已出台《所属企业经营绩效考核暂行办法》《毕业生就业市场拓展实施办法（试行）》等21项制度。测评显示，对党员干部树立和践行正确政绩观、坚持高质量发展、推动解决发展难题的评价"好"的比例为88.3%。

3.为师生办实事方面。学校党委把推动解决师生急难愁盼问题作为检验主题教育成效的重要内容，把学校教代会、工代会44个提案和师生反映的急难愁盼问题装进"篮子"，切实为师生解难题。通过"两代会"共收集师生意见建议177条，梳理形成年度重点任务12项，多部门协同任务36项，部门任务89项，已解决各类突出问题96个。深入推进"一网两厅"一站式服务建设,南望山校区服务大厅投入使用,可为师生及社区居民提供293项线上线下服务以及687项武汉市政务和便民服务,响应师生呼声制定《两校区文件转接服务实施细则(试行)》,启动文件资料转运服务,为师生提供便捷服务。增设两校区往返交通车、建立体检中心、毕业季送站服务、平安地大建设等便民惠民事项受到广大师生好评,中国教育报以《中国地质大学(武汉):"小社区"彰显"大作为"》为题进行报道。协调远程与继续教育学院、珠宝学院、公共管理学院、经济管理学院等单位为南望山附属幼儿园捐款28万元用于设施更新,不断改善教职工子女教育环境。组织90余名优秀教师和先进工作者赴福建开展暑假教职工疗休养活动,让教师们充分感到组织的关心和温暖。地球物理与空间信息学院积极协调开通绿色通道、发起爱心筹款,帮助隆星宇同学及家庭解决实际困难,救治情况多次被《人民日报》《中国教育报》、新华网、光明网等媒体报道。测评显示,对建立民生项目清单、解决师生急难愁盼问题的评价"好"的比例为89.8%。

三、狠抓整改落实,扎实做好主题教育"后半篇文章"

学校党委在开展主题教育过程中还存在一些不足,主要是:理论学习不够系统深入,持续推动改革攻坚的力度还不够,解决群众急难愁盼问题还不够及时等。下一步,就抓好主题教育后续整改提四点意见。

1.持续强化理论武装。坚持把学习贯彻习近平新时代中国特色社会主义思想作为首要政治任务,引导广大党员师生深刻领悟"两个确立"的决定性意义,坚决做到"两个维护"。要学深悟透习近平新时代中国特色社会主义思想指定读本,及时跟进学习习近平总书记的重要讲话、指示批示精神和理论文章,抓好校院两级理论学习中心组的学习,组织基层党支部深入开展多种形式的理论学习,强化实践研学,用党的创新理论武装头脑、指导实践、推动工作。

2.持续推动调研成果转化。推动校院两级领导班子调查研究"问题清单"转化为体现工作实绩的"成效清单",把调查研究过程变成推动工作落实、实现高质量发展的过程。要常态化开展调查研究,组织党员干部深入师生一线推动开展有针对性的调查研究,通过多种渠道听取师生意见,找准问题,摸清情况,主动回应师生关切,帮助解决实际困难,不断提升师生的获得感、幸福感、安全感。

3.巩固深化主题教育成果。以贯彻落实学校第十三次党代会精神为契机,按照"学思想、强党性、重实践、建新功"主题教育总要求,抓好问题整改整治工作,进一步优化工作流程,把好经验好做法固化下来,建立巩固深化主题教育成果的长效机制,深入推动学校事业高质量发展。

4.持续加强干部队伍建设。以学校党委换届和中层干部集中调整为契机,进一步加强干部队伍建设,将习近平新时代中国特色社会主义思想作为教育培训的重要内容,不断提升党员领导干部的政治判断力、政治领悟力、政治执行力。要严格执行党政议事规则,坚持民主集中制,不断增强领导班子的履职能力、攻坚克难能力,确保中央重大决策部署和学校决策有效贯彻执行。

  同志们,新时代赋予新使命,学校已迈向新征程。我们要深入学习贯彻党的二十大精神,坚守"教育报国"初心,以主题教育为契机,把在主题教育焕发出来的热情转化为攻坚克难、干事创业的强大动力,以更加斗志昂扬的精神面貌,更加求真务实的工作作风,朝着学校第十三次党代会确定的目标阔步前进,奋力书写学校事业高质量发展的新篇章。

砥砺奋进　开拓创新
加快建设地球科学领域国际知名研究型大学
——在中国共产党中国地质大学（武汉）第十三次代表大会上的报告

黄晓玫

（2023年7月8日）

各位代表、同志们：

现在，我代表中国共产党中国地质大学（武汉）第十二届委员会向大会作报告。

中国共产党中国地质大学（武汉）第十三次代表大会，是在全校师生员工深入学习贯彻党的二十大精神，我国全面建设社会主义现代化国家、向第二个百年奋斗目标进军，吹响加快建设教育强国号角的关键时期召开的一次十分重要的会议。

本次大会主题是：以习近平新时代中国特色社会主义思想为指导，全面贯彻落实党的二十大精神和湖北省第十二次党代会决策部署，传承和弘扬优良办学传统，落实立德树人根本任务，砥砺奋进、开拓创新，以更高水平开放、更深层次改革、更高质量创新，加快建设地球科学领域国际知名研究型大学，为建设教育强国、以中国式现代化全面推进中华民族伟大复兴作出新贡献。

一、克难进取，五年来学校事业获得新发展

第十二次党代会以来的五年，是学校发展进程中极不平凡的五年。立足中华民族伟大复兴的战略全局和世界百年未有之大变局，面对高等教育改革发展新形势和突如其来的新冠肺炎疫情，学校党委坚持以习近平新时代中国特色社会主义思想为指导，坚决贯彻落实党中央、教育部党组和湖北省委决策部署，不忘初心、牢记使命，科学统筹疫情防控和事业发展，带领全校各级党组织、全体党员，团结依靠广大师生和海内外校友，圆满完成第十二次党代会确定的主要任务，学校综合实力、核心竞争力和社会影响力显著增强，地球科学领域国际知名研究型大学建设取得新进展。

(一)抓党建强引领,党的领导全面加强

政治引领成效显著。以党的政治建设为统领,坚持和加强党的全面领导,带领全校师生员工深刻领悟"两个确立"的决定性意义,坚决做到"两个维护",自觉在思想上政治上行动上与党中央保持高度一致,确保党中央决策部署落地见效。严格落实党委领导下的校长负责制,贯彻民主集中制,落实党政会议议事规则和"三重一大"决策制度,把政治标准和政治要求贯穿办学治校全方位全过程,推动党建工作与事业发展深度融合。

理论武装持续深入。完善党委理论学习中心组学习体系,深入开展"不忘初心、牢记使命"主题教育、党史学习教育、学习贯彻习近平新时代中国特色社会主义思想主题教育,用党的创新理论武装头脑。完善大思政工作格局,强化理论宣传研究阐释,获批建设湖北省重点马克思主义学院,推进思政课程和课程思政同向发力,持续推动习近平新时代中国特色社会主义思想进教材、进课堂、进头脑。认真落实意识形态工作责任制,加强各类阵地管理,牢牢掌握意识形态工作领导权。

基层组织健全有力。深入贯彻落实《中国共产党普通高等学校基层组织工作条例》,优化党组织设置,强化各级党组织政治功能和组织功能。深入开展党建示范创建和质量创优,"双带头人"教师党支部书记实现全覆盖,涌现出2个全国党建工作标杆院系、7个全国党建工作样板支部、1个全国高校"双带头人"教师党支部书记工作室、2个湖北省离退休干部"示范党支部"。党员师生在教育教学、管理服务等日常工作和疫情防控、脱贫攻坚等急难险重任务中冲锋在前,涌现出一批优秀共产党员、党务工作者,基层党组织战斗堡垒作用和党员先锋模范作用不断凸显。学校党委入选"全国党建工作示范高校"培育创建单位。

干部队伍不断优化。坚持党管干部,制定干部队伍建设规划。落实新时代好干部标准,加强各级领导班子建设,强化干部系统培养,调整干部职数设置,多种形式充实教学科研一线管理力量,加强专职组织员、辅导员等队伍建设,抓好育选管用各环节,树立正确选人用人导向。拓展干部锻炼培养渠道,加强干部教育培训,干部队伍结构持续优化,干事创业氛围更加浓厚。

坚持全面从严治党。认真落实党风廉政建设主体责任,制定"四责协同"任务清单,推进全面从严治党向基层延伸。抓好巡视、审计整改工作,按期完成全部整改任务并努力形成长效机制。完善校内巡察制度,实现校内二级党组织巡察全覆盖。严格落实中央八项规定精神,持之以恒加强作风建设,营造风清气正的政治生态。

统战、群团和离退休工作不断加强。坚持思想政治引领,支持民主党派加强组织建设,鼓励党外知识分子发挥优势建言咨政、服务社会,团结党外知识分子绘就事业发展同心圆。加强工会、共青团组织建设,深化团学组织改革,群团组织的政治性、先进性、群众性进一步增强。关心关爱离退休老同志,发挥"五老"优势,支持离退休老同志在各项事业中持续发光发热。学校获评"全国五四红旗团委",连续获得"全国教育系统关心下一代工作先进集体"。

(二)抓改革促发展,治理体系全面优化

战略管理不断加强。成立学校战略发展委员会,加强顶层设计和战略决策。编制实施地球科学领域国际知名研究型大学建设战略规划,着眼"十四五"事业发展,建立上下贯通、相互衔接的规划体系,强化战略规划导向引领作用。制定发展规划管理办法,加强规划实施过程管理,保障"一张蓝图干到底"。

治理能力不断提升。完成学校章程修订并通过教育部核准,完善以章程为统领的规章制度体系,全面推进依法治校。健全完善学术治理体系,提升学术治理效能。加强教代会、团学代会建设,保障师生民主管理、民主监督权力。建立监督联动机制,持续加强内部审计,不断完善内控机制。完成高校所属企业体制改革任务,顺利通过教育部验收。推进智慧校园建设,推动信息技术为教育治理赋能。

深化改革持续推进。深入开展办学思想大讨论,广泛凝聚共识,聚焦优化"结构、机制、保障"等重点任务,推进新一轮综合改革。根据事业发展需要,统筹调整管理服务机构,优化岗位设置和岗位职能。规范议事协调机构,优化管理体制和运行机制。在国家推进社保改革的大背景下,调整完善人力资源管理机制,启动教师评价改革,努力激发人力资源活力。

(三)抓内涵强特色,综合实力全面提升

人才培养能力持续提高。落实立德树人根本任务,深化"三全育人"和"五育并举",完善"三融合""三融三跨"人才培养模式,推进"一站式"学生社区建设和"导学思政"工作。加强专业和学位点建设,入选 34 个国家一流本科专业建设点,获评 35 门国家一流课程、5 项国家教学成果奖、2 项全国优秀教材奖。深化拔尖创新人才培养改革,地质学、地球物理学入选拔尖创新人才培养计划 2.0,加强李四光学院建设,成立未来技术学院,共建联合研究生院,入选中共中央组部工程硕博士培养改革试点专项计划,发布《武汉共识:新地学教育倡议》。人才培养结构持续优化,加强专业学位研究生培养,本研招录比接近 1∶1,稳步推进国际学生教育和继续教育。加强创新创业教育,引导毕业生面向重点地区和行业建功立业。入选全国首批"三全育人"综合改革试点学院、"大思政课"实践教学基地、全国高校实践育人创新创业基地、全国创新创业典型经验示范高校、国家级职业教育"双师型"教师培训基地,获批中国政府奖学金预科教育试点院校,入选国家"5G+智慧教育"应用试点项目。涌现出中国大学生年度人物王奉宇、中国大学生自强之星标兵韩磊、奥运会冠军、中国青年五四奖章获得者王懿律等一批青年榜样。

学科发展水平持续提升。首轮"双一流"建设成效显著,地质学、地质资源与地质工程继续保持全国第一,再次入选"双一流"建设。坚持强化特色、关联生长,不断巩固和强化地球系统科学特色优势,大力发展特色工科,努力办好特色文科,加强基础学科建设,持续加强马克思主义理论、数学2个学科特区建设。新增马克思主义理论、公共管理、控制科学与工程3个一级学科博士点,获批资源与环境专业学位博士点。积极推进学科交叉融合,设立8个交叉学科学位点。8个学科领域进入全球前1%,其中地球科学、工程学、环境/生态学进入前1‰。在全国第五轮学科评估中,新增1个A类学科,B+学科增至4个,17个学科提档进位。

科技创新能力持续增强。加强科技平台建设,积极推进国家重点实验室重组,新增国家级科技创新基地2个、省级基地20个。五年来,承担国家自然科学基金1257项,牵头承担国家重点研发计划项目14项,年度科研经费由5.8亿元增长至9.6亿元,获国家级科技奖励3项、省部级一等奖9项。积极参与军民融合创新,加强GF科研特区建设。智库建设成效显著,资政服务能力得到提升,多篇建议报告受到中央领导批示。大型仪器开放共享在科技部评价考核中获评优秀。期刊影响力不断扩大。

教师队伍建设成效明显。坚持党管人才,坚持把师德师风作为教师评价的第一标准,严格落实"一票否决"。健全教职工荣誉体系,引导教师以德立身、以德立学、以德施教、以德育德,涌现出"全国最美教师"殷鸿福、"全国优秀教师"李德威、"全国模范教师"焦养泉等一批优秀教师。实施人才强校战略,持续完善"地大学者"岗位体系,引育并举汇聚优秀人才,新增各类国家级人才80余人。思政课教师、辅导员和心理健康教师队伍建设进一步加强。

社会服务能力持续增强。深化校地校企合作,与重庆、云南、山西等省级人民政府签署战略合作协议,与中国石化、三峡集团、国家能源集团等22家龙头企业开展深度战略合作。全力服务精准扶贫和乡村振兴战略,助力云南施甸、湖北竹山顺利脱贫摘帽,荣获湖北省脱贫攻坚先进集体,定点帮扶成效突出,连续两年被中央农村工作领导小组评价为"好"。健全校友会组织体系,全球校友会增加到56个,海内外校友与学校事业发展同频共振。

国际交流合作稳中有进。加强地球科学国际大学联盟建设,举办中外大学校长论坛,与113所境外高校保持伙伴关系,国际交流合作朋友圈不断扩大。新增4个"学科创新引智基地",获批建设地球深部钻探与深地资源开发国际联合研究中心。服务"一带一路"建设,加强丝绸之路学院建设,参与筹建"中约大学",共建"中国—上海合作组织地学合作研究中心武汉学院""中国—东盟地学合作中心东盟学院(武汉)""中国—非洲地学合作中心非洲学院"。

校园文化建设精彩纷呈。举办建校70周年系列校庆活动,传承红色基因,厚植文化底蕴,铸造地大人精神高地。师生原创节目连续五年登上央视舞台,《大地之光》话剧全国巡演,圆满完成第二次大学生长江源科考。学校入选教育部融媒体建设试点单位,入选高校国家知识产权信息服务中心,"编钟艺术"入选中华优秀传统文化传承基地,国家野外科学观测研究站、逸夫博物馆入选全国科普教育基地,校史馆入选国家科学家精神教育基地,出版社在中宣部社会效益评估中获得"优秀",学校获评"全国文明校园"。

(四)抓保障惠民生,办学条件全面改善

校园建设成绩显著。未来城校区、巴东科教基地建成并投入使用,"一校两区四基地"的校园格局基本形成。南望山校区教学综合楼、校史馆、宝谷创新创业中心等一批重要工程相继竣工,精心打造校园文化景观,网络基础设施提档升级,学校总建筑面积由 74.9 万 m^2 增至 138.6 万 m^2,办学条件显著改善。推进生态校园建设,获评湖北省"生态园林式学校""近零碳示范校园""节水标杆高校"。

民生保障全力提升。用心用情为师生办实事、解难事。建立两校区综合服务大厅和网上服务大厅,健全一网通办的"一站式"服务。完善社区公共服务功能体系,建成岱家山庄住宅,推动喻家山庄房产办证,启动青年公寓、体检中心建设,推进老旧学生宿舍改造,提升附属学校办学质量,强化师生住房、医疗、教育保障,让全体地大人拥有更多安全感、获得感、幸福感。

安全稳定扎实有效。统筹发展和安全,强化校园安全综合整治。加强安全防护,做好保密工作,重点加强实验室、消防、饮食卫生、网络与信息等安全工作,完善应急工作体系,防范化解各类安全风险,确保校园安全稳定和谐。连续获评"湖北省平安校园"。

打赢疫情防控保卫战。面对突如其来的世纪疫情,学校党委坚持把师生生命安全和身心健康放在首位,坚决落实党中央决策部署,靠前指挥、精准施策,建立多方协调、平战结合、快捷高效的疫情防控工作体系。组织广大党员下沉社区、志愿服务,连续奋战一千多个日夜,让党旗始终飘扬在防控一线。师生克服重重困难,完成线上线下教育教学、野外实习和就业服务工作,确保学生顺利毕业就业。学校医护工作者听令而动,校内校外"双线作战",诠释无私奉献的医者仁心。师生员工齐心协力、众志成城,海内外校友倾情回报母校,彰显了地大人的宝贵精神品质。社会各界无私帮助学校,和我们一道共同打赢了疫情防控保卫战,有效保护了师生生命安全和身心健康!

这些成绩的取得,根本在于习近平新时代中国特色社会主义思想的科学指引,在于党中央、教育部党组和湖北省委的坚强领导,离不开学校历届党委、广大党员干部和师生员工开拓进取、接续奋斗,离不开海内外校友和社会各界鼎力支持!在此,我谨代表学校第十二届党委,向长期关心支持学校发展的各级领导、离退休老同志、全校共产党员、广大师生员工、海内外校友以及支持学校事业发展的各界人士,表示衷心感谢和崇高敬意!

站在新的历史起点,回顾建校70年,特别是新时代十年和过去五年的非凡历程,我们进一步深化了对建设地球科学领域世界一流大学的规律性认识:

——始终坚持党的全面领导,坚定社会主义办学方向,扎根中国大地办教育,以高质量党建引领保障事业高质量发展;

——始终坚持立德树人,践行为党育人、为国育才的初心使命,培养品德高尚、基础厚实、专业精深、知行合一的人才;

——始终坚持服务国家,保障国家能源资源安全、服务国家生态文明战略,为区域和行业发展提供人才和智力支撑;

——始终坚持改革创新,解放思想、实事求是、与时俱进、守正创新,以开放增活力,以改革破难题,以创新促发展;

——始终坚持以人为本,一切为了师生、一切依靠师生,团结广大校友和各方力量,凝聚推动事业发展的强大合力;

——始终坚持追求卓越,传承艰苦朴素、求真务实的校训精神,永葆勇攀高峰、昂扬奋斗的进取姿态。

这些经验弥足珍贵,一定要倍加珍惜、长期坚持、丰富发展。

在充分肯定成绩的同时,也要清醒看到,学校事业发展还存在不少短板弱项,面临不少困难问题。主要表现为:将党的创新理论转化为学校事业高质量发展的能力还有差距;人才培养能力与国家对高水平拔尖创新人才的要求还有差距;服务国家重大战略需求取得标志性成果的能力还有差距;学科专业结构、战略科学家及团队建设与高质量发展的要求还有差距;干部队伍素质能力与学校面临的形势任务需求还有差距。对这些问题,我们采取了一些措施加以解决,今后仍然需要攻坚克难、久久为功。

二、砥砺前行,勇担新时代新征程光荣使命

回望历史,我们是一所有着70余载光辉历程的大学。地大在新中国刚刚成立、百废待兴,毛泽东同志发出"开发矿业"的伟大号召下应运而生,办的是"惊天动地的事业"。70余年来,学校凝练出"艰苦朴素、求真务实"的校训精神,形成了"爱国奉献、开拓创新、艰苦奋斗"的优良传统,实现了从单科性地质院校向学科特色型大学的转型跨越。70余年来,学校坚持党建引领、立德树人、学术卓越、以文化人、开放办学,在各个不同历史时期都进入了国家重点建设高校行列。学校的整个创业史,就是一部胸怀"国之大者"、勇担时代使命的奋斗史,是一部听党话、跟党走,奉献国家、服务人民,为建设教育强国、科技强国、人才强国不懈奋斗的历史。

立足当下,世界之变、时代之变、历史之变正以前所未有的方式展开。全面建设社会主义现代化国家、以中国式现代化实现中华民族伟大复兴,需要应对的风险和挑战比以往更加错综复杂。新一轮科技革命和产业变革加速演进,人才竞争、科技竞争、教育竞争空前激烈,全球教育格局、创新版图、人才体系正在重构,建设教育强国成为全党全社会的共同任务。中华民族伟大复兴进入不可逆转的历史进程,党和国家对高等教育高质量发展的需求比以往任何时候都更为迫切,高等教育的形态和格局正在深刻变革。国际形势变化、国家战略需要、行业发展转型、社会需求变化等外部环境和因素正日益深刻地影响大学,这是新时代我国高等教育最鲜明的特征。

展望未来,对奋斗历史的最好致敬,就是书写新的奋斗历史。党的二十大报告指出,要"推动绿色发展,促进人与自然和谐共生""推进美丽中国建设""提高防灾减灾和重大突发公共事件处置保障能力",强调"教育、科技、人才是全面建设社会主义现代化的基础性、战略性支撑",要"深入实施科教兴国战略、人才强国战略、创新驱动发展战略""加快建设教育强国、科技强国、人才强国""加快建设中国特色、世界一流的大学和优势学科"。去年10月,习近平总书记给地质工作者的回信指出,矿产资源是经济社会发展的重要物质基础,矿产资源勘查开发事关国计民生和国家安全。党的二十大和习近平总书记的回信赋予科教事业新的更重的时代责任、赋予地质工作新的更高的历史地位、赋予地大新的更崇高的光荣使命!

这个使命就是:坚守为党育人、为国育才,始终与党同心、与国同进、与民同行,培养担当民族复兴大任的时代新人;服务美丽中国、宜居地球建设,助力推动构建"人与自然生命共同体"和"人类命运共同体";矢志创新策源、追求卓越,打造地球科学领域人才高地、创新高地,引领推动地学教育和研究范式创新;聚力勇闯新路、创建一流,扎根中国大地,遵循教育规律,蹚出学科特色型大学创建中国特色世界一流大学的新路。

从现在起到2030年,是加快建设地球科学领域国际知名研究型大学的关键时期。建成地球科学领域国际知名研究型大学,进而实现地球科学领域世界一流大学的"地大梦",是时代赋予我们的光荣责任。要以更加清醒的历史自觉,克服不适应新形势新要求的思维惯性和路径依赖;要以更加有为的历史主动,直面结构不优、机制不畅、效率不高、能力不足的挑战;要以更加坚定的历史自信,加快实现理念更新、体系重塑和动能转换。

必须坚持更高水平开放,以开放增活力。在办学思想上放大格局、在思维方式上破除藩篱、在体制机制上畅通渠道、在作业习惯上突破边界。积极"走出去",主动融入国家战略、对接行业转型、服务区域发展,从特色中增强底色、从优势中积攒胜势。大胆"引进来",以更加开放的胸襟扩大朋友圈,在开放中把握机遇、在合作中实现共赢。

必须坚持更深层次改革,以改革破难题。通过系统性、整体性和协同性的综合改革,解决体制性障碍,克服机制性梗阻,解决师生的痛点难点问题。切实增强危机感、强化大局观,消解"不愿改"的惰性,让躺平者奔跑;鼓励啃硬骨头、支持闯险滩,破除"不敢改"的顾虑,为改革者撑腰;抓关键少数、强素质能力,补足"不会改"的短板,给实干者赋能。

必须坚持更高质量创新,以创新促发展。坚持把发展基点放在创新上,勇于创新、乐于创新、善于创新。增强创新自信,把创新思想、理念、举措融入事业发展的各方面全过程,使创新成为每位师生员工的前进动力、奋斗基因。优化创新格局，构建新型举校体制，引导创新资源向关键发展领域汇聚，提升学校的贡献力、影响力和吸引力。

今后五年，我们要朝着建校100周年之际建成地球科学领域世界一流大学的"地大梦"不懈努力，紧盯2030年建成地球科学领域国际知名研究型大学目标，统筹衔接"十四五"和"十五五"发展规划，开创地球科学领域国际知名研究型大学建设的新局面：加强党对学校的全面领导，深入实施时代新人铸魂工程，锻造高素质专业化干部队伍，夯实建强基层战斗堡垒，坚定不移推进全面从严治党，党的全面领导和党的建设取得新成效；坚持使命引领，深化教学改革，汇聚育人资源，加快推进新地学教育，人才培养质量达到新高度；建强一流学科，优化学科结构，强化交叉融合，推动竞进提质，学科发展形成新优势；加强有组织科研，加强创新平台建设，加强新型特色智库建设，科技创新实现新突破；涵养高尚师德，打造人才高地，深化评价改革，健全支持体系，师资队伍建设再上新台阶；完善开放体系，推动学科链、创新链、人才链、产业链四链融合，开放发展形成新格局；夯实数智基础，强化数智赋能，提升数字素养，教育数字化塑造新动能；推进依法治校，完善学术治理，加强民主管理，优化资源配置，厚植文化根基，治理效能实现新提升。

三、踔厉奋发，开创研究型大学建设新局面

今后五年，我们要锚定中长期战略目标，在建设教育强国、服务中国式现代化建设中展现新担当，作出新贡献，加快建设地球科学领域国际知名研究型大学。

（一）以立德树人为根本，提高人才培养质量

坚持使命引领。坚守为党育人、为国育才，落实立德树人根本任务。更加主动适应经济社会发展和科学技术进步对人才的需求，统筹推动基础学科专业、新工科专业和新文科专业建设，全面提升学位点建设质量，加快培养国家急需的高层次人才。实施时代新人铸魂工程，持续深化"三全育人""五育并举"人才培养综合改革，推动全员全过程全方位育人，进一步完善德智体美劳全面培养的教育体系，塑造学生服务国家、胸怀世界、拥抱未来的胸怀格局，厚植"人与自然和谐共生"的价值理念，引导学生践行习近平生态文明思想，投身美丽中国、宜居地球建设。

深化教学改革。对标学科前沿、国际一流，以改革创新的精神加快优化专业和学位点布局，控制专业总量，持续优化思政体系、课程体系、教材体系、教学体系和管理体系，为学生提供更多成才通道和个性化选择。深入实施"基础学科拔尖学生培养计划2.0"和"强基计划"，开展基础学科跨学科融合培养、个性化优才培养、多元联合培养，推进本科-硕士-博士贯通培养，强化通识教育、基础训练和能力锻炼。加快专业学位研究生教育改革，加大卓越工程师教

育培养力度,深化工程硕博士培养模式改革,注重科学基础、工程实践、系统思维和人文精神的交叉融合,切实增强学生关键能力。加强体育、美育和劳动教育,加强创新创业教育,健全学生生涯规划与就业指导体系,加强就业育人,强化招生、培养、就业一体联动,健全完善学生全面发展综合评价体系。

汇聚育人资源。坚持以学生成长成才为中心,以经济社会发展和科学技术进步对人的需求为导向,全面创新优化人才培养观念。要打破学科专业藩篱,破除学科学院壁垒,更加有效地推动跨学科交叉融合育人,实现校内育人资源大循环。深化科教融合、产教融合,发挥好李四光学院、未来技术学院等的示范作用,建设卓越工程师学院、现代产业学院,打造更多"政产学研用"育人共同体。在更大范围、更宽领域、更多途径推动优质课程、师资、平台等共建共享、资源互换和优势互补,实现校内外育人资源双循环,满足学生多样化、个性化成才需求。

加快推进新地学教育。积极开展新地学教育学理阐释,进一步揭示新地学教育的价值、内涵和特征。重塑地学教育的价值体系,推动人与地球和谐相处,引领绿色低碳的生产方式和生活方式。重构地学教育的知识体系,按照认识和研究宜居地球的需要,对地球系统科学各专门学科的知识进行体系化重构,融入科学和技术的最新进展,推动建设一批核心课程、核心教材、核心师资和核心实践项目。创新地学知识的传播体系,更加有效地面向不同受众传播地球科学知识,传递人与自然和谐共生观念。依托珠峰班、基地班、菁英班、"李四光计划"等拔尖创新人才培养项目,深入开展新地学教育实践,探索形成更加多元、更加综合、更加开放的地学教育新形态、新范式,引领全球地学教育的发展方向。

(二)以"双一流"建设为牵引,提升学科整体水平

建强一流学科。坚持服务国家需求,强化顶层设计,优化一流学科建设的运行机制和保障体系,从"以量取胜"转向"以质图强",合理"瘦身"、主动"健身"、重新"塑身",推动在深地深空、地球生物学和健康地学等新地学方向实现重点突破,推动地质资源与地质工程在圈层相互作用与战略矿产资源、盆地动力学与非常规能源、人地互馈与地质灾害效应、深地探测与绿色钻采等方向实现重点突破,加快迈向世界一流。积极培育、支持更多有条件的学科进入一流学科建设行列。充分发挥一流学科的牵引作用,带动地球系统科学相关学科、特色工科、特色文科和基础学科整体发展。

优化学科结构。完整、准确、全面贯彻新发展理念,坚持"四个面向",按照"强化特色、关联生长、跃升能级"的总体原则,健全学科动态调整和退出机制,推动在建学科转型升级,巩固和强化在地球科学领域的办学优势,聚焦能源资源环境领域国家重大战略需求精准发力,大力发展带动面广、紧密联系国民经济主战场的特色工科,提升基础学科整体水平及其支撑人才培养和科技创新的能力,办好对优化学科生态和丰富学生成长体验具有重要作用的特色文

科。加快在新能源新材料、人工智能、生命健康、高端制造等新赛道占位布局,形成符合校情实际、凸显比较优势的学科生态。

强化交叉融合。以需求为导向,加快建设地质灾害防治与能源资源勘查与可持续利用、地质环境保护与生态修复、智能地球探测、绿色纳米矿物新材料、国土空间治理与生态文明等优势特色学科群,提升学科集群创新优势。加快推动遥感科学与技术、绿色矿业、自然灾害与应急管理、地学大数据、健康地学、人工智能与地球探测、自然资源与国土空间规划、碳中和与高质量发展管理、新能源科学与工程等交叉学科学位点建设,根据社会需求和建设工作推进情况动态调整,推动学科间互涉、渗透、交叉与融通。推动跨学科教育和研究,充分发挥跨学科教育和创新平台的引领示范作用,全面推动跨学科、跨学院、跨系统人才培养和科技创新。

推动竞进提质。制定学科发展规划,健全纵向分层、横向分类的学科建设机制。按照"十四五"规划中关于高峰学科、登峰学科、攀登学科、攻坚学科、潜力学科五级体系划分在建学科层次,依据层次定目标、依据目标定任务、依据任务配资源。按照理科、工科、人文社科等不同类别,分类优化学术评价标准,推动分类评价、分类发展,鼓励不同类别学科在各自领域争创一流。把新一代信息技术融入传统学科,推动学科发展变革。

(三)以战略需求为导向,提升创新策源能力

加强有组织科研。强化基础研究布局,从地球系统研究国际前沿重大科学问题和国家重大战略需求出发,深入实施前沿领域引导计划与关键区域计划,加强基础学科和人文社科领域研究。强化"卡脖子"关键核心技术攻关,发挥在地球科学领域的"长板效应",融合区块链、大数据、云计算、人工智能先进技术进行知识创新、技术创新,布局新理论突破和新技术创新专项行动。以地质工科为基础、应用地质学科为核心,发挥学科集群效应,推动先进技术创新和装备研发,提升军民融合创新能力。

加强创新平台建设。扎实推进现有国家重点实验室优化重组,积极筹建新的全国重点实验室和省部级重点实验室,加快推进地球科学基础学科研究中心建设,积极谋划和推进新能源领域重大科技基础设施建设。加强国家野外科学观测研究站、国家工程技术研究中心建设,推动在深部零碳能源资源、氢能等领域建设国家技术创新中心。推进军民融合示范高校和示范基地建设,促进省部级科技创新基地提质增效。以学科为桥梁,厘清创新平台和学院的功能职责定位,推动双向融合发展。

加强新型特色智库建设。践行习近平新时代中国特色社会主义思想,推动人文社科与地球科学交叉融合,开展生态文明思想理论与方法创新研究。高质量推进特色智库平台建设,在自然资源数智治理、生态文明研究与传播、自然灾害风险防控与应急管理、思想政治教育创新发展等领域建设具有全国影响力的智库。

（四）以"大先生、好老师"为标杆，建设高素质教师队伍

涵养高尚师德。 始终坚持把师德师风建设摆在首要位置，完善教师思政工作体系，引导教师坚定理想信念，做学生为学、为事、为人的"大先生"和"四有"好老师。用好教职工荣誉体系，选树优秀典型、强化榜样引领，大力宣传教书育人首要职责，大力弘扬科学家精神，营造潜心学术、倾心育人的氛围。加强政治把关和教育监督，对师德失范和学术不端行为"零容忍"，严格落实师德师风"一票否决"制度。

打造人才高地。 坚持党管人才，强化一把手抓"第一资源"责任，聚天下英才而用之，积极引进和培育优秀人才。强化精准引才，围绕战略目标和学科布局，有针对性地引育战略科学家、领军人才、青年人才和创新团队。用足国家和地方人才政策，用活人才引进路径和方式，畅通海外引才渠道，面向全球聚才引智。发挥战略科学家的"帅才"作用，对接重大战略和学科前沿，努力打造战略科学家核心力量。健全"引育用留"全链条协同机制，依托创新团队建设打造人才个性化帮扶举措，分层分类培育一批具有全球视野、创新能力突出、取得重要成果的优秀人才，实现高层次人才引进和培育同步突破，高层次人才形成规模效应，人才总量与事业发展相匹配的工作目标。

深化评价改革。 科学合理推进校内人力资源改革，形成事岗相适、正向赋能、富有效率、充满活力的人力资源配置格局。健全完善重师德师风、重实际贡献的教师评价体系，强化人才培养在教师评价中的中心地位，激励教师把教书育人作为第一职责。加快形成符合国家战略导向的学术评价机制，深化学科分类评价，健全学科"人才特区"，探索"一院一策"。强化分类管理，完善分系列设岗、聘用和考核评价制度。优化职业生涯设计，畅通发展通道。强化评价结果运用，加大对优秀人员的激励，努力实现"人尽其才、才尽其用"，让人人都有出彩的机会。

健全支持体系。 进一步配齐建强思政课教师、辅导员、心理健康教师队伍。健全教师发展支持体系，完善更加灵活、更有弹性的系列制度和政策，畅通教师发展通道。加强教师执教能力、学术发展、数字素养等培养培训，强化知识更新和能力提升。落实基础研究人才、青年科技人才长期稳定支持机制，完善青年教师跟踪培养制度，鼓励青年教师挑大梁、当主角。鼓励支持教师开展国内外交流合作，强化校内外实践锻炼。增强在硬件、空间、生活等方面的服务保障，强化人文关怀，形成近悦远来的优良生态。

（五）以交流合作为纽带，构建开放发展格局

完善开放体系。 强化国内国外互动开放、校内校外循环开放、线下线上融合开放的发展体系。发挥地球科学国际大学联盟和学科创新引智基地作用，建好国际合作平台，谋划和参

与国际重大科技合作项目、国际大科学计划和大科学工程,推动共建国际联合实验室和研究中心,推动高水平人才资源、科技创新资源双向流动、双向赋能、双向提升。高质量服务国家战略任务,面向自然资源、生态环境、应急管理等行业,更加主动服务新一轮找矿突破战略行动,参与生态长江建设和湖北流域综合治理,积极参与乡村振兴。加强校友会、教育发展基金会建设。推进名企合作,开展中小企业协同创新伙伴行动,推动共建实习实践基地、科技创新基地、人才双聘岗位,实现发展共同体扩圈提质。推进学科、平台、学院、部门之间共享开放,发挥继续教育、期刊出版、科普文化、医疗卫生等基地作用,拓展服务面、增强传播力、提升影响度。

推动四链融合。深度对接国家重大战略行动和区域重大战略工程,统筹做好学科、科技和人才规划,加强人才精准引进、有组织科研和就业创业工作,实现科技创新、人力资源开发与产业发展深度对接、融合聚变。构建"学院与区域行业对接、学科与产业布局对接、团队与关键问题对接"的体制机制,推动各学科打造协同创新联合体,实现学科链、创新链、人才链、产业链四链融合。提高制度型开放水平,健全推动全方位、高水平开放的制度、流程、标准,打破有形的墙,突破心中的墙,让每个人成为开放的人,每个学院成为开放的学院,每个部门成为开放的部门,让开放发展的道路越走越宽广。

(六)以现代技术为支撑,塑造教育数字化新动能

夯实数智基础。加快教育新基建"云网数安"建设,优化"一云两地三中心"的云资源服务平台,全力打造数字智慧校园。推进5G与校园网的深度融合,让人人皆学、处处能学、时时可学成为现实。加快建成学校数据中心,规范校内数据标准,完善数据治理体系,打破"信息和资源孤岛"。全面加强网络安全保障,健全覆盖全生命周期的网络安全保障机制。

强化数智赋能。深入贯彻教育数字化战略,全面推动数字化高效服务办学治校。赋能人才培养,发挥数字教育在"个性化学、差异化教、科学化评"中的优势,撬动教学发生深层次变革,让因材施教变成现实。赋能学科专业,推进学科专业数字化改造,打造学科专业换代升级的地大范式。赋能科研创新,以数字化技术为依托,推动创新资源、要素等有效汇聚,驱动科研范式变革。赋能学校治理,以数据治理为核心,推动实现业务协同、流程优化、结构重塑、精准管理,提升教育管理效率和科学决策水平。

提升数字素养。树立大数字思维,全面实施师生数字素养提升工程,推动师生从技术应用向能力素质拓展。加强教职工数字素养培育和信息化能力培养,推动教职工更新观念、重塑角色,主动投身新技术变革,开展更加积极有效的教育教学和管理服务。强化学生课内外一体化的信息技术知识、技能、应用能力以及数字意识、数字伦理等方面的培育,将学生数字素养纳入学生综合素质评价,全面提升学生应用信息技术解决问题的能力。

（七）以深化改革为动力，提升治理现代化水平

推进依法治校。深入学习贯彻习近平法治思想，坚持党对法治工作的领导，以法治思维和法治方式引领、推动、保障学校改革与发展。健全法治工作体制机制，有效防范各类法律风险。加强宪法与法治宣传教育，强化校园法治文化建设。以章程为统领，健全完善相互衔接、相互配套、相互协调的制度体系。

完善学术治理。充分发挥学术委员会在学术事务中的决策、审议、评定和咨询作用。完善学术委员会、学位评定委员会运行机制，进一步落实各专门委员会、分委员会职能。发挥"双一流"建设委员会统筹协调作用和战略发展委员会决策咨询作用，优质高效处置学术公共事务。探索推进学部制和学院建制改革。

加强民主管理。推进信息公开，保障师生员工和公众的知情权、参与权和监督权。加强教代会及其执行委员会建设。健全完善工作机制，充分发挥民主党派、无党派人士、离退休人员，工会、共青团、学生会、研究生会等群团组织在民主监督、民主管理中的作用。完善师生申诉和信息反馈机制，切实维护师生合法权益。

优化资源配置。加强筹资工作顶层设计，提升资源筹措能力。推进资源配置与使用绩效管理改革，提升资源使用效能。加快推进未来城校区二期建设，健全完善多校区管理运行机制，完成学生宿舍、体检中心和人才周转公寓等建设项目，打造生态优美、宜学宜居校园。持续重视和改善民生，加强基础教育、医疗卫生、离退休教职工和社区公共服务工作，稳步提升教职工待遇。

厚植文化根基。坚持马克思主义指导地位，践行社会主义核心价值观，传承校训精神、南迁办学精神、攀登精神，弘扬地质科学家精神，巩固"全国文明校园"创建成果，着力构建精神文化引领、物质文化支撑、行为文化约束、特色文化彰显的"四位一体"地大卓越文化品牌。发挥图书馆、博物馆、校史馆、档案馆等的场馆育人功能，发挥周口店、北戴河、秭归、巴东等实习基地的实践育人功能，发挥"编钟艺术""大地之光"等特色品牌的文化育人功能，发挥院士长廊、《攀登》雕塑等景观的育人功能，将文化元素融入教书育人全过程。推动地大文化"走出去"，将优秀文化"引进来"，讲好建设"美丽中国　宜居地球"的地大故事。

四、勠力同心，全面加强党的领导和党的建设

坚持和加强党的全面领导，是办好中国特色社会主义大学的根本保证。我们要全面贯彻党的二十大精神，深刻领会习近平总书记关于党的建设的重要思想，深入落实新时代党的建设总要求和新时代党的组织路线，增强党委把方向、管大局、作决策、抓班子、带队伍、保落实的能力，不断提高党的建设和组织工作质量，深化全国党建工作示范高校创建，推动学校成为

党建引领改革发展、勇担教育强国建设任务的坚强阵地。

（一）加强党对学校的全面领导

坚定不移加强党的政治建设。坚持把学习贯彻习近平新时代中国特色社会主义思想作为首要政治任务，引导广大党员师生深刻领悟"两个确立"的决定性意义，坚决做到"两个维护"。严肃党内政治生活，严明政治纪律和政治规矩，不断增强各级党组织和党员干部的政治判断力、政治领悟力、政治执行力。完善党中央重大决策部署的落实机制，统筹推进教育、科技、人才工作，切实担负起服务国家战略和培育时代新人的政治责任。完善教育引导和应急处置机制，加强阵地管理和风险排查，牢牢掌握党对意识形态工作的领导权。

持续加强学校领导班子建设。坚持和完善党委领导下的校长负责制，坚决贯彻落实民主集中制和"三重一大"制度，充分发挥党委统揽全局、协调各方的领导核心作用，把党的领导贯穿管党治党、办学治校全过程。完善调研论证、分析研判、风险评估、民主参与、集体决策的科学决策体系，健全督导指导到位、执行全面有力的工作落实体系。坚持同谋划、同部署、同推进、同考核，推进党建与人才培养、学科建设、科学研究、社会服务、文化传承创新、国际交流合作等深度融合，以高质量党建引领保障学校事业高质量发展。

不断加强党对统战群团等工作的领导。完善大统战工作格局，加强党外人士培养使用管理，支持民主党派加强自身建设，强化参政议政、民主监督等作用发挥。做好民族宗教工作，教育引导各民族学生成长成才，铸牢师生中华民族共同体意识。深化教代会工会、共青团等群团组织改革和建设，有效发挥民主管理和桥梁纽带作用。加强思想引领，优化老有所为机制，丰富老有所乐平台，提高离退休教职工服务管理工作质量，充分发挥"五老"和中国关心下一代工作委员会在学校事业改革发展中的作用。

（二）深入实施时代新人铸魂工程

持续用党的创新理论铸魂育人。深入贯彻落实习近平总书记关于高等教育特别是关于立德树人的重要论述，深化用习近平新时代中国特色社会主义思想铸魂育人落实机制，深入推进习近平新时代中国特色社会主义思想进教材、进课堂、进头脑。大力弘扬爱国奉献、开拓创新、艰苦奋斗的优良传统，传承"李四光精神""三光荣""四特别"精神，创新发展新时代地质文化，弘扬校训精神、南迁办学精神和攀登精神，全面推进时代新人铸魂工程，教育引导广大学生立志做有理想、敢担当、能吃苦、肯奋斗的新时代好青年。

完善"五通融合"立德树人体系。牢牢抓住全面提高人才培养能力这个核心点，坚持把立德树人成效作为根本标准，着力把地大优良传统和办学特色转化为培养担当民族复兴大任时代新人的能力和优势。强化"三全育人"，深化"五育并举"，提高站位、创新格局、优化流程、完善评价，把思政工作贯通学科体系、教学体系、教材体系、管理体系，进一步形成全程贯通、空间联通、队伍互通、内容打通、评价融通的"五通融合"立德树人体系，实现育人理念更新、内容完善、资源共享、力量汇聚、效果提质。

强化时代新人铸魂工程重点任务落实。聚焦新时代大学生群体特点和地大学生突出特点，坚持全面推进与重点突破相结合、继承传统与创新发展相结合、解决问题与完善机制相结合，强化重点任务落实，推进育人方式、工作载体、组织机制等改革创新。筑好思政课程主渠道，盯好课程思政攻坚点，立好"大思政课"特色点，抓好队伍建设关键点，夯实育人载体发力点，提升创新驱动着力点，推动思政工作因事而化、因时而进、因势而新，创造地大立德树人工作的新经验，形成新优势。

（三）锻造高素质专业化干部队伍

完善干部育选管用工作机制。加快建设地球科学领域国际知名研究型大学，必须有一支政治过硬、本领过硬、作风过硬的高素质专业化干部队伍。坚持党管干部原则，坚持德才兼备、以德为先、五湖四海、任人唯贤，严格落实新时代好干部标准，牢固树立正确选人用人导向，持续打造德才兼备、忠诚干净担当、堪当建设地球科学领域世界一流大学重任的领导班子和干部队伍。持续优化专兼职干部队伍结构，统筹做好年轻干部、党外干部等各类型干部的培养选拔工作，注重在急难险重任务、吃劲负重岗位和基层一线中培养选拔优秀干部。推进干部成长档案数智化建设，提升干部选拔任用科学性精准性。加强干部成长全生命周期谋划，促进组织人事工作协同衔接，完善科级干部与中层干部、职务与职员职级的接续培养机制，统筹推进干部人才一体化培养使用。

全面提升干部能力素质。对标新时代好干部标准，针对学校干部能力素质短板，强化干部组织化培养的战略性、规划性、精准性，强化干部思想淬炼、政治历练、实践锻炼，着力加强干部斗争精神和斗争本领养成，着力提升干部改革创新意识和执行力，着力提振干部追求卓越、争创一流的精气神。不断完善干部轮岗交流机制，促进干部多岗位历练。推进干部分层分类教育和精准培训，增强干部推动高质量发展本领、服务师生本领、防范化解风险本领。积极搭建校内外实践锻炼、专业训练平台，加大力度推进干部校内外挂职锻炼。

激发干部干事创业活力。优化干部考核评价体系，强化考核结果在干部选拔任用、年终绩效奖励等方面的运用，充分调动干部干事创业的积极性、主动性、创造性。落实"三个区分开来"要求，健全干部担当作为的激励和保护机制，激励干部敢闯敢试。健全从严管理干部体系，加强对干部全方位管理和经常性监督。坚持严管和厚爱相结合，关心关爱干部成长和身心健康。健全完善能上能下、能进能出机制，激励干部讲奉献、敢创新、勇担当、有作为。

（四）夯实建强基层战斗堡垒

增强党组织政治功能和组织功能。不断严密上下贯通、执行有力的组织体系，把各级党组织建设成为加强党的全面领导、推动学校事业高质量发展的战斗堡垒。聚焦党建与业务工作深度融合，强化"党建考评看发展、发展考评看党建"，完善基层党建工作考核评价体系。全面落实二级党组织"五个到位"要求，提升学院党政领导班子议事决策科学化水平和履职能力。全面落实党支部"七个有力"要求，在学科链、科研链等最活跃部位建强师生党支部，探索"一融双高"方法路径，建强"双带头人"教师党支部书记队伍。实施党员"先锋"计划，推动党员数量和质量"双提升"，注重在高层次人才、青年教师中发展党员，大力选树宣传先进党员典型，激励引领广大党员在事业发展中当先锋、做表率。

深入推进党建示范创建和质量创优。坚持大抓基层的鲜明导向，深入推进"对标争先"建设计划，持续创建党建工作标杆院系、样板支部，实现全国研究生党建"双百"突破。探索"党建＋"模式，构建"一院一品"工作格局，建强"党徽照我行""结对领航"等党建品牌，健全学生党团班"三位一体"融合建设机制。建设"智慧党建"平台，打造基层党建创新实践示范中心和党建服务示范中心，推动基层党组织全面进步、全面过硬。总结凝练全国党建工作示范高校、标杆院系、样板支部培育创建经验，提升学校党建工作的引领力和示范效应。

（五）坚定不移推进全面从严治党

落实全面从严治党主体责任。牢记全面从严治党永远在路上，党的自我革命永远在路上。坚持以严的基调强化正风肃纪，开展经常性纪律教育，完善全面从严治党"四责协同"机制，推动纪检、监察、组织、审计等部门协调联动。持续深化政治巡察和日常监督，加强巡视巡察整改和成果运用，强化督办落实。选优建强纪检监察干部队伍，建设"清廉地大"，坚持党性党风党纪一起抓，督促干部、教师廉洁用权、廉洁从教、廉洁为学。

切实增强监督执纪效能。健全党统一领导、全面覆盖、权威高效的监督体系，落实纪检监察体制改革要求，全面强化政治监督，突出对"一把手"和领导班子监督，统筹推动纪律监督、监察监督、巡察监督。坚持不敢腐、不能腐、不想腐一体推进，完善廉政风险防控体系，加强重点领域和关键环节监督，强化警示教育，健全小微权力清单，以数字赋能加强权力监督，坚决惩治侵害师生利益的不正之风和腐败问题。

持之以恒强化作风建设。以钉钉子精神持续加强作风建设，锲而不舍落实中央八项规定及其实施细则精神，持续深化纠治"四风"，以斗争精神推进师德师风建设，营造干事创业的良好氛围。进一步精文简会，践行"一线规则"，大兴调查研究之风，完善密切联系群众的工作机制，着力解决师生急难愁盼的问题。

各位代表,同志们！七秩风华,弦歌不辍。地大在新中国的朝阳中诞生,在共和国的旗帜下成长,在改革开放的春风中跨越,在新时代新征程的使命召唤下奋进。我们因始终坚守立德树人根本任务而生生不息,我们因不断与时俱进培育时代新人而欣欣向荣。面向未来,我们要更加全心全意地育人育才,更加用心用情地爱师爱生。一代人有一代人的使命,一代人有一代人的担当。以中国式现代化全面推进中华民族伟大复兴的宏伟蓝图已经绘就,地球科学领域世界一流大学的"地大梦"正从理想走向现实。让我们更加紧密地团结在以习近平同志为核心的党中央周围,以更高水平开放、更深层次改革、更高质量创新,加快建设地球科学领域国际知名研究型大学,为加快建设教育强国、全面建设社会主义现代化国家、全面推进中华民族伟大复兴作出新的更大贡献！

坚守使命　忠诚履职
为建设地球科学领域国际知名研究型大学提供坚强保障
——中共中国地质大学（武汉）十二届纪律检查委员会向中共中国地质大学（武汉）第十三次代表大会的工作报告

唐忠阳

（2023年7月8日）

同志们：

现在，我代表中共中国地质大学（武汉）十二届纪律检查委员会向大会作书面报告，请审议。

一、学校第十二次党代会以来的工作回顾

五年来，在教育部党组、驻教育部纪检监察组、湖北省纪委监委和学校党委正确领导下，学校纪委深入学习贯彻习近平新时代中国特色社会主义思想、党的十九大、二十大精神，坚定贯彻党的自我革命战略思想和全面从严治党战略方针，深刻领悟"两个确立"的决定性意义，增强"四个意识"、坚定"四个自信"、做到"两个维护"。忠实履行党章和宪法赋予的职责，贯彻落实上级纪检监察机关和学校党委有关决策部署，围绕立德树人根本任务，以严的基调稳中求进，更加突出政治监督首要责任，促进日常监督提质增效，一体推进不敢腐、不能腐、不想腐，持之以恒贯彻落实中央八项规定精神，有形覆盖与有效整改相结合推进巡视巡察上下联动，建设忠诚干净担当的纪检监察干部队伍，以纪检监察工作高质量发展为建设地球科学领域国际知名研究型大学新征程提供坚强保障。

（一）忠诚履职尽责，推进全面从严治党战略部署落地见效

一是用党的创新理论凝心铸魂。深入学习习近平新时代中国特色社会主义思想和党的十九大、二十大精神，深刻领悟党的理论和路线方针政策，牢牢把握党中央治国理政新理念新

思想新战略和重大决策部署。立足职能、结合实际,以五年来的历次主题教育为载体,督促各级党组织和全体党员把掌握党的创新理论这一"看家本领"落实到党委会常委会"第一议题"学、理论学习中心组集中专题学、领导干部带头领学讲学和"三会一课"、支部主题党日活动当中,推动全校党员和领导干部始终在思想上政治上行动上同以习近平同志为核心的党中央保持高度一致。纪检监察干部队伍围绕习近平总书记关于全面从严治党、推进党的自我革命、党的百年奋斗历史经验等重要思想,及时跟进学习领悟并转化为贯彻落实具体措施。全校党员自觉以习近平新时代中国特色社会主义思想武装头脑、指导实践、推动工作,努力做到真信笃行、知行合一。

二是推进全面从严治党责任层层压实。协助党委推进全面从严治党工作部署,压紧压实主体责任,强化纪委同级监督,发挥纪委书记、副书记近身监督作用,持续强化对党政"一把手"和领导班子的监督。协助学校党委制定年度全面从严治党责任清单,出台《关于加强二级党组织全面从严治党"四责协同"工作的实施办法(试行)》《"清廉地大"建设实施方案》,以分级签订责任书、承诺书、述责述廉、年度考核及党风廉政建设责任制检查等方式,构建责任体系,传导管党治党压力,进一步强化上下贯通、一贯到底。将全面从严治党要求和落实党风廉政建设责任制体现到校内巡察、学校章程和各项规章制度中,推进学校治理体系与治理能力现代化。

(二)牢记"国之大者",聚焦学校高质量发展强化政治监督

一是围绕立德树人强化政治监督。自觉服务保障新时代高校立德树人根本任务,围绕坚持和加强党对教育工作的全面领导以及意识形态工作、思想政治理论课建设、平安校园建设、师德师风建设等重大任务,强化政治监督,严明政治纪律和政治规矩,推进学校立德树人根本任务落实落地。开展习近平新时代中国特色社会主义思想"三进"专项监督,助力课程思政与思政课程建设工作提质增效。开展教材工作专项监督,督促主责单位严格落实意识形态工作责任制和教材工作责任追究制。推动出台《师德师风建设长效机制实施办法》,督促各单位守牢教师队伍建设的政治底线。

二是围绕党史学习教育开展检查监督。把开展党史学习教育作为重要政治任务抓实抓细,增强"两个维护"的政治自觉。制定《党史学习教育监督检查方案》,组建监督检查组,深入检查党史学习教育开展情况,督促各级党组织把"学党史、悟思想、办实事、开新局"要求贯穿全程,推动全校党员干部切实增强"两个维护"的思想自觉和行动自觉,在学史明理、学史增信、学史崇德、学史力行上见行见效。

三是围绕重大决策部署实施专项监督。推进落实新冠肺炎疫情防控主体责任、监督责任同向发力,制定《关于做好疫情防控工作监督执纪工作的通知》等文件,组建专班深入一线,紧

盯防控重点监督并提出整改建议,护航学校疫情防控各项政策落地落实。围绕落实脱贫攻坚和乡村振兴战略,制定《关于开展驻村帮扶项目资金管理使用情况监督检查的工作方案》,赴湖北省竹山县、云南省施甸县等帮扶点实地检查、督促整改,促进学校脱贫攻坚成果和乡村振兴工作有机衔接。围绕学校综合改革和"三定"工作,发出《关于在机构改革过程中严格遵守学校财经工作纪律和公用房使用管理及津补贴发放等有关规定的工作提示》,保障机构改革工作风清气正。围绕高校设备更新改造贷款财政贴息项目实施,发出2份专项《工作提示》,组织专班全程参与论证申报、立项评审、采购招标、验收入库等工作开展贴身监督,督促落实项目负责人、申报单位和采购招标、设备管理、资产管理部门各方责任。

(三)规范权力运行,加强"重点事""关键人"的日常监督

一是强化重点领域和关键环节监督。紧盯管理权力集中、办学资源富集、掌握资金密集的管理服务机构,制定《对校内有关二级单位开展调研式督导工作方案》,强化相关单位防控廉政风险的自觉性和主动性。结合巡视审计整改,开展采购招标年度计划报备工作,推动涉经济活动领域业务部门健全完善内控制度。组织开展校办企业、非学历教育等非主业领域廉政风险防控专题调研,推动出台《所属企业体制改革方案》,修订《非学历教育管理办法》,顺利完成校办企业改制和非学历教育"管办分离"专项整改任务。印发《关于建立健全纪检监察日常监督"四不两直"检查工作制度的通知》,以"四不两直"方式对招生考试、选人用人、师德师风、学术诚信、科研经费、财务资产、招标采购、后勤基建、未来城校区运行管理等领域开展常态化监督,确保监督精准性、有效性。

二是紧盯关键少数,提升监督效能。突出对各级"一把手"、领导班子成员和重点岗位、关键部门负责人监督,督促依法履职、廉洁从政。制定《党风廉政意见回复实施办法》,围绕干部选拔任用、党委换届、推荐评优等事项出具党风廉政意见回复函244批次,涉及2379人次,按规定开展中层干部廉政谈话累计687人次,严把选人用人廉洁关。制定《关于开展领导干部插手干预重大事项自查工作的通知》,常态化严防领导干部违规用权。开展"三重一大"决策制度执行情况专项调研,督促强化规则程序意识。

(四)强化系统施治,一体推进"三不腐"综合效应不断增强

一是保持高压态势,放大"不敢腐"的震慑效应。坚持以事实为依据、以纪法为准绳,严肃开展执纪问责。五年来,共受理信访举报(含上级转办和司法移交)186件,转问题线索处置91件,决定立案并审查调查19件,给予党纪政纪处分28人次,给予谈话提醒、批评教育或予以诫勉处理188人次。深化运用"四种形态",五年来,运用第一种形态给予提醒批评占批评教育帮助和处理总人次的87%;运用第二种形态给予轻处分占总人次的8.8%;运用第三种

形态给予重处分占总人次的0.5%;运用第四种形态处理严重违纪违法、触犯刑律的占总人次的3.7%。坚持在全面从严治党会和警示教育大会上通报曝光典型案件,要求被谈话函询的党员领导干部在年度民主生活会上予以说明,要求违规违纪人员按规定在一定范围内作出检讨,用身边事警示身边人。组织200余名党员干部集中参观湖北省警示教育基地,提醒党员干部知敬畏、存戒惧、守底线。

二是推动建章立制,增强"不能腐"的刚性约束。推动以案促改、以案促治,写好案件查办的"后半篇文章"。五年来,累计制发纪检(监察)建议书4份、工作提示函21份,推动并协助学校党委先后制订完善《学校党政会议议事规则》《学院党政联席会议议事规则》等多项重要制度。督促相关管理服务机构先后出台或修订选人用人、招生考试、基建管理、科研经费管理、师德师风建设等40余项业务管理制度。

三是夯实思想根基,提升"不想腐"的主观自觉。强化宣传教育正面引导,开展党风廉政建设宣传教育月活动,通过领导干部讲授廉政专题党课、举办党规党纪"学""讲""考"活动,抓住师生入学、毕业、入职、培训等契机,加强廉洁修身教育和师德师风教育。督促管理服务机构梳理"小微权力清单",推动"清廉机关"建设。开展"走基层、送案例、普常识、防风险"纪法宣传活动,举办"清廉讲堂",征集廉洁文化文创作品近300件,不断厚植"学廉、思廉、践廉"的校园廉洁文化沃土。

(五)深化作风建设,落实中央八项规定精神持续正风肃纪

一是纠治"四风"抓"长"抓"常"。开展落实中央八项规定精神有关制度专项自查自纠和专项调研,督促相关部门修订系列配套规章制度40余项。要求相关职能部门定期报备"三公"经费支出情况、教职工因公出国(境)情况,要求党员干部严格遵守操办婚丧喜庆事宜报告制度。将落实中央八项规定精神情况列为党风廉政建设责任制和校内巡察监督必备内容。

常念"紧箍咒",强化事前监督和警示教育。开辟"正风肃纪"专栏,发放《高校人员廉洁自律手册》《师德师风违纪案例》等千余套。紧盯元旦、春节、"五一"、端午、中秋、国庆、开学季、毕业季等重要节点,及时推送廉政短信年均1800条,提醒党员领导干部发挥"头雁效应",带头廉洁自律。通过公布举报投诉电话和邮箱,发挥群众监督作用。坚持党性党风党纪一起抓,紧盯违反中央八项规定精神的隐形变异问题,坚决防止"四风"回潮复燃。

二是开展突出问题专项整治。开展违规吃喝、借培训之名组织公款旅游、工会经费违规使用、私车公养等专项整治和自查自纠;持续开展国内公务接待情况专项整治,督促清退违规款项40余万元,并对相关责任人追责问责;联合有关部门开展干部兼职情况排查和津贴补贴发放专项检查,督促退缴资金180余万元。组织开展机关作风建设等专项检查。整合各类年终检查、考核、评比活动,修订《公文处理规定》《规范性文件管理办法》,严控发文数量、规格和

篇幅，学校发公文量从2018年的986份逐步下降到2022年的391份，坚持"三短一简"，推动会风文风持续向好，切实为基层减负。

（六）擦亮巡察利剑，稳步推进巡察有形覆盖与有效整改结合

一是完成巡察全覆盖任务。精准落实政治巡察要求，开展7轮常规巡察，实现30个二级党组织巡察全覆盖，对5个二级党组织开展巡察"回头看"。实现十二届党委任期巡察全覆盖。突出问题导向，聚焦"关键少数"，紧盯权力责任，实现有形覆盖与有效覆盖相统一，巡察组与党员干部和群众谈话1641人次，发现问题772项，集中整改期完成整改任务720项，一次性整改完成率达到93.26%。

二是加强巡察规范化建设。紧跟党中央和教育部巡视巡察最新精神，制定完善校内巡察工作制度和规范体系。坚持"1234"工作方法，制定一项《巡察工作规划》管总方略，两本手册《巡察工作手册》《工作制度手册》和三项制度《巡察工作办法》《巡察成果运用办法》《关于加强巡察干部队伍建设的意见》作为日常运行指南，推动党委主体责任、书记第一责任人责任、班子成员一岗双责和纪委监督责任"四责协同"有效落实。校内巡察实现了任务清单化、工作图表化、操作手册化、标准模板化。

三是强化巡察整改和成果运用。坚持"组织协同、力量融通、责任明晰、流程闭环、靶向发力、精准施治"的工作思路，制定《巡察成果运用办法》，推动做好巡察"后半篇文章"。加强多部门横向协同和巡视巡察上下联动，对12个二级党组织开展了"深化巡察整改"，对26个单位开展了"深化巡视巡察整改专项督查"，向相关职能部门通报巡察情况30次。形成巡察工作案例15个，其中1个案例被教育部选用。推动巡视巡察、纪检监察、组织、审计等监督发现的问题一体整改，监督效能有效发挥。

（七）坚持守正创新，提升纪检监察工作和干部队伍建设水平

一是聚焦主责主业，落实纪检监察体制改革任务。五年来，按照转职能、转方式、转作风的要求，学校纪委优化内部纪检机构设置，把纪律和规矩挺在前面，把更多力量放到全面监督执纪问责主业上，参与校内各类议事协调机构数从之前的50多个有序降至10个左右，监督内容更加聚焦、监督力量更加集中、监督效果更加明显。

二是健全组织体系，增强纪检监察干部斗争本领。2019年以来，学校党委在新换届的二级党委中全部设立纪委，教工党支部中全部设立纪检委员，实现"横向到边、纵向到底"的纪检组织工作体系全覆盖。定期组织纪检监察干部培训，努力建设一支忠诚干净担当的纪检监察铁军。学校纪委和专兼职纪检监察干部在疫情防控、脱贫攻坚、乡村振兴、借调巡视等重大政治任务中尽锐出战、既督又战，以干代训、一线练兵，获得多项表彰。学校纪检监察工作规范

化、法治化、正规化建设水平稳步提升。

五年来,学校纪委工作之所以能取得上述进展和成效,离不开教育部党组、驻部纪检监察组、湖北省纪委监委和学校党委的正确领导,离不开全校各级党组织、全体党员领导干部和师生员工的大力支持,离不开纪检监察干部的辛劳工作,在此表示衷心感谢。同时,我们也必须清醒地认识到,学校党风廉政建设和反腐败工作任重道远,对标对表党中央和习近平总书记提出的"两个永远在路上"的战略判断,学校纪检监察工作还存在着一些短板弱项,主要是:对政治监督的内容、路径和方式方法的规律性认识有待加强;各类监督贯通协同形成合力提升大监督效能上有待加强;校院两级纪检监察干部队伍自身"三化"能力亟待提升等。面对问题和差距,在今后的工作中将予以高度重视,并采取有效措施、切实加以解决。

二、五年来的工作体会

五年来,学校纪委坚持以党的创新理论为指导思想,以习近平总书记关于高等教育和纪检监察工作的重要讲话和指示批示精神为根本遵循,在围绕中心工作、服务大局、保障事业发展的具体实践和不断探索中,持续深化对学校全面从严治党工作的科学认识、形势研判、特征分析和对策把握,坚定不移地走好地大特色的纪检监察工作高质量发展之路。

(一)必须坚持以党的创新理论固本培元,引领纪检监察工作正确政治方向

五年来,学校纪委把坚定政治方向体现在学懂弄通做实习近平新时代中国特色社会主义思想上,以党的创新理论凝心铸魂。推动全校纪检监察干部持续深化对马克思主义中国化时代化最新成果的政治认同、思想认同、理论认同、情感认同,不断提高政治判断力、政治领悟力、政治执行力,牢记从严治党的政治责任,强化政治担当。自觉把党中央决策部署、上级纪检监察机关和学校党委具体工作安排与履行"监督保障执行、促进完善发展"职责使命有机结合,强化纪律建设,把严守纪律规矩贯穿到管党治党全过程,严抓细管,常抓长管,巩固党要管党、依规治党成效,持续推动纪检监察工作高质量发展。

(二)必须坚持严的基调毫不动摇,贯彻落实"三不腐"一体推进方针方略

五年来,学校纪委扛牢抓稳全面从严治党监督责任,协助党委把"持续推进全面从严治党""推进'四责协同'机制落地见效"等纳入年度工作要点和党建思政工作重点任务清单、党风廉政建设责任制落实情况检查考核和校内巡察观测指标,促使从严管党治校与"清廉地大"建设有效贯通,推进全面从严治党不断向纵深发展,向基层延伸。

同时,学校纪委坚持把一体推进"三不腐"的要求体现到贯通运用"四种形态"、依规依纪依法开展监督执纪问责的工作实践当中,将严肃惩治、规范权力、宣传教育紧密结合、协调联动,坚持严惩与促改、促治结合,查信办案与写好推动整改、建章立制、加强警示和宣传教育的"后半篇文章"结合,切实增强党风廉政建设与反腐败斗争的系统性、整体性和协同性,推动监督成果持续有效转化为治理效能。

(三)必须坚持以人民为中心的立场,严格监督执纪问责回应师生关心关切

五年来,学校纪委聚焦主业主责,坚持把实现好、维护好、发展好师生群众的根本利益作为纪检监察工作的出发点和落脚点,以师生群众的认可度和满意度来检验纪检监察工作成效,以正风肃纪反腐的实际成效赢得广大师生群众的信任和支持。聚焦落实立德树人根本任务,持续强化政治监督,协助推动学校党委全面加强党的建设,落实好管党治党、办学治校的主体责任。聚焦师生急难愁盼问题,推动"一下三民"实践活动与纪检监察职责任务同向发力,开展机关党委巡察,推动"清廉机关"建设,督促党员干部为师生群众办实事解难题,整合各类检查考核切实为基层减负,广大师生对机关作风评价持续向好。坚持开门监督,把受理群众信访举报作为密切联系师生群众的桥梁,以强烈责任感做好信访举报处置工作,坚决查处违规违纪违法问题,举一反三强化专项治理,坚决纠正损害师生利益的不正之风,让师生群众感受到正风肃纪反腐就在身边。

(四)必须坚持服务保障事业发展,推动监督体系进一步融入现代大学治理

五年来,学校纪委聚焦深入学习宣传贯彻党的十九大、二十大精神,紧扣贯彻落实习近平总书记关于高等教育的重要指示批示精神,聚焦学校深化改革实践遇到的新问题、师生关切的急难愁盼问题,聚焦形式主义、官僚主义新变异新表现,聚焦选人用人、招生考试、经费管理、采购招标、师德师风等重点领域和关键环节,进一步强化政治监督、日常监督、专项监督等,督促各单位加强风险防控,完善内控制度,及时发现和纠正苗头性倾向性问题,推动问题整改,把监督融于管党治校的全领域全过程。

三、对十三届学校纪委的工作建议

党的二十大以前所未有的政治站位和宏大气魄,把教育、科技、人才作为全面建设社会主义现代化国家的基础性、战略性支撑。当前,全校上下正在围绕学思想、强党性、重实践、建新功的总要求,深入开展学习贯彻习近平新时代中国特色社会主义思想主题教育。今后五年,是学校完成"十四五"规划、开启"十五五"规划、实现建设地球科学领域国际知名研究型大学第二步战略目标的改革攻坚期、爬坡过坎期和关键突破期。新一届学校纪委要在上级纪检监察机关和学校党委的领导下,以学校第十三次党代会的胜利召开为新起点,全面贯彻落实党的二十大和二十届中央纪委有关会议精神,深入学习领会习近平总书记在二十届中共中央政

治局第五次集体学习时的重要讲话精神,胸怀"国之大者",坚定不移推动全面从严治党向纵深发展,强化监督执纪问责,完善廉政风险防控机制,标本兼治,惩防并举,全面推进"清廉地大"建设,营造风清气正干事创业环境,为实现学校事业发展提供坚强保障。

（一）以政治监督具体化精准化常态化推动"两个维护"的政治自觉不断增强

学校纪委要进一步深刻领悟"两个确立"对党和国家事业发展、对高等教育综合改革和对推进"双一流"建设、提升办学治校水平的决定性意义,不断强化政治监督,促进学校党委切实履行好管党治党、办学治校的主体责任,保障"国之大者"的落实。

一要紧紧围绕学校深入贯彻落实习近平总书记关于教育的重要论述、重要讲话和指示批示精神开展监督,重点发现各级党组织、各单位在贯彻党的教育方针、加强意识形态阵地建设、加强思想政治工作、推进教育教学改革、提升人才培养质量方面存在的偏差和问题。

二要紧紧围绕加强学校党的政治建设、推进全面从严治党、营造良好政治生态开展政治监督,巩固深化政治巡察,落实巡察全覆盖任务,加强巡察整改和成果运用,重点发现坚守政治纪律和政治规矩、坚持民主集中制、"三重一大"事项集体决策、严肃党内政治生活、贯彻执行党委领导下的校长负责制等方面存在的偏差和问题。

三要紧紧围绕党中央和习近平总书记关于做好当前工作的重大决策部署和重要指示批示精神开展专项监督,按照"党中央重大决策部署到哪里、监督检查就跟进到哪里"的要求,聚焦重点领域和重点岗位、紧盯重要任务和重要环节,着力发现学校在贯彻落实党的二十大精神特别是落实科教兴国战略、人才强国战略、创新驱动发展战略、中央八项规定精神、纠治"四风"等工作中存在的不足和问题。

四要持续推进政治监督具体化精准化常态化,强化台账管理,将政治监督落实到具体的责任清单、政策制度、规划项目、举措成效上,通过巡视巡察、专题督导、专项检查、专项整治、述责述廉等方式,督促"关键少数"和各级党政"一把手"严于律己、严负其责、严管所辖,进一步推动全校党员干部和师生员工更加坚定、更加自觉、更加有效地增强"四个意识"、坚定"四个自信"、做到"两个维护"。

（二）以构建协同高效、系统集成的监督体系推进管党治校全面从严更加有力

准确把握"六个如何始终"的重大意义和深刻内涵,贯彻全面从严治党新部署新要求,有效传导压力,推动全面从严治党政治责任落实,不断健全完善监督体系的系统性、协调性和有效性,释放更大的监督效能。

一要聚焦"系统集成"和"协同高效",推动构建"大监督"工作格局。逐步推进在部分权力集中、资金密集、资源富集等重点领域部门建立派驻监督机制,推动巡视巡察上下联动、巡审

联动、校院两级纪委联动。不断健全党委统一领导、上下贯通、左右衔接、协调联动的监督体系,推进各类监督主体、监督形式协同发力形成合力。着力强化党委全面监督、纪委专责监督、党委部门职能监督、基层党组织日常监督、广大党员和师生民主监督的监督体系构建。促进纪律监督、巡察监督、审计监督、财会监督、群众监督、民主监督、舆论监督等各类监督力量融合,探索建立纪委牵头,巡察、审计、组织、人事、财会、信访、工会、安保等部门参与的监督协作机制。推动重点领域主责部门定期联席会商机制,促进监督主体间信息沟通、线索移送、措施配合、成果共享,从而实现监督职责再强化、监督效能再提升,为依法治校、实现学校治理能力现代化、持续推进党风廉政建设高质量发展提供重要保障。

二要把严的基调和制度建设贯穿于学校各级党组织的政治、思想、组织、作风、纪律建设之中,把全面从严治党的压力传导到"最后一公里",将党纪国法要求的监督对象一体纳入监督范围。既要突出抓好"关键少数"以上率下,又要坚持"三个区分开来",探索建立为干事创业者"护航"的容错免责机制,在制度层面上消除想干事者的后顾之忧,激发能干事者干事创业的积极性。以党章国法为纪法遵循、以贯彻落实民主集中制为核心要义,以规范权力运行机制为目标,进一步完善"四责协同"机制,督促各级党组织和各单位将全面从严治党责任与业务管理职责、事业发展任务同谋划、同实施、同考核,把主体责任、监督责任、第一责任人责任和"一岗双责"统一于构建知责、担责、履责、尽责的责任链条当中。

(三)以"全周期管理"方式综合运用"四种形态"深化"三不腐"一体推进

学校纪委要切实增强行动自觉,深化运用系统观念、全局思维,提高一体推进"三不腐"能力和水平。

一要坚持"三前三后"工作思路,严管和厚爱结合、激励和约束并重。做到教育在前、监督在前、服务在前,推动纪委教育、监督、服务关口前移、力量下沉;坚持"全周期管理"理念,健全日常监督工作闭环管理机制,规范纪检监察日常监督检查和工作提示(提醒)台账管理工作,加强对主责单位有关落实情况的反馈、督导;有效运用"四种形态",写好巡视巡察审计、监督检查、执纪审查"后半篇文章",将监督成果更好地转化为治理效能。

二要紧盯重点领域关键环节,在不敢腐上持续加压。聚焦重点领域、关键环节权力运行,加强制约监督,按照"一院(部门)一策"深化对重点领域专项治理,推动解决管党治校突出问题,保持有腐必惩、以案示警的高压态势。

三要着眼系统构建长效机制,在不能腐上深化拓展。深化巡视巡察审计整改,深入剖析普遍性、系统性问题,督促整改;切实做好查办案件"后半篇文章",凝练总结从严治党创新实践经验,把提高管理效能与防范廉政风险有机结合,与时俱进增强制度的时效性和可操作性,督促制度执行,让制度"长牙",防止"破窗效应"。

四要注重思想教育强基固本,在不想腐上巩固提升。深入挖掘地大文化的廉洁资源,用廉洁文化滋养党员干部身心,把经常性的纪法教育纳入党员干部、教职员工各级各类培训和学生日常教育的必修课;用好典型警示案例"活教材",用身边人身边事释纪释法;严格领导干部家风家教,不断筑牢拒腐防变的思想堤坝;以主题教育、全国党建工作示范高校和全国文明校园建设以及主题鲜明的宣教活动等为载体,上下联动、部门协作、分层施教、点面结合、全力推动"清廉地大"建设,营造风清气正的校园环境。

(四)以推动纠"四风"树新风常态化长效化锲而不舍落实中央八项规定精神

学校纪委要不断巩固和深化落实中央八项规定精神成果,全面加强作风建设和纪律建设,在常和长、严和实、深和细上下功夫,不断把作风建设引向深入。

一要严防享乐主义、奢靡之风反弹回潮。以专项治理、自查自纠等专项工作为"切入口",紧盯重要时间节点、关键人群和问题易发多发领域,着力解决人民群众反映强烈的问题,加大查处问责力度,增强人民群众获得感。深化重要节点通报曝光、常态化明察暗访、节前廉洁提醒等有效经验做法,坚决防反弹回潮、防隐形变异、防疲劳厌战,持续释放越往后执纪越严的强烈信号。

二要突出靶向监督,严查搞形式主义、官僚主义和不担当不作为乱作为问题。紧盯玩忽职守不担当不作为问题,纠治麻痹松懈、推诿扯皮、敷衍塞责、懒政怠政行为;紧盯任性用权乱作为问题,纠治不尊重教育规律、客观实际和师生群众需求,对政策举措和工作部署"一刀切"、层层加码、随意决策、盲目决策、违规决策等行为。以"三重一大"决策制度执行专项巡察为切入点,推动干部增强规则程序意识,提升干事创业精气神。

三要推动形成严管严治的常态长效机制。以修订学校贯彻落实中央八项规定及其实施细则精神规定为抓手,督促相关单位按照"深学习、实调研、少发文、讲短话、下基层、解难题、简报道、抓落实,戒奢靡、尚勤俭"要求,补齐制度短板,及时开展应知应会政策宣传教育,进一步强化制度规范执行。

(五)以巩固拓展教育整顿成效为抓手持续加强自身规范化法治化正规化建设

学校纪委要加强纪检监察机关规范化、法治化、正规化建设,聚焦"政治过硬"和"本领高强",不断提高纪检干部队伍履职能力。

一要以巩固拓展主题教育和教育整顿成果为抓手,深刻领会习近平新时代中国特色社会主义思想的丰富内涵,用其中蕴含的科学立场、观点、方法来认识问题、谋划工作、抓好落实。坚持政治理论学习常态化,完善"一月一学习"制度,把党建与纪检监察业务学习有机结合,不断提高政治判断力、政治领悟力、政治执行力。

二要坚持以系统观念服务教育事业发展。纪检监察干部要自觉把纪检监察工作置于党和国家大局中谋划推进，紧密联系党的二十大关于加快建设高质量教育体系战略部署，跟进监督、精准监督，确保党中央重大决策部署落地见效。新时代新征程，纪检监察干部要加强高等教育管理政策和理论的学习，主动把纪检监察工作置于办学治校的全局来统筹推进。围绕学校的职责定位、发展方向和目标任务，把正风肃纪反腐与推动学校发展、促进治理协同起来；围绕新一轮"双一流"建设和"十四五"规划，把正风肃纪反腐与深化改革、完善制度相结合；围绕提高人才培养质量、拔尖创新人才培养和服务区域经济社会发展，把正风肃纪反腐与健全机制、创新发展联动起来。

三要保持永不懈怠的精神状态，谨慎用权，严格自我约束，严防"灯下黑"，勇于直面矛盾，敢于动真碰硬，锤炼过硬作风；加强对二级纪委工作的指导，推动业务交流，建立完善二级纪委述职考核机制，强化学校纪委委员履职意识；以数智赋能日常工作，提高规范化、法治化、正规化工作水平，努力在守正创新、履职尽责中锻造出一支纯度更高、成色更足、能力更强、作风更硬的地大纪检监察铁军。

做好新时代学校纪检监察工作责任重大、使命光荣。学校纪委将在学校新一届党委和上级纪检监察机关的坚强领导下，紧紧团结依靠学校各级党组织、广大党员干部和全体师生员工，弘扬伟大建党精神，以永远在路上的政治自觉正风肃纪反腐，发挥好监督保障执行、促进完善发展作用，高质量推进学校纪检监察工作，推动学校全面从严治党向纵深发展，为实现学校第十三次党代会确定的奋斗目标、早日建成地球科学领域国际知名研究型大学提供坚强保障！

深入学习贯彻党的二十大精神
坚定不移推进全面从严治党
以高质量党建引领保障学校事业发展
——2023年全面从严治党工作会议上的讲话

黄晓玫

（2023年3月17日）

各位老师：

大家上午好。今天学校召开2023年全面从严治党工作会议，深入学习贯彻党的二十大精神，学习贯彻中央纪委、湖北省纪委全会和2023年教育系统全面从严治党工作会议精神，回顾总结过去一年学习全面从严治党工作，布置2023年重点任务。刚才，忠阳同志在报告中回顾了去年的纪检监察工作，肯定成绩、分析问题、提出改进的意见。王华同志从财经监管的角度，引导我们学习国家相关政策，着重从科研经费和人才经费两个方面分析了学校目前工作中存在的问题，提出了进一步加强财经纪律的要求，体现了宏观视野、协同作战。下面，我讲三点意见。

一、强化理论武装，深入学习领会党的二十大精神和习近平总书记在二十届中央纪委二次全会上的重要讲话精神

党的二十大擘画了全面建设社会主义现代化国家、以中国式现代化全面推进中华民族伟大复兴的宏伟蓝图，为新时代新征程党和国家事业发展，实现第二个百年奋斗目标指明了方向、确立了行动指南。习近平总书记在党的二十大报告中深刻指出，全面建设社会主义现代化国家、全面推进中华民族伟大复兴，关键在党。习近平总书记从7个方面对"坚定不移全面从严治党，深入推进新时代党的建设新的伟大工程"提出明确要求，为推进全面从严治党工作提出了根本遵循。

今年1月9日，二十届中央纪委召开二次全会。习近平总书记发表重要讲话，从党和国家事业发展全局的高度，深刻分析大党独有难题的形成原因、主要表现和破解之道，深刻阐述健全全面从严治党体系的目标任务、实践要求，对坚定不移推进全面从严治党作出战略部署。

我们要从四个方面来学习把握党的二十大精神和中纪委全会精神：

一是深刻把握全面从严治党"十年磨一剑"的历史性成就。党的十八大以来，以习近平同志为核心的党中央，将全面从严治党纳入"四个全面"战略布局，以制定和实施中央八项规定开局破题，提出和落实新时代党的建设总要求，以党的政治建设统领党的建设各项工作，持之以恒正风肃纪，开展史无前例的反腐败斗争，用实际行动践行全面从严治党永远在路上，使党在革命性锻造中变得更加坚强有力、更加充满活力，为党和国家事业取得历史性成就、发生历史性变革提供根本指引和坚强保障。"十年磨一剑"的历史性成就深刻表明，全面从严治党是新时代党的自我革命的伟大实践，是新时代党的建设的鲜明主题，是党永葆生机活力、走新的赶考之路的必由之路。

二是深刻把握大党独有难题的重大命题。习近平总书记用如何始终不忘初心、牢记使命，如何始终统一思想、统一意志、统一行动，如何始终具备强大的执政能力和领导水平，如何始终保持干事创业精神状态，如何始终能够及时发现和解决自身存在的问题，如何始终保持风清气正的政治生态，这六个如何，深刻阐明了"大党独有难题"难在哪、为何难、怎么治。这是总书记立足"两个大局"，从党所处的历史方位、肩负的使命任务、面临的复杂环境出发，深刻把握党的根本性质和党情发展变化，对全面从严治党提出的崭新命题和重大课题。我们要深刻认识解决大党独有难题的重大意义、科学内涵和实践要求，切实增强顽强意志和坚定决心，坚持不懈把全面从严治党向纵深推进。

三是深刻把握健全全面从严治党体系的目标要求。习近平总书记在系统总结新时代十年我们党构建全面从严治党体系丰富成果的基础上，作出"初步构建起全面从严治党体系"的重大判断，深刻阐明健全全面从严治党体系"一个坚持""三个更加突出""四个全"（即坚持制度治党、依规治党；更加突出党的各方面建设有机衔接、联动集成、协同协调，更加突出体制机制的健全完善和法规制度的科学有效，更加突出运用治理的理念、系统的观念、辩证的思维管党治党建设党；内容上全涵盖、对象上全覆盖、责任上全链条、制度上全贯通）的实践要求。全面从严治党体系是一个内涵丰富、功能完备、科学规范、运行高效的动态系统，要强化系统观念，推动形成各负其责、统一协调的管党治校责任格局，进一步提升制度化、规范化、科学化水平。

四是深刻把握全面从严治党的战略部署。习近平总书记的重要讲话，紧扣贯彻党的二十大精神这条主线，深入分析新形势下党的建设面临的突出矛盾和问题，从以有力政治监督保障党的二十大决策部署落实见效，锲而不舍落实中央八项规定精神，全面加强党的纪律建设，坚决打赢反腐败斗争攻坚战持久战，完善党和国家监督体系等5个方面对全面从严治党工作作出战略部署。新时代新征程上，我们要提高政治站位，强化政治担当，全面对标对表，稳中求进、守正创新做好全面从严治党各项工作。

1月30日,湖北省召开纪委十二届二次全体会议,王蒙徽书记全面部署了湖北省今年的全面从严治党工作,一是以有力政治监督保障党的二十大决策部署在湖北落地见效,二是以违规吃喝问题专项整治为突破口纠"四风"树新风,三是用严明的纪律管党治党,四是坚决打赢反腐败斗争攻坚战、持久战,五是健全完善监督体系。

2月24日,教育部召开教育系统全面从严治党工作会议,怀进鹏部长从6个方面对做好今年教育系统全面从严治党工作提出了明确要求,一是坚持以党的政治建设为统领,以实际行动捍卫"两个确立",做到"两个维护";二是健全全面从严治党体系,不折不扣落实新时代全面从严治党新精神新要求;三是贯彻新时代党的组织路线,为教育改革发展提供坚强组织保障和干部人才支撑;四是主动防范化解风险,牢牢守住教育安全稳定底线;五是不断健全监督体系,让权力在阳光下运行;六是持之以恒正风肃纪,坚决打赢反腐败斗争攻坚战持久战。

学校各级党组织和广大党员师生要认真学习领会,切实把思想和行动统一到党中央决策部署上来,把落实全面从严治党战略部署与学习贯彻党的二十大精神紧密结合起来,落实教育部党组和湖北省委工作要求,推动学校全面从严治党向纵深发展,引领保障学校事业高质量发展。

二、找准发展方位,回顾学校过去一年和五年全面从严治党工作

2022年,在党中央、教育部党组和湖北省委的坚强领导下,学校党委团结带领广大师生员工,以习近平新时代中国特色社会主义思想为指导,深刻领悟"两个确立"的决定性意义,增强"四个意识"、坚定"四个自信"、做到"两个维护",推动学校全面从严治党取得新成效。

一是思想政治引领不断强化,推动党的二十大精神入脑入心。学校党委把全面做好迎接党的二十大胜利召开和学习宣传贯彻党的二十大精神作为年度首要政治任务,营造安全稳定祥和的校园氛围,制定学习宣传贯彻落实党的二十大精神专项,迅速掀起学习宣传贯彻党的二十大精神的热潮。校领导班子成员和全校处级干部通过校内干部培训、党支部培训等带头在校内外开展宣讲,实现理论学习全覆盖,全面推进党的创新理论进课堂、进教材、进头脑。

二是党的政治建设不断强化,管党治党主体责任更加突出。全面落实《中国共产党普通高等学校基层组织工作条例》,坚持党委领导下的校长负责制,坚持民主集中制,严格贯彻落实党政议事规则,确保党中央决策部署和党的教育方针落实到位。强化党委部门工作统筹,制定《中国地质大学(武汉)2022年党建思政工作重点任务》,有序推进年度重点任务。学校党建工作成效显著,学校党委入选"全国党建工作示范高校",2个党支部入选"全国党建工作样板支部",1个学院党委和2个支部获批省级标杆院系和样板党支部。

三是党的全面领导不断强化,引领保障作用不断增强。扎实推进高质量党建工作体系建设,党建与业务深度融合意识不断增强。落实立德树人根本任务,推进"三全育人"综合改革,创新"导学思政"工作模式,全方位助力学生成长成才。精心筹备举办学校70周年校庆,激发和凝聚全校师生和全球校友奋进动力。持续深化改革,不断优化学校治理体系和治理能力。持续扩大开放,积极争取办学资源,多方合作,自觉服务国家重大战略,积极谋划参与新一轮找矿突破战略行动。

四是牢牢守住安全稳定底线,持续推进平安校园建设。牢固树立底线思维,落实意识形态工作责任制,严格各类意识形态阵地管理。深化"平安校园"建设,加强重大活动期间安保工作,确保消防、交通、实验室等重点领域安全,营造安全稳定校园环境。做好常态化疫情防控工作,抵御疫情反复冲击,筑牢学校疫情防控屏障,切实保护师生生命健康安全。

五是政治生态不断优化,深入推进"清廉地大"建设。完成十二届党委对基层党组织常规巡察全覆盖。压实廉政责任,构建"一级抓一级、层层抓落实"的党风廉政责任体系。加强廉政教育,创建廉洁文化。强化重点监督,严格落实"三重一大"决策程序,加强重点领域风险监督,规范推进学校设备更新改造贷款财政贴息项目。加强作风建设,落实中央八项规定精神,督促领导班子成员认真落实"一岗双责",营造风清气正的发展氛围。

过去一年学校的工作是十二次党代会以来学校全面从严治党工作的缩影和延续。回顾过去五年,学校党委和全体师生紧密团结在以习近平同志为核心的党中央周围,坚持以习近平新时代中国特色社会主义思想为指导,坚决落实党中央和教育部党组全面从严治党的战略部署。学校扎实开展"不忘初心、牢记使命"主题教育和党史学习教育,先后接受教育部党组巡视、经济责任审计以及干部工作、教师思政等专项检查,完成本届党委对校内30个二级党组织巡察全覆盖,深化纪检监察工作改革,严格落实中央八项规定精神,持之以恒纠治"四风"。经过全校师生共同努力,全面从严治党的政治引领和政治保障作用更加凸显、政治生态更加健康、干部师生干事创业的精神状态更加饱满,学校事业发展不断取得新的成绩。

在看到成绩的同时,对标党的二十大作出的新的战略部署,深入分析学校所处的发展方位和面临的形势任务,我们更要清醒地认识到,我们的工作还存在一些差距和不足。通过巡视巡察和专项检查,刚才忠阳和王华同志分别从不同侧面进行了分析,我们通过巡视巡察、审计和专项检查发现:

党的创新理论武装有待加强。面对不断变化的发展形势,党员干部政治理论学习和研究还不够系统深入,坚持好、运用好贯穿其中的立场观点方法还有欠缺。创新学习形式有待加强,结合具体工作对党的创新理论学深悟透还有差距,运用党的创新理论指导实践推动工作的实效性不强。

基层党组织政治功能发挥有待增强。贯彻落实《中国共产党普通高等学校基层组织工作条例》工作中,个别单位党政议事规则执行不到位,党支部战斗堡垒作用和党员先锋模范作用发挥不够。基层党建工作创新发展还不均衡、不充分。部分单位还没有形成以点带面的整体效应,党建工作与业务工作"两张皮"现象依然存在。

管党治党的主体责任有待压实。全面从严治党压力传导有待加强,不同程度地存在认识不足、办法不多、举措不实、机制不畅等情况。有的领导班子成员履行"一岗双责"意识不强,执行不到位,对分管工作领域廉政风险防控重视不够。监督执纪问责的制度体系和全面从严治党的责任延伸、压力传导、考核监督、激励约束等方面的工作机制还需要优化完善。

干部队伍作风和能力建设有待加强。对照新时代好干部标准,干部队伍的能力素质与新时代推动学校事业高质量发展的现实需求相比还存在一定差距。干部培训需进一步加强,干部把理论学习成果转化为解决实际问题的能力有待提升。有的干部管理工作精力投入不足、头雁作用发挥不明显,在抢抓机遇推动发展方面缺乏主动性,应对舆情和重大风险的能力不足。

重点领域和关键环节风险隐患仍然存在。近年来,学校选人用人、招生考试、财务管理、科研经费、基建后勤、学术不端、师德师风等重点领域的信访举报和违规违纪情况时有发生,有师生分别因违反政治纪律、廉洁纪律、工作纪律、生活纪律被给予党纪处分。意识形态工作责任有待进一步压实,利用网络空间化解矛盾,开展网络思政教育能力有待加强。

以上这些问题,必须引起我们的高度重视,采取切实有效措施加以解决。

三、压实政治责任,推动全面从严治党向纵深发展

2023年是贯彻党的二十大精神的开局之年,也是学校发展历程中的关键一年。今年,学校将召开第十三次党代会,深化改革、"十四五"规划和第二轮"双一流"建设进入承前启后的关键阶段。当前,我们面临的形势发生着深刻变化,我们需要更加准确地把握学校发展中的突出矛盾和问题,传承学校长期以来的优良传统,聚焦改革中的难点,攻坚克难,盘活办学资源、理顺结构机制,有效调动全体师生积极性,共同促进学校事业高质量发展。对照教育部和湖北省年度工作要求和学校实际,2023年我们从以下几方面做好学校全面从严治党工作。

(一)以党的政治建设为统领,坚决做到"两个维护"

党的政治建设是党的根本性建设,要始终摆在首位,以党的政治建设统领学校党的建设各项工作,引领保障学校事业发展。

一要以实际行动深入践行"两个维护"。"两个维护"是党的最高政治原则和根本政治规矩,面对当前风高浪急的国际形势,更要加坚定地维护党的集中统一领导,全面提升政治判断力、政治领悟力和政治执行力,捍卫"两个确定",做到"两个维护"。要坚持和加强党对学校工作的全面领导,坚决做到令行禁止,保证党的路线方针政策和各项决策部署在学校得到不折不扣的贯彻落实,确保学校成为坚持党的领导的坚强阵地。认真筹备召开学校第十三次党代会,系统总结十二次党代会以来办学治校的经验成绩,促进党的二十大最新决策部署在学校落地落实。

二要持续深入学习贯彻党的二十大精神。深化学习宣传贯彻工作,要准确把握党的二十大关于科教兴国战略的目标要求,把学习党的二十大精神与国家机构改革方案、教育部年度工作要点、新一轮找矿突破战略行动、《湖北省流域综合治理和统筹发展规划纲要》等重大政策结合起来,准确理解学校在国家战略和区域发展中的角色定位。把党的二十大精神学习宣传工作与学校深化改革、"十四五"规划和"双一流"建设等重点任务结合起来,推动学校事业高质量发展。

三要坚持用习近平新时代中国特色社会主义思想凝心铸魂。要按照中央和上级统一部署,结合学校实际,高质量开展好主题教育。持续完善党委理论学习中心组学习体系和党校课程体系,系统安排年度理论学习内容,加强对干部、教师、学生政治理论学习的分类指导,提升政治理论学习针对性、实效性。用好课堂主渠道,推进思政课程和课程思政改革创新,开好讲好"习近平新时代中国特色社会主义思想概论"课程,持续做好"开学第一课"相关活动,加强对学生的思想政治引领,建好"大思政课"建设教育实践基地,推出一批有深度、有影响的理论成果,推进习近平新时代中国特色社会主义思想和党的二十大精神进教材进课堂进头脑。

(二)坚持统筹兼顾,健全全面从严治党体系

健全全面从严治党体系,是党的二十大提出的新时代党的建设的重大举措,是一项具有全局性、开创性的工作。

一要准确把握全面从严治党体系的丰富内涵。全面从严治党体系内涵丰富,体现在党的政治建设、思想建设、组织建设、作风建设、纪律建设、制度建设和反腐败斗争的各项工作中,不能把全面从严治党局限在正风、肃纪、反腐,党的建设推进到哪里,全面从严治党体系就要构建到哪里。形势变了,要求也变了,我们的一些制度、办法也要与时俱进地进行修订和完善,甚至要站位更高地预设与引导。要坚决贯彻全面从严治党的战略方针,将党的建设与学校事业改革发展同谋划、同部署,促进党建与业务工作深度融合,引领保障学校事业高质量发展。

二要加强对"关键少数"的教育管理监督。学校改革发展步入关键时期,也是考察、识别干部的关键时刻,党员干部是决定学校事业发展的"关键少数",务必带头改进作风,干在实处,走在前列。党员领导干部要摆正位置,深刻认识权力来自师生,要用权力服务师生,要树立正确的政绩观,增强服务意识、发展意识,做有创造力的执行者。要拧紧思想认识的"螺丝",筑牢拒腐防变的"堤坝",自觉主动地接受监督,自重自省、慎独慎微,做政治信念坚定、遵规守纪的明白人,自觉做到廉洁自律、遵纪守法,严格落实"一岗双责",不踏雷区、不踩红线,

共同营造安定和谐干事创业的良好氛围。

三要压紧压实主体责任。严格落实全面从严治党主体责任,担起管党治党、办学治校的政治责任。党组织书记作为第一责任人要敢抓真管,党员领导干部要严格按照"一岗双责"要求,担负起分管领域全面从严治党工作责任。支持纪委大胆开展监督执纪问责工作,推动全面从严治党向纵深发展、向基层延伸,形成一级抓一级、层层抓落实的工作格局。认真梳理学校全面从严治党各项制度规定,健全完善务实有效、符合学校实际的全面从严治党制度体系。

(三)落实党的组织路线,为学校改革发展提供坚强组织保障

党的力量来自组织,我们要坚决贯彻落实党的组织路线,汇聚事业改革发展的强大合力。

一要加强基层党组织建设。持续加强党组织"对标争先"建设,深入推进全国党建工作示范高校以及党建工作标杆院系、样板支部建设,积极申报新一轮全国和湖北省高校党建"双创"项目。推动创建"一院一品"党建品牌,强化基层党组织政治功能,加强党员教育管理,引导师生党员在学习、工作、生活和急难险重任务中当先锋、作表率,切实发挥支部战斗堡垒和党员先锋模范作用。

二要加强领导班子和干部队伍建设。落实《中国共产党普通高等学校基层组织工作条例》,严肃党内政治生活,贯彻党委领导下的校长负责制,坚持民主集中制原则,切实履行党委把方向、管大局、作决策、抓班子、带队伍、保落实的职责。学校领导班子要带头加强思想建设、作风建设和能力建设,有针对性开展岗位业务培训。坚持党管干部原则,坚持新时代好干部标准,落实学校干部队伍建设"十四五"规划,加强干部"管用选育"各个环节,建设忠诚干净担当的高素质专业化干部队伍。

三要加强人才队伍建设。坚持党管人才,坚持人才强校战略,统筹推进引才、育才、用才机制,建设高素质教师队伍。完善教师常态化培训制度,围绕党的二十大精神和上级最新决策部署更新学习内容,引导全体教师积极转变观念,与国家重大战略同向同行。健全师德师风建设长效机制,通过多种形式加强全体教师的思想政治和师德师风教育,坚持开展师德警示教育,保持警钟长鸣,让教职工在反面案例中吸取经验教训。完善教师荣誉体系建设,选树表彰优秀师德榜样,引导教师胸怀"国之大者",争做爱国奉献、教书育人的"大先生"。

(四)防范化解风险,守牢学校安全稳定底线

安全稳定和谐的校园环境是学校事业高质量发展的基础,全校党员干部要主动防范化解各类风险,牢牢守住学校安全稳定底线。

一要牢牢守住意识形态阵地。坚持马克思主义在意识形态领域的指导地位,健全意识形态工作责任体系,严格课程教学、学术会议、社团活动等领域意识形态管理,在人才引进、教师

评聘等环节强化政治把关,完善意识形态工作机制,做好网络意识形态风险隐患专项排查研判,做到防患于未然。要掌握舆论斗争主动权,讲好中国故事、地大故事,加强正面教育引导,凝聚全校师生维护校园安全稳定的强大合力。

二要把握安全稳定关键环节。各二级单位和党组织要增强忧患意识和底线思维,对本单位、本领域可能出现的风险隐患做到心中有数,从最坏处着眼,做最充分的准备,把各项工作做得更扎实,掌握战略主动性。严把交通、食品、消防、财经、实验室、保密等重点领域的安全问题风险。特别加强对学生群体的关心关怀,准确掌握因疫情引起的心理健康、学业压力、就业压力等方面风险隐患,切实提升工作精度和温度。

三要完善安全维稳工作体系。深入推进平安校园建设,坚持目标引领、问题导向,建立健全安全治理工作长效机制,加强人防、物防、技防一体化建设,层层压紧压实平安建设责任,不断健全责任体系。精准执行学校应急处置机制,做到第一时间到场、第一时间上报、第一时间处置,确保组织有力、流程有序、措施有效,坚持依法依规稳妥处置,避免发生"次生灾害"。

(五)持之以恒正风肃纪,推动全面从严治党向纵深发展

坚持以严的基调强化正风肃纪,一体推进"三不腐",加强经常性纪律教育,持续深化严的氛围。

一要压实全面从严治党责任。推动纪检、监察、组织、审计、财务等部门协调联动,打好"组合拳",形成监督合力。深入推进"清廉地大"建设,推动二级党组织全面从严治党"四责协同"机制见行见效。选优建强纪检、监察干部队伍,提高纪检干部发现问题、查处问题的能力。锲而不舍落实中央八项规定精神,持续深化纠治"四风",综合运用"四种形态",营造风清气正、干事创业的良好政治生态。

二要加强对重点领域和关键环节风险防控。转变重点领域和关键环节的监督方式方法,将专项检查、机动检查与重点巡察相结合。进一步梳理权力清单,优化工作流程,强化制度管理,完善监督机制,形成有效的廉政风险防控体系。强化巡察工作制度,谋划新一轮校内巡察工作,突出政治巡察,聚焦各二级单位党风廉政建设,与时俱进更新优化巡察工作观测点,促进党委决策部署落地落实。

三要持之以恒深化作风建设。要拿出恒心和韧劲,持之以恒纠正"四风",在常和长、严和实、深和细上下功夫。进一步落实好"一线规则",注重抓工作实效,精简文件会议,切实为基层减负,以最大力度解决师生最关心最直接最现实的问题。严格执行中央八项规定精神,持之以恒克服"四风"新动向新表现,坚决防止"四风"反弹回潮,坚决抵制违规吃喝,坚决遏制形式主义和官僚主义,巩固风清气正的校园良好政治生态和育人环境。

同志们，坚持党的全面领导是坚持和发展中国特色社会主义的必由之路，全面从严治党是党永葆生机活力、走好新的赶考之路的必由之路。新征程上，我们要坚持以习近平新时代中国特色社会主义思想为指导，不忘初心、牢记使命，以只争朝夕、追求卓越的精神状态和务实重行、善作善成的责任担当，为加快建设地球科学领域国际知名研究型大学努力奋斗。

谢谢大家。

强基与致远
——在2023年毕业典礼上的讲话

王焰新

(2023年6月25日)

亲爱的2023届同学们：大家上午好！

花开有期，离别有时，青春不朽，梦想无限！今天，我们再次集会在南望山下和未来城中，就是以最隆重、最宏大的方式为全体2023届毕业生的成长加冕，未来启航！我提议，让我们把掌声送给奋斗以成的自己！让我们用最热烈的掌声，感谢我们的家人、师长、同学和伙伴们！

夜色难免黑凉，前行必有阳光！未曾想，突如其来的新冠肺炎疫情闯入我们的学习、生活，但是我们守望相助打赢武汉保卫战，精准防控打胜校园阻击战，师生为本打好健康守护战。在地大，不管是90后，还是00后，没有"垮掉的一代"，只有在磨难中成长的"抗疫一代""奋进一代"：你们当中有热爱地质学专业，用原创歌曲谱写地质人故事的博士马晓晨同学；有服务"乡村振兴"，斩获"互联网＋"红色筑梦之旅赛道全国金奖的张越鹏同学；有第六代李四光先生的扮演者，传承地质科学家精神，即将奔赴云南楚雄支教的吴恺文同学；有奋斗力行、科研报国，致力于地质钻进过程安全监测与故障预警研究的大学生自强之星博士黎育朋同学；有让科普之花绽放在边远乡村的全国大学生科技志愿服务示范团队——"绿芽公益"。你们之间本还有一位优秀毕业生，却因病离我们而去，他就是自愿捐献器官帮助他人重获新生和重见光明，把大爱留在人间的隆星宇同学。还有我没提及的诸多秉承"艰苦朴素、求真务实"校训精神的CUGers，你们在这里踏正道、修德行、求真知、长才干，让我们有了百年图强、争创一流的自信与底气！

这几年，你们见证了学校制定并实施以"美丽中国·宜居地球"为主题的地球科学领域国际知名研究型大学建设战略规划，启用未来城校区，再次入选国家"双一流"建设高校，成为"全国党建工作示范高校"培育创建单位，获评"全国文明校园"。这几年，你们受益于"三融合""三融三跨"人才培养模式的改革，浸润在"严在地大"的校风学风之中；你们熏陶在"大地之光""编钟艺术"的舞台和现场,锻炼在运动场、游泳馆、攀岩壁,尝试在食堂帮厨、校园除草;你们打卡在未来图书馆、攀登雕塑、"四方印"校史馆;有时候你们还会逗一逗北区慵懒的猫、拍一拍东区自在的天鹅、喂一喂镜湖悠闲的锦鲤……今天以后,这些有的已经潜移默化让你终身受用,有的也许成为你带不走却永驻心间的记忆;有的诸如你们吐槽的、不满的、羡慕的、期待的,已经或将要成为我和我的同事们继续努力、持续改进的清单。

"红心向党,学以报国;请党放心,强国有我!"这是新一代地大人在共襄70周年校庆盛典时许下的铮铮誓言。这几年里,我们共同亲历新时代取得的伟大成就和历史性变革,共同践悟习近平新时代中国特色社会主义思想的磅礴伟力,共同赞叹人类历史上最大规模脱贫的奇迹,共同感受天更蓝、山更绿、水更清、环境更优美的变化,共同踏上以中国式现代化全面推进中华民族伟大复兴的新征程;5000多年中华文明一脉相传、生生不息,一代又一代中国共产党人带领人民为了国家富强、民族复兴孜孜以求,不断探索,是"两个结合"筑牢了道路根基,新时代青年才能沿着康庄大道,勇挑重担、接续奋斗。鲜活的历史、生动的实践启示我们:无论是国家发展、学校事业,还是个人成长,唯有强基固本,方能行稳致远。

强基是"系好人生第一粒扣子",是"勿以善小而不为、勿以恶小而为之",是"博观而约取,厚积而薄发";致远是"立志而圣则圣矣,立志而贤则贤矣",是"上下五千年,纵横九万里",是"慎思笃行,臻于至善"。大至全球、各国,小至组织、个体,可持续发展无不以正确的方向和道路为前提。年轻的你们要始终保持"基础不牢,地动山摇"的警醒,开好头、起好步、蓄足力,才能因势而谋、识势而动、顺势而为、乘势而上,实现远大理想、追求卓越境界。

人生酸楚莫过离别。此时此刻,老师有太多的话想对你们说。我思来想去,就结合近来对"强基与致远"的感悟体会,再叮嘱同学们几句:

世尘滚滚,强信仰之基,方致人生眼界之远。循大道,至万里。进入人类世的当今世界,正经历百年未有之大变局,消除贫富差距、应对气候变化、改善公共卫生、确保粮食-水-能源系统安全,是全人类都必须面对的共答题。而当今中国,最鲜明的时代主题、最重要的使命任务,就是全面建成社会主义现代化强国、实现第二个百年奋斗目标,以中国式现代化全面推进中华民族伟大复兴。年轻的你们既面临着"千载难逢我已逢"的人生际遇,更肩负着"天将降大任于斯人"的时代使命。初入社会,你们难免会有思想困惑、面临选择困境。几年前的初次见面,我便嘱托你们:"步入大学也是'拔节孕穗'的关键时期,所以选择很重要,选择跟谁走、和谁在一起,怎么走至关重要。"虽然你们近年来已经历过一些选择,但未来还不得不独立作出更多的选择。无论身处哪个阶段、什么时候,你们要学会用坚定的信仰指方向,用长远的眼光和批判性思维找答案,用笃定的毅力和创新的思路干事业,将个人的"小我"融入强国建设、民族复兴的"大我"之中,方能担当时代重任、不断健康成长,努力从一个胜利走向另一个胜利!

长路漫漫,强品德之基,方致人生修行之远。人无德不立,品德乃为人之本,精神强大,方能更持久、更深沉、更有力量。修德,既要立意高远,又要立足平实;需要我们不止步于一时一事一隅,从做好小事、管好小节开始起步,把正确的道德认知、自觉的道德养成、积极的道德实践紧密结合起来。过去你们大多数时间生活在校园里,这几年更多的是在线上、云端,一定时间的网友奔现还不足以让大家从容应对既精彩也复杂的外面世界。离开学校,你们将生活在地球、国家、社会、组织、家庭等多场域交织的环境之中,面临着复杂关系,扮演着诸多角色,承担着各种责任,但请你们始终坚信:德足以怀远,信足以一异,义足以得众。走出校门,我们更要明大德、守公德、严私德。于大德而言,我们要珍爱地球,促进人与自然和谐共生;要立己达人,构建人类命运共同体;要勇担使命,矢志民族复兴。于公德而言,我们要爱岗敬业、尊老爱幼、与人为善,为家庭谋幸福、为他人送温暖、为社会和人类的福祉作贡献。于私德而言,我们要自尊自爱、助人为乐、诚实守信、博爱大度,做谦谦君子。只有打牢道德根基,矢志追求更有高度、更有境界、更有品位的人生,道路才会走得更正、走得更远。

关山重重,强本领之基,方致人生精进之远。我们所处的时代是一个百舸争流、千帆竞发的时代,有无数新的难解之题等待着被发现和解答。因此,坚持刻苦钻研、博览群书,是我们在工作中保持竞争力的基础,是我们在生活中充满活力的前提。"年近五十(岁),步行三千(里)",历经沙漠迷路之艰险,承受风沙雨雪之苦,饱尝土匪骚扰之患,甚至缺水断粮、食不果腹,扎根大西北进行艰苦卓绝的开拓、耕耘,这是我校创校元勋、中国高等地质教育和考古事业的先驱者之一袁复礼先生探索求知、敢为人先、艰苦奋斗的真实写照。扎根油气勘探开发一线,行走在鄂尔多斯的黄土高原、塔里木的大漠戈壁、南方的崇山峻岭,不断升华海相碳酸盐岩油气成藏规律认识,参与、领导发现了一大批油气田,这是 1984 届校友马永生院士以扎实学识、过硬本领服务保障国家能源资源安全的实践过程。大家已经在学校通过系统的专业学习,获取了基础知识、掌握了专业技能,但千万莫要想着出名趁早、"一步登天",千万莫要内卷于虚妄、焦虑于无常。人世间最快的脚步就是坚持!你们要学会气定神闲、久久为功,不断锤炼明辨、笃实、求真、力行的本领,向书本学习、向基层学习、向实践学习、向群众学习,用专业的深度和知识的广度,拓展认知边界,提升视野与洞察力。只要前行,便有风浪。未来的路上大家会收获幸福和喜悦,但大多数时间不会是一帆风顺,常常会有危岩、寒风,更有险滩、湍流。好在地大人是从不惧怕困难的,总是吃得万般苦的,求索世间真的。同学们,哪有那么多的岁月静好,一个"苦"字才是人生常态,一个"真"字才是成长答案。前行路上,秉承艰苦朴素、求真务实之精神,涵养"吾爱吾师吾更爱真理"之风骨,定会壮你志气、强你本领。

旅途迢迢,强健康之基,方致人生航程之远。"健康是 1,其他是后面的 0"。这也是为什么我们面对疫情时始终坚持人民至上,有风险时我们坚决有力防范,哪怕只是有可能,我们也不惜代价精准封控、隔离治疗。生命必须被尊重,健康应该被守护。经历这场疫情,我们更加懂得,身心健康是最长久的奋斗和最长情的陪伴。20世纪50年代末,地大人喊出"为祖国健康工作50年";20世纪80年代,地大人立志"为祖国地质事业练就一双铁脚板";近年来,学校聚焦美丽中国、宜居地球建设,致力于探究能源安全、生态安全、人居安全之策,致力于谋求地球健康、人类健康之道。70年来,一代代地大人从北戴河、周口店、秭归走向祖国的壮丽山河,在谋求人与自然和谐共生的价值追求中,用攀登诠释"文明其精神,野蛮其体魄"的意义,为祖国富强、民族复兴贡献智慧和力量。这几年,我进教室、进宿舍、进食堂,看到一些同学"吃着炸鸡唱着歌",喝着"肥宅快乐水",养成报复性熬夜、排遣式进食的习惯,久而久之就是初老症,一望无际,我内心十分为这些同学担忧。即将走出校门的你们,可能还会遇到"996"的考验、"白加黑"的无奈、咖啡外卖的依赖,越是如此越应保持健康的生活习惯、阳光的心理状态,周末休息时重启早操锻炼、状态欠佳时再启荧光夜跑、体重超标时重温体测标准、发际线危机前尽量避免熬夜。惟愿你们永葆健康心态和体型,越过万水千山,归来仍是少年!

同学们,树高千尺唯根深,人生路正长、强基方致远!几年前,你们策马扬鞭追梦起,我们倾力为你们领航、护航、助航;现如今,你们纵马踏花向自由,我们始终牵挂、默默关注、真情守候!无论顺境还是逆境,哪怕没有什么理由就是想回来看看,去吹吹北戴河的海风、赏赏周口店的月色、看看秭归的云雾,母校随时欢迎你们,母校的大门永远为你们敞开!

总有人间一两风,填我十万八千梦!奔赴山海,笃志前行,虽远必达!

亲爱的同学们,再见!

初心如磐　勇攀高峰

——在2023级本科生开学典礼上的讲话

王焰新

（2023年9月24日）

亲爱的2023级同学们：

大家上午好！

早在一个月前，当你们选择把地大作为最优解填入高考志愿栏时，我和我的同事们便开始期待着与你们在武汉相聚、共启新程。今天，我们隆重集会，一起迎接4699名新"CUGers"（地大人）在南望山下、未来城中转动命运的齿轮。你们刚才目光如炬、步履铿锵，以饱满的精神状态汇报了军训成果，圆满完成了为期14天的爱国实践课。我谨代表学校全体师生对你们的到来，表示热烈的欢迎！向辛勤养育你们的父母、培育你们的师长、承训的空军预警学院全体教官表示诚挚的问候和衷心的感谢！

这些天，你们沉浸在校史馆的厚重，流连在博物馆的斑斓，打卡在图书馆的浩瀚，青春律动的身影遍布地大每一个角落，同学们对地大已经有了初步的了解。与此同时，我也在思考，初识地大，你们是否在"四重门"前读懂了地大虽几经辗转却初心如磐的坚守；又能否在"攀登广场"感受地大人虽艰辛坎坷却勇攀高峰的执着。当然，你们还有四年，甚至更长的时间来读懂地大，甚至成就地大。

你们所选择的地大坚守如磐初心，在立德树人中薪火相传。地质工作者有一种与众不同的思维方式：时间单位经常以百万年计，空间单位经常以地球圈层计。正是这种恢宏的大时空观让地大人能够拨开迷雾，从出发时就锚定了行稳致远的航向和基点。党之所指，地大所至。从1952年因国家急需而生办起"惊天动地的事业"，到1970年南迁辗转在困境中扛起中国高等地质教育的旗帜，再到新时代贡献教育强国建设，地大"为党育人、为国育才"的初心不改，为国家输送30余万名毕业生，涌现出中国月球探测工程第一任首席科学家欧阳自远、世界杰出女科学家张弥曼、中石化董事长马永生为代表的44位两院院士，30多万名地大人坚守在各自岗位默默耕耘，在平凡中创造不平凡。在71年的办学历程中，正是一代代地大人不忘初心、接续奋斗、薪火相传,才造就了今日底气十足的巍巍学府、英才辈出的育人摇篮和令人向往的求学殿堂。

你们所选择的地大俯仰天地之广,在上下求索中勇立潮头。在地大人的脚下,奋斗的足迹留在山川河流、海洋极地、星空宇宙。因为有了放眼天地的大时空观,地大人在着力解决区域、行业乃至人类面临的资源环境问题的同时,将科学探索的触角伸向深地、深海、深空。国之所需,地大所向。勇当社会主义建设的开路先锋,为祖国寻找丰富的矿藏;践行"谋求人与自然和谐发展"价值观,为经济、社会可持续发展提供支撑。为嫦娥系列任务成功研制模拟月壤、绘制采样点地区地质图,提供地质基础支撑;"向地球深部进军",参与大陆钻探工程;参与南海可燃冰试采过程中的海洋资源开发、涉海工程;为珠峰测量身高,扎根青藏高原,徒步南北极极点开展科考……我们在服务国家重大战略和需求中逐步形成了"上天、入地、下海、登极"的特色。在老一辈地大人打下的坚实基础之上,我们正努力蹚出一条地质报国、资源富国、环境护国、科教强国的学科特色型大学创新发展之路。近日,学校地球科学进入 ESI(基本科学指标)全球前万分之一学科,学校由此跻身我国 15 所拥有 ESI 全球前万分之一学科的高校行列。我们坚信,再经过三十年如一日的艰苦奋斗,在建校一百年之际建成地球科学领域世界一流大学的"地大梦"一定能够实现!

你们所选择的地大投身强国建设,在不懈攀登中砥砺奋进。在地大人的心中,既有祖国的广袤大地,也有人类的愿景和福祉。因为有了胸怀天下的大世界观,地大人在服务生态文明,建设美丽中国的同时,更加主动去思考、探索人与自然双重作用如何影响地球系统的演化方向,人类如何应对由此带来的全球变化。民之所盼、地大所为。进入新时代,我们始终坚持人与自然和谐发展的追求不改,坚持把论文写在祖国的大地上,聚焦山水林田湖草沙一体化保护和系统治理,主动服务美丽中国建设;研究地球的内部动力过程、物质与能量循环过程、多圈层相互作用及其资源环境效应,研究地球环境与安全、健康的关系,更好回答宜居地球的过去、现在和将来,服务人类进步福祉。正是因为有你们的加入,共创美丽中国、共建宜居地球来服务"人与自然生命共同体"和"人类命运共同体"建设的使命担当愈发激昂澎湃!我们坚信,我们定能以"地大梦"激荡中国梦,在中国式现代化建设的伟大征程中展现新担当、做出新贡献。

同学们,你们完整经历世纪疫情,正身处百年变局,既体会到数字技术日新月异给教育方式、学习方法带来的巨大影响,也感受到科技革命和产业变革的突飞猛进,世界之变、时代之变、历史之变正以前所未有的方式展开。今年既是贯彻落实党的二十大精神的开局之年,又是教育强国建设元年,党的二十大报告将教育强国明确为到 2035 年必须"建成"的目标之一,放在科技强国、人才强国、文化强国、体育强国、健康中国等目标之前,充分体现出党和国家对于教育的期待和对人才的渴望。综合国力的竞争,归根结底是人才的竞争;"卡脖子",卡到根上是自主培养人才的质量。越是剧变，越要保持定力；越是紧迫，越要坚定从容；越是重要，越要遵循规律。然而我担心受时代变迁、社会发展的影响，有来自外部的袭扰和自我认知的局限，大家迈过高考关后，容易陷入突然的自我，在迷茫焦虑、内卷躺平中反复横跳，出现思想空心、精神空虚、行为空转。因此，在青春新赛道上蓄力起跑之际，我们有必要叩问何以为学的初心，进而探寻如何求学之道，希望有助于你们重整行装再出发！

为学当以修身为本，努力攀登道德品行的高峰。成人之要在于德，就是要不断地去认识自我、发展自我、完善自我、超越自我。自古以来，先贤们就强调"学以为己"，提倡"修身、齐家、治国、平天下"，也主张"穷则独善其身、达则兼济天下"。马克思说，每一个人的自由发展是其他一切人自由发展的前提条件。习近平总书记指出，广大青年人人都是一块玉，要时常用真善美来雕琢自己，不断培养高洁的操行和纯朴的情感，努力使自己成为高尚的人。同学们正处于培养明是非、辨善恶、识好歹、知良莠的关键期，把正确的道德认知、自觉的道德养成、积极的道德实践紧密结合起来显得尤为重要。

人而无德，行之不远。希望同学们勤学以增智、躬行以立德、自省以正品，从做好小事、管好小节开始，起好步、开好头，踏踏实实修好品德，在社会上做一个好公民，在家庭里做一个好成员，在日常学习生活中养成好品行，学会感恩、学会助人、学会谦让、学会宽容、学会自省、学会自律，成为有大爱大德大情怀的人。

为学当以强国为责，努力攀登理想信念的高峰。人是追求自身目的、实现自身价值、推进自身发展的存在。担当重任既是为学的"因"，也是为学的"果"。青年时代的马克思"为人类而工作"，青年时代的毛泽东决心要为全中国痛苦的人，全世界痛苦的人贡献自己的全部力量，习近平总书记在七年的知青岁月中砥砺"想为老百姓做点事"的初心。一代代共产党人就是这样从一开始便把自身的成长与人民乃至人类的命运紧密地联系在一起，是始终不渝的人民情怀、坚定不移的人民立场、坚持不懈的奉献精神，激励着无数共产党人前仆后继、英勇奋斗。令我们自豪的是，有一批这样"学以报国"的地大人："国家需要什么，我就奉献什么"，这是我国高等地质教育和考古事业的先驱者之一、我校建校初期任教的学术大师袁复礼先生的"学以报国"；毅然回国，深藏敌后，在隐蔽战线作战，开创岩石学学科学脉，为国培育英才，这是我校南迁建校功勋池际尚先生的"学以报国"；年轻时听从国家号召，放弃了自己最喜欢的天文学和化学，报考了当时国家人才紧缺的地质专业，"跳出"地球看地球，最终成长为我国月球探测工程首席科学家，这是1952届校友欧阳自远院士把个人的成长成才和祖国的需要紧紧联系在一起的"学以报国"；在人生的最后时刻想着的都是祖国的富强，用尽最后力气写下"开发固热能、中国能崛起"，这是全国优秀教师、我校李德威教授的"学以报国"。新时代地大人也像他们一样，将爱国情、强国志、报国行与自身发展紧密相连，参与发现内蒙古大营超大型铀矿，在巴东大型滑坡体上建设试验场，为高原"体检"、为长江"把脉"，把论文写在祖国的大地上。

　　追逐光、成为光、散发光！希望同学们立大志、明大德、成大才进而在未来担大任，坚定听党话、跟党走的政治信念，接力擎起"一心爱国，奋斗一生"的旗帜，传承红色基因、担当时代使命，用脚步丈量祖国大地，用眼睛发现中国精神，用耳朵倾听人民呼声，用内心感应时代脉搏，向下扎根汲取养分，在强国建设、民族复兴的进程中跑出最好成绩。

　　为学当以精进为要，努力攀登本领能力的高峰。怕什么真理无穷，进一寸有进一寸的欢喜。作为互联网的原住民和5G时代的"弄潮儿"，置身于信息的海洋，大家可能会有一种"百晓生"的感觉，但是海洋里的水虽多，却没有一滴能喝，必须要经过自己的"提取蒸馏"才能解渴。由信息变为资源到成为知识进而转为智慧，中间还有很长的距离，必须孜孜以求方能消化、转化、内化。尤其是面临复杂问题，解决方案需要综合运用自然科学、工程技术和社会科学的知识，也更加强调"基础厚实"上的"专业精深"。正因为此，我们不断完善跨学科专业交叉融合、教学与科研实践融合、创新创业与专业教育融合"三融合"人才培养模式，全面实施主辅修制、建设智慧教室、汇聚优质资源、供给优质教材、强化实践教学、丰富学科竞赛，引育高水平师资队伍、优化服务保障机制，就是希望为同学们的成长提供更加肥沃的"土壤"，让更多的"大楼"成为同学们学习的净土，让更多的"大师"成为同学们的引路人。

　　学无止境，也从来都不是毕其功于一役抑或是一步登天，需要的是"石以砥焉，化钝为利"的坚持。希望同学们坚持"求真"，坚定追求真理的信念，不迷信权威、不因循守旧，静下心来研究真问题、真的研究问题，努力揭示自然的奥秘、社会的法则和人生的真谛。执着"求实"，从上好每堂课、读透每本书、做好每个实验开始，积极投身社会实践"大熔炉"，主动走进基层一线"大课堂"，把"读万卷书"与"行万里路"结合起来，以知促行、以行求知，不断厚实专业基础。积极"求新"，常怀好奇心、永葆求知欲，培养批判性思维和创新性思维能力，为攀登高峰练就过硬本领、淬炼优良作风、涵养追求卓越的精气神。

　　同学们，知自身而奋进，望远山而前行！追梦路道阻且长，接力赛弯急坡陡。愿你们不忘初心，在迷茫时认清自己，在前行时指引方向，在困顿时激荡力量，在改变中学会坚守，在远航中不时驻望，在自强中臻于无我，在地大接力续写"红心向党，学以报国；请党放心，强国有我"的青春华章！

　　再过几天，我们即将迎来中秋佳节和伟大祖国74岁的生日，让我们共同祝福我们的祖国繁荣昌盛、国泰民安，祝福我们的家人花好月圆、生活美满，祝福我们的地大再创辉煌、再续荣光！

　　谢谢大家！

正德厚生　精进至善
——在 2023 级研究生开学典礼上的讲话
王焰新
（2023 年 9 月 11 日）

亲爱的 2023 级研究生同学们：

大家上午好！

今天，我们共同见证 4737 名 2023 级研究生新生在地大开启新一段的求学生涯，共同记录学校首次研究生超过本科生新生数的事业发展新篇章。我谨代表学校 3 万余名师生员工，对同学们的到来表示最热烈的欢迎！

问是学之源。所以开学第一课，尽管与很多同学甚至都是第一次见面，我便要提三个问题请大家思考：何为地大？来地大为何？在地大何为？

1952 年，应国家建设急需，在毛泽东同志"开发矿业"的伟大号召下，在李四光先生"新中国办起了惊天动地的事业"的宣告中，北京地质学院诞生了。1960 年，学校成为全国重点高校，1970 年，学校南迁，辗转多地，最后定址武汉。1986 年成为全国试办研究生院的高校，1987 年组建成立中国地质大学，实现了从单科性地质院校向多科性行业特色学校的转型跨越，1997 年跨入"211 工程"重点建设高校行列，2000 年划转教育部管理，2006 年成为国家"优势学科创新平台"建设高校，2017 年学校入选首批"双一流"建设行列，2019 年学校未来城校区建成投入使用，一座崭新的现代化、生态型大学从东湖高新技术开发区锦程街 68 号扬帆远航。2022 年 11 月 7 日，学校成功举办建校 70 周年庆祝大会，吹响了面向建校百年、奋力争创一流的前进号角。建校 71 年来，学校为国家输送的 30 余万名毕业生，涌现出中国月球探测工程第一任首席科学家欧阳自远、世界杰出女科学家张弥曼、中石化董事长马永生为代表的 47 位两院院士，培养院士数量位居全国高校前列。这是往日的地大，是胸怀大局、初心如磐、艰苦创业、勇攀高峰的地大。

进入新时代，学校不断开拓进取，抢抓重大发展机遇，担负起"共创美丽中国、共建宜居地球"的光荣使命，努力蹚出一条学科特色型大学创新发展之路。我们坚持特色和高水平发展，不断优化以地球科学为主要特色的学科专业布局，把提高人才培养质量作为学校一切工作的出发点和落脚点，构建全程贯通、空间联通、队伍互通、内容打通、评价融通的"三全育人"工作格局，打造本研融合、科教融合、产教融合、跨学科、跨平台和跨文化的"三融三跨"研究生人才培养体系；我们坚持"四个面向"，推进有组织科技创新，提升创新策源能力；我们坚持人才强校，引进和培育人才，打造高水平师资队伍；我们坚持开放活校，与政府、大型央企和知名民企、国外知名高校开展深层次合作等等。所有这些努力，都是希望能为大家更好的成长成才搭台、铺路，助力大家不断攀登自然高峰、科学高峰和人生高峰。这是今朝的地大，是扎根中国、胸怀天下、追求卓越、勇攀高峰的地大。

　　大学是建设教育强国、科技强国和人才强国的战略交汇点。学校第十三次党代会作出了加快建设地球科学领域国际知名研究型大学的部署，作为科技创新的生力军、人才培养链的顶端，你们与强国建设的征程同向同行，你们将全程见证并直接参与学校高质量发展和国际知名研究型大学的进程，你们怎么样，未来的地大就怎么样，你们就是未来的地大。在同学们奋进未来的征程伊始，我在这里与大家分享"正德厚生、精进至善"的体会，希望有助于你们更好回答：来地大为何，在地大何为。

　　正德为先，以厚德之道立身，方能筑牢奋进基石。习近平总书记指出："人才培养一定是育人和育才相统一的过程，而育人是本。人无德不立，育人的根本在于立德。"培养什么人，是教育的首要问题。同学们一路成长走来，也许得有得失、有苦有甜，但是总有一个确定以及肯定的要求伴随着大家，那就是"百行以德为首"。同学们正处于成长成才的关键期，形成善良的道德意愿和道德情感、正确的道德判断和道德责任、自觉的道德实践能力尤为重要，拧紧世界观、人生观、价值观这个"总开关"，在复杂的社会环境和多元的社会思潮中明辨是非、崇德修身，当是务必掌握的一堂必修课，更是终身实践的常修课。

　　若安天下，必须先正其身。希望你们能在不断内省中提升道德修为，明大德、守公德、严私德，自觉抵制拜金主义、享乐主义、极端个人主义、历史虚无主义等错误思想，追求更有高度、更有境界、更有品位的人生。尤其是要恪守学术道德，端正学术态度，遵守学术规范，锻造严谨作风，耐得住寂寞、坐得住冷板凳、抵得住诱惑、忍得住清苦，踏踏实实走、稳稳当当行。

　　厚生为魂，以为民之名立志，方能汇集奋进动力。一代人有一代人的责任，一代人有一代人的担当。大事难事看担当，有多大担当才能干多大事业，尽多大责任才能有多大成就。一代代地大人前赴后继、接续奋斗的动力正来自于对责任的笃定坚持和对担当的义无反顾。"我一生尽自己微薄的力量努力替祖国多做一些事业，愿在余生中继续努力，好给四化多出一分力量。"这是我国高等地质教育和考古事业的先驱者之一、我校建校初期任教的学术大师袁复礼先生给中国自然科学家辞典编委会写的几句话，他也是用一生践行的。1921年10月，袁复礼先生回国并迅速投入到地质调查工作中，践行科学救国、报效祖国的壮志。不畏艰险、勇于挑战,投身发掘仰韶文化遗址等考古事业之中,为中国现代考古学的发展奠定了坚实根基。不管做什么,先生抱定的信念是:国家需要什么,他就奉献什么。而一代代地大人也像他一样,将爱国情、强国志、报国行融入自身发展之中。无论是参与发现内蒙古大营超大型铀矿,还是在巴东大型滑坡体上建设试验场,地大人总是以国家需要为使命担当,以地质报国为理想追求,把论文写在祖国大地;无论是为高原"体检"、为长江"把脉"的大学生长江源科考队,还是让科普之花绽放在边远乡村的"绿芽公益"志愿服务团,新一代地大人正用脚步丈量祖国大地,用眼睛发现中国精神,用耳朵倾听人民呼声,用内心感应时代脉搏。

立志而圣则圣矣,立志而贤则贤矣。一百多年前,革命前辈承担着解救祖国于水火忧患的责任;过去几十年,你们的父辈们承担着改变祖国贫穷落后面貌的责任;未来几十年,建设现代化强国,实现民族复兴的责任将落到你们肩上。离2050年建成现代化强国,还有27年;离2035基本实现社会主义现代化,还有不到12年时间;离建成地球科学领域国际知名研究型大学,只有不到7年时间。使命召唤,时间无情,容不得地大人"躺平""迷茫""焦虑"。希望你们涵养高尚情怀,在服务人民、奉献社会的实践中开拓前进,为构建"人与自然生命共同体"和"人类命运共同体"贡献自己的力量。

精进为要,以创新之姿立学,方能释放奋进能量。过去的学习生涯大家虽然积累了一定知识,但是面对"世界怎么了""人类向何处去"这世界之问、时代之问还远远不够,尤其是人类面临的能源、粮食、生态、安全等各类问题交织叠加,问题的解决方案不可能在单一学科范畴找寻,需要综合运用自然科学、工程技术和社会科学的手段。当今世界,学科边界越来越模糊,学科融合越来越强烈,高等学校作为国家战略科技力量的重要组成部分,高端和前沿知识生产的作用越来越凸显。这些发展大势,对于高层次人才的素质和能力尤其是创新创造能力提出了更高的要求。我们欣喜地看到:在矢志科技高水平自立自强科教报国的奋斗中,新一代地大人担当作为、勇攀高峰。"90后"博士、"探月者"钱煜奇,一头扎进行星科学这门由地球科学、天文学和空间科学等学科交叉而来的前沿学科,致力于探索宇宙,在嫦娥五号着陆点预选、模拟月壤研制、返回样品分析等方面取得了多项创新成果。这些成果背后是他放弃周末和假期,不断学习地质学、遥感与大数据、计算机编程语言等大量新知识获得的,正如他说"随着研究越深入,你会发现如果不去学习这些新知识,研究就很难进行下去,我必须要完成这项研究,这是我啃下这一块块'硬骨头'的最大动力。"刚刚荣获2022年度"中国大学生自强之星"的2020级博士研究生苟启洋,追逐"页岩"梦想,数百公里的野外踏勘和地质采样、上千篇的文献调研和总结以及数百天的实验测试分析,让他在储层表征方面实现了技术理论的创新,建立了精细刻画页岩储层孔隙-裂隙发育及其分布特征的技术方法,为实现页岩储层全面评价奠定了坚实基础,并指出了未来储层研究中应重点关注的对象,相关成果为中国南方页岩气有利区优选和重庆涪陵页岩气田的二期生产提供了理论指导。地大还有许多这样的优

秀学子，他们有的通过学科的交叉来催生创新，有的通过重大科学问题的牵引激发创新，有的通过在产业、行业的联合培养中掌握一线动向带动创新，他们无一例外地既立足于广，博闻广识，又着眼于深，深耕细作。

为学无间断，如行云流水，日进而不已也。研究生阶段大家对知识获取、能力提升、工具应用有新的更高的要求，希望你们能紧跟时代的步伐，保持对新领域、新思想、新技术的好奇心，以精进为要，永葆开拓创新的闯劲、真抓实干的拼劲、滴水石穿的韧劲、求真务实的干劲，锲而不舍、久久为功，努力成为创新者、引领者。

同学们，短暂的快乐是放纵，长久的快乐是自律。在地大，"严"是风尚，"苦"是常态！希望通过我们的严和你们吃的苦，让你们在地大的求学经历能经得住时间的检验，让你们在未来肩负重任时心不慌、手不抖、脚不颤。我还要提醒各位同学一定要加强锻炼、确保身心健康，祝愿大家毕业时仍似今日一般，青丝如墨、身轻如燕、气势如虹！

谢谢大家！

中国地质大学（武汉）概况

中国地质大学（武汉）简介

中国地质大学（武汉）是教育部直属全国重点大学，是国家批准设立研究生院的大学，是国家首批"211工程""985优势学科创新平台"和"双一流"建设高校。学校以地球科学为主要特色，学科涵盖理学、工学、文学、管理学、经济学、法学、教育学、艺术学等门类，地质学、地质资源与地质工程2个一级学科入选"双一流"建设学科。

历史沿革

中国地质大学创建于1952年，前身是北京大学、清华大学、天津大学、唐山铁道学院等院校的地质系（科）合并组建而成的北京地质学院。学校于1960年被确定为全国重点院校。1970年，学校整体迁至湖北办学，更名为湖北地质学院。1974年，学校定址武汉，更名为武汉地质学院。1978年，武汉地质学院在原北京旧校址设立武汉地质学院北京研究生部。1987年，国家教育委员会批准组建中国地质大学，武汉、北京两地办学，总部在武汉。1997年，学校进入"211工程"重点建设高校行列。2000年，学校由国土资源部划归教育部管理。2006年，教育部、国土资源部签署共建中国地质大学协议。2006年，学校成为国家"优势学科创新平台"建设高校。2017年，学校入选国家首批"双一流"建设高校。2018年，教育部、湖北省共建中国地质大学（武汉）。2022年，学校入选第二轮"双一流"建设高校。学校先后获评"全国文明校园"、入选"全国党建工作示范高校"培育创建单位。

校园概貌

经过多年建设，学校形成"一校两区四基地"的现代化生态型校园格局：现有南望山校区、未来城校区两个校区，南望山校区位于武汉东湖之畔、南望山麓，山清水碧，校园风景秀丽;未来城校区坐落在武汉新城中心片区,是武汉"最早迎接朝阳"的地方;学校相继在北京周口店、河北北戴河、湖北秭归和湖北巴东建立实践教学基地。学校校园占地总面积147.5万 m^2,校舍总面积141.7万 m^2。学校校园环境优美,教育、科研、学术氛围浓厚,拥有现代化的教学楼群、图书馆、学生公寓、体育场馆等相关配套设施,以及国家AAAA级旅游景区——逸夫博物馆,为莘莘学子提供了良好的学习、生活和成长的环境。

办学思想

学校坚持为国育才的初心不改,特色、高水平发展的定位不改,人与自然和谐发展的追求不改,艰苦朴素、求真务实的本色不改,坚持弘扬"严在地大"的校风学风,着力培养能够担当民族复兴大任、"品德高尚、基础厚实、专业精深、知行合一"的高素质人才,着力为解决区域、行业乃至人类面临的资源环境问题提供高水平的人才和科技支撑。

学校秉承"强化特色、争创一流、依法治校、开放包容"的治校理念,营造"独立思考、严谨治学、勇于探索、追求卓越"的文化氛围,以提高办学质量为中心,大力实施人才强校、科技兴校和开放活校战略,构建优越而独特的教学和科研环境。当前,学校正以"美丽中国 宜居地球:迈向2030"为战略主题,围绕教育创新与人才培养、学术创新与社会参与、全球视野与国际交流、文化创新与价值引领、治理变革与管理创新5个方面

的战略重点,以更高水平开放、更深层次改革、更高质量创新,加快建设地球科学领域国际知名研究型大学。

学科布局

学校围绕学科前沿和经济社会发展的需求,构建以地球科学为主导,多学科相互支撑、协调发展的学科生态系统,现有2个国家"双一流"建设学科,2个国家一级重点学科,16个湖北省重点学科,5个湖北省优势特色学科群。地质学、地质资源与地质工程2个一级学科在全国历次学科评估中均位居前列。地球科学、工程学、环境/生态学、材料科学、化学、计算机科学、一般社会科学、农业科学8个学科领域进入ESI全球前1%,其中地球科学、工程学、环境/生态学进入前1‰,地球科学进入前1‱。有23个学院、70个本科专业,拥有34个国家一流本科专业,17个省级一流专业,5个湖北省优势特色学科群。有34个硕士学位授权一级学科,16个博士学位授权一级学科,9个自主设置二级交叉学科,16个博士后科研流动站,15个硕士专业学位授权类别,1个博士专业学位授权类别。

师资队伍

学校拥有一支高水平师资队伍,现有教职员工3400余人,其中教师1943,教授511人,副教授946人,博士生导师683人。学校有中国科学院院士12人,中国工程院院士1人,国家杰出青年科学基金获得者及同等层次人才59人,国家优秀青年科学基

金获得者及同等层次人才93人。拥有5个国家自然科学基金委创新研究群体、3个教育部创新团队、6个国家级教学团队、2名国家级教学名师、13名湖北省教学名师。涌现出"全国最美教师"殷鸿福、"全国优秀教师"李德威、"全国模范教师"焦养泉、地质学教师团队和矿产勘查教师团队2个"全国黄大年式教师团队"等一批师德师风先进典型。

人才培养

学校拥有"学士—硕士—博士"完整的人才培养体系。共有全日制在校学生3.4万人，包括本科生1.9万人、硕士研究生1.2万人、博士研究生0.2万人，其中国际学生0.1万人；成教及网络教育注册学生2万余人。

学校现有国家地质学理科人才培养基地、原国土资源部地质工科人才培养基地2个人才培养基地；地质学、地球物理学2个基础学科拔尖学生培养计划2.0基地。学校拥有完善的实验实践教学体系，有3个国家级实验教学示范中心，1个国家级虚拟仿真实验教学中心，354个实践教学基地，其中周口店实践教学基地被誉为"地质工程师的摇篮"，是"全国地质实验(实践)教学示范中心""国家基础学科人才培养能力(野外实践)基地"。

学校全面落实立德树人根本任务，构建"全程贯通、空间联通、队伍互通、内容打通、评价融通"的"三全育人"工作格局，完善"跨学科专业交叉融合、教学与科研实践融合、创新创业教育与专业教育融合"的"三融合"本科人才培养模式，夯实"科教融合、产教融合、本研融合，跨学科培养、跨平台培养、跨文化培养"的"三融三跨"研究生培养模式，打造了拔尖创新人才培养共同体（HCUG^2），牵头组建了"地学类专业实践教学联盟"，成立了长江教育创新带人才培养与科技创新合作体。学校学生在具有广泛影响力的"互联网＋"全国大学生创新创业大赛、全国"挑战杯"大赛、数学建模大赛、英语竞赛、电子设计大赛等高水平赛事中屡获佳绩，涌现了一批以全国大学生年度人物袁复栋、陈晨、王奉宇，全国向上向善好青年翁新强、韩磊、王奉宇等为代表的优秀学生。

建校70余年来，学校为国家培养了30余万名高级人才，包括以国务院原总理温家宝同志为代表的党和国家领导同志，以中国月球探测工程第一任首席科学家欧阳自远等47位两院院士为代表的优秀科学家，以中石化董事长马永生、中石油总经理侯启军等为代表的优秀企业家，约每1000名地质学专业毕业生里就有1位院士。学校拥有59个全球校友会，并不断通过健全组织体系促进海内外校友与学校事业发展同频共振。

科学研究

学校始终坚持"四个面向"，不断健全新型举校体制，持续强化有组织科研，在地质学、矿产资源能源、地质工程、地球物理、水文地质与环境地质、地理信息系统与测绘、材料科学与化学、经济与管理等研究领域具有特色和优势。

学校现有各类科研机构、实验室、研究

院(所、中心)102个,省部级及以上科研平台51个,其中国家重点实验室2个,国家工程技术研究中心1个,国家野外科学观测研究站1个,国际科技合作基地1个,国际联合研究中心1个,国家地方联合工程实验室1个。有科睿唯安(原汤森路透)"高被引科学家"12人,爱思唯尔"高被引学者"26人。学校主办的《地球科学》被国际著名检索系统EI Compendex 收录,Journal of Earth Science 被国际著名检索系统SCI收录,《中国地质大学学报(社会科学版)》入选为CSSCI来源期刊。学校图书馆馆舍面积4.6万 m^2,形成了以科技文献为主体,以地学文献为特色的馆藏体系,为师生提供了有效的文献资源保障。

2010年以来,学校教师主持或参与科研项目获国家科学技术进步奖特等奖2项、国家自然科学奖二等奖2项、国家科学技术进步奖一等奖1项、国家科学技术进步奖二等奖8项,以第一完成单位获省部级科技奖励90项,获"中国科学十大进展"1项、"十大地质科技进展"2项。

社会服务

学校坚持立足学科特色与优势,聚焦国家战略需求,瞄准科技前沿,服务地方经济社会发展和行业发展。学校实施政产学研用合作计划、名企合作计划,围绕找矿突破战略行动,先后与重庆、云南、山西等省(市)级人民政府签署战略合作协议,与中国石化、三峡集团、国家能源集团等20余家龙头企业开展深度战略合作。

学校全力服务精准扶贫和乡村振兴战略,助力云南施甸、湖北竹山顺利脱贫摘帽,定点帮扶成效突出,连续被中央和湖北省委农村工作领导小组评价为最高等次"好",入选第八届教育部直属高校精准帮扶典型项目。

学校积极围绕战略性矿产资源、新能源、新材料、绿色环保、氢能与储能产业等战略性新兴产业和未来产业发展进行产业布局,深度融入国家、区域与地方创新发展网络,建立深圳研究院、广州南沙地大滨海研究院、内蒙古研究院等产学研平台和产业孵化基地,与地方政府共同培育创办武汉地质资源环境工业技术研究院有限公司、湖北省长江生态环保产业技术研究院有限公司、中地大(宜兴)功能材料与环境研究院有限公司等企业。

国际交流

学校积极开展对外学术、科技和文化交流,先后与美国、法国、澳大利亚、俄罗斯等国家的172所大学签订了友好合作协议,建有保加利亚大特尔诺沃大学孔子学院。

学校不断加强地球科学领域的国际合作。2012年,学校牵头组建"地球科学国际大学联盟",为实现地球科学领域人才培养和科技创新的发展共赢搭建平台;2022年,学校举办"中外大学校长论坛",发布《武汉共识:新地学教育倡议》,加强中外大学国际合作与交流。学校积极服务"一带一路"建设。建设"丝绸之路学院""约旦研究中心"和"丝绸之路地质资源国际研究中心",参与筹建"中约大学",共建"中国-上海合作组织地学合作研究中心武汉学院""中国-东盟地学合作中心东盟学院(武汉)""中国-非洲地学合作中心非洲学院""'一带一路'国际地学教育培训中心"等,为沿线国家绿色发展提供重要人才支撑。

文化建设

学校全面加强文明校园建设和校园文化建设,实施"地质报国"时代新人铸魂工程,打造"美丽中国讲师团""红色之声"等宣讲团队,建设获批全国首批"大思政课"实践教学基地,打造"大学生长江大保护""长江源科考"等品牌社会实践平台,打造"世界地球日""宜居地球科普大讲堂"等地学科普平台。学校原创话剧《大地之光》11年巡演60余场,并获得全国高校校园文化成果特等奖,学校入选教育部融媒体建设试点单位,"编钟艺术"入选中华优秀传统文化传承基地,国家野外科学观测研究站、逸夫博物馆入选全国科普教育基地,校史馆入选全国科学家精神教育基地。

学校具有优良的体育传统和雄厚的体育基础,在国际国内重大体育比赛中累计获得金牌270余枚,银铜牌600余枚。学校以登山运动为主要特色,被誉为中国登山户外运动的"黄埔军校",学校登山队是国内首支登上珠穆朗玛峰的大学登山队,截至目前共有14人27人次成功登顶珠穆朗玛峰,成为世界上登顶珠峰人数最多、人次最多的高校。

中国地质大学(武汉)章程

2015年3月经教育部核准通过 根据2023年5月29日《教育部关于同意中国地质大学(武汉)章程部分条款修改的批复》(教政法函〔2023〕13号)修正

序 言

中国地质大学(武汉)前身是创建于1952年的北京地质学院,1960年成为全国重点院校。1970年,学校整体迁至湖北办学,更名为湖北地质学院。1974年,学校定址武汉,更名为武汉地质学院。1987年,国家教育委员会批准组建中国地质大学,武汉、北京两地办学,总部在武汉。1997年,学校成为国家"211工程"重点建设大学。2000年,学校由国土资源部划归教育部主管。2017年,学校入选国家"双一流"建设高校。

学校致力于谋求人与自然和谐发展,为解决国家和人类社会面临的资源环境问题,建设美丽中国、宜居地球提供高水平的人才和科技支撑,在已建成地球科学一流、多学科协调发展的高水平大学的基础上,努力建设成为地球科学领域国际知名研究型大学,进而实现地球科学领域世界一流大学的办学目标。

第一章 总 则

第一条 为保障学校依法自主办学,建设现代大学制度,依据《中华人民共和国教育法》《中华人民共和国高等教育法》等法律法规,立足学校实际,结合改革发展需要,制定本章程。

第二条 学校中文名称为:中国地质大学(武汉),英文名称为:China University of Geosciences;中文简称:地大,英文缩写:CUG。学校网址为http://www.cug.edu.cn。

第三条 学校设有南望山和未来城两个校区,南望山校区地址为湖北省武汉市洪山区鲁磨路388号,是学校法定注册地址;未来城校区地址为湖北省武汉市东湖新技术开发区锦程街68号。学校在北京市周口店、河北省北戴河、湖北省秭归和巴东等地设有实习基地。

学校根据事业发展需要,经举办者或主管部门同意,可新建或者调整校区。

第四条 学校是国家举办、国务院教育行政部门主管的具有独立法人资格的非营利性事业单位,由国务院教育行政部门与相关部委(局)、湖北省人民政府依据合作协议共同建设。

第五条 举办者和主管部门对学校进行宏观指导、依法监督,为学校提供办学经费,保障学校办学的基本条件,任免学校负责人,支持学校依照法律法规和学校章程自主办学,保护学校的合法权益;确定学校的分立、合并与终止。

第六条 学校坚持和加强党的全面领导,高举中国特色社会主义伟大旗帜,以马克思列宁主义、毛泽东思想、邓小平理论、"三个代表"重要思想、科学发展观、习近平新时代中国特色社会主义思想为指导,增强"四个意识"、坚定"四个自信"、做到"两个维护",全面贯彻党的基本理论、基本路线、基本方略,全面贯彻党的教育方针,坚持教育为人民服务、为中国共产党治国理政服务、为巩固和发展中国特色社会主义制度服务、为改革开放和社会主义现代化建设服务,坚守为党育人、为国育才,培养德智体美劳全面发展的社会主义建设者和接班人。学校落实立德树人根本任务,以人才培养、科学研究、社会服务、文化传承创新、国际交流合作为基本职能,根据法律法规及本章程的规定制定学校事业发展战略规划、专项发展规划和规章制度,自主管理,推动学校各项事业协调发展,主动接受社会监督和评价。

第七条 学校围绕学科前沿和经济社会发展的需求,不断优化资源配置,努力构建以地球科学为主导,特色鲜明、优势突出、相互支撑、协调发展的学科生态系统。

第八条 学校以实施普通高等教育为主,适当发展继续教育,积极拓展中外合作办学,努力培养"品德高尚、基础厚实、专业精深、知行合一"的高素质人才。

第九条 学校的校训是"艰苦朴素,求真务实"。

第二章 治理结构

第一节 领导体制

第十条 学校依法实行中国共产党中国地质大学(武汉)委员会(以下简称学校党委)领导下的校长负责制。

第十一条 学校党委全面领导学校工

作,支持校长依法依规积极主动、独立负责地开展工作,保证教学、科研、行政管理等各项任务的完成。

第十二条 学校党委由党员代表大会选举产生,每届任期5年。学校党委对党代会负责并报告工作。

学校党委常委会由党委全委会选举产生。学校党委全委会闭会期间,由常委会行使其职权,履行其职责。

第十三条 学校党委承担管党治党、办学治校主体责任,把方向、管大局、作决策、抓班子、带队伍、保落实。主要职责是:

(一)宣传和执行党的路线方针政策,宣传和执行党中央以及上级组织和本组织的决议,坚持社会主义办学方向,依法治校,依靠全校师生员工推动学校科学发展,培养德智体美劳全面发展的社会主义建设者和接班人;

(二)坚持马克思主义指导地位,组织党员认真学习马克思列宁主义、毛泽东思想、邓小平理论、"三个代表"重要思想、科学发展观、习近平新时代中国特色社会主义思想,学习党的路线方针政策和决议,学习党的基本知识,学习业务知识和科学、历史、文化、法律等各方面知识;

(三)审议确定学校基本管理制度,讨论决定学校改革发展稳定以及教学、科研、行政管理中的重大事项;

(四)坚持党管干部,讨论决定学校内部组织机构的设置及其负责人的人选。按照干部管理权限,负责干部的教育、培训、选拔、考核和监督。加强领导班子建设、干部队伍建设和人才队伍建设;

(五)坚持党管人才,加强人才队伍建设,强化人才政治把关,党委教师工作委员会代表党委履行党管教师工作的职能,统筹协调学校教师思想政治和师德师风建设工作;

(六)按照党要管党、全面从严治党要求,加强学校党组织建设。落实基层党建工作责任制,发挥学校基层党组织战斗堡垒作用和党员先锋模范作用;

(七)履行学校党风廉政建设主体责任,领导、支持内设纪检组织履行监督执纪问责职责,接受同级纪检组织和上级纪委监委及其派驻纪检监察机构的监督;

(八)领导学校思想政治工作和德育工作,落实意识形态工作责任制,维护学校安全稳定,促进和谐校园建设;

(九)领导学校群团组织、学术组织和教职工代表大会;

(十)做好统一战线工作。对学校内民主党派的基层组织实行政治领导,支持其依照各自章程开展活动。支持无党派人士等统一战线成员参加统一战线相关活动,发挥积极作用。加强党外知识分子工作和党外代表人士队伍建设。加强民族和宗教工作,深入开展铸牢中华民族共同体意识教育,坚决防范和抵御各类非法传教、渗透活动。

第十四条 校长是学校的法定代表人,由符合法定任职条件的中国公民担任,按照国家有关规定产生,由国务院教育行政部门任命。

第十五条 校长在学校党委领导下,贯

彻党的教育方针,组织实施学校党委有关决议,行使高等教育法等规定的各项职权,全面负责学校的教学、科学研究和其他行政管理工作,行使下列职权:

(一)拟订发展规划,制定具体规章制度和年度工作计划并组织实施;

(二)组织教学活动、科学研究、教材建设和思想品德教育;

(三)拟订内部组织机构的设置方案,推荐副校长人选,任免内部组织机构的负责人;

(四)聘任与解聘教师以及内部其他工作人员,对学生进行学籍管理并实施奖励或者处分;

(五)拟订和执行年度经费预算方案,保护和管理校产,维护学校的合法权益;

(六)行使学校教育教学和行政管理等其他相关职权。

第十六条 学校按国家有关规定和程序设置副校长,协助校长行使职权。

第二节 决策和监督机制

第十七条 学校党委全委会、党委常委会、校务会议依照议事规则履行职责,对学校重大决策、重要人事任免、重大项目安排和大额资金使用等重大问题和事项进行集体决策。

第十八条 学校党委实行民主集中制,健全集体领导和个人分工负责相结合的制度。凡属重大问题都必须按照集体领导、民主集中、个别酝酿、会议决定的原则,由党委集体研究决定。

第十九条 学校党委全委会由党委常委会召集,党委书记或其委托的副书记主持,党委委员出席,纪委委员列席,党委常委会可根据工作需要安排其他人员列席。党委全委会必须有 2/3 以上委员到会方能召开。表决事项时,以超过应到会委员人数的半数同意为通过。党委全委会的召开时间、议题由党委常委会确定,每学期至少召开 1 次,如遇重大问题可随时召开。

党委全委会闭会期间,党委常委会主持党委经常工作。

第二十条 学校党委常委会会议由党委书记或其委托的副书记召集并主持。党委常委会的组成人员为党委常委。非党委常委的学校行政领导班子成员、校长助理、纪委副书记、学校办公室主任列席党委常委会。党委书记可根据会议内容确定其他列席人员。列席人员有发言权,没有表决权。

党委常委会会议一般每两周召开 1 次,如遇重要、特殊情况可随时召开。半数以上党委常委会委员到会方可开会。讨论干部任免等重要事项,必须有 2/3 以上党委常委到会。

第二十一条 校务会议是学校行政议事决策机构。

校务会议由校长或其委托的副校长召集并主持,组成人员为学校行政领导班子成员、非学校行政领导班子成员的党委常委会委员和校长助理。学校办公室主任、工会常务副主席列席校务会议。涉及教师切身利益的重要事项,应安排教师代表列席;涉及学生重要事项的议题,应安排学生代表列席会议。根据议事需要，校长可确定其他列席人员。

校务会议一般每两周召开1次，如遇重要、特殊事项经校长同意可随时召开。校务会议成员半数以上到会方可开会。

第二十二条　中国共产党中国地质大学（武汉）纪律检查委员会是学校的党内监督专责机关，在学校党委和上级纪委监委领导下，维护党的章程和其他党内法规，检查党的路线、方针、政策和决议的执行情况，协助学校党委加强党风建设、组织协调反腐败工作、开展巡察监督。

第二十三条　中国共产党中国地质大学（武汉）纪律检查委员会依据授权对所属机构从事组织、领导、管理、监督等工作的人员进行监察监督。

第三节　组织机构

第二十四条　学校根据实际需要和精简、效能的原则，自主设置教学科研单位、职能部门、直属单位和非常设机构等内部组织。中层组织机构的设置、撤并经充分论证后由学校党委常委会研究决定。其中，教学科研单位的设置、撤并须经学术委员会论证与审议。

学校建立为师生提供便捷高效服务的制度和机制，提升服务意识和水平。

第二十五条　教学科研单位主要包括学院和具有独立建制的科研机构，由学校根据学科专业发展和科学研究需要设置，是学校组织实施办学活动的基本单位。

第二十六条　学院在学校授权范围内享有组织办学活动、学术管理、人事管理和资源配置等权利，组织实施学科专业、师资队伍、科研平台等方面的建设工作，可根据需要设置系、所、中心、室等教学和学术机构，报学校备案并接受评估与检查。

具有独立建制的科研机构，参照学院管理模式、依照学校授权自主管理。

第二十七条　学院党委（党总支部）应当强化政治功能，履行政治责任，坚持和加强党的全面领导，保证教学科研管理等各项任务完成，支持本单位行政领导班子和负责人开展工作，健全集体领导、党政分工合作、协调运行的工作机制。

院长是学院的行政负责人，全面负责学科建设、教育教学、科学研究、师资队伍建设及其他行政管理事务。党员院长一般应同时任学院党委（党总支部）副书记。

第二十八条　系是学院领导下的基层教学科研组织，其主要职责是制定和落实人才培养方案，强化教学管理，推动教学改革；加强师资队伍和学术平台建设，开展学术交流与合作。系党支部是新时代学校基层的坚强战斗堡垒，承担教育党员、管理党员、监督党员、组织师生、宣传师生、凝聚师生、服务师生职责。

第二十九条　职能部门根据学校党的工作和行政管理工作需要设置，主要承担学校党政工作的管理、服务等职责。职能部门实行部门领导负责制，重大事项由领导集体讨论决定。

第三十条　直属单位根据学校办学活动需要设置，为教学科研工作和师生员工学习、工作与生活提供保障服务。直属单位实行领导负责制，重大事项由领导集体讨论决定。

第四节　学术组织

第三十一条　学术委员会是学校最高学术机构，在学校党委领导下统筹行使学术事务的决策、审议、评定和咨询等职权。

第三十二条　学校下列学术事务的决策应当提交学术委员会审议或作出决定后，报学校研究决定：

（一）学科、专业及教师队伍建设规划，以及科学研究、人才培养、对外学术交流合作等重大学术规划；

（二）自主设置或者申请设置学科、专业；

（三）教学科研机构设置方案，交叉学科、跨学科协同创新机制的建设方案、学科资源的配置方案；

（四）教学科研成果、人才培养质量的评价标准及考核办法；

（五）学位授予标准及细则，学历教育的培养标准、教学计划方案、招生的标准与办法；

（六）人才队伍建设规划、标准与办法；

（七）学校教师岗位（职务）聘任的学术标准与办法；

（八）学术委员会专门委员会组织规程、学术分委员会章程；

（九）学术评价、争议处理规则、学术道德规范与科研伦理；

（十）学校认为需要提交审议的其他学术事务。

第三十三条　学校实施以下事项，涉及对学术水平作出评价的，应当由学术委员会或者其授权的学术组织进行评定：

（一）学校教学、科学研究成果和奖励，对外推荐教学、科学研究成果奖；

（二）各类学术、科研基金、科研项目等的遴选；

（三）高层次人才引进岗位、名誉（客座）教授、国内外重要学术组织任职人选、人才选拔培养计划等；

（四）需要评价学术水平的其他事项。

第三十四条　学校作出下列决策前，应当通报学术委员会，由学术委员会提出咨询意见：

（一）制订与学术事务相关的全局性、重大发展规划和发展战略；

（二）学校预决算中教学、科研经费的安排；

（三）开展中外合作办学、境外办学，对外开展重大项目合作；

（四）学校认为需要听取学术委员会意见的其他事项。

学术委员会对上述事项提出明确不同意见的，学校应当作出说明、暂缓决策或暂缓执行。

第三十五条　学术委员会主要由不同学科的教授、具有正高级专业技术职务的在职教职工组成，其中45岁以下的优秀青年教师比例应不低于10%。

学术委员会委员人数应为适合学校学科布局的单数，设主任委员1名，副主任委员若干名。学术委员会委员分为职务委员、教授委员、特邀委员、学生委员。担任学校及职能部门党政领导的职务委员，不超过委员总人数的1/4；不担任学校及职能部门党政领导职务及学院主要负责人的教授委员，不少于委员总人数的1/2。可根据需要确定特邀委员和学生委员。

教授委员由各二级单位经自下而上的民主推荐、公开遴选等方式产生候选人，由民主选举等程序确定。职务委员由校长提名，经校务会议审定。特邀委员由校长、学术委员会主任委员或者1/3以上学术委员会委员提名，经学术委员会同意后确定。

学术委员会委员由校长聘任，实行任期制，每届任期4年。可连选连任，但连任最长不超过2届。学术委员会每次换届，连任委员人数不高于委员总数的2/3。

第三十六条　学术委员会主任委员由校长提名，学术委员会审议通过，经校务会议审议，由党委常委会审定。副主任委员由主任委员提名，学术委员会审议通过。

学术委员会设立办公室，处理学术委员会的日常事务。

第三十七条　学术委员会下设学科建设委员会、教学工作指导委员会、科学技术委员会、人才工作委员会、学术诚信与科研伦理委员会等专门委员会，具体承担相关职责和学术事务。专门委员会主任委员由学术委员会主任委员从学术委员会委员中提名，专门委员会审议通过，经校务会议审议后，由党委常委会审定。专门委员会在学术委员会领导下开展工作。

各学院设置学术分委员会，依照其章程开展工作。

第三十八条　学术委员会每学期至少召开1次全体会议。议事决策实行少数服从多数的原则，与会委员超过2/3方能开会，重大事项应有与会委员的2/3以上同意，方可通过。

第三十九条　学校依法设立学位评定委员会。学位评定委员会负责审议博士、硕士学位授权点的设置、撤销，审议博士生导师资格，依法履行学位授予等相应职责。

第五节　民主管理

第四十条　学校坚持民主管理，重大决策须广泛听取师生员工意见。通过不断完善教职工代表大会制度、学生代表大会和研究生代表大会（以下统称学生代表大会）制度，充分发挥群众组织的桥梁纽带作用和民主党派、无党派人士的建言献策作用，为师生员工参与民主管理、实施民主监督创造条件。

第四十一条　学校依法制定教职工代表大会规则，保障教职工参与学校民主管理和民主监督的权利。

第四十二条　凡是与学校签订聘任聘用合同、具有聘任聘用关系的教职工，均可当选为教职工代表大会代表。

第四十三条　教职工代表大会行使下列职权：

（一）听取学校章程草案的制定和修订情况报告，提出修改意见和建议；

（二）听取学校发展规划、教职工队伍建

设、教育教学改革、校园建设以及其他重大改革和重大问题解决方案的报告，提出意见和建议；

（三）听取学校年度工作、财务工作、工会工作报告以及其他专项工作报告，提出意见和建议；

（四）讨论通过学校提出的与教职工利益直接相关的福利、校内分配实施方案以及相应的教职工聘任、考核、奖惩办法；

（五）审议学校上一届（次）教职工代表大会提案的办理情况报告；

（六）按照有关工作规定和安排评议学校领导干部；

（七）通过多种方式对学校工作提出意见和建议，监督学校章程、规章制度和决策的落实，提出整改意见和建议；

（八）讨论法律法规章规定的以及学校与学校工会商定的其他事项。

教职工代表大会的意见和建议，应以会议决议的方式作出。

第四十四条 教职工代表大会休会期间，学校重大决策须充分听取和征求教职工代表大会执行委员会的意见。

第四十五条 学校工会是学校党委和上级工会组织领导下的教职工自愿参加的群众组织，按照《中华人民共和国工会法》和《中国工会章程》开展工作，作为学校教职工代表大会的工作机构，参与学校民主管理与民主监督。

第四十六条 学校建立健全两级教职工代表大会制度和工会组织。

第四十七条 学校民主党派的基层组织依照各自章程开展活动，参与学校民主管理与民主监督。

第四十八条 学校共青团在校党委和上级团委的领导下，按照其章程开展活动，团结教育青年，在思想政治教育、校园文化建设、维护学生合法权益、提高学生素质等方面发挥组织、引导等作用。

第四十九条 学生代表大会制度是学生会、研究生会等学生会组织的重要制度，是学生在校园参与社会主义民主政治的重要途径，是体现学生会组织政治性、先进性、群众性的基础和保证。

学生代表大会是广大同学依法依规行使民主权利、参与学校治理的机构。主要行使下列职权：

（一）制定或修订学生会组织章程，监督章程实施；

（二）听取、审议上一届学生代表大会常设机构、学生会组织执行机构的工作报告；

（三）选举产生新一届学生会组织主席团成员；

（四）选举产生新一届学生代表大会常设机构；

（五）选举产生出席上级学联代表大会的代表；

（六）征求广大同学对学校工作的意见和建议，合理有序表达和维护同学正当权益；

（七）讨论和决定应由学生代表大会决定的其他重大事项。

学生代表大会常任代表会议是学生代表大会的常设机构，在学生代表大会闭会期间代表全体同学监督学生会组织的工作。

第五十条　学生会、研究生会以全心全意服务同学为宗旨,发挥学校党政联系广大同学的桥梁和纽带作用,在党组织的领导和团组织的指导帮助下,依照法律、学校规章制度和各自的章程开展工作,可通过学生代表大会提案机制、校领导接待日和学生组织负责人列席学校相关会议等方式,参与学校民主管理。

第五十一条　学校有关学生教育和发展的重要制度和改革措施应当向学生通报并征求意见。

第六节　社会监督与参与

第五十二条　学校建立健全信息公开制度,通过发布教学质量报告、就业质量报告等各种形式,主动接受社会监督,为社会力量参与学校管理创造条件。

第五十三条　学校面向社会公众合理开放办学资源。公众在共享学校办学资源的同时,应遵守学校相关规定。

学校依法单独举办或与社会共同举办事业单位法人、企业法人,依法开展社会合作与交流,实施合作育人、合作办学、合作研究、合作开发,实现学校与社会的协同进步。

第五十四条　学校成立战略发展委员会,作为学校重大决策的咨询机构和社会参与学校事务的重要途径。战略发展委员会由关心和支持学校发展的著名科学家、教育名家、杰出人才和杰出校友代表等组成,依照其章程开展工作,为学校改革发展和重大决策提供战略咨询。

第三章　办学活动

第一节　人才培养

第五十五条　学校的基本教育形式为全日制本科生教育和研究生教育,根据学习型社会建设需求,遵循聚焦主业、严控规模、保证质量的原则,适当开展继续教育。

学校依照国家法规和政策,制定学历、学位授予标准与办法,对符合条件的申请者授予相应的学历、学位证书。

学校根据法律法规政策、国家战略、经济社会发展需求、办学条件及国家核定的办学规模,自主调整本科招生比例和学科专业设置,确定和调整学历教育修业年限。

第五十六条　学校建立学科专业动态调整机制,优化学科专业结构,持续提高学科专业水平。

第五十七条　人才培养方案制定、调整需在充分调研社会、行业需求以及学科发展的基础上,由学校统一组织,各系具体论证,经学术分委员会和学院党政联席会审议,提交学术委员会或学位评定委员会审定。

第五十八条　学校建立毕业生培养质量社会反馈机制和教育教学质量保障体系。校、院、系三级教学管理组织按照各自的权限和职责实施质量监督。

第五十九条　学校积极开展教学改革与实践。不断优化教学内容和课程体系,完善教学评价标准,创新教学模式,优化教学活动的反馈及改进机制。

第六十条　学校加强教学实验室与校内外实习(实践)基地建设,推动第一课堂与

第二课堂、教学与科研、理论与实践紧密结合,培养学生的实践能力和创新能力。

第六十一条　学校充分借鉴先进教育理念,统筹用好国内外优质教育资源,积极推动与世界一流大学开展学分互认、学生互换和联合培养,着力培养具有中国情怀、国际视野的时代新人。

第六十二条　学校根据经济社会需求和人才成长规律,深化教育教学和人才培养改革,深入推进跨学科专业交叉融合、教学与科研实践融合、创新创业教育与专业教育融合的"三融合"人才培养体系,努力提高人才培养质量。

第六十三条　学校建立并完善以提升知识创新能力为目标的学术学位研究生培养模式和以提升实践创新能力为导向的专业学位研究生培养模式,提高研究生教育教学水平。

第六十四条　学校积极发展国际学生教育,培养知华、友华、爱华的高素质国际学生。

第六十五条　学校根据学习型社会建设的需要,高质量开展学历继续教育与非学历继续教育,服务终身学习体系建设。

第二节　学术研究

第六十六条　学校坚持学术立校,追求学术卓越,坚持面向世界科技前沿、面向经济主战场、面向国家重大需求、面向人民生命健康,凝练学术方向,汇聚学术资源,推动学术创新。

第六十七条　学校制定学术发展战略,注重基础研究和应用研究,强化学科特色,加强原始创新,提升科技创新能力,促进各学科协调发展。

第六十八条　学校建立健全突出质量导向的学术评价体系,重点评价学术贡献、社会贡献以及支撑人才培养情况。不断优化学术评价方式和评价机制,为学术创新人才、团队成长创造良好的条件。

第六十九条　学校强化学术创新基地建设,建立开放共享、布局合理、保障有力、高效运行的学术创新平台体系。

第七十条　学校弘扬科学精神,倡导学术自由和学术民主,加强学术规范和学术道德建设,杜绝学术不端行为。

第三节　社会服务

第七十一条　学校主动对接国家战略需求,努力为区域和行业发展提供人才、思想和科技支撑,助推经济社会高质量发展。

第七十二条　学校采用项目合作、资源共享、技术转移等多种方式,大力推进科技成果的转化与应用。

第四节　文化传承创新

第七十三条　学校积极培育和践行社会主义核心价值观,把谋求人与自然和谐发展的理念融入办学活动全过程,把培育科学精神、人文素养、国际视野和家国情怀等作为大学文化建设的重要任务,积极引领社会风尚,推动社会主义先进文化的传承创新。

第七十四条　学校充分发挥文化育人功能,构筑特色鲜明的大学文化体系,促进师生的全面发展。

第七十五条　学校深入开展可持续发展、生态文明等理论的创新研究，积极参与国家文化事业发展，向社会公众传播人与自然和谐发展理念、地球科学科普等知识。

第七十六条　学校积极传播中华优秀传统文化、革命文化和社会主义先进文化，加强国际理解教育，推动跨文化交流。

第四章　学　生

第一节　招生与学籍

第七十七条　学生是指按照国家招生政策被学校依法录取、取得入学资格，并具有学籍的受教育者。

第七十八条　学校根据社会需求、办学条件和国家核定的办学规模，制定招生方案，自主调节系科招生比例。

第七十九条　学校建立健全招生工作领导体制、管理制度和工作机制，按照公开、公平、公正原则，依法依规招收各类学生。

第八十条　学生按规定办理注册，取得学籍。学校依照规定为学生办理休学、转专业、转学、退学、毕业等手续。

第二节　权利与义务

第八十一条　学生在校期间享有下列权利：

（一）参加学校教育教学计划安排的各项活动，使用学校提供的教育教学资源；

（二）公正获得学业及思想品德评价，获得满足学业条件相应的学历学位证书；

（三）获得在国内外深造学习和参加学术文化交流活动的机会；

（四）获得荣誉和奖学金、助学金、助学贷款等资助的机会；

（五）依法依规参加社会服务、勤工助学，发起成立、参加学生团体；

（六）参与学校民主管理和教职工评价，对学校教育教学、改革发展等提出意见和建议；

（七）对涉及自身利益的相关决定表达意见和提出申诉；

（八）法律法规规定的其他权利。

第八十二条　学生在校期间应履行下列义务：

（一）遵守学校的各项规章制度；

（二）参加学校教育教学活动，完成规定学业；

（三）遵守行为规范、学术规范，恪守学术道德；

（四）尊敬师长，养成良好的思想品德和行为习惯；

（五）按规定缴纳相关费用，履行获得奖励资助约定的义务；

（六）爱护学校提供的设备和设施；

（七）珍惜学校声誉，维护学校利益；

（八）法律法规规定的其他义务。

第三节　管理与服务

第八十三条　学校坚持以学生为本，建立健全学生服务体系，为学生学习、生活提供必需的条件保障，并根据办学能力不断改善学习生活环境。

第八十四条　学校按照相关规定，支持

学生成立学生组织和社团。学生组织和社团依法依规开展活动。

第八十五条　学校支持学生开展有益身心健康的学术、科技、体育、文艺、劳动等活动，并提供相关条件。

第八十六条　学校树立科学成才观念，坚持以德为先、能力为重、全面发展，坚持面向人人、因材施教、知行合一，创新德智体美劳过程性评价办法，完善综合素质评价体系。依法依规对表现优异的学生集体和个人给予表彰奖励，对违法违纪的学生集体和个人给予处分、处理，严肃处理各类学术不端行为。

第八十七条　学校在学生学业、学术创新、身心健康、审美素养、劳动技能、就业创业等方面提供指导和服务，为家庭经济困难学生提供帮助。

第四节　权益保障

第八十八条　学校建立学生权益保障机制，设立学生申诉处理机构，维护学生正当权益。

第八十九条　学生对学校的处理或处分决定有异议，有权向学校申诉机构进行申诉，学校按照申诉程序受理学生申诉。

第五章　教职工

第一节　遴选与聘任

第九十条　学校教职工工作岗位分为教师岗位、其他专业技术岗位、管理岗位、工勤技术岗位。

第九十一条　学校按照"科学设岗、总量控制、按岗聘用、规范管理"的原则，实行岗位设置管理制度；依据岗位职责、任职条件和程序公开招聘、自主聘任（聘用）和管理各类人员。

第九十二条　学校依据岗位分类，分别成立聘任（聘用）委员会，组织实施岗位聘任（聘用）工作。

第九十三条　学校与聘任（聘用）人员签订聘任（聘用）合同，约定岗位职责和工作任务等事项，聘任（聘用）合同作为年度考核和聘期考核的重要依据。

第二节　权利与义务

第九十四条　教职工享有以下权利：

（一）教师依法自由选择学术方向，按照岗位要求和任务，自主开展教学和科学研究；

（二）根据工作职责和贡献，依法获得相应薪酬、社会保险、医疗、休假等待遇，使用学校的公共资源，公平获得自身发展所需的机会和条件；

（三）公正获得评价，公平获得各级各类奖励及各种荣誉称号；

（四）知悉学校改革、建设和发展以及关系其切身利益的重大事项，参与民主管理和民主监督，对学校工作提出意见和建议；

（五）对岗位聘任（聘用）、待遇、评优评奖、纪律处分等涉及切身利益的相关决定，有权表达异议，提出申诉，并请求处理；

（六）法律法规规定及聘用合同约定的其他权利。

第九十五条　教职工应履行下列义务：

（一）拥护中国共产党的领导，忠诚党的教育事业，贯彻党的教育方针，落实立德树人根本任务，践行社会主义核心价值观；

（二）遵守国家法律法规、学校规章制度；

（三）恪守职业道德规范，为人师表，行为世范，尊重和爱护学生，维护学生合法权益，促进学生德智体美劳全面发展；

（四）爱岗敬业，履职尽责，认真完成工作任务，不断提高教学质量、科研水平、管理能力和服务质量；

（五）珍惜学校荣誉，维护学校利益，保护学校资产；

（六）法律法规规定及聘用合同约定的其他义务。

第九十六条　教职工符合国家规定的退休（退职）条件的应当退休（退职），退休（退职）后享受政策规定的待遇。

第三节　管理与服务

第九十七条　学校坚持人才强校战略，注重培养和引进高层次人才，建设高水平师资队伍。

第九十八条　学校把师德师风作为评价教师队伍素质的第一标准，把师德表现作为教师资格认定、业绩考核、职称评聘、评优奖励首要要求，强化教师思想政治素质考察，建立健全师德师风建设长效机制。

第九十九条　学校建立健全符合现代大学制度要求的人力资源管理制度。对教职工队伍实行分类管理，明确岗位职责和工作任务，实行年度考核和聘期考核，考核结果作为聘任、晋升、奖励、绩效分配的依据。

第一百条　学校建立与学校发展水平相适应的教职工薪酬福利制度。

第一百零一条　学校建立健全教职工发展促进制度，完善教职工职业生涯发展支持体系。

第一百零二条　学校建立奖惩制度。对在办学活动中作出突出成绩与贡献的教职工给予表彰和奖励；对违反法律法规、规章制度和聘任（聘用）合同规定的教职工，依法依规进行处理。

第一百零三条　学校依据法律和双方约定的协议等，对讲座教授、兼职教授、名誉教授、客座教授、在站博士后、进修教师等进行管理，提供服务。

第四节　权益保障

第一百零四条　学校依法建立健全教职工权益维护和保障机制，建立相应的救济机制，维护教职工合法权益。

第一百零五条　学校设立教职工申诉委员会，教职工对学校的处理或处分决定等有异议，可通过教职工申诉委员会进行陈述、申辩和提起申诉。学校按照申诉程序受理教职工申诉。

第六章　校友与国内外合作

第一节　校友及校友会

第一百零六条　学校校友是指1952年建校以来在校学习、进修、工作过以及获得学校各种荣誉职衔的各界人士。

第一百零七条　学校支持校友事业发

展,鼓励校友为国家和社会做出更大贡献。引导校友爱校、荣校,畅通校友参与学校发展的途径和渠道。

第一百零八条　学校设立校友会。校友会是非营利性社会团体,依据国家有关规定及其章程开展活动。

第二节　教育发展基金会

第一百零九条　学校依法设立教育发展基金会。教育发展基金会是具有独立法人资格的非营利性组织,是学校接受社会捐赠的主体,依据国家有关规定及其章程开展工作。

第一百一十条　教育发展基金会加强与社会各界的联系与合作,凝聚社会各界力量,接受社会捐赠,服务学校建设与发展,依法管理基金,接受监督。

第三节　国内外交流与合作

第一百一十一条　学校积极利用、整合行业与社会资源,广泛参与和推动政产学研用合作。

第一百一十二条　学校加强与地方和企业的合作,促进学校与区域经济社会的协同发展。

第一百一十三条　学校与国内高水平大学和科研机构开展深度合作,推动协同育人和科教资源共享。

第一百一十四条　学校坚持国际化办学,加强与国际高水平大学和科研机构、企业的合作与交流,提高师资队伍国际化水平,提升科技创新能力和人才培养质量,推进国际中文教育。

第七章　基础条件与保障体系

第一节　校园规划与建设

第一百一十五条　学校根据事业发展需要,依法依规编制、修订校园规划与建设方案。

第一百一十六条　学校校园建设坚持以人为本、环境友好、科学布局、统筹规划的原则,合理利用校园资源,改善办学条件,建设智慧校园、生态校园和文明校园。

第二节　财务管理

第一百一十七条　学校经费来源主要包括财政补助收入、事业收入、上级补助收入、附属单位上缴收入、经营收入和其他收入。

第一百一十八条　学校积极拓展办学经费来源,构建以财政拨款为主、多渠道筹措办学经费为辅的工作机制。

第一百一十九条　学校建立健全各项财务管理制度,实行预决算管理,强化财务运行管理,落实全面绩效管理,提高资金使用效益。

第一百二十条　学校依法依规建立和落实审计监督和经济责任制等内部控制制度,做好财务信息公开工作,接受有关部门和社会各界的监督。

第三节　资产管理

第一百二十一条　学校国有资产是指使用财政资金形成的资产,接受调拨或者划转、置换形成的资产，接受捐赠并确认为国有的资产，以及其他国有资产，其表现形式为流动资产、固定资产、在建工程、无形资产和对外投资等。

第一百二十二条　学校实行"统一领导、归口管理、分级负责、责任到人"的国有资产管理体制，依法使用和管理国有资产。

第一百二十三条　学校建立健全国有资产管理制度，合理配置、有效使用和规范处置国有资产，推行绩效评价和成本分担机制，提高国有资产使用效益。

第一百二十四条　学校依法保护和利用专利权、商标权、著作权、土地使用权、非专利技术、校誉等无形资产。

第一百二十五条　学校对利用国有资产对外投资等形式形成的国有资产依法合理经营，实现国有资产保值增值。

第四节　馆藏资源及信息化建设

第一百二十六条　图书馆、博物馆、档案馆、校史馆作为学校的馆藏资源中心，为学校事业发展提供支撑服务，为师生、校友和社会提供公共服务。

第一百二十七条　学校加强对各类馆藏资源的收集、管理与利用，运用信息化手段实现各类馆藏资源的共知、共建和共享。

第一百二十八条　学校大力建设教育教学、科学研究与管理服务信息化保障体系，提升信息技术服务学校发展的能力。

第五节　后勤保障

第一百二十九条　后勤保障以服务学校中心工作为根本任务，强化服务意识和成本意识，科学管理，不断提高服务水平。

第一百三十条　学校加强对医疗、学前与基础教育、饮食、房产、水电等公共资源的合理配置与利用，为教学、科研及师生员工生活提供公共服务。

第八章　学校标识

第一百三十一条　学校校徽由中英文校名、学校成立时间、地质锤、罗盘、放大镜、地球等元素构成。

学校校徽为一个复色徽、一个单色徽，蓝色的色彩模式为(C:100,M:50,Y:0,K:0)，灰色的色彩模式为(C:10,M:0,Y:0,K:45)。

第一百三十二条　学校校标为长方形，

分为教职工和学生两种,教职工校标为红底白字,学生校标为白底红字。

第一百三十四条　学校校歌为《勘探队员之歌》。

第一百三十五条　学校校庆日为11月7日。

第九章　附　则

第一百三十六　条章程草案经学校教职工代表大会审议,校务会议、党委常委会通过,党委全委会审定,报国务院教育行政部门核准后,由学校予以发布。

第一百三十七条　章程如需修订,由学校教职工代表大会五分之一以上代表或校务会议提议,党委常委会同意后修订。

章程修订案的审核程序依据第一百三十六条的规定执行。

第一百三十八条　章程是学校依法自主办学、实施管理和履行公共职能的基本准则。学校各单位、全体师生员工都必须以章程为根本活动准则,并且负有维护章程尊严、保证章程实施的职责,接受社会监督。

第一百三十九条　本章程由学校党委负责解释。

第一百四十条　本章程经国务院教育行政部门核准,自发布之日起实施。

第一百三十三条　学校校旗为蓝色底与红色底两种,中央为"中国地质大学"中英文全称与校徽的标准组合。

附件

校歌标准谱曲

简谱版

勘探队员之歌

电影《年青的一代》主题歌《勘探队之歌》

佟志贤 词
晓 河 曲

1=C 4/4
热情、舒畅地

```
5 - 1 - | 3 5 2 3 1 ⌵i | 6· 6 5 6 6 5 3 |
1.是 那     山 谷 的 风，吹 动   了 我 们 的 红
2.是 那     天 上 的 星，为 我   们 点 燃 了 明
3.是 那     条 条 的 河，汇 成   了 波 涛 大

5 - - - | 1 - i - | 6 i 5 3 2 ⌵i |
旗，        是 那       狂 暴 的 雨，洗
灯，        是 那       林 中 的 鸟，向
海，        把 我 们     无 穷 的 智 慧 献

6· 6 5 2 2 3 2 | 1 - 5 | i· 6 5 3 2 i |
刷 了 我 们 的 帐    篷。 我 们   有 火 焰 般 的
我 们 报 告 了 黎    明。
给   祖 国 人     民。

2 - 2 3 | 2· i 7 6 7 2 | i· 6 5 0 |
热   情，战 胜 了 一 切 疲 劳 和 寒 冷。

5 3 2 1 2 3 6 | 5 5 0 i | 6 6 5 6 5 3 |
背 起 了 我 们 的 行 装， 攀 上 了 层 层 的

2 2 0 1 2 | 3 5 7 6 5 | i - 2· ⌵5 |
山 峰， 我 们 满 怀 无 限 的 希 望， 为

3· 2 i 3 5 | 7 6· 6 5 - | i - - - ‖
祖 国 寻 找 出 丰 富 的 矿      藏。
```

中国地质大学（武汉）概况

五线谱版

勘探队员之歌

电影《年青的一代》主题歌《勘探队之歌》

佟志贤 词
晓 河 曲

热情、舒畅地

1．是那 山 谷的 风，吹 动 了我们的红 旗；
2．是那 天 上的 星，为 我 们点燃了明 灯；
3．是那 条 条的 河，汇 成 了波涛大 海；

是那 狂 暴的 雨，洗 刷 了我们的帐 篷。我
是那 林 中的 鸟，向 我 们报告了黎 明。我
把 我们 无穷的 智 慧，献 给 祖国人 民。

们 有火焰般的热 情，战 胜 了一切疲劳和 寒冷。

背 起了我 们的 行装， 攀 上了层 层的 山峰，我们

满 怀无限的希 望，为 祖 国寻找出丰富的矿 藏。

学校机构简介

教学与科研单位（27个）	管理与服务机构（30个）
地球科学学院/资源学院/材料与化学学院/环境学院/工程学院/地球物理与空间信息学院/海洋学院/机械与电子信息学院/自动化学院/经济管理学院/外国语学院/地理与信息工程学院/数学与物理学院/珠宝学院/公共管理学院/计算机学院/体育学院/艺术与传媒学院/马克思主义学院/李四光学院/未来技术学院/教育研究院/新能源学院(碳达峰碳中和创新发展研究院)/地质过程与矿产资源国家重点实验室/生物地质与环境地质国家重点实验室/内蒙古研究院/广州南沙地大滨海研究院	学校办公室（党委办公室、校长办公室、保密委员会办公室、综合改革与政策法规办公室、维护稳定工作办公室、督查督办工作办公室）/党委组织部（党委党校、机关党委）、党委统战部/党委宣传部/纪委办公室（监察处、党委巡察办公室、监督检查室）/本科生院（党委学生工作部、党委武装部）/研究生院（党委研究生工作部）/学生就业指导处/科学技术发展院（先进技术研究院、地球科学科普研究与创作中心、学术委员会办公室）/发展规划与学科建设处/人力资源部（党委教师工作部、党委人才工作办公室）/财务与资产管理部（国有资产监督管理委员会办公室、国有经营性资产监督管理委员会办公室、采购与招标管理中心）/实验室与设备管理处（中国地质大学（武汉）分析测试中心）/国际合作处（港澳台事务办公室、国际教育学院、孔子学院工作办公室、丝绸之路学院、中约合作办学办公室）/校友与社会合作处（深圳研究院、浙江研究院）/校园规划与基建处/信息化工作办公室/审计处/离退休工作处/安全保卫部/后勤保障部/未来城校区管理办公室/工会/团委/远程与继续教育学院（自然资源管理学院）/高等研究院（国家地理信息系统工程技术研究中心、湖北巴东地质灾害国家野外科学观测研究站、地质调查研究院、紧缺战略矿产资源协同创新中心、地质探测与评估教育部重点实验室、沉积盆地与能源资源重点实验室（筹）、纳米矿物材料及应用教育部工程研究中心、地下水质与健康教育部重点实验室）/图书档案与文博部/出版社/期刊社/武汉中地大资产经营有限公司/医院/附属学校

党建与思想政治工作

党的领导与党的建设

【概况】

2023年，学校党委认真学习贯彻习近平新时代中国特色社会主义思想和党的二十大精神，落实全国、全省组织工作会议精神，落实《中国共产党普通高等学校基层组织工作条例》，坚持党对学校的全面领导，履行把方向、管大局、做决策、抓班子、带队伍、保落实的领导职责，扎实开展学习贯彻习近平新时代中国特色社会主义思想主题教育，促进党建与业务工作深度融合，以高质量党建引领保障学校事业高质量发展。

【强化理论武装，扎实开展学习贯彻习近平新时代中国特色社会主义思想主题教育】

2023年是贯彻落实党的二十大精神的开局之年，学校党委以开展主题教育为契机，在全校师生党员中进一步强化理论武装，树牢"四个意识"、坚定"四个自信"、做到"两个维护"，切实把思想和行动统一到党中央的决策部署上来，为推动学校事业高质量发展奠定思想基础。一是加强组织领导。学校党委将主题教育作为首要政治任务，及时学习传达习近平总书记关于开展主题教育的重要讲话精神，成立主题教育领导小组，书记、校长任组长，制定学校主题教育工作方案，定期召开工作例会，协同联动推进落实。二是强化理论学习。坚持把理论学习放在首位，校院两级党委理论学习中心组严格执行"第一议题"制度，党委书记带头领学习近平新时代中国特色社会主义思想的世界观和方法论，学校领导班子成员开展10项专题学习，组织专家辅导、集中研学16场次。组织处级领导班子专题读书班学习共356场次，对中层干部、科级干部、高层次人才及党外代表人士等分层分类培训，指导党支部开展主题党日活动，营造积极向上的学习氛围。广泛组织理论宣讲，党委书记、校长分别带头讲好专题党课，校级、处级领导班子成员以及党支部书记分别讲授专题党课20场次、290场次、530场次。积极开展联学联创，学校与山东省地矿局、济宁市政府开展联学联建，学习习近平总书记给地质工作者的重要回信精神，共育新时代"英雄地质队员"。各二级党组织也采取多种形式与校外组织开展联学联创活动。三是深入调查研究，围绕中央大兴调查研究12项具体调研内容，统筹学校学习贯彻党的二十大精神、筹备召开第十三次党代会等深入开展调研，凝聚改革发展共识。3月，学校集中组织校内调研，4—6月，党委书记、校长带队赴10余家高校和企事业单位开展调研，召开战略发展委员会第三次会议，邀请数十位两院院士和高等教育专家为学校改革发展把脉问诊。及时召开学校领导班子和机关各部门主题教育调研成果交流会，查找问题，分析形势，研究对策。将调研发现的问题梳理形成学校39项问题清单和122项整改举措并加以整改，近期能改的立即整改到位，对于影响学校持续健康发展、需要深化改革、建立长效机制的一些关键问题则作为工作建议写入党代会报告，从长计议、久久为功。四是加强宣传引导。注重把主题教育工作与筹备召开第十三次党代会有机结合，开设"主题教育""喜迎党代会"等专题网站，加强舆论正面引导。学校主题教育事迹被省级以上报纸期刊宣传报道30余篇，党委书记主讲的示范微党课《传承科学家精神　涵养报国情怀》被新华网、光明网、央视网、人民网、共产党员网等相继展播；《深学实干　地质报国　中国地质大学（武汉）推动主题教育走深走实》先后被《中国组织人事报》、微言教育刊载；学校主题教育经验做法被教育部网站刊载。教育部主题教育巡回指导组测评显示，师生对学校开展主题教育的效果总体评价良好。

【强化政治引领，加强党对学校工作的全面领导】

坚持把抓好党建工作作为办学治校的基本功，以党的政治建设为统领，全面推进学校党的建设各项工作。一是胜利召开学校第十三次党代会。扎实推进党代会筹备工作，加强组织领导和宣传引导，为党代会召开营造积极向上的舆论氛围。与主题教育调查研究工作结合，开展深入调研，组织召开8场征求意见座谈会，在广泛吸取各方经验、听取校内师生意见的基础上，高质量起草学校党代会报告。通过精心细致工作，保障学校第十三次党代会顺利召开，圆满完成各项既定任务，审议通过学校十二届党委工作报告和纪委工作报告，选举产生新一届党委和纪委，为实现学校新征程的奋斗目标提供了坚强的政治保证。学校第十三次党代会报告全面回顾了学校第十二次党代会以来的主要工作、取得的成绩和经验，深刻分析了新时期新阶段学校事业改革发展面临的机遇与挑战，坚持"更高水平开放、更深层次改革、更高质量创新"的战略方针，在"十四五"事业发展规划的基础上，进一步明确了加快建设地球科学领域国际知名研究型大学的重点任务，描绘了学校事业高质量发展的蓝图。会后，研究制定党代会主要任务分解方案，扎实推动党代会决策部署落地见效。二是深入贯彻落实全国、全省组织工作会议精神。加强基层党组织和党员队伍建设,扎实推进全国党建示范高校建设,1个学院党委、2个党支部分别入选"全省党建工作标杆院系、样板支部"培育创建单位,3个教师党支部入选湖北省高校"双带头人"教师党支部书记工作室培育创建名单,3个学生支部、3名研究生分别入选湖北省"研究生样板党支部""研究生党员标兵"培育创建名单。三是持续加强干部队伍建设,稳步推进专职中层领导干部轮岗交流及选任工作,坚持政治首要标准,突出事业为上、以事择人、人岗相适等原则,轮岗交流19名专职中层正职干部、19名专职中层副职干部,新提任专职中层干部32人(正职14人,副职18人)。分类开展集中轮训、专题网络培训和实践学习,多渠道提升干部能力素质。引育并举建设高层次人才队伍,新增国家杰出青年科学基金获得者及同等层次国家级领军人才5人,国家优秀青年科学基金获得者及同等层次国家级青年人才16人,湖北省高层次人才23人。四是全面加强思想政治工作。深入学习贯彻习近平文化思想,持续加强学习宣传和研究阐释。深入推进时代新人铸魂工程,制定学校工作方案,聚焦"十大工程"推出37项主要举措。加强辅导员队伍建设,选拔提任一批优秀年轻干部担任学院党委副书记,充实一线思政工作力量,开展辅导员素质能力提升系列培训,提升思政育人实效。加强思政课教师和思政课程建设,持续推进湖北省首批重点马克思主义学院和学校马克思主义学科特区建设,大力引进高水平人才,优化思政课教师队伍结构,印发学校《关于加强"习近平新时代中国特色社会主义思想概论"课建设的实施方案》,提升思政课建设水平,特色思政课程"国土安全"入选人民网"高校思政课改革创新典型案例"和第二批高校数字思政精品项目。五是扎实开展统战、群团工作。支持各民主党派、无党派人士和党外知识分子开展主题教育,健全完善校院两级党员领导干部与党外代表人士联谊交友工作机制,密切与党外人士之间的联系,同心品牌创建项目获评全省高校统战工作"十佳品牌"。修订教职工代表大会实施办法和提案工作实施办法,支持教职工行使民主权利、依法参与学校民主管理和监督。全面从严治团,不断增强共青团政治性、先进性、群众性,深入开展团员和青年主题教育,学校团委获评"全国五四红旗团委"。六是推进平安校园建设。落实意识形态工作责任制,严格课程教学、学术会议、教材选用、社团活动等领域意识形态管理,加强网络阵地建设,强化网络舆情监控。落实24小时值班制度,妥善处置突发事件,开展消防、交通、实验室等重点领域安全检查,维护校园安全稳定。落实保密工作责任制,顺利通过保密资质检查。

【强化党的建设,促进党建与业务深度融合】

落实党委领导下的校长负责制,全面加强学校战略管理,统筹推进"十四五"规划中期评估、"双一流"建设中期自评和深化改革等重点任务,促进党建与业务深度融合。一是引导干部教师转变观念。各二级党组织通过深入开展理论学习和政策宣讲,广泛开展思想动员,引导广大干部教师转变思想、革新观念,强化党建与业务融合的意识,提升政治能力和政治敏锐性，积极主动服务国家战略需求。引导部门单位人员和专家强化信息报送工作，充分发挥信息工作在反映问题、辅助决策、交流经验、扩大影响等方面的重要作用，全年向教育部、湖北省委省政府、湖北省教育厅等单位报送信息141篇，教育数字化转型发展、校园安全、主题教育等经验做法以及22篇决策咨询类信息被教育部或省市部门刊载。学校获评教育部年度教育信息工作优秀单位、湖北省人民政府信息报送突出单位。二是落实立德树人根本任务。加强人才培养顶层设计，对标党和国家对拔尖创新人才的需求，修订人才培养方案，积极推进地学领域本科教育教学改革试点工作。三是推动有组织的科技创新。坚持"四个面向"，推进有组织的科学研究，强化平台、团队等资源协同联动，建设国家和区域需求的战略科技力量。积极推进全国重点实验室重组，神农架大九湖湿地关键带野外科学观测研究站入选自然资源部野外科学观测研究站建设名单。四是广泛开展社会合作。围绕国家、区域经济社会发展需求和行业动态，整合校内资源，联系重点区域、行业、企业广泛开展社会合作，努力拓展办学资源。完善学校科普工作体系，发挥学科、师资、场馆等方面资源优势，面向社会积极开展科普工作，不断提升学校社会影响力和美誉度。五是扎实推进深化改革。对照年度重点任务，加快推进人力资源、财经、房产水电、实验设备等重点领域的管理改革，明确12项具体重点任务，制定《绩效管理重点任务推进台账》，建立"周报进展、月报全面"工作机制。六是坚持依法治校。组织召开学校法治工作推进会，部署学校法治工作重点任务，开展学校第十届"学宪法 讲宪法"系列活动。完善学校法律风险防控体系，严格落实规范性文件合法性审查制度和立项计划报备机制，做好重大事项合法性审查和合同审查，履行对师生作出处理处分决定前的合法性审查程序，为师生依法维护权益提供咨询和服务。全年共计审查规范性文件近50项，审核重大经济合同近180项，非经济合同近200项，应诉并妥善处理3起关乎学校重大利益的涉法涉诉纠纷。2023年学校被列入湖北省依法治校示范校创建名单。七是努力改善民生保障。结合主题教育检视整改，学校研究制定校级领导班子问题清单10项、领导班子成员问题清单29项、领导班子专项整治方案5项，细化整改措施并抓好落实，着力解决大学生就业、教师子女入园、两校区交通保障、体检中心建设、教职工周转房、"一站式"服务大厅等师生关注的民生问题，提高师生获得感和幸福感。

【全面从严治党，深入推进清廉地大建设】

一是坚决扛起全面从严治党领导责任。召开年度全面从严治党工作会议、巡察工作领导小组会议，制定《中共中国地质大学（武汉）委员会巡察工作规划（2023—2027年）》，启动十三届党委对基层党组织的巡察工作。二是压实廉政责任，强化重点监督。将"清廉地大"建设工作纳入学校年度工作要点，构建"一级抓一级，层层抓落实"的党风廉政责任体系。严格落实"三重一大"决策程序，加强财务管理、招生考试、科研经费等领域的风险监督。聚焦"关键少数"，对新任正处级干部开展廉政谈话,督促廉洁履职规范用权。扎实开展基建、后勤、招生、校办企业等领域专项治理自查,制定《中共中国地质大学(武汉)委员会关于持续推进重点领域专项治理的实施方案》,统筹推进整改落实。既压实分管领导和业务部门一岗双责,又从学校顶层统筹重点领域问题的整改,形成监督合力。三是加强廉政教育。通过党委常委会、中心组学习及党委部门会议等渠道及时传达上级党风廉政相关要求,持续做好"党风廉政宣传教育月"活动,创建廉洁文化。四是加强作风建设。开展违规吃喝问题集中整治,对标上级文件精神,制定《中国地质大学(武汉)贯彻落实中央八项规定精神及实施细则的实施办法》,切实改进工作作风,密切联系师生。督促领导班子成员认真落实"一岗双责"。推动师生一站式服务大厅南望厅正式投入运行,学校办公室、党委组织部等10余个管理服务机构进驻南望厅,为校内师生及社区居民提供行政审批、证明材料等75项线下服务,36项自助服务以及687项武汉市政务和便民服务,打造服务师生便捷办事的平台,线上线下协同办事的节点、两校区联络转运的驿站、社会服务延伸校园的网点和管理服务育人的重要阵地。完善学校网上厅,加强线上跨部门协同联动,推动教职工出国(境)等业务全流程线上审批,进一步规范过程管理和归口管理,提高了服务水平。召开学校领导班子专题民主生活会,开展批评和自我批评,营造风清气正的发展氛围。

(撰稿:王珩;审稿:张玮、李周波)

思想建设

【概况】

学校党委高度重视宣传思想工作,以习近平新时代中国特色社会主义思想为指导,聚焦"举旗帜、聚民心、育新人、兴文化、展形象"使命任务,以学习宣传贯彻党的二十大精神和时代新人铸魂工程为主线,积极构建"大思政""大宣传""大文化"工作格局,加强思政工作统筹协调,推动媒体矩阵融合发展,加强宣传思想文化队伍建设,不断创新工作机制和方法。2023年,全校上下唱响师生爱党、爱国、爱社会主义的时代主旋律,思想政治工作扎实推进,党委宣传部获评"全省宣传思想工作先进集体""全省网信工作先进集体"荣誉,一批新闻和文化作品在全国全省评比中获奖。

【以学习贯彻习近平新时代中国特色社会主义思想主题教育为主线,持续强化理论武装】

学校党委认真开展主题教育,把习近平新时代中国特色社会主义思想转化为坚定理想、锤炼党性、指导实践、推动工作的强大力量。

坚持"第一议题"学习制度,推动理论学习走深走实。制定《主题教育理论学习方案》《关于举办主题教育专题读书班的通知》等工作文件,学校领导班子成员以上率下、学以致用,围绕习近平新时代中国特色社会主义思想世界观和方法论等10项专题重点领学、研讨交流。学校党委共组织中心组学习19次、专家辅导报告5场、集中研学11场、处级领导班子专题读书班学习356场，各师生党支部通过"三会一课"、主题党团日等积极跟进，各学院、学科组织专题报告会、研讨会、研究立项、思政课和课程思政等持续加强学习研究阐释，营造浓厚学习氛围。学校为全体中层以上干部配发主题教育6本必读书籍，编印20期《理论学习》，汇编20余万字的专题学习资料，不断优化干部师生理论学习资料供给。

推进"美丽中国讲师团"品牌建设，理论宣讲有声有色。2023年3月，学校受湖北省委讲师团委托建设"湖北省美丽中国宣讲团"，学校领导班子成员作为宣讲团专家，面向学校师生、兄弟院校和行业单位宣讲。校级、处级领导班子成员以及党支部书记分别讲授党课20场次、290场次、530场次。精心打造长江大保护、美丽乡村、美丽城市3支宣讲实践队，2000余名师生进社区、进学校、进企业、进机关、进乡村、进网络，唱响地大"理论之声"。学校"美丽中国讲师团"获评2022年"全省基层理论宣讲先进集体"。开展"学习二十大·筑梦向未来"等主题社会实践活动，打造英山"理论热点面对面"湖北省优秀示范基地，带动师生深入基层宣讲阐释。启动2023年度"美丽中国讲师团"理论宣讲优秀项目、先进个人和优秀理论宣讲微视频评选表彰，进一步加强讲师团队伍和能力建设。

开展联学联创，特色活动精彩纷呈。学校党委创新理论学习中心组学习形式，赴山东省地矿局第六地质大队与山东省地矿局、济宁市人民政府开展习近平总书记给地质工作者的重要回信精神联学联建，共育新时代"英雄地质队员"。邀请12个以英雄榜样人物命名的全国党建工作样板支部来校开展联学联创，倡议做新时代教育战线的先锋队、奋斗者和传承人。举办学生党支部风采大赛、党建好案例、支部好微课和党员好故事评选，进行"百名支书讲团课"菜单式预约宣讲，先后组织开展五四青年师生座谈、机关青年论坛、组织员党建工作论坛等系列活动，用青春之声传播党的创新理论。成立"名师伴行"工作室，深化研究生卓越导学团队创建，举办"向阳成长营"等系列活动，推动师生共学、教学相长。周口店实习基地临时党支部组织"传承摇篮精神 争做时代新人"主题党日活动，邀请学校杰出校友、中国科学院院士潘永信为实习师生作辅导报告，强化科学家精神教育和理想信念教育。

【加强思想政治引领，扎实推进立德树人】

持续深化学校第十三次党代会精神学习宣传。印发《关于认真学习贯彻落实学校第十三次党代会精神的通知》，将主题教育宣传与学校第十三次党代会宣传有机结合，融合广播、电视、橱窗、短视频、专题展板进行全方位宣传，营造浓厚氛围。开设"喜迎党代会"专题网站，录制党代会专题片"领航"，开展"书记谈党建""党代表建言献策""师生热议"等深度报道和专题宣传，摄制"强国有我 青春有为"主题视频，集中展现地大师生牢记习近平总书记殷切嘱托、自觉担当强国使命的青春风采。学校党委书记黄晓玫主讲的高校党组织示范微党课《传承

科学家精神　涵养报国情怀》在光明网、新华网、央视网、人民网等平台播出，学校主题教育专题稿件先后被《中国组织人事报》、微言教育等校外媒体刊载。学校编辑出版《中国地质大学报》18期，72个版面，全面展示学校事业发展成就；官方微信编辑发布320余篇推文，总阅读量约294万；20个特色经验案例登上校外媒体；开设的"院士的大学时代""身边的好老师"、研究生导学团队、学子榜样等栏目在校内引起广泛反响；殷鸿福院士、王焰新院士、谢树成院士等数十载艰辛探索、上下求索的科研报国事迹登上《中国青年报》。

持续深化马克思主义理论学科特区和哲学社会科学体系建设。组织2次马克思主义学科国家重大社科项目交流研讨，召开大中小学思政课一体化共同体建设和大思政课实践基地建设研讨会，深入推进"红绿蓝"大中小学思政课一体化共同体建设，学校获批"湖北省大中小思政一体化综合改革示范高校"。制定《关于加强"习近平新时代中国特色社会主义思想概论"课程建设实施方案》，创新实施"32＋4＋4＋8"的课程体系，编写出版《地大红色故事融入思政课教学设计》两卷本，全面提升思政课教学质量，"国土安全"品牌思政课获评"人民网"2023年高校思政课改革创新典型案例和高校数字思政精品项目（第二批）立项。突出学科特色，打造和建设新型高校智库、灾害数据库、灾害案例库以及应急装备中试基地、应急人才培训实践基地和应急科普传播基地，学校2023年入选湖北省新型智库，为推进中国式现代化、更好统筹湖北的发展和安全输出地大方案。

深入推进时代新人铸魂工程。制定《关于完善"五通融合"立德树人体系　落实时代新人铸魂工程实施方案》，召开时代新人铸魂工程重点项目研讨会、推进会，聚焦"十大工程"推出37项主要举措，统筹推进理论武装培根铸魂、实习实践强基铸魂、"大先生"引领铸魂、精神文化浸润铸魂，铸牢师生地质报国之魂。加强与北京市房山区及企业合作，共建周口店实习基地，整合秭归"大思政课"实践教学基地和校史馆科学家精神教育基地等资源，进一步提升实践育人基地建设水平。在习近平总书记给山东省地矿局第六地质大队全体地质工作者回信一周年之际，刊发主题推文，持续深化地质报国主题教育。举办地学类专业拔尖创新人才培养研讨会暨地学类专业实践教学联盟成立大会，牵头组建"地学类专业实践教学联盟"，全国40所兄弟高校加入联盟，共建地学类拔尖创新人才培养大平台。召开学生思政品牌工作研讨会，"赛恩师science""四维课堂""红色之声"等思政品牌项目精彩纷呈。召开首届卓越导学团队创建表彰大会、持续创建卓越导学团队建设推进会，不断深化"导学思政"建设。

巩固深化网络思政阵地。启动学校"文明网"阵地建设，深化网络育人"正能量引领"专项行动，师生作品在全国高校网络文化评审活动中获得5项奖励，绘本《山河作证》获评"2022中国正能量网络精品"，绘本《攀登者》获评"湖北优秀网络文化作品"。

分级构建网络评论员队伍，开展2期网络评论员业务培训，举办新华社"新锐青年说"暨媒介素养提升计划专家报告会，强化干部师生媒介素养专题培训。在"马工程""双一流"文化建设项目等中设置网络思政工作研究专项，强化对网络思政队伍的理论研究和工作探索支持。启动学校第五届优秀网络文化成果征集活动，培育向上向善的网络文化。设立网络文化工作室、辅导员工作室、辅导员职业能力工作坊等工作平台，孵化了"山河网络工作室""辅导员说"的工作品牌。

强化实践文化育人和科普传播。利用科学家精神教育基地和2个全国科普基地，宣传近百名地质科学家的光辉事迹，传承地质科学家精神。依托"乡村振兴学校实践育人基地""大学生长江大保护行动计划""学习之路"等平台，打造"行走的思政课"品牌。举办"强国有我　青春有为"主题社会实践活动，147支实践团队、1500余名师生在社会大熔炉中熔铸爱国情、报国志。举行中华民族文化交流展演，武汉8所高校近3000名民族师生同上一堂民族文化育人"大课"。持续推动以李四光先生为原型的原创话剧《大地之光》全国巡演，举办"礼赞二十大，奋进新征程"编钟音乐会、世界地球日主题宣传周、"学习新思想建功新时代"主题教育文艺汇演等活动，以青年人喜闻乐见的方式实施时代化、校本化的铸魂育人工程。组建"美丽中国"科普讲师团，以"地球科学科普大讲堂"为引领，院士专家模范带头，学生志愿服务队积极跟进，推动科普进社区、进企业、进校园、进乡村。11月24日，校长王焰新院士担任创演嘉宾的《你好赛先生》第七期节目在湖北卫视播出。

【意识形态工作】

守好意识形态工作阵地。坚持阵地意识、底线思维，严把重点环节，加强风险隐患研判和预案准备。持续强化学校论坛等学术活动"五位一体"管理机制，落实哲学社会科学学术活动网络审批备案工作要求，探索建立哲学社会科学研究成果意识形态审查机制，全年审批哲学社会科学学术活动71场。加强对出版工作和出版物意识形态把关，开展"质量管理2023"专项工作，严守图书出版阵地。扎实推进习近平新时代中国特色社会主义思想"三进"，持续推进《习近平谈治国理政》多语种版本进高校进教材进课堂。严格课程教学过程管理，强化外籍专家国际化课程管理，严守课堂阵地。开展"马工程"重点教材使用情况专项自查分析，落实学校新闻宣传保密要求，加强对拟公开宣传报道和向媒体报送内容的保密审查，完成学校300余个各类新媒体账号登记备案和年度审查，开展校内电子屏专项清查，组织网络信息发布内容整治合规性专项审核清查，加大对学校宣传报道类信息发布的审核力度，强化师生自媒体平台管理，落细落实意识形态安全责任。

加强国家安全专题宣传教育和队伍培训。组织党员干部参加教育部2023年教育系统领导干部媒介素养和舆论引导培训班、湖北省高校涉稳舆情工作专题研讨班、湖北省新闻发布工作培训、省委互联网信息办公室意识形态工作培训等培训学习，持续提升工作站位和业务水平。制定2023年度《干部素质能力提升计划》《干部、师生专题网络培训实施方案》，把提升意识形态工作水平、防范化解意识形态领域风险隐患作为干部培训重要内容。组织2023年全民国家安全教育日宣传教育活动，开设"大学生安全与生活"通选课，开发"安全微课"线上安全教育系统，组织师生依托通选课程、网络公开课、公众号推文、主题党日、主题班会活动等，集中学习总体国家安全观指引，常态化开展师生安全教育。制定《校园治安巡逻巡查制度（试行）》，强化全天候"政治""治安""交通"巡防。

持续做好网络舆情应对处置，开展网络培训和攻防演练。推进融媒体软硬件平台建设，组织专门力量对全网公众平台涉校负面信息进行实时监控。遴选组建学校网络评论员骨干队伍，研制网络评论员培训方案，加强网络评论工作组织。组织舆情监控队伍和舆情专家库，落实"风险预防－应急预警－事实调查－舆情回应－事件处理－舆论引导"工作机制。严格落实意识形态工作"三早"相关要求，每月定期开展意识形态工作回顾和风险隐患研判，制定应对处置预案，强化与上级主管部门、网信部门、公安部门等联动联防联治，全年及时妥善处置涉校网络舆情10余起。严格落实24小时专人值班，做好重点敏感时期、重要时间节点等值班值守和"日报告""零报告"。定期开展网络安全周活动，建立大数据系统和全员信息动态数据库，加强校园网络运行环境监控和整治工作。定期开展"蓝军行动"攻防演练，做好学校网络安全监测、漏洞扫描、漏洞督促整改工作，做好网站信息及时发布和维护工作，确保网络信息安全，全力保障教师、学生用户数据不受威胁。坚持《网络安全运行月报》发布制度，加强校园网络运行环境的监控和整治工作。

（撰稿：许小康、吴仁喜、侯志军；审稿：侯志军）

组织建设

【概况】

全校共有分党委（党总支部）31个（分党委24个，党总支部7个），其中教学科研机构党委（党总支部）21个，管理与服务机构党委（党总支部）10个。各分党委（党总支部）下设党支部536个，其中在职教职工党支部166个，离退休人员党支部22个，学生党支部348个。共有党员11 360名，其中在职教职工党员2672名（占在职教职工总数的78.57%），本科生党员1673名（占本科生总数的8.82%），研究生党员5716名（占研究生总数的39.68%），离退休党员820名，其他党员479名（毕业生党员、出国境党员、挂靠党员等）。全年共发展党员1740名，其中学生党员1713名（研究生党员782名，本科生党员931名），教职工党员27名。转正党员1593名，其中学生党员1564名，教职工党员29名。

全校共有二级单位59个，其中教学科研单位29个，管理与服务机构30个；学校领导班子成员9人,中层领导干部290人,其中在岗处级领导干部286人(处级正职89人、处级副职197人),外派挂职干部4人。

全校处级干部中,55岁以上干部占总数的5.9%;45~55岁干部占53.8%;35~44岁干部占37.9%;35岁以下干部占2.4%。具有硕士及以上学位的干部占总数的95.2%;具有副高及以上专业技术职务的干部占总数的70%;中层女干部占总数的22.1%;党外干部占总数的7.9%。

【学习贯彻习近平新时代中国特色社会主义思想主题教育和学习贯彻落实党的二十大精神】

扎实推进主题教育,一是严格落实"第一议题"学习制度,指导二级党组织和党支部利用党委理论学习中心组、主题党日等系统学习习近平新时代中国特色社会主义思想。二是出台专门通知,指导二级党组织和党支部召开主题教育专题民主生活会和专题组织生活会,对照梳理16项问题清单,提出15条整改举措,扎实推进完成整改任务。三是赴中南大学、长安大学、西北大学、中国地质大学(北京)等高校开展党建工作调研,学习先进经验,查摆问题短板,指导二级党组织和机关各部门召开调研成果交流会。四是巩固深化主题教育成果,贯彻落实学校党代会精神,认真做好党代会任务分解。

学深悟透党的二十大精神,一是将学习贯彻党的二十大精神贯穿全年,制定学校《中层干部学习贯彻党的二十大精神集中轮训实施方案》,确保理论宣讲全覆盖,全年5次支部主题党日安排"学习贯彻党的二十大精神"主题。二是组织开展党的二十大精神集中轮训工作,选派10名校领导参加上级专题培训,组织281名处级以上领导干部完成"学习贯彻党的二十大精神网上专题班"学习,邀请校外专家、校领导开展专题宣讲7次。三是学习紧密结合主题教育和学校发展实际,同落实学校"十四五"规划和第十三次党代会决策部署相结合,推动见行见效。

【加强基层党组织和党员队伍建设】

坚持抓好基层党组织建设工作。一是全面落实《中国共产党普通高等学校基层组织工作条例》,部署推动2023年度党建工作各项重点任务,推进二级党组织建设"五个到位"和党支部建设"七个有力"落地落实。二是认真开展党组织换届和委员调整工作。指导资源学院党委、附属学校党总支、医院党总支、出版社党总支、离退休工作党委等5个党组织进行换届工作,指导地空学院党委、图书档案文博党委等2个党组织完成二级党组织委员补选工作,指导外国语学院党委完成委员分工调整。全校97个党支部完成换届、调整工作。三是切实加强党支部建设,坚持落实主题党日与"三会一课"制度,印发支部主题党日通知9次(表1),强化督促指导。落实校院党委班子成员联系指导师生党支部制度,不断优化党支部设置,推动学生党支部按专业学科纵向设置,在教研团队、导学团队、项目团队和野外实习队成立临时党支部,实现党组织全覆盖。四是强化党组织书记抓基层党建第一责任,开展2023年度党组织书记抓基层党建述职评议考核,做好述职评议问题反馈、整改落实工作,同时强化考核结果运用。五是有效发挥组织育人功能,加强党务干部队伍建设。依托党建论坛,定期开展党支部书记、组织秘书、党建辅导员培训,办好"未来同行工作坊"。六是全力配合教育部党建工作联络员在我校开展各项工作,邀请党建联络员参加学校党建会议、活动12次,完成上级布置的各项调研工作任务,向教育部和湖北省委教育工委报送文件30余份。七是完成31个"党员之家"建设验收工作,建好党建活动阵地。推进省级和校级"双带头人"教师党支部工作室建设,强化教育培训和激励保障,发挥示范引领作用。持续推进教工党支部"结对领航"、本科生党支部"党徽照我行"及"研究生示范党支部建设""学生党支部风采大赛"等品牌建设。指导野外实习基地"党员之家"建设。

表1　2023年学校"支部主题党日"活动主题及要求

月份	主题	主要学习内容
2月	学习贯彻党的二十大精神,奋进教育强国新征程	1.学习习近平在学习贯彻党的二十大精神研讨班开班式上的重要讲话 2.学习教育部部长怀进鹏在世界数字教育大会上的讲话精神 3.学习湖北省违规吃喝问题专项整治有关要求 4.专题讨论
3月	【学习贯彻党的二十大精神】 学习全国两会精神,谱写事业发展新篇章	1.学习2023年全国两会精神和习近平总书记在全国两会期间重要讲话精神 2.学习中国共产党第二十届中央委员会第二次全体会议精神 3.学习中央纪委国家监委对借培训之名组织公款旅游的典型问题的通报 4.学习习近平总书记在全国宗教工作会议上的重要讲话精神
4月	【学习贯彻党的二十大精神】 落实主题教育工作部署,迎接学校第十三次党代会召开	1.学习贯彻习近平新时代中国特色社会主义思想主题教育专题学习 2.学习领会学校第十三次党代会有关文件精神 3.开展国家安全教育
5月	【学习贯彻党的二十大精神】 扎实开展党代会各项工作,推进主题教育走深走实	1.持续落实学习贯彻习近平新时代中国特色社会主义思想主题教育工作部署 2.学习习近平总书记给中国农业大学科技小院同学们的回信 3.扎实开展学校第十三次党代会党代表选举和"两委"委员候选人推荐提名工作

续表

月份	主题	主要学习内容
6月	【学习贯彻党的二十大精神】弘扬伟大建党精神,贯彻落实教育强国战略	1.学习伟大建党精神的科学内涵和精神实质 2.学习习近平总书记在中央政治局第五次集体学习的重要讲话精神 3.学习习近平总书记在文化传承发展座谈会上的重要讲话精神 4.学习习近平总书记在二十届中央纪委二次全会上的重要讲话精神 5.学习浙江"千村示范、万村整治"工程经验案例
9月	大力弘扬教育家精神,全面落实党代会部署	1.学习贯彻习近平总书记教师节重要指示精神 2.学习贯彻落实学校第十三次党代会精神 3.以案明纪,以案示警,强化警示教育
10月	学习贯彻中央精神,提升履职服务能力	1.学习贯彻习近平总书记关于党的建设和组织工作的重要指示和全国组织工作会议精神 2.学习贯彻习近平总书记对宣传思想文化工作的重要指示和全国宣传思想文化工作会议精神 3.学习贯彻习近平总书记在进一步推动长江经济带高质量发展座谈会上的重要讲话精神 4.学习贯彻习近平总书记在第三届"一带一路"国际合作高峰论坛开幕式上的主旨演讲的重要精神 5.学习《中国共产党党徽党旗条例》
11月	心怀家国担使命,美丽中国建新功	1.学习贯彻习近平总书记在中共中央政治局第九次集体学习时的重要讲话精神 2.学习领会《中华人民共和国爱国主义教育法》 3.学习贯彻习近平总书记在2023年世界互联网大会乌镇峰会开幕式上发表的重要讲话精神 4.学习贯彻习近平总书记关于生态文明建设的重要文章 5.学习贯彻学校《关于进一步加强和改进党支部建设的实施办法》 6.以案示警、以案释纪、以案促改
12月	专题组织生活会和开展民主评议党员	专题组织生活会和开展民主评议党员

高质量做好发展党员和党员教育管理工作。加强制度建设，修订《发展党员工作指导手册》（2023版），起草"教育强国我建，美丽中国我创"党员故事展示、机关科级干部蹲苗计划等文件，召开发展党员专题工作会议，加强党务人员业务培训，积极构建发展党员工作协同机制。完善发展党员工作培训体系，落实发展党员工作问题反馈和约谈机制，年度发展党员1740人，同时注重优化发展党员结构，加大在教师特别是高层次人才中发展党员力度，发展教职工党员28人，其中高层次人才2人。完成省委教育工委《2019—2023年全国党员教育培训工作规划》实施情况检查，指导二级党组织做好党员教育培训工作。探索智慧党建平台建设，加强全国党员管理信息系统维护和使用，做好党内信息统计相关工作。加强流动党员和党员组织关系管理，完成970名党员组织关系转入、2218名党员组织关系转出和200名党员组织关系校内转移工作，强化党员组织关系回执管理工作。完成省委教育工委流动党员管理专项自查，加强流动党员和出国（境）党员管理工作，严格执行专人负责、定期联系、加强教育、定期检查、半年上报的工作制度。积极组织开展党员志愿服务活动，不断强化党员作用发挥。组建180名党员干部参加火车站迎新等志愿服务工作，指导二级党组织开展党员承诺践诺、志愿服务。

持续加强发展党员教育培训工作。入党积极分子以强化理想信念教育、党史国情教育为重点，发展对象以提升理论水平、端正入党动机为重点，邀请校领导、职能部门负责人、马克思主义中国化研究领域专家、杰出校友、行业企业负责人累计12人次为发展对象和积极分子讲授专题党课。持续开设"红专并进·博学报国"系列课程，不断坚定广大青年学生树立"专业报国"理想信念。充分依托学校马克思主义学院和相关学科优势教学资源，不断充实党校课程资源库，积极向武汉市委党校推介党员教育培训"四库"资源，并将武汉市委党校课程资源纳入学校课程库。全年举办发展对象培训班4期，培训发展对象1975人，评选优秀学员73名；举办入党积极分子培训班2期，培训入党积极分子2775人，评选优秀学员183名。

落实党内激励保障措施。做好党费收缴使用管理，下拨二级党组织党建活动经费65.45万元。持续为各二级党组织、党支部订购党建学习资料，促进党员学习常态化开展。坚持做好党内关怀帮扶工作，慰问工作条件艰苦和承担急难险重任务的同志16名，其他党员173名。为9名党龄达到50年的老党员颁发"光荣在党50年"纪念章，完善党员"政治生日"仪式。建立未来城校区轮班蹲点机制，及时主动下沉学院开展党建工作指导，尽量保证让师生少跑路、不跑路，做好党建服务工作。

【大力开展党建示范创建与质量创优】

持续推进党建"双创"工作。完善创建机制，构建"样板支部—标杆院系—示范高校"的创建体系和"学校—全省—全国"三级螺旋上升的培育机制，形成了"点上辐射、线上延伸、面上覆盖"的工作链。校内已开展两轮培育，第一批4个分党委（党总支）、26个支部通过验收，第二批4个分党委（党总支）、22个支部、10个"双带头人"工作室、10个研究生党支部、10个研究生党员标兵参加培育创建。1个离退休支部入选湖北省离退休干部"示范党支部"，3个教师党支部入选湖北省高校"双带头人"教师党支部书记工作室培育创建名单，3个研究生党支部入选湖北省"研究生样板党支部"培育创建名单，3名研究生入选湖北省"研究生党员标兵"培育创建名单。注重融合创建，印发《关于开展全国党建工作示范高校培育创建成果汇集工作的通知》，召开培育创建推进会，将学校示范高校创建与学习贯彻落实党的二十大精神、开展主题教育融合推进。强化示范带动，开设"党建工作案例"网上专栏，举办党建论坛，交流创建经验，汇编"标杆院系、样板支部示范带动作用"典型案例，以党建"双创"带动基层党组织建设全面进步、全面过硬。突出校本创造，推动"一院一品"党建品牌建设，指导18项党建工作品牌立项建设。持续实施教工党支部"结对领航"工程，144个教工党支部与学生党支部、班级参与结对立项。组织开展党建结对共建活动，学校7个全国党建工作样板支部、1个湖北省党建工作样板支部参加校内外结对共建。支持巴东国家野外科学观测站党支部与当地党组织联合开展科研与党建活动。

积极开展党建工作研究与宣传推广。参加教育部思想政治工作司"增强党支部政治功能和组织功能"党建调研课题，围绕教工党支部建设开展课题研究，高质量提交调研报告，参加思政司课题交流研讨会汇报研究成果，获评三等奖1项。积极参与党员教育电视片观摩交流活动，推荐3部作品参加第二十三届全省党员教育电视片评审，获评三等奖1项。全国高校思政网报道学校党支部建设经验，《党员生活》刊发学校经济管理学院党委"五融"工作法、学校野外实习基地临时党支部建设经验。

【加强干部队伍建设】

坚持以习近平新时代中国特色社会主义思想为指导，深入学习贯彻党的二十大精神，贯彻落实习近平总书记关于党的建设的重要思想，落实新时代党的组织路线和全国组织工作会议精神，落细落实中共中央、教育部党组选人用人工作新要求，结合2022年度干部选拔任用"一报告两评议"反馈意见，巩固巡视和选人用人专项检查整改成果，加强干部工作体系化建设，着力提升干部素质能力，强化干部全方位监督管理，持续打造德才兼备、忠诚干净担当、堪当建设地球科学领域世界一流大学重任的领导班子和干部队伍。

中层干部选拔任用总体情况。配合上级党组织完成2名副校级领导干部选任和推荐工作，其中，1人提任长江大学党委副书记、校长，1人挂职任福州大学党委常委、副校长。配合上级党组织完成2名副校级领导试用期满考核工作，2人试用期满考核合格并正式任职。新成立二级机构2个（内蒙古研究院、新能源学院），调整二级机构建制2个（地质过程与矿产资源国家重点实验室、生物地质与环境地质国家重点实验室），调整二级机构主要职能1个（校园规划与基建处），新更名二级机构1个（资产经营公司），撤销二级机构2个（资源环境科技创新基地暨新校区建设指挥部、校庆工作办公室）。顺利完成114人次中层干部选拔任用，其中，新提任中层干部47人（正职20人、副职27人），轮岗交流专职中层干部38人，17名中层干部通过试用期满考核全部正式任职，安排4名中层干部跨岗或跨单位兼任职务，遴选8名中青年教师到管理与服务机构挂职锻炼。此外，20名中层干部因年龄、任期届满等原因退出领导岗位。精心组织筹划并成功召开学校第十三次党代会，严格规范选举产生党代表255名、党委委员25名、纪委委员11名，选举产生党委常委10名。

认真落实选人用人主体责任。认真贯彻落实新时代党的干部工作方针，把习近平总书记关于干部工作的重要论述作为学校干部选拔任用工作的根本遵循，制作《干部工作文件制度汇编》，筑牢干部工作思想基础。坚持把干部选拔任用工作作为学校"三重一大"决策事项，严格执行干部工作领导小组制度，严格执行书记、校长末位表态制。重视选人用人风清气正的政治生态建设，积极教育引导各级党组织及全体党员干部学深悟透选人用人工作要求，多渠道强化选人用人纪律要求，督促指导二级党组织发挥政治把关作用，切实发挥党组织选人用人的政治功能。

多措并举提升选人用人质量。认真贯彻落实教育部党组关于巡视整改有关要求，完成教育部巡视及选人用人专项检查反馈的有关问题的整改，对标对表完善选人用人的制度规范和实践路径，逐步落实学校《干部队伍建设"十四五"规划》。严格执行选人用人工作制度规范，强化选人用人过程管理，绘制干部选拔任用工作流程图，严格落实选人用人事项审核制度，按照"凡提四必"有关要求，严肃认真开展领导干部个人有关事项报告查核以及人事档案、社会兼职等事项审核，严格做好选人用人纪实管理。严肃选人用人工作纪律，在2023年选人用人工作过程中，没有收到有关不正之风的反映，严格执行公示和回避制度，严格落实干部任前谈话制度，严格落实选人用人全程监督，2023年未发现影响干部选拔任用的违规违纪问题。

全方位提升干部履职能力。不断强化二级领导班子建设，指导5个单位完成分党委（党总支部）换届、2个二级党组织完成党委委员补选，指导1个学院完成行政领导班子换届，选优配强学术岗位中层干部，新提任6名院长（其中校外引进1人）、9名副院长。持续强化干部组织化培养，强化干部多岗位历练，2023年共有13名管理服务机构干部提任或交流到教学科研单位任职，11名教学科研单位干部提任或交流到管理服务机构任职，11名行政干部提任或交流到党务岗位，10名党务干部提任或交流到行政岗位。持续做好优秀年轻干部发现培养工作，重视巡视巡察"熔炉"作用，将巡视巡察作为干部培养的平台，制定《巡察干部队伍建设的意见》，开展《中青年教师校内挂职锻炼实施办法》修订工作，遴选8名中青年教师到3

个管理服务单位挂职锻炼,完成第二批挂职锻炼17名中青教师挂职期满考核工作,制定《外派人员管理办法(试行)》,选派1名中层副职干部、1名科级干部到教育部挂职(借调),选派1名中层副职挂任湖北省科技厅副处级干部、1名中层副职挂任武汉市科创办副处级干部、1名专任教师挂任随县县政府党组成员,选派2名中层干部参加教育部巡视工作,遴选2名干部人才承担驻外工作,推荐4名干部人才作为教育部外派储备干部。

着力加强干部监督管理和关心爱护。把日常监督贯穿干部教育培训、选拔任用、考核评价全过程。充分发挥考核评价的正向激励作用,将相关考核结果作为干部评奖评优、选拔任用干部的重要参考。加强干部日常谈心谈话,关心关爱干部成长和身心健康。严格落实个人有关事项报告"五专"管理、因私出国(境)证件"三专"管理等工作规范,进一步加强干部教育引导和填报工作培训指导,2023年个人事项查核一致率达到98.5%。严格执行干部兼职审批制度,2023年报教育部人事司审批备案校领导兼职共计3个,中层干部备案兼职累计27个,切实将从严管理、规范管理落到实处。配合上级有关部门完成党政领导干部在校兼职情况梳理排查及规范工作。严格落实组织处理程序及工作要求,2023年累计开展领导干部批评教育1人次,并按照工作规范做好材料整理归档工作。委托审计处对12个单位负责人进行经济责任审计。

推进干部教育培训提质增效。强化党员干部培训"一盘棋",统筹校内各单位培训需求,制定《2023年干部素质能力提升计划》《中国地质大学(武汉)2023年干部、师生专题网络培训实施方案》,组织全体中层干部开展学习贯彻党的二十大精神集中轮训。精准实施分层分类教育培训,全年累计选派37名中层干部参加上级组织调训;以全面从严治党、教育强国建设等为主题,邀请校领导、专家学者开展专题报告10场;以请进来的方式,组织"双肩挑"中层干部及新提任、轮岗交流中层干部开展政治能力提升专题培训;组织125名管理干部赴浙江大学开展主题教育专题培训,组织36名高层次人才及党外代表人士前往红旗渠廉政教育学院开展红色教育实践培训,组织130余名教工党支部书记赴湖北红安开展党建"双创"工作研讨暨红色教育实践培训;统筹实施网络专题培训,面向中层干部、科级干部、纪检监察干部、党外人士、师生党支部书记、团学骨干等各类群体开展线上专题培训15个班次,覆盖5770人,相关工作被全国高校思政网、"学习强国"等平台报道。搭建干部学习交流平台,举办干部论坛1期、青年干部论坛3期,推进学习成效转化。

配合完成上级其他工作。协助学校领导班子认真做好2023年度民主生活会的组织、2022年度述职考评及干部选拔任用"一报告两评议"等工作。配合上级有关部门完成党政领导干部在校兼职情况梳理排查及规范工作。配合教育部完成部属高校副校长挂职人员选派、巡视人员推荐、驻外干部遴选、援疆干部选派及考核等工作。配合省委组织部完成1名省属高校校长选任工作，湖北省科技厅副处级干部、武汉市科创局副处级干部、随县县政府党组成员挂职人选的推荐工作以及科技副县长挂职期满考核、省属高校优秀年轻干部到我校挂职相关工作。配合省妇联完成省十三届妇女代表大会代表候选人考察工作。按照教育部要求，完成中层干部有关信息填报、有关岗位干部任职审批备案。配合人力资源部完成人才申报政治审核把关工作。做好2023年湖北省以及外省的选调生及公务员招录政审工作。做好十三届党委委员、纪委委员候选人预备人选的考察工作。

（撰稿：冷再心、张建华、胡肖、郭倩、李海涵、宋超；审稿：陈文武）

党风廉政建设

【概况】

2023年，学校纪委在中纪委驻教育部纪检监察组、湖北省纪委监委和学校党委领导下，以习近平新时代中国特色社会主义思想为指导，深入贯彻落实党的二十大精神，统筹抓好主题教育和教育整顿，深学习、实调研、抓落实，坚定不移深入推进全面从严治党，持之以恒正风肃纪，以有力监督推动工作有效落实，在新的高度上推动学校纪检监察工作行稳致远。

【聚焦"国之大者"，推进政治监督"三化"进一步增强】

围绕学习宣传贯彻党的二十大精神，特别是聚焦学习贯彻习近平总书记关于教育、科技、人才的重要论述、重要讲话精神开展监督，建立政治监督任务清单，具体化确定监督任务，推动党的二十大精神在学校落实落地。开展习近平新时代中国特色社会主义思想"三进"情况监督，通过调阅资料、现场听课、召开座谈、问卷调查等方式检查立德树人根本任务落实情况，推动学校出台《加强"习近平新时代中国特色社会主义思想概论"课建设的实施方案》。将落实"一校一策"要求作为强化政治监督、推动改革发展的重要载体。开展主题教育专项督察，督促党员干部深刻学习领会新时代建设教育强国的重要意义、本质特征和内在要求。完善巡察制度规范体系，坚持"五个一"工作法。启动十三届党委第一轮巡察工作，通过常规巡察和专项巡察联动的方式，进一步提升巡察工作的质效。

【以"三个紧盯"推动日常监督力度、深度和广度进一步加大】

开展招生考试、基建工程、后勤保障、校办企业、科研经费管理、师德师风等6个重点领域专项治理监督，研究制定《持续推进重点领域专项治理工作实施方案》，建立健全重点工作领域专项治理领导体系、责任体系、监督体系，进一步排查风险隐患，健全防控机制。开展党委换届工作的监督，对328位"两委"委员候选人预备人选进行廉洁把关；开展高考招生录取、本科生保送推免、研究生初试复试现场监督，维护各类考试公平公正；制定《党风廉政意见回复实施办法》，出具党风廉政意见758人次，提出否定性意见2人次；建立健全干部廉政档案，出台学校《中层领导干部廉政档案建设管理办法》，推动落实中层领导干部廉政档案建设工作。紧盯"重要节点"强化正风肃纪。坚持"一盘棋"部署、一体化联动，加强节假日廉洁提醒和纪律要求，释放出节日节点纠"四风"的强烈信号。开展违规吃喝专项整治、贯彻中央八项规定自查自纠、借培训之名公款旅游专项检查，严防严查不正之风，以严的基调推动作风建设常态化长效化。

【以一体推进"三不腐"推动斗争精神和执纪水平进一步提升】

坚持有案必查，2023年受理信访举报35件，处置问题线索9件，立案6件，立案率相较往年有所提高。发现问题、查处问题的能力和水平显著提高。形成长效机制，夯实"不能腐"的制度保障。贯彻"三前三后"工作思路，深化以案促改，做深做实案件查办"后半篇文章"，针对典型违纪违法案例进行深度剖析，进一步挖掘案件反映出的责任落实、内部管理、制度机制等方面问题，有效推动问题整改到位。开展"廉洁润初心　铸魂担使命"主题廉洁教育活动，征集廉洁文化文创作品近300件，推出《画说清廉》文创作品集。《廉洁清风沐校园》入选第八届高校廉洁教育系列活动"清心妙语"创意征集优秀作品。

【以彻底自我革命精神锻造纪检监察铁军，纪检监察干部队伍建设进一步加强】

统筹抓好主题教育和教育整顿，认真落实"第一议题"制度，建立专兼职纪检干部"一周一学习""一月一学习"机制。积极参加教育部直属系统纪检机构负责同志培训班、省纪委监委组织的全省高校纪检监察干部培训班，前往北京科技大学等7所高校开展调研。纪委副书记被抽调参加教育部巡视工作，1名纪检干部被点名抽调到省纪委监委参与专项工作半年，推荐1名纪检干部到驻部纪检组以干代训。出台《巡察干部队伍建设意见》设立巡察专员岗位，配备年轻正处级干部任巡察专员。驻部纪检组副组长杨火林、范清安、杨坤等领导先后来校调研指导纪检监察工作，组织开展省纪委监委第八监督室廉洁家访活动，先后与湖南大学、大连海事大学等4所高校纪委开展面对面的研讨交流，共同破解高校纪委面临的难点热点等共性问题，互相学习借鉴先进经验做法。

（撰稿：蔡智全；审稿：唐勤）

统战工作

【概况】

学校教职工中现有各民主党派人士共254人，被认定为无党派人士共67人。

有6个民主党派在学校建立基层组织（农工党、台盟仅有成员），分别为民革地大支部、民盟地大委员会、民建地大支部、民进地大支部、致公党地大支部、九三学社地大委员会；同时，学校还有3个统战工作团体，分别为归国华侨联合会（简称侨联）、欧美同学会·留学人员联谊会（简称欧美同学会）、党外知识分子联谊会（简称知联会）。

党外人士担任中层领导干部共23人（中层正职4人、副职19人；女性共6人）。有相关政治安排和社会安排的党外代表人士共16人次（全国政协委员2人、湖北省人大代表1人、湖北省政协委员3人、武汉市政协委员3人、洪山区人大代表1人、洪山区政协委员3人、武汉市政府参事3人）。

【重学习、强引领，推动学习贯彻党的二十大精神入脑入心】

采取"三结合"模式（线上与线下、集中与自主、理论与实践），制定印发"统一战线学习宣传贯彻落实党的二十大精神实施方案"，有组织、有计划地开展学习宣传和教育实践活动。以习近平总书记系列重要讲话精神为指引，编撰《同心·学习》资料（三期）；通过及时推送党和国家重大活动讯息，编辑发布党外代表人士各类学习热议文稿，进一步营造线上学习宣传贯彻氛围。依托网上学习培训平台持续开展"新形势下高校统战工作专题网络培训"，依托"同心"平台举办"学习宣传贯彻党的二十大精神·同心论坛"，进一步引导党外人士在科教兴国战略、人才强国战略、创新驱动发展战略中奋发有为、担当作为，为学校事业高质量发展凝聚人心、汇聚力量。

【聚主题、强根基，支持党派团体加强自身建设】

通过印发支持各民主党派、无党派人士和党外知识分子开展"凝心铸魂强根基、团结奋进新征程"主题教育实施方案、召开主题教育推进会，统筹落实支持主题教育各项工作任务。切实抓好主题教育、红色教育实践培训，先后与党委组织部、人力资源部联合举办"第三期高层次人才及党外代表人士红色教育实践培训班"（红旗渠廉政教育学院），开展"凝心铸魂强根基、团结奋进新征程"统一战线红色教育实践培训活动（红安），落实完成中国高等教育学会统战分会"团结·奋进"大讲堂专题学习报告的收听收看工作。大力支持各民主党派基层组织开展形式多样的主题教育学习教育实践活动，如民革地大支部与校地民革基层组织开展联合学习交流活动，民盟地大委员会开展校企合作调研、湖南红色教育实践活动，民进地大支部助力民进省委会赴江苏开展专题调研，协助落实民建湖北省委来校走访调研等。协助各民主党派基层组织、统战工作团体做好成员发展工作，本年度，各民主党派基层组织拟吸纳发展新成员7人，欧美同学会新发展会员8人，知联会拟吸收新会员2人。此外，学校欧美同学会完成换届工作，选举产生第三届理事会会长、副会长及理事，谢树成院士当选为会长。

【搭平台、拓渠道，助力党外代表人士双岗建功】

与党委组织部、人力资源部等部门协同做好党外干部选拔培养和推荐使用，本年度，九三学社社员严德天提任资源学院院长，致公党地大支部委员王伟提任地球科学学院副院长，无党派人士朱振利任材料与化学学院学术副院长。

安排支持党外代表人士参加校外各级各类学习培训和座谈交流，全国政协委员、无党派人士童金南应邀参加中央统战部调研党外知识分子思想状况工作座谈会和湖北省统战部组织的首期昙华林圆桌会议；全国政协委员、民革党员丁华锋先后参加第十四届全国政协新任委员学习研讨班和全国民主党派中青年骨干培训班；湖北省政协委员、无党派人士娄筱叮分别参加十三届省政协新任委员学习培训班；洪山区政协委员、民盟盟员彭静参加全国高校党外代表人士培训班等。

支持保障党外代表人士咨政建言作用发挥。本年度，学校各级人大代表、政协委员"两会"期间撰写提交提案议案23件，提交大会发言材料3份。全国政协委员、民革湖北省委会副主委丁华锋撰写的《关于建立高校和行业发展联动机制，解决大学生就业结构性矛盾"痛点"》的提案被评为全国政协2023年度好提案；武汉市政府参事、民进会员李长安撰写的《关于荆门象河流域生态环境综合治理的建议》获湖北省领导批示；武汉市政协委员、民革地大支部主委宁伏龙撰写的《关于有效推进鄂西页岩气勘探开发综合示范区建设的建议》获省政府批示；洪山区政协委员、民进地大支部主委沈毅撰写的《建议加强新能源汽车产业中关键矿产资源安全保障》被民进湖北省委会评为优秀社情民意信息；湖北省人大代表、民盟地大委员会副主委朱静因在履职尽责上的积极作为被省人大常委会办公厅致感谢信。

助力党外代表人士服务地方社会经济发展。本年度，学校向湖北省委统战部推荐上报13名党外专家参加湖北省党外知识分子服务地方发展供需对接活动，洪山区政协委员、九三学社地大委员会副主委杨丽霞和民建会员周俊先后应邀参加现场调研活动。

【抓联动、促协同，不断铸牢中华民族共同体意识】

充分发挥学校民族宗教工作联席会议机制作用，统筹研判布置学校民族宗教工作，与相关部门协同开展信教排查，做好信教人员教育引导和管理工作；以铸牢中华民族共同体意识为主线，邀请校外专家作民族宗教政策专题辅导报告，发放《校园民族宗教工作知识读本》，与本科生院、研究生院联合开展统战专项知识网上答题活动，持续开展民族宗教政策宣传教育；协同本科生院、校团委、数学与物理学院等开展第十二届中华民族文化交流展演活动、"武动青春——弘扬中华优秀传统文化　铸牢中华民族共同体意识"文化展演活动、少数民族预科生"强国动力"讲座等，推动民族团结进步，促进各民族学生交流交往交融。

【强领导、创品牌，持续构建完善大统战工作格局】

落实学校统战、民宗工作领导小组办公室职责，协助组织校、院两级党委理论学习中心组围绕中共中央政治局第九次集体学习精神、民族宗教专项工作部署等开展专题学习；推进落实党员领导干部与党外代表人士联谊交友工作，不断完善党委统一领导、统战部门牵头协调、有关方面各负其责的大统战工作格局；本年度，1篇论文《课程思政建设中高校党外知识分子作用发挥路径研究》获评"2023年湖北省高校统战理论和工作实践创新成果三等奖",1项课题("新时代统一战线推动湖北融入'一带一路'倡议路径研究")入选"湖北省统战理论研究创新2023年课题计划"。2023年7月,学校申报的"南望地心聚合力　集智增慧谱华章"获评全省高校统战工作"育特色　树典型　促提升"活动十佳品牌。

【民主党派基层组织及成员年度荣誉奖励情况】

集体类

受表彰集体	荣誉奖励名称	颁发单位
民革地大支部	2023年度参政议政工作先进集体三等奖	民革湖北省委会
民盟地大委员会	2023年度盟务工作先进单位	民盟湖北省委会
九三学社地大委员会	"湖北九三议政论坛"优胜集体	九三学社湖北省委会
	2023年度社省委信息工作先进集体	
	2023年度参政议政先进集体三等奖	

个人类

姓名	政治面貌	奖项	颁奖单位
宁伏龙	民革党员	2023年度反映社情民意信息工作先进个人一等奖	民革湖北省委会
谢忠	民盟盟员	2023年度建言献策成绩突出参事三等奖	武汉市政府办公厅
李长安	民进会员	2023年度建言献策成绩突出参事一等奖	武汉市政府办公厅
王伦澈	九三学社社员	2023年度优秀社情民意信息执笔人	湖北省政协
		2023年度参政议政先进个人一等奖	九三学社湖北省委会
陈万旭		2023年度参政议政先进个人三等奖	九三学社湖北省委会
		2023年度优秀信息员	
陆愈实	无党派人士	2023年度建言献策成绩突出参事三等奖	武汉市政府办公厅

（撰稿：江丰伟、王艳平；审稿：陈文武、曾希）

教师思想政治工作

【概况】

2023年,学校坚持以习近平新时代中国特色社会主义思想为指导,深入落实党中央、国务院关于深化新时代教育评价改革的部署要求,把教师思想政治和师德师风建设放在首要位置,以教育家精神引领高素质教师队伍建设,实施人才强校战略,不断深化教师评价改革,积极打造支撑教育强校的高素质专业化教师队伍,学校涌现出一批优秀的教师典型。

【矿产勘查教师团队入选第三批"全国高校黄大年式教师团队"】

2023年9月，教育部发布第三批全国高校黄大年式教师团队创建示范活动入围名单，学校资源学院矿产勘查教师团队入选第三批"全国高校黄大年式教师团队"。

矿产勘查教师团队是一支以全国模范教师焦养泉教授为首的服务国家紧缺矿产资源重大需求和人才培养的国家级科教团队。团队共有23名成员，其中中共党员21人，教授14人，是学校地质资源与地质工程"双一流"学科和资源勘查工程国家级一流专业建设的中坚力量。

团队长期秉持"艰苦朴素、求真务实"校训精神和"资源报国"初心使命，激励学生树立地质报国的远大理想，以高水平教学科研服务国家找矿突破战略行动、培育新时代地质人才。

【加强思想政治和师德师风教育】

2023年6月6日，教育部召开师德师风建设工作推进暨师德集中学习教育启动部署会，部署开展师德集中学习教育，推进各地各校加强师德师风建设工作，学校组织全校教学科研单位和相关管理服务单位参加。

学校发布《师德集中学习教育活动实施方案》《关于开展"师德集中学习教育"专题学习的通知》等文件，部署开展全校师德集中学习教育活动。组织2000余名教职工参加专题学习，并向全校教职工发布《习近平总书记关于教师队伍建设的重要指示批示精神汇编》《师德师风法治教育手册》《师德警示案例手册》等学习汇编材料。

【构建分层分类教师培训体系】

针对新入职教师、在职教师、党员干部、行政人员、辅导员和研究生导师等开展培训，满足不同发展阶段、不同岗位类别教师个性化发展需求，构建师德师风培育、业务水平培训、综合素质养成"三位一体"的教师培训体系。

开展2023年湖北省高校新入职教师岗前培训，武汉10所高校400余位新入职教师参加，聚焦理想信念与政治素养、师德师风与法治素养、业务能力与专业素养、职业规划与心理健康等主要内容，全面更新集中培训课程，聘请国家级教学名师授课。

扎实做好教师年度轮训，组织300余位教师参加线下集中培训。精心设置党的二十大精神、师德师风、教育教学理论与实践、教学方法与技术、学校改革发展理论与实践、教师心理疏导与自我心理建设等专题，邀请校内外名家大师作专题辅导报告。

认真开展各类教师培训，结合学校教师培训现状，分层分类制定实施方案，组织开展心理健康教育教师培训、本科课程思政示范课程相应任课教师培训、国家公派出国留学人员外语培训、哲学社会科学教学科研骨干研修等。为加强高层次人才及党外代表人士思想引领，推动"高层次人才红色教育引领工程"，2023年9月22日—25日，学校第三期高层次人才及党外代表人士红色教育实践培训班36名学员，前往红旗渠廉政教育学院，开展为期4天的红色教育实践培训。

【举办新进教师入职仪式】

2023年9月8日,为热烈庆祝全国第39个教师节,增强新进教师职业认同感、荣誉感和使命感,在教师节前夕举办2023年新进教师入职仪式,制作专题片《地大欢迎您——勇毅笃行　引领未来》,邀请新进教师代表入镜发言。全体新进教师在优秀教师代表带领下庄严宣誓,表达对教育事业的坚定信念和对时代发展的使命担当。

校党委书记黄晓玫作《开拓创新担使命　砥砺奋进启新程》的主题讲话。校领导为学校一年来涌现出的优秀教师代表颁发荣誉证书。校长王焰新院士以《树立战略思维　坚持改革创新开放　争做教研"双一流"的"大先生"》为全体新进教师作专题辅导。

【开展走访慰问活动】

为服务广大教职工,增强广大教职工的获得感、幸福感和归属感,学校利用教师节、国际劳动妇女节和春节等重要时间节点,开展走访慰问活动。在教师节前夕向全校教职工发布《教师节慰问信》,召开教师节教职工座谈会,向教职工代表发放慰问金。在春节前夕召开教师代表慰问座谈会,校领导与教师代表亲切座谈交流,听取教师代表对学校事业发展的意见和建议。

【加强教师思想政治素质和师德师风审查把关】

出台学校《教职员工准入查询工作实施办法》,成立学校教职员工准入查询工作领导小组。开展师德师风专项考核检查,实地走访二级单位。把思想政治和师德表现考察贯穿全过程,在招聘引进、项目申报、岗位聘用、奖励评优和教师资格认定等环节对申请人师德师风情况进行审核把关。

(撰稿:邓锡琴;审稿:郭上江、王芳)

学生思想政治教育

【本科生概况】

2023年是学校深入推进"十四五"规划的关键一年,本科生院以构建与研究型大学建设目标相适应的高质量本科人才培养体系为年度工作目标,深入总结学生思政工作规律,强化地大特色思政教育引领,完善"三位一体"育人体系、探索"四航工程"育人路径、打造"五彩青春"育人品牌、加强"六员六导"育人合力。一年来,学生思政工作围绕育人品牌效应的创建,完善了"三位一体"学生思政育人体系,对标对表教育部工作要求,高标准推进"一站式"学生社区建设,初步形成"一个校区一个示范中心、一个片区一个学生社区、一个学院一个工作驿站"的"2+6+N"社区育人新格局。通过开展学习之路社会实践、组建师生向阳宣讲团、精心策划开学第一课等举措,打造"信念红""国防绿""志愿橙""奋斗蓝""梦想金"等"五彩青春"品牌。创新学生资助工作模式,围绕"感恩　励志　诚信"主题,聚焦激发资助育人活力,全面落实国家资助政策,不断增强资助育人动能。积极探索以德为先、能力与学业并重、个性而全面发展的"五育并举"学生综合素质评价方案。坚持严的主基调,扎实开展学生安全教育,切实做好学生管理工作，维护校园安全稳定，不断提升教育管理效能。

【完善"三位一体"思政工作体系】

深入学习贯彻党的二十大精神，落实学校第十三次党代会精神，完善指南针思想引领、地质锤成长赋能、放大镜榜样育人"三位一体"的思政工作体系。一是深化体系设计，召开新学期工作部署动员会和学生思政品牌工作研讨会，推动工作凝聚共识、方法创新、成效保障，统好校院两级思政工作谋划"一盘棋"，抓牢年度工作重点落实"一根弦"。二是统筹资源支持。选优建强辅导员、班主任队伍，新招聘专职辅导员8人，全校范围内选聘班主任182名，联合党委组织部开办骨干辅导员培训班，协调继续教育学院为优秀辅导员设立奖励基金，校友基金会为学生工作示范团队建设提供支持。三是搭建平台营造氛围。开展优秀辅导员、十佳班主任评选、一站式学生社区风采展示评比，推荐社区讲堂、书香社区、社区团队典型案例参加教育部"一站式"社区风采评比，通过选树典型立标激发干事创业的决心和热情。

【探索"四航工程"学生社区育人新路径】

一是党建引领，聚焦思政引领关键点。校党委书记黄晓玫深入学生社区开讲"开学第一课"，校长王焰新院士走进"红星驿站"与学生交流；在学生社区试点成立实体党支部，推进教师党支部与学生社区党支部结对领航共建；构建网格化社区治理体系，在"南望一站式"学生社区"党员之家"活动室成立党建领航站点，设置"党员先锋岗"，开展"党员示范宿舍"挂牌活动，选聘大学生担任基层社区"书记助理"，打造"党建＋志愿服务"新模式。二是发展助航，延伸学业支持时间线。打造"名师进社区"社区育人品牌，邀请中国科学院院士谢树成深入学生社区，讲授学科前沿知识；设立推行高数大物急救队"双百"计划，招募200名志愿者对口帮扶100个班级，开展高等数学和大学物理学习辅导。三是成长导航，拓展"三全育人"覆盖面。强化集成化服务，实现全过程育人。打造"成长实验室""点赞空间""心灵驿站"等功能室，提供党建引领、学习探索、职业规划、身心愉悦、文化交融等系列服务。拓展信息化渠道，部门协同全员育人。通过"驾驶舱"技术实现学生在社区活动的各类信息统计。重视个性化支持，实现全方位育人。充分利用学校有限物理空间，探索在学院学生集中住宿单元建设学院学生社区驿站，已建立了"红星驿站""星空驿站""经鹰驿站"等以党建引领、学业支持、就业指导等为主题的特色社区驿站，结合学院工作实际和现有基础，打造育人品牌。四是安全护航，构建社区安全共同体。建立"园区—楼栋—楼层—宿舍"四级网格社区安全体系，在社区建设"心灵驿站"，通过常态化引入心理咨询专业力量，缓解学生心理压力，培育学生健全人格。

【打造"五彩青春"系列思政育人品牌】

一是成功举行学生党支部风采大赛，开展支部好案例、党建好微课和党员好故事评选，集中展示学生党员和支部主题教育的阶段性成果。二是成功举办首次"复兴有我，心系国防"军营体验活动,在军事训练中增加拉歌展演、主题征文、摄影等环节,强化国防教育和征兵工作,9人成功入伍。三是精心组织开展2023年暑期各类实践育人工作,组织41支学生团队近1000名大学生践行中国革命之路、改革开放之路、现代化强国之路和探寻习近平总书记治国理政之路。四是开展网络教育优秀作品推选展示活动,打造辅导员说、学院品牌思政汇等网络品牌专栏,加强优秀正能量网络文化作品供给。五是组织第十二届中华民族文化交流展演,创新开展民族体育趣味运动会,组织高校民族团结学生骨干论坛,武汉大学、华中科技大学等7所在汉部委属高校3000余名师生参加交流展演,不断铸牢中华民族共同体意识。

【加强"六员六导"思政队伍育人合力】

一是"以训促学"分层分类开展专兼职辅导员培训。举行新入职辅导员培训、辅导员职业能力提升培训49场次,开展"向阳成长营""向阳骨干营""向阳快乐营"系列辅导员职业能力提升培训42场次,选派思政骨干参加省部级培训25人次,专职辅导员培训全覆盖,兼职辅导员培训覆盖面超50%。二是"以赛促建"聚焦辅导员核心素质能力建设。组织开展辅导员素质能力大赛,全方位锻造辅导员职业技能。举办首届"最美育人故事"大赛,收到辅导员、班主任最美育人故事作品98份,10名辅导员入围现场决赛,活动推文被地大官微、湖北省思政网、高校辅导员全国媒体平台宣传。三是首次召开我校新生班主任培训交流会,编发班主任工作手册和心理育人指导手册,开展优秀班主任评选,全面加强班主任队伍建设。

【资助项目评比发放】

落实教育部全国资助管理中心提出的三个100%要求,做到资助项目100%纳入系统管理、资助信息100%填报、资助数据100%准确。做好增量社会类奖学金管理,殷鸿福院士再次捐资20万元用于"殷鸿福金钉子奖学金",新增"汉普康欢""太合创新"奖学金,广东省地质局联合设立的校企合作奖学金,6个学院新设立社会类奖助学金。科学规范评审、及时足额发放奖助学金,全年评定国家奖学金157人(125.6万元)、国家励志奖学金573人(286.5万元)、国家助学金4952人次(1 492.695万元)、地大英才奖学金652人(130万元)、社会类奖助学金337人(171.3万元);授予730名学生校级优秀学生标兵,206名校级优秀学生,147名校级优秀学生干部,301名校级优秀个人单项。

全年英才工程资助计划资助学生集体、团队、个人项目1245项,涉及9985人次,资助金额468万元。

【学生评价改革】

按照"改进结果评价,强化过程评价,探索增值评价,健全综合评价"要求,积极探索以德为先、能力与学业并重、个性而全面发展的"五育并举"学生综合素质评价方案。将学生综合素养划分为基本素养(德、智)、发展素养(体、美、劳)和创新素养(个性化突出专长)三部分,利用信息技术创新评价工具、完善综合素质评价方法,力争提高评价的专业性和客观性。就学生评价改革选题申请获批学校本科教学研究项目和发展规划研究重点课题各1项。

【研究生推免】

2023年推免工作坚持"四个面向",以实际需求为导向设计推免工作系统,面向学院开展多轮次系统需求对接,进一步科学规范推免工作数据管理、资料留存与标准化执行,切实提高工作效率。推免工作着力服务国家发展战略,切实提高推荐质量,确保推免工作过程公平公正,优先支持国家重大科技创新平台建设、重大科研任务攻关以及"双一流"学科建设,进一步完善推免名额分配办法,总计推荐1029名优秀本科生免试攻读研究生,全校推免生比例达21.25%。

【心理健康教育】

构建以"心理学与自我成长"课程为主,多门线上与线下选修课相结合的课程群。2023年共开设36个教学班,22名教师承担教学任务,4701人选课。开设"成功心理学""爱情与性健康心理学"等通识选修课,打破教学壁垒,让所有师生共享优质资源。开展2023年心理健康教育微课程录制活动,共收到16位老师的微视频脚本并在12月中下旬逐步完成微视频的录制工作。当前已完成录制后3轮修改,2024年可以面向全体师生推出。

深入开展"3·25—5·25"心理健康季系列活动和学院心理育人品牌创建活动,共开展12个子活动,包括"茶话心语,共沐书香"心理读书会、"我心我书,情寄三行"三行情诗大赛和"感受生命力量,追寻生命意义"植物栽培等多姿多彩的活动。

共12 173名学生参与完成学年心理普查,通过普查结果,筛选出475名访谈对象,其中本科生371人,研究生104人,最终通过访谈确定需要密切关注的学生54人。开展朋辈互助项目,选拔并培训出30名高年级同伴辅导者,每周开展一次督导培训,累计为63名同学提供帮助。全年因心理问题复学评估共29人,危机干预和评估共23起。

为进一步发挥学院在学生心理健康教育工作中的主体地位和积极作用,学生心理健康教育中心于今年初全面启动了学院二级心理辅导站建设工作。按照通知要求,学生心理健康教育中心已完成了验收工作,通过验收评比,确定学院二级心理辅导站示范心理工作站3个,优秀心理工作站5个。

【研究生】

开展学习、宣传党的二十大专项行动。完善学校研究生学习宣传贯彻党的二十大精神和学校第十三次党代会精神工作方案。联合校团委、马克思主义学院,组建成立第一期博士生讲师团,在博士生服务团成员、"国家奖学金""校级优秀研究生标兵""校级优秀共产党员""大学生自强之星"等荣誉获得者中遴选出11名不同学科专业的优秀博士生,围绕党的二十大精神与学校第十三次党代会精神开展集体备课和理论宣讲,将校史沿革、专业背景、个人故事等有机融入,讲述与广大青年思想、生活、成长、发展等息息相关的内容。博士生讲师团成员深入支部、社区、企业等开展宣讲40余期。

深入开展新生和毕业生教育。在毕业教育中,持续开展以理想信念、感恩诚信、廉洁自律等主题教育,评选研究生优秀毕业生352人。鼓励毕业生"感恩有我,追忆求学",征集"最美毕业致谢词"500余篇,举办"最美毕业致谢词展"。开展"研途启航"入学教育活动,邀请学校主要领导和相关部门负责人录制专题课程,开展包括理想目标、校风学风、校史院情、校规校纪、心理健康、学术规范等主题的入学教育,为4700余名研究生新生开启丰富多彩的研究生阶段学习生活。

持续推进导学团队建设。2023年共有126支导学团队、660余名导师、4700余名研究生加入导学团队培育创建,约占学校导师和研究生规模的1/3。5月,对2021—2023年导学团队创建进行答辩评审,评选出3个卓越导学团队、4个示范导学团队和12个优秀导学团队,同时,根据《中国地质大学研究生卓越导学团队创建与评选办法(试行)》等相关文件精神,评选出19名优秀导师,授予"研究生的良师益友"荣誉称号。

充分发挥研究生党支部战斗堡垒作用。开展"研究生'双百'培育创建"系列活动,促进学校研究生党建工作高质量发展。持续开展党建论坛,邀请各培养单位研究生党支部书记,围绕研究生样板党支部创建的经验和进展开展座谈交流活动,为研究生党支部书记提供示范和对话交流平台。2023年,学校研究生党建"双百"培育创建工作实现新突破,海洋学院"山海求知"党支部、地球科学学院金钉子党支部、地球物理和空间信息学院刘光鼎党支部入选"全省高校党建工作样板党支部"培育创建单位,硕士研究生韩鹏及博士研究生张越鹏、毕乐宇等同学荣获"全省高校研究生党员标兵"荣誉称号。地球科学学院金钉子党支部和自动化学院博士生毕乐宇经推荐分别参与第三批全国高校"百个研究生样板党支部"和"百名研究生党员标兵"评选。

(撰稿:熊程、宁蒙、侯金波、游萌;审稿:邬海峰、蒋怀柳、苏洪涛、赵葵东、许德华)

校园安全稳定与综合治理

【概况】

2023年,学校以习近平新时代中国特色社会主义思想为指导,深入学习贯彻总体国家安全观,认真贯彻落实教育部和湖北省委省政府关于平安建设工作部署,坚持底线思维和忧患意识,牢固树立大安全观,扎实做好学校安全稳定各项工作,努力推进平安校园建设,为学校事业发展和师生学习生活营造安全稳定的校园环境。学校获评"湖北省平安建设优胜单位""平安校园建设工作突出贡献集体"等荣誉。

【切实维护校园安全稳定】

加强组织领导。学校党委高度重视安全稳定工作,在学校年度工作要点、党委常委会、校务会、寒暑期工作布置会、安全稳定专题会等多次研判校园安全形势,研究部署校园安全稳定工作。学校安全治理委员会办公室,认真贯彻落实上级和学校党委工部署，统筹开展安全治理、维护稳定等工作，制定学校年度平安建设目标和措施，推动各单位将安全稳定工作与业务工作同规划、同部署、同落实、同检查、同总结。

压实工作责任。制定《2023年平安建设目标管理责任书》，学校党政主要领导与各二级单位逐一签订平安建设目标管理责任书，层层压实平安建设工作责任，落实"党政同责、一岗双责、齐抓共管、失职追责"要求，不断完善"学校—二级单位—岗位—个人"四级安全管理责任体系。

落实稳控措施。开展各类安全稳定隐患排查，重点加强国家安全、政治安全和意识形态安全等工作，加强学生、教职工思想教育和管理工作，加强少数民族学生、留学生等教育管理和服务，抓好重点关注对象安全管理和教育稳控工作，规范做好师生信访及矛盾纠纷化解工作，认真落实学校总值班室24小时安全稳定值班值守。

2023年，组织召开4次安全稳定工作专题会议，学校党委常委会会议2次专题学习，研究部署学校安全稳定工作。依法依规妥善处置各类突发事件，向教育部、省教育厅等上报安全稳定突发情况材料10余份。全年未发生重大刑事案件、重大治安灾害事故、安全责任事故、网络安全事故等，有力维护了师生安全和校园稳定。

【切实加强校园综合治理】

加强校园及周边综合治理。落实社会治安综合治理领导责任制，加强与属地党委政府联系沟通，强化联防联控工作，协同推进学校人防、物防、技防、心防、阵地防、环境防、机制防等七防工程建设。校地协同加强校园及周边治安乱点和重大隐患排查整改，推动校园及周边综合治理工作。协助公安机关打击盗窃、校园贷、网络电信诈骗等各类涉校违法犯罪活动。

落实校园安全管理措施。完善"五位一体"风险防控体系，推进"数智赋能"，完成"智慧安防"一期平台建设。加强消防安全、实验室安全、食堂食品安全、校车交通安全、房屋建筑安全、公共卫生安全、水电能源安全、网络安全、安全生产、防范电信网络诈骗等重点领域安全管理。组织开展安全治理自查、互查、抽查行动，督促校园安全管理各项措施落实落地。每学期开学、重要敏感时间节点前后，及时发布工作提示，校领导带队赴两校区开展校园安全大检查。积极配合属地政府、街道社区等开展校园安全各类专项督导检查。

深化平安校园创建。组织开展年度平安校园建设先进集体和个人评选，认真总结平安校园建设工作经验做法，表彰和激励各单位及全体师生员工积极参与平安校园建设。协同校内和属地相关部门加强各类安全宣传教育和主题教育活动，提高师生安全意识，提升预防事故以及自救、逃生、避险的能力。

2023年，组织开展各类专项安全风险隐患排查10余次，对消防、实验室、食堂、校园建筑、在建工程等重点领域、重点部位、重点场所开展了专项整治行动。

【细致做好师生信访工作】

规范信访事项办理。根据国家和教育

部最新要求,修订完善学校信访工作制度,为依法依规做好信访工作提供政策依据和制度保障。规范信访事项处理流程,压实信访工作责任,及时办结并反馈办理结果。按照"一事一档"建立健全信访工作台账和档案材料管理。

做好信访接待工作。通过教育部信访平台、湖北省智慧信访平台、洪网管政务督(转)办单、现场接待来信来访、学校网上信访邮箱、校领导包案等方式,协调有关部门规范高效办理各类涉校信访事项,积极回应师生合理诉求,及时化解矛盾纠纷,坚决维护学校合法权益和声誉。

2023年,学校信访办通过湖北省智慧信访平台回应解决网上信访案件20余件;回应解决洪山区人民政府区长专线政务督(转)办信件10件;通过学校网上信访邮箱回复师生各类咨询建议、信访投诉等120余件;现场接待处理教职员工、学生、离退休老同志和社区居民来电、来访100余人次,其中校领导现场接待来访4次,累计60余人。

(撰稿:王艳波;审稿:张玮、单红峰)

信息公开

【概况】

2022—2023年度,学校坚持以习近平新时代中国特色社会主义思想为指导,深入学习贯彻党的二十大精神以及党的教育方针,紧扣高质量发展主题,以立德树人为根本,按照党中央、国务院关于政务公开工作的决策部署和教育部推进高等教育公开的总体安排,坚持"以公开为常态、不公开为例外"原则,将信息公开贯穿于学校管理全过程,依法依规推进主动信息公开,完善信息公开机制,抓好重点领域信息公开工作,将信息公开与学校中心工作密切结合,扎实推动学校信息公开工作提质增效。

【公开途径】

一是通过学校主页、信息公开专题网站、各二级单位主页和其他专题网站公开信息。信息公开专题网站"信息公开清单"版,逐一落实信息公开清单事项;设置了"信息公开动态"栏,及时主动公开学校信息;在"重点领域信息公开"栏,链接学校本科招生、研究生招生专题网、招投标信息网、财务信息网,将重点领域的信息集中公开,方便查阅。二是通过学校"办公平台"分类向师生员工公开学校重要决策、决议、改革发展信息以及学校规章制度、重要通知等。三是切实落实学校《信息公开实施办法》中校情通报会、教代会重大事项发布会、教代会代表听证会等方式公开重要信息;通过校行政与校工会联席会议、校领导接待日、校友联谊会等方式向师生员工和社会公开学校信息。四是随着信息化发展和新媒体的广泛运用,学校及时通过学校主页、官方公众号等形式,采用师生员工与社会大众喜闻乐见的方式公开学校的相关信息。

【主动公开】

学校始终重视信息公开平台的建设,努力构建多样化的信息公开渠道。一是坚持严格落实清单内容,主动接受社会监督,在学校"信息公开"专题网站开辟专栏逐项落实要求公开的事项。严格按照清单要求，积极宣传信息公开工作，及时公开清单内容，努力将信息公开建设成为接受社会监督的重要平台和方式。推动广大师生参与学校民主管理和监督，有效落实师生的知情权、参与权、表达权、监督权，提高依法治校水平。二是推进重点领域信息公开，回应人民群众需求。信息公开领导小组办公室根据教育部和省教育厅的公开要求和人民群众的关注热点，在信息公开专题网站设置了"重点领域信息公开"专栏，分别是：本科生招生信息公开专栏、研究生招生信息公开专栏、财务信息公开专栏和招投标信息公开专栏。建设专题网站集中公开相关信息，实现过程、结果适时、全面、动态更新，方便查阅。信息公开领导小组办公室坚持对师生及校友关注的信息类型进行调查，针对不同群体对信息公开的需求差异，不断优化信息公开分类，及时满足人民群众公开需求。

【依申请公开】

2022—2023年度，学校信息公开领导小组办公室接到书面信息公开申请1例。信息公开领导小组办公室接到申请后，认真受理，并依据相关规定，对申请信息属于主动公开范围的，予以公开。学校没有因依申请公开信息收取或减免费用的情况。

（撰稿：宫斯宁；审稿：张玮、李宇凯）

共青团工作

【概况】

2023年，团委在共青团湖北省委和学校党委的领导下，坚持以习近平新时代中国特色社会主义思想为指导，深入贯彻落实习近平总书记关于青年工作的重要思想和关于教育的重要论述，紧紧围绕学习宣传贯彻党的二十大精神主题主线，聚焦主责主业，履行基本职责，全面深化改革，全面从严治团，切实增强政治性、先进性、群众性，不断提升共青团的引领力、组织力、服务力，不断提高共青团服务学校事业发展大局的贡献度，团结带领地大青年聚焦"美丽中国　宜居地球"战略主题，在学校"双一流"建设和地球科学领域国际知名研究型大学建设中挺膺担当，培养锻造担当民族复兴大任的时代新人。

【深学笃用新思想，政治引领取得新成效】

理论武装更加强化。紧紧围绕学习好、宣传好、阐释好习近平新时代中国特色社会主义思想这条主线，提升青年理论学习的针对性、有效性。面向全校团员和青年深入开展学习贯彻习近平新时代中国特色社会主义思想主题教育，实现基层团支部理论学习覆盖率100%。建好用好"指南针"青年讲师团、长江源科考师生宣讲团、博士宣讲团、团支书宣讲团等，全年宣讲120余场。持续打造"百生讲坛""青年大讲堂"等工作品牌，推动理论学习入脑入心。学习贯彻习近平新时代中国特色社会主义思想主题教育期间，教育部第八巡回指导组观摩指导"百名支书讲团课"决赛暨学校百生讲坛优秀主讲人遴选；团员和青年主题教育期间，团中央第五指导组来校调研督导并听取汇报，并给予高度评价。

价值引领持续深入。坚持用社会主义核心价值观铸魂育人,利用各种时机和场合,形成有利于培育和弘扬社会主义核心价值观的环境氛围。开展雷锋月系列实践活动,打造"奋斗的青春最美丽"等品牌活动,引导广大青年学子坚定理想信念、夯实奉献服务意识。开展教师节"9·10"行动计划,引领青年心怀感恩、尊师重教。组织开展元旦零点升国旗仪式,多民族师生共同唱响《歌唱祖国》,3万余名青年共上一堂爱国主义思政大课,有形有感有效铸牢中华民族共同体意识。加强团属新媒体矩阵建设,增强网络思想引导和舆情处置能力,1项目获评学校校园文化建设优秀成果,1人获评学校宣传思想文化工作先进个人,团委获评学校宣传思想文化工作先进单位,2023年武汉市首届大学生融媒体大赛优秀组织奖。

榜样力量更加彰显。加强青年骨干培养和典型选树,充分发挥青年示范群体的朋辈教育效应。畅通"院—校—省—部"培养渠道,形成了以校青马班为示范引领,以学生骨干论坛、学生骨干强化班为支撑,以校院两级新生干部培训班为基础的青年骨干培养体系。全年向全国青马班、湖北省青马班、"荆楚英才学校"湖北省大学生骨干培训班输入学员5名。1人当选团十九大代表,3人获评"中国大学生自强之星",1人获评"湖北青年五四奖章",2人入选湖北省归国青年发展促进会成员。

【激发组织新活力,基层团建呈现新面貌】

共青团工作机制更加优化。坚持"眼睛向下、重心下移",不断创新团的工作机制。入选湖北省推优入党工作试点高校,积极协同党委组织部、本科生院(学工部)、研究生院(研工部)等党务部门,不断完善青年推优入党工作,精准制订推优计划,全年完成团员青年推优入党3221人。拓宽青年诉求表达渠道,健全校院两级"青年面对面"工作机制,用好"青年信箱",回应青年成长发展的热点问题。持续主导开展"校领导接待日""部门见面会",畅通学生表达诉求、解决问题渠道。持续开展"部门派单,学生接单"式青年信息调研工作,举办信息调研大赛,完成专项调研报告37项。

共青团基层基础更加夯实。树牢大抓基层的鲜明导向,推动基层组织全方位提升、全覆盖建强。深化《践行共同缔造理念推动高校团建创新工作指引》任务落实,推进学生会组织、学生社团、研究生导学团队中建团。扎实推进"三会两制一课",团员和青年主题教育实现团支部100%全覆盖。夯实基础团务工作,实现团员录入率100%、对标定级率100%,学社衔接率100%。常态化开展"五四红旗团委""五四红旗团支部""活力团支部"创优工作,010192团支部获评全国高校"活力团支部";湖北省"百生讲坛"评选中荣获金奖2项、银奖1项、铜奖6项;团委获评"全国五四红旗团委"。

共青团工作队伍更加有力。以提高政治判断力、政治领悟力、政治执行力为根本,统筹开展团干部队伍教育培训,引领广大团干成长为党的青年工作的行家里手。持续推动团干部校外调研培训,深入北京、上海、浙江等9所高校调研团学工作,选送专职团干参加团中央、团省委专题培训8人次,支持选送3名学院团委书记赴中央部委挂职借调。建立团干联系基层组织工作机制,落实"共青团促进大学生就业行动",开展5场就业巡讲活动,组织校院两级团干帮扶近70名经济困难学生落实就业岗位。

【服务青年新需求,青春建功实现新突破】

科创育人成效突出。把创新创业教育实践作为融入"双一流"建设的切入点和发力点,不断优化科创赛事组织、培育链条,深化赛事育人效果。组织实施62项自主创新资助计划(总资助额度125万元)、824项科技作品参加学校科技论文报告会,开展"挑战杯"指导讲座、培训营10余期。2023年,斩获"挑战杯"大学生创业计划竞赛全国金奖,捧得全国"优胜杯"。获得"挑战杯"大学生课外学术作品竞赛"揭榜挂帅"专项特等奖,获得12项国家级荣誉,取得"大挑"全国联合发起高校资格。承办第十届"创青春"中国青年创新创业大赛未来产业赛道半决赛,并取得全国银奖3项,铜奖1项。

实践育人品牌凸显。构建深入融合专业的高质量社会实践工作体系,开展暑期社会实践,多层次组织大学生社会实践团队,万余名师生在社会课堂中受教育、长才干、作贡献。"大学生长江大保护行动计划"社会实践品牌,入选教育部高校思政工作精品项目,其子项目"美丽长江"地质地貌实践考察和荆楚文化交流项目入选教育部"万人计划"。中外学生实践团受邀在全国大学生"三下乡"社会实践总结活动上分享实践故事。学校团委获评全国社会实践优秀单位、1人获评全国优秀个人,1个团队获评全国优秀社会实践团队,1个项目获评全国优秀社会实践调研报告。

以美化人亮点频现。坚持以文化人、以美育人,充分发挥"一心两团"的主体作用,提高美育浸润和校园文艺活动供给能力。原创话剧《大地之光》赴澳门巡演2场,在校内演出4场,科学家精神走进青年心田;短剧《北京,不会震》赴北京演出,引领新时代地质文化。创排的文艺作品连续十年荣登央视一套《五月的鲜花》全国大中学生文艺汇演。依托"编钟艺术"中华优秀传统文化传承基地,举办编钟国乐等艺术团队专场演出4场。持续开展大学生文化艺术节,组织开展元旦嘉年华、迎春灯会、校园歌手大赛等精品校园文化活动50余场。举办高雅艺术进校园3场,合唱团受邀在琴台大剧院与清华大学、华中师范大学等8所学校共同演唱黄河大合唱,3部作品在湖北省大学生艺术展演中取得佳绩。

【提升治理新效能,自身建设取得新进展】

坚持党的全面领导。坚决贯彻学校党委工作要求,创新探索夯实党建带团建制度机制落实落地,推动学生组织建立实体党支部工作。共青团工作纳入二级单位党组织书记抓基层党建述职评议考核体系,将共青团工作作为学校人才培养专项考核体系的重要组成部分,使党的工作与青年工作一体化推进。全面加强校团委党支部建设,严格落实"三会一课"、民主评议等制度,全年组织主题党日专题学习8次,班子成员上党课9次,校团委党支部在机关党委年终考核中获评优秀。严格贯彻落实关于党风廉政建设工作相关要求,结合实际工作开展部署党风廉政建设工作,定期召开党风廉政建设专题会议,严格执行"三重一大"事项集体讨论制度,完善财务报销制度,出台学生会建设、社团管理、团属媒体建设等管理文件4项。

深化学生会组织改革。立足"精准定位、精简效能、精品活动"的定位,重塑学生会活动体系,稳步推进学生会组织改革"神形兼备"。打造"学习荟"系列学习活动,开展十大标兵评选、保研分享会、最美笔记评选、大学生辩论赛、芸芸学堂、高数大物急救队等活动,引导广大团员青年践行优良学风。持续深入开展"我为师生办实事"系列活动,积极打造"校领导接待日""返校直通车"等品牌活动。指导学生会顺利举行第二十二次学生代表大会。

推进"数智共青团"建设。紧扣时代发展需要,紧贴青年成长需求,聚焦信息化建设,不断提高服务青年的能力和水平。聚焦"主流价值宣传网""团务管理信息网""青年成长服务网"建设目标,建成具有网络思想政治教育、基层组织管理和青年成长成才服务等功能的"网上共青团"2.0版。2023年,网上共青团已经完成基层组织建设、实践育人、美育等十大业务模块,236项应用系统在线使用,全年学生访问量达44 431次,日均使用人次约579人,发布志愿服务活动1985项,参与志愿服务活动24 146人次,志愿服务时长共计569 698小时。

(撰稿:郭小玉、刘明辉、陈文婷、何清吟;审稿:朱丹)

工会与教代会工作

【概况】

2023年校工会在学校党委和上级工会的正确领导下,坚持以习近平新时代中国特色社会主义思想为指导,以党的二十大精神为行动指南,围绕中心、服务大局,充分发挥工会组织纽带和桥梁作用,始终把竭诚服务教职工作为宗旨,有效地履行了教代会的职能,切实为教职工办实事,解难题,以丰富的文体活动,促进了学校教职工的团结进步,凝聚引导广大教职工,为谱写新时代华章而奋斗。

【政治建设】

持续强化党的全面领导,不断加强思想理论武装。组织开展全校各级工会干部认真学习习近平新时代中国特色社会主义思想和《习近平关于工人阶级和工会工作论述摘编》,并以组织讲座、研讨会和学习班等多种形式,开展集体著作学习、专题报告、专题学习读书班和实践活动、主题党课等多种渠道深入领会党的二十大精神实质,贯彻党中央决策部署,明确奋斗目标,把广大教职工的思想和行动统一到党的二十大精神上来,加强教职工思想政治引领,牢牢把握习近平新时代中国特色社会主义思想的世界观和方法论,把巩固团结奋斗的共同思想基础作为思想政治引领的重要内容,不断增强广大教职工对党的政治认同、思想认同、情感认同,教育引导广大教职工坚定不移听党话、矢志不渝跟党走。确保教职工的政治建设同学校的整体工作紧密结合，更好地服务于学校的教学和科研事业，形成推进学校发展的强大合力。

在全校教职工中广泛开展劳模与先进工作者评选与分享、"初心如磐•薪火相传"荣休典礼、"文明家庭"评选等系列活动，倡导工匠精神、劳模精神、劳动精神，激发广大教职工立足本职岗位，拼搏奋进，为学校改革建设发展作贡献的热情；倡导尊师重道，良好家风，助力学校精神文明建设。

校工会党支部全年召开支部委员会8次，召开支部党员大会10次，支部理论学习中心组全年集中学习9次，党支部开展"主题党日"9次，与结对领航班级同学联合开展实践活动1次，处级干部和科级干部参加校外培训5人次。工会领导班子带头讲党课，全年共讲授党课和微党课7次，支部委员和党员结合主题党日学习内容，累计讲授微党课4次。

【民主管理】

积极推进民主建设，组织召开学校2023年度"两代会"。学校九届五次教代会暨十八届五次工代会于4月6日—8日在南望山校区西区弘毅堂举行，全体代表听取和审议了校长年度工作报告、财务年度工作报告、工会年度工作报告、学术委员会学术年度报告、九届四次提案办理情况工作报告和九届四次教代会代表意见建议办理情况报告，听取了本科生院、人力资源部等职能部门专题发言，围绕会议主题和主要报告进行了认真讨论，建言献策，充分发挥了教代会的民主管理和民主监督作用。

创新教代会提案办理工作，着力提高提案办理效率。校工会发布《关于征集九届五次教代会提案的通知》，共收到提案44件。学校召开第九届教代会提案工作委员会工作会议，对44件提案进行了立案审议并形成立案意见，会后将会议意见和结果提交相关提案承办单位分管校领导审核最后确定立案26件，其中《关于建议实行教师岗位考核评分制的提案》等5件提案作为重点立案提案，《关于加强学校档案收集和管理工作的提案》等21件提案作为一般立案提案；《关于规范东区机动车和非机动车停放的提案》等18件提案作为工作建议提案相关管理服务部门。提案立案后切实做好提案办理工作，今年分别组织校园规划与基建处、安全保卫部、财务与资产管理部、校友与社会合作处、党委组织部和信息化工作办公室等提案主办单位召开了6场提案办理工作推进会，为提案人、附议人与承办单位搭建面对面沟通交流的平台，有效推进了提案办理进度，提升了提案办理质量。26件提案的主办单位全部通过系统填写了办理结果（答复意见），从提案人反馈的意见来看，均取得了较好的效果。

健全教代会闭会期间工作机制，着力推进民主政治建设。在学校教代会闭会期间，组织召开了学校第九届教代会执行委员会第八至第十次全体会议，补选了校工会领导班子成员，传达学习了中国工会第十八次全国代表大会精神、《习近平关于工人阶级和工会工作论述摘编》精神以及湖北省工会第十四次代表大会精神，推选学校出席湖北省工会第十四次代表大会代表，审议通过了《教职工荣誉体系管理规定（试行）》《教职工公费医疗管理办法》《教职工代表大会实施办法》《教职工代表大会提案工作实施办法》和《教职工疗休养工作实施办法》，充分履行了教代会闭会期间各项职权。

加强二级教代会建设，全面落实二级教代会职权。及时发布了《关于组织召开2022年度二级教职工代表大会和工会会员代表大会的通知》，要求各分工会围绕贯彻落实党的二十大精神和学校党委工作部署，组织召开二级"两代会"，28个分工会按照要求召开了2022年度二级两代会。12月10日，发布了《关于组织召开2023年度二级教职工代表大会和工会会员代表大会的通知》，启动2023年底二级"两代会"的召开工作，二级"两代会"职权的落实为推进所在单位事业发展发挥了重要作用。

【维护职工权益】

落实教职工福利待遇，创新福利发放模式。劳动节、端午节、中秋节、国庆节的节日慰问品采用"电子平台＋积分制"选购慰问品和快递配送的方式，让福利物资选购和发放更加自由、更加便捷，很好地满足了教职工的多样化需求，获得教职工的一致好评；认真落实优秀教职工疗休养政策，组织90名余名教职工赴福建福州开展疗休养活动，加强了工会组织的吸引力、凝聚力和向心力，增强了教职工的获得感。

关心青年教职工的爱情婚姻家庭，积极为单身青年教职工沟通交友搭建平台。组织了"相约南望山·奋进新征程"——第九届"南望山之恋"青年联谊活动，吸引了来自省总工会机关、武汉大学、华中科技大学同济医学院附属医院等企事业单位的100余名单身青年参加，帮助青年教职工扩大了交友范围，促成多对男女青年牵手相恋，提升了青年教职工的幸福指数。

维护职工权益，做好慰问和帮扶工作。继续为全校2100余名女教职工（含劳务派遣人员）购买了女性安康保险，并积极联合校医院、保险服务企业做好后续理赔工作，切实解决患病教职工后顾之忧，提高广大女教职工抵御风险的能力。全年慰问各类劳模、一线教职工、困难职工600余人次，支出慰问金80余万元；协调远教学院等单位向学校幼儿园捐赠物资、购买设备，解决了幼儿园饮水设备及运动设备缺乏的困难；关注教职工精神需求，在周末为师生放映主旋律题材的露天电影。

【职工教育】

认真组织教职工学习《习近平关于工人阶级和工会工作论述摘编》精神和湖北省工会第十四次代表大会精神，引领广大教师深入落实立德树人根本任务，开展丰富多彩的职工教育活动，加大对劳模工匠和优秀职工典型的选树宣传力度。今年成功组织推荐工程学院唐辉明教授荣获"湖北省先进工作者"称号；推荐资源学院陈思副教授获得"湖北五一劳动奖章"；推荐工程学院王亮清教授为"湖北师德先进个人"。在全校范围内评选出地球科学学院谢淑云等10位教职工荣获第四届"最美地大教工"称号；组织开展

"文明家庭"评选工作,通过分工会的积极申报,经校工会组织专家评审、公示候选名单等环节,共评选出67个候选家庭倡导"家家有个好家风,家家培育文明人"好风尚,推动社会主义核心价值观在地大教职工家庭落地生根,助力学校精神文明创建活动蓬勃发展。

组织开展新入职教职工"认家"系列活动,近30名新入职教职工参观了附属学校幼教部、小学部、中学部和东苑食堂,举办近三年新入职教职工新年联谊晚会,增进新入职教职工对学校的了解,帮助他们更好更快地融入学校生活,增强新入职教职工的归属感。组织非地学专业优秀青年教师和管理干部前往周口店实习基地开展非地学专业青年教职工"摇篮之旅"主题教育实践活动,通过野外踏勘、地质科普讲座、地大文化专题报告让青年教职工更加深刻地理解了地大的校训精神、南迁精神、科学家精神和攀登精神,以实际行动传承地大文化和地大精神。

举办第四届、第五届"初心如磐·薪火相传"教职工荣休典礼,表达对荣休教职工躬耕教学、勤育栋梁、甘于奉献的感谢,鼓励退休教职工在服务学校事业发展大局中彰显"银龄资源"价值,激励广大在职教职工勤奋工作、潜心育人,引导全校教师争做"四有"好老师,努力成为新时代"大先生",做学生成长路上的"引路人",让"艰苦朴素、求真务实"校训精神和优良师德师风薪火相传,不断书写建设地球科学领域世界一流大学的奋进之笔。

组织青年教师参加湖北省第八届中小学青年教师教学竞赛和湖北省"工友杯"第六届职工创业创新大赛,为教职工搭建岗位建功平台,提高教学科研能力。附属学校刘媛老师获第八届中小学青年教师教学竞赛一等奖,工程学院葛云峰老师团队的"基于非接触测量与人工智能的岩体结构精细化表征"项目获第六届职工创业创新大赛"优秀创新奖"。引导广大教职工开展科技创新、提升教育教学能力,促进教师全面发展。

【文体活动】

开展丰富多彩的群体性活动,丰富教职工业余生活。成功举办第二十届教职工乒乓球团体赛、教职工男子篮球赛、第十四届教职工棋类比赛和教职工趣味运动会。各分工会结合自身实际,不断创新活动形式和内容,开展了一系列丰富多彩的文体活动。如资源学院分工会开展师生羽毛球交流赛、出版社分工会开展花艺沙龙、艺媒学院分工会举办"值此青绿"健康游、后勤分工会开展手工制作挂件活动、附校分工会开展瑜伽体验活动、外语学院分工会开展香氛艺术手工制作活动等。

继续加强对教职工社团的规范化管理,保障社团活动开展健康有序。目前,共有12个社团完成年审,社团会员总人数近800人。各社团围绕不同的兴趣爱好,活动开展得如火如荼。金钉子合唱团再次登上中央电视台舞台,携2首曲目代表学校参加《合唱先锋》节目录制;太极拳协会代表队在2023湖北省太极拳公开赛兴山站暨中国武术段位赛中斩获多项佳绩、在武汉市第十一届全民健身运动会武术比赛中荣获成人集体组冠军；排球协会在武汉市老年气排球交流赛中荣获亚军；红宝石、蓝宝石舞蹈队参加 2023 年学校运动会开幕式演出，创作的音乐舞蹈剧《攀登》作为高校思想政治工作质量提升综合改革与精品建设项目通过湖北省初评；摄影协会组织开展"让镜头插上翅膀"摄影交流分享会等，这些活动极大地活跃了教职工文化生活，促进身心健康，培养高雅兴趣爱好，充分展示了教职工风采。

【自身建设】

为规范工作程序，2023 年修订了《教职工代表大会实施办法》《教职工代表大会提案工作实施办法》《工会"三重一大"决策制度实施细则》《工会主席办公会议事规则》《教工活动中心场地管理规定》，创新制定了《教职工疗休养工作实施办法》《工会宣传稿件三审三校实施细则》，为管理制度科学化、规范化奠定了基础，使各项工作有章可循、有规可依。

通过坚持"党建带工建"，工会在组织和制度建设方面取得了明显进展，提高了工会干部队伍建设和职工服务水平；利用信息化手段拓展并完善了智慧工会的构建，推动实现工会组织高效运转、精准服务、科学决策。

（撰稿：赤诚、汤吉；审稿：郭秀蓉、杨世清）

离退休工作

【概况】

截至 2023 年 12 月，学校共有离休干部 17 人，退休教职工 1910 人，其中：武昌 1566 人，汉口 228 人，北京 133 人。党组织关系在离退休工作党委的党员 804 人（含在职 10 人），设 22 个党支部、1 个在职党支部，现有 15 名工作人员。

【党建工作】

深入学习宣传贯彻党的二十大精神，认真组织开展学习贯彻习近平新时代中国特色社会主义思想主题教育。组织离退休党支部骨干学习贯彻习近平新时代中国特色社会主义思想主题教育培训班，邀请专家和班子成员授课、示范党支部书记经验交流；组织全体党员开展学习党的二十大精神知识答题、学习贯彻习近平新时代中国特色社会主义思想主题教育答题、"学思想 写金句"硬笔书法比赛；针对高龄行动不便老同志组织支部"开展送学上门活动"；组织开展"活动中心红色影视及专题宣传片每周一影活动""社团协会活动前五分钟观影《领航》活动"；打造老年人活动中心"主题教育学习文化墙"等。推动理论学习"四个深入"，即深入离退休党支部、深入老同志学习活动场所、深入社团协会、深入老同志家庭；严格落实"一岗双责"和党政同责；坚持各类老同志福利物资采购过程邀请部分老协委员全程参与。

大力加强党支部建设。圆满完成支部换届，组织制定《离退休工作党委"六好"示范党支部创建工作方案》，开展示范党支部创建，强化党建示范引领，不断提升基层党组织战斗力。

全年开展党委理论学习中心组学习 11 次，组织"支部主题党日"和党支部生活会 10 次，编印党员学习资料 8 期、召开党委会 14

次、党支部书记月度工作例会 7 次；组织线上收听收看全国离退休干部 5 场网上专题报告会并征集精选感言报送教育部离退休干部局，3 次被转发；全年处级干部讲党课 9 人次，党支部书记讲党课 15 人次。

【制度建设】

完善《离退休党员骨干精准帮扶困难老党员制度》，建立了 65 名困难老党员精准帮扶台账，明确"一帮一""多帮一"等多种形式的结对帮扶。

【关心下一代工作】

不断夯实基础发挥"五老"作用，组织老干部、老专家、老教授组成"学习贯彻党的二十大精神"银龄"宣讲团"，丁振国、王宗廷、郝翔、李长安、刘庆生、朱勤文、曾佐勋等开展宣讲报告达 45 场次；王越、周雅文、杨茂澜、文胤涵、赵大宇拍摄的《惟愿一生投身地质》获评教育部关工委 2023 年"读懂中国"活动优秀微视频；孙艺嘉、奇郅翔、张雪岩撰写的征文《乐育桃李四十载，甘当蜡烛照后人》获评教育部关工委 2023 年"读懂中国"活动优秀征文，学校关工委荣获优秀组织奖。

【精准服务】

全年走访慰问离休干部、困难老党员及重疾、独居、高龄人员 800 余人次；为 35 余名老同志申请大病互助；举办集体寿庆、每月编辑推送学校要闻；邀约"清楚呼吸"公益项目为 70 余名退休女教职工进行免费胸部 CT 检查；邀请湖北省中医院举办体检报告解读与秋冬季老年人保健知识讲座；举办"情暖夕阳 智慧助老"活动；举办两次便民服务；深层次推进老年人活动中心轮椅坡道、南北楼钢结构连廊、多级过滤饮水机、北楼加装电梯等适老化改造；为活动团队教室配备多媒体一体机；联合校安全保卫部开展安全知识讲座；教育部离退休干部局老干部之家平台推出我校积极对接社会养老资源的做法；圆满完成 20 位"老有所归"住京老同志代表返校参观活动。

【所获荣誉】

退休第七党支部申报获评全省离退休干部"示范党支部"称号。

在湖北省高校老协举办的"松鹤杯"乒乓球赛上，斩获男团甲级第一名、女团第三名历史最好成绩。

老协舞蹈队在张家界大型演出中获"湖北省中老年文艺电视大赛总决赛"一等奖。

（撰稿：叶青；审稿：刘国华）

发展规划与学科建设

发展规划

【概况】

2023年,学校以习近平新时代中国特色社会主义思想为指导,持续深入学习贯彻党的二十大精神,落实学校第十三次党代会精神,按照学校"十四五"规划和年度工作要点部署,完成学校章程修订案核准发布,开展"十四五"规划执行中期评估,召开第三次战略发展委员会工作会议,强化战略管理与发展研究,聚力推动学校高质量发展,圆满完成各项工作任务。

【开展"十四五"规划执行中期评估】

成立学校"十四五"规划中期评估工作领导小组,制定学校"十四五"规划执行情况中期评估方案。12月15日,组织召开"十四五"规划执行情况中期检查汇报会,23个教学科研单位、7个专项规划牵头单位向学校汇报发展指标、发展任务完成情况和取得的标志性成果。会议对各单位规划执行情况开展诊断分析,提出意见建议,明确了"十四五"后半段的工作思路和举措。年底形成并提交了《学校"十四五"总体规划执行情况中期检查报告》。

【学校章程修订案通过教育部核准并发布】

5月29日,教育部印发《关于同意中国地质大学(武汉)章程部分条款修改的批复》,对学校章程修正案予以正式核准。6月20日,学校向全社会正式公布新修订的章程。学校将做好新修订章程的宣传贯彻工作,坚持以章程作为依法办学的基本准则和依据,按照章程确定的办学治校的理念和框架,完善现代大学制度,优化学校治理体系和治理能力,以更高质量的制度设计,保障学校高质量发展。

【召开第三次战略发展委员会工作会议】

为贯彻落实党的二十大对教育科技人才的一体化部署和教育强国建设要求,围绕优化学科专业结构、培养拔尖创新人才、实施新型举校体制和国家实验室重组等问题,于6月3日召开学校战略发展委员会第三次工作会议,各位委员为学校发展把脉问诊,助力学校高效推进实施"十四五"规划、开展"双一流"建设,构建高质量发展格局。

【组建成立新能源学院】

按照学校"十四五"总体规划布局安排,积极推动在新能源和"双碳"战略等新型领域谋篇布局。2023年5月起,组织开展新能源学院建设可行性论证,多次召开专题工作研讨会和协调会,就拟建设的本科专业、交叉学科学位点、办学规模、运行机制、相关保障等形成初步共识,并编制完成建设方案,分别提交校学术委员会、第2023-6次校务会议审议通过。经学校机构编制委员会及十三届党委第1次常委会议研究决定,学校于11月22日正式发文成立新能源学院。

【高质量服务学校发展决策】

一是组织编印改革发展信息简报。围绕"高校教师双聘""产教融合""教育强国建设""依法治校""时代新人铸魂工程""一站式学生社区"等专题编印6期《现代高教信息》(表1)。

表1　2023年《现代高教信息》简报统计表

类别	期次	主题
现代高教信息	2023年第01期(总第155期)	"高校教师双聘制"专题
	2023年第02期(总第156期)	"产教融合"专题
	2023年第03期(总第157期)	"教育强国建设"专题
	2023年第04期(总第158期)	"依法治校"专题
	2023年第05期(总第159期)	"时代新人铸魂工程"专题
	2023年第06期(总第160期)	"一站式学生社区"专题

二是做好高等教育管理研究课题管理。全年批准结题高等教育管理研究课题15项,其中重点项目1项,一般项目14项;立项高等教育管理研究课题23项,其中发展研究课题重点项目2项,发展研究课题一般项目5项,青年课题重点项目1项,青年课题一般项目15项。

三是高质量撰写对策和建议报告。组织撰写并向教育部报送《中国地质大学(武汉)关于＜教育强国建设规划纲要＞编制的建议》《中国地质大学(武汉)关于落实稳定办学规模、调整招生结构等有关工作的报告》等,组织学校落实《关于加快推进新型工业化的意见》《关于附属学校办学定位、办学规模的意见》等研究工作,参与学校有组织科研、数字化转型推进、湖北省高等教育综合改革等调研工作。

四是全面提升数据管理服务能力。召开2023年教育事业统计工作布置会,组织完成《教育事业综合统计调查表》《教育事业统计季度调查表》等内容的填报统计。强化数据的分析运用,为学校宏观决策提供针对性的服务。

(撰稿:熊思沂;审稿:陈彪)

学科建设

【概况】

学校现有34个一级学科硕士点,16个一级学科博士点,16个博士后科研流动站,15个硕士专业学位类别授予权,1个博士专业学位授予权,9个自设二级交叉学科。学科涵盖理学、工学、文学、管理学、经济学、法学、教育学、艺术学等8大门类。有地质学、地质资源与地质工程2个国家一级重点学科和"双一流"建设学科。学校围绕地球系统圈层构建了较为完整、系统的地学学科布局,形成了整体优势。

2023年,学校继续推进"双一流"五大建设任务和五大改革任务,以"双一流"建设为牵引,深入推进学校内涵式发展,在党的领导、师资队伍建设、人才培养、科学研究、文化建设、国际交流与合作等方面取得积极进展;地质学、地质资源与地质工程2个一流学科瞄准学科前沿、国家区域和行业重大需求,聚焦资源环境和生态文明建设,加强拔尖创新人才培养和队伍建设,强化科技创新与社会服务,建设成效显著。

截至2023年12月31日,学校地球科学、工程学、环境/生态学、材料科学、化学、计算机科学、社会科学、农业科学8个学科领域进入ESI全球前1%,其中地球科学进入前1‰,工程学、环境/生态学进入前1‰。在全国第五轮学科评估中,学校地质学、地质资源与地质工程2个一级学科被评为A+,新增一个A-学科,B+学科增至4个,17个学科提档进位,B类及以上学科共21个,学科整体实力进一步增强。

【地球科学、环境/生态学国际影响力达到新高度】

2023年5月,学校环境/生态学首次进入ESI全球机构排名前1‰,成为学校继地球科学、工程学之后第3个进入ESI全球排名前1‰的学科,2012年1月1日到2023年2月28日论文总被引次数在公布的1706所前1‰的机构中排第155位。2023年9月,学校地球科学首次进入ESI全球机构排名前1‰,标志着学校在地球科学领域的影响力达到新高度。2013年1月1日至2023年6月30日论文总被引次数在公布的1020所前1‰的机构中排第10位。至此,学校成为我国15所拥有ESI前1‰学科领域的高校之一。

【学科专业布局持续完善】

成立学科专业设置委员会,加强学科专业设置调整工作统筹。开展学科专业优化调整专题调研,围绕"优化学科布局,加强一流学科建设"主题,先后调研了中南大学等高校。召开校内学科优化调整工作会,听取意见建议。"资源环境大数据工程"本科新专业正式获教育部备案审批。向教育部提交新增"新能源科学与工程"本科专业、撤销"自然地理与资源环境"本科专业申请,提交新增自设新能源科学与工程交叉学科学位点。

【学科建设项目落实落地】

推进"双一流""6+3"重点项目建设,组织各项目开展中期自评和汇报。推进"双一流"文化传承创新专项建设,完成新立项文化传承创新项目17项。启动2023年"双一流"国际交流合作专项,组织新立项研究生全英文课程群项目4项。首次将高水平研究生培养计划项目、未来技术学院学生创新能力提升项目、珠峰计划项目、湖北省优势特色学科群项目纳入地方"双一流"经费支持范围,大力推动拔尖创新人才培养和学科交叉融合。持续推进学科培育计划项目、"111"引智基地计划项目、学科特区项目建设和任务落实,做好项目管理服务工作。

【学科资源配置管理能力不断提升】

完成2023年"双一流"建设经费、学科培育经费、"111"引智基地配套经费、学科特区经费分配。认真做好相关经费需求申报、年度预算编制、预算调整、经费执行等相关管理工作,认真审核,严格把关,确保经费使用合理规范,同时督促提升执行效率,确保项目建设落地见效。组织完成学科建设经费2023年(二上)和2024年预算(一上)申报,学科建设项目2024年"一上"新增资产配置及政府采购预算编制。组织学科建设类设备更新改造贷款财政贴息项目验收,对29个项目材料进行审核、组织专家论证。

【学科评价与绩效管理有效推进】

依托学位与研究生教育发展中心,开展第五轮学科评估关键指标和重要数据结果诊断分析,形成学校学科整体分析报告和34个一级学科分析报告。根据教育部要求,对2022年财政专项中学科建设相关项目开展绩效自评,撰写并提交《中央高校建设世界一流大学(学科)和特色发展引导专项绩效自评工作总结》和相关数据统计表。组织各相关单位开展了2023年"中央高校建设世界一流大学(学科)和特色发展引导专项资金"绩效目标执行监控,填报并提交《项目绩效目标执行监控表》。

"双一流"建设

【概况】

2023年,根据教育部要求,全面开展了第二轮"双一流"建设中期自评工作,组织学校整体自评、建设学科自评、"双一流"建设项目自评、典型案例提炼、"双一流"监测数据填报等,全面梳理了"双一流"建设成效和存在的问题。7月16日,学校组织校内外专家开展评审,听取专家学者意见、建议。专家组认为,学校整体及地质学、地质资源与地质工程两个学科"双一流"建设中期进展成效显著。

【深入推进"双一流"学科建设,服务重大战略能力不断提升】

以地质学、地质资源与地质工程2个学科为核心,充分发挥地球系统科学整体优势,强化地球科学变革和创新发展,进一步巩固和扩大在地球科学领域的优势地位和话语权,原始创新能力和解决经济社会发展重大科技问题能力不断增强(表1)。

表 1 "双一流"建设项目代表性成效

序号	项目名称	代表性成效
1	地球生物学	出版了《中国学科发展战略·极端地质环境微生物学》，编写了包括《地球生物学》在内的 4 部新教材。 实现了从动植物化石向微体化石再向地质微生物研究的大转变，创建了地球生物学大数据和地质病毒学新平台。 谢树成院士被授予国际有机地球化学领域最高奖——Alfred Treibs 奖，是 45 年以来获此殊荣的唯一一位华人科学家
2	深地科学	采用水蒸气辅助激光剥蚀方法，实现非基体匹配氟碳铈矿 U-Th-Pb 定年技术。 研制目前国际上最大的高质量锆石巨晶标样（366g），开发出新的锆石 U-Pb，Hf-O 同位素分析标样——Jilin。 与德国的沃根瑞特公司共同设计研制全球第一台拥有知识产权的超大型 5000t 双功能大压机实验研究平台，在该领域研究处于国际领先水平
3	地质环境与健康	服务国家土壤污染防治战略，形成了污染物健康风险量化评估、修复、治理的技术研发与社会服务链。 创新劣质地下水成因理论，为破解原生劣质地下水分布区安全供水这一世界性环境地质问题的解决提供了"中国方案"，解决了 300 余万贫困人口的安全供水问题
4	战略性矿产资源	华北克拉通中部，指导发现斑岩型金矿新类型。鲁西厚层覆盖区深部找矿，指导布设钻孔见厚大富铁矿 95.3m。鄂东南铜绿山矿区深部找矿勘查，指导布设钻孔见厚大富铜铁矿 33.9m
5	地质工程与人居安全	研发了滑坡物理力学过程多场关联监测技术，构建了滑坡预测预报立体综合多场时空关联监测技术体系。 构建了滑坡稳定性智能判识模型与位移预测模型，提出了地质过程与数据混合驱动的综合地球物理反演方法。 提出了滑坡滑带流变本构方程，建立了滑坡启滑及运动过程精细刻画模型，构建了单体滑坡预报平台

续表

序号	项目名称	代表性成效
6	深地探测与地球动力学	开展大同盆地高温地热资源勘探,探获了华北地区迄今为止 2000m 以浅深度范围内最高温度的地热资源。以天镇 GR1 高温地热井为基础,山西省建立了我国中东部首个高温发电项目,相关研究成果发表于国际地热研究权威期刊 Geothermics,荣获2021 年度中国地球物理学会地球物理工程奖金奖(全国仅 1 项)
7	长江流域自然资源全息监测与智慧管理	建设分布式地带性景观生态观测实验站,研制了"地大一号"高光谱卫星。建设了大别山森林生态系统通量观测基地、幕阜山森林站、大九湖湿地生态站,开展碳-水及能量通量、植被群落结构与物候变化等多参数监测。构建了城市群生态环境可持续发展综合指标体系,设计了基于多模态深度学习的生态环境关键要素提取模型库
8	智能地质装备	形成了钻进过程智能决策和控制关键技术,研发的钻进过程智能控制系统支撑"5000m 智能地质钻探关键技术装备研发成功并应用"成果荣获 2021 年度中国地质科技十大进展,为深部复杂地质钻进过程控制提供了新的理论技术和解决方案
9	自然资源管理与政策	从"地质-技术-经济-环境"4 个维度建立了战略性关键矿产资源可供性综合评价模型,建立了战略性关键矿产资源供给风险综合评价与预警模型,提出了提高我国战略性关键矿产资源产业链供应链韧性、安全性和可控性的治理方案

【推进基础学科攻坚,基础学科前瞻布局和研究能力不断提升】

面向国家和湖北省产业高质量发展和能源资源创新赋能的紧迫需求,前瞻性布局新的研究方向,推进基础学科与地球科学、资源环境、能源生命等学科深度融合。深化基础学科教育教学改革,教学实验平台、人才数量和科研成果不断增多。2021 年来,牵头建设湖北省地球科学基础学科研究中心;数学与应用数学、应用化学专业入选国家级一流本科专业建设点,物理专业入选湖北省一流本科专业建设点;建立了"生态技术与环境保护"方向,开设多门新兴领域专业课程;以化学内核驱动相关领域关键科学问题的原创性解决和重大技术的迭代更新,服务并支撑"源头创新-技术开发-成果转化-产业聚集"的区域创新链,为推动湖北省构建以先进制造业为支撑的现代产业体系提供充沛的人才动力。

【坚持文理结合,人文社会科学长足发展】

聚焦地学特色,坚持文理结合、学科交叉、特色发展,推进新型智库平台建设,促进特色人文社科发展为全球矿产资源治理领域中国话语体系构建提供智力支持。2021年以来，累计承担人文社科科研项目515项，其中获批国家和教育部人文社科基金项目38项；人文社科研究实现国家和教育部重大、重点、年度项目、艺术学专项、教育学专项、后期资助项目全覆盖；智库成果被部委、省委省政府、市委市政府等主要负责人肯定性批示和圈阅30余份；《关于打造"武汉国际碳中和示范区"的建议》《关于当前形势下保障我省能源与重要矿产资源安全的建议》《关于增强气象灾害多灾种链式协同监测预警的建议》被湖北省政府主要负责人肯定性批示。《协同碳中和与生态安全的湖北省城乡高质量发展示范政策研究》获湖北发展研究奖一等奖。

【面向未来科技发展主战场，新工科建设成效显著】

推进人工智能、新一代信息技术与地球科学深度融合，探索资源与环境领域多学科交叉创新模式和技术领军人才培养新范式。加大卓越工程师教育培养力度，深化工程硕博士培养模式改革，培养适应新时代需要、敢闯会创的"新工科"人才。2021年以来，成立了未来技术学院，将软件工程一级学科从地理与信息工程学院调整至计算机学院，新增"资源环境大数据工程"新工科专业；推进智能化、信息化地质装备研发，在钻进过程智能决策和控制关键技术等方面取得重要突破，为解决我国地球探测关键技术装备智能化不足的卡脖子问题起到了积极的作用。

【坚持打破学科壁垒，学科交叉融合深入推进】

发挥学科优势，主动对接需求，在深部地热资源、新材料、人工智能、大数据、环境健康等重点领域谋篇布局。健全配套政策体系，出台《交叉学科学位点总体建设方案》《交叉学科学位点建设指导性意见》等，谋划建设交叉学科学位点，推动学科间互涉渗透、交叉融通。2021年以来，自主设立的遥感科学与技术、健康地学、人工智能与地球探测、绿色矿业、自然灾害与应急管理、自然资源与国土空间规划、碳中和与高质量发展管理、地学大数据8个交叉学科硕士、博士学位点获批备案。城市地灾防控与地下空间开发、地质环境保护与生态修复、智能地球探测、绿色纳米矿物新材料、资源环境安全与管理等5个学科群获批湖北省优势特色学科群。

经学校第2023-8次校务会议、十三届第2次党委常委会会议审定，向教育部报送学校第二轮"双一流"建设中期自评报告和地质学、地质资源与地质工程2个"双一流"学科中期自评报告。

（撰稿：文新、姜伟；审稿：周延菲）

人才培养

本科生教育

【概况】

2023年是深入推进"十四五"规划的关键一年,本科生院(党委学生工作部、武装部)坚持以习近平新时代中国特色社会主义思想为指导,深入学习贯彻落实党的二十大精神,深入开展学习贯彻习近平新时代中国特色社会主义思想主题教育,大兴调查研究之风,紧抓本科人才培养核心任务,重点推进思政教育引领、专业建设、拔尖创新人才培养、教学质量保障等,努力构建与研究型大学建设目标相适应的高质量本科人才培养体系。

本科生院以培养方案修订为契机,深化教育教学改革,优化课程体系,提升专业核心竞争力,圆满完成2023版本科人才培养方案修订工作。实现专业和人才培养的可持续发展,为高水平大学建设和一流本科人才培养奠定坚实基础。

优质课程资源建设取得成效。14门课程入选第二批国家级一流本科课程,27门课程入选湖北省2023年度省级一流本科课程。教育教学研究形成了一批突显人才培养特色与成效的成果,2项教学成果获2022年高等教育(本科)国家级教学成果奖,23项教学成果获第九届湖北省高等学校教学成果奖。

积极落实省部共建战略合作协议,借用社会资源培养优秀人才。组织近500名学生赴山西开展拓展实习、教学实习、毕业实习、社会调查、"双百励志圆梦行"和"我把地大带回家"等活动。学校获批"长江国际创客学院"省级双创学院,为创新创业后续工作提供了更大的舞台。

数字化转型赋能教育教学。启用推免工作系统,进一步科学规范推免工作数据管理、资料留存与标准化执行,切实提高工作效率。试点"大学英语""大学物理""高等数学"等课程试卷审批、印刷和批阅线上办理,以立项的形式推动考试管理信息化建设工作。

本科专业评估工作进入新阶段。出台学校本科专业自评工作实施方案，校内外专家开展分类评估工作；组织开展审核评估筹备工作，开展课程考核等专项检查工作；组织全校相关人员参加教育部审核评估培训会。

学校育人平台再升级。珠宝现代产业学院获批省级现代产业学院；环境地质学等两门课程获评湖北省课程思政示范课程，相应团队获评省级课程思政教学名师和团队；矿床学课程组等3个团队获评湖北省高校省级优秀基层教学组织；第四届全国大学青年教师地质课程教学比赛中马强、楚道亮获特等奖，学校获"优秀组织奖"。本科生院职工熊程获评湖北省教育工作先进个人。

把握新时代教材建设的新任务新要求。出台《中国地质大学（武汉）教材建设与选用管理办法（2023修订版）》，全年立项教材项目35项。未来技术学院吴敏教授团队入选战略性新兴领域"十四五"高等教育教材体系建设团队。

【本科招生】

招生办公室严格执行教育部各项招生政策，根据"十四五"期间各省重点发展行业人才的需求，按照学校《本科招生计划编制和管理办法》，结合学院对增减招生计划的申请，科学编制招生计划，制订本科招生计划4700人，少数民族预科生计划97人。

本年度高招录取中，共计11个学院招生录取人数大幅提升，9个学院保持稳定，调剂

显著下降。其中法学（一志愿率316.33%）、地质学类（国家拔尖计划，国家理工基地班）（一志愿率189.71%）、计算机类（一志愿率308.2%）、自动化类（一志愿率150.81%）、数学类（一志愿率110.91%）、电子信息类（未来技术学院）（一志愿率325%）、思想政治教育、计算机科学与技术（大数据方向）（中外合作办学）、电子信息类、统计学专业生源质量综合排名靠前。

2023级统招的各生源省份新生中，地质类专业报考回暖，考生报考地质学类（国家拔尖计划，国家理科基地班）分数高、意向强，山西省等6个省市分数线超过部分985院校，学校整体招生专业（类）在河南、贵州、广西、江西、云南的录取分数整体提升明显。

在2023年招生宣传工作中，集合学校领导、知名专家教授、学院领导、广大的教职员工和学生的力量，通过线上线下相结合的方式开展了大量招生宣传活动，取得了较大实效。王焰新校长带队赴晋城一中、石首一中开展招生宣传，黄晓玫书记走进长江日报直播间，参加"书记/校长喊你来武汉上大学"高招直播活动。全年度共有113位专家教授，前往176所中学开展线下招生宣传；学校招生宣传品牌活动"我把地大带回家"已累计开展11届，共有2005支学生团队参与，累计参与人数6200余人次，覆盖2344所中学，师生通力协作确保生源质量和学校社会影响力稳步提升。

【拔尖人才培养】

学校遵循高等教育发展和人才成长规律，以构建与地球科学领域国际知名研究型

大学相适应的一流本科人才培养体系为目标，组织开展2023版本科人才培养方案修订工作。以"突出一条主线、构建两个体系、强化三个逻辑、培养四种能力、落实五育并举"为工作路径，先后发布《关于开展2023版本科人才培养方案评审的通知》《关于进一步修订完善2023版本科人才培养方案的通知》《关于开展2023版本科人才培养方案论证评审工作的通知》等文件，召开多次评审论证会和工作推进会，保障人才培养方案修订质量。2023年6月，学校召开教学工作指导委员会全体委员会议，21个学院依次汇报了2023版本科人才培养方案的修订情况，会议审议通过了《2023版本科人才培养方案》。

大力做好"李四光计划"宣传工作，优化选拔流程，加强招生宣传力度，面向全校召开"李四光计划"项目咨询会，帮助有意申报的学生详细了解"李四光计划"。第17期"李四光计划"共选拔45名学员。以丰富的学术交流活动激发学生的科研兴趣，提升学生的科学研究水平。2023年共组织"李四光计划"学术交流活动10余次。15期李四光计划40名学员，有38人推免，其中推免至北京大学5人，清华大学1人，其他学员推免到浙江大学、中国人民大学等双一流高校。2023年春季学期，第14期"李四光计划"学员顺利毕业。

【专业建设】

贯彻落实《普通高等教育学科专业设置调整优化改革方案》（教高〔2023〕1号）文件精神，起草《中国地质大学（武汉）专业结构优化与动态调整实施管理办法（讨论稿）》和《中国地质大学（武汉）专业结构优化与动态调整实施方案》等文件，为推进专业建设力度搭建管理平台。

以一流专业建设作为推动"三全育人"和高素质人才培养的重要载体，根据《省教育厅关于做好2023年本科教育教学有关工作的通知》（鄂教高函〔2023〕7号）等文件要求，开展一流专业建设、检查等系列工作。按照国家级一流专业建设点20万元/年、省级一流专业建设点10万元/年拨付专业建设专项经费，积极开展专业建设工作。2023年度完成了环境学院"水文与水资源工程"专业工程教育认证、"新能源科学与工程"新专业申报及"自然地理与资源环境"专业撤销等工作。

【教学改革工程与教学研究】

根据《教育部关于一流本科课程建设的实施意见》（教高〔2019〕8号）、《省教育厅关于做好2023年本科教育教学有关工作的通知》（鄂教高函〔2023〕7号）等相关文件要求，积极开展一流本科课程建设大讨论，推动教师全员参与课程理念创新、内容创新和模式创新，形成打造"金课"、淘汰"水课"的教学改革氛围。加强一流本科课程建设与应用，提升本科课程的高阶性、创新性和挑战度。学校今年获批国家级一流课程14门，省级一流课程27门。

【教材建设】

完成"中国地质大学（武汉）关于总结《全国大中小教材建设规划（2019—2022年）》实施情况的报告"。教材选用严格遵循

《中共中国地质大学（武汉）委员会关于印发教材建设及选用管理办法的通知》文件精神，严格落实"马工程"教材使用情况，为课堂教学做好相关服务。发布《中国地质大学（武汉）教材建设与选用管理办法》，着力推动学校教材高水平建设与选用管理，构建与地球领域国际知名研究型大学学科专业发展水平相适应的教材体系。2023年度立项教材项目35项。组织战略性新兴领域教材体系团队申报工作，学校吴敏教师团队入选战略性新兴领域"十四五"高等教育教材体系建设团队。

【学科竞赛】

学校的学科竞赛获奖总人数和奖项数较往年有显著增幅。2023年组织学生参加了全国大学生数学建模竞赛、全国大学生电子设计竞赛、西门子杯"中国智能制造挑战赛、机器人等46项全国和湖北省学科竞赛。截至目前，学校学生获省级及以上奖项633项，获奖人数1462人。学校学子首夺"西门子杯"中国智能制造挑战赛特等奖，勇夺2023全国大学生电子设计竞赛全国一等奖2项，全国二等奖4项；连续两年在湖北省大学生电子设计竞赛"TI杯"中获奖。

【教学评价与检查】

深度调研，教学督导走进学院与师生面对面交流。23名校级督导检查了19个学院共448位同学的情况，24名校级督导听取试讲49人，检查了19个学院66个专业的论文情况，共计258份。全校94位督导全年听课4485学时。根据督导团工作计划，还对学院基层教学组织的教学活动进行了检查

和指导，极大地激发了教学基层组织活力。

提质拓新，推动督导工作从校内走向野外实践基地。协同相关部门，统筹规划，科学布局，制定野外实践督导工作指标体系，组织实践督导工作组赴秭归教学基地了解实践教学情况，通过查阅学习资料、开展师生访谈、跟随实习线路等方式，开展野外实践课程教学的督导工作。学校督导的创新工作得到国内同行的认可，2023年6月荣获全国高校优秀督导工作案例评选二等奖。

【教学评优与竞赛活动】

根据《省教育厅关于申报2023年湖北省本科高校优秀基层教学组织的通知》要求，组织了省级优秀基层教学组织的申报工作。石油及天然气地质学课程组等4个基层教学组织被推荐参评2023年湖北省高等学校"省级优秀基层教学组织"。

根据省教育厅的文件要求，认真组织了"楚天名师"的申报工作。沈传波老师获选。

在第三届湖北省教学创新大赛中，一位教师及团队获副高组二等奖。在第四届全国大学生青年教师地质课程教学比赛中，二位教师获特等奖，一位教师获二等奖。

采用网络填报和现场展示的方式，组织开展了学校第二届本科教学卓越奖的评选活动，14位教师获卓越教师奖、5位教师获卓越新秀奖、1个团队获卓越团队奖。

【多模态拓展教学，提高学生学习体验感】

2023年教学工作紧跟大数据、人工智能、区块链、5G等数字技术，联合相关单位、各学院推进多重教学模式，以学生为中心，提供多样学习模式，提高学习体验感。除传

统课堂教学模式外,综合了混合式教学模式、自主学习模式、跨学科辅修模式、本研课程互选模式、校际共享课程模式等多种教学模式,形成了多种教学形态互补。拓展多模态教学,持续提供相应的支持,包括师生服务、技术培训和资源建设,确保多模态教学有效实施。在超星、雨课堂平台上实现混合式教学,加强与超星尔雅、智慧树、中国MOOC大学等优质教育资源合作,帮助学生进行自我导向的学习。深入推进"本—硕—博"贯通培养及本研融合育人模式探索,实施本科生院和研究生优质课程互选互认和学分认定。合作推出"中财大-地大校际共享课程",互派教师开设课程。

【实践教学】

实践教学突出思政特色,注重强化党建引领,将实习内容和红色教育有机融合,各学院将党建引领作为重要意识融入实习环节。充分发挥实习基地在落实"时代新人铸魂工程"中的独特优势,把思想政治工作做在野外。

强化研究性实习。以资源学院为代表的各学院在周口店实习期间开展实习科创立项,推动学生知识的联系和运用能力不断加强,持续推进学生将知识研究、能力提升、价值塑造相统一。校院领导常态化深入实习基地看望实习师生。校党委书记黄晓玫、校长王焰新、副校长刘杰和李建威先后多次赴实习基地,调研教师备课及野外路线教学,与师生亲切交流。辅导员、专业课老师坚持与学生同吃同住同学同行,将育人工作融入全过程。

开启国际实习试点。今年,本科生院发布了《关于资助本科生2023年赴国(境)外实习工作的通知》,经报名遴选7个学院、9个项目,125名学生奔赴不同国家开展国际实习。

2023年11月3日—5日,学校组织召开了地学类专业拔尖创新人才培养研讨会,牵头成立了地学类专业实践教学联盟,包括北京大学、南京大学、浙江大学、同济大学等在内的40所高校加入联盟,体现了学校实践教学综合实力,为进一步提升地学类拔尖创新人才培养质量搭建了宽广平台。

推进校地、校企合作,强化实习效果。在学校与山西省人民政府签署战略合作协议的基础上,组织近500名学生赴山西开展"实习山西"专项实习;机电学院持续深化芜湖大学生实习实践基地建设,形成了稳定的实习基地,120余人赴芜湖开展综合实习;马克思主义学院建立了山西临猗县实习实训基地;资源学院21名学生首次赴山西沁水县开展教学实习,拓展了沁水煤层气产业综合实训基地;环境学院、工程学院组织学生到山西开展专业实习。通过以上措施,不断深化校地合作、协同育人的战略,强化了实习效果。

【创新创业】

2023年双创工作秉承"以思创融合为魂、以专创融合为根、以赛创融合为要"的工作思路,提质教学链、增效实践链、点亮孵化链、融入市场链,把狠抓落实贯穿始终,切实提升在校大学生创新精神、创业意识和创新创业能力。提质教学链,加强双创师资队伍建设。提升高质量创新创业课程供给,开展线上线下混合教学,满足两校区学生创新创业学习需求。面向两校区开展"大学生创业基础"通识选修教育课程(共计12个教学班)、"SYB创业培训""GYB创业意识培训"课程2期,累计参与学生近900人次。组织校内双创教师、双创专员及辅导员等参加各类双创师资培训,提升双创师资队伍专业化、专家化水平。组织参加创新创业教育教学实战能力提升、湖北省创业指导师资培训等,推进"燎原双创工作室"示范团队建设,组织工作室成员开展内部研讨会、赴延安开展"青年红色筑梦之旅"学习调研、赴太原理工大学和武汉理工大学开展专题调研学习,并成功推荐2名老师担任湖北省、天津市"互联网+"大赛评审专家,引领和带动一批双创工作学生工作辅导员向专业化、专家化发展。

加强校内外双创导师选聘,开展院校两级创新创业导师团建设。开展"互联网+"大赛校赛评委选聘工作并拟定相关管理办法,学院推荐首批校赛评委达30人;聘请校内外创业导师达205人,进一步丰富双创导师库建设。

【"互联网+"大赛】

以"互联网+"大赛为主引擎,坚持以赛促学、以赛促创、以赛促教。在学校党委和各培养单位的协同支持下,在组织发动、项目筛选、项目培育及赛前指导等各环节全面发力,今年共有2244个项目报名参赛,参赛学生总数达10 137人次,连续三年创学校参赛数量历史新高。扎实项目培育和赛前指导。建立校内创业苗圃打磨—校内专家导师打磨—校外企业家导师辅导成长的链条,联合校内外教授、专家、校外企业家、投资人,累计邀请校外专家近50人,组织线上线下项目辅导近100场,开展多期寒假专题训练营与暑期集中训练营,并组织了校级网络初评、复赛和决赛等环节,推荐82个团队参加湖北省复赛遴选,取得湖北省赛8金、4银、12铜的成绩;国赛中取得银奖4项、铜奖4项,实现了大赛高质量成绩的稳定输出,学校再次获评湖北省"互联网+"大赛"突出贡献奖"和"优秀组织单位"2项荣誉。

【就业工作】

学校坚决贯彻党中央、国务院稳就业、促就业决策部署,以深入开展学习贯彻习近平新时代中国特色社会主义思想主题教育为主线,认真学习贯彻落实学校第十三次党代会精神,着力强化就业育人实效,持续加强思想政治建设,不断健全就业促进机制,扎实推进就业工作综合评价,努力建设高质量就业指导服务体系,通过"五个强化",全力促进毕业生高质量充分就业。

高质量充分就业局面更加稳固。2023届毕业生初次毕业去向落实率为84.47%,同比增长2.9个百分点,位居在汉高校第三;年终毕业去向落实率92.6%,较上年增加0.5个百分点;欧阳永棚校友获首届"全国高校毕业生基层就业卓越奖";7名毕业生获评第九届"长江学子"大学生就业创业人物;1个案例获评教育部供需对接就业育人优秀案例。校领导班子成员先后走访中国三峡集团、中国地质调查局等百余家优质单位,各培养单位先后走访广州海洋地质调查局等200余家单位,强化产学研融合,推动校企、校地合作走深走实,实现互利共赢、共同发展。实施"千企万岗进校园计划",全年举办10场大中型线上线下双选会,开展27场组团招聘会,组织863场线下宣讲会,同比增长18.71%,140场线上宣讲活动,累计线下进校招聘单位2789余家,同比增长62.81%,线上招聘单位417家,线上线下校园招聘活动为毕业生提供22.8万个就业岗位,同比增长60.56%。

就业服务体系建设取得新进展。2项作品分获第十八届全国"挑战杯"就业类揭榜挂帅专项赛道二等奖、三等奖;"司南"生涯咨询工作室获批"湖北省生涯咨询特色工作室",3份工作案例获评"湖北省高校生涯教育典型案例",2份咨询案例获评"湖北省优秀生涯咨询案例";首次将生涯体验日活动纳入新生入学教育,实现本科新生全覆盖;2023年共举办各类活动80多场,参与学生两万余人次;成功举办首届全国大学生职业规划大赛校赛,近5000人参加。切实发挥"第二课堂"育人功能,围绕赛事活动和实践体验2个模块,重点打造"职业规划大赛""生涯体验日""就业嘉年华"3个大型校园文化活动品牌,持续开展一系列精品育人活动,着重对低年级学生进行职业生涯启蒙、对高年级学生进行职业素质和求职技能指导,不断提升学生的生涯成熟度和求职竞争力。

就业满意度和影响力持续增强。湖北省省长王忠林、教育部副部长翁铁慧先后来校指导,对学校推进高质量就业服务体系建设提出新要求;央视新闻频道《朝闻天下》报道学校"暖心精准帮扶,坚定求职目标"的就业重点群体帮扶案例。2023届本科毕业生对学校教育教学的满意度为98.38%,毕业研究生对学校教育教学的满意度为98.62%。用人单位对学校2023届毕业生人才培养质量"非常满意"和"比较满意"两项合计占比99.09%,用人单位对学校人才培养认可度较高,满意度均值为4.65分。落实"宏志助航"培训计划,对860余名毕业生开展简历制作、面试技巧等专题培训,提振就业信心、增强核心竞争力,2023年为642名困难毕业生申报发放求职创业补贴103万元。针对少数民族、女生群体,积极开展考公考编训练、职场礼仪训练等专项就业指导,帮助他们挖掘自身潜力、补足求职短板,2023年累计覆盖超1000人次。

截至2023年12月31日,学校2023届毕业生毕业去向落实率为92.60%,其中本科生毕业去向落实率为90.14%(表1)。

表1 2023届本科毕业生年底毕业去向落实率统计

学历	毕业人数	毕业去向落实率	协议和合同就业率	升学率（含出国出境）	灵活就业率（含自由职业）	自主创业率
本科生	4481人	90.14%	30.17%	45.77%	14.04%	0.16%

从就业单位行业分布来看，2023届本科毕业生就业人数较多的3个行业为制造业(23.75%)、建筑业(19.93%)、信息传输、软件和信息技术服务业(14.61%)(图1)。

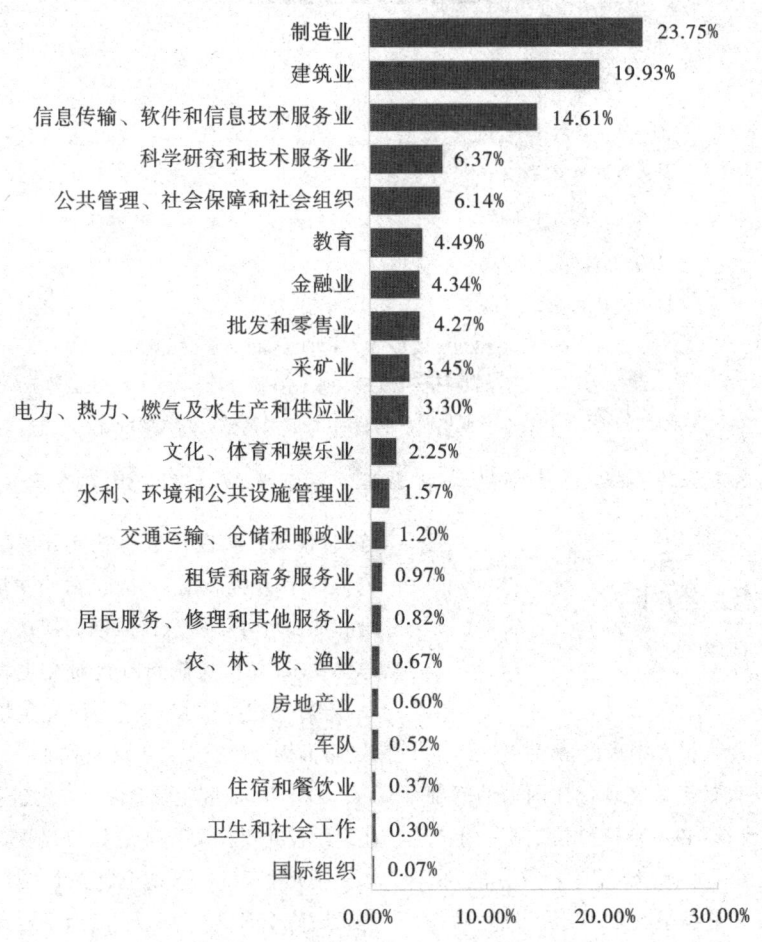

图1 2023届本科毕业生就业行业统计

注：就业行业流向按照毕业生协议和合同就业、灵活就业总人数统计。

从就业单位性质分布来看，2023届本科毕业生就业单位性质流向主要是民营企业(41.72%)、国有企业(39.48%)、其他事业单位(6.22%)(图2)。

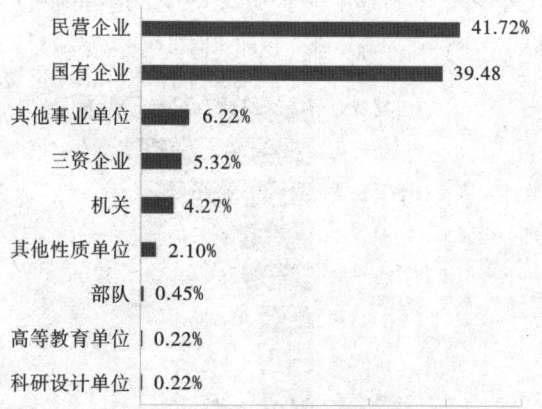

图2　2023届本科毕业生就业单位性质统计

注：就业单位性质分布按照毕业生协议和合同就业、灵活就业总人数统计。

（撰稿：李亮、王东、潘娣、范萍、章帆、高岩、陈昭颖、孟国强；审稿：周建伟、邬海峰、吴堂高）

研究生教育

【概况】

党的二十大报告中指出，教育、科技、人才是全面建设社会主义现代化国家的基础性、战略性支撑，必须坚持科技是第一生产力、人才是第一资源、创新是第一动力。研究生教育是培养高层次人才的主要途径，是国家创新体系的组成部分，研究生教育的质量关系到国家创新能力的整体发展。2023年，研究生院（党委研究生工作部）深入开展学习贯彻习近平新时代中国特色社会主义思想主题教育，深入学习和落实学校第十三次党代会精神，落实立德树人根本任务，践行为党育人、为国育才的初心使命，深入实施"时代新人铸魂工程"，扎实开展调查研究，紧紧围绕提高拔尖创新人才自主培养能力和加快培养国家急需紧缺高层次人才的总体要求，加快实施新时代研究生教育改革，着力构建"三融三跨"的研究生培养模式，全面提升研究生自主培养质量。

2023年，研究生录取规模首次超过本科生。学校共招收录取研究生4737人，其中，硕士研究生4065人，博士研究生603人，同等学历博士研究生69人，助力学校地球科学领域国际知名研究型大学建设迈入新阶段。全年授予学位人数再创新高，首次突破4000人，共授予博士、硕士学位4097人。全年共有168人次提出博导申请，经学位评定委员会初评、学校专家委员会复评及校学位评定委员会审议，74人增列为博士生导师，82人增列为硕士生导师。现有全职研究生导师1947人。其中,博导683人,硕士生导师(不含博导)1264人。

【党建引领事业发展】

以学习党的二十大精神为契机,结合习近平总书记系列讲话精神和重要回信精神,不断推动主题教育向纵深发展。深入学习和落实学校第十三次党代会精神,落实立德树人根本任务,深入实施"时代新人铸魂工程"。将党建与业务深度融合,加强党风廉政建设,聚焦改革引领,作风建设取得实效。

【研究生招生】

研究生招生工作守牢招生考试安全底线,强化自命题命题质量和安全管控、复试过程规范管理,致力追求生源质量高线。研究生招生考试工作实现"三无"工作目标,即考前无失泄密、考中无违规舞弊、考后无投诉上访。生源质量稳中向好,2023年录取的全日制研究生中,优质生源比例为57%,其中,硕士研究生优质生源1954人,博士研究生优质生源407人。地学类招生单位的优质生源比例较高,与学校优势学科一致。2024级推免生招生规模再创历史新高,招收推免研究生868人,规模首次超过800人。2024年,12 686人报考学校硕士研究生,分布在全国623个考点进行初试;在学校考点参加初试4738人,分布在两个校区三栋教学楼160个考场。

建设卓越工程师学院,开拓研究生分类培养新赛道。经过近半年的论证和申报,12月28日召开卓越工程师学院成立大会,深入贯彻习近平总书记关于"培养大批卓越工程师"的重要指示批示精神,做好我校卓越工程师学院的顶层设计和制度体系,完善研究生分类培养体系,提升研究生高层次人才培养响应国家需求的速度和能力。

工程硕博士培养改革专项试点招生规模再上新台阶。2024年,在中组部和教育部的大力支持下,学校工程硕博士培养改革专项试点招生规模进一步扩大至93人,试点企业从5个增加至13个,涉及的重点领域从4个增加至8个。密切联系试点企业,完成65名推免硕士生和推免博士生的招生选拔工作。春季学期将高质量、高标准、严要求完成28名在职博士生的招生选拔工作。

【研究生培养】

研究生培养夯实"三融三跨"培养模式,强化过程提升质量。推动本研融合、贯通培养改革,优化拔尖创新人才培养。促进跨学科交叉培养,建设跨学科专业选修课平台。完成全面修订人才培养方案工作,确保先进、注重内涵。全面修订了原有16个一级学科学术学位博士研究生培养方案,34个一级学科学术学位硕士研究生和14个专业学位类别硕士研究生培养方案;制订新增资源与环境专业博士学位授权点、金融专业学位授权点、8个交叉学科硕士和博士学位授权点的研究生培养方案;制定4个中组部工程硕博士培养改革专项、1个湖北省卓越工程师培养专项的培养方案。校内外专家经过两轮评审,对方案修订情况给予高度评价。秋季学期起执行新版培养方案,确保新老培养方案执行的衔接平稳过渡。推进落实战略合作协议,实现校际资源共享,聘请财大28位研究生任课教师,选择财大20门研究生课程，聘请华师 20 位研究生任课教师，华师聘请学校 38 位任课教师。

【教育教学改革】

根据《研究生课程与精品教材建设项目管理办法》的要求，坚持发挥培养单位的主体作用，形成了"重视课程学习，加强课程建设，提高课程质量"的改革氛围，重点支持学校"双一流"建设项目中的优先发展方向所依托的一级学科，21 项课程与教改项目结题。与远程继续教育学院共同资助两批次共 18 门研究生网络课程资源，培养单位申报立项 32 门精品课程、精品教材、课程思政项目。

【国际化培养】

2023 年 117 名博士生获国家留学基金委"国家建设高水平大学公派研究生项目"录取，到国外一流大学攻读博士学位或联合培养的博士生。此外通过学校设立的"研究生国际合作与交流基金"，资助 13 名研究生出国参加国际会议，12 名博士研究生短期联合培养。

【学位论文与学位授予质量】

全面实施硕士学位论文全盲审质量监控，完善博士学位论文盲审制度。以关键环节管控为抓手，不断完善相关学位管理制度，促进研究生培养质量的提升。强化过程管理，在严格选题、开题、论文盲审等关键环节管控的基础上，进一步强化对研究生开题、预答辩、答辩前盲审、答辩资格审核、学位申请等学位授予过程的管理。加大对优秀学位论文的选拔和资助力度。2023 年经学院学位评定分委员会推荐，校学位评定委员会审议，评选出 2023 年优秀博士学位论文 10 篇，优秀博士学位论文提名论文 30 篇，优秀硕士学位论文 98 篇。完成学位评定委员会换届。先后召开第 78 次、79 次校学位评定委员会会议。建成研究生导师大数据管理系统。

【研究生导师队伍建设】

导师是研究生培养的第一责任人，肩负着为国家培养高层次创新人才的重任。学校长期坚持研究生导师选聘条件的高标准严要求。分层次、分类别制定博士生导师和硕士生导师选聘标准。建成一支年龄、职称、学缘结构合理，教学、科研、育人能力较强的富有活力的研究生导师队伍。学校持续开展研究生招生资格审核工作，不断完善考评制度，优化招生资源配置和导师队伍动态管理。在 2023 年研究生开学典礼上表彰 9 位"卓越青年生导师"，通过微信等渠道进行广泛宣传报道。本年度总计有 465 位研究生导师完成了导师培训线上课程学习，开展"研途护航•师生心语"导学谈心谈话活动，线下组织 3 期研究生导师集中专题培训，会同培养单位联合举办 3 期研究生导师专题培训班，选派 2 名青年导师参加教育部组织的全国研究生导师培训班。

【学位点培育及申报】

打好博士点申报冲刺"收官战"。组织召开 11 次申报推进会，13 次深入申报单位，组织 4 次校内专家论证会、2 次申报撰写专题讨论会，进行 10 余轮申报材料的集体讨论修改。多渠道申请支持、政策倾斜，精准支持谋发展，以申促建有提升。大力促进交叉学科学位点的建设与发展。2023年8个二级自设交叉博点全部开启了博士招生、培养、相关师资团队的建设，迈开了真正实现跨学院、跨学科交叉培养高水平拔尖创新人才的步伐。开辟学科发展新赛道，塑造发展新动能，积极培育交叉学科博士点。根据国家重大战略需求及湖北省经济社会发展的需要，2023年成功完成"新能源科学与工程"第九个自设交叉学科博士点申报备案工作，开展新兴交叉学科学位点"遥感科学与技术""设计学"2个一级交叉学科博士点的申报筹备，参与制定8个二级自设交叉学科学位点建设的绩效考核指标。

【研究生思政工作】

完善研究生思政工作体系，做好导学思政的后半篇文章。在去年的工作积累上，今年共有126支导学团队、660余名导师、4700余名研究生加入导学团队培育创建，推动研究生导学共同体建设，培育导学文化。深入开展新生和毕业生教育。优化研究生党支部设置，激发党建工作一线战斗力。研究生党建"双百"培育创建工作实现新突破，海洋学院山海求知党支部、地球科学学院金钉子党支部、地球物理与空间信息学院刘光鼎党支部入选"全省高校党建工作样板党支部"培育创建单位，研究生韩鹏及博士生张越鹏、毕乐宇等同学入选湖北省"研究生党员标兵"培育。与培养单位一道策划拍摄完成2部思政公开课视频，其中"国土安全"形式与政策公开课入选人民网高校思政课改革创新典型案例。

【研究生奖励资助】

完善资助工作规范化建设，建立"学校-学院-导师-学生"四级联动奖助工作机制。充分发挥奖励资助的杠杆作用，调整评价导向，40名博士研究生和139名硕士研究生获评国家奖学金。精细化做好基础性资助工作，按时按量发放各类研究生奖助学金。设立助管助教岗位1200余个，选聘62名德育助理，全校70%研究生参与助研岗位的实践锻炼。指导和完成21项校级社会类奖学金评选工作。318位通过2023年毕业研究生基层就业学费补偿、助学贷款代偿审批；办理生源地贷款1658人，校园地贷款460人；及时关注掌握洪涝等灾害导致临时困难学生情况，发放临时困难补助。承办高校学生资助工作培训会议，全国各省级学生资助管理部门、中央部门所属各高等学校等相关学生资助工作人员共171名代表参加。全国学生资助管理中心副主任出席并讲话，学校以《持续发挥资助育人作用　积极引领基层建功立业》为题做交流发言，充分展示学校资助工作育人成效。

（撰稿：张健；审稿：赵葵东、许德华）

[附录]

附录1　2023年博士学位授权一级学科

学科门类代码/名称	一级学科代码/名称	
02 经济学	0202	应用经济学
03 法学	0305	马克思主义理论
07 理学	0707	海洋科学
	0708	地球物理学
	0709	地质学
08 工学	0805	材料科学与工程
	0811	控制科学与工程
	0814	土木工程
	0815	水利工程
	0816	测绘科学与技术
	0818	地质资源与地质工程
	0820	石油与天然气工程
	0830	环境科学与工程
	0837	安全科学与工程
12 管理学	1201	管理科学与工程
	1204	公共管理学

附录2　2024年博士专业学位授权类别

序号	专业学位类别代码	专业学位类别名称
1	0857	资源与环境

附录3　2023年硕士学位授权一级学科

学科门类代码/名称	一级学科代码/名称	
02 经济学	0202	应用经济学
03 法学	0301	法学
	0305	马克思主义理论
04 教育学	0401	教育学
	0402	心理学
	0403	体育学

人才培养

续表

学科门类代码/名称	一级学科代码/名称	
05 文学	0502	外国语言文学
	0503	新闻传播学
07 理学	0701	数学
	0702	物理学
	0703	化学
	0705	地理学
	0706	大气科学
	0707	海洋科学
	0708	地球物理学
	0709	地质学
	0710	生物学
08 工学	0802	机械工程
	0805	材料科学与工程
	0810	信息与通信工程
	0811	控制科学与工程
	0812	计算机科学与技术
	0814	土木工程
	0815	水利工程
	0816	测绘科学与技术
	0818	地质资源与地质工程
	0820	石油与天然气工程
	0830	环境科学与工程
	0835	软件工程
	0837	安全科学与工程
12 管理学	1201	管理科学与工程
	1202	工商管理学
12 管理学	1204	公共管理学
13 艺术学	1403	设计学

人才培养

附录4 2023年硕士专业学位授权类别

序号	专业学位类别代码	专业学位类别名称
1	0251	金融
2	0252	应用统计
3	0256	资产评估
4	0351	法律
5	0452	体育
6	0551	翻译
7	0854	电子信息
8	0855	机械
9	0856	材料与化工
10	0857	资源与环境
11	0859	土木水利
12	1251	工商管理
13	1252	公共管理
14	1253	会计
15	1357	设计

附录5 2023年自主设置交叉学科学位授权点一览表

序号	专业代码	学科名称	授权级别
1	99J1	遥感科学与技术	博士、硕士
2	99J2	健康地学	博士、硕士
3	99J3	人工智能与地球探测	博士、硕士
4	99J4	绿色矿业	博士、硕士
5	99J5	自然灾害与应急管理	博士、硕士
6	99J6	自然资源与国土空间规划	博士、硕士
7	99J7	碳中和与高质量发展管理	博士、硕士
8	99J8	地学大数据	博士、硕士
9	99J9	新能源科学与工程	博士、硕士

附录6　2023年各一级学科在岗博士生导师（数据截至2023年12月31日）

一级学科代码	名称	2023年人数	导师姓名
0202	应用经济学	16	徐德义、李通屏、肖建忠、成金华、程胜、易明、张伟、白永亮、吴巧生、金贵、龚承柱、齐睿、张欢、李会琴、刘江宜、唐鹏程
0305	马克思主义理论	13	黄德林、傅安洲、储祖旺、阮一帆、李海金、陈军、岳奎、高翔莲、黄少成、汪宗田、孙文沛、韩美群、曹胜亮*
0707	海洋科学	25	任建业、王家生、吕万军、姜涛、孙启良、杜学斌、吕晓霞、雷超、宫勋、孙军、郑彦鹏、蒋浩宇、刘恩涛、赵恩金、董右扣、超能芳、李家彪*、Dorrik Stow*、牟林*、袁东亮*、蔡锋*、李铁刚*、石学法*、乔方利*、魏泽勋*
0708	地球物理学	37	王琪、罗银河、毛娅丹、余涛、陈界宏、郑勇、熊熊、刘双、林恺、张保成、黄刚、蔡红柱、孙杨轶、李小凡、单斌、刁法启、魏周超、徐伟、郭上江、刘成利、姚家园、姚冬冬、田冬冬、唐启家、王林松、刘浩、陆洲、何平、邹蓉、裴鸿瑞、朱露培*、陈颙*、汪荣江*、雷建设*、王劲松*、赵亮*、陶春辉*
0709	地质学	143	鲍征宇、王焰新、童金南、张宏飞、冯庆来、赖旭龙、王国灿、谢树成、郑建平、凌文黎、颜佳新、赵珊茸、李建威、严春杰、周爱国、胡圣虹、刘勇胜、吴元保、章军锋、肖龙、洪汉烈、李珍、程寒松、蒂姆·科斯基、张昊、李超、胡兆初、赵军红、何卫红、王红梅、陈中强、赵来时、续海金、蒋宏忱、沈锡田、赵葵东、蒋少涌、朱振利、黄春菊、卢韧、赵新福、王璐、徐亚军、佘振兵、谢先军、叶宇、曹淑云、甘义群、汪生聪、王永锋、苏玉平、宋海军、吕涛、柴波、周炼、王伟、巫翔、江海水、杨江海、宗克清、孙自永、郝亮、王华沛、David Bryan Kemp、王连训、朱宗敏、李益龙、陈旭、罗根明、黄咸雨、彭松柏、陈唯、王墩、熊庆、马强、马义明、王信水、刘金铃、余茜倩、黄俊、温斌、郭伟、邓晓东、Olivier Nadeau、韩金生、张荣红、尹作为、杨明星、宋虎跃、邱华宁、戴宏坤、李奇维、张艳飞、周光颜、孙伟、杨水源、王军鹏、袁小平、吴非、朱峰、沈俊、郭亮、喻建新、曹毅、骆必继、陈涛、Jacopo Dal Corso、毛绪美、楚道亮、余文超、戴兆毅、韩凤禄、李占轲、李妍、殷杰、张文、曹茜、史锋、曹凯、邓浩、刘鹏雷、郭海浩、罗增良、张明、王振胜、孙亚东、王灿发、袁亮、陈玖斌*、唐春安*、丰成友*、李文渊*、李新*、Hans Jensen Thybo*、Irian Artemieva*、Hans-Joachim Massonne*、宫辉力*、李建星*、邱春林*、周美夫*、孙捷*、黄河清*、胡晓农*

人才培养

续表

一级学科代码	名称	2023年人数	导师姓名
0805	材料科学与工程	55	王圣平、柯汉忠、梁玉军、田熙科、廖桂英、娄筱叮、夏帆、李国岗、刘书琳、帅琴、周俊、聂玉伦、靳洪允、李辉、黄羽、林美华、董轶凡、陈林峰、戴志高、金俊、卢成、周成冈、吴艳、黄福建、高鹏程、王欢文、张孝进、丁思静、徐建梅、周琪涛、夏开胜、傅梁杰、高玉婷、杨华明、唐爱东、邓恒、黄烁、刘涛、赵凌、张留洋、余家国、余火根、袁硕果、舒杼、蔡卫卫、王永钱、杨明、韩波、汪锐、李少光、杨泽惠、贺贝贝、余静芳、李静、Kevin William*
0811	控制科学与工程	55	吴敏、何勇、曹卫华、陈鑫、熊永华、赖旭芝、董凯锋、罗杰、胡文凯、姜晓伟、方支剑、张传科、徐迟、瞿超、黄田野、万雄波、宗小峰、王广君、刘振焘、刘小波、安剑奇、王雷敏、杜秋姣、王毅、刘丰铭、康晓琳、仉梦林、张晶、陈略峰、刘力、葛健、郑世祺、张自强、郭刚、刘志苏、王清波、李响、张晶晶、刘欢、吴俊东、王亚午、梅爽、涂鑫、王勇、王佳兵、陆承达、吴志超、付丽华、汪垒、杨圣祥*、施阳*、陈俊龙*、刘康志*、蒋林*、Witold Pedrycz*
0814	土木工程	25	晏鄂川、李云安、胡新丽、王亮清、罗学东、焦玉勇、吴文兵、章广成、吕加贺、张奇华、任兴伟、谭飞、严成增、吴琼、邹俊鹏、黄磊、ZHANG XI、刘晓、郑飞、曾聪、沈鹿易、谢妮、Murat Karakus*、Samuel T. Ariaratnam*、彭汉发*
0815	水利工程	25	李义连、万军伟、郭清海、马瑞、文章、郭会荣、周建伟、马传明、黄琨、王全荣、王五科、牛晓瑞、罗明明、刘运德、顾西辉、李静、成建梅、王云权、徐祥德*、张华*、任宏利*、LIESS,Stefan*、张发旺*、王贵玲*、胡圣标*
0816	测绘科学与技术	41	谢忠、刘修国、周顺平、胡友健、关庆锋、陈刚、尚建嘎、杨春成、万波、吴亮、王伦澈、陶明辉、王旭、曾文、罗显刚、陈占龙、王绍强、胡楚丽、禹文豪、陈能成、张翔、陈泽强、王轶、肖文、姚尧、周琪、康朝贵、吴云龙、梁迅、朱双、何占军、花卫华、陈启浩、岳林蔚、朱祺琪、周成虎*、夏军*、孙和平*、龚健雅*、陈明剑*、晏磊*

人才培养

续表

一级学科代码	一级学科名称	2023年人数	导师姓名
0818	地质资源与地质工程	204	唐辉明、解习农、王华、殷坤龙、梅廉夫、胡祥云、朱培民、蒋国盛、焦养泉、魏俊浩、徐光黎、李宏伟、蔡之华、吕新彪、陈红汉、董浩斌、叶加仁、陈超、杨树旺、顾汉明、吴立、段隆臣、周传波、马腾、戴光明、郑有业、邓宏兵、陆永潮、朱书奎、宁伏龙、刘刚、曾三友、石万忠、左仁广、朱红涛、沈传波、丁华锋、牛瑞卿、吴益平、夏庆霖、王力哲、佘锦华、龚文引、李长冬、严德天、文国军、郭小文、王茂才、龚文平、李长河、王敏芳、平宏伟、孙华山、李水福、张金阳、侯宇光、韩元佳、汪洋、张明、窦斌、蔡记华、王贤敏、王毅、宋先海、张恒磊、李波、郝国成、左博新、陈云亮、陈伟涛、姚宏、曾德泽、颜雪松、周宏、董田、贺仲金、朱天清、葛云峰、骆进、唐志成、陈涛、吴柯、易鸣、蒋良孝、任伟、文龙、韩光超、宋潮龙、周峰、黄传炎、付乐兵、燕绍九、陈建国、杨锐、Stepanov Alkesandr、武雪玲、李建慧、李德营、窦杰、程池、张冬梅、程青、刘勇岳、蒋淑兰、刘成林、张鹏飞、刘泽瑞、吴亚飞、周三栋、刘清秉、邹宗兴、张家铭、胡郁乐、陈丽霞、周佳庆、周佳军、胡成玉、唐厂、杨文剑、易颖、曹文熬、葛明峰、李敏、段男奇、成秋明、郝芳、徐元进、王家豪、刘贝、谭俊、陈思、姚卓森、李晶、刘天乐、潘秉锁、卢春华、严哲、张乐乐、刘少勇、王聪、柏伟、郭明强、李显巨、刘袁缘、张夏林、李军、陈国雄、刘敬寿、黄经纬、雷刚、张峰、陈麒玉、傅磊、田继军、李艳军、汪小妹、甘华军、伏海蛟、李宝庆、张道涵、孙嘉鑫、程万、刘立超、彭荣华、曾智伟、卢超、张洪艳、赵曼、马俊伟、葛翔、陈鑫、崔国栋、黄绍广、赵济、何治亮、蔡建超*、李文昌*、殷跃平*、邹才能*、王双明*、彭云彪*、吴炳方*、李耀国*、苏现波*、陈衍景*、葛良胜*、马保松*、苏学斌*、周可法*、唐亚明*、刘松林*、杨辰*、陈明剑*、赵杨*、张过*、李金增*、李小俚*、谢玉洪*、朱日祥*、秦绪文*、朱光有*、高德利*、李厚民*
0820	石油与天然气工程	17	姚光庆、顾军、蒋恕、龚斌、李恒、潘焕泉、李嘉光、王磊、蔡忠贤、钟志、许星光、王立柱、孙艳坤、于龙、李俊、杨峰、张凯

续表

一级学科代码	一级学科名称	2023年人数	导师姓名
0830	环境科学与工程	59	祁士华、胡超涌、鲍建国、曾宪春、刘慧、袁松虎、张彩香、谢作明、李平、张仲石、高旭波、石良、顾延生、董依然、孔少飞、葛继稳、陈昆仑、黄维雄、瞿程凯、童蕾、张伟军、刘鹏、余欢、邢新丽、刘邓、皮坤福、史建波、孙睿敏、汤鑫军、戴恒、盛桂莲、邓娅敏、苏春利、付庆龙、崔艳萍、李成城、高强、张运丰、彭静、马丽媛、陈伟、李俊霞、颜能、刘春生、杜尧、吴耿、杨渐、蒋永光、李立青、徐青、何清俊、梁任星、张鹏飞*、赵冰*、李双林*、任国玉*、吴振斌*、江桂斌*、陈梦舫*
0837	安全科学与工程	11	邓清禄、梅甫定、丁雁、周克清、毛少华、丁彦铭、倪晓阳、陆凯华、张国华、胡帆、刘浩
1201	管理科学与工程	23	余敬、严良、帅传敏、郭海湘、於世为、郭锐、王广民、王德运、朱镇、孙涵、侯俊东、郭明晶、马海燕、李龙锡、石咏、代姗姗、池毛毛、李江敏、陈漫、王小林、鲁玺*、张福庆*、熊国保*
1204	公共管理	26	王占岐、胡守庚、李世祥、龚健、李毅、宋小青、张绪冰、徐明、方世明、张峻峰、唐健、陈翠荣、王忠、柯佑祥、李士成、李晶晶、王凯平、胡中华、杨剩富、张道军、徐枫、廖启鹏、刘成、邓祥征*、沈体雁*、钟宝亮*
	合计	775	合计775人,其中兼职96人

注:*为兼职导师。

附录7 2023年分办学形式研究生数   单位:人

办学形式	在校生数						毕业生数
	合计	一年级	二年级	三年级	四年级	五年级及以上	
甲	1	2	3	4	5	6	7
总计	14 735	4667	4545	4236	785	502	3992
其中:女	6166	1980	1990	1728	301	167	1757
博士研究生	2460	603	533	479	425	420	381
其中:女	792	188	181	150	135	138	136
学术学位博士研究生	2330	518	488	479	425	420	381
其中:女	775	175	177	150	135	138	136

续表

办学形式	在校生数						毕业生数
	合计	一年级	二年级	三年级	四年级	五年级及以上	
全日制学术学位非定向博士研究生	2073	480	440	429	383	341	341
全日制学术学位定向博士研究生	257	38	48	50	42	79	40
专业学位博士研究生	130	85	45	0	0	0	0
其中:女	17	13	4	0	0	0	0
全日制专业学位非定向博士研究生	11	11	0	0	0	0	0
非全日制专业学位定向博士研究生	119	74	45	0	0	0	0
硕士研究生	12 275	4064	4012	3757	360	82	3611
其中:女	5374	1792	1809	1578	166	29	1621
学术学位硕士研究生	4630	1578	1559	1426	55	12	1423
其中:女	2287	802	768	682	31	4	703
全日制学术学位非定向硕士研究生	4536	1554	1530	1401	45	6	1389
全日制学术学位定向硕士研究生	52	11	19	16	3	3	23
非全日制学术学位非定向硕士研究生	1	0	0	0	0	1	0
非全日制学术学位定向硕士研究生	41	13	10	9	7	2	11
专业学位硕士研究生	7645	2486	2453	2331	305	70	2188
其中:女	3087	990	1041	896	135	25	918
全日制专业学位非定向硕士研究生	6006	2013	2008	1915	61	9	1785
全日制专业学位定向硕士研究生	120	47	41	28	4	0	48
非全日制专业学位非定向硕士研究生	8	0	0	0	0	8	9
非全日制专业学位定向硕士研究生	1511	426	404	388	240	53	346

注:1.在校生数按学年统计,截至2023年9月30日;2.毕业生数统计范围为2023年1月1日—2023年12月31日。

附录8 2023年分学科研究生数　　　　　　　　　　　　　　　　单位：人

学科	研究生	在校生数						毕业生数
		合计	一年级	二年级	三年级	四年级	五年级及以上	
总计	博士	2460	603	533	479	425	420	381
	硕士	12 275	4064	4012	3757	360	82	3611
法学	博士	83	17	15	17	20	14	13
	硕士	311	103	99	103	5	1	106
工学	博士	1530	405	347	295	253	230	218
	硕士	6896	2317	2338	2153	74	14	1962
管理学	博士	174	34	35	38	31	36	24
	硕士	2052	627	590	534	243	58	554
教育学	博士	0	0	0	0	0	0	0
	硕士	316	109	102	102	3	0	115
经济学	博士	70	17	16	15	14	8	17
	硕士	529	193	163	172	1	0	165
理学	博士	603	130	120	114	107	132	109
	硕士	1384	476	464	426	14	4	440
文学	博士	0	0	0	0	0	0	0
	硕士	308	91	103	109	5	0	103
艺术学	博士	0	0	0	0	0	0	0
	硕士	479	148	153	158	15	5	166
哲学	博士	0	0	0	0	0	0	0
	硕士	0	0	0	0	0	0	0

附录9 2023年校级优秀博士学位论文获奖情况（10人）

序号	作者姓名	导师姓名	博士学位论文题目	培养单位
1	宁文彬	蒂姆科·斯基	华北克拉通冀东杂岩内新太古代蛇绿混杂岩的厘定及其地球动力学启示	地球科学学院
2	王婷婷	郑建平	桐柏造山带早古生代壳幔相互作用过程：来自弧岩浆岩和橄榄岩的证据	地球科学学院

续表

序号	作者姓名	导师姓名	博士学位论文题目	培养单位
3	范高华	李建威	华北克拉通北缘东坪金-碲矿床地质-地球化学特征及成矿机制	资源学院
4	杨贵	梁玉军	$Bi_xMo_yO_z$基光催化材料的构筑及其降解水体典型抗生素的研究	材料与化学学院
5	许银盛	王圣平	钒酸锂电极材料的 knock off 扩散机制、结构设计及电化学行为	材料与化学学院
6	李昺	唐辉明	考虑离散元建模参数不确定性的滑坡运动过程概率评价方法研究	工程学院
7	杨小舟	罗银河	基于面波与体波数据联合反演的川滇地区壳幔横波速度结构研究	地球物理与空间信息学院
8	张东方	戴光明	星载光子计数激光雷达浅海测深关键技术研究	计算机学院
9	黎育朋	曹卫华	面向复杂地质钻进过程的故障检测与预警研究	自动化学院
10	杜勇	宋虎跃	华南早三叠世异常碳-氮-硫生物地球化学循环及其控制机理	生物地质与环境地质国家重点实验室

附录10　2023年校级优秀博士学位论文提名论文获奖情况（30人）

序号	作者姓名	导师姓名	博士学位论文题目	培养单位
1	金思敏	David Bryan Kemp	Volcanism and hydroclimate during the Paleocene-Eocene Thermal Maximum	地球科学学院
2	李东东	罗根明	华南和华北中元古代晚期生物群演化和环境背景	地球科学学院
3	赵佳伟	肖龙	锆石的冲击变质变形特征:基于希克苏鲁伯撞击构造的研究	地球科学学院
4	陈文汉	黄春菊	早侏罗世 Pliensbachian 晚期至 Toarcian 早期大洋氧化还原演化和环境变化	地球科学学院
5	程适	洪汉烈	亚热带气候条件下花岗岩风化成土过程主要矿物及地球化学演化特征	地球科学学院

续表

序号	作者姓名	导师姓名	博士学位论文题目	培养单位
6	李俊瑜	曹淑云	滇西红河-哀牢山剪切带新生代构造-岩浆演化及应变局部化过程	地球科学学院
7	徐珍	殷鸿福	晚二叠世—中三叠世植物演化及其环境效应	地球科学学院
8	张泽	黄春菊	上新世—更新世气候转型期轨道尺度亚洲季风演化及对全球变化的响应	地球科学学院
9	张德海	王国灿	东天山哈密盆地白垩纪以来构造-气候-地表过程研究	地球科学学院
10	王祥发	章军锋	俯冲碳酸盐再循环及其对华北克拉通岩石圈地幔改造的高温高压实验研究	地球科学学院
11	王鹏聪	朱宗敏	微生物对磁铁矿形成和改造的影响及其地质与环境意义	地球科学学院
12	钱煜奇	肖龙	月球风暴洋克里普地体的年轻火山活动	地球科学学院
13	马盈	蒋少涌	武夷山成矿带造山型金矿床的年代学、地球化学与成因机制研究	资源学院
14	刘涛	蒋少涌	赣东北灵山岩体岩浆-热液演化与铌钽成矿机制研究	资源学院
15	苏建辉	赵新福	南秦岭早古生代碱性岩-碳酸岩岩浆作用及铌-稀土成矿机制	资源学院
16	段冲	娄筱叮	聚集诱导发光多模块探针的构建及其在细胞器靶向递送和治疗中的应用	材料与化学学院
17	黄婧	李珍	外场增强 TiO_2 基复合光阳极的光电化学性能研究	材料与化学学院
18	严璐	谢先军	红树林湿地有机质驱动的生源要素演化过程研究	环境学院
19	罗利川	梁杏	岩溶水系统识别及水文过程模拟研究——以香溪河岩溶流域为例	环境学院
20	程晓钰	王红梅	中国南方喀斯特洞穴甲烷汇的微生物作用研究	环境学院

续表

序号	作者姓名	导师姓名	博士学位论文题目	培养单位
21	赵雅宏	马保松	混凝土排水管道 CIPP 修复内衬结构受力特性及试验研究	工程学院
22	李丽霞	契霍特金	中深井微生物自修复固井水泥浆实验研究	工程学院
23	黄国疏	胡祥云	多参数约束关键地热属性识别及精细评价：以雄安新区为例	地球物理与空间信息学院
24	徐昱	李波	滑带多场参数原位监测体系构建及关键技术研究	机械与电子信息学院
25	刘玲	杨明星	中国出土绿松石产地溯源关键技术及其应用	珠宝学院
26	周青超	沈锡田	拉长石的高温铜扩散机理与工艺研究及其在改色和鉴定上的应用	珠宝学院
27	梅启程	佘锦华	关于提升等价输入干扰方法扰动抑制性能的研究	自动化学院
28	陈继发	陈刚	基于深度学习的高分辨率遥感影像海岸带地表覆盖分类研究	海洋学院
29	廖秀红	胡兆初	激光剥蚀溶液进样技术及其在地质与环境样品元素、硼同位素分析中的应用	地质过程与矿产资源国家重点实验室
30	张远征	周爱国	潜流带沉积物降解乙草胺的作用机制及其碳同位素解析	地质调查研究院

附录11　2023年校级优秀硕士学位论文获奖情况（98人）

序号	作者姓名	导师姓名	硕士类型	硕士学位论文题目	培养单位
1	窦宇航	刘金铃	学历硕士	武汉市湖泊沉积物的地球化学特征及其环境指示意义	地球科学学院
2	何治林	邓浩	学历硕士	义敦地体北缘晚二叠世镁铁质岩变形、成因及大地构造意义	地球科学学院
3	张笛	曹凯	学历硕士	青藏高原东部理塘断裂带新近纪构造变形过程及其动力学意义	地球科学学院

续表

序号	作者姓名	导师姓名	硕士类型	硕士学位论文题目	培养单位
4	李博	李宝庆	学历硕士	广西上二叠统煤系中锂的赋存状态、富集机理和浸出试验研究	资源学院
5	贾悦锐	刘强虎	专业硕士	珠江口盆地白云西区始新世"对向拆离型复合洼陷"成因机制及沉积充填响应	资源学院
6	潘婷	左仁广	学历硕士	基于多源数据的卷积神经网络模型构建及其在岩性填图中的应用	资源学院
7	汪雪萍	左仁广	专业硕士	基于勘查地球化学数据的卷积神经网络模型构建与岩性识别	资源学院
8	王涛	杨锐	学历硕士	四川盆地东溪地区五峰-龙马溪组页岩超临界甲烷吸附机理研究	资源学院
9	郭亮亮	荣辉	专业硕士	钱家店铀矿床中铀矿物的赋存状态、地球化学特征及其对成矿的约束	资源学院
10	季浩	李艳军	专业硕士	赣西北甘坊复式花岗岩体岩浆-热液过程及锂成矿作用	资源学院
11	季泽龙	刘晓峰	学历硕士	峡东地区成冰系地层划分与沉积相研究	资源学院
12	刘顶	高强	专业硕士	基于 γ-Al_2O_3 固体 pH 缓冲特性的异相钴基催化剂的制备及其活化 PMS 性能研究	材料与化学学院
13	王一川	张孝进	学历硕士	基于金纳米粒子表面主客体相互作用的模拟酶及其性能研究	材料与化学学院
14	罗灿	王欢文	学历硕士	面向钠金属负极应用的矿物载体研究	材料与化学学院
15	孔苗苗	杨志红	专业硕士	蒙脱石基柔性膜的刺激响应及智能驱动行为研究	材料与化学学院
16	吕伊宁	李勇	专业硕士	白光型 Ln-MOF 传感阵列对水中多组分抗生素的识别分析	材料与化学学院

续表

序号	作者姓名	导师姓名	硕士类型	硕士学位论文题目	培养单位
17	张靖	赵凌	学历硕士	钙钛矿电催化剂的结构设计及其析氧性能研究	材料与化学学院
18	张子硕	李辉	学历硕士	基于自组装单分子层的电化学适配体传感器的表面性质及检测性能研究	材料与化学学院
19	张旺龙	张孝进	专业硕士	功能分子调控的水凝胶界面粘附及其应用	材料与化学学院
20	罗慈慧	黄羽	专业硕士	基于可控浸润性界面的光子晶体传感器制备及其检测性质研究	材料与化学学院
21	郭金芝	石良	学历硕士	微生物胞外还原碘酸根的分子机理	环境学院
22	熊耀劲	杜尧	学历硕士	典型冲湖积平原地下水系统中厌氧铁铵氧化过程的识别与控制因素研究	环境学院
23	蔡昕	李双林	学历硕士	初夏塔斯曼海-南大洋混合相关型遥相对盛夏东亚降水的影响	环境学院
24	赵培培	张伟军	专业硕士	基于高分辨率质谱的污泥基溶解性有机物的分子组成与化学多样性研究	环境学院
25	高伟康	马丽媛	专业硕士	产酸和产碱微生物对辉锑矿释放的机理研究	环境学院
26	吴丹阳	赵树云	学历硕士	冬季中高纬度大气季节内振荡对京津冀地区霾污染的影响	环境学院
27	甘馥硕	周佳庆	学历硕士	流态演变与流体性质对岩石裂隙非线性渗流影响机制研究	工程学院
28	周梦清	周克清	专业硕士	光响应型阻燃聚氨酯泡沫构筑与油水分离应用研究	工程学院
29	陈文露	丁彦铭	学历硕士	铝工业典型危废与固废热解特性研究	工程学院
30	张志伟	吴文兵	专业硕士	新建隧道上穿诱发既有盾构隧道纵向变形机制及失效概率分析	工程学院
31	栗志斌	龚文平	学历硕士	基于多源监测数据的基坑岩土参数概率反分析方法研究	工程学院

续表

序号	作者姓名	导师姓名	硕士类型	硕士学位论文题目	培养单位
32	刘雨欣	吴琼	专业硕士	干湿循环-渗流联合作用下巴东组粉砂质泥岩强度劣化机理研究	工程学院
33	郭利国	周佳庆	专业硕士	不同流态下粗糙岩石裂隙溶质运移机制与传输过程预测研究	工程学院
34	梁劲	胡新丽	学历硕士	基于脱湿的马家沟滑坡滑带土非饱和抗剪强度研究	工程学院
35	樊涛	郑君	专业硕士	回灌冷却作用下高温砂岩孔渗特征与损伤机理研究	工程学院
36	邓才莹	马保松	学历硕士	PE管与原位固化内衬复合结构的外压承载性能研究	工程学院
37	高琦	陈保国	学历硕士	EPS板减载条件下高填方箱涵长期受力特性与减载效果评价	工程学院
38	李师毓	吴琼	专业硕士	考虑异性结构面震动劣化的强震区软硬互层顺层岩质斜坡动态稳定性研究	工程学院
39	王一鸣	宋先海	学历硕士	浅地表多模式瑞雷波频散曲线多目标优化反演研究	地球物理与空间信息学院
40	金垚	董燕妮	专业硕士	基于流形测度学习的高光谱图像降维与分类方法研究	地球物理与空间信息学院
41	靖剑坤	严哲	学历硕士	基于PSF建模的三维地震断层及溶洞智能识别方法研究	地球物理与空间信息学院
42	占燕婷	吴柯	专业硕士	基于CNN与GCN的高光谱遥感图像分类研究	地球物理与空间信息学院
43	刘桐	陈涛	学历硕士	基于生成对抗网络的样本扩充策略在滑坡识别中的应用	地球物理与空间信息学院
44	唐榕馗	杨叶涛	专业硕士	基于自监督的城市大规模场景点云语义分割研究	地球物理与空间信息学院
45	陈海洋	汪玲玲	专业硕士	深度学习算法在地震相自动划分中的应用研究	地球物理与空间信息学院

续表

序号	作者姓名	导师姓名	硕士类型	硕士学位论文题目	培养单位
46	刘红蕾	汪利民	专业硕士	基于交通类地震背景噪声的多分量面波成像研究及应用	地球物理与空间信息学院
47	曾嘉	吴志超	专业硕士	矢量型孤子分子偏振动力学研究	机械与电子信息学院
48	冯诗洁	黄田野	学历硕士	克尔谐振腔中偏振复用型腔孤子的研究	机械与电子信息学院
49	谷志威	葛明峰	学历硕士	非线性群集拉格朗日力学系统的分层分布式优化	机械与电子信息学院
50	张润华	刘德刚	学历硕士	H型钢切割机器人离线编程系统设计与实现	机械与电子信息学院
51	高梦洁	肖拥军	学历硕士	国家公园环境教育途径、游客特征与环境教育感知——基于SOR框架的组态分析	经济管理学院
52	李安然	翁克瑞	学历硕士	基于个体敏感性的社会影响力最大化问题研究	经济管理学院
53	温阳	肖建忠	学历硕士	企业化石能源资产搁浅风险对投资者决策的影响分析——基于中国A股上市公司的证据	经济管理学院
54	魏思思	何霜	专业硕士	《水风险不容忽视：全球水的供应、质量和风险现状——南非视角》(第五章)英译汉翻译实践报告	外国语学院
55	邓湘文	王伦澈	学历硕士	城市景观多维扩展对城市热环境影响的数值模拟研究——以武汉为例	地理与信息工程学院
56	白鸿炳	钟敏	专业硕士	基于重构陆地水储量变化的长江流域近40年蒸散发估算	地理与信息工程学院
57	窦奇	解清华	学历硕士	基于广义极化SAR目标分解的作物覆盖区土壤湿度反演方法研究	地理与信息工程学院
58	金晓慧	胡超涌	学历硕士	东亚季风区2.8kaBP事件的变化特征及其驱动机制研究	地理与信息工程学院

续表

序号	作者姓名	导师姓名	硕士类型	硕士学位论文题目	培养单位
59	汪友军	彭星	学历硕士	基于协方差矩阵优化的 TomoSAR 林下地形反演研究	地理与信息工程学院
60	武金阳	宋妍	学历硕士	1982—2022 年中国陆地高分辨率太阳法向直接辐射数据集重建及变化特征研究	地理与信息工程学院
61	李俊璐	陈旭	学历硕士	中国东部季风区典型泥炭地的硅藻多样性时空格局	地理与信息工程学院
62	王睿	刘超	学历硕士	地方意义视角下旅游地社区居民空间认知研究	地理与信息工程学院
63	吴贝贝	陈占龙	专业硕士	面向越野机动的多层次通行环境模型与多目标路径规划算法研究	地理与信息工程学院
64	黄江旭	汪垒	学历硕士	液滴撞击非等温表面动力学特性的格子 Boltzmann 建模与仿真	数学与物理学院
65	张鸿宾	张保成	学历硕士	类比黑洞中的辐射屏蔽效应	数学与物理学院
66	郑子岳	陈欢	学历硕士	中子星非径向振荡和引力波辐射的研究	数学与物理学院
67	李文斌	李超群	专业硕士	基于鲁棒逻辑回归的标签真值推理算法研究	数学与物理学院
68	范大帅	易鸣	专业硕士	植物 microRNA 及其靶标预测算法研究	数学与物理学院
69	曹楠	陈涛	专业硕士	天然及优化处理海蓝宝石的鉴定方法研究	珠宝学院
70	朱鑫卓	彭红燕	学历硕士	科学传播内容对公众态度转变的影响研究——基于 Rasch 模型	艺术与传媒学院
71	余跃	徐青	专业硕士	大遗址建设控制地带乡村景观更新设计研究——以屈家岭遗址屈岭村为例	艺术与传媒学院
72	王薇烨	徐莉	专业硕士	欧普艺术在海洋环保主题海报设计中的应用研究	艺术与传媒学院

续表

序号	作者姓名	导师姓名	硕士类型	硕士学位论文题目	培养单位
73	张铧月	刘秀珍	专业硕士	化身认同视角下儿童AR科普图书游戏化设计研究	艺术与传媒学院
74	张贺	罗辉	学历硕士	基于共担原则的省际碳排放绩效目标分解与考核评估	公共管理学院
75	田雨	刘越岩	专业硕士	基于LADM的三维地籍数据库概念模型构建	公共管理学院
76	周凌云	方世明	学历硕士	"多校划片"政策对城市住宅价格的影响研究：来自北京市海淀区和西城区的准实验证据	公共管理学院
77	李瑞	龚文引	学历硕士	模型驱动的学习型模因算法求解绿色分布式柔性作业车间调度问题	计算机学院
78	曾子寅	谢忠	专业硕士	基于深度学习的大规模三维点云场景语义分割关键技术研究	计算机学院
79	王俊	唐厂	学历硕士	基于聚类的高光谱遥感影像波段选择方法研究	计算机学院
80	陈子琪	蒋良孝	专业硕士	基于众包数据特征的标记集成算法研究	计算机学院
81	杨子潇	陈麒玉	学历硕士	基于生成对抗网络的软硬数据协同三维地质模型自动重建方法	计算机学院
82	黄思奇	曾德泽	专业硕士	边缘云中面向云原生应用的服务间通信优化	计算机学院
83	侯绍薇	陈军	学历硕士	以人民为中心的绿色生活方式建构研究	马克思主义学院
84	王诗豪	郑世祺	学历硕士	基于事件触发的多智能体系统完全分布式协调控制	自动化学院
85	章越	王亚午	专业硕士	介电弹性体驱动器动力学建模与轨迹跟踪控制	自动化学院
86	张斌	姜晓伟	专业硕士	多通讯约束下的网络化控制系统最优跟踪性能研究	自动化学院

续表

序号	作者姓名	导师姓名	硕士类型	硕士学位论文题目	培养单位
87	赵昌峰	刘欢	学历硕士	基于电磁感应/磁异常的近地表未爆弹主动式成像探测方法研究	自动化学院
88	郭林坤	宋俊磊	专业硕士	基于曲面拟合和时频分析的三轴加速度计解耦	自动化学院
89	姜雨萱	陈珺	专业硕士	基于深度学习的遥感图像建筑物提取方法研究	自动化学院
90	纵冠宇	魏龙生	专业硕士	面向RGB-D显著目标检测方法研究	自动化学院
91	周从艳	姜涛	学历硕士	不同沉积环境中海洋沉积物光释光测年之环境剂量研究	海洋学院
92	夏效禹	赵恩金	专业硕士	波浪作用下人工块体斜坡堤数值模拟研究	海洋学院
93	胡梦蝶	庞岚	学历硕士	基于CIPP评价模式的硕士研究生课程思政评价指标体系构建研究——以D大学为例	教育研究院
94	刘玉林	周春燕	学历硕士	农村中学生的希望感及其干预研究	教育研究院
95	黄开旗	李超	学历硕士	碳酸盐结合态氯作为古海洋盐度指标研发及其在Shuram事件中的应用	生物地质与环境地质国家重点实验室
96	刘琦灵	田力	学历硕士	华南早—中三叠世始鳍龙目新材料的系统分类和演化研究	生物地质与环境地质国家重点实验室
97	邢腾	宋虎跃	学历硕士	沉积岩石中不同氮组分的同位素差异及古环境应用	生物地质与环境地质国家重点实验室
98	师崇文	袁松虎	学历硕士	黏土中三氯乙烯的电动强化微生物降解机理	生物地质与环境地质国家重点实验室

附录12　2023年第二十届中国研究生数学建模竞赛获奖情况一览表

题号	队伍编号	奖项	队长	队员1	队员2	指导老师
F	23104910064	一等奖	何梓芬	曾先景	周恒星	曾德泽
C	23104910029	二等奖	付智辉	陈佳龙	李雨露	葛明峰
C	23104910024	二等奖	金新雨	冯春生	龚舒慧	邵玉祥
D	23104910045	二等奖	杨佳钰	郑翔飞	刘凯迪	李宏伟

续表

题号	队伍编号	奖项	队长	队员1	队员2	指导老师
D	23104910010	二等奖	夏爽	李祚奇	邱会诚	陈占龙
E	23104910048	二等奖	吴佳慧	王颖	叶梦甜	付丽华
E	23104910051	二等奖	汪翔	季晗	金瑾	李宏伟
E	23104910007	二等奖	胡金金	吕晶	王静	刘汉兵
E	23104910060	二等奖	李皓悦	罗承威	江家正	王道胜
E	23104910036	二等奖	陈凯豪	谷依亮	洪浩佳	宋军
F	23104910018	二等奖	陈紫文	周石森	毛樊	万雄波
F	23104910041	二等奖	赵国宇	杨成林	郭云鹏	何勇
F	23104910030	二等奖	殷帆	潘文敏	杜若琪	赖旭芝
B	23104910069	三等奖	任学鹏	袁卓铭	张婉冰	王茂才
C	23104910020	三等奖	艾寒冰	张攀	沈月	宋先海
C	23104910023	三等奖	解植杰	薛家莲	黄琬喻	浮媛媛
C	23104910002	三等奖	陈峰	朱国强	张廷昱	龚文引
D	23104910019	三等奖	邱凯	方璇	刘佳奥	雷超
D	23104910037	三等奖	刘佳楠	叶行	林子涵	徐德义
E	23104910021	三等奖	蒋奥飞	柳江燕	李惠茹	张玉洁
E	23104910003	三等奖	吴磊	李星昊	李鹏翔	陈泽强
E	23104910040	三等奖	苏浩文	高天翔	梁弘健	秦浩
E	23104910012	三等奖	王欣鑫	徐岭兴	曹宇翔	蒋浩宇
E	23104910006	三等奖	段治国	刘尉琪	舒意	宗小峰
E	23104910042	三等奖	王焜	王鑫雨	方娇红	李宏伟
E	23104910056	三等奖	马岩波	邓幽兰	葛聪聪	黄刚
E	23104910011	三等奖	高伟	席妍宛好	程露	付丽华
E	23104910047	三等奖	胡渧	夏倩倩	彭志豪	任建四
F	23104910026	三等奖	尚霆锋	李天琪	杨伟昕	吴明魁
F	23104910054	三等奖	肖双林	徐自强	汪枫	韩伟、王力哲
F	23104910031	三等奖	刘杰	陈添苗	万可	杜文英

注：参赛人员均为中国地质大学（武汉）在读研究生。

附表13 2023年国家公派研究生项目联合培养博士研究生候选人名单

序号	姓名	培养单位	专业名称	导师	留学单位	国别	留学期限/月	留学身份
1	陈静	环境	水文地质学	甘义群	加拿大渥太华大学	加拿大	12	联合培养博士研究生
2	高淇	资源	石油与天然气工程	许星光	加拿大阿尔伯塔大学	加拿大	12	联合培养博士研究生
3	冯菁	工程	地质工程	汪洋	荷兰代尔夫特理工大学	荷兰	24	联合培养博士研究生
4	李洋	自动化	控制科学与工程	何勇	韩国岭南大学	韩国	24	联合培养博士研究生
5	李乐广	地学	地质学	王连训	德国赫姆霍兹地学研究中心	德国	18	联合培养博士研究生
6	赵暗影	自动化	控制科学与工程	赖旭芝	日本东京工科大学	日本	24	联合培养博士研究生
7	张妍婷	生环	环境科学与工程	袁松虎	德国图宾根大学	德国	12	联合培养博士研究生
8	罗涛	资源	矿产普查与勘探	郭小文	澳大利亚昆士兰大学	澳大利亚	12	联合培养博士研究生
9	王丽	资源	矿产普查与勘探	韩元佳	加拿大阿尔伯塔大学	加拿大	24	联合培养博士研究生
10	周浩	环境	环境科学与工程	张伟军	新加坡南洋理工大学	新加坡	12	联合培养博士研究生
11	张崴	环境	环境科学与工程	张伟军	澳大利亚昆士兰大学	澳大利亚	24	联合培养博士研究生
12	陈康力	资源	石油与天然气工程	许星光	美国科罗拉多矿业大学	美国	24	联合培养博士研究生
13	王铁	工程	土木工程	严成增	加拿大多伦多大学	加拿大	12	联合培养博士研究生
14	王雪松	海洋	海洋科学	官勐	德国基尔亥姆霍兹海洋研究中心	德国	24	联合培养博士研究生
15	易扬	经管	应用经济学	杨树旺	加拿大卡尔加里大学	加拿大	12	联合培养博士研究生
16	李海泉	地调	矿产普查与勘探	郑有业	德国卡尔斯鲁厄理工学院	德国	13	联合培养博士研究生
17	占乐凡	地学	地质学	曹淑云	奥地利萨尔茨堡大学	奥地利	12	联合培养博士研究生
18	陈泰一	工程	地质工程	徐光黎	日本京都大学	日本	12	联合培养博士研究生
19	路祥翼	经管	应用经济学	肖建忠	新西兰奥克兰大学	新西兰	12	联合培养博士研究生

续表

序号	姓名	培养单位	专业名称	导师	留学单位	国别	留学期限/月	留学身份
20	刘琪	经管	管理科学与工程	朱镇	美国爱荷华大学	美国	18	联合培养博士研究生
21	牛真真	环境	环境科学与工程	孔少飞	瑞士保罗谢勒研究所	瑞士	12	联合培养博士研究生
22	刘冰宏	国重	地质学	陈唯	英国圣安德鲁斯大学	英国	24	联合培养博士研究生
23	祝思维	地空	地球探测与信息技术	胡祥云	加拿大纽芬兰纪念大学	加拿大	12	联合培养博士研究生
24	王倩芸	国家野外站	土木工程	唐辉明	英国利物浦大学	英国	12	联合培养博士研究生
25	何庆	资源	矿产普查与勘探	童田	加拿大阿尔伯塔大学	加拿大	12	联合培养博士研究生
26	李兵权	自动化	控制科学与工程	牛瑞卿	荷兰特文特大学	荷兰	16	联合培养博士研究生
27	史语桐	地学	行星地质与比较行星学	肖龙	德国明斯特大学	德国	24	联合培养博士研究生
28	张一帆	地信	测绘科学与技术	禹文豪	美国明尼苏达大学双城分校	美国	12	联合培养博士研究生
29	李敏	自动化	控制科学与工程	陈略峰	加拿大阿尔伯塔大学	加拿大	16	联合培养博士研究生
30	林磊	资源	石油与天然气工程	钟志	英国利兹大学	英国	12	联合培养博士研究生
31	张峻峰	地学	矿产普查与勘探	严德天	美国新泽西州立罗格斯大学	美国	24	联合培养博士研究生
32	李志国	地学	地质学	谢树成	德国图宾根大学	德国	18	联合培养博士研究生
33	刘倚麟	地学	地质学	赵军红	捷克科学院	捷克	13	联合培养博士研究生
34	尹家一鸣	工程	土木工程	马保松	日本九州大学	日本	12	联合培养博士研究生
35	刘储鑫	国重	地质学	巫翔	德国拜罗伊特大学	德国	18	联合培养博士研究生
36	钱呈	资源	地球探测与信息技术	成秋明	意大利比萨大学	意大利	12	联合培养博士研究生
37	王德诗	自动化	控制科学与工程	姜晓伟	意大利罗马第一大学	意大利	12	联合培养博士研究生
38	游乐	经管	管理科学与工程	帅传敏	澳大利亚麦考瑞大学	澳大利亚	18	联合培养博士研究生
39	赵雨佳							

续表

序号	姓名	培养单位	专业名称	导师	留学单位	国别	留学期限/月	留学身份
40	黄鑫	环境	水利工程	梁杏	澳大利亚弗林德斯大学	澳大利亚	6	联合培养博士研究生
41	任欢歌	地学	地球化学	刘勇胜	法国巴黎地球物理学院	法国	15	联合培养博士研究生
42	袁志伟	地学	地质学	宋海军	瑞士内日瓦自然历史博物馆	瑞士	12	联合培养博士研究生
43	熊涛	环境	地下水科学与工程	万军伟	加拿大滑铁卢大学	加拿大	12	联合培养博士研究生
44	朱林锋	工程	土木工程	王亮清	加拿大不列颠哥伦比亚大学	加拿大	12	联合培养博士研究生
45	曹鑫鑫	工程	地质工程	宁伏龙	加拿大卡尔加里大学	加拿大	12	联合培养博士研究生
46	熊书苓	资源	矿产普查与勘探	杨锐	加拿大阿尔伯塔大学	加拿大	12	联合培养博士研究生
47	黄大正	国重	地球探测与信息技术	左仁广	德国亥姆霍兹德累斯顿罗森多夫研究中心	德国	12	联合培养博士研究生
48	吴晓俊	地信	测绘科学与技术	胡翔涌	法国泰莱大学	法国	12	联合培养博士研究生
49	王雄	地信	测绘科学与技术	宋小青	新加坡南洋理工大学	新加坡	12	联合培养博士研究生
50	唐春燕	工程	地质工程	唐辉明	意大利博洛尼亚大学	意大利	12	联合培养博士研究生
51	万杰	地探实验室	军事地质学	谢忠	加拿大滑铁卢大学	加拿大	12	联合培养博士研究生
52	李文元	地学	地质学	曹淑云	意大利都灵大学	意大利	24	联合培养博士研究生
53	彭佳	地信	测绘科学与技术	陈旭	荷兰生态研究所	荷兰	12	联合培养博士研究生
54	向子林	国家野外站	地质工程	窦杰	意大利帕多瓦大学	意大利	12	联合培养博士研究生
55	张超	地学	地质学	马强	法国洛林大学	法国	12	联合培养博士研究生
56	谢科友	自动化	控制科学与工程	张传科	韩国庆北国立大学	韩国	12	联合培养博士研究生
57	马鹏飞	地学	地质学	杜远生	加拿大阿尔伯塔大学	加拿大	6	联合培养博士研究生
58	杨亮	工程	地质工程	汪洋	奥地利维也纳大学	奥地利	12	联合培养博士研究生

续表

序号	姓名	培养单位	专业名称	导师	留学单位	国别	留学期限/月	留学身份
59	杜浩	资源	矿产普查与勘探	余刚	加拿大达尔豪斯大学	加拿大	24	联合培养博士研究生
60	陈笑蔚	地学	行星地质与比较行星学	王华沛	英国利物浦大学	英国	12	联合培养博士研究生
61	严亮轩	工程	地质工程	殷坤龙	挪威地质研究所	挪威	12	联合培养博士研究生
62	王怡冰	自动化	控制科学与工程	吴敏	日本东京工业大学	日本	24	联合培养博士研究生
63	叶子倩	资源	矿产普查与勘探	朱红涛	加拿大西蒙菲沙大学	加拿大	12	联合培养博士研究生
64	高嘉辰	资源	矿产普查与勘探	郝芳	加拿大纽芬兰纪念大学	加拿大	16	联合培养博士研究生
65	李红	地信	测绘科学与技术	万波	澳大利亚蒙纳士大学	澳大利亚	12	联合培养博士研究生
66	赵玉	地空	地球探测与信息技术	陈丽霞	日本九州大学	日本	12	联合培养博士研究生
67	彭赛楠	材化	资源与环境化学	廖桂英	澳大利亚悉尼科技大学	澳大利亚	24	联合培养博士研究生
68	宋证	地学	地质学	洪汉烈	加拿大阿尔伯塔大学	加拿大	12	联合培养博士研究生
69	陈晨	数理	现代数学与控制理论	卢成	英国爱丁堡大学	英国	24	联合培养博士研究生
70	高浩然	公管	公共管理	龚健	德国哥廷根大学	德国	12	联合培养博士研究生
71	苏春梅（现改名苏乐为）	生环	地质学	陈中强	德国埃尔朗根-纽伦堡大学	德国	12	联合培养博士研究生
72	李天聪	计科	地学信息工程	蔡之华	英国邓迪大学	英国	12	联合培养博士研究生
73	包丰	计科	地学信息工程	王茂才	英国德蒙福特大学	英国	18	联合培养博士研究生
74	孙思璇	工程	地质工程	唐辉明	奥地利维也纳大学	奥地利	12	联合培养博士研究生
75	丁栩栋	工程	地质工程	唐辉明	西班牙维戈大学	西班牙	18	联合培养博士研究生
76	朱彦先	资源	矿产普查与勘探	何治亮	加拿大阿尔伯塔大学	加拿大	24	联合培养博士研究生

续表

序号	姓名	培养单位	专业名称	导师	留学单位	国别	留学期限/月	留学身份
77	万传强	机电	地质装备工程	韩光超	日本东京都立大学	日本	12	联合培养博士研究生
78	章文	自动化	控制科学与工程	吴敏	日本东京都立大学	日本	24	联合培养博士研究生
79	黄晨忱	工程	土木工程	殷坤龙	比利时荷语布鲁塞尔自由大学	比利时	12	联合培养博士研究生
80	张浩翔	资源	矿产普查与勘探	蒋少涌	德国亥姆霍兹波茨坦中心	德国	12	联合培养博士研究生
81	黄斌	地学	地质学	王伟	澳大利亚莫纳什大学	澳大利亚	12	联合培养博士研究生
82	李正米	计科	地学信息工程	唐厂	德国亥姆霍兹德累斯顿罗森多夫研究中心	德国	12	联合培养博士研究生
83	张少岩	工程	地质工程	龚文平	日本京都大学	日本	24	联合培养博士研究生
84	李高鑫	地调	矿产普查与勘探	郑有业	意大利佛罗伦萨大学	意大利	12	联合培养博士研究生
85	郭琳炜	自动化	控制科学与工程	曹卫华	加拿大维多利亚大学	加拿大	12	联合培养博士研究生
86	周子艺	环境	环境科学与工程	刘鹏	加拿大不列颠哥伦比亚大学	加拿大	24	联合培养博士研究生
87	李又升	工程	地质工程	晏鄂川	意大利萨莱诺大学	意大利	12	联合培养博士研究生
88	何非凡	地空	地球物理学	张保成	加拿大滑铁卢大学	加拿大	13	联合培养博士研究生
89	杨新志	工程	土木工程	章广成	加拿大阿德莱廷大学	加拿大	12	联合培养博士研究生
90	朱云龙	资源	矿产普查与勘探	李建威	澳大利亚科廷大学	澳大利亚	18	联合培养博士研究生
91	赵子豪	地调	地质学	王国灿	德国波茨坦大学	德国	12	联合培养博士研究生
92	石明明	环境	环境科学与工程	祁士华	英国兰卡斯特大学	英国	12	联合培养博士研究生
93	张笙任	资源	矿物学、岩石学、矿床学	赵新福	澳大利亚阿德莱德大学	澳大利亚	12	联合培养博士研究生
94	陈杨	工程	土木工程	Samuel T. Ariaratnam	美国普渡大学	美国	12	联合培养博士研究生

续表

序号	姓名	培养单位	专业名称	导师	留学单位	国别	留学期限/月	留学身份
95	蒙贤忠	工程	安全科学与工程	周传波	日本北海道大学	日本	12	联合培养博士研究生
96	杨硕	工程	地质工程	李德营	意大利萨莱诺大学	意大利	12	联合培养博士研究生
97	米丰溢	工程	地质工程	贺仲金	荷兰代尔夫特理工大学	荷兰	12	联合培养博士研究生
98	段浩然	经管	管理科学与工程	於世为	澳大利亚墨尔本大学	澳大利亚	12	联合培养博士研究生
99	牛季飞	工程	地质工程	胡新丽	意大利博洛尼亚本大学	意大利	12	联合培养博士研究生
100	栗惠文	地学	地球生物学	罗根明	瑞典隆德大学	瑞典	24	联合培养博士研究生
101	邢磊	工程	地质工程	龚文平	英国纽卡斯尔大学	澳大利亚	12	联合培养博士研究生
102	刘博	经管	管理科学与工程	郭海湘	美国俄勒冈州立大学	美国	12	联合培养博士研究生
103	肖倩	地学	地质学	余振兵	英国伦敦大学学院	英国	6	联合培养博士研究生
104	王翰韬	自动化	控制科学与工程	余锦华	日本名古屋工业大学	日本	24	联合培养博士研究生
105	郭泽玉	工程	土木工程	任兴伟	英国剑桥大学	英国	24	联合培养博士研究生
106	李潭	资源	矿产普查与勘探	严德天	英国伦敦大学学院	英国	12	联合培养博士研究生
107	冯徽	地学	地质学	杨江海	澳大利亚蒙纳士大学	澳大利亚	12	联合培养博士研究生
108	冯艳	地学	古生物学与地层学	宋海军	美国加利福尼亚圣克鲁斯分校	美国	12	联合培养博士研究生
109	孙瑞洁	工程	安全科学与工程	晏鄂川	澳大利亚蒙纳士大学	澳大利亚	12	联合培养博士研究生
110	赵楚雪	地学	地质学	冯庆来	法国里尔大学	法国	10	联合培养博士研究生
111	杨聪	环境	环境科学与工程	童蕾	澳大利亚昆士兰大学	澳大利亚	16	联合培养博士研究生
112	刘琦灵	生物地质与环境地质国家重点实验室	古生物学与地层学（含古人类学）	田力	英国布里斯托大学	英国	48	博士研究生

续表

序号	姓名	培养单位	专业名称	导师	留学单位	国别	留学期限/月	留学身份
113	邓雅婷	经济管理学院	数量经济学	洪水峰	新西兰奥克兰大学	新西兰	48	博士研究生
114	忽丹丹	数学与物理学院	应用数学	黄刚	加拿大纽芬兰纪念大学	加拿大	48	博士研究生
115	宋旻昊	海洋学院	物理海洋学	蒋浩宇	澳大利亚墨尔本大学	澳大利亚	48	博士研究生
116	桂华珍	桂华珍	环境科学	王开明	芬兰坦佩雷大学	芬兰	48	博士研究生
117	袁柯柯	数学与物理学院	原子与分子物理	杜秋姣	巴黎萨克雷大学	法国	48	博士研究生

国际学生教育

【概况】

（一）坚持服务国家大局，支撑国家重大战略，"中国-非洲地学研究中心非洲学院"揭牌，"一带一路"国际地学教育培训中心纳入第三届"一带一路"国际合作高峰论坛习近平主席成果声明

以服务国家外交大局、支撑国家重大战略为己任，为推动共建"一带一路"高质量发展，保障国家能源资源安全贡献力量，打造具有广泛国际影响力的地学合作研究和人才培养培训基地。2023年3月，学校与中国地质调查局联合成立"中国-非洲地学研究中心非洲学院"，为非洲国家开展地球科学国际合作提供人才和智力支持。积极建设"一带一路"国际地学教育培训中心，2023年10月，在第三届"一带一路"国际合作高峰论坛上，"一带一路"国际地学教育培训中心纳入习近平主席成果声明，服务国家能源资源安全战略，引领地学方向国际化高水平人才培育，为将我国建成具有重要国际影响力的全球教育高地贡献力量。

积极开展多边合作交流，与苏丹地矿部、蒙古地矿部、老挝能源与矿产部和埃塞俄比亚地矿部共商部委高级官员来校学习、培训事宜，拟同中国地质调查局一道，与上述国家地矿政府部门共同签署三方合作协议。14名国际学生参与中国地质调查局"沙特阿拉伯地质填图项目"英语强化培训班志愿服务。

（二）聚焦"国际学生生源质量提升工程"，积极拓展来华留学国家级项目，中国政府奖学金招生名额居全国前列

2023年，高质量完成中国政府奖学金高水平研究生项目、丝绸之路项目、国别奖项目、China Link国际暑期学校项目、国际中文教师奖学金项目、中国地质大学校长奖学金项目、万润奖学金项目、自费生项目等8个国际学生招生项目的录取工作，2023年共录取新生186人，包括预科生39人，本科生59人，硕士研究生31人，博士研究生28人，进修生29人。积极筹备，做好项目谋划，高质量完成了中国政府奖学金各项目的申报，获批中国政府奖学金指标位居全国前列。2023年学校新增3个中国政府奖学金项目，分别为中国政府原子能奖学金项目、China Link国际暑期学校项目、国际中文教师奖学金项目，来华留学国家级项目实现新突破。

2023年，继续联合研究生院发布《关于推荐2024级优秀国际学生研究生生源的公开信》，明确学校招生指标全面向"双一流"建设及重点扶持学科倾斜、向优秀科研团队及国际合作基础较好的导师倾斜，着重强调了招生环节中导师团队对硕博研究生进行视频面试及专业考察的重要性。严格确保生源质量，有力宣传了学校大力实施来华留学培养质量提升工程，狠抓生源质量等政策导向，明确了以学院为主导、以教师为核心、以生源质量为龙头的国际学生招生培养新格局。

（三）聚焦"'全球地大'国际形象塑造工程"，成立"全球地大"国际学生招生大使团，

构建多层次立体式的招生外宣格局，构建全员参与的招生宣传新局面。

2023年，成立"全球地大国际学生招生大使团"，提高国际传播能力与开放水平，构建"全员参与"的招生宣传新局面。立足自身优势，深入挖掘学校实力、特色和品牌，重点关注共建"一带一路"国家生源地的教育现状及其发展需求，有针对性地开展招生宣传。通过不同国家的优秀学生代表参与学校各类线上宣讲会，在各类海外社交媒体上发声宣传，争取生源国本土支持，扩大招生宣传影响力和说服力，做强做实"留学地大"品牌。

搭建多渠道全球招生宣传网络，加强学校留学地大项目宣传，吸引更多优秀国际学生到地大学习，4月14日至4月23日参加由教育部中外语言交流合作中心组织的2023年HSK中国留学展。12月6日至13日参加由教育部国家留学基金管理委员会组织的2023年中亚中国高等教育展，与哈萨克斯坦国立大学、乌兹别克斯坦地质大学等签署合作协议，在建立科研信息互换、学生联合培养与交换、科研项目合作和双方研究人员互访等方面开展深入合作。

（四）积极开展"双一流"建设研究生全英文学科课程群项目建设，提高学校国际化办学水平

在稳步推进落实首批"双一流"建设研究生全英文学科课程群项目建设工作的基础上，启动第二批项目立项。按照"统筹规划，分批推进"的原则，继续分批建设具有国际招生吸引力、反映我校优势学科前沿的"双一流"研究生全英文学科课程群。加强项目制度建设，出台《"双一流"建设研究生全英文学科课程群课程建设指南》，明确了课程建设的标准和要求，包括教学资源的准备、视频录制的相关要求等具体内容。

组织首批"双一流"研究生全英文学科课程群项目答辩会，第一批项目均顺利通过中期考核，举行第二批项目立项答辩会，启动地质学、地质资源与地质工程（地质工程）、控制科学与工程、应用经济学等4门第二批设建设项目。定期组织项目推进会、项目研讨会，与研究生院、发展规划及学科建设处、信息化办公室、各项目负责人深入探讨项目现存困难、改进思路与建设方向，力图进一步提升学校一流学科和培育学科对高等教育发达地区的优秀国际学生的吸引力，把学校一流学科做成品牌，推向世界。

（五）推进分类培养，加快构建来华留学教育质量保障体系，努力打造"丝路博士论坛"成为全国来华留学界学术引领品牌

加快推进"预科—本科—研究生"三级分类培养，全面升级人才培养质量、创新人才培养体系。人才培养是来华留学教育的第一质量、核心质量、根本质量，既要坚持整体发展，又要推进分类指导。预科生培养突出文理融合，着力提升汉语语言能力和基础学科成绩。2023年，学校共有39名预科生参加中国政府奖学金预科结业统一考试，考核合格38人，通过率97.4%，位居教育部中国政府奖学金本科来华留学预科教育基地前列。本科生培养突出产教融合，着力提升实践创新能力。加强课堂教学管理与监督，

每学期实施学分清查和学业预警制度,建立常态化、制度化的课堂考勤巡查制度。华友钴业(中国500强)国际学生实习基地揭牌。积极开展来华留学生专业教学实习实践,推动本科生将理论与实践相结合、在实践中练就过硬的专业技能,2023年先后组织在校本科留学生参加秭归地质野外实习、江汉油矿教学实习。

研究生培养突出科教融合,着力提升科研、创新能力。坚持以学术理念为主导价值,加强国际学生研究生培养过程监管,启动"国际学生研究生学业督学计划"。"丝路讲坛"和"丝路博士论坛",举办15期活动,每期全程直播,努力打造"丝路博士论坛"成为全国来华留学届学术引领品牌。国际学生在第二届中非青年创新创业大赛数字经济和创新服务中获一等奖2项、二等奖1项,学校获评最佳组织奖、优秀创新创业导师奖。承办全国来华留学生博士论坛暨丝路博士论坛,举办2023气候投融资国际论坛暨丝路讲坛。2023年,国际学生培养质量显著提升,累计发表52篇高水平学术论文。其中,发表T1级别论文11篇,发表T2级别论文41篇。

(六)坚持立德树人,深入探索来华留学思想文化教育建设体系,面向世界讲好中国故事,讲好地大故事

坚持立德树人,加强来华留学生思想教育工作,构建全员、全过程、全方位育人体制机制,完善中国国情教育体系,创新人文交流活动形式,不断促进文化融合和文化理解,让外国留学生"不见外",通过亲身经历更好读懂中国,向全世界宣介中国主张、中国智慧、中国方案。据不完全统计,2023年,国内外主流媒体积极报道学校国际学生350余篇(次)。

2023年,举办了"大道之行 筑梦丝路"中国地质大学第二届丹桂国际文化节。"地大钢铁侠讲述中国故事"入选全国优秀来华留学生成果展。国际学生《你是我的路》荣获教育部国家语委第五届中华经典诵写讲大赛全国总决赛二等奖。国际学生荣获教育部国际司举办的第六届"我与中国的美丽邂逅"来华留学生征文暨短视频大赛一等奖1项、特色奖3项,学校获评"最佳组织奖",殷思琴老师获"优秀指导教师奖"。学校获得"2023年武汉市洪山区高校留学生禁毒文艺汇演活动"二等奖和优秀组织奖。学校2名国际学生在中国外文局文化传播中心举办的2023来华留学生"对外文化贸易"人才选拔赛获奖,学校获"优秀院校组织奖",殷思琴老师获"优秀指导教师奖"。"向世界讲述中国故事:地大'钢铁侠'丝路国际学生志愿服务队"项目获评2023年武汉市第六届优秀志愿服务项目"十佳优秀志愿服务项目"。"重温丝绸之路壮举·读懂中国式现代化'一带一路'十周年中外学生实践团"受到团中央表彰。学校承办第七届武汉设计双年展暨第三届非洲青年创意人才培训活动。

(七)携手同行,持续助力,助推打造"留学湖北"品牌

学校作为湖北省教育国际交流协会外国留学生教育管理专业委员会会长单位,

2023年组织了湖北省来华留学生教育管理年度工作会议，参加全国来华留学教育学术会议；积极协助湖北省教育厅，参与组织了非洲三国"2023湖北高等教育展"，取得圆满成功。承接省湖北留管协会秘书处日常工作，编辑多期《湖北留管工作通讯》，积极传播"留学湖北"声音，打造"留学湖北"品牌。

【重要活动、事件】

1.坚持服务国家大局，"一带一路"国际地学教育培训中心纳入第三届"一带一路"国际合作高峰论坛习近平主席成果声明

2023年10月，在第三届"一带一路"国际合作高峰论坛上，"一带一路"国际地学教育培训中心纳入论坛主席声明务实合作项目清单，服务国家能源资源安全战略。2023年3月，与中国地质调查局联合成立"中国-非洲地学研究中心非洲学院"揭牌，为非洲国家提供人才和智力支持。

2.聚焦高端来华留学平台建设，积极争取国家重大项目与优质资源

近三年，成功申报了中国政府奖学金高水平研究生项目、丝绸之路奖学金项目、中非友谊项目、原子能奖学金项目、China Link国际暑期学校、国际中文教师奖学金等多个国家级项目，获批近800个中国政府奖学金名额，位居全国前列。

【追求学术卓越，实施"国际学生学术能力提升工程"，打造"留学地大"品牌】

坚持创办"丝路讲坛"和"丝路博士论坛"，累计举办70余场，营造浓厚学术氛围。近三年来，国际学生发表国际高水平学术论文202篇，其中T1:40篇、T2:162篇。2022至2023年，学校两次成功举办由国家留学基金委主办的感知中国：全国来华留学生博士论坛暨丝路博士论坛。

3.坚持产教融合，持续优化国际学生实践创新能力

学校与三峡集团、中石油、中石化、中海油安全技术服务有限公司、紫金矿业、蓝焰集团、天孚通讯等多家企事业单位签订了《来华留学生教育培养合作协议》，协同培养国际人才，共建实习基地，取得了良好效果。2023年，湖北万润新能源科技股份有限公司、三峡集团先后在学校设置国际学生奖学金，分别为200万元和400万元。

4.积极服务学校"双一流"建设，提高学校国际化办学水平。开展"双一流"研究生全英文学科课程群项目建设

积极服务学校培养高层次复合型国际人才需求，服务建设"地球科学领域国际知名研究型大学"战略目标。

5.2023年4月，成立"全球地大国际学生招生大使团"，不断推进"'全球地大'国际形象塑造工程"建设

完善国际传播工作格局，搭建多渠道全球招生宣传网络，构建"全员参与"的招生宣传新局面。

6.国际学生培养成果丰硕

继2021年4月，我校"钢铁侠"亮相外交部湖北全球特别推介活动后，2023年4月，"地大钢铁侠讲述中国故事"入选全国优秀来华留学生成果展。2023年6月，学校"钢铁侠"丝路国际学生志愿者服务队，获得"武汉市十佳优秀志愿者项目"称号。2023

年12月,"重温丝绸之路壮举·读懂中国式现代化'一带一路'十周年中外学生实践团"受到团中央表彰。

（撰稿：罗文旭、戴欣然；审稿：甘义群、许峰）

远程与继续教育

【概况】

学校继续教育坚持以服务全民终身学习为办学宗旨,充分依托学科、专业和资源优势,面向行业社会开展继续教育办学工作。学校确立"四个融通"继续教育发展目标,以"继本融通、继职融通、继培融通、继社融通"为基本途径,以"积极发展、规范管理、强化服务、提高质量"为工作指南,大力构建高水平的继续教育发展体系,以面向行业和地方培养实用型应用型人才为目标,结合办学定位和理念,主要分为学历继续教育和非学历继续教育两大类。其中学历继续教育包括网络教育、成人高等教育和自学考试三类,非学历继续教育包括高端培训和同等学力申硕两类。

【网络/成人教育】

成人高等教育招生专业20个,招生1124人,在校生1413人,毕业327人,授予学位30人。网络教育在校生26 247人,毕业10 747人,授予学位927人。在全国授权14个函授站招生。

2023年在相关政策调整、校本部教学点招生面临困难的情况下,充分发挥主观能动性,克服困难,坚持对学生负责、为学生服务

的宗旨。以提升学生专业知识与技能水平为出发点和落脚点,保障对招生、教学、毕业全过程管理培养模式。2023春季招生人数共计382人,其中高起专50人,专升本332人,涉及10个专业。

学院通过课程教学直播,主题讨论、课程答疑、学习笔记共享等方式进一步强化学习支持服务。依托18个专业教研室开展教学,2023春季学期开课429门,任课教师184人；2023秋季学期开课426门,任课教师182人。全年安排课程辅导、论文指导直播共计31场。全年(春季和秋季)课程考试组织在线考试共计287 502人次参加,其中在线机考人数163 715人次,离线考查123 787人次,考试过程全部采取人脸识别技术实施监管。论文管理2023年全年聘请指导教师2045人,评阅教师151人,全年评阅本科毕业论文12 010份,评阅专科实践报告8685份。统考报考22 480科次,统考合格12 960科次；免考合格1152科次。

完成9门高等学历继续教育网络课程资源的更新工作；新建"习近平新时代中国特色社会主义思想"网络课程资源；新建31门自考、同等学力申硕和高端培训网络课程资源。全年开展18次网络视频直播课。

34个高等学历继续教育校外教学点通过教育部审核备案。通过了8个省(区、市)教育部门对12个校外教学点的年报年检工作。80名毕业生荣获2023年"中国地质大学(武汉)高等学历继续教育优秀毕业生"称号。

新平台建设项目完成第二年度的开发

任务,实现缴费、授课、协议管理等功能,完成与外围系统的对接(作业系统、考试系统、财务系统、维普查重系统等)。老平台方面完成用户同步与学习数据中心对接,作业双接口问题得到解决,优化招生、学籍、统考、培训证书查询、统考报名预约系统和毕业流程;日常维护课程资源方面,开发测试环境平台搭建,大数据及数据库管理维护;配合各开发商做好人脸识别系统、统考系统、作业系统、论文查重、电子发票及电子签章等维护工作。

定期升级操作系统,杜绝安全漏洞,防范网络攻击,重要节点24小时监控服务器及应用系统,确保学院门户网站和教学平台的信息安全。

【自学考试】

自学考试主考专业12个(附录5),其中本科10个,专科2个。招生注册5718人,毕业学生1334人,授予学位126人。学费总收入600万元。新增助学机构7个,目前共计合作14个助学机构。

承接国家高等教育自学考试考点工作,考试考场数全市增幅第一,新增安检门、手机管理等考务环节,顺利完成3天6个时间段共计835个考场,考生人数9999人(24 590科次)的考试组织工作,实践环节考核共计1971人,11 728科次。评卷共计74门,751 093份。国考命题、省考命题共计49门,98套试卷,完成实践课程68门次的命题组织管理工作。论文答辩完成421人次。全年网络助学课件录制共6门。

制定自学考试助学机构年检实施办法,对助学单位办学环节严格审核,确保办学质量,助力规范办学,引导学校助学单位健康有序发展。

按照国家专业规范设置,完成土地资源管理(专升本)以及宝石鉴定及加工(专科)专业计划调整任务,目前2门专业已面向社会开考。

把握转型关键期,抢占专网机考技术实现先机和珠宝、土地资源管理等特色专业建设优化调整先机,助力自考考试方式数字化转型以及特色专业优势发展。

【高端培训】

打造非学历教育品牌,持续提升非学历教育服务能力。2023年9月,组织召开2023年度非学历教育工作推进会,引导各单位解放思想,转变观念,积极行动,扩大非学历教育办学规模。截至2023年12月,全年非学历教育立项447项,培训7342人次,合同金额3133万余元,项目数及合同金额较往年均大幅增加。2023年10月,学校成功入选数字技术工程师培育项目国家级培训机构;12月,申报的学历继续教育教学改革创新任务、非学历教育改革创新任务、探索三教统筹协同创新路径任务等3项入选2023年学习型社会建设(高等继续教育领域)重点任务名单。不断优化立项审批流程,推进非学历教育管理系统平台开发,提升非学历教育信息化、规范化、便利化水平。

【同等学力申硕】

同等学力申请硕士学位2024级共招收452人,涉及10个学院、13个专业。2023年共开展两次线下面授教学组织,5月,安排4

门公共课与20门专业课教学，聘请教师38名，共计选课2253门次；并在开课前完成2023级开学典礼、入学教育；10月，安排28门专业课教学，聘请教师38名，共计选课1212门次，顺利完成全年教学任务。根据国务院学位委员会办公室《关于做好2023年同等学力人员申请硕士学位外国语水平和学科综合水平全国统一考试工作的通知》，学校组织同等学力人员申请硕士学位研究生参加外国语水平和学科综合水平全国统一考试。2023年通过人数329人，通过率达47.66%。经过与各专业学院对接，符合条件转入专业学院，分别为2020级33人，2021级30人，2022级151人，由专业学院开展论文阶段撰写、开题、答辩等工作安排。

2023年由研究生院统一发文立项，同等学力申请硕士学位研究生在线课程资源建设，18门在线课程资源已顺利完成。

【教育合作】

坚持"走出去，请进来"，积极发挥国家专业技术人员继续教育基地、国家级职业教育"双师型"教师培训基地、中国地质学会职业与继续教育研究分会等平台的作用，加强与行业单位的合作交流，拓展办学资源。积极推进国家级职业教育"双师型"教师培训基地建设，首个"双师型"教师培训班顺利举办。走访各地校友会，搭建与校友之间联系交流的桥梁，17名学员被聘为"校友大使"。组织召开中国地质学会2023年学术年会分会场会议。持续组织编印《自然资源继续教育简报》4期，为行业宣传教育政策、传递职业教育信息、交流实践经验发挥了积极作用。面向行业单位坚持开展课题研究工作。组织申报的3项课题获批中国成人教育协会"十四五"成人继续教育科研规划2023年度课题。面向研究分会各委员单位首次设立开放基金课题，15项课题通过立项。积极推进地球科学普及工作，与中国地质大学逸夫博物馆、湖北省科学技术协会等单位联合开展世界地球日活动。

学院获评2023最具社会影响力高校网络与继续教育学院；《在新形势新要求下的高等学历继续教育校外教学点建设与管理》荣获优秀案例奖并入选中国高校远程与继续教育优秀案例库；学院自学考试团队获评2023年度武汉地区自考助学班先进考点。

【非学历教育】

打造非学历教育品牌，持续提升非学历教育服务能力。2023年9月27日，组织召开2023年度非学历教育工作推进会，引导各单位解放思想，转变观念，积极行动，扩大非学历教育办学规模。截至2023年12月，全年非学历教育立项447项，培训7342人次，合同金额3133万余元，项目数及合同金额较往年均大幅增加。2023年10月，学校成功入选数字技术工程师培育项目国家级培训机构；12月，申报的学历继续教育教学改革创新任务、非学历教育改革创新任务、探索三教统筹协同创新路径任务等3项入选2023年学习型社会建设（高等继续教育领域）重点任务名单。不断优化立项审批流程，推进非学历教育管理系统平台开发，提升非学历教育信息化、规范化、便利化水平。

（撰稿：左杨；审稿：隋明成）

[附录]

附录1 2022年（2023级）成人高等教育招生层次和专业

招生层次	专业名称
专科	建筑工程技术、测绘工程技术、安全技术与管理、工商企业管理
专升本	经济学、会计学、工商管理、行政管理、土地资源管理、法学、安全工程、测绘工程、资源勘查工程、水文与水资源工程、土木工程、计算机科学与技术、宝石及材料工艺学、机械设计制造及其自动化、自动化、地质工程

附录2 2023年成人高等教育学生数

单位：人

学习形式	招生数			毕业生数			在校生数		
	计	本科	专科	计	本科	专科	计	本科	专科
函授	1124	1045	79	327	273	54	1413	1269	144

附录3 2023年网络教育学生数

单位：人

毕业生数			在校生数		
计	本科	专科	计	本科	专科
19 584	10 747	8837	26 247	14 524	11 723

附录4 2022年（2023级）成人高等教育授权招生的函授站分布情况

省（区）	函授站（14个）
湖北省	校本部
安徽省	合肥函授站
福建省	福建函授站　泉州函授站
甘肃省	甘肃函授站
贵州省	贵州函授站
广西壮族自治区	广西函授站
湖南省	衡阳函授站　湖南函授站
海南省	海南函授站
河南省	郑州函授站　三门峡函授站
新疆维吾尔自治区	新疆函授站
浙江省	杭州函授站

人才培养

附录5　2022年自学考试主考专业及人数

序号	学科专业名称及代码	学习形式	招生总人数（人）
1	市场营销	非全日制专升本	16
2	工程管理	非全日制专升本	1376
3	宝石及材料工艺学	非全日制专升本	396
4	计算机科学与技术	非全日制专升本	26
5	视觉传达设计	非全日制专升本	18
6	地质工程	非全日制专升本	758
7	会计学	非全日制专升本	14
8	行政管理	非全日制专升本	988
9	英语	非全日制专升本	13
10	网络工程	非全日制专升本	1
11	测绘与地质工程技术	非全日制专科	2105
12	宝石鉴定与加工	非全日制专科	7
	总计		5718

附录6　2023年非学历培训教育项目

序号	办学部门	项目名称	培训形式	上课人数（人）
1	珠宝学院	102#/GIC宝石证书课程考试	线下	7
2	珠宝学院	102#/GIC宝石证书课程考试	线下	11
3	珠宝学院	102#GIC宝石证书课程（再考试）	深圳	11
4	远程与继续教育学院	地大在线培训项目	线上	78
5	珠宝学院	105#GIC翡翠鉴定师课程[2023年10月成都、广州（荔湾区）、番禺、佛山]	线下	22
6	珠宝学院	105#GIC翡翠鉴定师课程（2023年11月—12月四会市、呼和浩特、合肥）	线下	25
7	珠宝学院	101# GIC宝石基础课程考前辅导及实习（2024年1月武汉本院珠宝鉴定专业学生）	线下	14
8	公共管理学院	青海省核工业地质局生态修复与地质灾害研修班—青海省云天地质商务有限公司	线下	3

人才培养

续表

序号	办学部门	项目名称	培训形式	上课人数（人）
9	远程与继续教育学院	西藏自治区地质矿产勘查开发局第六地质大队专业技术人员继续教育在线培	线上	338
10	远程与继续教育学院	施甸县乡村振兴带头人培训班	线下	149
11	珠宝学院	101#GIC宝石基础课程（珠宝专业学生仅考试）(2023年7月南京)	线下	36
12	珠宝学院	102#/GIC宝石证书课程	线下	19
13	远程与继续教育学院	西藏自治区地质矿产勘查开发局第五地质大队专业技术人员继续教育在线培	线上	188
14	珠宝学院	102#/GIC宝石证书课程	线下	21
15	珠宝学院	105#GIC翡翠鉴定师课程（2023年8月呼和浩特）	线下	7
16	珠宝学院	524#GIC人工智能AI珠宝设计师课程（2023年8月武汉）	线上	6
17	远程与继续教育学院	2023年重庆市地矿局南江地质队地下水污染防治及科研课题申报培训班	线下	77
18	公共管理学院	青海省核工业地质局生态修复与地质灾害研修班培训—青海核工业地质局	线下	5
19	珠宝学院	北京102#GIC宝石证书课程（仅考试）	线下	25
20	珠宝学院	522#GIC电脑首饰设计Rhino建模师资格证书课程网课(10月武汉)	线上	5
21	珠宝学院	604-1#/GIC首饰蜡雕技师（初级）培训课程	线下	11
22	珠宝学院	524#GIC人工智能AI珠宝设计师课程（2023年6月武汉）	线上	7
23	公共管理学院	青海省核工业地质局生态修复与地质灾害研修班	线下	6
24	珠宝学院	513#GIC首饰设计（ipad手绘）初级证书课程（2023年9月佛山）	线下	12
25	珠宝学院	513#GIC首饰设计（ipad手绘）初级证书课程（2023年11月郑州（经开区）	线下	12

续表

序号	办学部门	项目名称	培训形式	上课人数(人)
26	珠宝学院	108♯GIC珍珠的鉴定与估价课程(2023年8月太原)	线下	17
27	外国语学院	雅思周末培训班	线下	17
28	珠宝学院	309♯GIC"与大师同行"云南金银锻錾技艺研修课程	线下	4
29	珠宝学院	405♯GIC琥珀鉴定师课程(2023年12月广州(荔湾区)	线下	11
30	珠宝学院	603♯GIC珐琅基础工艺课程(12月武汉)	线下	9
31	珠宝学院	603♯GIC珐琅基础工艺课程(8月武汉)	线下	10
32	珠宝学院	307♯GIC南阳珠宝玉石市场研修课程(2023年8月河南省南阳市)	线下	15
33	珠宝学院	105♯GIC翡翠鉴定师课程(2023年11月—12月四会市、呼和浩特、合肥)	线下	12
34	珠宝学院	502-2♯GIC电脑首饰设计Rhino建模师资格证书课程	线上	9
35	珠宝学院	103♯GIC钻石分级学课程(2023年11月北京朝阳区)	线下	36
36	珠宝学院	513♯GIC首饰设计(ipad手绘)初级证书课程(2023年12月佛山、深圳)	线下	16
37	珠宝学院	102♯GIC宝石证书课程(2023年11月北京朝阳区)	线下	51
38	珠宝学院	105♯/GIC翡翠鉴定师课程	线下	13
39	珠宝学院	103♯GIC钻石分级学课程(2023年6月武汉大学生班)	线下	20
40	珠宝学院	513♯GIC首饰设计(ipad手绘)初级证书课程(2023年10月广州荔湾区、武汉)	线下	18
41	珠宝学院	513♯GIC首饰设计(ipad手绘)初级证书课程(2023年6月佛山、深圳)	线下	17
42	远程与继续教育学院	全局总工程师和首席专家高级研修班(矿产资源勘查方向)	线下	28

续表

序号	办学部门	项目名称	培训形式	上课人数（人）
43	珠宝学院	103#GIC 钻石分级学课程（2023年10月上海工商、云南国资）	线下	12
44	珠宝学院	103#GIC 钻石分级学课程（2023年7月北京、成都高新区）	线下	26
45	珠宝学院	513#GIC 首饰设计（ipad 手绘）初级证书课程（2023年10月广州荔湾区、武汉）	线下	19
46	珠宝学院	104#GIC 钻石分级师班	线下	24
47	珠宝学院	611#GIC 首饰制作工艺师初级证书课程（2023年6月武汉）	线下	15
48	珠宝学院	105#GIC 翡翠鉴定师课程（2023年8月郑州经开区）	线下	15
49	珠宝学院	105#GIC 翡翠鉴定师课程（2023年11月—12月四会市、呼和浩特、合肥）	线下	16
50	公共管理学院	青海省核工业地质局生态修复与地质灾害研修班-青海工程勘察院有限公司	线下	10
51	公共管理学院	青海省核工业地质局生态修复与地质灾害研修班-青海鼎世地矿有限公司	线下	10
52	珠宝学院	512#GIC 首饰设计师（手绘）资格证书课程（2023年7月云南呈贡区）	线下	14
53	珠宝学院	武汉 101#GIC 宝石基础课程（线下实操）	线下	14
54	珠宝学院	513#GIC 首饰设计（ipad 手绘）初级证书课程	线上、线下结合	22
55	珠宝学院	102#GIC 宝石证书课程（仅实践考试）	北京	46
56	珠宝学院	104#GIC 钻石 4C 分级实践课程（2023年6月郑州）	线下	16
57	珠宝学院	405#GIC 琥珀鉴定师课程（2023年9月深圳市宝安区世纪琥珀博物馆）	线下	16
58	珠宝学院	105#GIC 翡翠鉴定师课程（2023年5月杭州）	线下	16
59	珠宝学院	武汉 103#GIC 钻石分级学线下实践	线下	12

续表

序号	办学部门	项目名称	培训形式	上课人数(人)
60	珠宝学院	103#GIC钻石分级学课程(2023年6月武汉大学生班)	线下	26
61	资源学院	华北油田上市储量管理及业务能力提升培训	线下	46
62	珠宝学院	103#GIC钻石分级学课程(2023年10月深圳)	线下	16
63	体育学院	初级户外培训	线下	25
64	珠宝学院	306#GIC珠宝首饰产业聚集区及市场研修课程(2023年10月云南)	线下	12
65	珠宝学院	104#GIC钻石4C分级实践课程(2023年7月青岛市北区)	线下	14
66	珠宝学院	108#GIC珍珠的鉴定与估价课程(2023年11月北京服装学院)	线下	17
67	珠宝学院	511#GIC首饰设计(手绘)初级证书课程(2023年10月武汉)	线下	16
68	珠宝学院	512#GIC首饰设计师(手绘)资格证书课程(2023年11月武汉)	线下	16
69	珠宝学院	101#GIC宝石基础课程(2023年10月深圳、云南国资)	线下	17
70	珠宝学院	523#/GIC电脑首饰设计Zbrush建模师资格证书课程(7月武汉)	线上	12
71	珠宝学院	404#GIC彩色宝石交易与评估师课程(2023年11月武汉)	线下	18
72	体育学院	初级攀岩社会体育指导员培训	线下	30
73	珠宝学院	105#GIC翡翠鉴定师课程(2023年12月广州荔湾区、佛山)	线下	19
74	珠宝学院	105#GIC翡翠鉴定师课程(2023年6月郑州、长沙、上海工商、佛山、云南国资)	线下	20
75	珠宝学院	306#GIC珠宝首饰产业聚集区及市场研修课程(2023年7月云南)	线下	13

人才培养

续表

序号	办学部门	项目名称	培训形式	上课人数（人）
76	珠宝学院	105#GIC翡翠鉴定师课程（2023年8月腾冲）	线下	20
77	珠宝学院	101#/GIC宝石基础课程线下实践课程		22
78	珠宝学院	103#GIC钻石分级学课程（2023年12月南京）	线下	16
79	珠宝学院	513#GIC首饰设计（ipad手绘）初级证书课程	线上、线下结合	24
80	珠宝学院	105#GIC翡翠鉴定师课程（2023年11月深圳、佛山）	线下	20
81	珠宝学院	101#GIC宝石基础课程（2023年10月合肥）	线下	25
82	体育学院	初级攀岩社会体育指导员培训	线下	34
83	珠宝学院	612#GIC首饰制作工艺师资格证书课程（2023年6月武汉）	线下	16
84	珠宝学院	105#GIC翡翠鉴定师课程（2023年10月成都、广州荔湾区、番禺、佛山）	线下	21
85	珠宝学院	101#GIC宝石基础课程（2023年9月武汉、广州荔湾区）	线下	20
86	珠宝学院	103#GIC钻石分级学课程（2023年6月成都成华区）	线下	16
87	珠宝学院	103#GIC钻石分级学课程（2023年7月腾冲）	线下	23
88	远程与继续教育学院	贵州地矿高层次人才综合素质提升培训班	线下	67
89	珠宝学院	103#GIC钻石分级学课程	线下	55
90	珠宝学院	105#GIC翡翠鉴定师课程（2023年7月昆明理工）	线下	23
91	珠宝学院	404#GIC彩色宝石交易与评估师课程（2023年12月上海建桥）	线下	23
92	珠宝学院	107#GIC和田玉鉴定师课程	线下	25
93	珠宝学院	101#GIC宝石基础课程（2023年7月杭州、腾冲）	线下	26

人才培养

续表

序号	办学部门	项目名称	培训形式	上课人数（人）
94	珠宝学院	105#GIC翡翠鉴定师课程（2023年11月郑州经开区、北京服装学院）	线下	24
95	珠宝学院	105#GIC翡翠鉴定师课程（2023年10月成都、广州荔湾区、番禺、佛山）	线下	26
96	珠宝学院	103#/GIC钻石分级学课程	线下	48
97	珠宝学院	102#GIC宝石证书课程（2023年7月南京）	线下	19
98	珠宝学院	404#GIC彩色宝石交易与评估师课程（2023年6月武汉）	线下	25
99	珠宝学院	103#/GIC钻石分级学课程	线下	19
100	远程与继续教育学院	湖北省科协党校市县科协主席培训班	线下	90
101	远程与继续教育学院	湖北省科协党校青年干部培训班	线下	133
102	珠宝学院	103#GIC钻石分级学课程（2023年7月广州番禺）	线下	22
103	珠宝学院	105#/GIC翡翠鉴定师课程	线下	25
104	珠宝学院	105#GIC翡翠鉴定师课程（2023年8月四会市）	线下	25
105	珠宝学院	105#GIC翡翠鉴定师课程（2023年10月四会市）	线下	27
106	珠宝学院	106#GIC绿松石鉴定师课程（2023年6月十堰市张湾区）	线下	31
107	远程与继续教育学院	大庆油田油(气)勘探开发经济评价培训班	线下	69
108	珠宝学院	306#GIC珠宝首饰产业聚集区及市场研修课程（2023年5月）	线下	17
109	珠宝学院	101# GIC宝石基础课程（2023年12月—2024年1月上海建桥、深圳）	线下	24
110	珠宝学院	404#GIC彩色宝石交易与评估师课程（2023年12月广州荔湾区）	线下	26

人才培养

续表

序号	办学部门	项目名称	培训形式	上课人数（人）
111	珠宝学院	105♯GIC翡翠鉴定师课程（2023年12月广州荔湾区、佛山）	线下	30
112	远程与继续教育学院	全局青年专业技术人员培训班	线下	40
113	珠宝学院	107♯GIC和田玉鉴定师课程（2023年11月镇平）	线下	26
114	珠宝学院	105♯GIC翡翠鉴定师课程（2023年8月北京服装学院）	线下	27
115	远程与继续教育学院	湖北省人社厅专业技术人才知识更新工程农业地质工作高级研修项目	线下	46
116	远程与继续教育学院	四川省绵阳市地质灾害防治、矿产资源管理和生态修复专题培训班	线下	55
117	珠宝学院	103♯GIC钻石分级学课程（2023年12月—2024年1月四会、上海建桥、广州荔湾区、深圳）	线下	29
118	珠宝学院	云南珠宝市场考察研修课程3.15—3.22	线下	18
119	珠宝学院	107♯GIC和田玉鉴定师班	线上、线下结合	27
120	珠宝学院	108♯GIC珍珠的鉴定与估价课程（2023年8月上海建桥）	线下	27
121	珠宝学院	108♯GIC珍珠的鉴定与估价课程（2023年10月武汉）	线下	26
122	珠宝学院	105♯GIC翡翠鉴定师课程（2023年7月腾冲）	线下	31
123	珠宝学院	101♯GIC宝石基础班（2023年5月）	线下	25
124	远程与继续教育学院	渤海油田专业技术及管理培训服务[中国地质大学（武汉）]	线下	23
125	珠宝学院	101♯GIC宝石基础课程[2023年12月青岛（胶州经济开发区）]	线下	27
126	珠宝学院	105♯GIC翡翠鉴定师课程（2023年6月郑州、长沙、上海工商、佛山、云南国资）	线下	30
127	珠宝学院	武汉103♯/GIC钻石分级学课程线下实践课程	线下	31

续表

序号	办学部门	项目名称	培训形式	上课人数(人)
128	珠宝学院	103♯GIC钻石分级学课程(2023年7月北京、成都高新区)	线下	24
129	珠宝学院	101♯/GIC宝石基础课程	线下	30
130	珠宝学院	103♯GIC钻石分级学课程(2023年5月大连)	线下	27
131	珠宝学院	101♯GIC宝石基础课程(2023年7月广州荔湾区、深圳)	线下	26
132	珠宝学院	107♯GIC和田玉鉴定师课程(2023年10月杭州、广州荔湾区)	线下	31
133	珠宝学院	501-1♯/GIC首饰设计(手绘)初级证书课程	线下	33
134	地质调查研究院	2023年中国地质调查局油气资源调查中心基础地质专题研修班	线下	25
135	远程与继续教育学院	原平市党政干部综合素能提升专题培训班	线下	44
136	远程与继续教育学院	华东冶金地质勘查局地球物理探测专业技术培训班	线下	45
137	海洋学院	石油地质高级研修班培训	线下	14
138	珠宝学院	103♯GIC钻石分级学课程(2023年6月深圳、广州荔湾区、南京)	线下	37
139	珠宝学院	101♯/GIC宝石基础课程	线下	27
140	珠宝学院	105♯/GIC翡翠鉴定师课程	线下	32
141	珠宝学院	108♯GIC珍珠的鉴定与估价课程(2023年5月广州)	线下	32
142	远程与继续教育学院	技术专家创新能力提升培训班	线下	18
143	远程与继续教育学院	碎屑岩勘探新进展培训班	线下	27
144	体育学院	全国攀岩教练员讲师培训班	线下	22
145	珠宝学院	105♯GIC翡翠鉴定师	线上、线下结合	35
146	远程与继续教育学院	河南省地质局高级专业技术人员科技创新能力提升培训班	线下	40

续表

序号	办学部门	项目名称	培训形式	上课人数(人)
147	珠宝学院	101#GIC宝石基础课程（2023年6月上海嘉定区）	线下	25
148	珠宝学院	108#GIC珍珠的鉴定与估价课程（2023年12月深圳）	线下	34
149	珠宝学院	102#GIC宝石证书课程（2023年11月广州荔湾区、成都(高新)、深圳、上海）	线下	24
150	珠宝学院	102#GIC宝石证书课程（2023年11月广州荔湾区、成都(高新)、深圳、上海）	线下	30
151	珠宝学院	107#GIC和田玉鉴定师课程（2023年9月镇平）	线下	35
152	珠宝学院	107#GIC和田玉鉴定师课程（2023年5月镇平、郑州）	线下	35
153	珠宝学院	105#GIC翡翠鉴定师课程（2023年7月广州荔湾区、佛山）	线下	38
154	珠宝学院	103#GIC钻石分级学课程（2023年6月深圳、广州荔湾区、南京）	线下	27
155	珠宝学院	103#GIC钻石分级学课程（2023年8月深圳、上海工商）	线下	27
156	珠宝学院	103#GIC钻石分级学课程（2023年10月上海工商、云南国资）	线下	28
157	珠宝学院	105#GIC翡翠鉴定师课程（2023年5月佛山、深圳）	线下	36
158	珠宝学院	105#GIC翡翠鉴定师课程（2023年5月佛山、深圳）	线下	34
159	远程与继续教育学院	全局总工程师和首席专家高级研修班（水工环地质方向）	线下	64
160	珠宝学院	512#GIC首饰设计师(手绘)资格证书课程（2023年5月武汉）	线下	31
161	珠宝学院	103#GIC钻石分级学课程（2023年7月武汉网课）	线上、线下结合	30

人才培养

续表

序号	办学部门	项目名称	培训形式	上课人数（人）
162	远程与继续教育学院	2022年重庆市地质矿产勘查开发局资源勘查开发技能提升培训	线下	40
163	远程与继续教育学院	2022年重庆市地质矿产勘查开发局地质灾害防治业务培训	线下	47
164	珠宝学院	105#GIC翡翠鉴定师课程（2023年9月深圳、佛山）	线下	38
165	珠宝学院	102#GIC宝石证书课程（2023年11月广州荔湾区、成都（高新）、深圳、上海）	线下	33
166	珠宝学院	103#/GIC钻石分级学课程	线下	37
167	珠宝学院	105#GIC翡翠鉴定师课程（2023年7月上海建桥）	线下	41
168	珠宝学院	101#GIC宝石基础课程（2023年6月上海建桥）	线下	40
169	资源学院	地质专业优秀骨干人才深度提升培训	线下	27
170	珠宝学院	102#GIC宝石证书课程（2023年8月广州荔湾区、深圳）	线下	28
171	珠宝学院	105#/GIC翡翠鉴定师课程	线下	39
172	珠宝学院	105#GIC翡翠鉴定师课程（2023年8月北京、广州佛山）	线下	39
173	珠宝学院	105#/GIC翡翠鉴定师课程	线下	43
174	珠宝学院	105#GIC翡翠鉴定师课程（2023年11月武汉）	线下	41
175	远程与继续教育学院	江苏省地质调查研究院境外填图专业英语强化培训班	线下	11
176	珠宝学院	105#GIC翡翠鉴定师课程（2023年9月深圳、佛山）	线下	43
177	远程与继续教育学院	忻州市规划和自然资源系统2023年度干部专业化能力提升培训班	线下	71
178	珠宝学院	105#GIC翡翠鉴定师课程（2023年11月深圳、佛山）	线下	45

续表

序号	办学部门	项目名称	培训形式	上课人数(人)
179	珠宝学院	101♯GIC宝石基础课程(2023年7月广州荔湾区、深圳)	线下	45
180	珠宝学院	308♯GIC珠宝艺术品鉴研修课程(2023年9月香港)	线下	17
181	珠宝学院	107♯GIC和田玉鉴定师课程(2023年7月河南省南阳市镇平县)	线下	46
182	珠宝学院	105♯/GIC翡翠鉴定师课程	线下	71
183	珠宝学院	武汉101♯GIC宝石基础线下实践课程	线下	48
184	远程与继续教育学院	青海省国土空间规划培训班	线下	94
185	远程与继续教育学院	2023年贵州省地矿局经营管理、企业管理业务培训班	线下	68
186	远程与继续教育学院	山西省自然资源系统地质矿产资源与"双碳"战略高质量发展专题培训班	线下	61
187	珠宝学院	101♯GIC宝石基础班(2023年5月)	线下	44
188	珠宝学院	102♯GIC宝石证书课程	线下	76
189	珠宝学院	101♯GIC宝石基础课程(2023年10月深圳、云南国资)	线下	44
190	珠宝学院	103♯GIC钻石分级学课程(2023年7月广州花都)	线下	36
191	珠宝学院	101♯/GIC宝石基础课程	线下	42
192	珠宝学院	101♯/GIC宝石基础课程	线下	49
193	珠宝学院	103♯GIC钻石分级学课程(2023年7月上海建桥)	线下	49
194	珠宝学院	103♯GIC钻石分级学班	线上、线下结合	48
195	珠宝学院	103♯/GIC钻石分级学课程	线下	71
196	珠宝学院	105♯GIC翡翠鉴定师	线上、线下结合	55
197	远程与继续教育学院	2023年度新入职教师岗前集中培训	线下	391

续表

序号	办学部门	项目名称	培训形式	上课人数（人）
198	珠宝学院	103#GIC钻石分级学课程（2023年9月武汉）	线下	61
199	珠宝学院	101#GIC宝石基础课程（2023年8月广州佛山、成都高新区、上海嘉定区）	线下	43
200	珠宝学院	101#GIC宝石基础（网课）课程（2023年10月武汉）	线上、线下结合	55
201	远程与继续教育学院	大庆油田新能源领军人才培训班	线下	44
202	珠宝学院	102#GIC宝石证书课程（2023年8月广州荔湾区、深圳）	线下	41
203	远程与继续教育学院	茂名市自然资源系统地质灾害防治工作业务知识培训班	线下	71
204	珠宝学院	102#GIC宝石证书课程[2023年11月广州荔湾区、成都（高新）、深圳、上海]	线下	54
205	地质调查研究院	中交二航局基础地质培训班	线下	40
206	珠宝学院	101#GIC宝石基础线下实践课程	线下实践	54
207	珠宝学院	101#/GIC宝石基础课程（线下实践）	线下	54
208	国家地理信息系统工程技术研究中心	地球物理及自然资源调查员培训班	线下	60
209	远程与继续教育学院	碳酸盐岩勘探新进展培训班	线下	50
210	珠宝学院	武汉101#GIC宝石基础线下实践课程	线下	57
211	珠宝学院	102#/GIC宝石证书课程	线下	76
212	珠宝学院	642#GIC首饰蜡雕技师（中级）课程	线下	9
213	地质调查研究院	水文地质与水资源调查技术培训班	线下	66
214	珠宝学院	101#/GIC宝石基础课程	线下	89
215	珠宝学院	101#GIC宝石基础（网课）课程（2023年6月武汉）	线上、线下结合	75
216	资源学院	大庆油田骨干技术人才培训班	线下	52

续表

序号	办学部门	项目名称	培训形式	上课人数（人）
217	珠宝学院	101#GIC宝石基础课程（2023年9月武汉、广州荔湾区）	线下	105
218	远程与继续教育学院	2023年山西地勘局地质环境高级研修班	线下	63
219	珠宝学院	102#GIC宝石证书课程（2023年9月武汉）	线下	94
220	远程与继续教育学院	2023年山西省地质勘查局地质找矿及勘探技术前沿高级研修班	线下	60
221	远程与继续教育学院	渤海钻探井下技术服务分公司基层领导及双序列干部培训班	线下	145
222	地质调查研究院	特殊地质业务培训	线下	25
223	远程与继续教育学院	中国地质调查局自然资源指挥中心基础地质调查业务能力培训班	线下	150
224	珠宝学院	307#GIC南阳珠宝玉石市场研修课程（2023年6月河南省南阳市）	线下	15
225	珠宝学院	641#GIC首饰蜡雕技师（初级）培训证书课程（2023年12月武汉）	线下	10
		合计		8465

附录7　2023级同等学力申请硕士学位招生情况统计表　　　　单位：人

序号	学院	专业	人数	合计
1	地球科学学院	地质学	47	47
2	资源学院	矿产普查与勘探	55	55
3	环境学院	环境科学与工程	50	67
		水利工程	17	
4	工程学院	土木工程	40	145
		地质工程	77	
		安全科学与工程	28	
5	地球物理与空间信息学院	地球探测与信息技术	20	20
6	海洋学院	海洋科学	5	5

续表

序号	学院	专业	人数	合计
7	地理与信息工程学院	测绘科学与技术	49	49
8	公管学院	土地资源管理	21	21
9	体育学院	体育学	23	23
10	计算机学院	计算机科学与技术	20	20
合计				452

附录8　2023年招生各专业人数一览表　　　　　　　　单位:人

序号	专业	层次	人数
1	安全工程	高起专	9
2	安全技术与管理	高起专	6
3	测绘工程	高起专	34
4	测绘工程技术	高起专	3
5	地质工程	专升本	4
6	法学	专升本	36
7	工商管理	专升本	9
8	工商企业管理	专升本	38
9	会计学	专升本	39
10	机械设计制造及其自动化	专升本	46
11	计算机科学与技术	专升本	51
12	建筑工程技术	专升本	3
13	经济学	专升本	55
14	水文与水资源工程	专升本	6
15	土地资源管理	专升本	7
16	土木工程	专升本	24
17	行政管理	专升本	8
18	自动化	专升本	4
合计			382

人才培养

附录 9　2023 年同等学力申硕在线课程资源建设统计表

序号	课程编号	课程名称	学时	学分	开课学院	所属学科	项目负责人	立项时间
1	S020020	石油及天然气地质学进展	48	3	资源学院	矿产普查与勘探	曹强	2023年3月
2	S060014	高分辨率遥感	32	2	地球物理与空间信息学院	地球探测与信息技术	喻鑫	2023年3月
3	S060001	GIS编程	32	2	地球物理与空间信息学院	地球探测与信息技术	杨叶涛	2023年3月
4	S040020	地下水数值模拟	48	3	工程学院	水利工程	王全荣	2023年3月
5	S040003	环境影响评价理论及应用	48	3	环境学院	环境科学与工程	崔艳萍	2023年3月
6	S170043	土地生态修复技术	48	3	公共管理学院	土地资源管理	徐枫	2023年3月
7	S170044	土地信息系统	48	3	公共管理学院	土地资源管理	童陆亿	2023年3月
8	S050003	安全仿真理论与技术	48	3	工程学院	安全科学与工程	胡俊杰	2023年3月
9	S040001	地下水污染与防治	48	3	环境学院	环境科学与工程	高旭波	2023年3月
10	S000003	行业发展前沿讲座	48	3	工程学院	土木工程、安全科学与工程、地质工程	葛云峰	2023年11月
11	S130005	体育产业导论	32	2	体育学院	体育学	姬庆	2023年11月
12	S010001	沉积地质学	48	3	地球科学学院	地质学	张宁	2023年11月
13	S020057	资源勘查技术进展	32	2	资源学院	矿产普查与勘探	付乐兵	2023年11月
14	S170073	公共管理研究方法	48	3	公共管理学院	土地资源管理	瞿诗进	2023年11月
15	S190046	算法与计算机复杂性分析	32	2	计算机学院	计算机科学与技术	王茂才	2023年11月
16	S190065	高级计算机系统结构	32	2	计算机学院	计算机科学与技术	熊慕舟	2023年11月
17	S190064	网络与信息安全	32	2	计算机学院	计算机科学与技术	宋军	2023年11月
18	S190014	数据挖掘与机器学习前沿	32	2	计算机学院	计算机科学与技术	蒋良孝	2023年11月

科学研究与学术管理

科学研究

【概况】

注重原始创新，加强研究方向布局，基础研究获得了新发展。一是科研项目及经费持续增长。新增科研项目1863项，实到经费8.15亿元，实到经费较去年增涨15.6%。其中纵向立项675项，实到经费3.72亿元；横向立项1040项，实到经费3.71亿元；国防科研立项148项，到账经费7289万元。二是基础研究发展态势良好。累计申报国家自然科学基金786项，获资助230项，其中获批国家创新研究群体1项、国家重大科研仪器研制项目1项、国家杰青1项、国家优青3项、重点项目4项等。湖北省自然科学基金累计获资助64项。三是高水平论文持续发表。发表SCI论文3622篇（第一作者单位2091篇），其中影响因子大于10的199篇，在SCIENCE、NATURE及其子刊上发表10篇，EI收录3194篇，SSCI收录213篇，CPCI-S检索44篇。

强化机制建设，加强基地体系布局，科研平台增添了新引擎。一是加强科技创新基地建设与运行管理。加快国重优化整合，牵头编制教育部地球科学领域国重优化重组指南。对现有省部级基地加大优势资源整合，充分发挥基地汇聚资源、集智攻关的核心作用。二是加强重点领域布局建设创新平台。推进聚光太阳能电池、长江流域生态环境全系监测与智慧管理重大科技基础设施，与中石化等单位共建3个全国重点实验室；推进建设长江实验室。湖北省批复支持学校牵头建设地球科学基础学科研究中心。获批地下水质与健康教育部重点实验室、自然灾害风险防控与应急管理湖北省新型智库、神农架大九湖湿地关键带野外科学观测研究站等3个省部级平台。

注重项目培育，加强合作体系搭建，社会服务迈上了新台阶。一是创新体制机制，靠前服务谋取重大项目。获批国家重点研发计划项目13项、课题23项，总经费21 593万元。统筹对接龙头企业，推介学校项目招投标，签署1000万元以上重大横向项目3项，百万级别项目88项。二是注重培育项目，搭建体系助力科技人才和产学研突破。精心准备并参与第二十五届中国国际高新技术成果交易会。积极推进科技创新人才及团队建设，陈伟涛、沈传波入选自然资源部高层次科技创新人才工程（地质找矿方向）科技领军人才，陈国雄、陈鑫、程万、付乐兵、王成彬、钟志入选青年科技人才。黄田野领衔团队获批湖北省科技创新团队。

融合多措并举，加强筑平台优评价，人文社科拓展了新空间。一是全程化项目管理。前期开展项目摸底，中期做好项目申报培训，后期做好项目管理。获批国家社科基金15项，其中重大项目2项，重点项目3项；教育部人文社科项目7项；获批省部级项目54项，获批体量和质量创新高。二是矩阵式推动新型特色智库建设。积极筹建自然资源数智治理、应急管理等智库平台，初步形成领域多元、层次丰富的智库矩阵。积极推进自然资源数智治理实验室、流域环境与长江文化湖北实验室建设，筹建长江流域国土空间治理与绿色发展研究院、湖北乡村文化发展研究院等交叉智库。三是夯实人文社科成果建设。优化评价体系，提升咨政服务能力，培育推荐优秀成果。2023年成功入选湖北省新型培育智库；积极咨政建言，16项成果获省部级领导批示、教育部、武汉市采纳；荣获CTTI2023年度智库研究优秀成果特等奖1项、二等奖1项。

聚焦优质成果，加强重大奖励培育，科技成果赢得了新收获。一是探索新模式，稳抓奖励质量做好服务引导。公布学校荣获2022年度湖北省科技奖共20项，其中作为牵头单位14项，一等奖3项、二等奖3项、三等奖8项。荣获2022年度自然资源科技进步二等奖3项，作为参与单位获自然资源科技进步奖（找矿奖）一等奖2项、二等奖2项，获自然资源科技进步奖二等奖3项。二是积极组织申报各类社会奖励及人才举荐。焦玉勇教授领衔项目获第十四届中国岩石力学与工程学会科学技术一等奖，杨华明教授领衔项目获2023年度非金属矿科学技术奖一等奖。王焰新院士获"中国环境科学学会会士"，王力哲教授获"2023智慧城市先锋榜领军人物"，孙启良教授获2023"海洋强国青年科学家"，刘双教授、郭海湘教授获自然资源青年科技奖，罗根明教授、马强教授、汪在聪教授均获第十九届侯德封矿物岩石地球化学青年科学家奖，李思田教授获第二届"中国沉积学终身成就奖"，沈俊教授获"第六届青年古生物学奖"。谢树成院士获"阿尔弗雷德·特雷布斯奖"，当选"2023年国际地球化学学会会士"和"美国地质学会荣誉会士"；左仁广教授当选国际应用地球化学家协会副主席并候任主席。

完善管理体系，加强服务能力提升，成果转化扩延了新格局。一是健全知识产权保护体系，提升专利质量。顺利通过知识产权贯标监督审核认证。专利申请767件，授权723件，其中发明专利613件，实用新型104件，外观设计6项。二是拓展成果转化渠道，创新转化方式。对重点团队进行走访，开展专利开放许可宣传推广及专利技术校企对接，拓展科技成果推广转化渠道，开展专利供需对接活动促进专利高质量转化。专利转化95项，转化金额1032万元。三是发挥学科特色和机制优势，加强知识产权产业平台建设。推进湖北省清洁能源产业运营中心建设，联合企业申报省知识产权局高端装备制造、光电子信息等高价值专利培育中心。

突出地大特色，加强军民深度融合，国防科研实现了新突破。一是聚焦科技前沿，有组织国防科研成效显著。新立国防项目166项，合同经费首次突破亿元大关。获批装备预研教育部联合基金4项、军委重点项目4项、湖北省重点研发专项公益事业类军民融合项目1项。二是凝练学科特色，平台团队建设创新突破。获批地质环境领域湖北省国防科技重点学科实验室1个、能源领域湖北省国防科技创新团队1个，实现省部级国防科研创新平台、团队新突破。三是深化合作交流，发挥军地桥梁纽带作用。积极开展"太阳系行星探测之旅"等主题开放日活动。张昊教授获国际天文学联合会小行星命名。四是强化能力保障、质量、保密工作稳步推进。顺利完成年度质量体系内部审核，稳步推进原有审核认证机构体系方向向新时代认证中心的过渡转移，顺利通过保密资质现场审查和取证。

丰富内涵外延，加强科协科普工作，科技交流收获了新成绩。一是做好服务引导，培育未来之星。承办"高校科协经验交流及建设发展研讨会""2023东湖论坛——新能源与绿色产业"主题论坛，以及全国岩溶地质学术年会等。谢树成院士当选武汉市科协副主席，刘先国教授当选为武汉市科协委员，金振民院士被授予武汉市科协荣誉委员。二是加强科普教育平台建设。新增全国科学家精神教育基地1家、国家自然资源科普教育基地1家、湖北省基地3家、武汉市基地5家，逐渐形成覆盖各学科，服务多领域的多层级科普教育平台。主办2023年青少年高校科学营，承办2023年湖北省科学实验展演活动。三是做好科普作品和科普工作者创作推荐。资助4部科普图书创作出版。获评湖北省优秀科普作品2部、自然资源部优秀作品1部、湖北省优秀科普微视频1部。积极举荐科普人才，陈晶获第六届湖北省科普先进工作者，刘芳获2023年湖北省十佳科普达人，徐世球、刘福江获洪山区"科普大使"，肖龙获科普中国星空计划"优秀创作者"，姜昕获全国科普讲解大赛二等奖等。四是持续做好学术交流工作。共主办、承办各类学术会议34场、讲座594场，其中名家论坛48场。承办国家自然科学基金委第351期双清论坛"深部地热资源勘查与开发利用的基础研究"，承办的"第十二届全国环境化学大会"参会人数逾万名，学校学术影响力持续提升。

【重要活动、事件、重大成果】

加强基地体系布局增添科研平台新引擎。2023年获批地下水质与健康教育部重点实验室、自然灾害风险防控与应急管理湖北省智库、神农架大九湖湿地关键带自然资源部野外科学观测研究站等 3 个省部级科研基地；获批湖北省国防科技（军民融合）重点学科实验室 1 个；成功入选湖北省新型培育智库。

资源学院李建威教授申请的《矿床学》创新研究群体项目获批立项。这是学校第 5 个，也是"十四五"期间获批的首个创新群体研究项目。该项目是目前我国学术影响力最大、竞争最为激烈的人才类项目之一，立项直接经费 1000 万元/项。该群体在传承学校冯景兰院士、袁见齐院士、翟裕生院士等老一辈矿床学家开创的学科基础上，将矿床学与矿物学和地球化学相结合、矿床地质调查与最新分析技术相结合、单个矿床精细解剖与区域成矿系统研究相结合、成矿模型与资源定量预测相结合，形成了以研究金、铁、铜、钨、锡、钴、稀土等战略性矿产资源为特色的研究团队。群体由 6 位骨干成员组成（其中国家杰青 2 人、国家优青 3 人），在"973 计划"、重点研发计划、国家自然科学基金、"111 计划"等项目的支持下，取得了一系列创新成果，群体将聚焦岩浆-热液成矿系统演化及其成矿效应这一关键科学问题，通过多学科交叉研究，创新战略性矿产资源成矿理论，研发找矿标识体系和勘查评价技术，带动找矿实现重大突破。

地球科学学院宋海军教授获批国家自然科学基金杰出青年基金项目。聚焦古海洋生态系统对古—中生代之交重大地质事件的响应，论证了生物灭绝的选择性，发现纬度多样性梯度消失；发现三叠纪早期的特异埋藏化石库贵阳生物群，揭示了海洋生态系统的快速复苏现象；探明了生物灭绝与温度变化之间的定量关系，揭示了大灭绝的温度阈值。宋海军教授以第一或通讯作者在 *Science*、*Nature Geoscience* 等期刊发表 SCI 论文 48 篇，被 SCI 他引 2200 余次，其成果被 *Nature*、*Science* 亮点报道，被写入国际古生物学、古生态学教材、IPCC 报告，3 次入选中国古生物学十大进展。获得中国青年科技奖特别奖、国家自然科学二等奖，是湖北省创新群体项目负责人。

地球科学学院马强教授获批国家自然科学基金优秀青年基金项目。聚焦大陆岩石圈演化研究前沿，揭示华北深部地壳的属性，为华北陆壳的形成演化和圈层相互作用提供制约；提出华北大陆埃达克质岩成因的新认识，约束了华北克拉通破坏时的地壳最大厚度，证实了华北克拉通自下而上的破坏过程；发现华北中生代岩浆活动的时空迁移规律，阐明了克拉通破坏与古太平洋板块俯冲和后撤之间的内在联系。马强教授以第一和/或通讯作者在 *EPSL*、*GCA*、*J Petrol* 等重要期刊上发表论文 15 篇，SCI 他引 493 次，曾获侯德封矿物岩石地球化学青年科学家奖、湖北省高校青年教师教学竞赛一等奖，入选湖北省青年拔尖人才培养计划。

地质过程与矿产资源国家重点实验室熊庆研究员获批国家自然科学基金优秀青年基金项目。利用岩石地球化学方法，研究大洋和大陆板块边缘岩石圈地幔的形成与演化，阐明了熔体在大洋扩张中心地幔内部的反应迁移过程以及熔岩反应在大洋岩石圈地幔形成中的重要作用，提出新特提斯洋岩石圈的"两阶段弧前增生"模型，揭示了俯冲带地幔楔记录的大陆弧深部岩浆作用和复杂交代过程。熊庆研究员在 Nature Communications、Earth and Planetary Science Letters、Journal of Petrology 等重要期刊发表第一和通讯作者论文 16 篇，SCI 他引 540 余次，入选湖北省"百人计划"（青年项目），获得侯德封矿物岩石地球化学青年科学家奖。

材料与化学学院张留洋教授获批国家自然科学基金优秀青年基金项目。围绕光催化制备太阳燃料中光生电子和空穴易复合的关键性难题，通过异质结构筑抑制光生载流子的复合，提出了四种梯型异质结构筑策略，利用原位光照 XPS 研究了梯型异质结的电子转移机理，利用飞秒瞬态吸收光谱研究了梯型异质结界面电子转移动力学。同时发展了新的助催化剂制备策略。张留洋教授在 Elsevier 出版社出版英文专著 2 部，且以第一作者或通讯作者在 Adv. Mater.、Nat. Commun. 等期刊上发表 SCI 论文 60 余篇，总他引次数超一万次，个人引文指数为 50，入选湖北省"百人计划"（青年项目），2022 年入选科睿唯安全球高被引科学家榜单。

学校成功入选湖北省新型培育智库。经过精心组织申报，2023 年学校成功入选湖北省新型培育智库，将在两年培育期结束验收合格后按程序授牌。湖北省新型智库是为深入贯彻党中央关于繁荣发展哲学社会科学的战略部署，落实省委关于加快构建中国特色哲学社会科学的实施意见精神，根据党中央、国务院关于建设高端智库的精神而设立。此次入选依托学校自然灾害风险防控与应急管理实验室建设，实验室发挥学校在地质、工程与环境领域优势，形成"地质—工程—环境—计算机—机电—自动化—设计—管理—心理—传播"完整学科生态链，突出特色，与国内相关研究机构错位发展，打造和建设新型高校智库、灾害数据库、灾害案例库以及应急装备中试基地、应急人才培训实践基地和应急科普传播基地。

学校获批 2 项国家社会科学基金重大项目。分别是经济管理学院於世为教授申报的"新型能源体系构建的路径与政策研究"、吴巧生教授申报的"我国深海战略性资源勘探开发政策研究"。"新型能源体系构建的路径与政策研究"从中国式现代化的视角拓展新型能源体系的新内涵，构建新型能源体系的理论动力机制与实证检验模型，揭示多元动力主体驱动体系构建的运行机理，提出新型能源体系构建的具体路径与支撑政策体系。"我国深海战略性资源勘探开发政策研究"拟通过构建基于"技术（资源）—经济（环境）范式"的多重异质性政策效应评估理论分析框架，创新深海战略性资源勘探开发政策工具优化理论与方法，揭示我国深海天然气水合物勘探开发政策体系作用于技术与经济双向可行的实现路径，剖析我国深海战略性金属资源勘探开发技术突破与政策体系的耦合，努力推动深海战略性资源勘探开发进程和产业化发展。

聚焦优质成果，加强奖励培育，科技成果赢得了新收获。学校作为第一完成单位共获 9 项 2023 年度湖北省科学技术奖励。其中谢树成院士主持的成果"长江中游两万年以来干湿古气候的演变规律与驱动机制"获 2023 年度湖北省自然科学奖一等奖；蒋恕教授主持的成果"非常规油气源-储-井-缝协同调控增产关键技术及工业化应用"获 2023 年度湖北省技术发明奖一等奖；王力哲教授主持的成果"自然灾害空间信息智慧应急关键技术、装备及应用"获 2023 年度湖北省科技进步奖一等奖。从深地到深空、从国土资源到智能制造，地大科技工作者聚焦新质生产力的新动能，持续加强基础研究和应用基础研究，研究探索学校如何在服务国家科教兴国战略和地区经济社会发展中贡献最大力量，彰显学校在打好关键核心技术攻坚战，培育发展新质生产力的决心和毅力。

高校科协经验交流及建设发展研讨会在学校召开。4 月 21 日，来自 43 所高校的 50 余位科协工作相关负责人在学校参加高校科协经验交流及建设发展研讨会。研讨会由湖北省高等院校科协工作研究会主办，学校科协、华中农业大学科协共同承办。研讨会上武汉大学、华中科技大学、武汉纺织大学、武汉东湖学院 4 所学校科协相关负责人，分别结合各自高校科协工作实际，围绕人才举荐、学术交流、科学普及、组织建设、智库服务等，进行了经验分享。在分组讨论阶段，与会代表聚焦健全高校科协间的合作对接机制、建设高水平学会和协会、推动科学普及、繁荣学术交流、打造科技工作者之家等话题，进行了研讨与交流，共同探索新时期高校科协工作发展创新思路。

抢抓科技前沿积极承办高规格学术会议。10 月 20 日，湖北省科技厅主办、学校承办的"2023 东湖论坛——新能源与绿色产业"主题论坛召开，150 余位院士专家、企业家聚集一堂，共谋新能源和绿色产业发展。会议共同探讨新能源领域的最新发展趋势、科技创新、产业升级以及可持续发展的战略方向，推动新能源与绿色产业领域的创新和发展，为构建长江经济带高质量发展建言献策。10 月 21 日—22 日，国家自然科学基金主办、学校承办的第 351 期双清论坛"深部地热资源勘查与开发利用的基础研究"召开，论坛面向世界科学前沿和国家对深部地热资源勘查与开发利用的重大需求，围绕科学前沿，凝练我国在该领域亟需关注和解决的重要科学问题。11 月 18 日，学校和中国化学会环境化学专业委员会共同主办了以"健康环境、宜居地球"为主题的第十二届全国环境化学大会，本次大会盛况空前，全国各地逾万名代表参会，投稿摘要数量也创下历届之最，分会议题设置最为全面，学术活动内容极为丰富。

（撰稿：段平忠；审稿：胡祥云）

[附录]

附录1　2023年国家级及省部级科研平台、基地

序号	名称	类别	创建时间
1	地质过程与矿产资源国家重点实验室	国家重点实验室	2005年
2	生物地质与环境地质国家重点实验室	国家重点实验室	2011年
3	地理信息系统国家地方联合工程实验室	国家地方联合工程实验室	2011年
4	国家地理信息系统工程技术研究中心	国家工程中心	2013年
5	地质工程国际科技合作基地	科技部国合基地	2012年
6	地球深部钻探与深地资源开发国际联合研究中心	国际联合研究中心	2018年
7	湖北巴东地质灾害国家野外科学观测研究站	国家野外科学观测研究站	2021年
8	地理信息系统软件及其应用教育部工程研究中心	教育部工程研究中心	2002年
9	资源环境经济研究中心	湖北省人文社科基地	2002年
10	自然资源部资源定量评价与信息工程重点实验室	自然资源部重点实验室	2004年
11	国家遥感中心地壳运动与深空探测部	科技部研究中心	2005年
12	油气勘探开发理论与技术湖北省重点实验室	湖北省重点实验室	2005年
13	岩土钻掘与防护教育部工程研究中心	教育部工程研究中心	2006年
14	湖北省黄姜皂素循环经济工程技术研究中心	湖北省工程技术研究中心	2006年
15	纳米矿物材料及应用教育部工程研究中心	教育部工程研究中心	2007年
16	构造与油气资源教育部重点实验室	教育部重点实验室	2007年
17	教育部长江三峡库区地质灾害研究中心	教育部985优势学科平台	2008年
18	湿地演化与生态恢复湖北省重点实验室	湖北省重点实验室	2008年
19	湖北省高校艺术创作中心	湖北省人文社科基地	2010年
20	自然资源部法治研究重点实验室	自然资源部重点实验室	2011年
21	大学生发展与创新教育研究中心	湖北省人文社科基地	2011年
22	地球内部多尺度成像重点实验室	湖北省重点实验室	2012年
23	紧缺矿产资源湖北省协同创新中心	湖北省协同创新中心	2012年
24	首饰的传承与创新发展研究中心	湖北省人文社科基地	2013年
25	智能地学信息处理湖北省重点实验室	湖北省重点实验室	2014年
26	湖北省区域创新能力检测与分析软科学基地	湖北省软科学基地	2014年
27	湖北省生态文明研究中心	湖北省智库	2014年
28	湖北省地下水与环境国际科技合作基地	湖北省国合基地	2014年
29	复杂系统先进控制与智能自动化湖北省重点实验室	湖北省重点实验室	2016年

科学研究与学术管理

续表

序号	名称	类别	创建时间
30	地质环境修复技术创新中心	自然资源部技术创新中心	2016年
31	湖北省水环境污染系统控制和治理工程技术研究中心	湖北省工程技术研究中心	2017年
32	中国特色社会主义理论研究中心地大分中心	湖北省人文社科基地	2017年
33	地质探测与评估教育部重点实验室	教育部重点实验室	2017年
34	流域关键带演化湖北省重点实验室	湖北省重点实验室	2018年
35	智能地质装备湖北省工程技术研究中心	湖北省工程技术研究中心	2019年
36	湖北省珠宝工程技术中心	湖北省工程技术研究中心	2019年
37	智慧地质资源环境技术工程研究中心	湖北省工程研究中心	2019年
38	三峡库区地质灾害湖北省野外科学观测研究站	湖北省野外科学观测研究站	2019年
39	三峡库区地质灾害教育部野外科学观测研究站	教育部野外科学观测研究站	2019年
40	地球探测智能化技术教育部工程研究中心	教育部工程研究中心	2019年
41	海洋地质资源湖北省重点实验室	湖北省重点实验室	2020年
42	长江流域环境水科学湖北省重点实验室	湖北省重点实验室	2020年
43	紧缺战略矿产资源省部共建协同创新中心	省部共建协同创新中心	2020年
44	地下水修复技术转化中试基地	湖北省中试基地	2020年
45	自然资源部深部地热资源重点实验室	自然资源部重点实验室	2021年
46	国家环境保护水污染溯源与管控重点实验室	生态环境重点实验室	2021年
47	湖北省氢能技术创新中心	湖北省技术创新中心	2021年
48	全空间智能信息处理技术及系统湖北省中试基地	湖北省中试基地	2021年
49	先进钻掘机械装备湖北省中试基地	湖北省中试基地	2021年
50	高校治理研究中心	教育部政策法规司研究中心	2022年
51	国土碳汇智能监测与空间调控技术创新中心	自然资源部技术创新中心	2022年
52	自然资源信息管理与数字孪生工程软件教育部工程研究中心	教育部工程研究中心	2022年
53	区域生态过程与环境演变湖北省重点实验室	湖北省重点实验室	2022年
54	湖北省地球科学基础学科研究中心	湖北省基础学科研究中心	2022年
55	地下水质与健康教育部重点实验室	教育部重点实验室	2023年
56	神农架大九湖湿地关键带自然资源部野外科学观测研究站	自然资源部野外科学观测研究站	2023年
57	自然灾害风险防控与应急管理	湖北省新型智库	2023年

附录2 2023年学校科研机构（研究所）、独立研究院

序号	机构名称	依托单位
1	行星科学研究所	地学院
2	数学地质与遥感地质研究所	资源学院
3	沉积盆地与沉积矿产研究所	资源学院
4	水资源与环境研究院	环境学院
5	可持续能源实验室	材化学院
6	中美联合非开挖工程研究中心	工程学院
7	勘查建筑设计研究院	工程学院
8	装备与仪器研究所	机电学院
9	旅游发展研究院	经管学院
10	电子商务国际合作中心	经管学院
11	语言文学研究所	外语学院
12	人工智能研究所	信工学院
13	材料模拟与计算机物理研究所	数理学院
14	应用心理学研究所	马克思主义学院
15	公共经济研究所	公共管理学院
16	空间智能计算与信息处理研究所	计算机学院
17	地质信息科技研究所	计算机学院
18	重大地质灾害研究中心	三峡中心
19	地球科学科普研究与创作中心	科发院
20	心理科学与健康研究中心	马克思主义学院
21	科技信息研究所	图书馆
22	创新发展战略研究院	科学技术发展院
23	数学科学中心	数理学院
24	文化遗产和岩土文物保护工程中心	工程学院
25	自然历史文化研究与传播中心	艺媒学院
26	深圳海洋工程与技术中心	海洋学院
27	能源环境管理与决策研究中心	经管学院
28	地质环境修复产业技术创新中心	环境学院
29	排水环境治理装备产业技术创新中心	机电学院

续表

序号	机构名称	依托单位
30	贵金属首饰数字化设计与制造产业技术创新中心	珠宝学院
31	园林陶瓷产业技术创新中心	材化学院
32	土壤与地下水修复产业技术创新中心	环境学院
33	长江流域碳中和产业技术创新中心	环境学院
34	基础工程装备产业技术创新中心	机电学院
35	高端模数芯片先进数字产业技术创新中心	机电学院
36	海洋电场传感器件产业技术创新中心	材化学院
37	制造过程智能控制与优化产业技术创新中心	自动化学院
38	智能传感陶瓷产业技术创新中心	材化学院
39	粤港澳地区土壤-地下水修复产业技术创新中心	环境学院
40	城市地下空间产业技术创新中心	工程学院
41	未来实验室建造产业技术创新中心	艺媒学院、机电学院
42	工业视觉检测产业技术中心	机电学院

附录3　2023年新增科研项目

项目类别	理工类项目			社科类项目			合计		
	立项数/项	合同经费/万元	实到经费/万元	立项数/项	合同经费/万元	实到经费/万元	立项数/项	合同经费/万元	实到经费/万元
1.横向一般	852	38 740	31 755	118	2784	2038	970	41 524	33 792
2.横向地勘/地灾	69	4299	3105	1	25	206	70	4324	3311
横向项目合计	921	43 039	34 860	119	2809	2244	1040	45 849	37 104
3.科技部/发改委	25	2376	7049	0	0	0	25	2376	7049
4.教育部项目	24	252	64	14	97	89	38	349	153
5.国家自然科学基金	251	15 648	17 770	0	0	0	251	15 648	17 770
6.国家社会科学基金	0	0	0	15	520	501	15	520	501
7.国务院其他部委	18	2151	2903	15	201	269	33	2353	3172
8.省市部门	148	4142	5234	31	476	384	179	4619	5618
9.地调/地勘基金	16	315	1086	0	0	0	16	315	1086
10.实验室	86	824	664	0	0	0	86	824	664
11.其他纵向	3	85	29	900	1143	32	985	1143	

续表

项目类别	理工类项目			社科类项目			合计		
	立项数/项	合同经费/万元	实到经费/万元	立项数/项	合同经费/万元	实到经费/万元	立项数/项	合同经费/万元	实到经费/万元
纵向项目合计	571	25 793	34 769	104	2195	2385	675	27 988	37 155
军民融合项目	148	10 033	7289	0	0	0	148	10 033	7289
2023 年总数	1640	78 865	76 918	223	5004	4629	1863	83 869	81 548

附录4　2023年新增国家级科技计划项目

序号	立项年度	项目负责人	项目名称	项目分类	项目子类	合同经费/万元	所属单位
1	2023	胡新丽	滑坡防治工程可靠性原位检测关键技术装备研发	国家重点研发计划	项目	2000	工程学院
2	2023	胡祥云	电磁多参数阵列测量仪系统研发及应用示范	国家重点研发计划	项目	1000	地空学院
3	2023	张发旺	北方喀斯特废弃煤矿区地下水污染防控与安全利用关键技术及示范	国家重点研发计划	项目	2294	环境学院
4	2023	李义连	典型区域地下水污染全过程防控与管理技术	国家重点研发计划	项目	1500	环境学院
5	2023	袁松虎	场地非均质含水层污染物时空演化的高精度表征	国家重点研发计划	项目	1200	生环国重
6	2023	郑建平	地幔物质循环与 Cr-PGE-Ni 聚集规律	国家重点研发计划	项目	1400	地学院
7	2023	章军锋	俯冲带碳的深部赋存、迁移与释放	国家重点研发计划	项目	1400	地学院
8	2023	李建威	中国东部中生代伸展-裂解背景下的圈层相互作用与成矿物质循环	国家重点研发计划	项目	1400	资源学院
9	2023	傅梁杰	煤系高岭土高值化加工利用的关键技术及应用示范	国家重点研发计划	国合项目	300	纳米中心

续表

序号	立项年度	项目负责人	项目名称	项目分类	项目子类	合同经费/万元	所属单位
10	2023	顾西辉	从海洋干旱到内陆干旱的传播过程、机制及预测——以中亚为例	国家重点研发计划	国合项目	100	环境学院
11	2023	陈莹	天然纳米结构微流控组装制备新型抗菌止血复合材料的研究	国家重点研发计划	国合项目	200	纳米中心
12	2023	顾西辉	长三角城市群超强台风-暴雨-洪水复合链式灾害风险评估与智慧防御	国家重点研发计划	青年科学家项目	300	环境学院
13	2023	沈俊	奥陶纪与志留纪之交海洋初级生产力演变与示踪评价关键技术	国家重点研发计划	青年科学家项目	300	地矿国重
14	2023	刘立超	宽频带电磁传感器与阵列式网络接收机制备	国家重点研发计划	课题	252	地空学院
15	2023	关庆锋	多时空尺度区域经济态势模拟预测技术	国家重点研发计划	课题	288	地信学院
16	2023	肖龙	真实月壤工程性能表征及月面岩土力学分析方法	国家重点研发计划	课题	289	地学院
17	2023	宋海军	大洋缺氧事件的古生态响应与反馈	国家重点研发计划	课题	336	地学院
18	2023	章军锋	俯冲带碳释放及其浅表效应	国家重点研发计划	课题	350	地学院
19	2023	汪在聪	俯冲板片中碳的赋存形式与效应	国家重点研发计划	课题	350	地学院
20	2023	郑建平	地幔物质组成、循环过程与Cr-PGE-Ni聚散规律	国家重点研发计划	课题	450	地学院
21	2023	吴益平	复杂动力学场景的地质灾害与国土空间交互作用规律	国家重点研发计划	课题	300	工程学院
22	2023	胡新丽	滑坡-防治结构多场耦合智能监测技术与装备	国家重点研发计划	课题	440	工程学院

续表

序号	立项年度	项目负责人	项目名称	项目分类	项目子类	合同经费/万元	所属单位
23	2023	龚文平	滑坡防治工程耐久性评估系统与补强加固技术	国家重点研发计划	课题	390	工程学院
24	2023	邓娅敏	关键元素和特征污染物的跨介质立体动态监测	国家重点研发计划	课题	900	环境学院
25	2023	刘慧	在产医药化工园区土壤-地下水系统污染物精准识别与时空分布刻画技术	国家重点研发计划	课题	380	环境学院
26	2023	高旭波	多场耦合影响下地下水水质演化关键过程及精准模拟	国家重点研发计划	课题	456	环境学院
27	2023	周建伟	矿坑水特征污染物原位削减材料与关键技术	国家重点研发计划	课题	456	环境学院
28	2023	祁士华	煤炭开发利用过程中特征污染物溯源与优控污染源清单建立	国家重点研发计划	课题	400	环境学院
29	2023	李义连	区域地下水污染全过程防控数值化平台与技术体系	国家重点研发计划	课题	312	环境学院
30	2023	胡成玉	面向快速换产需求的高柔性分布式智能生产网络构建技术	国家重点研发计划	课题	220	计算机学院
31	2023	张鹏	非均质含水层氧化还原容量表征方法与设备	国家重点研发计划	课题	200	生环国重
32	2023	袁松虎	非均质含水层污染物时空演化高精度表征的应用示范	国家重点研发计划	课题	320	生环国重
33	2023	陈琦丽	深海钻井泥浆回收装备监测预警分析系统	国家重点研发计划	课题	220	数理学院
34	2023	赵葵东	主要硼成矿区找矿预测、靶区优选与高效经济提取	国家重点研发计划	课题	485	资源学院
35	2023	李建威	大陆裂解过程中圈层相互作用与成矿物质循环	国家重点研发计划	课题	380	资源学院
36	2023	赵新福	扬子地台东北缘伸展-裂解与铁-铜循环	国家重点研发计划	课题	340	资源学院

附表5 2023年新增国家自然科学基金项目

批准号	项目名称	姓名	资助类别	批准经费/万元	项目起止年月
42321001	矿床学	李建威	创新研究群体项目	1000	2024-01/2028-12
42327803	基于特种光纤的多地球物理场分布式同步观测仪器系统研制	胡祥云	国家重大科研仪器研制项目	763.2	2024-01/2028-12
42325202	地球生物学	宋海军	国家杰出青年科学基金	400	2024-01/2028-12
U23A2023	长江中下游第四纪极端干湿古气候的演化及其驱动机制	朱宗敏	联合基金项目	260	2024-01/2027-12
U23A2042	水利工程运行下河岸带地下水动力学过程与氮磷迁移转化定量模拟	文章	联合基金项目	260	2024-01/2027-12
U2340206	三峡水库对长江中游地下水循环及典型生态环境演变的影响机制	刘慧	联合基金项目	257	2024-01/2027-12
U2340230	水位急变条件下水库堆积层滑坡启动机制与分级预测预警	章广成	联合基金项目	256	2024-01/2027-12
U2344218	多地球物理场高温热储响应与识别研究	刘双	联合基金项目	255	2024-01/2028-12
42330309	俯冲带中源地震成因机制的实验与观测对比研究	章军锋	重点项目	231	2024-01/2028-12
62333019	面向深海资源勘探的环境感知与智能协同控制	曹卫华	重点项目	231	2024-01/2028-12
42330201	白云石的微生物成因机制、识别标志及地质证据	王红梅	重点项目	230	2024-01/2028-12
42330104	微区分析高质量常用副矿物U-Pb年代学巨晶标样以及高精准激光微区定年方法研发	胡兆初	重点项目	229	2024-01/2028-12
42320104001	南非和华北金伯利岩地幔捕房体与大陆形成及命运制约因素研究	郑建平	国际(地区)合作与交流项目	210	2024-01/2028-12

续表

批准号	项目名称	姓名	资助类别	批准经费/万元	项目起止年月
42320104007	东南欧古-新特提斯转变构造-岩浆过程及动力学	曹淑云	国际(地区)合作与交流项目	209	2024-01/2028-12
22361142704	用于CO_2还原的无机有机复合S型光催化剂构建及其光催化机理研究	余家国	国际(地区)合作与交流项目	200	2024-01/2026-12
42322205	岩石学	马强	优秀青年科学基金项目	200	2024-01/2026-12
42322303	岩石地球化学	熊庆	优秀青年科学基金项目	200	2024-01/2026-12
52322214	太阳燃料光催化材料	张留洋	优秀青年科学基金项目	200	2024-01/2026-12
22361132529	MOF基异质结光催化剂太阳燃料制备：材料设计和机理研究	张留洋	国际(地区)合作与交流项目	150	2024-01/2026-12
42372054	铁对超深金刚石中氮、硼含量影响的高温高压研究	赖潇静	面上项目	54	2024-01/2027-12
42372068	俯冲洋壳在660-km地震不连续面附近脱碳过程的实验研究	张艳飞	面上项目	54	2024-01/2027-12
42372345	基于语义增强多点地质统计的三维地质体精细建模方法研究	刘刚	面上项目	54	2024-01/2027-12
42373023	华北克拉通鹤壁岩石圈地幔交代过程中来铜元素的行为研究	宗克清	面上项目	54	2024-01/2027-12
42373024	大陆下地壳紫铜元素组研究：来自下地壳剖面和包体中麻粒岩的约束	陈康	面上项目	54	2024-01/2027-12
42373031	高精度钙同位素分析方法研发及其在金伯利岩中的应用	冯兰平	面上项目	54	2024-01/2027-12
42373032	激光剥蚀电感耦合等离子体质谱高空间分辨率微区原位Lu-Hf年代学方法研究	罗涛	面上项目	54	2024-01/2027-12

续表

批准号	项目名称	姓名	资助类别	批准经费/万元	项目起止年月
42373038	热液流体与硅酸盐熔体之间钼同位素平衡分馏系数的实验研究	郭海浩	面上项目	54	2024-01/2027-12
12372223	热对流上自由漂浮板块的热惹效应及板块与对流的动态耦合	毛娅丹	面上项目	53	2024-01/2027-12
12374386	高效宽带铋激活红光材料的光动力学变价机理及发光性能研究	李国岗	面上项目	53	2024-01/2027-12
42372005	晚三叠世泛大洋地区牙形石动物群演化研究——以东北饶河地区为例	江海水	面上项目	53	2024-01/2027-12
42372024	神农架来洛生物群：揭示"雪球地球"时期生物面貌的特异埋藏化石库	叶琴	面上项目	53	2024-01/2027-12
42372035	华南二叠纪末大海退与生物大灭绝关系研究	赖旭龙	面上项目	53	2024-01/2027-12
42372036	贵州平坝下侏罗统蜥脚型类恐龙胚胎蛋与繁殖方式研究	韩凤禄	面上项目	53	2024-01/2027-12
42372037	全球下三叠统印度阶—奥伦尼克阶界线层型的牙形石标准分子评估	吕政艺	面上项目	53	2024-01/2027-12
42372057	喀岭地体古元古代陆壳变质岩相变质作用与深熔作用研究	续海金	面上项目	53	2024-01/2027-12
42372092	西藏冈底斯北段北姆朗斑岩铜矿床中硼的富集机制及其对铜成矿作用的制约	陈蠡	面上项目	53	2024-01/2027-12
42372095	脉状矿床高品位矿体的构造-流体联合富集机制：以广东河台金矿床为例	付乐兵	面上项目	53	2024-01/2027-12

续表

批准号	项目名称	姓名	资助类别	批准经费/万元	项目起止年月
42372097	超俯冲带动力学背景下铬铁矿的成矿多样性研究	张鹏飞	面上项目	53	2024-01/2027-12
42372101	吉尔吉斯斯坦西天山Kassan矿集区金(锑)矿化多样性及其控制机理	祖波	面上项目	53	2024-01/2027-12
42372124	海南岛蛇绿岩杂岩的物质组成、时代及其对古地理重建的约束	徐亚军	面上项目	53	2024-01/2027-12
42372131	碎屑岩韵律层古潮汐组分数字化—来自新近纪南美洲Orinoco三角洲的潮汐信息	陈思	面上项目	53	2024-01/2027-12
42372133	南海西北陆缘渐新世末期以来的构造反转及其动力机制研究	任建业	面上项目	53	2024-01/2027-12
42372136	二叠纪末大灭绝之后生物扰动对海洋环境的改造机制研究	冯学谦	面上项目	53	2024-01/2027-12
42372167	陆相页岩储层渗吸裂隙诱发对渗吸驱油效率的影响机理研究	蒙冕模	面上项目	53	2024-01/2027-12
42372181	海拉尔盆地深层侏罗系构造热演化的裂变径迹和(U-Th)/He年代学约束	沈传波	面上项目	53	2024-01/2027-12
42372190	褐煤中稀土元素的赋存状态及其在变质作用过程中的变化特征与机制	汪小妹	面上项目	53	2024-01/2027-12
42372199	桂西南-越北特提斯域三叠纪煤中战略性金属的差异富集机理	李晶	面上项目	53	2024-01/2027-12
42372217	长江中游全新世年均温度的定量重建	胡超涌	面上项目	53	2024-01/2027-12

续表

批准号	项目名称	姓名	资助类别	批准经费/万元	项目起止年月
42372231	华北克拉通冀皇地区新太古代含BIF地层的成因及对构造环境的指示	王军鹏	面上项目	53	2024-01/2027-12
42372268	黄陵弯隆南部新元古代俯冲起始—碰撞造山岩浆—构造变质作用及其动力学意义	彭松柏	面上项目	53	2024-01/2027-12
42372290	膜下滴灌深耕棉秆还田水盐运移对土根系统的响应机制研究	陈文岭	面上项目	53	2024-01/2027-12
42372319	基于多尺度关联特征的城市绿地土壤渗透性改良机理研究	任兴伟	面上项目	53	2024-01/2027-12
42372344	矿产预测深度学习模型的不确定性评价	王子烨	面上项目	53	2024-01/2027-12
42372355	基于石笋记录的岩溶包气带硝酸盐氮遗留效应评估——以湖北清江和尚洞为例	李秀丽	面上项目	53	2024-01/2027-12
42372361	南海水合物和游离气多分支井合采储层响应行为与构效关系研究	孙嘉鑫	面上项目	53	2024-01/2027-12
42374050	基于深度学习的小样本侧扫声纳小目标探测	翟国君	面上项目	53	2024-01/2027-12
42374224	基于参考消噪的瞬变电磁法全波采集系统研发	刘立超	面上项目	53	2024-01/2027-12
42374225	面向野外流动自动观测的地磁全息融合绝对测量技术研究	葛健	面上项目	53	2024-01/2027-12
62371429	空基无人机集群边缘计算网络的负载均衡研究	钟梁	面上项目	53	2024-01/2027-12
12373067	具有复杂结构的行星表面光学探测方法研究	张昊	面上项目	52	2024-01/2027-12
12375057	量子时空性质和黑洞信息丢失问题的研究	张保成	面上项目	52	2024-01/2027-12

续表

批准号	项目名称	姓名	资助类别	批准经费/万元	项目起止年月
12375140	用全息QCD研究强耦合夸克胶子等离子体	张自强	面上项目	52	2024-01/2027-12
42372158	克拉通内走滑断裂带分段活动及油气差异富集机理——以塔里木盆地顺北地区为例	刘建章	面上项目	52	2024-01/2027-12
42374057	桐柏-红安造山带地壳上地幔横波速度结构研究	罗银河	面上项目	52	2024-01/2027-12
42374088	塔里木北缘和浪山地区拉伸系基性侵入岩墙(体)的古地磁研究	温斌	面上项目	52	2024-01/2027-12
42374106	东亚大陆中-短波长剩余地形与岩石圈及上地幔密度扰动-热效应的关联	陈超	面上项目	52	2024-01/2027-12
42374110	印度大陆在青藏高原西部下方的俯冲结构研究	李玮	面上项目	52	2024-01/2027-12
42374162	基于Marchenko理论的弹性波场多次波一步消除研究	张乐乐	面上项目	52	2024-01/2027-12
42374169	地面回线源瞬变电磁场数据的三维全波形反演研究	李建慧	面上项目	52	2024-01/2027-12
42371094	高分辨率SAR影像支持的大型堆积层滑坡三维变形监测与精细化预测建模	周超	面上项目	51	2024-01/2027-12
42371354	辐射强度与偏振信息协同的国产卫星多气溶胶特性反演研究	王伦澈	面上项目	51	2024-01/2027-12
42371446	基于稀疏降维模型的自适应邻域构建与空间上下文智能分析研究	禹文豪	面上项目	51	2024-01/2027-12
42374032	极端水文干旱事件的卫星重力监测及定量分析研究	钟玉龙	面上项目	51	2024-01/2027-12
42374051	火星大地基准与正常重力场研究	刘福江	面上项目	51	2024-01/2027-12

续表

批准号	项目名称	姓名	资助类别	批准经费/万元	项目起止年月
42374139	多源多尺度信息融合框架下地震波阻抗反演成像	刘少勇	面上项目	51	2024-01/2027-12
42374141	物理引导的机器学习反解频率域声波正反问题研究	柴新涛	面上项目	51	2024-01/2027-12
42374167	基于PDE的多源磁测数据三维融合成像关键技术研究	左博新	面上项目	51	2024-01/2027-12
42374174	基于深度学习的大尺度重磁异常正反演研究	张玉洁	面上项目	51	2024-01/2027-12
42374179	基于地层匹配的三维探地雷达导航定位研究	周峰	面上项目	51	2024-01/2027-12
42375129	高分辨率气溶胶特性的卫星遥感探测机理与算法模型研究	冯岚	面上项目	51	2024-01/2027-12
42376172	剖面、追踪和"波候谱"综合视角下基于多源卫星的大洋涌浪传播规律与机制研究	蒋浩宇	面上项目	51	2024-01/2027-12
42376220	蠕变效应下南海水合物降压开采储层流固产出及沉降变形规律	刘志超	面上项目	51	2024-01/2027-12
52370183	金属多硫化物有效态电子调控与强化芬顿反应效能的界面机制研究	聂玉伦	面上项目	51	2024-01/2027-12
52372159	表面极化对绝铅量子点太阳能电池中载流子动力学的影响机制研究	陈克强	面上项目	51	2024-01/2027-12
52372160	超声诱导多波段应力发光材料的设计和机理分析及其光遗传学应用	涂东	面上项目	51	2024-01/2027-12
22374137	面向慢性肾病早期预警类的自供能尿液传感器的构筑	周琪涛	面上项目	50	2024-01/2027-12
22374138	近红外二区响应型类病毒荧光纳米探针的构建及其在病毒感染活体成像中的应用	刘书琳	面上项目	50	2024-01/2027-12

续表

批准号	项目名称	姓名	资助类别	批准经费/万元	项目起止年月
22377112	纯 DNA 基质类无膜细胞器的构筑及其对生物大分子招募过程研究	黄福建	面上项目	50	2024-01/2027-12
22378371	席夫碱类 COF 基 S 型异质结光催化剂的可控构筑及其 CO_2 还原性能增强机理	徐飞燕	面上项目	50	2024-01/2027-12
22378372	零维/二维 S 型异质结有电有电场构筑和光催化产氢机理研究	吴艳	面上项目	50	2024-01/2027-12
42375037	极端降水的物理和动力学机制：观测-模拟的对比分析	刘博	面上项目	50	2024-01/2027-12
42376032	全球变暖背景下北太平洋中层演化及气候反馈机制研究	官勋	面上项目	50	2024-01/2027-12
42376202	海底沉积层内水合物法二氧化碳封存的分子模拟研究	贺仲金	面上项目	50	2024-01/2027-12
52371295	深海矿产采集器引发的泥沙羽状流运动特性及导流板控制方法研究	赵恩金	面上项目	50	2024-01/2027-12
52371296	考虑非线性和不确定性的漂浮式海上风电结构模型修正方法研究	卢洪超	面上项目	50	2024-01/2027-12
52372294	无机有机复合梯形异质结光催化剂的内建电场调控与产 H_2O_2 性能增强机理	朱必成	面上项目	50	2024-01/2027-12
52375395	地聚物防护构件材料与结构梯度迎冲层增材成形基础研究	郝亮	面上项目	50	2024-01/2027-12
52375520	综合记忆和时变特征的蛇臂机械臂关节角-绳索力协同优化控制	郑世祺	面上项目	50	2024-01/2027-12

续表

批准号	项目名称	姓名	资助类别	批准经费/万元	项目起止年月
52375521	基于明暗场及三维拓扑形貌特征的深度语义分割有图案先进封装晶圆缺陷检测方法研究	梅爽	面上项目	50	2024-01/2027-12
52376132	高层建筑外墙保温材料环境暴露自然老化后飞火点燃机理及模型研究	丁彦铭	面上项目	50	2024-01/2027-12
52376133	燃烧竞争效应下平行双导线传热增强机制与火蔓延规律研究	陆凯华	面上项目	50	2024-01/2027-12
62371430	基于有效特征表示集成学习的膏坡高光谱遥感识别	陈涛	面上项目	50	2024-01/2027-12
62373332	受随钻测量限制和耦合振动影响的煤矿井下定向钻孔机迹跟踪控制	陆承达	面上项目	50	2024-01/2027-12
62373333	基于线性化变量增广的时变滞后系统稳定性与鲁棒性研究	何勇	面上项目	50	2024-01/2027-12
62373334	多粒度跨模态信息驱动融合的意图理解及其情感机器人场景应用研究	陈略峰	面上项目	50	2024-01/2027-12
62373335	面向变工况的复杂工业过程报警设计-抑制与溯源方法	胡文凯	面上项目	50	2024-01/2027-12
62373336	经验数据双驱学习与人机共融控制的高炉操作策略研究	安剑奇	面上项目	50	2024-01/2027-12
62373337	面向网络化控制系统的多源诱发时滞相关稳定分析与鲁棒控制	张传科	面上项目	50	2024-01/2027-12
62373338	信息交互增强的多模态图像融合深度模型及其应用研究	陈珺	面上项目	50	2024-01/2027-12

续表

批准号	项目名称	姓名	资助类别	批准经费/万元	项目起止年月
42371031	复杂场景下太阳天空辐射对气溶胶光学特性的动态响应机制研究	覃文敏	面上项目	49	2024-01/2027-12
42371115	城市景观三维扩展对城市热环境影响的数值模拟研究——以武汉为例	曹茜	面上项目	49	2024-01/2027-12
42371454	基于高分辨率遥感影像的居民地要素多尺度智能地图制图	徐永洋	面上项目	49	2024-01/2027-12
42377056	潜流带"地质电池"储存与释放电子的规律与受控机制	张鹏	面上项目	49	2024-01/2027-12
42377071	滨海平原有机质对弱透水层孔隙水溴离子富集的作用研究	李静	面上项目	49	2024-01/2027-12
42377074	生物滞留工程设计与气候因子对微生物反硝化过程与群落组成的影响机制	李立青	面上项目	49	2024-01/2027-12
42377161	数据-机理耦合驱动的水动力型滑坡灾变机制与预测研究	苗发盛	面上项目	49	2024-01/2027-12
42377180	基于多场关键信息监测的库岸堆积层滑坡演化动态概率预测	龚文平	面上项目	49	2024-01/2027-12
42377181	库岸堆积层滑坡原状滑带土结构特性与滑坡演化机制	谭钦文	面上项目	49	2024-01/2027-12
42377182	动载-渗流作用下川藏线顺层高位岩质斜坡软弱夹层强度劣化与启滑机制	吴琼	面上项目	49	2024-01/2027-12
42377186	川东隔挡式褶皱顺层岩质滑坡地下水致灾机理与演化模型	柴波	面上项目	49	2024-01/2027-12

续表

批准号	项目名称	姓名	资助类别	批准经费/万元	项目起止年月
42377192	渐变饱和厚层滑带强度演变特征与水库滑坡问歇滑移机制研究	刘清秉	面上项目	49	2024-01/2027-12
42377205	中一晚二叠世之交火山活动与环境变化:汞与原位微区硫同位素联合制约	黄元耕	面上项目	49	2024-01/2027-12
42377235	中纬度高山森林生态系统中POPs的大气-地表交换与源汇动态转换机制	邢新丽	面上项目	49	2024-01/2027-12
42377237	背景尺度下POPs及其降解产物对高原土著微生物的胁迫与机理研究	祁士华	面上项目	49	2024-01/2027-12
42377276	梁子湖高龄达氏鲟早亡成因解析及毒物质甄别	刘春生	面上项目	49	2024-01/2027-12
42377397	干湿交替驱动下滨海带中多环芳烃形态转化及其迁移规律	瞿程凯	面上项目	48	2024-01/2027-12
42371442	无人机与地面全景影像高精度融合的增量式运动恢复结构方法	姜三	面上项目	48	2024-01/2027-12
42377486	水文条件是调控泥炭湿地碳"源""汇"功能的转换开关?——神农架大九湖亚高山泥炭地的证据	葛继稳	面上项目	47	2024-01/2027-12
42371041	人为气候变化和人类用水活动对长江流域"汛期反枯"陆—气水平衡过程的驱动机制研究	顾西辉	面上项目	47	2024-01/2027-12
42371258	城市群新型城镇化赋能生态系统健康机理研究	陈万旭	面上项目	47	2024-01/2027-12
42371260	过去300年青藏高原性畜数量与空间分布重建	李士成	面上项目	47	2024-01/2027-12
42371315	多维风险交互下的生态系统服务与农户生计福祉耦合机理及风险管控	汪樱	面上项目	47	2024-01/2027-12

续表

批准号	项目名称	姓名	资助类别	批准经费/万元	项目起止年月
42371475	顾及铺设适宜性与用户偏好的实景三维城市屋顶光伏潜力精细化评估	陈奇	面上项目	47	2024-01/2027-12
42374175	基于物性约束的3D磁化强度矢量稀疏反演与金成矿蚀变带磁性结构研究	杨宇山	面上项目	47	2024-01/2027-12
42371017	最近40年来长江中下游河床粗化演化与驱动机制研究	李晖	面上项目	46	2024-01/2027-12
42371259	中国城市体育全球化的过程、格局与机制	陈昆仑	面上项目	46	2024-01/2027-12
42371286	基于多目标决策的流域型城市群建设用地减量发展格局、响应与调控：以长江中游城市群为例	徐枫	面上项目	46	2024-01/2027-12
42371420	面向复what用的物迹协同表示学习	李圣文	面上项目	46	2024-01/2027-12
42371428	基于社交媒体数据的城市洪涝事件感知和观测服务方法研究	杨超	面上项目	46	2024-01/2027-12
42371467	面向未来交通环境的城市共乘出行智能优化方法研究	康朝贵	面上项目	46	2024-01/2027-12
12371228	自组织动理学方程的渐近极限与适定性理论	张腾飞	面上项目	43.5	2024-01/2027-12
12371506	基于基因互作关系空间模式的细胞异质性解析方法研究	朱媛	面上项目	43.5	2024-01/2027-12
52350410470	Construction of nanoclay-based composites for the efficient treatment of wastewater	Muhammad Tariq Sarwar	外国学者研究基金项目	40	2024-01/2025-12
12301216	趋化模型自由边界问题解的渐近分析	王一拙	青年科学基金项目	30	2024-01/2026-12
12301265	三类带有Wentzell型边界条件的反应扩散方程的传播行为	黄昊旻	青年科学基金项目	30	2024-01/2026-12

续表

批准号	项目名称	姓名	资助类别	批准经费/万元	项目起止年月
12305054	神经元-星形胶质细胞相互作用及认知网络动力学研究	鹿露露	青年科学基金项目	30	2024-01/2026-12
22302182	表面重构等离子体Bi基半导体及其光催化羧基烷基化的构效关系研究	韩创	青年科学基金项目	30	2024-01/2026-12
22302183	二维COF基S型异质结的构建及其光催化制氢耦合生物质转化研究	孙国大	青年科学基金项目	30	2024-01/2026-12
22308341	光增强载体与金属相同相互作用在光催化甲醛氧化中的应用和机理研究	叶家伟	青年科学基金项目	30	2024-01/2026-12
22309168	基于大电流密度电解海水制氢的过渡金属氮化物三维核壳结构设计及界面调控	余罗	青年科学基金项目	30	2024-01/2026-12
42301029	城市化背景下暴雨洪涝事件对武汉城市圈生态系统服务的定量影响研究	牛自耕	青年科学基金项目	30	2024-01/2026-12
42301180	基于生物标志物古温度计定量分析柴达木盆地中-晚中新世的古高程演化	梁钰	青年科学基金项目	30	2024-01/2026-12
42301308	耕地生态系统服务异质性学习可无监督地形成机理研究	吴思	青年科学基金项目	30	2024-01/2026-12
42301425	高光谱遥感影像大规模可学习无监督地质分类	黄绍广	青年科学基金项目	30	2024-01/2026-12
42301492	知识引导面向多模态地质数据的复杂实体及关系精准抽取	邱芹军	青年科学基金项目	30	2024-01/2026-12
42301527	顾及个体时空行为的人口分布动态模拟与估计	李真强	青年科学基金项目	30	2024-01/2026-12
42302019	早-中三叠世之交牙形石Chiosella 属的演化谱系研究及其对定义全球奥伦尼克阶-安尼阶界线金钉子的意义	陈蘡	青年科学基金项目	30	2024-01/2026-12

续表

批准号	项目名称	姓名	资助类别	批准经费/万元	项目起止年月
42302040	瓦兹利石和林伍德石中钛-氢耦合赋存机制及温压效应	刘丹	青年科学基金项目	30	2024-01/2026-12
42302043	蒙脱石固定土壤有机质的界面调控机制研究	余梦涵	青年科学基金项目	30	2024-01/2026-12
42302085	多金属富碲熔体对金富集成矿的实验研究：以冀北东坪金-碲矿床为例	范高华	青年科学基金项目	30	2024-01/2026-12
42302087	福建何宝山大型金矿床成矿过程：来自磷灰石原位微区分析的制约	马盈	青年科学基金项目	30	2024-01/2026-12
42302088	造山型金矿床的精细成矿作用过程及其与岩浆活动的关系：以西秦岭造山带李坝金矿床为例	何重果	青年科学基金项目	30	2024-01/2026-12
42302091	与弱分异花岗岩有关的钨矿床中W的关键富集机制：以鄂东南龙角山-对家山矿床为例	李前	青年科学基金项目	30	2024-01/2026-12
42302093	矽卡岩型富铁矿床中钴的赋存状态及富集机制研究——以山东莱芜张家洼富钴铁矿床为例	刘立杰	青年科学基金项目	30	2024-01/2026-12
42302096	碳质碎屑中铀的赋存状态及富集机制：以东胜铀矿田为例	张帆	青年科学基金项目	30	2024-01/2026-12
42302165	塔里木盆地寒武纪早期古洋环境和经岩岩有机质富集机理	权永彬	青年科学基金项目	30	2024-01/2026-12
42302215	黄铁矿微量元素及镍同位素对华南埃迪卡拉纪古海洋甲烷异常释放事件的指示	陈蔡	青年科学基金项目	30	2024-01/2026-12
42302262	滇西元谋变质杂岩的构造变形-变质作用及其剥露过程	程雪梅	青年科学基金项目	30	2024-01/2026-12
42302289	地下水流系统演化对高砷地下水时空异质性的控制机制	张婧玮	青年科学基金项目	30	2024-01/2026-12

续表

批准号	项目名称	姓名	资助类别	批准经费/万元	项目起止年月
42302290	冻融过程影响下高寒山区潜流带内溶解性有机碳转化规律和控制机制研究	胡雅璐	青年科学基金项目	30	2024-01/2026-12
42302291	多尺度沉积物非均质性对潜流带硝酸盐还原的影响	任婉立	青年科学基金项目	30	2024-01/2026-12
42302314	考虑锚固结构力学性能劣化的加锚结构面剪切流变特性研究	郑罗斌	青年科学基金项目	30	2024-01/2026-12
42302345	白垩纪OAE1a时期湖泊微生物甲烷代谢过程及其环境效应	孙福宁	青年科学基金项目	30	2024-01/2026-12
42302347	利用纳米离子探针对三叠纪早期不同形态黄铁矿硫同位素的深入研究	仇鑫程	青年科学基金项目	30	2024-01/2026-12
42303026	碳酸盐矿物微区原位镁同位素标准物质研制	陆玙	青年科学基金项目	30	2024-01/2026-12
42303049	晋北钾镁煌斑岩的原位Mg-Sr同位素研究	虞凯章	青年科学基金项目	30	2024-01/2026-12
42303050	桐柏—秦岭造山带二郎坪群不同期次铁侵质岩的时代和性质及其对增生造山过程的制约	胡畔	青年科学基金项目	30	2024-01/2026-12
42303070	镓铈在碳酸盐岩容矿铅锌矿床中的富集机理:以贵东北茂租和金沙厂铅锌矿床为例	杨清	青年科学基金项目	30	2024-01/2026-12
42304049	顾及几何形态特征的三维浅剖海底掩埋目标精准探测	李部波	青年科学基金项目	30	2024-01/2026-12
42304067	基于地震背景噪声技术的壳幔边界反射波信号提取与应用研究	谢锦赟	青年科学基金项目	30	2024-01/2026-12
42304102	太平洋大尺度横波低速异常体西边界区域的三维精细结构研究	李结文	青年科学基金项目	30	2024-01/2026-12

续表

批准号	项目名称	姓名	资助类别	批准经费/万元	项目起止年月
42304121	多尺度神经算子学习高效求解分数阶波动方程	汪宇锋	青年科学基金项目	30	2024-01/2026-12
42305004	中等垂直风切变下非对称型热带气旋快速增强的物理机制研究	施东雷	青年科学基金项目	30	2024-01/2026-12
42305024	青藏高原湖泊扩张的气候动力机制研究	刘勇	青年科学基金项目	30	2024-01/2026-12
42305027	太平洋沃克环流对外强迫的响应研究	巫明娜	青年科学基金项目	30	2024-01/2026-12
42305041	新一代动态植被模型CLM5(FATES)研究未来变暖下东北地区植被反馈作用	隋月	青年科学基金项目	30	2024-01/2026-12
42305058	降水年循环的区域演变规律及其在深度学习季节预测中的应用	邓琪敏	青年科学基金项目	30	2024-01/2026-12
42305107	城市大气环境中主要人为源排放的气溶胶有机分子老化速率及其影响因素的实测研究	汪琼琼	青年科学基金项目	30	2024-01/2026-12
42306074	酸性杂质气体与海水共注下至武岩CO_2地质封存的传质-反应耦合机制	王哲	青年科学基金项目	30	2024-01/2026-12
42306088	冲绳海槽西南端晚全新世以来深水底流过程的沉积响应	朱博文	青年科学基金项目	30	2024-01/2026-12
42306237	南海水合物储层力学响应时间依赖性的细观机理	吴起	青年科学基金项目	30	2024-01/2026-12
42306238	基于水合物法南海低渗泥质粉砂沉积物CO_2封存机理研究	匡洋民	青年科学基金项目	30	2024-01/2026-12
42306240	水合物降压开采过程中储层孔隙-裂隙骨架组构演变及渗透率响应规律	张准	青年科学基金项目	30	2024-01/2026-12

续表

批准号	项目名称	姓名	资助类别	批准经费/万元	项目起止年月
42307096	毛管末端效应影响下多相抽提的NAPL运移机理与模型研究	朱棋	青年科学基金项目	30	2024-01/2026-12
42307098	地质储氢中氢气气垫层气混合扩散规律表征及模拟研究	王宇航	青年科学基金项目	30	2024-01/2026-12
42307223	库水升降作用下堆积层滑坡滑带微观动力过程与启滑机理研究	张雅慧	青年科学基金项目	30	2024-01/2026-12
42307227	水库滑坡多层滑带相对运动过程的能量传递机制研究	徐楚	青年科学基金项目	30	2024-01/2026-12
42307241	应力-结构控制型片带的结构面应力分异效应与触发滑坡演化机理研究	祝国强	青年科学基金项目	30	2024-01/2026-12
42307257	基于多源勘察数据融合与概率分析的软硬相间地层判据	赵超	青年科学基金项目	30	2024-01/2026-12
42307273	地下水位波动驱动的有机转化及对砷迁移富集的影响机制	肖紫怡	青年科学基金项目	30	2024-01/2026-12
42307274	地下水系统中铁铵氧化（Feammox）过程识别及其脱氮机制研究	沈帅	青年科学基金项目	30	2024-01/2026-12
42307510	天然有机质小分子铁（氢）氧化物催化活性调控有机磷酸酯水解转化机制	余静	青年科学基金项目	30	2024-01/2026-12
42307556	全新世中期至小冰期中国自然植被变化的模拟及归因研究	陈炜哲	青年科学基金项目	30	2024-01/2026-12
52300177	污泥稳定处理过程中病毒的赋存特征与灭活机制	艾靖	青年科学基金项目	30	2024-01/2026-12

续表

批准号	项目名称	姓名	资助类别	批准经费/万元	项目起止年月
52301293	铁、有氧化物簇电催化剂的构筑及其析氧反应性能研究	赵国强	青年科学基金项目	30	2024-01/2026-12
52302032	深紫外LED封装用地聚合物异质粘接机理研究	孙庆磊	青年科学基金项目	30	2024-01/2026-12
52303163	基于固液相变的激光微型磁驱变形材料的制备	邓恒	青年科学基金项目	30	2024-01/2026-12
52304051	页岩气藏注CO_2数值模拟中孔隙尺度模型与连续模型耦合方法研究	黄经纬	青年科学基金项目	30	2024-01/2026-12
52304303	蒙脱石层间限域铁氧化物的界面调控及用于炎症性肠病治疗的研究	汪浩	青年科学基金项目	30	2024-01/2026-12
52305623	全宽带隙钙钛矿异质结阵列精确构筑及其紫外成像探测性能调控研究	刘星月	青年科学基金项目	30	2024-01/2026-12
52308383	水平循环荷载作用下海上风机桩桶基础承载变形宏细观机理及计算方法研究	李立辰	青年科学基金项目	30	2024-01/2026-12
62301514	面向多址接入窃听信道安全的干扰注入与消除技术研究	贺宏亮	青年科学基金项目	30	2024-01/2026-12
62301515	面向强噪声通信场景的混沌键控光保密通信体制研究	高孝婧	青年科学基金项目	30	2024-01/2026-12
62301516	模型驱动的异构联邦边缘智能网络化建模与优化	李莹玉	青年科学基金项目	30	2024-01/2026-12
62303430	执行器饱和约束下网络化机器人系统的预定时间编队控制	丁腾飞	青年科学基金项目	30	2024-01/2026-12
62303431	面向复杂多变工况的烧结过程碳耗与空动态建模与多时间尺度智能优化	胡杰	青年科学基金项目	30	2024-01/2026-12

续表

批准号	项目名称	姓名	资助类别	批准经费/万元	项目起止年月
62303432	基于记忆型复合事件触发的多簇群体网络安全协同控制	姚翔宇	青年科学基金项目	30	2024-01/2026-12
62305316	基于力学克尔效应的大带宽、低功耗片上集成光非互易器件研究	任麟昊	青年科学基金项目	30	2024-01/2026-12
62307034	多模态数据驱动的自闭症儿童"动作-情感"识别与体感互动游戏干预研究	董良山	青年科学基金项目	30	2024-01/2026-12
72301256	平台模式下"制造-建造"一体化有形建造资源协调机制与调度优化方法研究	孔刘林	青年科学基金项目	30	2024-01/2026-12
72303217	多不确定性条件下中国碳排放的社会成本计算和政策应用：风险学习视角	田鹏	青年科学基金项目	30	2024-01/2026-12
72303218	我国粮食主产区耕地撂荒时空演变、驱动机制及治理对策研究	林巧文	青年科学基金项目	30	2024-01/2026-12
72304255	大国竞争背景下战略性关键矿产全产业链韧性提升机制及保障对策研究	张亿军	青年科学基金项目	30	2024-01/2026-12
72304256	时空视角下卡车和无人机协同的山区灾后应急物资调度优化研究	石咏	青年科学基金项目	30	2024-01/2026-12
42342024	战略研究类：新中国测绘教育与学术发展研究	边少锋	专项项目	25	2024-01/2024-12
42307147	双碳同位素约束下黑碳气溶胶源解析方法优化研究	郑煌	青年科学基金项目	20	2024-01/2025-12
42311530065	面向实时、精确地质灾害分析的智能卫星遥感	王力哲	国际（地区）合作与交流项目	10	2023-05/2025-04
42342013	科学传播类：走进中小学校园的地震科普教育——以武汉市为例	唐启家	专项项目	8	2024-01/2024-12

续表

批准号	项目名称	姓名	资助类别	批准经费/万元	项目起止年月
42342018	科学传播类：面向中小学生科学素养提升的地学科普传播创新模式探索与实践	刘福江	专项项目	8	2024-01/2024-12
42342031	会议培训类：第12届国际地质分析大会	陈唯	专项项目	6	2024-01/2024-12
42342032	会议培训类：亚洲通量网2024年学术年会	王绍强	专项项目	6	2024-11/2024-11
42381260318	参加新能源和新材料研讨会	宁伏龙	国际(地区)合作与交流项目	4.5	2023-08/2023-12
42342047	科学传播类：夯实地学科普土壤，培育未来创新主力军	吕涛	专项项目	4	2024-01/2024-12
42342048	科学传播类：基于"东湖论坛"的中、小学生地学科普实践和传播模式	林伟华	专项项目	4	2024-01/2024-12

附录6 2023年新增科研项目（国家社科基金项目）

序号	姓名	项目名称	项目类别	二级单位
1	於世为	新型能源体系构建的路径与政策研究	重大项目	经济管理学院
2	吴巧生	我国深海战略性资源勘探开发政策研究	重大项目	经济管理学院
3	王占岐	山水林田湖草沙一体化保护和系统治理研究	重点项目	公共管理学院
4	郭海湘	新时代公共安全应急框架体系研究	重点项目	经济管理学院
5	洪水峰	全球新能源矿产价格波动的风险传导机制研究	年度项目	经济管理学院
6	陈漫	新发展格局下虚拟集群赋能制造企业转型升级的机制与对策研究	年度项目	经济管理学院
7	王忠	碳中和下资源型城市社会生态韧性的形成机理与提升路径研究	年度项目	公共管理学院
8	宦吉娥	新时代全民所有自然资源资产所有权委托代理的宪法治理路径研究	年度项目	公共管理学院
9	张毅恒	我国青少年户外体育活动营地高质量发展研究	青年项目	体育学院
10	樊荣	运动员心理坚韧性研究	后期资助重点项目	体育学院
11	张巍	在你我之间：精神分析的主体间重构	后期资助项目	教育研究院
12	郭锐	"双碳"目标下绿色品牌管理研究	后期资助项目	经济管理学院
13	柯小玲	突发公共卫生事件城市多主体应急响应能力与提升策略研究	后期资助项目	经济管理学院
14	王彦闻	雾霾与臭氧污染协同治理机制及路径优化研究	后期资助项目	经济管理学院
15	张亿军	绿色产业政策对重污染行业高质量发展的影响研究	后期资助项目	经济管理学院

附录7 2023年新增科研项目（教育部人文社科项目）

序号	姓名	项目名称	项目类别	二级单位
1	张璐	21世纪欧美后人类小说科技伦理思想研究	青年基金项目	外国语学院
2	闫政旭	楚式青铜器工艺痕迹考据研究	青年基金项目	珠宝学院

续表

序号	姓名	项目名称	项目类别	二级单位
3	余敬	基于"发展—自治—包容"三力的特大城市中国式治理能力现代化研究	规划基金项目	经济管理学院
4	程欣	大数据驱动的农村能源系统优化机制与政策研究	青年基金项目	经济管理学院
5	李士成	基于人类足迹的中国自然保护区管护成效评价与政策优化研究	规划基金项目	公共管理学院
6	张彬	城镇扩展的自组织机制解析与空间精细化模拟	青年基金项目	公共管理学院
7	罗丽娅	中国特色发展型"双困"老人家庭照护支持政策体系构建研究	青年基金项目	马克思主义学院

附录8 2023年科技成果获奖

(1) 2023年省部级科技奖励(学校作为第一完成单位)

序号	名称	完成人	获奖名称	获奖等级	颁奖单位
1	长江中游两万年以来干湿古气候的演变规律与驱动机制	谢树成、张宏斌、朱宗敏、黄俊华、李婧婧	2023年湖北省自然科学奖	一等奖	湖北省人民政府
2	非常规油气源-储-井-缝协同调控增产关键技术及工业化应用	蒋恕、时贤、郭天魁、许洪星、王民、张文	2023年湖北省技术发明奖	一等奖	湖北省人民政府
3	自然灾害空间信息智慧应急关键技术、装备及应用	王力哲、汪国平、刘爱春、王珊珊、吴玮、成阿茹、陈方、杨峰、张鸣元、王玥玮、陶留锋、罗显刚、李英红、张勇、张笑寒	2023年湖北省科技进步奖	一等奖	湖北省人民政府

续表

序号	名称	完成人	获奖名称	获奖等级	颁奖单位
4	海洋低温复杂地层安全高效固井技术与应用	刘天乐、赵琥、郑明明、王韧、冯颖韬、郑少军、雷刚、方长亮、崔策、张浩、肖伟、温达洋	2023年湖北省科技进步奖	二等奖	湖北省人民政府
5	复杂多视图数据聚类理论与方法	唐厂、刘新旺、张长青、郑晓	2023年湖北省自然科学奖	三等奖	湖北省人民政府
6	大型船舶火灾智慧管控关键技术及应用	毛少华、陆凯华、李开源、倪晓阳、王良武、张佳庆、李博、郭良杰、王洋、谭甜甜、周雅杰、武红梅、过羿、姚尧、王馨	2023年湖北省科技进步奖	三等奖	湖北省人民政府
7	多波段、可调控脉冲光纤激光关键技术研发与应用	黄田野、黄保、尹作为、陈少祥、葛明峰、殷杰、吴志超、李康、沈平、关凯、何崇文、胡慧璇、李正	2023年湖北省科技进步奖	三等奖	湖北省人民政府
8	矿区地质环境遥感大数据智能解译关键技术与应用	陈伟涛、陈正超、秦绪文、陈涛、杨汉水、强建华、何文熹、李显巨、王磊	2023年湖北省科技进步奖	三等奖	湖北省人民政府
9	活细胞蛋白质分析	娄筱叮、夏帆、戴俊、胡晶晶、刘瑞、黄羽、吴霞	2023年中国分析测试协会科学技术奖	一等奖	中国分析测试协会

续表

序号	名称	完成人	获奖名称	获奖等级	颁奖单位
10	黑滑石生物医用特性研究	杨华明、余梦涵、张明、吴海燕、刘卫宙、孟宇航、渠梦含、胡名卫、何裕帼、刘云扬	2023年度非金属矿科学技术奖基础研究类	一等奖	中国非金属矿工业协会
11	含钒云母的预富集工艺及原理	任浏讳、包申旭、王兴杰、肖巍、赵云良、杨玮	2023年度非金属矿科学技术奖基础研究类	一等奖	中国非金属矿工业协会
12	基于非连续变形分析架构的岩体破裂数值模拟理论	焦玉勇、郑飞、黄刚海、张秀丽、张焕强	第十四届中国岩石力学与工程学会自然科学奖	一等奖	中国岩石力学与工程学会
13	非常规天然气储层水力裂缝动态扩展数值算法及缝网演化机理	邹俊鹏、吕加贺、张浠、陈卫忠、周云	第十四届中国岩石力学与工程学会自然科学奖	二等奖	中国岩石力学与工程学会
14	深厚软弱土地基桩质量控制与检测评估关键技术及应用	吴文兵、闻敏杰、刘鑫、张云鹏、杨晓燕、段新鸽、贾保正、刘浩、王小飞、张敏	第十四届中国岩石力学与工程学会科技进步奖	二等奖	中国岩石力学与工程学会
15	城市时空信息感知基站硬件产品	陈能成、陈栋、张翔	全球智慧城市技术创新奖	铜奖	国际城市信息学学会

(2)2023年其他重要科技奖励(学校作为第一完成单位)

序号	姓名	获奖名称	颁奖单位
1	罗根明	第19届侯德封矿物岩石地球化学青年科学家奖	中国矿物岩石地球化学学会
2	马强	第19届侯德封矿物岩石地球化学青年科学家奖	中国矿物岩石地球化学学会
3	汪在聪	第19届侯德封矿物岩石地球化学青年科学家奖	中国矿物岩石地球化学学会
4	孙启良	2023"海洋强国青年科学家"	中国青年报社
5	董燕妮	中国图像图形学会石青云女科学家奖	中国图像图形学会

附录9　2023年新增境外科技合作项目

序号	项目名称	项目负责人	所属单位	来源单位及所属科技计划	合作经费/万元	合作国家
1	煤系高岭土高值化加工利用的关键技术及应用示范	傅梁杰	纳米矿物中心	科技部-政府间国际科技创新合作	150	蒙古
2	从海洋干旱到内陆干旱的传播过程、机制及预测——以中亚为例	顾西辉	环境学院	科技部-政府间国际科技创新合作	100	塔吉克斯坦
3	南非和华北金伯利岩地幔捕虏体与大陆形成及命运制约因素研究	郑建平	地学院	NSFC-国际（地区）合作与交流项目	210	澳大利亚
4	东南欧古-新特提斯转变构造-岩浆过程及动力学	曹淑云	地学院	NSFC-国际（地区）合作与交流项目	209	奥地利
5	泥火山系统地质流体演化与地壳环境研究	郑国东	环境学院	NSFC-国际（地区）合作与交流项目	105	俄罗斯
6	MOF基异质结光催化剂太阳燃料制备：材料设计和机理研究	张留洋	材化学院	NSFC-国际（地区）合作研究项目	150	伊朗
7	用于CO_2还原的无机有机复合S型光催化剂构建及其光催化机理研究	余家国	材化学院	NSFC-国际（地区）合作研究项目	200	澳大利亚
8	基于WAN DIAM CO用户体验的可持续产品设计策略研究	汪晓玥	珠宝学院	境外科技合作项目	5.3	美国
9	Research on Jewelry Design and Consumer Psychological Analysis Based on Emotional Design Theory: A Case Study of Central China	鲍蕊	珠宝学院	境外科技合作项目	5.2	美国

附录10　2023年各学院、研究单位科研经费　　　　　　　　单位：万元

序号	所属单位	纵向实到经费	横向实到经费	国防项目实到经费	2023年到账经费
1	地学院	4340	1231	111	5681
2	资源学院	4316	9276	322	13 914
3	材化学院	2584	1047	702	4332
4	环境学院	5260	6497	26	11 783
5	工程学院	3431	6618	211	10 260
6	地空学院	2325	1479	158	3962
7	海洋学院	1109	1495	90	2694
8	机电学院	1208	1253	836	3297
9	自动化学院	1302	1200	437	2939
10	经济管理学院	1063	1121	0	2183
11	外国语学院	15	32	0	47
12	地理信工学院	2275	1332	865	4472
13	数理学院	475	112	54	641
14	珠宝学院	172	361	175	708
15	公管学院	1495	1405	0	2901
16	计算机学院	1958	747	1719	4425
17	体育学院	126	425	0	551
18	艺媒学院	44	59	0	102
19	马克思主义学院	233	6	0	239
20	教育研究院	28	4	0	31
21	地质调查院	714	380	53	1147
22	地矿国重	1122	327	0	1449
23	生环国重	1388	501	0	1890
24	国家GIS工程中心	199	116	0	316
25	国家野外站	389	759	0	1148
26	紧缺矿产协同中心	439	106	0	544
27	地探实验室	64	125	1842	2031
28	纳米矿物中心	661	320	0	981
29	其他单位	336	153	0	488
	总计	39 071	38 485	7601	85 157

附录11 2023年各学院、研究单位申请、授权专利　　　　　　　　单位：项

所在单位	申请专利				授权专利			
	发明	实用新型	外观设计	合计	发明	实用新型	外观设计	合计
机电学院	130	13	0	143	103	23	1	127
工程学院	128	35	0	163	116	41	0	157
自动化学院	159	9	0	168	93	8	0	101
计算机学院	127	0	0	127	61	0	0	61
材化学院	69	0	0	69	62	1	0	63
地信学院	46	0	0	46	52	2	0	54
环境学院	43	9	0	52	25	11	0	36
资源学院	56	4	0	60	43	3	0	46
数理学院	2	1	0	3	6	1	0	7
地空学院	14	0	0	14	9	0	0	9
海洋学院	12	5	0	17	4	4	0	8
生环国重	5	0	0	5	5	0	0	5
珠宝学院	11	0	0	11	12	0	3	15
艺媒学院	0	1	0	1	5	4	1	10
经管学院	2	1	0	3	1	1	1	3
地矿国重	9	0	0	9	1	0	0	1
体育学院	0	1	0	1	1	1	0	2
外国语学院	0	0	0	0	0	0	0	0
地学院	1	0	0	1	1	1	0	2
公管学院	1	2	0	3	1	0	0	1
图书档案与文博部	0	0	0	0	0	0	0	0
信息化工作办公室	2	0	0	2	0	0	0	0
未来技术学院	1	0	0	1	0	0	0	0
高等研究院	42	4	0	46	37	4	0	41
出版社	0	0	0	0	1	0	0	1
国际教育学院	0	0	0	0	1	0	0	1
校医院	0	0	0	0	0	1	0	1
其他	45	4	1	50	0	1	0	1
总计	905	89	1	995	641	107	6	754

学术管理

【概况】

2023年是学校实施"十四五"规划承上启下的关键一年，学校坚持立德树人为先、学科建设为基、人才引育为索、科技创新为核、国际合作为引，创新要素竞相提质，创新活力不断迸发，整体创新能力明显提升。在学校不断提升学术影响力和社会贡献度，全力冲刺学术高质量发展的关键阶段，校学术委员会按照学校总体学术治理要求坚定履行学术委员会基本职责，推动学校前瞻性布局学术治理方针政策的实施落地。

坚持学术诚信和科研伦理规范，稳步推进师德师风建设。根据《教育部关于在教育系统开展师德集中学习教育的通知》要求，发布《师德集中学习教育实施方案》，开展"师德集中学习教育"专题学习。汇编教育部公布的违反教师职业行为十项准则典型案例、科技部公布的科研诚信案件、国家自然科学基金委员会查处的不端行为案件等，向全校教职工发布《师德师风法治教育手册》《师德警示案例手册》等学习材料，组织广大教师开展学习。完善工作程序，开展科研伦理监督。参加湖北省科技厅6月在宜昌、12月在武汉举办的科研伦理监督管理交流会议，开展校际交流和校地交流。按照学校《科研伦理审查工作暂行办法》，规范科研伦理审查机制、工作流程，建立科研伦理审查工作台账。

围绕高质量发展目标，坚定履行学术强校职责。学术委员会担负全校重大学术事项的审议和决策职能，充分调动专家委员的积极性，为多项重大学术事项把关，保障学校重大学术决策的科学性和前瞻性。一是以国家战略需要为目标，把握学校学科建设新方向，论证新能源学院建设方案。二是以学术领先为标准，助力学校高水平科研平台建设，论证先进矿物材料实验室建设方案。三是以产教融合为契机，支持学校科技产业进步，论证学校建设珠宝现代产业学院方案。

坚持学术引领，专门委员会各司其责。校学术委员会下设5个专门委员会，结合相关职能部门的行政工作，充分发挥学术委员会学术治校的引领作用。一是保障职能部门决策的科学性和前瞻性。教学工作指导委员会全程参与并指导本科生院开展学科专业的新增、调整和撤销；人才工作委员会参与国家级、省部级各类人才计划和人才项目的申报辅导工作；学科建设委员会开展新能源学院建设可行性论证，全程参与全部专题工作研讨会和协调会。二是为职能部门的决策提供专业指导服务。人才工作委员会参与研讨人力资源部制定《青年人才引进与岗位管理办法》《特需岗位管理办法》等文件，优化青年人才岗位的聘期管理体制，学科建设委员会参与指导学校"十四五"规划中期评估的评审工作。三是为职能部门的专项工作提供咨询建议。学科建设委员会参与《中国地质大学（武汉）章程修正案》修订工作，教学工作指导委员会参与本科人才培养方案修订和本科专业自评工作实施方案制定的评审工作,科学技术委员会充分发挥有组织科研的主体领衔作用,在人才团队建设等重点领域培育平台、项目的工作中提供科学建议。

【重要活动、事件、重大成果】

1. 围绕学术诚信主题,构建预警式学术诚信和科研伦理体系。2023年,面向新入职教师开设"高校教师职业道德修养"等课程,将习近平新时代中国特色社会主义思想、理想信念、师德师风、社会主义核心价值观等内容作为新入职人员岗前培训、在职教师培训等各类培训必修内容,聚焦理想信念与政治素养、师德师风与法治素养、业务能力与专业素养、职业规划与心理健康等四大板块,邀请专家教授开展《违反师德师风典型案例分析》《依法治国与高教法治》《政策法规教育》《师德师风教育》等专题讲座。有424名新入职教师在学校承训点参加为期一周的集中培训,学员分别来自中南财经政法大学、武汉体育学院等10所高校。

认真开展学术诚信审查,在学校各级各类人才项目推荐和申报、科研项目申请、审核、评议环节,以及国家级一流课程申报中,严格落实学术诚信审查"一票否决"制度,重点从科研成果认定和查重等方面对人才项目和科研项目第一责任人进行严格学术诚信审查。2023年,长江学者奖励计划、自然资源部高层次科技创新人才工程推荐、湖北省青年拔尖人才、地大学者等国家和省部级人才申报审核386人次,一流本科课程和国家级实验中心申报审核57批次。

2. 动态调整委员结构,完善学术治理体系。根据《中国地质大学(武汉)学术委员会章程》(地大发〔2021〕6号)第七条第一款、第八条第二款的相关规定,部分学术委员会委员因工作调整无法继续履行委员职责,依据章程第十三条关于委员更换和增补的相关要求,报请校务会审议和党委常委会审定通过,2023年11月调整部分委员,调整后的学术委员会共有57名委员,新增的委员以学校在岗高层次人才为主,有国家杰出青年科学基金获得者等国家级人才称号的委员比例高达40.3%,有效保障学术委员会的学术治理水平。充分考虑委员的单位来源、年龄结构和学科结构的合理性,结合学校整体战略发展目标,提高学术决策的科学性和平衡性,进一步完善学校的学术治理体系。

3. 贯彻教授治学,提高学术分委员会的治理水平。一是深度参与学院学术治理活动。地学院夯实学术分委员会主体责任,充分发挥学术分委员会在学院各项学术事务中的决策、审议、评定和咨询作用。资源学院持续强化学术分委员会的学术牵引作用,充分发挥学术分委员会在"资源与环境"博士专业学位授权点和"绿色矿业"交叉学科学位点建设的主体作用,在人才引进方面创新思路,充分利用校内、校外的人才资源,加强高水平学术团队阶梯建设,推动团队—人才—平台—项目—成果的一体化。二是坚持学术育人的"头雁"效应。机电学院学术分委员会以提高综合学术能力为目标,深度构建人才培养+科技创新+开放办学的学术提升体系,将"三全育人"落实落细,细化过程管理和考核激励,推动全员育人。海洋学院学术分委员会将学术优先贯穿于全部科研创新能力提升中,面向国内外开展丰富多彩的学术交流活动,立足传统海洋地学领域以老带新、教学共荣,推动高层次人才能力建设和各项科研事业顺利开展。材化学院以首席教授为核心凝聚教学团队,确保教育质量。相继完善系(中心)—教学团队—课程组三级基层教学组织架构,优化 29 个非行政基层教学组织建设体系。地空学院学术分委员会遴选优秀教师组建教学团队,围绕地球物理学和勘查技术与工程两个国家一流专业,优化基层教学组织建设方案和野外实习管理办法,有序提升学院人才培养质量。三是坚决贯彻教授治学理念。公共管理学院将教授治学的关口前移到本—硕—博学生培养的前端,推行本科生导师制,有效促进学生群体科技创新能力的提升。工程学院在全院倡导教授治学的学术导向,在学术分委员会的指导下强化"四高学术标准",建设学术导向和社会导向相结合的评价机制,引导学院教师围绕国家战略目标,面向国民经济建设主场,不断拓展社会服务的范围和深度。

(撰稿:段平忠;审稿:胡祥云)

教师队伍建设

【概况】

截至2023年底,全校教职工总数3405人,其中教师1953人(含专任教师、思政教师、实验教师),占比57.35%。

教师中,正高级专业技术职务514人,占比26.3%;副高级专业技术职务942人,占比48.2%;中级及助理级职务497人,占比25.5%(表1)。45岁及以下青年教师1226人,占比63.8%(表2)。具有博士学位1626人,占比80.5%,具有硕士学位252人,占比62.8%。具有国际合作与交流经历1543人,占比79%。

现有中国科学院院士12人、中国工程院院士1人、国家杰出青年科学基金获得者及同等层次人才59人、国家优秀青年科学基金获得者及同等层次人才93人。

表1　2023年专任教师学科分布情况　　单位:人

学科	专任教师总数	正高级人数	副高级人数	中级及助理级人数
总计	1953	514	942	497
总计:女	661	90	338	233
理学	459	149	216	94
工学	1103	305	535	263
文学	83	9	44	30
管理学	73	18	38	17
经济学	76	16	36	24
法学	32	4	12	16
教育学	62	10	29	23
艺术学	65	3	32	30

表2 2023年专任教师年龄分布情况　　　　　　　　　单位：人

年龄段	总数	正高级人数	副高级人数
35岁及以下	490	31	191
36~45岁	736	180	421
46~55岁	471	127	256
56岁以上	256	176	74
合计	1953	514	942

【优化人力资源配置】

坚持问题导向，全面统筹学校各支队伍规划，建立创新、人才、团队、绩效、制度"五位一体"系统化人力资源工作体制机制，编制《人力资源发展规划（2024—2030）》，激发教职工干事创业活力。从严核批编外人员用工数，强化日常管理和考核。

建立健全选聘机制，根据工作需要及岗位设置情况，有计划选聘各类人员，以引进高层次人才为主，优先保障教学科研需求。选拔32名优秀年轻干部，进一步优化科级干部队伍结构。

创新管理运行机制，参与完成《调整国家重点实验室建制建议方案》等6个单位机构设置工作方案。成立新能源学院和内蒙古研究院，调整国家重点实验室独立建制、校园规划与基建处主要职能及岗位职数设置，撤销新校区建设指挥部、校庆工作办公室，完成武汉中地大资产经营有限公司校内机构名称变更。

【推进师德师风建设】

加强师德学习教育，参加全国高校师德师风建设工作推进暨师德集中学习教育启动部署视频会。发布《师德集中学习教育活动实施方案》，组织2037名教职工参加教育部师德师风集中学习。

加强师德典型示范，开展最美教师、全国教书育人楷模、全国高校黄大年式教师团队、荆楚好老师、湖北省先进集体和先进个人评选。资源学院焦养泉教授领衔的矿产勘查教师团队入选第三批"全国高校黄大年式教师团队"。

营造尊师重教氛围，利用教师节等重要时间节点，制定《教师节庆祝活动方案》，发布《教师节慰问信》，开展教师节走访慰问，召开教职工座谈会，举办新进教职工入职仪式，表彰涌现出的优秀教师代表。

【推进人才强校战略】

线上线下相结合举办第九届国际青年学者地大论坛，共计吸引4600余位海内外学者参会，共计4万余人次观看。论坛围绕人才政策等多个方面让海内外学者更好地了解和感受学校为青年人才提供的良好工作环境、生活环境和团队氛围。

2023年组织专家辅导、专家评审50余场次，人才引进和培育工作取得新突破。新增国家杰出青年科学基金获得者及同等层次国家级领军人才5人,国家优秀青年科学基金获得者及同等层次国家级青年人才16人,国家级博士后人才41人,湖北省高层次人才23人,海外优青项目入选9人,创历史新高。

【提升博士后培育质量】

2023年为89名博士后办理进站材料报批手续(其中,专职博士后人员59名),为62名博士后办理出站手续。共组织24批次博士后项目申报工作,36人获批博士后科学基金面上资助,6人获特别资助,132人获得湖北省、武汉市各类博士后项目。3组项目进入第二届全国博士后创新创业大赛决赛,获批新设"应用经济学"博士后科研流动站(表3)。

表3 博士后科研流动站

流动站名称	依托单位	建站时间
地质学	地球科学学院	1985年
地质资源与地质工程	资源学院、工程学院、地球物理与空间学院	1991年
环境科学与工程	环境学院	2003年
石油与天然气工程	资源学院	2007年
海洋科学	海洋学院	2007年
地球物理学	地球物理与空间学院	2007年
测绘科学与技术	地理与信息工程学院	2009年
管理科学与工程	经济管理学院	2009年
土木工程	工程学院	2009年
安全科学与工程	工程学院	2012年
材料科学与工程	材料与化学学院	2012年
水利工程	环境学院	2012年
马克思主义理论	马克思主义学院	2014年
控制科学与工程	自动化学院	2019年
公共管理	公共管理学院	2019年
应用经济学	经济管理学院	2023年

【加强岗聘考核管理】

加快推进"教师一张表"和数据平台建设,在岗位聘用和聘期考核系统中继续开展数据同步对接,直接抓取科研、本科生教务和研究生教务等数据。加强业务全流程管理,提高业务执行效果。

发布2022—2023年度岗位聘用文件,受理全校676人次岗位聘用申报材料,组织开展52位教授(研究员)申报人的同行专家评议工作,完成所有岗位评议和审定工作。

开展2018—2022年度聘期考核,逐步优化考核系统,审核709人考核材料。组织二三级岗位聘期考核答辩、公示,非正处实职五级职员、非副处实职六级职员聘期考核答辩、公示,组织使用特殊业绩人员汇报。

组织2021—2022年度岗位聘用工作中签订《岗位任务书》及2017—2021年度聘期考核中续签(签订)《岗位任务书》工作,审核576人签订材料。

【推进养老保险改革】

做好退休"中人"待遇申领审核,今年110名教职工达到退休年龄,已有97名从省社保中心领取养老金。研究制定方案,妥善解决学校127名从工勤岗位退休"中人"的待遇申领审核问题。

完成去世"老人"参保结算工作,完成2014年10月至2020年12月期间已去世的、未纳入机关事业单位养老保险的原编制内160余名"老人"的参保审核及养老金清算。

按月办理机关事业单位基本养老保险和职业年金的缴纳工作,学校全额承担并缴纳退休、停保和终保人员的职业年金利息,全部计入职工的职业年金账户。

(撰稿:刘晋静、高思宇、杜鹤、周明、张心宇、李永梅、邓锡琴、史强、金涛、白振洋、刘畅、杨玮莹、张云姝、张晓晶、李玉媛、胡燕、马岩、刘志兴;审稿:郭上江、张晓红、王芳、龙涛、路金阁)

校园文化建设

全国文明校园建设

【概况】

学校党委高度重视文明校园创建工作。2020年获评"全国文明校园"以来,学校坚持以习近平新时代中国特色社会主义思想为指导,认真学习贯彻党的二十大精神和习近平文化思想,坚持培育和践行社会主义核心价值观,将精神文明创建摆在重要位置,聚焦党建引领、思想铸魂、文化浸润、阵地赋能、绿色治理,持续巩固深化"全国文明校园"创建成果,为新时代学校各项事业的高质量发展注入强大动力。

【深入开展"六个文明"创建活动】

2023年,学校党委印发《关于深入开展"六个文明"创建活动的通知》,启动"六个文明"创建工作,部署各单位制定具体创建方案,开展特色文明创建活动,充分发挥先进典型示范带动作用,促进形成自上而下、整体联动的文明校园创建氛围,评选产生10个文明教学科研单位、11个文明管理服务单位、26个文明班级、163间文明宿舍、20个文明班组、67户文明家庭。

【持续巩固文明校园创建成果】

学校持续发挥精神文明建设委员会作用,建立联席会议制度,完善党委统一领导、部门协调联动、院系细化实施、师生全员参与的创建格局。顺利完成全国文明校园复检材料报送,组织校内有关单位报送2021—2022年度文明校园复检材料,顺利完成6项一级指标、37项二级指标、190项测评标准的1000余份材料提交与上传。1人入选湖北省文明校园创建工作专家库,工作案例《五位一体校园景观文化育人的探索与实践》获2022年全省文明校园青少年思想道德建设工作创新案例征集宣传活动二等奖,学校被授予"优秀组织奖"。

学校坚持共创文明校园、共享文明成果,高质量完成文明校园创建各项任务,各项事业稳步发展,师生凝聚力和向心力进一步增加，校园环境更加优美，文化气息更加浓厚。2023年，学校获评"2022年度全国科普日活动优秀组织单位""2023全国生态文明教育特色学校""2022年度湖北省平安建设优胜单位""全国首批后勤服务育人劳动教育示范基地""全省首家节水标杆高校"等，入选湖北省依法治校示范校创建名单。学校一批基层组织入选湖北省高校党建示范样板支部和"双带头人"教师党支部书记工作室培育创建，党委组织部获评"湖北省巾帼建功先进集体"，党委宣传部获评"全省宣传思想工作先进集体"，党委统战部获评"民盟思想政治建设和宣传工作先进集体"，团委获评"全国五四红旗团委"。云南施甸、湖北竹山巩固脱贫攻坚成果连续被中央和湖北省委农村工作领导小组评价为"好"最高等次。校史馆荣获全国科学家精神教育基地，逸夫博物馆荣获国家自然资源科普基地。矿产勘查教师团队入选"全国高校黄大年式教师团队"。7名地大人（闫子贝、孙佳俊、牛笛、何杰、郑思维、黄雅琼、潘愚非）随中国代表团出征杭州亚运会获6金2银1铜，3人（苟启洋、张越鹏、黎育朋）获评"中国大学生自强之星"，4人（代旭、刘一龙、钱煜奇、刘羽初）获李四光优秀学生奖。

（撰稿：王诲；审稿：侯志军、吴仁喜）

校园文化

【概况】

2023年，学校坚持以习近平新时代中国特色社会主义思想为指导，认真学习贯彻落实习近平文化思想，紧紧围绕立德树人的根本任务，坚持以文化人、以文育人，落实"两个结合"，注重文化传承与创新，将中华优秀传统文化、革命文化、社会主义先进文化、校本文化等有机融入人才培养，传承校训精神、南迁办学精神、攀登精神，弘扬地质科学家精神、地质教育家精神，传播新时代地质文化，着力构建精神文化引领、物质文化支撑、行为文化约束、特色文化彰显的"四位一体"地大卓越文化体系，不断增强广大师生员工对学校文化的认同感和归属感，为学校高质量发展提供强大的精神动力和文化支撑。

【加强文化品牌培育】

落实学校《"十四五"卓越文化建设行动计划》，开展精品文化品牌培育凝练，培育网络名师工作室、美育名师工作室、廉洁文化精品、"玉文化"中华优秀传统文化基地、融媒体建设等项目。开展"美丽中国 宜居地球"文化精品创作培育项目，对师生创作的18项文化作品创作项目予以立项支持。打造"地大好时节""月度好图片"等文化浸润品牌，提升师生对中华优秀传统文化、校本文化的精神共鸣，涵养文化生态，增强文化自信。

【筑牢文化宣传阵地】

发挥橱窗、展板、景观等文化阵地宣传引导作用：围绕学习传达十四届全国人大一次会议和全国政协十四届一次会议精神、"习近平总书记重要论述摘编""深入学习贯彻习近平文化思想，开创新时代宣传思想文化工作新局面""中国共产党中国地质大学（武汉）第十三次代表大会"等各类主题，在两校区制作专题橱窗500余版；"李四光——我国科技界的一面旗帜"专题展在澳门大学展出，引发热烈反响；更新南望山校区院士长廊展板72版；修订完成了《学校概览（2023年版）》。

【开展系列文化活动】

开展第二十一届校园文化艺术节，举办编钟国乐、军乐、合唱等艺术团队专场演出4场。组织开展迎新晚会、毕业晚会、元旦嘉年华、迎春灯会、校园歌手大赛、首饰设计与服装搭配大赛等精品校园文化活动50余场。开展高雅艺术进校园活动，中央戏剧学院《地质师》、华中师范大学天空合唱团"我爱这土地——Tiankong合唱团导赏音乐会"、湖北省体育局武术和冬季运动管理中心"'武'动青春展演活动"等3场演出吸引5000余名学子感受文化魅力。举行中华民族文化交流展演，武汉8所高校近3000名民族师生同上一堂民族文化育人"大课"。举办"南望未来，艺熠生辉"系列音乐会27场、系列美术展9场，吸引数百名师生参与，累计上千名观众观看。

【弘扬地质科学家精神】

持续推动以李四光先生为原型的原创话剧《大地之光》全国巡演，在校内开展《大地之光》演出3场，受中国科协邀请在澳门举行2场《大地之光》演出。参与首届新时代地质文化艺术节节目征集活动，《北京，不会震》《勘探队员之歌》成功入选并于2023年12月在首届新时代地质文化艺术节上公演，自然资源部、中国地质调查局在京单位职工和家属，部分省市地勘单位、矿业企业代表近两千人现场观看了节目，线上直播观看人数超过2.5万人。

【打造地学科普品牌】

举办第54个世界地球日主题宣传周启动仪式、宜居地球科普大讲堂、地学科普大讲堂等主题科普活动，邀请孙和平院士、北京大学程郁缀教授、中国地质博物馆刘树臣研究员、肖龙教授等校内外专家和研究生开展科普讲座10场。组建"美丽中国"科普讲师团，院士专家模范带头，学生志愿服务队积极跟进，推动科普进社区、进企业、进校园、进乡村，11月24日校长王焰新院士担任创演嘉宾的《你好 赛先生》第七期节目在湖北卫视播出。学校博物馆承办"百校百馆"——湖北省"大思政课"实践教学平台上线启动仪式、"科学精神与人文情怀——武汉科技工作者融合赋能大讲堂"，学校科普品牌社会影响力不断扩大。

【开展书香校园建设】

举办以"开卷知往，阅向未来"为主题的第七届书香文化节，开展名家导读活动、朋辈共读活动，组织"与白同诵"经典朗读大赛、"墨香李白，诗意书画"书画作品展示、国学知识挑战赛、"典耀中华"短视频制作大赛等，表彰2022年"跑馆达人""借阅之星""荐购达人"，揭幕大型历史文献丛书《复兴文库》，进一步夯实"名师荐读、名家导读、朋辈共读"阅读推广活动矩阵。举办"奋进新时代 筑梦新征程"主题书展，展出党的二十大精神辅导读本、党史学习教育辅导读本等馆藏图书，积极宣传党的二十大精神。

【强化实践文化育人】

整合校内外资源推动共建实习实践基地,牵头发起成立全国高校地学类专业实践教学联盟。开展2023年暑期社会实践活动,举办"强国有我、青春有为"主题社会实践活动,147支实践团队、1500余名师生在社会大熔炉中熔铸爱国情、报国志,学校中外学生实践团队受邀在全国大学生"三下乡"社会实践总结活动上分享实践故事。2023年,建设长江大保护综合实践基地1个,出版实践书籍1部,"大学生长江大保护行动计划"社会实践品牌入选教育部高校思政工作精品项目,其子项目"美丽长江"地质地貌实践考察和荆楚文化交流项目入选教育部"万人计划"。22个学院与社区结对共建,11名地大青年奔赴新疆建设兵团、西藏等地开展志愿服务,将青春与活力挥洒于祖国大地。

【推动特色美育实践】

成立"南望文苑美育名师工作室""王凯平美育名师工作室""觅兖美育名师工作室""大地美育名师工作室"4个教师美育工作室,赴多地进行美育活动交流和讲座。多个实践团队聚焦美育、传递美丽:九里阳光艺术支教团前往新疆生产建设兵团第六师红旗农场学校开展艺术支教活动,助力当地美育事业发展;学生美育团队与地大附属中学、阳光社区、新疆红旗农场中学共建"美育第二课堂";开展一系列"七彩"美育课堂实践活动;开设"艺"路有我"媒"好前行美育音乐角系列活动2次。

【校园文化建设成果丰硕】

2023年,学校一系列文化成果获得奖励。《青鸟》《攀登者》《〈我读党史〉系列微剧目之〈开国大典〉》《退伍不褪色 志愿情更长》《人间烟火 最美相遇——跟同学们聊聊爱情观》5件作品入选第六届全国大学生网络文化节和全国高校网络教育优秀作品推选展示活动。学校主创的绘本《山河作证》获评"2022中国正能量网络精品"。绘本《攀登者》获评"湖北优秀网络文化作品"。诗歌《沁园春·登顶珠峰的地大人》在首届新时代地质文化作品征集活动中获得银奖,诗歌《出野去》《紧握生命的罗盘》、摄影作品《背着行囊追太阳》获得优秀奖。微视频《星火》获得第六届"我心中的思政课"全国高校大学生微电影展示活动一等奖。《1700余名地大学子连夜创作170余幅板画送老师》获评2023年高校影视作品展映活动短视频二类。绘本《廉洁清风沐校园》获教育部第八届高校廉洁教育系列活动优秀作品。师生创作的微视频《惟愿一生投身地质》荣获教育部关工委2023年"读懂中国"活动"优秀微视频"奖项。《漫游矿物世界》《珍贵的火山弹标本与大美至纯的地质先生》2件作品获评生态环境部优秀科普作品,《寻找古植物王国:一场穿越2.5亿年的地质学旅行》入选自然资源优秀科普图书,《探秘火星》《寻找古植物王国:一场穿越2.5亿年的地质学旅行》2部图书入选2023年湖北省优秀科普作品。

学校多个集体和个人获得奖励。学校获评"2022年度全国科普日活动优秀组织单位""2023全国生态文明教育特色学校",校史馆被中国科协等7部委授予2023年度科学家精神教育基地,博物馆获评国家自然资源科普基地、2023年度湖北省十佳科普教育基地、全国"'科创筑梦'助力'双减'科普行动"优秀单位、"洪山区少先队校外实践教育基地"等。学校团委获评2023年全国大中专学生志愿者暑期"三下乡"社会实践活动优秀单位。学校获第六届全国高校网络教育优秀作品推选展示活动"优秀组织奖",《"传承红色基因 建设书香校园"——中国地质大学（武汉）校园书香文化节项目》获评湖北省阅读推广示范项目,"绿芽公益"科普项目获评全国大学生科技志愿服务优秀项目、全国大学生科技志愿服务团队。校党委副书记王林清同志被选举为中国地质文联主席团成员,陈华文、张梅珍入选中国地质作协理事。李素矿同志获评"2023年全国生态文明教育先进个人"。

学校多个文化作品在校外展演。原创文艺作品连续十年荣登央视一套"五月的鲜花"全国大中学生文艺汇演。大学生第五元素合唱团受邀参加"黄河大合唱：2024新年音乐会",在琴台大剧院与清华大学、华中师范大学等8所学校唱响经典作品。大学生军乐团创排的《珠穆朗玛》、国乐团创排的《大潮》、合唱团创排的《走峡江》等3部作品参加湖北省大学生艺术展演,其中《大潮》和《走峡江》被推荐至全国大学生艺术展演。

（撰稿：王海；审稿：侯志军、吴仁喜）

体育活动

【概况】

2023年是全面贯彻落实党的二十大精神的开局之年,是学校落实"十四五"规划和"双一流"建设的"改革攻坚年"。体育学院全体师生在学校领导下,坚持以习近平新时代中国特色社会主义思想为指导,积极落实党和国家关于"加快建设体育强国"的部署要求和高水平体育学院的建设目标,落实立德树人根本任务,不断健全学院内部治理体系和激励机制,大力推动党的建设和教育教学、科学研究、群体竞赛、治理能力建设、社会服务等工作,以高水平党建为引领,以彰显登山户外运动特色为目标,推进学院高质量发展。

【大学生体质健康测试工作】

顺利完成全校1.8万名本科生的体质测试工作,体测合格率达到教育部85%以上的要求。加装信息采集器,提升学生参加体测的效率。与学校信息化办公室合作,完善体测数据管理的安全性和高效性。

【师生群体工作】

顺利完成"地大杯"系列赛事和综合性赛事,全年有近3万人次学生参加校内群体赛事及活动。在寻求社会资源办赛及高水平运动员引领校内群体发展方面初显成效。校外群体赛事以武术队、气排球队为代表的群体运动队获得洲际、全国比赛冠军。在办赛办活动的同时,通过工作经验积累、兄弟高校调研、教师座谈会等方式,于12月出台了《体育学院群体工作管理办法（2023版）》指导文件。

【高水平运动队建设及竞赛获奖情况】

2023年高水平运动队在国内外取得了丰硕的竞赛成绩。地大健儿在杭州亚运会上获得5金2银；学校在全国学青会上获得1金1银2铜，羽毛球队获得湖北队唯一奖牌；学校学生曹龙在首届全国攀岩锦标赛半决赛中，以4秒98的成绩打破男子速度攀岩全国记录。

(撰稿：李铭；审稿：庞岚、李元)

学生科技竞赛

【概况】

2023年，学生课外科创活动以"立德树人"为核心，以培养"创新型人才"为目标，坚持"以育人为根本、以人才为关键、以创新为灵魂"的创新育人理念，完善创新机制，优化培育链条，孕育创新文化，组织完成62项自主创新资助计划结题，捧得"挑战杯"大学生创业计划竞赛全国"优胜杯"，斩获20项国家级荣誉，举办第34届学生科技论文报告会，开展20余场科技创新活动，耕育青年科创沃土，引导广大青年用青春行动共筑科创报国梦。

【大学生自主创新资助计划】

加强项目培育，提升源头供给。切实发挥团队培养组织优势，着力优化培育链条，修订大学生自主创新资助计划，重点提升创新项目培育的经费支持，解决科技创新中的"粮食"问题，让"作品"变"产品"、"书架"变"货架"，深化"实战创新"科研训练新模式，不断发现人才、培育人才、汇聚人才。2023年度，共计800余名学生、400余名教师参与项目研究、指导工作，两年间，各项目团队成员以第一作者身份发表论文共计92篇，其中T1论文49篇，T2论文33篇，申请48项国家发明专利，4项实用新型专利，为拔尖创新人才的培养搭建平台、筑牢根基。

【"挑战杯"系列竞赛】

抓好赛事组织，稳固中流砥柱。2023年，不断优化科创赛事组织，深化赛事育人效果，组织"挑战杯"系列培训活动10余场，培育打磨高质量参赛项目，切实提升学校参赛项目竞争力。学校斩获第十三届"挑战杯"中国大学生创业计划竞赛全国金奖1项，银奖2项，铜奖1项，捧得全国"优胜杯"。获得"挑战杯"大学生课外学术作品竞赛"揭榜挂帅"专项特等奖，收获全国特等奖1项、一等奖1项、二等奖4项、三等奖6项，捧得"优胜杯"，取得"大挑"全国联合发起高校资格。承办第十届"创青春"中国青年创新创业大赛未来产业赛道半决赛，并取得全国银奖3项，铜奖1项。

【校院两级特色科技活动】

营造创新氛围，夯实底层基础。鼓励各学院(培养单位)开展具有学科特色的科技活动，丰富以"挑战杯"为龙头，以"科报会""寻找李四光""身边的化学"等为拓展的20余项校园科技创新竞赛，全方位、开放性培养创新意识，提升创新能力。2023年，成功举办第34届学生科技论文报告会，共有19个学院、336支本科生团队、1500余名本科生参加，全年开展校院两级科技活动20余场，以创新实践活动为载体，引导学生勇于创新、敢于创新，形成良好的科技创新氛围。

(撰稿：郭小玉、刘明辉、陈文婷、何清吟；审稿：朱丹)

学生社团活动

【概况】

2023年,校团委着眼于德智体美劳五育并举,统筹布局学生校园文化活动,通过开展内容丰富、主题鲜明、导向明晰的系列活动,积极弘扬中华优秀传统文化,传承校训精神、南迁办学精神、攀登精神,弘扬地质科学家精神、地质教育家精神,在文化浸润中增强青年文化自信和历史自信。

【大地之光巡演】

2023年10月30日、31日,《大地之光》在澳门大学巡演2场,30多名大学生倾情演绎,感动上千观众,科学家精神在大湾区闪耀。9月、10月,面向校内新生和值年返校校友演出4场,地质科学家精神、地质教育家浸润青年、校友心田。《大地之光》选段《北京,不会震》赴北京演出,成为首届新时代地质文化艺术节优秀节目,引领新时代地质文化。

【校外艺术展演】

原创文艺作品连续十年荣登央视一套"五月的鲜花"全国大中学生文艺汇演。大学生第五元素合唱团受邀参加"黄河大合唱:2024新年音乐会",在琴台大剧院与清华大学、华中师范大学等8所学校唱响经典作品,通过参与本次演出,开阔了学生视野、凝聚了团队精神、涵养了家国情怀,是一次爱国主义教育和艺术教育的生动实践。大学生军乐团创排的《珠穆朗玛》、国乐团创排的《大潮》、合唱团创排的《走峡江》等3部作品参加湖北省大学生艺术展演,其中《大潮》和《走峡江》被推荐至全国大学生艺术展演。

【高雅艺术进校园】

引进优质艺术资源,开展高雅艺术进校园活动,中央戏剧学院《地质师》、华中师范大学天空合唱团"我爱这土地——Tiankong合唱团导赏音乐会"、湖北省体育局武术和冬季运动管理中心"'武'动青春展演活动"等3场演出吸引5000余名学子感受文化魅力。

【第二十一届校园文化艺术节】

依托"编钟艺术"中华优秀传统文化传承基地开展第二十一届校园文化艺术节,举办编钟国乐、军乐、合唱等艺术团队专场演出4场。组织开展迎新晚会、毕业晚会、元旦嘉年华、迎春灯会、校园歌手大赛、首饰设计与服装搭配大赛等精品校园文化活动50余场,丰富校园文化生活。

【社团活动】

在学校党委领导、校团委的具体指导下,社团联合会坚持"服务社团成长,服务学生成才"的宗旨,秉承建设"百年老店"学生社团的工作理念,立足"众创、众评、众筹"工作方法,提高社团活动水平、提升社团活动格局,筑牢社团安全防线,2023年,共有93个社团在册,注册社团成员4377人,各社团开展辩论赛、科普讲解、体育活动、书法创作等各类活动400余场次,在丰富校园文化活动、提升学生综合素质等方面发挥了重要作用。

4月8日,"风吟华夏·春暖杏园"灯会

在院士长廊前举行,1300余盏花灯和30余个景观点,点亮地大校园,点燃青年学子的激情,刷爆师生们的朋友圈,打造了文化育人品牌,相关活动被新华网、《湖北日报》等媒体报道。

5月25日在西区运动场举行的"百团大战"共吸引了36个社团开展线下活动,60余个社团开展线上活动,展示社团风采,吸纳有生力量。

10月22日,大学生社团联合会联合国际教育学院开展第二届丹桂国际文化节暨2023年社团体验营活动。来自六大分会的33个社团与国际教育学院来自各个国家的同学通过特色工艺品、文艺演出、美食品鉴等形式展现不同国家和地域的文化,吸引数千名中外师生前来参观,共享民族文化融合的盛宴。

11月,举办第八届花灯设计大赛暨第三届诗词对联创作大赛,共计收到花灯近百盏,创作诗词对联作品数十篇。

11月,大学生社团联合会开展"品牌铸造",活动吸引了35个社团参加,共计27个品牌项目成功立项,并获得资金资助。

(撰稿:郭小玉、刘明辉、陈文婷、何清吟;审稿:朱丹)

社会实践活动

【概况】

学校充分发挥共青团实践育人在高校"大思政"工作体系和"三全育人"工作格局中的重要作用,坚持理论教育与实践养成相结合,紧抓在校和假期两条时间线,通过寒暑假社会实践、志愿服务、西部计划等活动,打造多矩阵、全链条的实践育人体系,确保实践育人不断线。2023年,建设长江大保护综合实践基地1个,出版实践书籍1部,"大学生长江大保护行动计划"社会实践品牌,入选教育部高校思政工作精品项目,其子项目"美丽长江"地质地貌实践考察和荆楚文化交流项目入选教育部"万人计划"。22个学院与社区结对共建,11名地大青年奔赴新疆建设兵团、西藏等地开展志愿服务,将青春与活力挥洒于祖国大地,在志愿活动中把握时代脉搏、在躬身实践中坚定理想信念。

【"三下乡"暑期社会实践】

学校深入贯彻落习近平总书记关于青年工作的重要思想和关于教育的重要论述,把时代新人铸魂工程深度融入实践教学,引导和帮助广大青年学生在社会课堂中"受教育、长才干、作贡献"。2023年,组建148支校级重点团队、690支院级重点团队和352支社会调查团队,万余名学生奔赴各地开展社会实践活动,占在校学生总人数的30.3%。在湖北省"三下乡"社会实践评优中,获评"优秀项目"2个、"优秀个人"6人、"优秀团队"9支。在全国大中专学生志愿者暑期"三下乡"社会实践活动评选中,获评"优秀个人"1人,"优秀团队"1支,学校团委获评2023年全国大中专学生志愿者暑期"三下乡"社会实践活动优秀单位。

【志愿服务】

不断完善志愿服务体系,推进志愿服务

长效发展。夯实"一体两翼"志愿服务组织体系,加强校院两级青年志愿者协会,19个公益社团和团支部委员建设。推进志愿服务信息化建设,优化升级"志汇纪"志愿服务管理系统 2.0 版本,做好志愿服务活动管理、过程监督和时长认定工作。2023 年新增本科生注册志愿者 4158 名,新生注册率 91.23%,全校注册总人数 26 008 人,各分会、公益社团共开展 934 次志愿服务活动,参与人数 22 774 人次,当年累计志愿服务时长 101 493.7 小时。深入推进大学生社区实践计划,推进志愿服务常态化发展,完成 22 个学院与社区"一对一"结对共建,社区书记助理等 3 个案例入选团省委优秀案例。立足学科专业,推进专业志愿服务建设,"绿芽公益"科普项目获评全国大学生科技志愿服务优秀项目、全国大学生科技志愿服务团队。学校获评湖北省青年志愿服务公益创业赛、湖北新时代文明实践志愿服务项目大赛省级奖项 4 项。

【西部计划志愿者】 完成西部计划志愿者的招募、选拔、派遣工作,从 2023 届毕业生中选拔 11 名优秀志愿者赴新疆建设兵团、西藏等地开展 1~3 年志愿服务工作。按照团中央青年志愿者工作部《关于组建中国青年志愿者第二十六届研究生支教团的通知》和《中国地质大学(武汉)研究生支教团招募管理办法》有关规定,通过资格审查、面试答辩等多个环节筛选,最终评选出周佳贺、彭少琪等 11 名优秀本科生组建第二十六届研究生支教团,计划于 2024 年 7 月赴云南楚雄、湖北恩施等服务地开展为期一年的支教工作。2023 年,研究生支教团获省级以上媒体宣传报道 90 余次,研究生支教团获评恩施州"青年五四奖章集体",学校项目办获评 2022 年全国西部计划绩效考核优秀研究生支教团高校项目办。

(撰稿:郭小玉、刘明辉、陈文婷、何清吟;审稿:朱丹)

社会服务与合作

社会服务

【概况】

学校提高咨政服务能力，服务国家战略需求，服务社会发展，服务地方产业，全面提高社会服务能力。一是稳步提高服务乡村振兴能力，完善举校帮扶机制。帮扶工作成效突出，连续被中央和湖北省委农村工作领导小组评价为最高等次"好"，获评"第十批中央和国家机关、中央企业援疆干部人才优秀团队"，入选第八届教育部直属高校精准帮扶典型项目。二是提高咨政服务能力，积极向省政府研究室、教育部社科司报送成果。多项成果获省部级领导批示，被教育部、武汉市采用。三是积极推进创新平台合理布局，加强创新平台规范建设。有序推进深圳研究院规范管理、浙江研究院注销改制等工作，成立内蒙古研究院。四是围绕服务国家战略需求、服务湖北高质量发展及流域综合治理、新一轮找矿战略突破等优先方向，开展有组织的科研创新。围绕武汉市知识创新专项项目，支持学院聚焦光电子信息、新能源与智能网联汽车、生命健康、高端装备、北斗、绿色低碳、数字经济等省市重点发展的产业领域选拔项目培养人才。五是充分发挥地大品牌优势，围绕学校优势学科，依托宝谷创新创业中心，以创新驱动为引擎，积极响应国家发展战略需求，深度融入国家、区域与地方创新发展网络，积极探索校地融合发展新模式，提升核心竞争力，助力学校产业高质量发展，为区域和地方经济发展注入新的活力。

【重要活动、事件、重大成果】

2023年校党委书记黄晓玫、校长王焰新等4位校领导带队先后赴云南施甸、湖北竹山指导调研帮扶工作，王华副校长每周调度定点帮扶工作，全年召开定点帮扶工作相关党委常委会、校务会、专题研讨会共15次。在施甸，按照"摸家底—做规划—树品牌—扶产业—谋长远"的帮扶思路，签订《帮扶合作协议》，全年投入帮扶资金 229.45 万元，引进帮扶资金 1 815.2 万元，采购农副产品 407.7 万元，帮助销售 526 余万元，培训各类人员共 2280 余人次，助力施甸获批"云南省乡村振兴科技创新示范县"创建单位。在竹山，按照"扶村、帮镇、带县"的总体思路，聚焦绿松石产业开发，帮助竹山县研制《竹山县绿松石产业中长期发展规划（2023—2030）》；建成"湖北省绿松石质量监督检验中心"，成功举办"2023 中国设计名师乡村振兴竹山行"品牌活动，带动就业 7.5 万人，年综合产值突破 50 亿元，全行业年创税近亿元。

2023 年 3 月 18 日，广州南沙地大滨海研究院在南沙视联科创谷揭牌成立，致力建设海洋领域国际合作创新高地；6 月，研究院获批成为广东省基础与应用基础研究基金依托单位。8 月 11 日，学校与鄂尔多斯市政府签订战略合作协议，并举办内蒙古研究院揭牌成立仪式，选派李素矿同志担任研究院执行院长。

2023 年横向项目立项 1035 项，总合同金额 4.5 亿元。签署 1000 万元以上重大横向项目 3 项，百万级别项目 88 项。"非物质文化遗产活态传承赋能长江国家文化公园发展战略""日本核污水排放对我国国家安全的影响与应对建议"等 17 项成果获省部级领导批示，被教育部、武汉市采用。推进湖北省清洁能源产业运营中心建设。全年专利转化 95 项，转化金额 1032 万元。

2023 年，联络全省高校科协战线，承办"高校科协经验交流及建设发展研讨会"，服务支持省科协在学校举办的"湖北省科协党校市县科协主席培训班"和"湖北省科协党校青年干部培训班"。成功承办"2023 东湖论坛——新能源与绿色产业"主题论坛，以及 2023 年全国岩溶地质学术年会等学术交流活动。主办 2023 年青少年高校科学营，与东湖新技术开发区管委会共同举办中国光谷科创开放日暨东湖高新区科技活动周，承办 2023 年湖北省科学实验展演汇演活动，承办武汉市科协科普人员能力提升班。

深化产教融合，服务人才培养和科学研究。2023 年，资产经营公司聚焦主责主业，围绕学校学科特色与优势，完善以企业为主体，以产教融合为主要形式的社会合作模式，从联合培养、实习实训、创业教育、共建实验室等方面服务学校人才培养和科学研究，促进科技成果转化与产业化。依托现有所属企业、产学研基地、宝谷创新创业中心入驻企业，建设产教融合和产业培育基地，拓展社会服务空间，引导和鼓励教师、学生参与创新创业，使学校真正成为加速产业技术变革和创新驱动的策源地，催生新产业、新模式、新动能。成功举办首届产教融合秋季论坛，共同探讨产教融合实践和挑战，推动资环工研院、中地数码、地大华睿、中地黄金等保留企业与学校共建实训基地，持续推动产教融合深入发展。中地数码与资源学院共建地质大数据英才班，以特训营的形式开展 GIS 职业教育，与学校及其他高校联合举办 GIS 论坛，共同承担国地联合实验室，为高校老师提供产业转接器和科研平台。

加强社会合作，全面提升社会服务能

力。2023年，资产经营公司以需求链为导向，把联学联建作为产业链、人才链、创新链的黏合剂，积极搭建校地合作平台，主动对接政府、企业，促进校地、校企间的项目合作和人才交流，带领团队联合学校环境、材料化学等学院及10余家所属企业，先后多次前往京山市、钟祥市等地及相关企业深入调研、对接，促使学校与地方政府成功签约2000余万元项目。多措并举积极争取国家和地方政府政策扶持。成功申报"高原型氢能重卡及燃料电池关键技术攻关及产业化"项目并获批国有资本金1300万元，注入武汉地质资源环境工业技术研究院有限公司以增加国有股权比例。湖北省长江生态环保研究院有限公司成功申报"武汉市科技成果转化项目"，获批专项资金及江夏区配套资金600万元。武汉中地大智慧城市研究院有限公司与汉阳市政集团联合申报2023年度武汉市科技成果转化项目，金额400万元。

（撰稿：张鑫、顾刚、雷艳；审稿：陈华荣、胡祥云、胡文勤）

社会合作

【概况】

学校坚持以高质量社会合作助力高水平开放办学，着力实施"名企合作计划"，积极参与新一轮找矿突破战略行动，持续深化政产学研联动，持之以恒，久久为功，不断构建开放办学命运共同体。围绕高质量开放办学任务，以提升服务能力为基础，切实增强服务国家重大战略、参与行业重点计划、融入区域重要规划的能力，不断构建多维度、多领域、多渠道社会合作体系，完善产教融合、协同创新、可持续发展的良好生态，全年签署38项合作协议。

1. 深入推进名企合作计划。坚持服务国家战略、服务行业发展、服务区域需求，持续有组织推动校企合作。按照学校党委关于推进"名企合作计划"的工作部署，继续贯彻与央企集团公司、上市公司签署战略合作协议。与中国石油天然气集团有限公司、中国长江三峡集团有限公司2家央企公司签署战略合作协议，实现与"三桶油"战略合作全覆盖。与亚太地区知名的智能语音和人工智能上市企业科大讯飞股份有限公司签署战略合作协议，协力推进教育数字化。为学校教师到行业龙头企业争取合作项目搭建新平台，为各人才培养单位开展学生联合培养项目、建设高水平实习实训基地提供新渠道，为促进科研经费增长、产教融合提高人才培养质量作出积极贡献。

2. 积极参与找矿突破战略行动。聚焦国家能源资源安全战略和新一轮找矿突破战略行动，以服务重大战略统筹学校在地质、能源、矿业、工程、环境保护、地理信息、管理咨询等领域的综合能力。与我国重要的国际矿业集团紫金矿业股份有限公司签署合作协议；加强与中国地质调查局系统各单位广泛合作，与中国自然资源航空物探遥感中心、中国地质环境监测院、中国地质科学院探矿工艺研究所签署合作协议，积极走访各中心、直属单位,持续推进合作;扩大各区域服务范围,与甘肃省自然资源厅、重庆市地质矿产勘查开发局、安徽省地质矿产勘查局、浙江省地质院等签署战略合作协议,做大做强找矿朋友圈。

3.持续构建"政产学研"开放办学命运共同体。服务湖北省"以流域综合治理为基础推进四化同步发展"规划布局,与江夏区人民政府协议共建湖北省生态环保产业技术研究院,服务长江大保护和长江经济带绿色经济发展要求;深入服务"科技兴蒙",与鄂尔多斯市政府共建内蒙古研究院,构建产业化平台,为区域经济发展提供人才智力支持。与北京市房山区、荆门市、石首市、山阴县、施甸县实施多项合作,助力实施周口店实践基地建设、野外科学观测研究站建设、乡村振兴等重要任务。与武汉本地政府企业保持良好合作,深化与汉阳区政府合作,推动GIS中心与汉阳市政共同谋划的"基于多源时空与智能感知的数据融合及高效渲染技术研究与应用"项目获准立项,参与汉阳地理信息系统产业建设取得实质性进展。

【重要活动、事件】

1.携手能源报国:学校与中国石油集团签署战略合作协议。2023年3月14日,学校与中国石油集团在京签署战略合作协议。副校长王华与集团公司副总经理、党组成员任立新代表双方签署协议,学校党委书记黄晓玫、校长王焰新院士、集团董事长、党组书记戴厚良、集团公司总经理、党组副书记侯启军等共同见证签约。中国石油集团表示在人才培养、油气勘探、基础研究等方面期待双方深化合作。双方深入贯彻落实党的二十大精神,胸怀"国之大者",积极提升拔尖创新人才自主培养能力和服务国家战略能力,在国家战略布局中贡献更多力量,打造产教融合典范,开启校企合作新篇章。双方致力贯通学科链、人才链、科技链、产业链,推动科教融合、产教融合,期待通过深度校企合作创新人才培养模式、开展科技联合攻关,共建高水平科技平台,以更加务实有效的合作成果,共同服务国家能源资源安全。

2.学校与中国长江三峡集团签署战略合作协议。2023年6月13日,学校与中国长江三峡集团有限公司举行战略合作协议签约仪式。校长王焰新院士与集团副总经理、党组成员王良友代表双方签署协议,学校党委书记黄晓玫,党委常委、副校长王华,三峡集团董事长、党组书记雷鸣山,总经理助理、董事会秘书兼人力资源部主任关柳玉等共同见证签约。三峡集团就地质结合新能源开发利用方面提出合作愿景,期待双方的合作为国家能源资源安全、生态环境保护、绿色可持续发展作出更大的贡献。双方加强人才培养合作和交流共享,共建学生实习、实践基地,为在校生和毕业生提供实践平台和创业平台,支持学校人才培养高质量发展目标。双方将准确把握校企战略合作的重点领域,通过合作解决国家重大工程建设中的关键资源环境问题、安全健康问题,共同培育一批有原创性和广泛影响力重大成果,促进政策落地和成果转化,高质量推进项目合作,高质量开展日常交流,共同构建交流合作新格局。

3. 中国地质调查局局长李金发来校调研,见证学校与航遥中心签署全面合作协议。2023年12月11日,学校与中国自然资源航空物探遥感中心签署全面合作协议和"地质一号"遥感卫星工程合作协议。校长王焰新院士与中心主任、党委书记秦绪文代表双方签署全面合作协议,副校长王力哲与中心副主任聂洪峰代表双方签署"地质一号"遥感卫星工程合作协议,自然资源部党组成员、中国地质调查局党组书记、局长李金发,中国地质调查局武汉地质调查中心党委书记郭兴华,副主任、党委副书记毛晓长,学校党委书记黄晓玫,副校长李建威等共同见证签约。双方将继续深化合作,在科技攻关、项目申报、研制"地质系列"高分辨率在轨智能卫星、共建卫星遥感地质科技创新中心、国际合作、人才培养等方面展开深度合作,为更好服务国家重大战略需求和经济社会发展,塑造发展新动能新优势作出新贡献、展现新作为。学校与中国地质调查局长期以来开展局校深度合作,未来双方将加强合作,为实现中国地质工作现代化、中国地质科技工作创新跨越式发展,作出更大贡献。

4. 携手共建"双一流",学校与华中师范大学、中南财经政法大学签署战略合作协议。2023年9月25日,学校与华中师范大学签署战略合作协议并互聘教师,校长王焰新院士与华中师范大学郝芳华校长代表两校签署战略合作协议。2023年10月25日,学校与中南财经政法大学签署战略合作协议并互聘教师,校长王焰新院士与中南财经政法大学杨灿明校长代表两校签署战略合作协议。学校与华中师范大学和中南财经政法大学学科特色互补,师生交流密切广泛,在"双一流"建设过程中,各学校将在优势学科专业互补共建、优秀人才队伍互通培养、学校资源互联共享、科研合作和平台项目联合申报、人才培养交流合作等方面,开展全方位、多种形式的合作,共同提升高校创新人才培养质量和服务国家、区域战略需求的能力。学校与华中师范大学、中南财经政法大学已于本年度开展互聘教师授课,共享优质教育资源及品牌课程。

5. 夯实教育数字化能力基座,学校与科大讯飞股份有限公司签署战略合作协议。2023年11月15日,学校与科大讯飞股份有限公司签署战略合作协议。学校党委副书记王林清与科大讯飞高教产品线总经理陈红斌代表双方签署战略合作协议,学校信息化工作办公室主任吴春明、科大讯飞研究院科研部副部长张力等共同见证签约。王林清对科大讯飞人工智能技术的发展及应用表示肯定,在智慧涌现的AI时代,应抓住机遇迎接挑战,积极利用人工智能等新技术、新方法,全面实现学校教育数字化转型。科大讯飞表示将助力学校夯实教育数字化能力基座,以新环境、新资源、新评价、新平台、新模式与学校展开深度合作,共同打造具有地大特色的AI+智慧教育生态,助推产教融合发展。

6. 服务区域发展,学校与石首市、京山市、山阴县开展全面合作。2023年11月5日,学校与石首市人民政府签署全面合作协议,党委副书记、纪委书记唐忠阳与市委常委、常务副市长黄健代表双方签署协议,校长王焰新院士,校长助理吕一兵,石首市市委书记王敏,市委常委、副市长程鹏等见证签约。2023年11月8日,学校与山西省山阴县委签署全面合作协议,副校长王华与县委副书记张文平代表双方签署协议,校长王焰新院士,县委书记王世杰,县委常委、组织部长舒晓海,县人大常委会副主任郭东申,副县长于介澜等见证签约。2023年11月22日,学校与京山市人民政府签署合作项目协议,副校长王力哲、副市长曹建国、京诚投资集团董事长陈朝晖代表三方签署协议,校长王焰新院士,京山市市委副书记、市长何洪涛等见证签约。学校始终重视校地协同服务区域高质量发展,将持续开展野外科学观测研究站共建、优质生源基地建设、产学研基地建设,围绕地热资源开发、文旅及户外产业规划、湿地生态环境保护、地下水水质改良等领域布局研究方向和重大项目,深度加强校地合作,携手共同发展、优势互补,在共建共享中实现共赢。

7. 产学研合作服务新一轮找矿突破战略行动,学校与紫金矿业集团签署战略合作协议。2023年6月10日,学校与紫金矿业集团在福建厦门签署战略合作协议。副校长刘杰与紫金矿业集团副总裁阙朝阳代表双方签署合作协议,党委书记黄晓玫、紫金矿业集团常务副总裁林泓富等见证签约。双方期望着眼重大国家战略,在人才培养、科技创新、平台共建等方面深化合作,携手谋划重大项目,探索校企合作新模式。双方将进一步整合资源,加强在平台建设、科学研究、人才培养、就业招聘等方面的深度合作,积极参与新一轮找矿突破战略行动,服务国家资源能源战略,实现校企合作共赢的良好局面。

8. 聚焦生态环境,服务国家战略,学校与生态环境部土壤中心、中国地质环境监测院签署战略合作协议。2023年3月30日,学校与生态环境部土壤与农业农村生态环境监管技术中心签署战略合作协议。校长王焰新院士与土壤中心党委书记、主任洪亚雄代表双方签署协议,学校副校长、党委常委王华,党委副书记、纪委书记唐忠阳,湖北省生态环境科学研究院党委书记、院长蔡俊雄,副院长向罗京共同见证签约。2023年4月25日,学校与中国地质环境监测院签署战略合作协议。副校长王力哲与环境监测院副院长褚洪斌代表双方签署合作协议,校长王焰新院士,环境监测院党委书记刘同良等见证签约。学校致力于培育新时代生态环保铁军,坚持与生态环境部、自然资源部系统各生态环境单位保持密切合作;将与生态环境部土壤与农业农村生态环境监管技术中心共同为国家土壤和地下水研究决策提供支撑和服务,建立健全合作培养人才机制,共建高水平科研平台,共同推动土壤与地下水生态环境保护,为深入打好污染防治攻坚战作出积极贡献;与中国地质环境监测院在联合培养研究生、重大科技攻关、科技创新平台建设、学术会议与专题培训等领域发挥人才作用,优势互补,合作共赢,共同为国家能源资源安全、生态文明建设和自然资源管理作出更大贡献。

9.政产学研联动,学校与房山区人民政府签署战略合作协议。2023年9月21日,学校与北京市房山区人民政府签署战略合作框架协议。副校长刘杰与区领导周同伟代表双方签署协议,党委书记黄晓玫,党委副书记王林清,房山区委书记邹劲松,区委副书记、区长阳波,教育部政策法规司副司长、房山区副区长王大泉等共同见证签约,标志着双方深化合作进入新阶段。区委区政府将全力支持学校在房山区打造教学基地,支持建设和运营相关工作,通过校地合作,共同打造地学领域旅游目的地。未来双方将不断扩宽合作领域,学校将为房山区灾后生态恢复和山水林田湖草沙生态系统治理工作提供智力支持,共同在经济社会和科技发展重大问题研究、拔尖创新人才培养、自然资源勘查开发、流域综合治理、生态环境修复、研学项目建设、户外文旅产业开发等方面开展深度合作,探索完善工作机制,做好区校协调联动,加快资源盘活,推进合作取得更大成效,推动双方事业高质量发展。前期,中国地质大学(武汉)教育发展基金会向北京市房山区捐赠30万元用于房山区周口店镇"7·23"特大暴雨灾后恢复重建工作。

10.服务自然灾害防治,学校与应急管理部国家自然灾害防治研究院签署战略合作协议。2023年4月22日,学校与应急管理部国家自然灾害防治研究院在京签署战略合作协议。校长王焰新院士与国家灾研院党委书记杨思全代表双方签署战略合作协议。国家灾研院承载着支撑国家防范重特大自然灾害风险与应急管理能力现代化的核心使命,近年来,校院双方始终保持着紧密的合作关系,将在科研成果转化、学科专业交流合作、高层次人才培养以及资源共享共用方面进一步加强。加强自然灾害防治关系国计民生,是深入学习贯彻总体国家安全观的必然要求,双方将在地震、地质灾害防治、装备研发,以及人才培养、科技创新平台建设和成果转化等方面发挥各自优势,协同推进创新链、产业链深度融合,共同提高灾害预测、预警和风险评估能力。

(撰稿:张鑫;审稿:陈华荣)

[附录]

附录1 2023年签署社会合作协议情况表

序号	协议名称	合作单位	签约日期
1	中国地质大学(武汉)与自然资源部第二海洋研究所共建海洋学院协议	自然资源部第二海洋研究所	2023-03-03
2	中国石油天然气集团有限公司与中国地质大学(武汉)战略合作协议	中国石油天然气集团有限公司	2023-03-14
3	罗湖区人民政府与中国地质大学(武汉)共建珠宝现代产业学院战略合作协议	罗湖区人民政府	2023-03-17

续表

序号	协议名称	合作单位	签约日期
4	中国地质大学(武汉)与安徽省地质矿产勘查局战略合作协议	安徽省地质矿产勘查局	2023-03-29
5	中国地质大学(武汉)与生态环境部土壤与农业农村生态环境监管技术中心战略合作协议	生态环境部土壤与农业农村生态环境监管技术中心	2023-03-30
6	中国石化石油物探技术研究院与中国地质大学(武汉)全面合作协议	中国石化石油物探技术研究院	2023-04-17
7	中国地质大学(武汉)与中国地质环境监测院战略合作框架协议	中国地质环境监测院	2023-04-25
8	中国地质大学(武汉)与中国地质环境监测院联合培养研究生合作协议	中国地质环境监测院	2023-04-25
9	湖北省生态环保产业技术研究院投资合作框架协议	江夏区人民政府、湖北省生态环保有限公司	20230525
10	宁夏回族自治区体育局与中国地质大学(武汉)战略合作协议	宁夏回族自治区体育局	2023-06-09
11	国家自然灾害防治研究院与中国地质大学(武汉)战略合作协议	国家自然灾害防治研究院	2023-04-22
12	紫金矿业集团股份有限公司与中国地质大学(武汉)战略合作协议	紫金矿业集团股份有限公司	2023-06-10
13	中国长江三峡集团有限公司与中国地质大学(武汉)校企合作协议	中国长江三峡集团有限公司	2023-06-13
14	甘肃省自然资源厅与中国地质大学(武汉)战略合作协议	甘肃省自然资源厅	2023-06-28
15	荆门市人民政府与中国地质大学(武汉)战略合作协议	荆门市人民政府	2023-06-28
16	中国铝业股份有限公司广西分公司与中国地质大学(武汉)战略合作协议	中国铝业股份有限公司广西分公司	2023-06-30
17	中国地质大学(武汉)与北京建机资产经营有限公司周口店实践教学基地及石灰大院升级改造备忘录	北京建机资产经营有限公司	2023-07-13

续表

序号	协议名称	合作单位	签约日期
18	中国地质科学院探矿工艺研究所与中国地质大学(武汉)战略合作协议	中国地质科学院探矿工艺研究所	2023-08-04
19	中国地质大学(武汉)与施甸县人民政府战略合作协议	施甸县人民政府	2023-09-12
20	鄂尔多斯市人民政府与中国地质大学(武汉)合作共建内蒙古研究院协议	鄂尔多斯市人民政府	2023-08-11
21	浙江省地质院与中国地质大学(武汉)战略合作框架协议	浙江省地质院	2023-09-07
22	长江产业投资集团有限公司与中国地质大学(武汉)战略合作协议	长江产业投资集团有限公司	2023-09-17
23	北京市房山区人民政府与中国地质大学(武汉)战略合作框架协议	北京市房山区人民政府	2023-09-21
24	华中师范大学与中国地质大学(武汉)战略合作协议	华中师范大学	2023-09-25
25	中国地质大学(武汉)与江西应用技术职业学院战略合作协议	江西应用技术职业学院	2023-10-21
26	中南财经政法大学与中国地质大学(武汉)战略合作协议	中南财经政法大学	2023-10-25
27	重庆市地质矿产勘查开发局与中国地质大学(武汉)战略合作协议	重庆市地质矿产勘查开发局	2023-10-27
28	中国地质大学(武汉)与中国电信股份有限公司湖北分公司战略合作协议	中国电信股份有限公司湖北分公司	2023-11-03
29	石首市人民政府与中国地质大学(武汉)全面合作协议	石首市人民政府	2023-11-05
30	山阴县人民政府与中国地质大学(武汉)全面合作框架协议	山阴县人民政府	2023-11-08
31	荆门市东宝区人民政府与中国地质大学(武汉)产学研合作协议	荆门市东宝区人民政府	2023-11-11
32	中国地质大学(武汉)与科大讯飞股份有限公司校企合作协议	科大讯飞股份有限公司	2023-11-15

续表

序号	协议名称	合作单位	签约日期
33	中国地质大学(武汉)与天柱山国家地质公园管理委员会产学研合作协议	天柱山国家地质公园管理委员会	2023-12-07
34	中国自然资源航空物探遥感中心与中国地质大学(武汉)全面合作协议	中国自然资源航空物探遥感中心	2023-12-11
35	中海石油(中国)有限公司上海分公司与中国地质大学(武汉)全面合作协议	中海石油(中国)有限公司上海分公司	2023-12-16
36	上海勘察设计研究院(集团)股份有限公司与中国地质大学(武汉)产学研合作协议	上海勘察设计研究院(集团)股份有限公司	2023-12-16
37	上海杰夏企业发展(集团)有限公司与中国地质大学(武汉)产学研合作协议	上海杰夏企业发展(集团)有限公司	2023-12-16
38	都安神瑶医药健康科技有限公司与中国地质大学(武汉)产学研合作协议	都安神瑶医药健康科技有限公司	2023-12-16

校友与教育基金工作

【概况】

2023年,校友工作着力加强顶层设计,制定出台《关于加强和改进校友工作的意见》(地大发〔2023〕35号),加强校友工作的统筹规划,明确校友工作的发展定位,按照"校院联动、部门协同、分类指导、全员参与"的基本原则,统筹推进相关工作。建立健全校友工作组织、服务和联络体系,有序开展校友分会成立和换届,打造校友-母校情感共同体。积极开展优秀青年校友宣传工作,充分发挥优秀校友榜样力量,助力学校协同育人,为落实立德树人根本任务贡献力量。参与招生就业等人才培养环节,开展实践育人。坚持需求导向、问题导向,依托专业技术团队,加快推进校友信息管理系统二期建设,全面推进校友工作信息化。加强校友联络平台建设,举办春夏秋冬四季品牌活动、"全桂·华南建设地大杯"中国地质大学第七届校友足球赛、第七届"地二代"校友子女夏令营活动、2023年度校友值年返校活动,千名校友回到南望山下,回到梦开始的地方。加强校友与母校的动态联系,地大人小程序注册量达46 748人,校友卡申领人数达31 137人。

教育发展基金会按照章程规定和学校工作要求,接受社会各界的捐赠,依法管理和运作基金,确保基金保值增值,支持学校各项事业的持续发展。一是加强规范管理。参加由湖北省民政厅组织的全省性社会组织等级评估,评估结果为4A。完成基金会

2022年年检，配合做好2023年中央高校捐赠配比专项资金核查以及入校检查工作；基金会就核查工作组提出的50余项问题进行说明回复，极大减少核减资金。对现有的捐赠项目进行梳理合并，对已有评选管理办法的奖助学金项目进行修订，建立项目年度预算制度。二是抓好募资工作。2023年收到各类捐赠58笔，其中现金捐赠57笔，到账金额1 282.84万元；实物捐赠一笔，价值80.91万元药品，经由校医院发放给广大教职工；业务活动支出2 084.77万元，按照捐赠人意愿、师生期望和学校部署，充分支持校史馆和校医院健康管理中心建设。完成申报2023年中央高校捐赠配比专项资金有关工作，申报2022年7月1日至2023年6月30日获得社会捐赠42个项目，申报金额2 327.75万元，同时获取上一年度捐赠配比资金613万元。三是加强宣传。参加湖北慈善总会开展的"'荆彩'99旭日同行——大学生大病互助行动"慈善活动；推荐李忠荣校友参选省人力资源和社会保障厅、省民政厅首届"湖北慈善奖"评选表彰活动，并荣获"爱心捐赠个人"。

【重要活动、事件】

1. 2023年9月26日，湖北省人民政府印发《关于颁发首届湖北慈善奖的决定》，李忠荣校友荣获首届"湖北慈善奖""爱心捐赠个人"。"湖北慈善奖"为2022年中央批准设立的省级表彰项目，表彰慈善领域的先进典型，表彰周期为2年，首届表彰80个对象。李忠荣校友1982年毕业于学校岩矿分析专业，现任福建龙岩中元大酒店董事长、教育发展基金会理事、福建校友会荣誉会长。自1996年开始，他先后资助70多位贫困生完成学业；累计向社会公益事业捐款3000多万元。他还捐赠资金用于学校校门修建和校史馆的建设，设立科技创新基金，支持学生开展具有探索性和挑战性的科研活动。

2. 2023年8月2日，张来发校友及南京建都建设有限公司、南京博智房地产开发有限公司与基金会签署捐赠协议，合计捐赠1000万元用于校医院维修改造及师生体检中心建设，2023年捐赠到账500万元。目前，校医院体检中心基建施工已完成。张来发为江苏江宁人，硕士阶段就读于学校研84一班。

3. 2023年5月11日，湖北万润新能源科技股份有限公司（简称万润新能源）向学校捐赠50万元，设立"国际学生万润奖学金"，用于多层次培养地质、矿产、能源等专业有创新精神和实践能力的"知华、友华、爱华"的高质量国际学生。该公司总监李昶、法务经理彭春华等4人，校党委常委储祖旺，校友与社会合作处和国际教育学院相关单位负责人，国际学生代表参加捐赠仪式。该奖学金为基金会首次设立面向国际学生的社会捐赠类奖学金，并于2023年12月奖励尼日利亚籍国际学生MUHAMMED BABATUNDE ABDULRAHEEM，为首次奖励国际学生。

4. 2023年5月20日，校友陈康、陈欢捐赠50万元设立"汉普康欢奖学金"，"汉普康欢奖学金"捐赠仪式在校举行。海南汉普知识产权集团有限公司总经理陈欢、校友合作处处长陈华荣、材料与化学学院党委书记梁本哲、外国语学院党委书记刘世勇、本科生院副院长苏洪涛参加捐赠仪式。海南汉普知识产权集团有限公司总经理陈欢、校友与社会合作处处长陈华荣签订《捐赠协议》，陈华荣代表学校向陈欢校友颁发《捐赠证书》。陈欢校友感恩母校对自己的指导与帮助、对自己事业的鼓励和支持，他表示，公司在学校设立学生奖励基金，是希望能进一步加强与母校的联系，通过捐赠的方式回馈母校的培养，为母校发展做力所能及的贡献。陈康为外国语学院2005届校友，陈欢为材料与化学学院2008届校友。

5.2023年4月27日，巴基斯坦校友会成立大会以线上线下相结合的方式在东苑国际会议室举行，巴基斯坦校友会成立。会议选举2013届环境工程专业博士文斌校友担任会长，2017届环境科学专业博士夏瀚校友担任秘书长，为进一步完善海外"一带一路"校友会布局奠定更充分的基础。

（撰稿：马洪福、张鑫、丁苗苗；审稿：陈华荣、袁江）

[附录]

附录1　2023年基金会接受捐赠情况

序号	项目编号	项目名称	捐赠方	捐赠收入/元
1	2011011	周大福奖学金	周大福珠宝金行（深圳）有限公司	225 000.00
2	2023001	鲲鹏人才奖学金	鲲鹏人才发展（深圳）有限公司	100 000.00
3	2021013	70周年校庆捐赠项目	招商银行财付通收款	92.00
4	2017011	助勤帮困基金	湖北省教育基金会	200 000.00
5	2021008	融创奖学金	湖北融创物业服务有限公司	20 000.00
6	2021001	新烨环保奖励金	厦门三烨清洁科技股份有限公司	1 000 000.00
7	2022010	未来技术学院建设	浙江中控技术股份有限公司	500 000.00
8	2022070	70周年校庆捐赠项目	网上捐赠	45.00
9	2022002	改善未来城办学条件	湖北华鼎团膳管理股份有限公司	236 388.00
10	2023002	申昙新材料奖助学金	上海申昙新材料集团有限公司	200 000.00
11	2023003	湖北中桥科技奖教金	湖北中桥科技有限公司	300 000.00
12	2023004	华测导航协同育人奖学金	上海华测导航技术股份有限公司	100 000.00
13	2023005	西南交通大学科学家奖助学金	四川西南交通大学教育基金会	360 000.00
14	2023007	地理与信息工程学院校友基金	秦伟	30 000.00
15	2022003	70周年校庆科考项目	龙岩市永翠慈善基金会	200 000.00
16	2022070	70周年校庆捐赠项目	网上捐赠	1 970.00
17	2023006	万润奖学金	湖北万润新能源科技股份有限公司	500 000.00

续表

序号	项目编号	项目名称	捐赠方	捐赠收入/元
18	2022002	改善未来城办学条件	湖北学府园餐饮管理有限公司	201 111.00
19	2023009	卓越导学团队基金	武汉双鹏网络技术有限公司	160 000.00
20	1000005	工程奖教助学金（综合）	郑君	10 000.00
21	2023008	盛帆协同育人奖学金	湖北省盛帆公益基金会	100 000.00
22	2021012	工程学院堪基系	安百拓贸易有限公司	50 000.00
23	2023010	汗青艺术奖励基金	陈汗青	100 000.00
24	2022070	基金会非限定项目	网上捐赠	10 264.55
25	2023011	太合创新奖学金	陕西太合智能钻探有限公司	300 000.00
26	2012034	地空学院爱心基金	合肥国为电子有限公司	27 000.00
27	2016014	紧急救助基金	网上捐赠	10 000.00
28	2022070	70周年校庆捐赠项目	网上捐赠	3 312.00
29	2023012	汉普康欢奖学金	海南汉普知识产权集团有限公司	100 000.00
30	2022014	校医院体检中心建设基金	南京博智房地产开发有限公司	1 000 000.00
31	2022014	校医院体检中心建设基金	南京建都建设有限公司	2 000 000.00
32	2022014	校医院体检中心建设基金	南京建都建设有限公司	2 000 000.00
33	2014020	地学院发展基金	地化系891班同学毕业30年捐	27 000.00
34	2018013	周愁资助困难学生	周愁	10 000.00
35	2017003	佳源奖助学金	公安县佳源水务有限公司	400 000.00
36	1000002	材化学院奖助学金	材化学院1999级全体校友	103 620.99
37	2021006	材化学院永翠科技创新基金	龙岩市永翠慈善基金会	200 000.00
38	2014018	鲲鹏奖学金	袁爱华	26 000.00
39	2022070	70周年校庆捐赠项目	网上捐赠	3 599.01
40	2022070	70周年校庆捐赠项目	师学明	10 000.00
41	2021007	工程学院054072班校友奖学金	袁攀	30 750.00
42	2012045	同心奖学金	北京雅展展览服务有限公司	200 000.00
43	2022070	70周年校庆捐赠项目	网上捐赠	2 001.00
44	1000005	工程奖教助学金（综合）	王俊	52 000.00
45	2011011	周大福奖学金	周大福珠宝金行（深圳）有限公司	225 000.00
46	2023013	学校体育活动及赛事基金	安越环境科技股份有限公司	100 000.00
47	1000004	机电奖教助学金（综合）	无锡捷格工程科技有限公司	100 000.00

续表

序号	项目编号	项目名称	捐赠方	捐赠收入/元
48	2022070	70周年校庆捐赠项目	网上捐赠	1 320.00
49	2022016	中显科技奖教金	武汉世纪中显科技有限公司	100 000.00
50	2021005	菁英班奖学金	中国科学院理化技术研究所	50 000.00
51	2017011	助勤帮困基金	湖北省教育基金会	150 000.00
52	2023014	中海油助学金	中国宋庆龄基金会	50 000.00
53	2021010	小米学生工作室建设	北京小米移动软件有限公司	150 000.00
54	2023016	地信信息系统国家地方联合工程实验室建设、运营	武汉中地数码集团有限公司	300 000.00
55	2023015	中国地质大学-鼎阳科技电工电子联合实验中心	深圳市鼎阳科技股份有限公司	120 000.00
56	2023005	西南交通大学科学家奖助学金	四川西南交通大学教育基金会	360 000.00
57	1000005	工程奖教助学金(综合)	张鹏	12 000.00
合计				12 828 473.55

附录2 2023年接受实物捐赠情况

序号	类别	捐赠物品	数量/盒	捐赠人
1	其他	药品	49 436	马应龙药业集团股份有限公司

附录3 2023年基金会奖助项目支出情况

序号	项目编号	项目名称	支出金额/元
1	2023006	万润奖学金	97 800.00
2	2018013	周愁资助困难学生	6 000.00
3	2017011	助勤帮困基金	204 286.00
4	2014018	鲲鹏奖学金	9 000.00
5	2014006	地学院11791班校友奖学金	25 000.00
6	2018011	机电学院凌久电子奖学金	24 000.00
7	2018002	地空学院中仪校友奖学金	9 000.00
8	2023009	卓越导学团队基金	60 000.00
9	2014022	梓亮奖学金	9 000.00
10	2019023	工程学院钻探薪火奖学金	12 000.00

续表

序号	项目编号	项目名称	支出金额/元
11	2010007	占志斌校友奖学金(金贝金刚石)	48 000.00
12	2011009	殷鸿福—金钉子奖学金	6 000.00
13	2023004	华测导航协同育人奖学金	10 000.00
14	2022007	锦冠励志奖学金	15 000.00
15	2017006	宇驰奖学金	55 000.00
16	2022017	粤地质越优秀奖学金	42 000.00
17	2013009	八二级水文系奖助基金	33 000.00
18	2010001	锐鸣奖学金	150 000.00
19	2019020	中力岩土助学金	54 000.00
20	2023012	汉普康欢奖学金	100 000.00
21	2021007	工程学院054072班校友奖学金	9 000.00
22	2012045	同心奖学金(雅展展览)	200 000.00
23	2021009	百特奖学金	50 000.00
24	2012034	地空学院校友基金	82 500.00
25	2011002	赵鹏大奖学金	20 000.00
26	2011013	"钻石有情,生命无价"周大生救助基金	5 000.00
27	2015013	地学之光助学金	4 000.00
28	2019003	地学院88级校友捐赠款	35 000.00
29	2019007	高山奖学金	30 000.00
30	2021003	李万亨奖学金	90 000.00
31	2021008	融创服务奖学金	20 000.00
32	2022007	锦冠励志奖学金	20 000.00
33	2016009	包头城建创新奖学奖教金	55 000.00
34	2012017	信息拔尖人才奖学金	35 000.00
35	2013009	82水文创新奖学金	30 000.00
36	2012019	王大纯励志/创新奖学金	96 000.00
37	2023005	感恩科学家奖学金	360 000.00
38	2012020	水科学之星奖学金	35 000.00
39	2014017	华狮化工奖学金(第二部分)	10 000.00
40	2021005	菁英班奖学金	49 000.00

续表

序号	项目编号	项目名称	支出金额/元
41	2019008	华睿奖教金	80 000.00
42	2011011	周大福奖学金	450 000.00
43	2018005	72941班奖学金	14 000.00
44	2023001	鲲鹏人才奖学金	19 783.83
45	2000001	自动化建设发展基金(综合)	18 000.00
46	2022009	自动化学院建设与发展	60 000.00
合计		2 846 369.83	

附录4　2023年基金会非奖助项目支出情况

序号	项目编号	项目名称	支出金额/元
1	2021010	小米学生工作室	67 150.85
2	2022010	未来技术学院建设	50 000.00
3	2019022	方圆辅导员奖励基金	49 185.71
4	2019010	工程学院勘机系卓越工程师计划	26 700.67
5	2021012	工程学院勘基系	33 000.00
6	2022008	体育学院发展事项	199 000.00
7	2012014	宝得能源科技支持青年创新创业中心建设	51 110.00
8	2022005	施修春陈博基金	131 169.00
9	2021006	材化学院忠荣科创基金	60 415.42
10	2020008	珠宝学院疫情防控及其他公益活动	110 900.00
11	2018001	艺媒学院学科建设与发展基金	399 893.00
12	2017007	永芳基金	26 500.00
13	2012028	支持学校建设与发展	300 000.00
14	2022014	校医院体检中心建设	1 500 000.00
15	2022020	未来城校区双碳校园建设基金	214 500.00
16	2021001	新烨环保奖励金	99 000.00
17	2021004	校史馆建设(龙岩市永翠慈善)	11 682 783.00
18	2020011	校史馆建设项目	3 000 000.00
合计		18 001 307.65	

港澳台与国际交流合作

港澳台工作

【概况】

深入贯彻习近平新时代中国特色社会主义思想和教育部港澳台工作的政策方针，不断深化学校港澳台交流工作。依托学校野外地质实践基地，实施港澳台教育交流项目，推广学校和港澳台多所高校合办的港澳台师生野外地质实习课程。结合学校学科优势，开设体现地大特色的高水平国情教育类精品课程。立足学校环境、地质、珠宝等学科优势，不断推动港澳台招生工作。

【重要活动、事件】

2023年10月，由中国科协主办的科学家精神宣传系列活动近日在澳门圆满结束，通过话剧巡演、杰出华人科学家公开讲座及院士专家进校园活动，激励澳门科技界特别是青少年厚植爱国爱澳家国情怀，树立科技梦想、投身科技事业，更好融入国家发展大局。学校"共和国的脊梁——科学大师名校宣传工程"项目——原创话剧《大地之光》首次在澳门大学进行公演，并开展了科学家精神宣讲报告、高校师生座谈交流会、李四光生平事迹展等系列科学家精神宣传活动。此外，学校肖龙教授多次走进澳门的数所中小学开展科普报告，弘扬探月精神和航天精神，辐射范围广，受众人群多。

2023年10月30日，校党委书记黄晓玫、副校长李建威一行赴澳门大学、澳门科技大学交流访问，黄晓玫表示，两校前期有着良好的合作基础，在发展规划、战略布局等方面有很多的共同之处，具有广阔的合作前景，期待深化合作，携手为大湾区建设贡献更大的力量。双方就深化重点领域科研合作、推进师生交流互访等达成合作共识。

依托港澳台教育交流项目，推动疫情后港澳台交流工作。受疫情影响，港澳台教育交流项目中断两年。2023年，联合澳门大学，组织申报"美丽长江地质地貌实践考察和荆楚文化交流活动"项目。联合台湾大学等多所高校，申报"海峡两岸高校联合野外地质教学"项目。涵育家国情怀，组织申报国情教育项目"探寻中国故事（游学荆楚，亲历国情）"。

2023年，学校共招收港澳台侨生32名，经资格审核、笔试等程序，最终录取19名。积极参加2024—2025学年内地高校香港教育展，制作招生宣传海报、宣传视频等宣传材料，接待咨询学生及家长200余人次。12月24日，组织接待"同行万里——香港中学生内地交流团"赴学校参观交流，做好招生宣传。不断丰富在校港澳台学生业余生活，积极参加如"才聚荆楚、同心同行——第四届海峡两岸青年教师融合发展论坛""鄂台青年体育研习营暨中秋嘉年华""我在武汉找'家乡'""台湾青年City Walk迎新年"等各项活动。

（撰稿：张晓珊、张友丽；审稿：甘义群、范铭）

国际交流与合作

【概况】

2023年是全面贯彻落实党的二十大精神的开局之年，是实施"十四五"规划承上启下的关键一年，是共建"一带一路"倡议提出10周年。国际合作处（国际教育学院）以服务国家重大战略需求为导向，围绕"十四五"国际化办学专项规划和"双一流"国际交流合作专项建设重点任务，统筹做好教育"引进来"和"走出去"两篇大文章，全面促进教育对外开放提质增效、高质量发展，为加快推进地球科学领域国际知名研究型大学建设提供更加有力的支撑。

【引智工作】

2023年，地球物理与空间信息学院胡祥云教授团队申报的"深地资源探测学科创新引智基地"获批立项，学校新增一项"111引智计划"。王焰新院士团队的"环境水文地质学科创新引智基地"顺利通过评估，进入新一轮的资助。至此，学校运行期内的"111引智基地"增至8个，年平台类外专项目经费达619万元。

高度重视外专引智项目对学科发展的重要推动作用，建立和完善与学院、教师联络机制。关口前移，提前摸查申报意向，通过点对点发送纸质材料的方式，积极组织申报个人类外国专家项目。获批"高端外国专家引进计划"5项、"'一带一路'创新人才交流外国专家项目"3项、"外国青年人才计划"1项，项目申报获批率达75%，获批科技部个人类外专项目经费230万元。

通过不断发挥"111引智基地"平台引领示范作用和外专项目的推动作用，促进学校开展高水平研究、高层次人才培养、高质量学术交流，提升学校的科技创新能力和综合竞争力。

【国际会议】

国际会议是学校国际交流合作的重要平台。通过高水平国际会议，向全球积极宣传学校，展示学校相关学科科研实力，提升学校国际知名度。2023年，学校共举办国际会议10项，共计2100余名会议代表来校参会，其中外国参会代表225人。

代表性会议简介如下：

1. 2023年2月17日—20日,第五届华人光催化学术研讨会(CSPM5)在湖北武汉晴川假日酒店召开。本次会议由中国地质大学(武汉)、淮北师范大学、长沙学院、吉林化工学院联合承办,并邀请吴骊珠院士、孙立成院士、唐军旺院士、张金龙院士担任本次会议的荣誉主席。本次研讨会涵盖6个大会报告,10个主题报告,81个邀请报告,28个口头报告,并且设有墙报展示环节。

2. 2023年5月8日—11日,第六届IEEE工业信息物理系统国际会议在武汉东湖国际会议中心举行。此次会议由Industrial Electronics Society主办,中国地质大学(武汉)承办。本届会议由日本东京工科大学佘锦华教授、中国地质大学(武汉)曹卫华教授、德国埃姆登/勒尔应用科学大学Armando W. Colombo教授、加拿大维多利亚大学施阳教授担任总主席。本次会议注册参会代表200余人,共收到来自加拿大、法国、英国、德国、日本、美国、葡萄牙和沙特阿拉伯等9个国家和地区的192篇论文。

3. 2023年5月26日—28日,第二十二届武汉电子商务国际会议在武汉召开。武汉电子商务国际会议是国际信息系统协会附属会议,从2000年至今已经成功举办了二十一届,已成为促进和发展全球电子商务研究,推动交流与合作的学术年会。来自国内高校的150多名专家学者参加了会议,其中来自美国、德国、加拿大、法国、芬兰、澳大利亚6个国家,10多位国外专家在线出席会议。线上参会最高同时在线人数超过500人。

4. 2023年7月25日—28日,由国家地理信息系统工程技术研究中心、国际农业信息科学与工程学会和美国乔治梅森大学空间信息科学与系统中心承办的第11届农业地理信息科学与工程国际会议,通过线上与线下结合的方式举行。本次会议总结了国内外农业遥感与地理信息技术领域最新成果,设有农业大数据处理与存储、农业数字化孪生、农业决策支持系统等19个主题分会场,来自中国、美国、土耳其、比利时、加拿大、荷兰、尼泊尔、德国、塞尔维亚等多国院校、科研院所和企事业单位的专家学者200余人,共话农业地理信息科学与工程技术赋能智慧与可持续农业。

5. 2023年8月25日—27日,第四届巴东国际地质灾害学术论坛(BIGS2023)在三峡库区巴东县举行。来自中国、美国、德国、澳大利亚、韩国、阿根廷、摩洛哥等25个国家和地区、90余所高校和企事业单位的400余名专家学者齐聚巴东,聚焦全球变化,共商水库地质灾害防治。

6. 2023年9月16日—19日,第一届国际大气环境遥感学会年会在学校召开。会议主题为"全球环境变化与遥感"。本届大会由国际大气环境遥感学会与学校主办,地理与信息工程学院承办,中国气象局高影响天气(专项)重点开放实验室协办。大会邀请了中国、美国、德国、法国、意大利、荷兰、俄罗斯、韩国、日本、新加坡、巴基斯坦、印度、孟加拉国、巴西等16个国家的约400位专家学者。武汉市副市长孟晖在开幕式上致辞。他指出,作为"两型社会"试点城市、低碳试点城市，武汉以新发展理念为引领，坚定不移走绿色低碳高质量发展的新路子。

7.2023年10月6日—8日，第七届国际亚太互联网-网络时代信息管理和大数据联合会议（APWeb-WAIM 2023）在武汉成功举行。来自中国、澳大利亚、德国、日本等多个国家和地区的200余名专家学者和研究人员参加了本届会议，共同探讨网络和大数据最新研究进展、行业应用及未来发展。

【区域与国别研究工作】

约旦研究中心：2023年度约旦研究中心的主要工作任务仍然继续集中在"一带一路"及中东局势两大主题上。同期内提交了关于俄乌冲突的咨询建议一份；关于巴-以和俄-乌战后我国介入劝和促谈的建议初稿一份。

土库曼斯坦研究中心：2023年中心发表5篇与"一带一路"环境和能源相关ESCI检索高级别论文，承担"湖北-中亚国际科技合作研究"横向项目一项，撰写的两篇关于土库曼斯坦能源战略的决策咨询报告被省部级单位采用。出版土库曼斯坦学术专著一部：《土库曼斯坦文化政策研究》，研究成果受到国内外专家学者广泛关注。

中巴经济走廊研究中心：积极组建国际合作研究团队，开拓科学研究，与德国专家合作完成研究并发表论文一篇——*Energy structure and carbon emission：Analysis against the background of the current energy crisis in the EU*，发表在 *Energy*（T1）期刊。指导学生参加"美国大学生建模大赛"获得一等奖。

主持申报并获批科技部国际合作与交流研究项目"开发、贸易自由化与增长：自由贸易协定下的中巴贸易合作研究"。2023年7月24日—25日应邀参加由中国驻巴基斯坦大使馆和巴基斯坦国家计划发展与特别任务部共同举办的"中巴经济走廊和'一带一路'倡议十年"：既响应国家"一带一路"倡议，又提升了学校的国际学术声誉。

【因公出访、来访】

2023年，疫情防控政策调整，线下国际交流逐渐增加。办理出国（境）手续团组为230批，出国（境）人员数量为394人次。其中学术交流（野外考察、科研合作）134人次，短期培训（访学）5人次，国际会议196人次，其他（教育展、校际交流、文化交流、人才招聘、体育赛事）59人次，经费预算约1481万元。教学科研单位出访人次占比92%，管理服务单位出访人次占比8%。外籍专家来访81人次。

【中外合作办学】

落实教育对外开放，推进开放办学，服务学校国际化战略，推动国际交流与合作。2023年与英国布里斯托尔大学、乌兹别克斯坦地质大学等多所大学建立校际合作关系。组织协调线上、线下校际会谈30余次。

2023年7月顺利通过教育部组织的中外合作办学中加项目周期性评估，项目顺利延期。2个中外合作办学项目完成向后疫情时期的平稳过渡。

【中国学生海外交流学习情况】

参与国际交流项目的学生数保持平稳上升态势，全年约有600余名本科生出国留学,基本恢复到疫情前水平。

2023年"地下水科学与工程本科教育合作办学项目"招生56人,在校生221人。该项目2022级全体同学参加了滑铁卢大学举办的入学语言测试,通过率为100%。

2023年,计算机科学与技术专业本科教育中外合作办学项目招生70人,在校生267人。截至2023年12月,2020级学生完成所有外教核心专业课程学习,平均通过率达到97%;2023级新生完成1门外教课程学习,通过率达到100%。

2023年,学校积极拓展大学生国际交流合作渠道,并继续积极与教育部出国留学服务中心、湖北省外事办、各国使领馆合作沟通,为学校出国留学生提供安全培训、咨询和协调服务。

为进一步提升学校国际组织人才培养和推送能力,2023年开设"全球胜任力"项目班,组建"理论课程+讲座+朋辈导师工作坊+海外交流实习+国际组织参访实践"的国际组织人才培育模式,探索符合地大专业特色的国际组织人才培养推送工作机制。全年组织"朋辈导师工作坊"4次,全球胜任力论坛讲座8场,实习实践项目20余项。已有4名项目班同学经过培训或实习后收获"优秀学员"称号或国际组织实习推荐信。2023年9月,经中国联合国协会(联协)第七届会员大会审议表决,学校正式成为第七届中国联合国协会团体会员,任期五年(2023年至2028年)。

【国际中文教育项目】

2023年学校支撑的以孔子学院为龙头的国际中文教育项目继续发展,国际中文教学和文化交流活动平稳开展。学校作为中方支撑院校,选派优秀国际中文教育师资,为外派人员提供可靠服务保障,全年外派17名国际中文教师(含志愿者)。

学校与美国人文桥梁中心签订合作协议,作为中方支撑院校,继续向美国教育机构派遣国际中文教师、在美开展国际中文教育项目。

保加利亚大特尔诺沃大学孔子学院运营稳定,继续拓展国际中文教育事业。孔院工作人员20人(其中保方专职3人),在18个城市开设60个汉语教学点(含孔子课堂2个),注册学员人数达到3000人。10月,成功举办第10届"中国与中东欧政治、经济、文化关系"国际学术研讨会,200多名各国专家学者以线上、线下形式参会。全年举办孔子学院日、中国文化体验、中国知识问答、中国电影周等40余场中国文化推广活动,参与人数达20万人。保加利亚大特尔诺沃大学孔子学院于2023年组织HSK/HSKK线上线下考试4次。

(撰稿:张晓珊、郑适萌、肖小芳、吴思源、张友丽;审稿:甘义群、范铭、范陆薇)

[附录]

附录1 2023年学校与国外大学、研究机构新签校际合作交流协议一览

序号	外方机构	类型	国家（地区）	有效期
1	罗曼诺夫莫斯科国立大学	校际合作	俄罗斯	五年
2	加州大学河滨分校	校际合作	美国	三年
3	大特尔诺沃大学	孔子学院三方协议（国际中文教育基金会）	保加利亚	五年
4	The Islamia University of Bahawalpur	校际合作	巴基斯坦	五年
5	美国人文桥梁中心	机构合作	美国	三年
6	圣彼得堡理工大学	学生交换协议	俄罗斯	五年
7	乌兹别克斯坦地质大学	校际合作	乌兹别克斯坦	长期
8	昆士兰大学	校际合作	澳大利亚	五年

附录2 2023年重要国际学术会议

序号	高校名称	举办时间	会议名称	国家/地点
1	中国地质大学（武汉）	2023-02-17 至 2023-02-20	第五届华人光催化材料学术研讨会	中国/武汉
2	中国地质大学（武汉）	2023-05-08 至 2023-05-11	第六届 IEEE 工业信息物理系统国际会议	中国/武汉
3	中国地质大学（武汉）	2023-05-26 至 2023-05-28	第二十二届武汉电子商务国际会议	中国/武汉
4	中国地质大学（武汉）	2023-06-16 至 2023-06-18	第七届机器人与自动化科学国际会议	中国/武汉
5	中国地质大学（武汉）	2023-07-25 至 2023-07-28	第11届农业地理信息科学与工程国际会议	中国/武汉
6	中国地质大学（武汉）	2023-08-25 至 2023-08-27	第四届巴东国际地质灾害学术论坛	中国/巴东
7	中国地质大学（武汉）	2023-09-16 至 2023-09-19	国际大气环境遥感学会2023年会	中国/武汉
8	中国地质大学（武汉）	2023-09-19 至 2023-09-22	2023 油气田勘探与开发国际会议	中国/武汉

续表

序号	高校名称	举办时间	会议名称	国家/地点
9	中国地质大学（武汉）	2023-10-06 至 2023-10-08	第七届国际亚太互联网-网络时代信息管理和大数据联合会议	中国/武汉
10	中国地质大学（武汉）	2023-10-21 至 2023-10-22	第三十一届国际珠宝学术会议	中国/青岛

附录3　2023年接待国外来访团组

序号	日期	来访团组名称	主要活动内容
1	4月	加州大学河滨分校（UCR）	续签协议、交流
2	5月	西班牙EICC	工作交流
3	8月	美国文化桥梁中心	签约、交流
4	10月	美国布赖恩特大学	工作交流
5	12月	保加利亚大特尔诺沃大学	工作交流

附录4　2023年学校领导出访团组

出访时间	姓名	国家或地区	出访事由
2023年8月17日—8月22日	王焰新	日本	国际会议——第17届水岩相互作用
2023年10月5日—10月14日	黄晓玫	法国、希腊、保加利亚	合作交流——法国雷恩商学院、希腊比雷埃夫斯大学、保加利亚大特尔诺沃大学
2023年7月8日—7月17日	王力哲	希腊	国际会议——第13届数字地球国际研讨会
2023年8月19日—8月24日	王力哲	中国香港	国际会议——全球智慧城市峰会
2023年8月25日—9月3日	蒋少涌	英国	学术交流——经济地质学家协会（SEG）及南安普顿大学
2023年10月29日—11月1日	黄晓玫	中国澳门	文化交流——澳门科学前进协会
2023年10月28日—10月31日	李建威	中国澳门	文化交流——澳门大学/澳门科学前进协会

学院基本情况

地球科学学院

【概况】

地球科学学院(简称地学院)下设地球物质科学系、地球化学系、地球生物学系、构造地质与地球动力学系、地球表层系统科学系、行星科学研究所(校级)、全球大地构造中心(校级)、固体地球科学大数据研究中心(校级)和实验教学中心(国家地质学实验教学示范中心)。

地学院办学目标:坚持标准,追求卓越,为探求地球与行星科学奥秘,谋求人与自然和谐发展,建设一流研究型学院。

地学院是国家地质学理科基础科学研究和教学人才培养基地,是教育部"985"优势学科平台、"211"工程重点学科、"双一流学科"建设所在地。拥有国家一级重点学科地质学,国家二级重点学科古生物学与地层学、矿物学岩石学矿床学、地球化学、构造地质学、第四纪地质学。地质学一级学科在2009年、2012年、2017年、2022年教育部高校学科评估中均排名全国第一。现设有地质学一级学科博士后科研流动站,2010年、2015年、2020年获评全国优秀博士后科研流动站。

地学院师资力量雄厚,在职教工144人,其中,中科院院士3人、国家杰出青年基金获得者8人、其他国家级高层次人才32人次。学院主体支撑地质过程与矿产资源国家重点实验室、生物地质与环境地质国家重点实验室并协同发展。建成3个国家创新研究群体、2个高等学校创新引智基地("111")。2000年来获国家自然科学二等奖6项(2项参与),获国家科学技术进步特等奖、二等奖各1项(参与),在 Nature(4篇)、Science(4篇)杂志上发表论文8篇。

地学院十分重视教学质量工程建设,地质学和地球化学专业分别于2019年和2020年入选国家一流本科专业,地质学2020年入选国家首批基础学科拔尖学生培养计划

2.0基地。建有国家实验教学示范中心2个,国家级教学团队3个。2000年来获国家级教学成果二等奖7项(参与2项),拥有全国高校黄大年式教师团队"地质学教师团队"和国家名师1人、湖北名师3人。

本科专业实行大类招生,招生专业方向为:地质学类(含基地班)。

【强化政治引领,以高质量党建引领学院事业高质量发展】

1. 抓好理论武装,不断强化政治引领。学院全年召开党委会20次,开展党委中心组理论学习16次,集中学习习近平总书记在学习贯彻党的二十大精神研讨班开班式上的重要讲话,中国共产党第二十届中央委员会第二次全体会议公报,党中央、学校对学习贯彻习近平新时代中国特色社会主义思想主题教育相关文件精神等。与湖北省地质调查院、长江大学地学院开展联学活动,指导"地学之光"学生党员政治理论宣讲队制作线上微党课25部,组建"地院青年说"团支书宣讲队面向全体团支部开展宣讲。

2. 发挥组织优势,扎实推进主题教育活动。制定《地球科学学院党委关于深入开展学习贯彻习近平新时代中国特色社会主义思想主题教育的实施方案》《地球科学学院党委学习贯彻习近平新时代中国特色社会主义思想主题教育理论学习安排》,及时部署统筹推进各项工作。组织读书班7期,大兴调研之风,将问题整改贯穿主题教育始终,让全院师生切实感受到解决问题的实际成效。

3. 优化党建工作,持续推动学院高质量发展。持续实施"头雁引航""强基提质""培根铸魂""精准赋能""先锋示范"5个工程,坚持抓基层强基础,打造党政融合、互融互促的工作格局。地球化学系教师党支部书记工作室入选湖北省高校"双带头人"教师党支部书记工作室培育创建名单;金钉子党支部入选湖北省高校"研究生样板党支部"培育创建名单,并被推荐参评全国高校"百个研究生样板党支部",1名学生入选湖北省高校"研究生党员标兵"。

4. 聚焦立德树人,纵深推进"三全育人"改革。探索形成了以行业资源融入科学研究、人才培养为具体路径,重大科技联合攻关,本科生"双导师制"、校外班主任聘任为切入口的"三全育人"改革新路径。将课程思政作为学院教学团队建设的重要内容,成立"名师伴行"工作室,助力学生成长成才。1个案例获评学校"一站式"学生社区建设优秀案例。

5. 深化作风建设,持续优化良好政治生态。全年在党委会、党政联席会上8次专题研究党风廉政建设工作,并向二三级班子进行部署和安排。有计划有组织扎实推进"清廉地大"建设,统筹巡视巡查整改各项任务和2022年度述职评议的具体问题,制定出17条措施进行一一整改,现均已落实到位并在持续巩固整改成效。

【坚持对标竞进,推进地质学"一流学科"建设】

对标世界一流,持续推进地质学"一流学科"建设,打造有国际影响力的地球科学学科高地。学科继续保持A+优势,在2023

年公布的 ESI 排名中,地质学科进入 ESI 前 1‰。

1. 高质量完成"双一流"建设学科建设中期自评和年度监测指标数据填报。提交《"双一流"建设学科地质学学科中期自评报告》,完成学科年度监测 5 个项目 14 个监测要素和 35 项监测点的数据填报。

2. 举办丰富多彩的学术活动,浓厚学术交流氛围。承办第十届变质岩专业委员会 2023 年学术研讨会,超过 350 多名专家学者参会。组织 2023 年第九届"国际青年学者地大论坛"地学院分论坛和"地球系统科学论坛"等学术报告 61 场。

3. 地学科研取得系列成果:1 项成果获得 2022 年度湖北省自然科学二等奖,1 项成果入选 2022 年度中国古生物学十大进展,7 位教授入选爱思唯尔 2022 年度"中国高被引学者"榜单,1 人获得国际有机地球化学领域最高奖——Alfred Treibs 奖并入选国际地球化学会士和美国地质学会荣誉会士,3 位教师获得"侯德封奖",1 名教师获得国内发明专利,1 名教师获国际小行星命名;1 名教师获科普中国星空计划 2022 年度"优秀创作者"奖和 2023 年度湖北省优秀科普作品。新增国家自然科学基金重点类项目 6 项、国家重点研发计划项目 2 项。全年发表 SCI 论文 177 篇,包括 T1 论文 84 篇(其中 NI 论文 30 篇),在 *Science*、*Science Advances* 和 *Nature* 子刊等顶刊上发表论文 6 篇。

【落实立德树人根本任务,推进地学拔尖人才培养】

(一)本科生教学

扎实推进落实立德树人根本任务,优化人才培养结构,汇聚地球系统科学全校各方面的资源和力量,推进学科协同交叉育人,大力培养拔尖创新人才。

1. 高标准完成本科培养方案修订。组织多次教学团队和教学指导委员研讨,按照高标准、宽口径、新方法、强特色、促融合的创新人才培养模式新要求,构建了地质学专业不同层次和地球化学专业的课程体系、教学内容、教学方法,完成新一轮本科培养方案修订工作。

2. 推进教学资源更新优化。2 门课程入选第二批国家级一流本科课程,1 门课程入选省级一流本科课程。以地学现代化为指导,以提升整体质量为建设目标,以打造精品教材为引领,整体规划推进教材建设,2023 年新增出版教材 4 本。

3. 推进教学质量提升。学院获得第九届湖北省高等学校教学成果获特等奖 1 项、三等奖 1 项。获批省级教研项目 2 项、学校教研项目 2 项。两位教师荣获第四届全国大学青年教师地质课程教学比赛特等奖。

4. 加强学生国际化培养。重启并升级国内外经典地质考察路线,资助意大利、澳大利亚、泰国 3 条国际路线和 10 条国内路线,近 200 名师生参与其中,足迹横跨亚欧大陆、南北半球,在野外一线提高实践科研能力,继续资助学生出国英语培训和出国交流学习。

(二)研究生教学

研究生教学深入贯彻落实国家科教兴国和人才强国战略,在"双一流"建设大局中建设一流的研究生教育。

1.高质量完成研究生培养方案修订。通过广泛调研,充分体现知识体系的完整性、先进性以及国际化程度,突出学科特色、优势,完成地质学2023版学博、学硕研究生培养方案,综合评定为优秀培养方案。作为参建单位完成资源与环境专硕培养方案相关资料提交,获评优秀培养方案。

2.加强博士学位授权点质量建设。开展地质学一级学科博士学位授权点周期性合格评估自我评估,完成中期自我评估报告,邀请校外同行专家评议,获得了充分的肯定。

3.探索研究生培养机制改革。制定博士研究生中期考核、硕博连读生资格考核、专业学位研究生校外导师管理办法等,完善博士研究生考核机制,牢固树立质量意识,推进研究生教育高质量内涵发展。

4.研究生教育教学取得的重要成效:学院在2022—2023学年度研究生培养单位研究生教育管理服务工作测评中排名学校第一,获评校第四届研究生教育教学管理工作先进集体,1人获先进个人。1名教师当选学校第二届"卓越青年研究生导师",3名教师获校第九届"研究生良师益友"称号。1门课程入选研究生精品课程立项,2本教材入选研究生精品教材立项。17篇学位论文获评校优秀学位论文或优秀提名论文。19名博士生获批"国家建设高水平大学公派研究生项目"联合培养博士研究生项目。新增博士生导师4人,新增硕士生导师6人。2名研究生获李四光优秀博士研究生奖。

【引才聚才,持续推进人才强院】

1.持续精准引才育才聚才用才。举办第九届国际青年学者地大论坛分论坛,年度新增教育部长江特聘教授1人、科技部万人计划领军人才1人、杰青1人、优青1人、海外优青4人、湖北省百人计划2人,新引进教师5人。

2.教师成长激励监管制度。坚持引培并举,组织教师参加执教能力培训、师德集中教育学习、岗前培训班。全年48人次参加人才年度和期满考核。

3.完成岗位聘用和考核工作。全年评审通过申报各类岗位共计31人次,最终通过学校评审20人。全年参加岗位满期考核的在编人员20人,校审批结果全部合格。

【统筹协调,推进实验室建设和公共空间优化调整】

1.实验室空间优化与修缮提升实验安全保障。实验室空间布局进一步优化,对东区老国重实验楼的外立面、内部进行修缮,改善实验办公用房条件,解决了照明、防水、消防设施等多类安全隐患。完成实验室用房改造18间,搬迁实验室5个。实验室全安全运行管理工作层层落实,全年未发生安全事故。实验技术队伍人员培训全年参加培训研讨12人次,1人获评"湖北省高等学校实验室工作先进个人"。

2.实验教学平台现代化升级建设持续推进。完成升级改造教学实验室7间,服务开展多种形式的实践、研讨、交互式、探究式教学活动。

3.国家级实验教学示范中心顺利通过教育部阶段性评估,地质学实验教学示范中心和周口店野外地质实践教学示范中心顺利通了五年阶段性评估验收（2018—2022），获得了充分的肯定。

4.科研实验室及大型分析仪器设备服务能力再获补强，新增大型仪器资产额约1950万元，新建科研实验室6间，面积260余平方米。首次进入学校分析测试中心质量体系，助力CMA资质认定复查换证工作。

【学生工作稳中奋进，助力时代新人铸魂工作建设】

1.推动全院导师育人作用发挥，构建高质量研究生思政育人体系。创建卓越导学团队，推动发挥导师育人作用。学院获评研究教育管理先进集体，3个导学团队获评示范导学团队和优秀导学团队。

2.充分发挥名家大师资源，不断提高招生质量。学院班子、知名教授赴省内外多个地区开展招生宣传工作。抓住全国青少年高校科学营等重要契机，吸引高中生报考我校。

3.加强观念引导，多措并举推进就业工作。邀请自然资源系统专家讲座、朋辈和校友交流，强化学生行业内就业观念。积极开展访企拓岗，推动学生进行业进基层。开展多期"职"等你来经验分享会、开学第一课等就业分享活动，邀请优秀校友为毕业生们分享求职路上的好经验、好做法。

4.扎实开展心理健康工作，筑牢心理健康安全稳定基石。本年度共开展30余次心理团辅。配合心理健康中心做到心理测评全覆盖，做好心理危机事件干预，全年无极端事件发生。二级心理辅导站获评优秀心理辅导站。

5.学生工作亮点成效：获"挑战杯"国家二等奖1项、湖北省一等奖1项、湖北省二等奖1项，"互联网＋"湖北省铜奖1项，全国鲲鹏应用创新大赛铜奖1项。1个团支部获评全国高校"活力团支部"TOP100，1名学生入选第十七届"大学生年度人物"入围推荐人选，1名学生荣获全国科普讲解大赛二等奖、全国自然资源科普讲解大赛一等奖，1名学生获评2022年度"中国大学生自强之星"，多名学生获得省级荣誉表彰。

（撰稿：刘建华；审稿：周刚）

资源学院

【概况】

资源学院支撑建有地质资源与地质工程、石油与天然气工程2个国家一级学科，其中地质资源与地质工程是国家重点学科和国家"双一流"建设学科；有资源勘查工程、石油工程、资源环境大数据工程3个本科专业，地质资源与地质工程、石油与天然气工程、地质学3个一级学科博士学位和硕士学位授权点，有资源与环境专业学位型博士学位和硕士学位授权点，有地质资源与地质工程、石油与天然气工程2个博士后流动站。

学院设有资源科学与工程系、石油地质系、石油工程系、盆地矿产系、资源信息工程系5个教学单位；支撑建有地质过程与矿产资源国家重点实验室、沉积盆地与能源资源重点实验室（筹）、构造与油气资源教育部重点实验室、地质探测与评估教育部重点实验室、紧缺战略矿产资源省部共建协同创新中心、资源定量评价与信息工程自然资源部重点实验室和油气勘探开发理论与技术湖北省重点实验室等科研平台;同时建有1个国家级实验教学实验示范中心、1个国家级虚拟仿真实验中心、1个省级实验教学实验示范中心、2个国家"111"学科创新引智计划基地。

学院现有教职员工189人,其中专职教师152人(教授71人,副教授72人)。现有中国科学院院士3人、中国工程院院士3人(外籍院士1人)、国家级人才计划入选者21人次、省部级人才计划入选者32人次。

全年,学院招收各类学生共581人,其中博士研究生59人、硕士研究生239人、本科生275人、留学生8人;毕业各类学生470人,其中博士研究生56人、硕士研究生206人、本科生198人、留学生10人。目前在读各类学生1972人,其中博士研究生278、硕士研究生682人、本科生900人、留学生112人。2023届本科生就业率87.6%,研究生就业率96.5%。

学院发展愿景:建设资源能源领域一流研究型学院。

学院价值观:求是创新,厚德奉献。

学院院风:求实奋进,勇攀高峰。

【扎实开展学习贯彻习近平新时代中国特色社会主义思想主题教育】

把高质量开展主题教育作为首要政治任务,融会贯通、一体推进,学院上下统一思想、凝心聚力,高质量发展势头正劲。深入学习习近平总书记关于党建思政、教育科技人才和能源资源的重要论述,推动行业单位联学、年度调研精学、民主生活会述学成为制度性安排。专题研讨落实学校第十三次党代会精神,努力为实现"地大梦"作出贡献。组建资源能源宣讲团,邀请赵鹏大院士走进"地质找矿先进事迹报告会"精品课堂;组织师生党支部结成31支专题实践队赴60余家行业单位开展实践研学;蒋少涌、郑有业、焦养泉、吕新彪、夏庆霖、刘成林、朱红涛、龚斌等8个教师团队的地质找矿先进事迹被《中国自然资源报》《中国矿业报》等媒体宣传报道。在学校主题教育学生党支部风采大赛中,获评一等奖1项、三等奖1项、十佳案例1项、十大党员好故事2项。学院作为教学科研单位唯一代表,在全校主题教育总结大会上作交流发言。

【党建思政取得新成效】

隆重召开学院第五次党员大会,确定了建设资源能源领域一流研究型学院的奋斗目标。依托党建联建共创持续拓展产学研合作,新增1个校企党建联建共创示范基地,挂牌1个产学研合作示范基地、3个研究生联合培养基地、3个创新科研平台、1个校企地联合志愿服务基地。召开工会工作研讨会、共青团工作研讨会,构建学院群团工作新格局。持续拓展深化红星思想育人体系,获批湖北省教育厅哲学社会科学研究项目(高校学生工作品牌)1项,获评湖北省"本禹志愿服务队"、湖北省大学生社区实践计划优秀工作单位、湖北省"三下乡"社会实践优秀项目。学院党建"双创"培育取得新进展，学院党委和1个本科生党支部通过学校首批"标杆分党委""样板支部"项目验收；5个项目获得第二批立项培育，其中"样板支部"2项、"研究生样板党支部"1项、"研究生党员标兵"2项。师生在各类先进评选中获得表彰，霍少孟获评全国高校网络教育优秀作品推选展示活动网络文章类二等奖，刘明辉、霍少孟获评学校辅导员素质能力大赛二等奖，苟启洋获评"中国大学生自强之星""湖北省大学生自强之星标兵"，陶世林获评第九届湖北省"长江学子"，邹耀遥获评湖北省"百生讲坛"铜牌主讲人。

【学科建设迈出新步伐】

坚持"四个面向"，以服务国家战略和经济社会发展为导向，大力拓展深部深层-深水油气、非常规能源、战略性紧缺和关键金属矿产、煤的清洁高效利用及盐湖型钾盐和锂矿超常富集机理等多个研究方向。顺利完成地质资源与地质工程学科"双一流"建设中期评估和学院"十四五"规划中期评估。牵头负责"地质资源与地质工程"博士点和"资源与环境"硕士点评估。举办长江教育创新带人才培养与科技创新合作体"页岩气与煤层气安全高效绿色开发关键技术"科教产教融合发展论坛，16家成员单位共同发布《合作体武汉宣言》，《光明日报》、人民网和中国科技网等媒体对论坛进行了报道。

【队伍建设取得新成绩】

出台《资源学院岗位职责实施方案》，全面激发教师队伍活力和学院发展潜力。聘任中国工程院谢玉洪院士为学校荣誉教授，引育国家级高层次人才1人、国家级青年人才1人、湖北省人才2人，"地大学者"学科杰出人才1人、学科领军人才1人、学科骨干人才2人，入选自然资源部科技领军人才1人、青年科技人才4人，引育特任教授6人。矿产勘查教师团队入选第三批"全国高校黄大年式教师团队"。李思田教授荣获"中国沉积学终身成就奖"。客座教授Abbas Firoozabadi当选为中国工程院外籍院士，兼职教授杨涛当选为挪威皇家科学与文学院院士，蒋少涌教授荣获国际经济地质学家协会Regional Vice President Lecturer奖。沈传波教授入选湖北省楚天名师。陈思副教授荣获湖北五一劳动奖章。王芙蓉获评"十佳班主任"。

【卓越教学展现新作为】

李建威教授牵头申报的"高水平团队引领资源类专业群建设的实践与创新"成果获国家级教学成果奖二等奖。完成2023版本科人才培养方案修订工作。资源环境大数据工程本科专业首次招生50人。"石油及天然气地质学"和"非常规油气地质与工程一体化虚拟仿真实验"入选第二批国家级一流本科课程，"煤地质学""矿产勘查理论与方法""沉积相与沉积环境""油气地球化学"入选湖北省一流本科课程。"石油及天然气地质学"入选湖北省本科课程思政示范项目，"矿床学课程"组入选湖北省高校优秀基层教学组织。加强23个基层教学组织建设，全年累计开展教研和教学交流活动44场，资源勘查课程教育部虚拟教研室开展4次覆盖全国相关高校的线上教研活动。付乐兵获得全国大学青年教师地质课程教学比赛二等奖。沈传波获校级本科教学卓越教师奖。学院获评2022—2023年度本科教育教学管理工作先进集体。霍少孟、刘文浩获评2022—2023年度本科教育教学管理工作先进个人。

【研究生培养开创新局面】

牵头修订"地质资源与地质工程"和"资源与环境"研究生培养方案并获评优秀。顺利完成工程硕博士培养改革专项试点招生工作。深度参与学校卓越工程师学院筹建工作。修订《研究生指导教师职责和工作规范》,"构造-成藏年代学导学团队"获评卓越导学团队,"矿床学导学团队"获评示范导学团队,"沉积过程与动力学导学团队"获评优秀导学团队,王华、李建威、葛翔获评"研究生的良师益友"。研究生第一作者发表高水平学术论文108篇。17人获得"国家建设高水平大学公派研究生项目"出国联合培养博士资格。4名研究生获得AAPG全球助研金。学院获评研究生教育教学管理工作先进集体,谭文伦获评研究生教育教学管理工作先进个人。

【科技工作迈上新台阶】

李建威教授申报的"矿床学"创新研究群体项目获批立项,实现了学科在国家级研究团队上的重大突破。充分发挥科技发展委员会的统筹协调作用,落实学校服务国家能源战略能力提升专题会议精神,按照"校外基地化+教师团队化"思路大力推进有组织科技服务。获批国家重点研发计划项目1项、国家自然科学基金18项、国家重点研发计划项目1项、湖北省自然科学基金7项

(其中重点2项)。全年立项合同经费15 990万元,到账经费13 489万元,合同经费、到账经费再创新高。王华教授、梅廉夫教授、陆永潮教授、朱红涛教授领衔的4个研究团队获评中海油2023年度优秀外协研究团队。蒋少涌教授、李建威教授、蒋恕教授、赵新福教授、杨锐特任教授、杨峰特任教授入选2023年度"全球前2%顶尖科学家榜单"。

【实验平台有新拓展】

推进实验室规范建设,加强安全管理。"固体矿产勘查实验教学中心""矿产资源形成与勘查开发虚拟仿真实验教学中心"2个国家级实验教学中心通过教育部专家组的检查验收。完善实验教学设备整合方案及运行模式。启动主楼教学实验室装修工程。完成设备更新改造贷款财政贴息项目。执行学科修购专项经费,推进煤系气共探合采实验室、沉积矿产实验室、煤物质组成实验室等3个高标实验室的建设。完成2024年学科修购专项的申报、论证,获批专项经费988万元。CMG、科吉思和中恒利华等3家公司来院捐赠软件并建立联合实验室。

【学生"双创"取得新突破】

斩获挑战杯"揭榜挂帅"专项赛全国特等奖1项、全省一等奖2项。40名学子参加第六届全国油气地质大赛并获得特等奖1项、一等奖3项、二等奖5项、三等奖4项。10余名学子参加第十三届中国石油工程设计大赛并获得二等奖1项、三等奖2项。获批大学生创新创业训练计划项目42项,支持寻找李四光专题专项基金资助计划72项。

【校友贡献力有新提升】

1988届校友潘永信院士获第三届全国创新争先奖并赴周口店实习站为师生作报告。1987届校友王宗林任辽宁省自然资源厅党组书记、厅长;1996届校友牛栓文校友任中国石化集团公司副总经理、党组成员。1997届校友朱光辉负责的潘河区块薄煤层气开发项目全面建成投产,标志着我国薄煤层气大规模开发取得新突破。2013届校友欧阳永鹏获评首届全国高校毕业生基层就业卓越奖。2007届校友徐立明、2016届校友袁迁分别以第一作者在 *Nature* 发表论文。

【国际交流合作呈现新气象】

学院获得国家留学基金委"全油气系统科学国际创新型人才培养项目"立项支持。举办"大陆裂谷系统及岩浆-热液活动""油气田勘探与开发"等国际会议。选派10名优秀本科生赴澳大利亚开展能源地质实习。邀请国际知名专家开设全英文课程11门次、学术讲座55场。有近70位教师在国际重要学术组织或国际学术期刊任职。

(撰稿:许珂;审稿:高复阳)

材料与化学学院

【概况】

材料与化学学院(简称材化学院)起源于北京地质学院的化学教研室(1952)和武汉地质学院的建材专业大专班教学组(1987)。1998年,由原应用化学系和材料科学与工程系合并组建材料科学与化学工程学院,2011年更为现名。2019年学院办学主体由南望山校区搬迁至未来城校区。现下辖化学系、材料科学与工程系、教学实验中心3个三级单位,拥有纳米矿物材料及应用教育部工程研究中心、湖北氢能技术创新中心、湖北省化学实验教学示范中心、材料科学与工程实验教学示范中心等教学科研平台。学院党委下设28个党支部,包括6个教师党支部、1个师生联合党支部、17个研究生党支部、4个本科生党支部。

学院设有材料、化学两个一级学科,拥有材料科学与工程一级学科博士授权点及博士后科研流动站、资源与环境化学二级学科博士授权点、化学一级学科学术硕士授权点以及材料与化工专业硕士授权点,形成了本科、硕士、博士贯通式连续办学格局。在矿物材料(矿物微结构与计算、生物医药材料)、材料学(光电转化储能、功能陶瓷)、材料物理与化学(催化材料、光电传感与探测)、新能源材料(太阳燃料电池、二次电池),以及分析化学(地质分析、生命分析)、物理化学(氢能、太阳能)、资源环境化学(硒综合利用、环境水化学)、无机化学(纳米储能材料、纳米发光材料)等方向形成了特色。学院招收材料科学与工程、材料化学、应用化学3个本科专业,应用化学(地质分析)卓越工程师班、材料科学与工程实验班两个特色班。应用化学专业入选国家一流本科专业建设点,材料科学与工程专业、材料化学专业入选湖北省一流本科专业建设点。第五轮学科评估中,材料科学与工程由B—升

学院基本情况

级为B、化学由C升级为C+，2023年底材料学科和化学学科双双进入基本科学指标数据库(ESI)领域前1.6‰，学科专业发展势头强劲。

学院现有教职工150人，其中硕士生导师118人，博士生导师60人，教授51人（含特任系列），国家杰出青年科学基金获得者、国家优秀青年科学基金获得者等国家级人才12人，省部级人才计划入选者28余人。现有在校学生1800余人，其中本科生1100余人，研究生700余人。新招收本科生295人，学生前三志愿报考率合计达60%；新招收硕士研究生193人（学硕61人、专硕132人）、博士研究生32人。全年新授予本科学位254人、专硕学位111人、学硕学位73人、博士学位25人。积极依托"武鄂黄黄"都市圈，持续拓展大学生实习实践平台和就业渠道，毕业生就业率达96.2%，其中，本科94.5%，硕士98.9%，博士100%，实现除坚决再考研学生以外要就业的全就业。

2023年，在校党委、校行政的正确领导下，在各管理与服务机构、兄弟学院、社会各界和广大师生校友的大力关心支持帮助下，学院党政领导班子紧密团结全院师生员工，坚持以习近平新时代中国特色社会主义思想为指导，认真贯彻落实党的二十大精神和学校十三次党代会精神，认真组织开展习近平新时代中国特色社会主义思想主题教育，持续深化落实党建领院、学科立院、人才强院、科研兴院、质量荣院发展理念，锚定材料与化学领域国际知名、国内一流研究型学院建设目标，踔厉奋发、勇毅前行。经过一年的努力，学院事业取得新发展、新进步。

【重要工作进展及成果】

1. 党的全面领导持续深化，党建引领作用持续增强

建立健全党建引领长效机制。认真组织开展学习贯彻习近平新时代中国特色社会主义思想主题教育，深入学习宣传贯彻党的二十大精神和学校十三次党代会精神，完善"一融双高"高质量党建工作体系，构建机制、队伍、举措、载体、保障五位一体工作格局，建立健全"五进五讲五听"密切联系师生、"四导六学"理论武装、"查、鉴、考、评、改"党支部常态化检视整改、"联合联学联建"对外交流合作、党支部联系教学科研团队与学生党团班、"提问提能提质"治理水平提升等党建引领长效机制。

党建"双创"喜获新成绩。材料系第二教工党支部入选湖北省高校"双带头人"教师党支部书记工作室并获推荐评审"全国党建工作样板支部"、化学系第一教工党支部入选校级样板支部，材料系第一教工党支部入选校级"双带头人"教师党支部书记工作室，博士研究生车华超入选校级研究生党员标兵，可持续能源实验室研究生党支部顺利通过学校样板支部验收。

【深化育人载体与队伍建设，人才培养能力持续提升】

持续深化四维思政教育实践。形成"教授专家领学、党支部带学、朋辈引学"的良好局面。书记院长、各系主任、优秀青年教师代表、班主任、辅导员等为新生上"开学第一课"，副书记为全体毕业生党员上"毕业最后

一课"；书记、院长带头深入课堂讲思政课，组织7位国家级人才同上一门专业导论课；深入实施"学生骨干成长训练营""青马工程培养计划""优才新青年"培育计划，举办22期"天生我材·师生'话中化'"。增设"育'材'先生故事"专栏，深入开展育人先进事迹宣传。

育人工作涌现一批新典型和新成果。获第九届湖北省高校教学成果奖二等奖、三等奖各1项，获评学校首届研究生优秀导学团队、本科卓越团队各1个，获批学校本科教学工程项目9项，教育部产学合作协同育人项目4项、研究生教材项目1项、研究生教改项目4项，公开出版教材8本，教师获学校育人工作各类先进表彰39人次。

2.坚持立德树人根本任务，人才培养质量持续提升

人才培养质量持续提升。本科学位论文答辩通过率100%；硕博学位论文盲审合格率均为100%，优秀率分别为11%、16%，位居全校前列；校优博士论文2人（占比20%）、优博提名2人（占比6.7%）、优硕论文9人（占比9%）。2023届毕业生总体就业率达96%。学生获批创新创业资助计划等50余项，在各大赛事中获国家级奖项1项，省部级、行业类竞赛9项，并首获全国大学生化学实验创新设计竞赛全国特等奖（1项）。学生累计发表SCI论文110篇，获授权发明专利33项。

专业科普实践多次获省部级表彰。举办第五届材料科学展演、第十八届"身边的化学"实验展演。组织80人次学生深入校外3个中小学、3个社区深入开展19场"绿芽公益"科普教育实践活动。学院"绿芽公益"科普志愿服务队荣获全国大学生科技志愿服务优秀团队、全国大学生科技志愿服务优秀项目、湖北省新时代文明实践志愿服务项目大赛铜奖、湖北省青年志愿服务公益创业赛优秀奖，并入选全国示范性团队。学院获评2021—2022年度科普工作先进单位，2名教师获评科普工作先进个人。

3.学科建设取得明显进步，科技创新呈现良好态势

学科水平实现持续稳定增长。材料与化学两个学科ESI排名双双进入1.6‰。新增博导3人、硕导14人，新增企业导师23人。组建工作专班，有力推进化学一级学科博士学位授权点和材料与化工专业博士学位授权点申报工作。以高层次人才考核为契机，先后组织62人次院内外专家对60名参与考核及人才项目申报的教师进行指导把关。先后举办学术报告会20次、"研无止境"青年教师学术交流会4期。协办第七届全国新能源与化工新材料学术会议、全国高分子学术论文报告会、第一届高纯度石英资源开发利用学术会议，联合承办第八届亚太地区激光剥蚀与微区分析研讨会。

科技创新工作交出亮眼成绩单。获湖北省2022年度自然科学奖一等奖、技术发明奖一等奖各1项；1名教师作为骨干成员参与的科研成果获湖北省自然科学一等奖1项。1名教师获2023年中国分析测试协会科学技术奖CAIA奖一等奖。获批国家自然科学基金项目21项（其中重点1项、优青

1项、面上10项（创历史新高）)、省部级及其他项目16项，累计到账科研经费4300余万元。教师累计发表SCI论文162篇，获授权发明专利49项。

4.对外交流合作不断拓展，社会服务水平显著提升

对外交流与校友工作取得新进展。学院领导分头带队到30余家校政企单位调研交流，新增挂牌本研实习基地、研究生工作站10余个。邀请20余家政企单位来学院开展交流与就业专场招聘，与6所高校、2个兄弟单位开展共建联学。夏帆教授积极推动福州大学相关学院与我院互访交流。李忠荣校友回校与学院师生座谈，了解学生科创进展与成效。校友为学院捐款捐物60余万元。

社会服务取得一批标志性成果。开发高岭土"选择性磨矿"和"智能选矿"技术，服务湖北自然资源事业高质量发展；向施甸县捐赠富硒国家标准物质，助力施甸县"高山硒谷"品牌建设；在云南施甸积极推广富硒种植养殖业规模化示范项目，打造多个富硒种植示范基地；建成一条年产50万平方米高强度石膏板的示范生产线，促进磷石膏新型建材的推广利用；牵头成立中地大（宜兴）功能材料与环境研究院有限公司，助力宜兴产业发展。1个团队获批1000万元横向课题，首批到账300万元。10名教师承担12项社会服务类项目，累计经费453.8万元。

【深化治理建设，发展保障与对外影响持续增强】

加强治理能力与治理体系建设。圆满完成行政领导班子换届，调整班子成员2名，聘任学术副院长1名。及时调整优化内设治理架构，筹建学院战略发展顾问委员会和青年教师联合会，组建学科建设、科技创新等多个专项工作组，积极探索构建教职工成长发展激励机制。

持续改善教学科研条件。完成化学类教学实验室修购项目一期设备招标采购与安装调试，完成南望山校区8间教学实验室基建改造以及实验设备更换，完成双球差透射电镜安装条件装修改造，同步启动扫描电镜室温湿度改造，获批校级大型仪器设备开放共享管理服务创新类项目1项、仪器设备自主创新类项目1项，2023年度分析测试费收入150余万元。

持续深化办学治院经验对外宣传。在学校媒体平台及中青网、《人民日报》、长江网等校外主流媒体宣传学院工作86篇次，"地大材化人"公众号连续4年获评校十佳新媒体平台。学院党委书记受邀在全省高校院（系）党组织书记培训示范班及5所兄弟高校分享学院党建经验，推动学院影响力进一步向校外、省外辐射。

（撰稿：曾成；审稿：梁本哲）

环境学院

【概况】

环境学院是全国党建工作标杆院系、教育部首批"三全育人"综合改革试点学院，是湖北省试点改革学院。学院设有水资源与

水文地质系、环境科学与工程系、生物科学系、大气科学系和实验教学中心、科技创新中心。学院现有中国科学院院士1人,国家自然科学创新研究群体、国家教学团队、教育部高等学校学科创新引智基地(即111引智计划)各1个;拥有湖北省创新团队和自然资源部科技创新团队各1个。2023年新增海外优青1人、湖北百人1人、湖北青拔1人、特任教授2人、特任副教授2人、辅导员1人。学院现有教职工156人,其中专任教师127人,教授47人,占比36.4%,副教授58人,占比45.0%,具有博士学位教师占99.2%,45岁以下教师占比达74%。学院现有师资队伍结构合理,素质优良,为学院高质量发展提供了坚实的人才支撑。

学院拥有环境科学与工程一级学科博士点(生态/环境领域全球ESI前1‰)和博士后流动站、水利工程一级学科博士点和博士后流动站、水文地质学博士点(国家重点学科,纳入国家"双一流"建设计划)和地质资源与地质工程博士后流动站、生物科学一级学科硕士点(以地质微生物为特色)、大气科学一级学科硕士点(中国气象局共建),形成了覆盖水、地、气、生、环等的大环境学科生态系统;拥有环境科学与工程(国家级一流本科专业和特色专业)、水文与水资源工程(国家级一流本科专业和特色专业)、地下水科学与工程(中外合作办学项目)、生物科学(菁英班)、大气科学(菁英班)等5个本科专业,形成了本—硕—博"一体化"人才培养体系。

学院构建了"重点实验室—工程中心—野外科研基地"三维立体的研究平台,包括生物地质与环境地质国家重点实验室、地下水质与健康教育部重点实验室、国家环境保护水污染溯源与管控重点实验室、长江流域环境水科学湖北省重点实验室、自然资源部地质环境修复技术创新中心、湖北省地下水与环境国际合作示范中心、湖北省地下水污染修复中试基地等平台。拥有湖北省实验教学重点示范中心、湖北省虚拟仿真教学中心各1个。

【党建引领创新发展】
学院党委以"四个坚持""五个聚焦"为思路,带领全院师生深入学习贯彻落实党的二十大精神和学校第十三次党代会精神,打造高质量党建思政工作体系和全国党建品牌,以高质量党建引领学院事业高质量发展。2023年扎实推进"张国旗班"党支部全国党建工作样板支部建设,完成中期建设总结,并成功通过学校首批样板党支部考评;牵头联动全国12个以英雄榜样人物名字命名的全国党建工作样板支部,围绕新时代高校党建示范创建和质量创优工作交流探讨,发布联合倡议书;主题教育期间,联动湖北以英雄人物名字命名的全国党建工作样板支部,开展联合宣讲、示范宣讲11次,共同打造湖北高校党建特色品牌,彰显湖北高校党建群星效应,促进全省高校基层党建工作提质增效。学院环境工程专业大学生党支部入选学校第二批校级样板支部培育创建单位,环境水文地质导学团队研究生党支部入选学校第二批研究生样板支部培育创建单位,大气系党支部书记工作室入选学校第

学院基本情况

二批学校"双带头人"教师党支部书记工作室。学院成功举办党建"双创"工作成果展。强化师德师风建设,定期组织召开师生座谈会;做好意识形态工作和统战、群团、离退休职工等工作。

【人才培养稳步提高】

学院在校生人数达2365人,其中本科生1095人、研究生1270人(含外籍研究生75人),研究生人数超过本科生。聚焦高质量人才培养,修订完成本科专业人才培养方案。完成环境工程、生物科学和大气科学专业自评估工作。水文与水资源工程专业完成新一轮工程教育认证的自评报告和入校检查。加强课程思政,推进"美丽中国"课程思政中心建设,申报省级课程思政中心和示范课程"环境地质学"。新增国家级一流本科课程2门("水文地质学基础""环境地质学")和省级一流本科课程2门("数值天气预报""盆地地下水流系统虚拟仿真实验")。教育部新工科教研项目"长江中游环境地学产业学院实践与示范"以优秀结题。获批省级教学成果奖3项,其中,特等奖1项(《行业特色高校一流本科"三融合"人才培养模式创新与实践》)、二等奖1项(《环境地球科学跨学科教育教学体系的构建与实践》)、三等奖1项(《水资源与环境类专业"五融合"实践教学协同育人体系的创建与应用》)。推进"三融三跨"研究生培养模式,梳理研究生教育管理全过程,融合思政与学术业务,形成课程建设、学术培养、发展支持、思政互融的全生态融合培养体系。申请获批学校唯一一个湖北省卓越工程师校企联合培养项目,并开始招生;与中国地质环境监测院签订校企联合招生培养协议,并开始招生;积极推动交叉学科博士点建设,进一步完善"健康地学"培养方案;"资源与环境"专业学位博士开始招生;顺利完成第二轮学位点合格评估中期自评工作;持续推进"大气科学"博士点申报工作。加强研究生导师队伍建设,坚持把师德师风作为第一标准,强化导师思想政治素质考察,突出质量导向,坚持遴选高标准,严把入口关,强化导师岗位管理,研讨导师退出和分流机制,实现导师动态管理,2023年学院新增4名专职博士生导师,1名兼职博士生导师,7名硕士生导师。强化产教融合育人机制,充分利用社会资源,大力推进校企合作和研究生联合培养基地建设,获批建设湖北省研究生工作站1个,聘用企业导师131人。

持续推进地球科学国际大学联盟、国际大学气候联盟、中国南南合作网等国际化办学平台建设。完成与加拿大滑铁卢大学的合作办学项目培养方案修订。2023年组织了中加班学生参加教育部"平安留学"行前培训,2021级学生赴滑铁卢大学学习,2020级学生顺利完成滑铁卢大学学习并回国。完成中加合作办学项目合格性评估和延续办学评估。继续推进研究生培养国际化发展战略,公派9名优秀博士研究生到世界一流大学进行联合培养(CSC联培),1名优秀博士研究生参加短期联培。设立学院"研究生国际合作与交流"配套经费资助,与学校1:1配套资助9名研究生参加国际会议、9名研究生联合培养的国际费用。拓展建设本科生海外实习路线,强化校内教学的国际化程度和国际化氛围。

【学科生态持续优化】

学院围绕国家生态文明建设目标,服务创新绿色高质量发展,加强湖北省高校优势特色学科群"地质环境保护与生态修复"建设。稳步推进新一轮双一流建设,进一步优化"水—土—气—生—环"大环境学科群生态系统,建设跨学科交叉学科点。推进水文与水资源工程、环境工程和地下水科学与工程国家一流本科专业建设,加强"地质+""绿色+""智能+"的新工科建设,建设长江中游环境地学现代产业学院。

【科学研究成果丰硕】

2023年新增科研项目216项。合同经费1.25亿元,到账经费1.18亿元,保持经费双破亿。新增多项学术任职,王焰新院士入选中国环境科学学会首届会士,顾延生教授当选国际植硅体学会主席。"地下水质与健康"教育部重点实验室获批建设。组织学术论坛46期,主办、承办和协办大型学术会议5次,包括2023年11月在武汉成功举办的"第十二届全国环境化学大会"等,大会邀请国内外33位院士,400余位国家级高层次人才,以及30余位海外知名学者参会。大会主题为"健康环境、宜居地球",围绕"双碳"目标、环境与健康,以及水、土、气、固废相关的环境分析、界面过程、生态毒理效应与健康风险等多个领域设置94个分会场,参会人数超万人。大会邀请国内外著名专家做大会主旨报告和分会报告,其中包括大会报告8个,环境化学领域前沿发展报告5个,分会场报告3081个,墙报展示1200个,摘要录用5153篇;开展了主编面对面、学术论文报展、研究生和青年学者专题报告会、基金讲座等学术活动。会议将充分体现"创新、参与、合作、前瞻"的会议宗旨,建立推动国内外学术研究交流与合作、促进环境科学的学科建设与人才培养的高端平台,为保护生态环境、推动绿色发展、促进人与自然和谐共生作出贡献。

由学校王焰新院士担任项目负责人的国家重点研发计划变革性技术关键科学问题专项"劣质地下水改良的原位调控理论与技术研究"项目中期总结会在学校南望山校区以线下、线上方式召开,来自国内水文地质领域知名高校和研究所的院士、教授、研究员组成的项目专家组、项目各课题负责人与骨干人员等50余人参加总结会。王焰新院士向与会人员介绍了项目基本情况,包括项目背景、技术难点、实施方案、技术路线和考核指标等,强调了该项目开展的重大意义。该项目由学校作为项目牵头单位,协同中国地质大学(北京)、南京大学、南方科技大学、吉林大学和中国地质调查局水文地质环境地质调查中心共同开展研究工作。

【科技服务全面展开】

2023年与河南省自然资源监测和国土整治院、湖北省生态环境科学研究院、武汉中地水石环保科技有限公司签署产学研合作协议,与安捷伦科技(中国)有限公司签署共建"新污染物分析联合实验室"协议。先后与广东省环科院、江西省地质局第一地质大队、广东省有色金属地质局九四〇队、华大集团、深圳市生态环境监测站、深圳市宇驰检测技术股份有限公司、深圳市勘察院有限公司等单位开展交流合作。三峡集团与王焰新院士及其团队共同组建的"王焰新院士工作站"于6月揭牌,双方未来将围绕科研平台建设、科学技术研发、高端人才培养等领域开展更高水平、更高质量、更高层次的合作,积极探索合作新模式,力争共同打造新时代校企合作的新典范。学院委派黄维雄老师赴塔里木大学水利与建筑工程学院定点援助。学院多措并举,为合作项目搭建新平台,为建设高水平产学研基地打造新局面。

【学生工作卓有成效】

2023年,学院招收研究生361人、本科生271人。学院在读各类研究生人数共计1578人,其中学历硕士345人、学历博士265人,专业硕士569人,留学硕士生53人,留学博士生28人,同等学力硕士298人,同等学力博士20人。2023届本科毕业生升学率达到62.13%。充分调动了专业老师和学生的积极性,按照"赛创融合、专创融合、思创融合"工作思路,通过完善制度、建设队伍和搭建平台,持续推动形成更高质量创新创业新局面。"CUG-China"团队再获国际遗传工程机器大赛(iGEM)国际银奖,"炭合"团队获得第十三届"挑战杯"中国大学生创业计划竞赛金奖,"水缘"团队获得中国国际大学生创新大赛全国银奖;程毅康荣获湖北省"长江学子"优秀大学毕业生创业奖。

【环境文化精彩纷呈】

隆重举办学院成立20周年暨学科发展研讨会,举办系列学术活动,邀请国内外知名学者举办讲座。完成"春华秋实、追求卓越"学院20周年画册及宣传片。加强书香学院建设,启动科四楼文化墙建设。目前,已完成学院院史文化墙、三楼荣誉墙、书报栏、各楼层学习交流园地以及部分三级单位展板展示。做好校友联络与奖学金捐赠工作,2023年获赠同心奖学金20万元,共计85万元。开展新入职教职工座谈会,举办教职工荣休座谈活动,组织讲课比赛、创新技能大赛、职工健步走、羽毛球友谊赛等活动,营造"爱校爱院爱家"氛围。完善节假日值班和领导带班制度,优化两校区办公服务机制,积极响应师生多样化工作学习需求。学院办公室、学工组、实验中心、科技创新中心等部门各项服务水平再上新台阶,及时响应,尽量满足师生需求。学院连续被学校评为"优秀"二级单位,学院党委连续五年被评为学校先进基层党组织,涌现出了一批师生先进典型,学院社会影响力和美誉度不断提高。中央电视台、新华网、《人民日报》《光明日报》《经济日报》《中国教育报》《中国自然资源报》《中国科学报》《中国青年报》《中国气象报》《湖北日报》、湖北卫视、武汉电视台等媒体对学院进行了点面结合的宣传报道。

(撰稿:刘凤莲;审稿:姜明敏、史建波)

工程学院

【概况】

工程学院下设工程地质与岩土工程系、

勘察与基础工程系、地下空间工程系、安全工程系、土木工程与力学系及实验中心。学院拥有3个博士后流动站,2个一级学科博士点,1个二级学科博士点,3个硕士点,2个工程硕士领域。"地质工程"为国家级重点学科、"双一流"建设学科,所属的一级学科"地质资源与地质工程"在第四轮国家学科评估中被评定为"A+";"土木工程"和"安全科学与工程"为湖北省重点学科,在第四轮国家学科评估中均被评定为"B"。"城市地灾防控与地下空间开发"入选湖北省高等学校优势特色学科群。现有6个本科专业:地质工程、土木工程、城市地下空间工程、勘查技术与工程、安全工程和应急技术与管理。

学院拥有国家级平台4个、省部级平台10个。"十三五"以来,获批国家自然科学基金重大项目、国家重点研发计划项目及其他重点类项目25项,主持获得国家科技进步二等奖1项、省部级科技一等奖5项、省专利金奖1项;6位教授在国际学术组织任职,成功打造2个国际学术会议品牌。"十三五"以来,4个专业入选国家级一流本科专业建设点,3个专业通过中国工程教育专业认证。获国家教学成果二等奖2项、省教学成果特等奖1项、一等奖5项,获批国家级课程6门次,主持获批教育部地质工程专业虚拟教研室,主持国家级新工科教学研究项目2项。学院3个师生党支部获国家级荣誉。

学院现有教职工212人,其中博士生导师57人,教授72人,副教授67人。现有国家级教学名师1人,湖北省教学名师1人,俄罗斯外籍院士3人,入选国家杰出青年科学基金项目等国家级人才项目(含青年项目)9人次,百千万人才工程国家级人选1人。拥有国家级教学团队1个。现有在校全日制学生3008人,其中本科生1908人,研究生1100人。

学院愿景:把工程学院建设成为地质工程与人居安全领域特色鲜明、享誉国际的一流研究型学院!

学院院训:明理尚实、拓新砺行。

【坚持和加强党的全面领导,持续提升党建工作质量】

学院以习近平新时代中国特色社会主义思想为指导,深入学习宣传贯彻党的二十大精神和学校十三次党代会会议精神,坚持和加强党对学院工作的全面领导,全面贯彻党的教育方针,紧紧围绕学校中心工作,坚持立德树人根本任务,高标准、高质量完成"十四五"规划和一流学科建设项目工作。2023年,学院党委入选第二批学校党建工作"标杆分党委"培育创建单位,安全工程系支部书记周克清入选湖北省高校"双带头人"教师党支部书记工作室,土木工程与力学系党支部入选第二批学校党建工作"样板支部"培育创建单位,勘察与基础工程系党支部和地质工程实验班党支部通过第一批学校党建工作"样板支部"培育创建项目验收。勘察与基础工程系党支部书记吴文兵当选中国岩石力学与工程学会青年工作委员会党小组副组长。地质工程实验班党支部获校支部风采大赛一等奖,支部微党课"让灵山灵动起来"获评学校微党课一等奖。

【以立德树人为根本任务,全力服务学生成长成才】

2023年,050201、05A223等12个团支部获评校五四红旗团支部,潘永峰等91人获评优秀共青团干部,刘子铭等78人获评优秀共青团员,毛语涵等10人获评百名好支书/好班长,翟丹阳获评十大标兵学生并被授予青年五四奖章,蒋益民获评优秀社团骨干。张怡悦、公凯利、张佩琦和贾彦平入选校级指南针宣讲团。组织13支团队开展暑期社会实践活动,热能碳汇团队获评湖北省社会实践优秀项目,沈丹获评湖北省社会实践优秀个人。明德志协获评湖北省大学生社区实践计划优秀工作单位,神农架青力缔造团队获评湖北省青力缔造铜牌示范团队,学院团委获评湖北省大学生社区实践计划优秀工作单位,明德工程·志愿者协会获评"十佳大学生志愿服务团队","缘芯制地——创新地质灾害风险科普新模式"获评优秀大学生志愿服务项目。张怡悦获评优秀大学生志愿服务指导教师,高晓东获评优秀社团指导教师。34个宿舍获评学习型宿舍,费月等4人入选第十七期李四光计划。

第十八届"挑战杯"全国大学生课外学术科技作品竞赛中,获得国赛三等奖1项;湖北省第十四届"挑战杯·中国银行"大学生课外学术科技作品竞赛中,获省级金奖1项、省级银奖1项、省级铜奖1项。第十届"创青春"中国青年创新创业大赛中获得国赛银奖1项。第九届"互联网+"大赛省赛中获省级金奖1项、省级铜奖1项。梁卓然获得"创业先锋"暨"创业之星"奖学金。

科技论文报告会,本科生团队获校级二等奖3项,三等奖2项;研究生组获校级特等奖2项、一等奖3项、校级二等奖6项、校级三等奖10项。学院获得"挑战杯"专项奖。

校级运动会上,获拔河比赛、广播操比赛一等奖,男子团体总分第三名、女子团体总分第四名。在"一二·九"长跑活动中分获男子团体、女子团体第一名。2023年"地大杯"系列比赛中,男子足球、排球获得冠军,男子篮球获得季军,男子、女子乒乓球分别获得第四名、第五名,男子、女子羽毛球分别获得第三名、第一名。五四大合唱中,工程学院获得校级第二名。

2023届博士毕业生就业率为91.67%,硕士毕业生就业率为97.74%,本科毕业生就业率为82.71%。学院获校级就业先进单位,张怡悦、卓越获校级就业个人,张怡悦牵头撰写的《打造"333"行业认知教育体系,引导高质量生涯探索》获评湖北省生涯教育典型案例。

【夯实教育教学基础,切实提高学院人才培养质量】

学院获批教育部产学合作协同育人项目2项,学校重点教学改革项目1项,课程及教材建设项目3项,一般教学改革项目9项。4门课程被认定为第二批国家级一流本科课程,"地热工程学"被认定为省级一流本科课程,出版3部教材。蔡记华教授作为主要完成人的《校企与科教双融合的钻探工程人才培养模式创新与实践》和唐辉明教授参与的《现代地学观引领的地质类专业人才培养模式创新与实践》获第九届湖北省高等学校教学成果一等奖。

何于璐、张启航、马飞获全国大学生结构设计信息技术大赛一等奖，肖贤等7人获二等奖。陈金泽、朱彦霖获全国大学生统计建模大赛省级二等奖。周航靖等6人获全国周培源大学生力学竞赛省级二等奖，13人获三等奖。蒋熙、熊紫涵等6人获湖北省大学生结构设计大赛二等奖。金艺航、张祉歆、别泽胤获全国大学生英语竞赛（C类）国家二等奖。谭坤、童宋金、何柳星获2023一带一路暨金砖国家技能发展与技术创新大赛"路桥工程施工技术应用"赛项二等奖。许鑫蓉、朱一鸣、张娟获第9届全国高校安全科学与工程大学生实践与创新作品大赛二等奖。

刘志超、闫雪峰获校第十四届青年教师教学竞赛二等奖，学院连续三次获优秀组织奖。贾洪彪获校年度"本科教学卓越奖"，吴琼获校年度"卓越新秀奖"。张凌、陈保国、骆连三位老师获校优秀实习指导教师，5名学生获校优秀实习学生。龚文平教授获评校第二届"卓越青年研究生导师"称号，周克清获第四届研究生管理工作先进个人；深部钻探与能源地质工程导学团队获得首届"优秀导学团队"荣誉称号。

2023届本科生毕业429人，22人获得校级优秀毕业论文优秀毕业生。2019级2名毕业生获得第三届全国安全科学与工程类专业优秀本科毕业设计。2023年授予研究生学位共320人。其中，获校级优秀博士研究生学位论文1篇，提名2篇，优秀研究生学位论文12篇，其中，学术硕士6篇，专业硕士6篇；研究生发表高水平学术论文117篇和专利10项。2023年23人获得CSC资助。

【坚持"一点一策"，落实"高质量教师队伍建设战略行动"】

为贯彻落实党的二十大精神，凝聚智慧和力量，深入推进学院"十四五"人才队伍规划和"双一流"建设，以党建引领学院各项事业高质量发展，坚持"一点一策"，落实"高质量教师队伍建设战略行动"。全年新增国家级人才2人，湖北省QB1人，获国家政府津贴1人，引进特任教授5人，特任副教授1人，全日制博士后6人。院内新增特任教授3人，"地大学者"学科杰出人才1人，领军人才3人，学科骨干人才8人，新增博士生导师3人，硕士生导师8人，9位博士导师通过招生资格审核。

【坚持内涵发展，学科建设水平上新台阶】

2023年学院完成土木工程、安全科学与工程两个博士学位授权点自评估评审，评估结果为合格。配合资源学院完成了地质资源与地质工程学位授权点自评估。完成2023版研究生培养方案修订工作，修订土木工程学术型硕士和学术型博士培养方案、安全科学与工程学术型硕士和学术型博士培养方案、自然灾害与应急管理学术型硕士和学术型博士培养方案并定稿；完成土木水利专业学位点自核验报告填报。

【多措并举提升学院科研水平，增强社会服务能力】

学院持续推动高层次科研平台建设，联

合共建的高坝大库运行安全湖北省重点实验室获批,联合共建的湖北省绿色岩土技术企校联合创新中心和湖北省电力岩土工程企校联合创新中心获批。

吴文兵教授团队研究成果"复杂地质条件下大型桥梁桩基础建造与健康评估关键技术及应用"获得2022年度湖北省科技进步奖三等奖。焦玉勇教授团队研究成果"基于非连续变形分析架构的岩体破裂数值模拟理论"获中国岩石力学与工程学会科学技术奖自然科学一等奖;邹俊鹏教授团队研究成果"非常规天然气储层水力裂缝动态扩展数值算法及缝网演化机理"获中国岩石力学与工程学会科学技术奖自然科学二等奖;吴文兵教授团队研究成果"深厚软弱土地基成桩质量控制与检测评估关键技术及应用"获得中国岩石力学与工程学会科学技术奖科技进步奖二等奖。毛少华教授团队研究成果"大型船舶火灾防治关键技术及应用"获得公共安全科学技术奖二等奖。邹俊鹏教授参与的研究成果"低渗岩体渗流多尺度演化理论及调控关键技术"(单位排名第三)获得2022年度湖北省科技进步奖一等奖;周佳庆特任教授参与的研究成果"水利水电工程渗流多尺度特性与全过程调控关键技术"(单位排名第四)获得2022年度湖北省科技进步奖一等奖。

学院科研到账经费8 727.1万元,其中纵向项目到账2 607.0万元,横向项目到账5 929.8万元,GF项目到账经费190.3万元。其中,胡新丽教授作为首席科学家牵头申报的国家重点研发计划项目获批立项,吴益平教授、龚文平教授获批国家重点研发计划项目,葛云峰特任教授获批国家重点研发计划项目(青年科学家)。学院今年获批国家自然科学基金18项,其中章广成教授获批联合基金重点项目,宁伏龙教授获批国际(地区)合作与交流学术会议项目,邹俊鹏教授获批湖北省自然科学基金杰出青年项目,谭飞教授获批湖北省自然科学基金联合基金重点项目。学院教师积极参与社会服务项目,共承接横向项目195项,其中,焦玉勇承接山东能源集团揭榜挂帅科技项目,唐辉明教授承接中铁十四局集团京滨铁路五标项目经理部委托项目。

2023年8月,学院主办"第四届巴东国际地质灾害学术论坛"。2023年4月,学院承办"风环境下大型舰船溢油流淌燃烧学术研讨会""第十八届中国可再生能源学术大会天然气水合物专业分会"等国际、国内学术会议。学院共举办工程文化论坛34期、重大地质灾害预测与防控学科——111创新引智基地系列学术讲座28期,邀请国内外知名学者和专家作学术报告62场。组织师生参加国内国外学术会议100余人次,在国内外重要学术会议作报告50多人次。学院承办的国际岩石力学与岩石工程学会非连续变形分析专委会被国际岩石力学与岩石工程学会授予四年一度的杰出专委会奖,是2019—2023年任期唯一获奖的专业委员会,焦玉勇教授担任专委会主席,郑飞教授担任秘书长。张㧟教授入选"终身科学影响力排行榜(1960—2023)",唐辉明、张㧟、蒋国盛、焦玉勇、宁伏龙、周克清、严成增、梁荣柱、庞于涛9位教师入选"2023年度科学影响力排行榜"。李长冬教授受邀担任 Journal of Earth Science(T3)、《地球科学》和《地质科技通报》副主编，周克清特任教授当选为国际先进材料学会青年会士。蔡记华教授团队成果达成云南省首单转入专利开放许可。窦斌教授主持制定了中国地质学会团体标准《超长距离工程地质勘察水平定向钻探规程》(T/GSC 005—2023)。

学院教师入选高被引论文8篇。授权发明专利96项、实用新型专利32项，软件著作权21项；授权国际专利4项，出版专著2部。

【加强平台与实验室建设，提升自主创新能力】

强化实验室安全管理工作，完善大型仪器设备对外开放共享，通过计量认证资质复查换证评审。加强实验室准入制，新进教师、新生参加实验室安全准入培训。坚持每月三次的实验室安全巡查，完成重点设备的安全等级划分。完成两次教育部大型仪器考核，通过自然资源部武汉资源环境监督检测中心检验检测国家资质认定复查换证评审，所有仪器设备标定。新进体系人员通过计量认证培训获得检验检测资质。

完成中央大型平衡反力架实验室、4个教学实验室建设。获批2024年度中央修购项目"安全工程类教学实验室设备购置""工程创新训练中心（一期）设备购置"力学中心、地质装备中心建设。获批实验教材建设项目1项和自制仪器设备实验技术研究立项2项。

学生实验开放基金立项获批35项，其中重点项目1项，完成2021年度26个项目验收，2个项目获校优秀实验开放基金项目。学院被评为学生实验开放基金先进管理单位。

（撰稿：冯焱；审稿：李红丽）

地球物理与空间信息学院

【概况】

地球物理与空间信息学院（简称地空学院）创建于1952年，是建校初期最早的4个系之一。1975年更名为地球物理勘探系，1986年更名为应用地球物理系，1999年更名为地球物理系，2003年成立地球物理与空间信息学院。

学院现设有3个学系：应用地球物理系、固体地球物理系、地球信息科学与技术系；1个中心：实验教学中心；1个省级重点实验室：地球内部多尺度成像湖北省重点实验室；1个示范中心："地球探测技术"湖北省重点实验教学示范中心；2个院级研究所：能源地球物理研究所、地球空间信息研究所。现任院党委书记马彦周、院长熊熊。

学院现有学科体系理工兼备，涵盖"地球物理学""地质资源与地质工程"2个"双一流"建设学科。拥有"地球物理学"和"地质资源与地质工程"2个一级学科博士点和博士后流动站，有资源与环境专业一级学科硕士点。设有勘查技术与工程（勘查地球物理方向、智能探测方向、城市地球物理方向）、地球物理学（地质与地球物理试验班）和地球信息科学与技术3个本科专业，勘查技术与工程和地球物理学2个专业入选国家首批一流专业建设点，地球物理学入选国家基础学科拔尖学生培养计划2.0基地，在第五轮学科评估中提升至A类学科，取得历史性突破，地球信息科学与技术入选湖北省一流专业建设点，获评学校2023年文明教学科研单位。

学院现有教职员工120人，其中专任教师90人，其他专职科研、工程实验及行政管理人员30人。专任教师中，现有教授、副教授83人，全职博士生导师46人；国家杰出青年科学基金项目获得者1人，国家"新世纪百千万人才工程"入选者1人，国家优秀青年科学基金及海外优青获得者9人，国家级青年人才计划入选者3人，省部级人才计划入选者6人，湖北省创新群体1个。学院专任教师中，99%的专任教师具有博士学位，82%的教师具有一年以上出国研修访学经历。

2023年，学院招收博士研究生27人，硕士研究生131人，本科生226人。毕业博士研究生12人，硕士研究生135人，本科生157人。学院2023届就业率达94.08%，本科生就业率93.63%，研究生就业率94.56%。

2023年，地空学院在校党委、行政的正确领导下，以习近平新时代中国特色社会主义思想为指导，深入学习贯彻党的二十大精神，坚持和加强党的全面领导，全面贯彻党的教育方针，落实立德树人根本任务，以"改革攻坚年"为主题，深化改革，守正创新，锐意进取，用高质量党建引领学院建设发展，深入推进落实"六共"机制、"十四五"规划和"双一流"建设，不断提升学院核心竞争力，在教育教学、人才培养、科技创新等方面取得新突破，为地球科学领域世界一流研究型大学建设作贡献。

【党建引领取得新成效】

学院党委协助学校党委组织部，高质量完成2名行政班子成员补充调整，补选1名党委委员、1名纪委委员。优化设置12个党支部，开展支部书记、党员培训4次，与支部书记交流10人次，与发展对象谈心谈话18人次。选拔2名教授、"四青人才"担任支部书记，列席支部会议6次，指导支部考核评议，提升支部凝聚力、战斗力。刘光鼎党支部获得培育验收优秀，申报全国党建"双创"样板支部立项培育。张学强等3名教师获评校级优秀班主任，翟基辉荣获校级研究生党员标兵。

贯彻落实学校第十三次党代会工作部署，坚定不移贯彻落实民主集中制，严格执行党委会、党政联席会议事规则和"三重一大"决策制度，修订完善《贯彻落实师德师风建设长效机制实施办法》《落实全面从严治党"四责协同"工作实施办法》，持续加强党风廉政建设和廉洁自律教育，引导干部职工筑牢廉洁自律防线。严格落实中央八项规定，旗帜鲜明反对"四风"，切实改进工作作风。支持学院纪委工作，做好监督防控，扎实推动"清廉地大"建设任务落实。

坚持把学习贯彻落实习近平新时代中国特色社会主义思想作为首要政治任务,严格遵守"三会一课"制度。坚持每月召开职工大会、支部主题党日活动,组织师生收看全国"两会",开展"党的二十大战略部署"专题学习、"传承红色基因"实践研学、"青年大学习"、"争当新时代好青年"宣讲、录制"我想对党说句话"视频宣传、"团员和青年主题教育"专题教育,引导师生深刻领悟"两个确立"的决定性意义。全年组织职工集体学习教育8次。扎实开展学习贯彻习近平新时代中国特色社会主义思想主题教育,班子成员为师生讲党课8次,形成高质量调研报告7份,高质量完成调研成果交流、领导班子专题民主生活会,切实增强"四个意识"、坚定"四个自信"、做到"两个维护",团结干部职工把握新机遇、迎接新挑战,牢记初心使命。

【学术科研创新再获新突破】

学院获批教育部科技部"深地资源探测学科创新引智基地"("111计划"),入选地震科学国际数据中心理事单位。地球内部多尺度成像湖北省重点实验室获批"湖北省科普教育基地"、地球探测技术实验教学中心获批"武汉市科普教育基地"。

学院先后邀请英国杜伦大学、瑞士苏黎世联邦理工学院、丹麦奥胡斯大学、法国国家科学研究中心等外籍专家来校开展交流与合作,组织名家论坛学术报告11场次、地空论坛学术报告53场次,受益师生2250余人次。积极支持中青年学术骨干赴海外学习交流,参加国际合作项目,固体系秦蕾、应用系徐珊、刘营分别到麻省理工学院、苏黎世联邦理工学院、澳大利亚阿德莱德大学访学,博士后韩非、谢锦赟分别到哥伦比亚大学、南洋理工大学访问学习。固体系柳加波参加国际大洋发现计划(IODP)401航次科考。

学院新增国家自然科学基金项目19项(其中国家重大科研仪器研制项目1项、联合基金重点项目1项、专项项目3项、面上项目11项、青年基金3项),国家863高技术项目1项,国家其他部委项目4项。2023年科研到账总金额3 260.57万元,其中纵向经费2 116.77万元、横向经费1 143.80万元。发表学术论文127余篇,其中T1论文41篇、T2论文43篇。刘成利分别以第一作者、通讯作者在 nature communications 上发表论文2篇。学院教师出版中文专著1部,出版教材1部;蔡红柱荣获"2023年傅承义青年科技奖";曾智伟荣获"第十届中国石油地质年会优秀青年论文奖"。

【学生培养质量得到新提高】

完成新一轮本科教育教学审核评估,持续跟进国家基础学科拔尖人才培养战略行动,推进基础学科拔尖人才培养101计划,进一步优化地球物理学"珠峰计划"人才培养方案,完成2个国家一流专业(地球物理学、勘查技术与工程)和1个省级一流专业(地球信息科学与技术)建设阶段性总结报告。制定地空学院《2023年基层教学组织考核与湖北省优秀基层教学组织推选工作方案》,2023年新增4个基层教学团队、4个课程组,共覆盖50余位教师,逐步形成一流专业建设梯队。

"秭归野外地质实践教学"获批湖北省线上一流课程。学院获评校第十四届青年教师教学竞赛优秀组织奖,两位青年教师斩获特等奖1项(黄倩)、二等奖1项(彭荣华)。获批教材建设项目(杨宇山)和课程建设项目(赵素涛)各1项。陈丽霞获评本科教学卓越教师奖。学院获评8篇校优秀本科毕业论文,9位优秀指导老师。许顺芳、唐启家、李智勇获评2023年校级优秀实习指导老师,5位学生获评校级优秀实习学生。

硕士招生双一流生源率达65%,比2022年提升13%。获批教育部产学研协同育人项目1项。全力推进学位点建设,地球物理学学位点中期自评估专家评审意见为优。选聘业务能力突出的青年教师担任研究生导师,2023年新增博士生导师6人,硕士生导师9人。组织研究生参加学术会议、学术竞赛,开展科技论文报告会、"地空师生论坛"等活动。8名硕士生1名博士生获评校优秀学位论文。15名研究生在省级以上学术竞赛中获奖,研究生发表T2以上论文44篇。

【学生工作取得新成果】

学院深化"以生为本"工作理念,守正创新,锐意进取,积极落实团建、开展学生教育引导、服务管理,学生工作取得新实效。060211团支部获评校级五四红旗团支部标兵,5个团支部获评校级五四红旗团支部,72人获评校级优秀共青团员、团干等单项奖。郑浩获评校第二届"百名支书讲团课"微团课大赛二等奖。060201班荣获学校先进班集体标兵,4个班级获校级先进班集体。58♯508等两个宿舍获评校级2023年度百佳宿舍。涌现出51♯123、58♯508两个全研宿舍。全年共认定家庭经济困难学生188人,6人获评国家奖学金、26人获评国家励志奖学金、25人获评校级英才奖学金、7人获评社会类奖学金。组织开展第一届地球物理模型设计大赛、第一届"地空之眼"主题摄影大赛,举办了"地空杯""新生杯"系列文体赛事。获评校级六人制足球赛冠军、校辩论赛最佳组织奖。辅导员发表思政类论文2篇,获校素质能力大赛单项奖1项,1人获评第四届研究生教育教学管理工作先进个人,1人获评最美育人故事分享三等奖。

全年学生荣获全国大学生物理实验竞赛、英语竞赛二等奖2项;荣获第十五届"华中杯"大学生数学建模挑战赛一等奖1项、二等奖1项;荣获美国大学生数学建模竞赛H奖2项;荣获湖北省大学生物理实验创新设计竞赛二等奖5项;荣获第九届"互联网+"大学生创新创业大赛湖北省赛金奖1项、银奖1项、铜奖1项;荣获第十届"东方杯"全国大学生勘探地球物理大赛一等奖3项;荣获第八届全国大学生"创新杯"地球物理知识竞赛一等奖2项、三等奖1项等;荣获全国高校地球科学大型语言模型研发训练营特等奖1项;荣获正大杯第十三届全国大学生市场调查与分析大赛湖北省赛区一等奖1项;获得校级科技论文报告会特等奖1项、一等奖2项、二等奖2项。

【对外交流合作得到新发展】

学院班子成员先后到中国科技大学、成

都理工大学和中国地震局、中石化等单位开展交流。2名教师（李帅、靳松）参加学校外派服务,1人参加乡村振兴工作。张莹获评湖北省派驻村工作先进个人。

中煤科工西安研究院、东方地球物理公司、上海华测导航技术股份有限公司等9个单位来院合作洽谈,组织企业来院招聘活动12次,召开年级就业动员大会2场,举办朋辈经验就业分享4场。与中国地质调查局地球物理调查中心、安徽省勘查技术院及中国煤炭地质总局水文物测队3家单位签订战略合作协议,助力双方创新发展,强化合作贡献力。

【治理体系得到新优化】

安全稳定工作持续向好。制定节假日值班制度,组织签订安全承诺书,压实安全稳定和疫情防控责任,推进落实"七防工程"建设任务。严格执行保密工作责任制,开展"保密安全教育月"活动。协助离退休干部处做好离退休教师工作。动员师生、校友和社会企业为隆星宇同学捐款63.1万元,帮助隆星宇家人渡过难关。推送《地大硕士生毕业前突患重病,师生校友第一时间伸出援手》宣传,人民网、新华网、光明网、《中国教育报》等30多家主流媒体给予积极肯定和报道。

对照学院"十四五"规划、"双一流"建设目标任务,组织召开科技发展战略研讨会、地球物理学位点自评估专家评审会,开展"十四五"中期检查,进一步强化思路举措,推动新一轮学科建设。完成"地球内部多尺度成像湖北省重点实验室"学术委员会换届。修订《党风廉政建设责任制实施细则》,制定落实全面从严治党"四责协同"工作实施办法,开展述职述廉、民主评议,强化信息公开,加强民主监督,持续推动信息化建设,治理效能不断提升。

（撰稿：邱宇燊；审稿：马彦周）

海洋学院

【概况】

海洋学院前身可追溯到20世纪50年代设立的海洋地球物理勘探教研室,1961年开设了海洋地质、海洋勘探本科专业。进入21世纪,学校陆续恢复了海洋科学本科和研究生办学,2016年正式组建海洋学院。经过近70年积淀和传承,学院构建了海洋科学"学士—硕士—博士—博士后"完整人才培养体系。

学院坚持"关联生长、特色发展"理念,聚焦海洋地质资源、海洋生态环境和海洋探测技术等研究方向,在海洋沉积与深水油气、海洋天然气水合物勘探、海洋生态环境与保护、海洋遥感与岛礁监测、极地与海洋气候、海洋工程装备及技术等研究领域取得了丰富的研究成果。

学院全面贯彻党的教育方针,落实立德树人根本任务,深入推进"十四五"规划和"双一流"建设,持续深化改革,守正创新,锐意进取,不断提升学院综合治理能力,带领师生向海图强,以党建引领保障学院事业高质量发展。教师队伍规模稳步增长,结构更

学院基本情况

加合理，高端人才占比不断提高，高质量人才梯队比较优势不断提升，人才队伍对一流学科建设和人才培养支撑能力全面增强。科研能力持续提高，科研成果的数量和质量稳步提升。

学院深入推进"时代新人铸魂工程"，不断加强学校精神文明建设，坚持从"海洋+"走向"+海洋"，推动建设临海科研基地，促进优势学科融海发展"+海洋"，协力拓展地大"海洋新场域"，服务"海洋强国"建设，打造国家海洋人才培养和涉海科学研究高地，为建设地球科学国际知名研究型大学贡献智慧。

【学科与人才队伍】

对标国际一流院校，推进海洋科学"双一流"全英文研究生课程群建设，建设8门代表性专业课程，完成全英文研究生课程群框架建设。通过持续引人育人，学院学科团队的广度和深度明显加强，海洋科学5个学科方向发展韧劲和潜力明显增强，"偏科"现象明显改善。学科围绕海洋资源-环境-灾害开展研究工作，在国家海洋"双碳"目标落实和海洋生态环境保护、大陆边缘运动机制、大洋垂直尺度上溶解有机物化学、古海洋甲烷异常释放事件、古今海洋气候变化与全球变暖和海洋地质灾害链等方面取得一系列创新性认识，夯实了学校在古海洋研究领域的特色优势，同时海洋地质灾害链和古今海洋气候变化与全球变暖的创新性成果既保障了国家海洋经济建设，也极大地丰富了学校海洋科学内涵，有力地促进了地球科学前沿向海洋领域延伸。

学院现有教职员工78人，其中专任教师50人，教授22人（含特任系列8人），副教授28人（含特任系列10人）。2023年，学院全职引进特任教授1人，博士后3人（含特任系列1人），在站博士后达到29人（含特任系列11人）。推动学校聘任李家彪院士、谢玉洪院士为荣誉教授，聘任23位兼职教授。1人晋升二级教授，1人晋升三级教授，2人晋升副教授，1人晋升五级副教授，2人晋升六级副教授。1人入选"湖北省青年人才项目"，1人获中国博士后科学基金第72批面上资助；1人荣获武汉市"英才计划"青年项目资助，1人获中国博士后科学基金第74批面上资助，1人获中国博士后科学基金第16批特别资助。1人荣获第三届"中国孙枢奖"，入选"海洋强国青年科学家"。

【教学与人才培养】

卓越教学展现新作为。姜涛教授等共同申报的"高水平团队引领资源类专业群建设的实践与创新"，荣获高等教育本科国家级教学成果二等奖、湖北省高等学校教学成果特等奖。陈刚教授等申报的"海底地形与底质探测过程虚拟仿真"被认定为2023年度省级一流本科课程。2篇本科毕业论文获评校级优秀毕业论文。

研究生培养质效明显。积极推动"部部科教融合"，提升联合培养研究生占比，2023年联培研究生占比46.94%。全面施行硕博士学位论文全盲审制度，研究生学位论文全盲审率100%，全日制研究生学位论文盲审通过率100%；加强学风建设，从严学位论文重复率检测，学院学位论文未出现重复率超

30%的情况;强化学术训练,有力促进学术成果产出,研究生发表T1期刊论文18篇,同比增长125%。

教学实习任务圆满完成。6月30日,学院组织北戴河、周口店、秭归和舟山4个实习基地共238名师生暑期实习动员。7月8日—22日,2020级54名同学前往浙江舟山开展为期两周的长江口及邻近海域海洋科学专业联合实习活动;7月17日—8月27日,2021级海洋科学专业39名同学前往周口店开展为期四周的地质教学实习;7月30日—8月29日,2023级83名同学开展为期三周的地质认识实习和海洋学基础实习;9月3日—23日,2021级海洋科学专业39名同学前往秭归开展为期两周的地质教学实习。9月7日—17日,选派10名优秀本科生赴德国和波兰开展海外实习,续签两校交换生协议,姜涛教授入选欧洲伊拉私募计划,获批2023年度大学生国际交流优秀工作者。

【科研与学术交流】

全年新增科研项目77项,其中纵向项目50项,横向项目27项;新增合同经费2589万元,其中纵向经费1310.5万元,横向经费1278.6万元;实到科研经费2999万元,其中纵向经费1308万元,横向经费1691万元。2023年学院申请国家自然科学基金项目35项,获批11项,其中面上申请16项,获批6项;青年申请12项,获批5项。湖北省自然科学基金推荐总数4项:青年项目2项,面上项目1项,创新群体项目1项。新增国内发明专利5项。任建业教授入选地球与环境科学领域"2023年度影响力排行榜"全球前2%顶尖科学家,研究团队获评中海油2023年度优秀外协研究团队;姜涛教授团队入选中央高校优秀青年团队培育计划。

2023年,学院科研获奖6项。牟林、王道胜和秦浩完成的《海上搜救与溢油应急信息保障关键技术及应用》荣获中海洋工程科学技术奖特等奖,学校为第一完成单位;陈刚参与申报的《高山峡谷暴雨洪灾北斗预警与孪生应急关键技术及应用》荣获中国卫星导航定位科技进步奖一等奖,陈刚为第六完成人;孙启良参与申报的《深海重力流沉积体系成因机制和富砂机理》荣获海南省自然科学奖一等奖,孙启良为第三完成人;蒋浩宇参与申报的《新型多源卫星海洋动力环境和台风灾害定量遥感与应用研究》荣获自然资源科学技术奖二等奖,蒋浩宇为第三完成人;王家生、王舟、陈粲参与申报的《海洋"可燃冰"成藏演化过程的地质记录和甲烷事件》荣获湖北省自然科学奖三等奖,学校为第一完成单位;王道胜荣获第二十三届中国专利优秀奖,王道胜为第三完成人。孙军获 Journal of Sea Research 爱思唯尔高价值副主编奖和 Progress in Oceanography 爱思唯尔高价值客座主编奖。学院师生以第一作者或通讯作者发表SCI论文110篇,其中T1论文49篇、T2论文43篇、T3—T6论文共13篇;出版科研著作10部,发明专利5项。

学术交流氛围良好。学院承办"工程地质前沿数值方法暨物质点法分析研讨会";协办2次国内大型学术会议:协办第五届中国大地测量和地球物理学学术大会海洋分会,学院与IUGG海洋物理中委会(CNC-IAPSO)联合牵头组织本次大会全部8个涉海方向的分会;协办第十二届全国环境化学大会,学院组织第90分会场"海洋生态环境保护——前沿与应用"。开展20次"海洋之光"学术论坛、3次名家论坛、2次知名学者学术讲座、"海洋之星"学术沙龙7期。学院师生参加各类学术会议共计60余人次。

【党建与思想政治教育】

扎实开展2023年党风廉政建设宣传教育月活动。持续推进"下基层察民情解民忧暖民心"实践活动走深走实,院系班子成员、党委委员、教师党支部书记、系主任深入师生党支部(团支部),开展廉政党课、科普报告、发展研讨或学业辅导共计13次。开展2023届毕业生座谈会暨"传承初心再赶考,勇担使命向未来"专题教育党课。结合主题党日活动、"三会一课"、读书分享会等方式,深入学习党的创新理论,引导党员干部将廉洁意识内化于心、外化于行。

深入开展"一院一品""样板支部风采"展示等党建品牌创建活动,围绕新时代党建双创目标要求,促进党支部党建和科研工作的深度融合,扎实推进党建示范和质量创优。积极推动基层党组织党建工作创新,以品牌为引领不断增强基层党建工作活力和凝聚力。发挥党建引领核心作用,优化党支部组织设置,促进师生共建互动,党建与科研同频共振。探测与评估研究生党支部("山海求知"党支部)入选湖北省高校"研究生样板党支部"培育创建名单,获推荐申报全国高校"研究生样板党支部"。"山海求知"社会实践团队获评湖北省社会实践优秀团队。"山海求知"学风涵养工作室入选2023年中国科协科学家涵养工作室。海洋科学系党支部立项建设学校"样板党支部"通过验收。

(撰稿:杜清平;审稿:成军)

机械与电子信息学院

【概况】

机械与电子信息学院(简称机电学院),其前身是1958年的探矿工程系勘探机械专业。1998年与物探系电子信息工程专业合并组成全新的机械与电子工程系(院级),经2003年和2008年两次调整更名为机械与电子信息学院。学院以研究"智能地质工程装备"为特色,以实现教、产、学、研、用深度融合为目标,是服务于地球科学领域的新工科学院。学院现设有4个本科专业:机械设计制造及其自动化、电子信息工程、工业设计、通信工程;拥有地质装备工程二级学科博士学位点;3个一级学科硕士学位点:机械工程、信息与通信工程、设计学;3个工程硕士领域:电子信息工程、机械工程、艺术设计专业领域。有国家级、省部级教学和科研平台5个:中国地质大学(武汉)中国地质装备总公司国家级工程实践教育中心、岩土钻掘与防护教育部工程研究中心、湖北省高等学校电子电工实验教学示范中心、湖北省智能地质装备工程技术研究中心、湖北省先进钻掘机械装备技术转化中试基地；有5个产业技术创新中心：排水环境治理装备产业技术创新中心、基础工程装备产业技术创新中心、高端模数芯片先进数字产业技术创新中心、散料清洁输送技术产业技术创新中心、工业视觉检测产业技术创新中心；有3个校级教研中心（所）：机械工程教学实验中心、CAD中心、装备与仪器研究所。建立了10个研究生联合培养基地，建成3个校级技术创新中心，在智能制造、智能建设、信息传输、软件和信息技术服务、自然资源等相关领域发挥着重要作用。学院现有教职工129人，其中专任教师95人，博士生导师27人，教授27人（含特任教授10人）、副教授55人（含特任副教授6人），国家人才计划2人，湖北省人才计划8人。学院2023年在校学生共计2528人，其中本科生1785人，研究生743人。学生党支部31个。现有学生工作副书记1人，专职辅导员5人。

2023年是学院高质量完成"十四五"规划目标与落实学校党代会精神的关键之年。机械与电子信息学院坚持以习近平新时代中国特色社会主义思想为指导，深入学习贯彻落实党的十九大、二十大精神，深刻领会学校十三次党代会精神，聚焦立德树人根本任务，紧跟学校发展战略目标，围绕学院人才培养、学科建设、人才队伍、科技创新和社会服务等方面，以党建为引领，勠力同心，激发创新活力，对照学院"十四五"规划任务，持续推进"党建—学科—培养—科研"全链条高质量发展，开创了教学与科研齐头并进的新局面。

【党建工作】
学院党委坚持用习近平新时代中国特色社会主义思想武装头脑、指导实践、推动工作，始终把政治建设摆在首位。各级党组织书记讲授专题党课40余场次，共开展理论中心组集中研学6次，个人自学3次。将"三全育人"落实落细，细化过程管理和考核激励，推动全员育人；为促进全体教师发展，将青年教师队伍建设纳入三级单位年度考核的重要指标和内容。依托"制造强国之路"实践育人工程，深入推进"助力青春梦想，践行工匠精神"学子企业行系列活动，首次将其融入新生入学教育系列活动中，打通校企协同育人"最先一公里"，实现本科培养过程校企协同育人全覆盖，多维度促进学生全方位综合发展。举办"课程思政"教学竞赛，以赛促教，深化课程思政"大练兵"，将教学过程中的思想意识引领作为检验教学效果的重要依据。2023年新设8个2023级硕士研究生党支部，撤销7个2020级硕士研究生党支部，督促2个教职工党支部和7个本科生党支部完成换届工作。积极发展党员，吸引优秀青年教师积极向党组织靠拢，发展1名教师（海外优青）为中共预备党员，确立1名教师为入党积极分子。出台《流动党员管理规范》，规定所有学生流动党员挂靠学院直党支部，教师流动党员挂靠原支部，并对流动党员的日常教育、监督和管理提出了明确的要求。实验中心党支部获评学校党建工作"样板党支部"，博士党支部获评学校"研究生样板党支部"。机械工程系党支部作为第一批学校党建工作"样板支部"培育创建单位顺利通过了验收。持续深化"一擎三动促四业"铸造学生党建品牌创建工作,发挥学生党支部示范引领作用,深化党团班一体化育人格局,围绕"党建带团建""党建促班建""党建+科研""党建+师生联动"的建设要求,通过"支部带领、党员带头、项目带动"的工作模式,驱动学院广大学生投身科创实践,在浓厚氛围中感受科创魅力、提升创新能力。扎实开展党风党纪教育月活动;始终坚持与青年教师、新入职教师、本研学生开展谈心谈话,进行廉洁诚信教育,把监督提醒经常化;组织教职工党员观看警示教育片《扣好廉洁从政的"第一粒扣子"》;1名党员干部如实报告个人有关事项和操办婚丧事宜。年内开展谈话300多次,通过QQ工作群通报典型案例7次,组织党纪法规专题学习3次。认真落实意识形态工作责任制。加强各类阵地管理,牢牢掌握意识形态工作领导权。把履行意识形态工作职责作为民主生活会和年度述职报告的重要内容,接受监督和评议。做到意识形态工作与业务工作同部署、同落实、同检查、同考核。

【本科教学】

全年共完成149门、247门次理论课程教学,35门次实践课程教学,新增教材3本。"电工与电子技术"获得第二批国家级一流本科课程称号。丁华锋的《机电类人才深层培养"五通"模式构建与探索实践》获得省级教学成果二等奖。学院积极推动学科竞赛,在全国大学生电子设计大赛等10多个学科竞赛中取得了优异的成绩,共获得国家级一等奖26项、二等奖39项、三等奖30项、银奖2项、铜奖1项;省级金奖1项、一等奖21项、二等奖25项、三等奖59项,学生在学科竞赛中获省部级及以上奖项数高达600来人次。各专业老师积极参加各类教学比赛,1名教师获校级本科教学卓越奖,1名教师获校级青教赛一等奖,2名教师获全国高等学校电子信息类专业青年教师讲课比赛二等奖及三等奖。2019级毕业生449人,444名学生取得毕业证和学位证,5名学生结业,24篇毕业论文被评为校级优秀论文。2020级有81名学生获得免试推荐研究生资格,占比为16.2%。2022级422名学生,其中电子信息类280人,机械类142人。在2023年4月份本科生重新选择专业(大类)工作中转入2022级学生29名,转出5名。11月进行专业大类分流,电子信息类分成电子信息工程175人和通信工程105人,机械类分成机械设计制造及其自动化(卓越)54人、机械设计制造及其自动化84人和工业设计28人。积极组织学生申请大学生创新创业训练项目,2023年大学生创新创业训练项目,学生申请27项,实施总经费206 967元,参加中期考核26项,1个项目终止计划。学院从2022级28名报名参加"李四光"计划的学生中遴选成绩优异的8名学生参加学校选拔,有5名学生获得资格,进入虚拟班学习。2023年,教学改革研究项目中,学院共有8个项目获得资助,其中重点项目1项、课程建设项目1项、教材建设2项、一般项目4项,获批总经费34万元。2022年,教育部产学合作协同育人项目6项。其中,《机械设计制造及其自动化专业"虚实结合"实践教学平台构建》入选2022年度教育部产学合作协同育人项目优秀项目案例,这是学校首个入选教育部产学合作协同育人项目优秀项目的案例。

【研究生教学】

各类研究生招生人数244人(硕士236人、博士8人)。录取全日制博士研究生8人,专业博士研究生1人,其中地质装备工程招收7人,包括硕博连读2人,申请考核6人。录取全日制学术学位研究生51人(去年47人),较上年增长约8%。其中,机械工程24人,信息与通信工程23人,设计学4人;推免生9人(去年6人),一志愿统考生38人(去年30人),调剂生13人。录取专业硕士研究生185人(去年190人),与上年基本持平,其中全日制184人,非全日制1人;专业硕士包括机械68人,电子信息107人,艺术设计10人,其中烽火联培生20人,西安煤院联培生3人,广海局联培生1人,一志愿统考生167人(去年164人)(其中退役士兵计划2人,少骨计划1人),调剂生18人。制定了学院接收2024年推荐免试攻读硕士学位研究生复试方案,并进行了推免生预报名、复试工作,共接收推免生24人(去年17人)。组织完成了研究生"校园开放日"等系列招生宣传工作,2023年校园开放日报名人数近300人,第一轮选出入围人员130人,经过笔试、面试、汇总等,最终选出73名合格者,其中机械工程专业16人,机械专业12人,信息与通信工程16人,电子信息22人,设计学3人,工业设计4人。组织各学科教师赴湖北省相关学校进行了招生工作宣传;完成学校微信招生平台的学院专题推送。修订《机械与电子信息学院研究生招生指标分配办法2023年》。组织完成机电学院研究生创新人才计划选拔,共5人入围。将2023级新生人事档案186份移交档案馆。2023年6月授予学位共计183人,其中全日制博士研究生2人,学术型研究生52人,留学生硕士1人,全日制专业硕士128人。共有5篇全日制硕士学位论文评选为优秀硕士学位论文。新增硕士生指导教师3人。2023年研究生教学实验室开放基金申报77项,获批31项,其中有创新团队1项。校研究生科技论文报告会,学院获一等奖3项,二等奖6项,三等奖8项。57支研究生队伍参加学院科技论文报告会,评选出一等奖9项,二等奖8项,三等奖12项。

【实验室建设】

按照教学计划要求顺利完成了所有的实践教学任务,在保证实践教学顺利完成的同时,大量实验室实行全天候开放、资源实时共享。利用贷款贴息、学科建设等经费,完成制图智慧教室、机电一体化实验室、液压与气压传动实验室、增材制造实验室、工业机器人实验室、5G云化系统实验室、高温实验室级光纤拉丝塔、电子对抗实验、测温仪、新型光纤设计与应用实验室等一批教学科研实验室的新建或更新,持续改善学院的教学与科研硬件条件。与自动化学院、工程学院等共同完成了2024年工程创新训练中心修购专项申报工作,通过多次协调,加强与信息实验中心的沟通交流,达成共建电工电子示范中心的计划。根据实验室与设备管理处的安排,在"十四五"规划的基础之上,修订形成了2024—2026年实验室建设规划。获批3项实验技术研究项目、1项实验教材项目,完成1项实验技术项目验收工作。组织学生申报2023—2024年度教学实验室开放实验室基金项目,申报83项,获批33项。2022—2023年度学校实验室开放基金项目49项全部结题。

【科研工作】

2023年到账总经费3722万元,较上一年增长70%。其中纵向到账经费2095万元(60项),横向到账经费1627万元(95项),其中国防类项目到账经费915.77万元(30项)。学院共有9个项目获得国家自然科学基金委员会资助,其中面上项目4项、青年项目5项,项目获批数量和经费再创新高。发表T2及以上论文48篇,其中在国际著名期刊 Computer-Aided Civil and Infrastructure Engineering 发表封面文章1篇。申请专利118项(发明专利109项,实用新型9项);专利授权总数111项,授权专利中,授权发明专利90项,实用新型20项,外观设计1项;获得26项软著权。学院承办的"2023年第七届机器人与自动化科学国际会议"于2023年6月在武汉召开。大会旨在促进机器人与自动化等领域的学术交流与合作,获得从事相关技术研究的专家、学者和专业技术人员的踊跃投稿以及参与。邀请多所高校学者、多家单位进行学术交流,举办学术报告13场。6位教师入选"全球前2%顶尖科学家榜单",其中黄田野教授入选"终身科学影响力排行榜(1960—2023)",丁华锋、黄田野、葛明峰、文龙、梅爽等5位教师入选"2023年度科学影响力排行榜"。这标志着学院机械工程和信息与通信工程学科的影响力持续攀升,学院"双一流"学科建设取得显著成效。

【学生工作及学生获奖】

全年发展党员114名、团员16名,向党组织推荐优秀青年178名。团委获评学校"五四红旗团委",涌现出"五四红旗团支部"标兵1个、优秀班集体标兵2个、十大学生标兵1个、十大研究生标兵2个等多个先进集体和个人。畅通"班—院—校"培养渠道,形成了以青马班为示范引领,以学生骨干论坛为支撑,以新生干部培训班为基础的团学骨干培养体系。2人入选校级"青马工程"。目前"地大机电人"微信公众号关注人数8430人,全年共发文210篇,总浏览量30余万次。年度各类QQ平台推送说说1840篇,总浏览量超过140万次。举办院领导接待日2次、专业分享会2次、学院民族学生座谈会1次、"我的大学,我的成长季"系列讲座4期,内容涵盖保研经验交流、考研经验交流、就业经验分享、学习经验分享等主题,共计超过500名同学参与。续力"考试智囊团"出题团队,继续建设84套"机电好题库",探索建立"机电软件库",探索建立"机电笔记库",构建"学习训练营"讲题体系,助力学院学生专业学习。建立完善民族学生信息数据库,落实学校"一人一册"工作要求,通过定期谈心谈话掌握少数民族学生思想、学习、生活情况,对存在学业困难的民族学生重点引导、帮扶和监督。本年度共认定539名贫困生,共推荐539人获评各类助学金,推荐参加勤工助学岗位135人,为118名学生发放新生棉衣棉被补助。共有166人次获评国家(励志)奖学金、地大英才奖学金、社会类奖学金等,通过"英才工程"开展项目649余项,参与人次达到1023人次。积极融入地方发展,与山西省汾阳市贾家庄共建"大学生乡村振兴学校实践基地"。团队获主流媒体报道10余次,荣获2023年湖北省暑期三下乡优秀社会实践团队。学院2023届毕业生总体就业率92.59%,其中本科生就业率91.93%,硕士研究生就业率98.15%,博士研究生就业率100%。选拔4名优秀学生赴国外开展短期交换生项目,全额资助25名学生前往韩国开展暑期访学活动,资助14名学生赴英国开展寒假短期访学活动,本年度学院累计出国访学人数57人。2020级本科生保研人数82人,较去年同期增长3.8%,学院学风建设成效凸显。评选学院"年度影响力"人物,发挥朋辈引领作用,获评校十大标兵学生1人、校优秀研究生标兵2人。校级及校级以上个人荣誉497项,集体荣誉74项。学术成果145项:本科生发表学术论文2篇,取得各类专利成果4项,申请软件著作权10项;研究生发表学术论文41篇,其中以第一作者发表论文24篇;取得各类专利成果34项,申请软件著作权成果30项。

(撰稿:陶安东;审稿:瞿祥华)

自动化学院

【概况】

自动化学院成立于2014年7月,是中国地质大学(武汉)为适应新时期国家建设和学科发展的需要,引进"先进控制与智能自动化"学术团队,并调整校内相关学科组建而成的。学院紧跟时代和科技发展的步伐,致力于培养适应社会发展需要的社会主义建设人才,研究自动化科学与工程相关理论和技术,开发适应市场的高新技术产品,研究成果显著。学院下设自动控制系、测控技术与仪器系、智能系统研究所和信息技术实验教学中心等单位。学院现任党委书记朱荆萨、院长曹卫华。

自动化学院现有教职工104人,其中教授39人,副教授32人,专职博士生导师36人,兼职博士生导师5人,另有外籍讲座教授7人。学院拥有IEEE Fellow 2人,国家杰出青年科学基金获得者2人,"长江学者"特聘教授2人,"长江学者"讲席学者1人,享受国务院政府特殊津贴专家2人,国家优秀青年科学基金获得者1人,国家优秀青年科学基金(海外)获得者1人,享受湖北省政府专项津贴专家1人,新世纪百千万人才工程国家级人选1人,科技部"中青年科技创新领军人才计划"人选1人,"万人计划"科技创新领军人才人选1人,科睿唯安(原汤森路透)高被引科学家4人。学院现有控制科学与工程博士后科研流动站、控制科学与

学院基本情况

工程一级学科博士学位授权点、控制科学与工程一级学科硕士学位授权点和电子信息专业硕士学位授权点,自动化、测控技术与仪器2个本科专业,其中,自动化专业于2019年入选首批国家级一流本科专业建设点,测控技术与仪器专业于2020年入选湖北省一流本科专业建设点。学院拥有教育部高等学校学科创新引智基地1个、教育部工程研究中心1个、湖北省重点实验室1个、湖北省工程技术研究中心1个、湖北省自然科学基金创新研究群体2个、湖北省实验教学示范中心2个和湖北省大学生电子信息科技创新基地1个。目前,在校本科生、研究生1800余人。

【坚持党的领导,不断提升党建引领保障能力】

以政治建设为统领,在推进党的创新理论武装上下功夫。学院党委坚持不懈用习近平新时代中国特色社会主义思想凝心铸魂,引导师生在学懂弄通做实上下功夫。优化班子政治理论学习机制,认真组织开展学习贯彻习近平新时代中国特色社会主义思想主题教育和党的二十大精神,严格执行"第一议题"制度,坚持第一时间传达,全年召开中心组学习17次,班子成员讲党课16次,师生党支部书记讲党课3次。打造"AU·红色讲坛""理·响"宣讲团等理论学习品牌项目,在广大师生中营造强理论学习,重实践探索的良好氛围。

扎实推进主题教育,在强化担当作为上下功夫。学院党委深入开展学习贯彻习近平新时代中国特色社会主义思想主题教育,成立主题教育领导小组,制定主题教育实施方案,将"班子带头学,支部跟进学、联系实际学、以讲促进学"理念贯穿理论学习始终。结合落实"十四五"规划和"双一流"建设,学院领导班子开展专项调研,召开主题教育推进会、调研成果交流会,切实把主题教育成果转化成推动实际工作的成效。深入学习贯彻学校第十三次党代会精神。健全联系服务师生工作机制,制定《自动化学院党委委员联系师生工作方案》,推动形成专项会调研、党委会研判、反馈会回应的问题跟踪督办机制。坚持问题导向和发展导向,扎实做好巡察回头看、思想政治教育专项巡察问题整改后半篇文章。

以基层基础为重点,在夯实党建工作的基础上下功夫。学院党委坚持将高质量党建作为学院事业高质量发展的重要组成部分,推动党建与业务工作同规划、同部署、同落实,单列党建思政专项工作经费,启动学院党建工作专项调研,开展基层党务工作专题培训。加强教师理想信念教育,组织党员教职工走进姚山村"武汉抗战第一村"、观看爱国主义影片、邀请专家讲授党课。强化党建引领示范效应,打造2.0版"智慧党建",学院党建工作获新华社报道1次、全国高校思政网报道1次、中国青年报报道2次。1个党支部成功通过湖北省首批全省高校党建工作样板党支部验收,1名学生荣获"湖北省百名研究生党员标兵(创建)"并获推荐参评"全国百名研究生党员标兵",1个党支部获推荐参评第四批"全国党建工作样板支部",1个学生党支部获评校第二批党建样板党支部。学院连续3年涌现3名"中国大学生自强之星",其中1名学生入围"中国大学生年度人物"全国评选。

以安全稳定为前提,在推动工作落细落实上下功夫。一是做好安全稳定工作,分层分类开展安全教育,优化学院安全管理体系和责任体系,开展安全风险点专项排查,修订汇编制度性文件17项。加强实验室建设和管理工作,建立实验室巡查反馈制度,修订相关制度文件4项。二是落实意识形态工作责任制,建立学院党委委员联系民主党派、无党派代表人士制度。严格落实意识形态工作责任制,形成学院党委统一领导,党政工团齐抓共管,各科室平台分工负责的工作格局,加强涉外工作流程管控,制定《中国地质大学(武汉)自动化学院网络新媒体建设与管理实施办法》,牢牢掌握意识形态工作主动权和话语权。三是加强党风廉政建设,严格执行"三重一大",学院《关于加强党风廉政建设的规定和廉政风险预警与防范管理工作实施细则》,持续抓好招生考试、科研管理、财务收支、学术诚信等重点领域和关键环节廉政建设。扎实开展党风廉政宣传教育,营造风清气正的育人环境,坚持不懈助力"清廉地大"建设。

做好群团组织和文化建设工作,在营造和谐工作氛围上下功夫。加强工会和教代会建设,优化运行机制,推进民主办学,团结全体教师,围绕学院中心工作,为教职工构建良好的发展环境,把全体教职工的力量和意志聚焦到学院建设和发展中来。开展丰富多彩的工会活动,组织教职工积极参加校乒乓球比赛、篮球比赛及学校体育运动会等体育活动,夺得校乒乓球比赛女子组冠军,教职工男子篮球赛乙组亚军。召开2023年教师节座谈会,向投身教育事业满20年的教师颁发了纪念牌,致敬"老教师"为学院发展作出的突出贡献,激励青年教师传承优秀的思想理念和学院文化。加强共青团、学生会建设,教育引导全体学生凝聚"正能量",共筑"中国梦"。做好退休教师工作,以多种形式关心退休教师,积极听取退休教师对学院发展的意见和建议。持续推动学院"三个人人"文化品牌建设,建设好学院文化室和信息楼公共区域的文化宣传阵地,提升学院文化建设水平,营造健康、和谐、团结、向上的文化氛围。

【落实立德树人根本任务,完善高质量育人体系】

学院坚持立德树人根本任务,面向国家发展战略需求和国际科学技术前沿,以提升创新能力和拓展国际化视野为驱动,实现自动化学院新时代高质量的人才培养。

不断创新人才培养模式。2023年,学院面向国家发展战略需求和国际科学技术前沿,紧紧围绕立德树人根本任务和年度工作要点,践行"实践、创新、国际化"的本科人才培养理念,积极探索创新型科技人才培养模式。强化课程群建设,聚焦课程建设、执教能力提升,通过开展优秀课程观摩、教学能力提升系列研讨,举办PBL实践教学验收会、PBL教学改革启动会,认证背景下的教学活动组织等活动,进一步提升教师执教能力。积极组织教师参与各类教育教学改革研究,吴敏教授牵头的团队入选战略性新兴领域"十四五"高等教育教材体系建设团队名单,成功获得教育部产学合作协同育人项目资助4项,校教学研究改革项目资助10项,安剑奇教授荣获学校2022年度"卓越教师奖"。

一流本科人才培养体系不断完善。学院以学生培养质量为中心,稳步推进一流本科专业、一流本科课程和工程教育认证,完善一流本科人才培养体系。通过工程教育专业认证进校申请。继承2019版培养方案模块化、大课制、课程群、综合实践设置等优点,坚持面向国家战略、行业需求和科技前沿,深化"实践、创新、国际化"理念和课程思政建设,完成2023版培养方案修订。强化基于项目(PBL)的实践教学,推进创新实践和国际化实践开展,形成课程实践、创新实践和国际化实践相结合的实践育人体系。进一步规范本科毕业设计指导工作,修订《自动化学院本科毕业论文(设计)工作手册》及相关文件,推动产出导向的毕业设计指导工作持续改进。

狠抓研究生培养质量。学院立足"创新、国际化、实践"的研究生培养理念,以达到国外知名大学研究生培养质量为目标,推进研究生教育规范化、制度化、国际化。顺利通过博士点专项评估。通过前期建设11门研究生国际化课程,申请获批控制科学与工程研究生国际化课程群,并获双一流经费资助。开展研究生培养方案的修订工作,修订学院的期刊分类和会议分类目录,多维度保障研究生培养质量。推进研究生导师能力提升,组织春季和秋季研究生导师能力提升计划研讨会,强化研究生导师第一责任和监督管理机制。研究生工作成效突出,学院连续四届获评"研究生教育教学管理工作先进集体",杜胜获评学校"第四届研究生教育教学管理先进个人"荣誉称号,张传科教授获评学校第九届"研究生的良师益友"荣誉称号,控制理论与控制工程导学团队获评学校"研究生优秀导学团队"。

【聚焦学生工作,激发创新活力】

持续推进"以建促学、以学促创"育人体系。学院以培养拔尖创新人才为根本出发点和落脚点,一是建立健全学风建设长效机制,贯彻"严在地大"的理念,不断营造"比、追、赶、帮、超"的良好氛围;二是深入推进"三融合"人才培养改革,持续优化育人链条,完善育人矩阵,着力提升学生创新精神和实践能力。按照"以赛育才、以赛促用、以赛为媒"的实施思路,学生在"挑战杯""互联网+"等全国性创赛中荣获国家级奖项20余项,省级奖项70余项。

不断打造具有院本特色的创赛实践育人名片。2023年,学院继续着力打造"走进自动化""研究生学术年会"两大特色活动。第四届"走进自动化"新工科创新人才培养实践工程贯穿全年,24个子单元活动直接参与学生超过4000人次。第九届研究生学术年会共收录论文208篇,其间举办33场专家学术报告会、2场青年学者报告会、2场研究生国际交流与成果汇报和7场次研究生科技论文报告会,营造了思想碰撞、学术争鸣的良好氛围。

多措并举落实好招生就业工作。学院高度重视招生就业工作,党政联席会17次专题研究招生就业工作,落实全员参与原则,高质量完成了2023年招生宣传,全力促进2023届毕业生高质量就业。进一步落实"招生—培养—就业"联动机制,动员20余人次师生积极参与招生宣传工作,120人次师生积极开展"我把地大带回家"和专家学者进中学等活动,促进生源质量进一步提高。进一步加强研究生招生、复试、选拔等工作的规范性,积极提升研究生招生质量。做好毕业生就业工作,深入开展"访企拓岗",落实精准帮扶,保证了毕业生就业质量进一步提升。学院2023届本科生、研究生毕业生就业率93.09%,研究生就业率继续保持100%,就业满意度达95%以上。

【坚持学术卓越,推动学院高质量发展】

学院深化"人才强院"的发展理念和汇贤用才基本战略,着力打造人才高地,汇聚高端人才,创新动能和人才活力不断增强,在人才引进、人才项目申报、人才培养等方面成效显著。2023年,2人入选科睿唯安2023"全球高被引科学家"榜单,1人成功获批国家级人才计划,1人获批国家自然科学基金优秀青年科学基金项目(海外),1人获批湖北省"楚天学者"人才称号,1人入选湖北省青年拔尖人才项目,1人获批湖北省自然科学基金杰出青年项目。引进特任教授和特任副教授各1人,控制科学与工程博士后科研流动站进站博士后3人。在2023年的岗位聘用和聘期考核工作中,学院1人高聘教授,1人正常高聘副教授,1人特任副教授期满考核优秀获聘特任教授。

稳步推动学院"十四五"发展规划实施。按照学院"十四五"规划建设目标任务,认真总结第五次学科评估经验,落实"一流学科"项目"智能地质装备"的建设任务,加大交叉学位点和特色学科群建设。通过创新学科内涵式发展,打造以资源能源领域智能系统和仪器技术为特色,支撑区域先进制造业技术创新的重要基地,以及人工智能、新一代信息技术高水平复合型人才的重要培养基地。认真开展"十四五"规划中期检查,实现"十四五"建设任务时间过半、任务过半的工作目标。

科研水平不断提升,科研成果不断涌现。学院持续优化科研团队管理机制,完善团队科研创新评价机制,结合"智能地质装备"双一流建设项目,优化资源配置,多措并举,实现学院科研水平质与量的同步提高。在规模上,学院新增纵向项目(部、省、市)20项,军工项目8项,企业合作项目42项,新增项目数量显著增长。科研新增项目合同经费合计4100余万元,2023年度科研到账经费首次突破3000万元,实到经费数比2022年增长1000万元,同比增长50%。在质量上,2023年新增国家自然科学基金项目13项,获批重点项目1项,面上项目达到10项,创历史新高,青年基金项目1项,重点国际(地区)合作研究项目1项。目前在研的科研项目合同经费共计6536.227万元。在研国家级项目57项,省部级科研项目、武汉市科技局项目、企业合作在研项目等75项。在国内外重要学术期刊及会议发表论文291

篇,其中期刊论文 164 篇(SCI 期刊论文 152 篇),学校认定的 T1 学术期刊论文 60 篇、T2 学术期刊论文 58 篇,在国内外重要会议发表论文 127 篇,获国家发明专利授权 56 项,出版著作与教材 7 部。教师在各项工作中获得中国建筑材料联合会·中国硅酸盐学会建筑材料技术进步类一等奖 1 项,中国电子学会优秀博士学位论文奖 1 项,湖北省优秀科技论文 1 项,中国微波光子学学术新星 1 项。学院高度重视科普工作,以"新工科"专业特色为基础,积极开展丰富、新颖的科普活动,努力打造特色科普基地品牌,成功入选"湖北省科普教育基地"。

积极开展国内外学术交流。认真落实"111"引智基地第二个五年计划的建设工作,进一步规范国际交流管理。成功组织召开 ICPS2023 会议、复杂系统先进控制与智能自动化国际学术研讨会、中国智能地质装备技术发展论坛等学术会议。畅通国际导师与学院学术科研团队的合作机制,推动开展研究生联合培养及课程建设,联合开设 11 门研究生国际化课程、3 门本科生国际化课程。2023 年,学院共派出 24 名研究生出国交流,组织开展本科生"新工科"国际交流实习。

稳步加强实验室建设和管理工作。调整学院实验室建设规划和布局,完成 4 个专业实验室布局调整和规划建设工作,启动工业互联网专业实验室的建设工作。贯彻落实学校关于新工科实训中心的推进和建设工作,承担学校新工科实训中心的电子与通信、虚拟仿真 2 个分中心的建设工作。进一步加强对外合作交流,与知名企业联合共建实验室。完成未来城校区大学生电子信息科技创新基地新建实验室的规划和建设实施工作。进一步提升实验室建设的信息化、智能化水平,建设了实验室预约管理系统、云端控制系统。信息技术教学实验中心获得"全国计算机等级考试省级优秀考点"称号。

(撰稿:张晓锋;审稿:朱荆萨)

经济管理学院

【概况】

经济管理学院(简称经管学院)现设有工商管理系、经济学系、管理科学与工程系、会计系、旅游管理系、金融与贸易系、统计学系和专硕教育中心。拥有资源环境经济研究中心、区域经济与投资环境研究中心、产业经济研究所、经济研究所、旅游发展研究院、管理咨询研究所、电子商务国际合作中心、现代项目管理研究所等 8 个研究机构。主要研究方向为能源经济、管理系统仿真、资源产业及区域发展、信息管理与信息系统、矿产资源战略与管理。

学院设有工商管理、市场营销、会计学、旅游管理、信息管理与信息系统、工程管理、经济学、国际经济与贸易、统计学 9 个本科专业,其中经济学、旅游管理、国际经济与贸易、信息管理与信息系统、工商管理入选国家级一流本科专业建设点,工程管理、会计学、市场营销、统计学入选省级一流本科专业建设点。拥有2个博士后流动站(管理科学与工程、应用经济学),2个一级学科博士点(管理科学与工程、应用经济学),3个一级学科硕士点(管理科学与工程、应用经济学、工商管理),2个湖北省重点学科(管理科学与工程、应用经济学),5个专业硕士学位点(工商管理、会计、资产评估、金融学、应用统计)。

学院现有教职工168人,其中专任教师145人、党政管理和教辅人员23人、在站博士后9人。专任教师中教授35人、副教授77人,具有博士学位者126人。国家"万人计划"哲学社会科学领军人才1人,国家自然科学基金优秀青年基金项目获得者1人,国家高层次人才特殊支持计划(即"万人计划")青年拔尖人才1人,教育部新世纪优秀人才1人,首批湖北省青年拔尖人才培养计划1人。

截至2023年9月30日,学院有本科生1748人,研究生1699人。截至2023年12月底,本科生就业率94.06%,升学出国率33.79%;研究生就业率96.36%,升学出国率4.48%。

【党的建设和校园文化建设】

学院党委深入开展学习贯彻习近平新时代中国特色社会主义思想主题教育,以学铸魂、以学增智、以学正风、以学促干。学院牢牢把握"学思想、强党性、重实践、建新功"总要求,制定《经济管理学院关于深入开展学习贯彻习近平新时代中国特色社会主义思想主题教育实施方案》,成立主题教育领导小组,构建了"七个结合"学习方案、"三进三线"调查研究方案、"三度加三度"检视整改方案、"七行动七突破"推动发展方案、"一废二改三补"建章立制方案。在主题教育过程中,始终把主题教育与学院事业发展深度融合,确保了主题教育走深走实。学院党委打造了以"课程思政主课堂""青年之声红课堂""活力团会新课堂""实践育人大课堂"为内容的"四维"育人课堂。进一步深化经济管理学院"5+"模式党建育人格局,组织入党积极分子开展"党建+就业"访企行暨入党积极分子劳动教育实践考察。

学院党委顺利通过"湖北省高校党建工作标杆学院"验收,以高质量党建引领事业高质量发展。一年来,学院党委紧紧围绕"双创"工作,扎实推进"五个到位"和"七个有力",精心打造"五融工作法"党建工作品牌,全力推动"一融双高","湖北省高校党建工作标杆学院"创建工作顺利通过验收,党建成果受到《湖北日报》、湖北电视台、"学习强国"等主流媒体报道。支部在学院的各项工作中起到了战斗堡垒作用,党员先锋模范作用凸显,管理科学与工程系党支部、经济学专业本科生党支部通过学校党建工作"样板支部"验收,金融与贸易系党支部书记工作室入选学校"双带头人"教师党支部书记工作室,生态文明研究生党支部获学校"研究生样板党支部"称号。

学院获评学校"宣传思想文化工作先进单位"。一年来,"院训、院徽、院风、使命、愿景"五维一体的学院文化影响不断增强,发表《高校开展大学生思想政治教育的着力点》等思政学术论文10余篇,编撰《经济管理类专业课程思政教学案例集》等思政专著

2部,上线《卓越你我》《少年》等微视频5个,学院"鹰"文化品牌获评学校优秀项目成果,学院公众号连续4年获得学校"十佳团属新媒体平台"荣誉称号。积极推广学院在主题教育、创新创业、党建工作、国际化教育、育人实践等方面的典型经验和特色做法,其中多篇在全国高校思政网、"学习强国"、《中国青年报》、《湖北日报》、光明网等媒体报道,学院"四维课堂"获评校园文化建设优秀成果奖。学院获评2023年校优秀分工会。学院院本文化更趋完备,将传播学院文化贯穿人才培养全过程,使师生深入了解学院文化,增强归属感。组织教职工至九真山风景区和九真桃园景区开展春游踏青赏花暨"三八"妇女节庆祝活动;组织学院教职工参加学院第十三届趣味运动会;经管学院分工会积极倡导并大力组织开展"全民健身"活动,且在经费、场地、组织召集人员上为教职工参与赛事活动提供条件和保障。学院男子乒乓球代表队获得了学校第二十届教职工乒乓球团体赛第四名;在2023年校运会中学院喜获教职工男子团体积分第八名、女子团体总分第六名的好成绩。

【学科与专业建设】

2023年,应用经济学获批设立博士后流动站,至此,学院拥有2个博士后流动站,2个一级学科博士点,8个一级学科硕士点,9个本科专业,形成了全链条的人才培养体系。所有研究生学位授权点完成了中期(2020—2025年)合格自评估。

科学研究再创佳绩,获批3项国家社会科学基金重大重点项目,承办多次国际国内学术会议。2023年,学院共获批32项国家及省部级科研项目,其中"新型能源体系构建的路径与政策研究"与"我国深海战略性资源勘探开发政策研究"获国家社科基金重大项目,"新时代公共安全应急框架体系研究"获国家社科基金重点项目。主办第二十二届武汉电子商务国际会议,第十八届国际应急管理论坛暨中国"双法"研究会应急管理专业委员会第十九届年会等学术论坛和国际会议,以及2023智能优化论文写作、2023中国绿色金融学术年会、2023第九届绿色发展与生态文明等学术研讨会;举办"经管论坛"学术讲座30场、"名家论坛"4场。

"电子商务"认定为省级线下一流课程、"生活中的经济学"认定为省级线上线下混合式一流课程;"碳的社会代价评估虚拟仿真实验""桥梁工程悬臂梁挂篮施工质量控制虚拟仿真实验"认定为省级一流虚拟课程,学院目前有2门国家级一流课程和7门省级一流课程。学院获评国家级教学成果奖二等奖1项,湖北省教学成果奖一等奖2项。4门课程获批省级一流本科课程。学院获批8项教育部产学合作协同育人项目,获批5项教育部供需对接就业育人项目。重点开展访企拓岗工作,全院获批教育部第二批供需对接就业育人项目5项,师生走访企业23家,新建院企合作单位8家。

【人才培养效果】

持续营造卓越院风学风,依托学生组织举办考研保研分享会、高数课程辅导、英语四级模拟考试等学习支持类活动,进一步优化经管论坛、学术沙龙、科技论文科报会、模拟发布会等院本化学术品牌活动。2023年本科生课程优秀率54.65%，较去年上涨7.8%，及格率98.76%，自然年平均学分绩点保持在3.5以上，4人入选李四光计划。应届本科毕业生毕业率达99.54%，较去年上涨2.38%，学位授予率达100%。

奋力开拓双创工作局面，学院围绕"以赛促学、以赛促教、学赛结合"培养模式，搭建"龙头赛"+"主线赛"+"校内赛"阶梯式竞赛平台，以"互联网+""挑战杯"为"龙头赛"，以经管专业、学科特色为"主线赛"，2023年共有156名学生获得国家级竞赛或荣誉奖励。其中，国际大学生创新大赛国际级铜奖1项；"挑战杯"大学生课外学术科技作品竞赛一、二、三等奖各1项；获全国大学生电子商务"创新、创意及创业"挑战赛特等奖1项，全国大学生市场调查与分析大赛一等奖1项，全国大学生能源经济学术创意大赛一等奖等国家级、省级奖项50余项。团学建设踔厉奋发再上新台阶，持续擦亮文化育人品牌。院团委组织第二届"青春舞者"校园舞蹈大赛，持续举办"心灵影院"；学院志愿者协会连续8年荣获校"十佳大学生志愿服务团队"。深入开展社会实践、调查，获省级奖项5个，校级奖项8个。获评"标兵研究生会""十大标兵社团""五四红旗团支部标兵"等称号，一大批优秀团学骨干不断成长，学院团委再次获评学校"五四红旗团委"。

【国际学术交流】

学院获评学校"大学生国际交流先进集体"。创建"鹰击长空"国际生涯规划讲堂；承办国际教育学院"全球胜任力项目——朋辈导师工作坊"，邀请优秀学生分享国际交流经验；持续强化中法经济学班项目建设；依托相关国际合作项目，2023年度，学院10名学生参与交换生、联合培养项目，19名学生参加海外短期访学项目，34名学生出国攻读硕士、博士学位。学院现有国外留学生136名，分别来自俄罗斯、巴基斯坦、越南、约旦、埃及等30多个国家。学院国际化办学步履坚实，质量与规模不断提升，获评2023年大学生国际交流先进集体。

（撰稿：陈永佳；审稿：杨昌锐）

外国语学院

【概况】

外国语学院现设有大学英语教学部、英语系、二外教学部3个教学单位，外国语言文化研究所、研究生教育中心、实验教学中心、土库曼斯坦研究中心、湖北省高等学校英语语言学习示范中心5个教研平台；拥有中国地质大学（武汉）教育部出国留学培训与研究中心及其旗下的雅思、上海外语口译考试、国际人才英语考试考点等社会服务基地。

学院现有学科体系完备，拥有外国语言文学一级学科硕士学位授权点、翻译（MTI）专业学位硕士授权点，设有英语本科专业。外国语言文学一级学科硕士学位授权点设有外国语言学及应用语言学、英语语言文学、翻译与国际传播、区域国别研究4个培养方向；翻译专业学位硕士授权点设有英语笔译、英语口译2个研究领域；本科设有"英语+工商管理"双学位特色实验班。

现有教职员工96人，其中专任教师82人，含教授9人、副教授44人，具有博士学位25人、硕士学位56人，占专任教师总数的98.78%。另有外籍教师2人。硕士生导师48人。

学院坚持以习近平新时代中国特色社会主义思想为指导，深入学习宣传贯彻党的二十大精神。创新学习方式，实行"六组联学"，召开主题教育调研成果交流会暨学科建设研讨会，明确提升举措。组织第十三次党代会学院代表推荐和校十三届委员会"两委"委员候选人推荐提名工作。组织师生支部集中学习贯彻落实学校党代会精神16场次。学院主要负责人开展专题宣讲3场次。开展创优争先取得新进展，"译术赋能红色文化国际传播"党建工作品牌建设取得新成果，"一带一路"宣讲团开展宣讲8次。加强党员干部与民主党派、群众的联系交流，教职工1人获评民盟湖北省委反映社情民意信息工作先进个人。联合学院分工会组织外出学习实践2次。

学院致力于持续提高育人水平，努力培养有家国情怀、全球视野、"一专多能""一精多会"的复合应用型外语人才，服务国家战略发展。加强英语专业一流本科专业、一流课程和实习实训基地建设。完成2023版培养方案修订。推进一流课程建设，"工作坊-笔译"获批学校一流课程建设项目并参加国家一流课程申报。2023年招收本科生91人，招收硕士研究生73人，在校本科生345人，研究生256人。2023届本科生就业率89.41%，硕士研究生就业率93.18%。

深入推进有组织科研，依托ESI团队项目，加强科研团队建设。主办"南望今声"外语论坛13讲。获批教育部一般人文社科基金青年项目1项（实现2020年以来该项目的突破），教育部科技项目1项，省级项目2项，横向项目6项，实到科研经费较去年增长92%；发表T2及以上学术论文7篇；出版教材专著译著7部；1篇咨询报告被民盟中央采用。学院教师参加国际国内高水平学术会议20余人次。院长张峻峰教授受邀赴江苏徐州参加区域国别视域下能源人文与外语人才培养研讨会暨中国能源外语联盟第四届年会，并作题为《行业院校英语专业人才培养创新模式探索——以中国地质大学（武汉）为例》的主旨发言。副院长张伶俐教授作为第二期产出导向法云共同体和教育部多语种教学改革虚拟教研室促研员，为来自全国130所学校的近400名高校教师进行教学研究义务培训12期，共计96个小时。

学院教师发挥语言优势开展公共服务，提供各类语言服务近50次，助力学校社会美誉度提升。学院师生为第十二届全国环境化学大会、第四届巴东国际地质灾害学术研讨会等近30场各类国际国内大型会议提供同声传译及交替传译服务。1位教师担任保加利亚孔子学院中方院长，4名学生赴保加利亚和新西兰孔子学院担任志愿者。2人受教育部委派分别在驻澳大利亚使馆和驻俄罗斯叶卡捷琳堡总领馆工作，为促进国际合作与交流作出积极贡献。教育部出国留学培训与研究中心举办了"2023学在港澳"说明会（华中地区专场），继续与四川大学合作开设第十六期国家公派出国留学人员外语培训班。雅思考点共举办雅思考试57场次，服务考生超过1万人。

【坚持全面从严治党，不断加强党的建设】

认真落实议事规则，召开党委会15次、党政联席会18次、理论学习中心组集体学习16次。学院领导班子成员全年讲党课7次，党支部书记（委员）讲党课13次。落实意识形态工作责任制，加强网站、微信公众号等信息安全排查，建立少数民族学生台账。与三级单位签订《意识形态安全责任书》《党风廉政建设责任书》《全面从严治党责任书》。深化全面从严治党"四责协同"机制，加强对公款旅游、违规吃喝等廉政案例的警示教育。注重典型选树，获校级"优秀辅导员"1人、校级"优秀班主任"1人、"十佳班主任"1人。本科生英语1班党支部顺利通过项目验收；大学英语第二党支部获批入选学校第二批党建"双创"工作项目培育创建，实现学院"双创"项目新的突破。全年发展党员34人，转正党员27人。

【持续加强教育培训，全面提升师生素质能力】

组织干部和师生完成专题网络及实践培训，包括：中层干部学习贯彻党的二十大精神集中轮训，"双肩挑"中层干部及新提任中层干部网络培训，教工党支部书记、专兼职组织员、学生党建工作辅导员网络培训，学生党支部书记网络培训，分团委书记、团学骨干、"青马工程"学员网络培训，党外人士网络培训，科级干部网络培训，管理干部素质能力提升专题培训，党建"双创"网络培训，寒暑期教师研修及师德集中学习教育专题培训，教工党支部书记党建"双创"工作研讨暨红色教育实践培训，普通本科课程思政示范课程培训，2022—2023教师轮训等20个培训项目，全面提升干部师生的政治素养和业务能力。6名教师获校本科教学质量评价奖励；1名教师获校第十四届青年教师教学竞赛人文社科组一等奖；2名教师分获校本科教学"卓越新秀奖"和"卓越教师奖"。

【"三进"工作持续落实，教育教学改革不断深化】

在高级英语、英语演讲等英语专业核心课程中系统使用"理解当代中国"系列教材，深入推进"三进"工作，举办"课程思政教学设计比赛"，加强课程思政建设，进一步提高人才培养质量。"《习近平谈治国理政》非通用语种版本融入第二外语教学的实践路径研究"获批校级教学研究项目。1名本科生在"理解当代中国"全国大学生外语能力大赛演讲赛湖北赛区决赛中荣获银奖并晋级国赛。英语专业四级通过率82.88％，高出全国平均通过率34.32％；专业八级通过率76.39％，高出全国平均通过率38.2％。8名本科学生出国交流学习。制定《中国地质大学（武汉）外国语学院研究生教学研究项目管理与资助办法》，资助校级研究生精品教材建设项目和高水平课程建设项目各一项。组织专题研究生导师培训，稳步提升论文质量。4篇本科生学位论文获校级优秀学士学位论文，1篇研究生学位论文获校级优秀硕士学位论文。1位导师获"研究生优秀论文指导教师"称号。英语专业本科生和研究生共获得外语类学科竞赛省级及以上奖项17人次。研究生在T5及以上期刊发表专业相关成果5篇，21名本科生和研究生前往国外担任对外汉语教学志愿者或开展国际交流学习。

【大力营造英语学习氛围，积极开展第二课堂语言活动】

组织全国大学生英语竞赛、中国日报社"21世纪杯"全国大学生英语演讲比赛、"外教社•词达人杯"全国大学生英语词汇能力大赛、"外教社杯"全国高校学生跨文化能力大赛、湖北省翻译大赛等10项赛事的校赛；承办"外研社•国才杯""理解当代中国"全国大学生外语能力大赛湖北赛区写作、阅读2个赛项的决赛。持续为非英语专业学生开设大学英语ESS实验班。在组织的10项英语赛事校赛中，参赛人数达5066人次。我校学生共计3人获得全国二等奖，6人获得三等奖；6人获得湖北省特等奖，22人获得一等奖，85人获二等奖，120人获得三等奖，另2人获省级金奖，5人获得银奖，5人获得铜奖，其中有3位同学进入"外研社•国才杯""理解当代中国"全国大学生外语能力大赛国赛。

【积极推进教学信息化建设，着力提升教学科研支撑水平】

在本科生院的统一部署下，大学英语部采用智能网上阅卷系统进行期末考试，实现命题组卷、试卷和答题卡线上审核，印刷＋智能分拣，阅卷和教研分析全流程网络一体化管理，极大地提升了命题的规范性、阅卷的高效率，避免了人工操作可能导致的错误。利用Itest智能测评云平台针对新生进行了线上分级考试，不仅节省了大量测试评估成本和人力资源成本，也有助于构建高效、准确的形成性评价和终结性评价相结合的课程评价机制。加强实验室建设，提升教学科研支撑水平。建成沉浸式语言智慧教室、同声传译实验室、眼动仪实验室。英语语言学习中心的5间云网络智慧语言实验室进展顺利，即将进行验收。成功获批一项"外语学科智能化测试与教学云平台"建设项目，该项目将于2024年开始建设。

【完善"红专美创"思政育人模式，立足专业服务学生发展】

多形式深入学习贯彻党的二十大精神和学校第十三次党代会精神，将传统学习形式与外语特色相结合，开展"中西文化节"和"全英团组织精品观摩会"等特色品牌活动，推进"三全育人"和"五育并举"，学风建设进一步加强。选优配强团学骨干队伍，注重能力建设，091201团支部荣获校级"五四红旗团支部标兵"，091213班荣获校级"先进班集体标兵"，092211班荣获校级"先进班集体"。学院25栋516等4个宿舍荣获学校百佳宿舍，庹纯益等4位同学荣获学校百佳宿舍长。4个本研班级荣获校级"成长与发展"班会奖项。大力推行科梦(commence)计划，鼓励全院学生参加多形式竞赛活动，不断浓厚学院讲学、赛学、研学氛围，21名学生获校级科报会奖励,3支学术实践团队分别斩获"挑战杯""互联网+"校赛奖项。学院积极借助湖北省外语专业双育人协同创新联盟资源,学生积极参加首届湖北省外语专业创新创业教育论坛。纵深推进毕业"八个五"工程,开展访企拓岗促就业专项行动,走访10多家用人单位,新增3个实习实训基地。加强校企合作,通过召开年级大会、本科毕业生求职座谈会,以及举办简历门诊和职业规划选拔赛等活动,不断强化学生职业规划意识。开设"职在必得"网文专栏4期,举办"国内外深造、体制内就业、创新创业论坛"3期、校友交流讲座5期,充分发挥示范引领作用。

(撰稿:戴薇;审稿:刘世勇)

地理与信息工程学院

【概况】

地理与信息工程学院由原信息工程学院、地球科学学院地理科学系、公共管理学院区域规划系合并组建,2019年12月21日正式揭牌,是学校和中国科学院地理科学与资源研究所、中国科学院精密测量科学与技术创新研究院共建学院,是学校完善以地球系统科学为特色的学科生态系统的一个重要战略举措。

学院高度重视党建与思想政治工作,坚持以高质量党建引领事业高质量发展。2023年,学院共有教师党支部5个,学生党支部29个,其中本科生党支部6个、硕士研究生党支部22个、博士研究生党支部1个;教师党支部书记按照"双带头人"标准,学生党支部书记按照品学兼优标准,选好配强党支部书记。学院坚持党员发展标准,抓好培训培养,不断向党组织输送新鲜血液,全年发展107名学生党员。

学院现有教职工138人,其中教授(含特任)32人,副教授(含特任)76人。设有地理科学系、测绘遥感系、空间信息系、实验教学中心等三级单位,负责软件工程、地理科学、地理信息科学、测绘工程、遥感科学与技术、地理空间信息工程等本科专业的建设和教育教学工作。在校本科生1342人,研究生936人。

学院现有测绘科学与技术一级学科博士点、地理学和软件工程一级学科硕士点、资源与环境和电子信息专业学位点,以及测绘科学与技术博士后流动站。学院实行学科建设责任教授负责制,分别组建测绘科学与技术、地理学、软件工程学科建设工作组,负责学科的规划、建设、动态数据填报、学位点申报、评估组织等工作。

【全面加强党的建设,汇聚办学治院合力】

学院深入开展主题教育,将开展主题教育与学习贯彻学校第十三次党代会有效结合,通过打造体系、完善机制、丰富形式等方式抓好落实。学院党委全年组织理论中心组学习13次,领导班子成员牵头调研并完成调研报告8篇,先后与经济管理学院、硚口区委组织部、湖北省国土测绘院等开展联合主题党日学习,师生党支部"结对领航"赴中山舰博物馆、长江文明馆等地实践学习。

打造"党史我来讲"课堂,成立"测地明理"宣讲团,学院领导班子讲授党课21次,支部书记带头领学86次,实现学生党员全覆盖。加强基层党建工作创新,设置3个科研团队党支部,选聘青年教师担任学生党支部书记,1个研究生党支部入围学校"研究生样板党支部"培育名单,1个本科生党支部通过"本科生样板党支部"培育验收,学生支部在学校党支部风采大赛中获二等奖、三等奖各1项。发挥党员模范作用,组建"地信学院党员地灾应急突击队",在北京房山、门头沟防汛救灾一线开展地质灾害应急监测救援工作,选派党员青年教师赶赴甘肃临夏州开展灾区现场测绘服务,组织多位专家学者开展地震数据处理分析工作,为应急救援工作贡献地信智慧。

【以一流专业建设为契机,构建一流本科人才培养体系】

落实本科专业负责人制度。徐景田、关庆锋等专家教授分别牵头负责测绘工程、地理信息科学等4个一流本科专业点建设,设置专业建设经费用于支持教育教学研究、教材建设、课程建设等。

坚持以生为本,统筹完成2022级本科生大类专业分流工作,完成65名学生推免工作,其中15名为学校名额,推免率达19.01%。

做好学生就业工作。学院划拨专项经费组织学院班子成员、辅导员、班主任等深入开展"访企拓岗"专项行动,组织师生参与"就业去哪儿"暑期社会实践。全年拓展大学生实习实践基地20余个,签订校企合作协议20余项。依托测绘产教融合共同体,组织专场招聘会,拓展学生就业岗位1000余个。学院教师获批教育部第二期"就业育人"供需对接项目立项3项。

持续发力双创人才培养。贯通"产—学—研—赛"实践能力达成渠道,以赛促学,学院学生获批大学生创新创业训练项目51项(国家级13项、省级35项、校级3项),2023年度学院创新创业奖项数量、质量取得双提升。

【聚焦学院高水平发展,推进科技创新能力】

提升学术影响力,持续拓宽学术交际圈。成功承办第四届"经济地理"优秀青年学者发展论坛、第三届长江保护与绿色发展高端论坛、首届国际大气环境遥感学会年会,与国际华人地理信息科学协会、ACM SIGSPATIAL中国分会联合主办第四届地理空间智能系列在线讲座(GeoAI 2023);开展16场"地信大讲堂",多名国内外知名学者到校访问并做学术报告。

推进专业实验室、野外实习基地和虚拟仿真课程群建设。神农架大九湖湿地关键带野外观测获批自然资源部野外科学观测研究站,持续推进大别山森林生态系统通量观测基地建设,完成与湖北省测绘质量监督检验站共建碳计量中心方案的编制。

做好国家自然科学基金的申报组织工作。2023年学院教师获批国家自然科学基金项目16项,湖北省科研项目4项,武汉市科研项目3项,其他省市科研项目4项。截至2023年12月,学院科研经费(不包含GF项目)合同金额3277万元,到账金额2559万元;GF项目新增立项18项,合同经费

893.6万元，到账经费856.8万元。关庆锋教授主持的科研项目获批"十四五"国家重点研发项目课题，王绍强教授参与中国工程院战略咨询重大项目。

【大胆推进，增强科研社会服务能力】

加强校地、校企、校校合作。与湖北省测绘质量监督检验站、新疆维吾尔自治区测绘成果中心、新疆地质学会等单位签订战略合作协议；走访湖北省国土空间规划研究院、湖北省规划设计总院、湖南省地质调查所等企事业单位，开展社会服务合作；走访华中师范大学地理与环境学院、武汉大学遥感信息工程学院、资源与环境科学学院等单位，开展本科人才培养调研；与上海数慧系统技术有限公司、中国自然资源学会国土空间规划研究专业委员会等合作。学院和国家地理信息系统工程技术研究中心被武汉市科学技术协会认定为武汉市科普教育基地。

充分利用先进技术手段，推动学科专业应用。在北京房山区、周口店镇防汛救灾中，12名教师组建"党员地灾应急突击队"，其中4名教师奔赴救灾现场，通过无人机、GNSS-RTK等设备连续勘测40多处地质灾害隐患点，成功监测到多处新的潜在滑坡和崩塌隐患，为周口店镇地质灾害隐患调查提供最新数据，得到了房山区周口店镇政府领导的高度赞扬和诚挚感谢。

【打造特色育人文化，营造良好学院氛围】

制定《地理与信息工程学院"信征计划"卓越团骨干成长营暨"青年马克思主义者培养工程"提高班建设方案》，促进团学骨干在学、思、践、悟中增长才干，全年246人参与学习。加强学风建设，开展"学习型宿舍"创建活动，举办最美笔记评比活动，选树本科生中测绘、地理专业课程学生课程笔记34份，在学院公众号媒体平台、宣传栏等一月一展示。做好体育美育工作，学院学子在各项体育赛事中奋勇争先，屡获佳绩，男子篮球队、女子篮球队在2023年"地大杯"学校篮球比赛中分获第二名、第五名，男子足球队在未来城校区"五院杯"足球联赛中获亚军，男子排球队、女子排球队在"地大杯"排球联赛中分获第四名、第五名；学院先后举办"春暖花开，奔赴未来"草地音乐节、"激扬五四青春，担当时代重任"星空音乐节、"喜迎国庆中秋，影留时代征程"摄影比赛、"悦动青春，唱响未来"嘀嗒音乐节等活动，近万名师生参与其中。

（撰稿：李洋；审稿：孙莉）

数学与物理学院

【概况】

数学与物理学院（简称数理学院），前身是1952年北京地质学院的数学教研室和物理教研室，1993年成立数学与物理系，2005年更名为数学与物理学院。1977年、1987年先后开始招收数学和物理专业本科生，2001年、2021年先后开始招收硕士和博士研究生，2011年开始招收少数民族预科生。

学院设有数学与应用数学系、物理系、信息与计算科学系、大学数学教学部、大学

学院基本情况

物理教学部和物理实验中心6个系（部、中心）。拥有湖北省物理实验教学示范中心、湖北省和武汉市科普教育基地、校级科研平台"数学科学中心"和"材料模拟与计算物理研究所"。拥有现代数学与控制理论二级学科博士点，数学和物理学2个一级学科硕士点，应用统计、材料与化工2个专业学位硕士点，数学与应用数学1个国家一流本科专业，物理学、信息与计算科学2个省级一流本科专业。

学院坚持推进教学改革与创新实践，不断深化教学体系和内容、教育模式和技术的改革，涌现出一批教学改革成果。"大学物理"（力学、电磁学）获国家线上一流课程建设，"高等数学""大学物理"（热学，振动与波，光学和量子物理基础）获湖北省线上一流课程建设，"数学物理方程""线性代数"获湖北省线下一流课程建设，"纳米晶体生长及型貌演变过程的微观观测虚拟仿真实验"获批湖北省虚拟仿真一流课程建设，获批湖北高校省级优秀基层教学组织2个。

学院现有教职工119人，其中专任教师99人（教授22人、副教授59人），其他工程实验及管理人员20人。现有博士生导师19人，湖北省教学名师2人，省部级高层次人才11人。学院在读学生1495人，其中本科生1013人，研究生347人，预科生95人。2023届本科生就业率91.12%，研究生就业率93.27%。

学院院训：知数达理，务本求真。

【党建与思想政治工作】

学院党委深入学习贯彻习近平新时代中国特色社会主义思想和党的二十大精神，严格落实理论学习中心组和"第一议题"制度，开展主题教育专题读书班、主题教育调研成果交流会、主题教育专题民主生活会、组织生活会等。院领导班子成员深入对接联系的各个基层党支部讲授专题党课16次。贯彻落实民主集中制，认真落实学院党委会议事规则、党政联席会议事规则、"三重一大"决策制度，加强院党委的全面领导，落实院党委管党治党主体责任，召开院党委会会议和党政联席会议16次。制定《党支部书记工作例会制度（试行）》，定期开展基层党建工作研讨，不断提高学院基层党支部党务工作水平和党建工作质量。定期开展院办公室工作培训，强化学院办工作作风，提升服务师生的能力和水平。数学与应用数学本科生党支部顺利通过学校党建工作"样板支部"培育创建项目验收，目前正在积极申报"湖北省样板党支部"；物理实验中心和大学物理教学部2个教工支部分别入选第二批学校党建工作"样板支部"培育创建项目和"双带头人"教师党支部书记工作室培育创建项目。

【学科与人才队伍建设工作】

积极推进数学学科特区和"数学科学中心"一体化建设。通过数学与物理学2个学科培育计划的执行，致力于学术带头人培养、学科梯队结构改善、师资队伍水平提高、实验室平台建设，不断提升学院学科实力，数学学科潜力值达到0.99，物理学科潜力值达到0.89。学院召开数学学科建设与发展研讨会，来自中国科学院和高校的20余位院士、知名专家学者参加了研讨会。

学院大力推进高层次人才引进与培育工作，引进地大百人1人，特任教授1人，特任副教授1人，入选2022科睿唯安全球"高被引科学家"1人，入选2022年度爱思唯尔"中国高被引学者"2人，新增楚天学者1人，入选"地大学者"青年拔尖1人，入选"地大学者"青年骨干1人。教师队伍的职称、年龄、学历、学缘结构得到了较大改善。

【教学与人才培养工作】

全院教师完成了全校38 856学时的数学、21 352学时的物理公共基础课教学任务，以及学院专业课教学任务、其他个性化教学任务。完成2023届本科生学位论文的组织答辩和毕业资格审核工作。2023年，新增国家级线上一流本科课程1门，全国高等学校物理基础课程青年教师讲课比赛一等奖（最高奖）1人，学院获批湖北高校省级优秀基层教学组织1个，获评学校首届优秀导学团队1个，"研究生的良师益友"荣誉称号1人，学校优秀班主任2人。

学院新增博导3人，新招收博士研究生10人、硕士研究生102人。承担了"数值分析"等6门全校研究生数学公共课教学工作，并单独开设了40门研究生专业课程；获批校级研究生教育教学改革研究项目1项、研究生课程与精品教材建设"课程思政"类项目2项、研究生精品教材建设项目1项。2023年学院毕业硕士研究生107人，其中23人选择在国内知名高校继续读博。在校研究生以第一作者发表SCI期刊论文45篇，获校级优秀硕士学位论文5篇，1名博士研究生、5名硕士研究生荣获国家奖学金。

【科研与学术交流工作】

2023年，学院新增科技部国家重点研发计划课题1项，国家自然科学基金8项（其中面上项目4项）、省级自然科学基金8项、中国博士后科学基金项目1项、博士后研究人员计划B档资助1人，武汉市知识创新专项项目（曙光计划）资助2项，入选湖北省青年科技人才晨光托举工程1人，获批校级中央高校基本科研业务费-特色学科团队专项项目4项。学院新增获批经费727.6万元（到账712万元，较去年增幅30%）。获批授权发明专利5项，实用新型专利1项。学院教师共发表SCI论文162篇，其中学院作为第一单位的SCI论文99篇，高被引论文17篇，T1论文15篇，T2论文46篇。

全年开展校级"名家论坛"4场、"知名学者学术讲座"4场、"数理论坛"学术交流专题系列讲座52期（国外专家报告7场）。主办或承办了数学、物理学科重要国内会议5场。学院获评2023年度学术交流先进单位，1人获评学术交流先进个人。学院承办了第六届全国科学实验展演汇演活动暨2023年湖北省科学实验展演汇演决赛，赛事活动被中华人民共和国科学技术部、湖北省科技厅、《湖北日报》《长江日报》等部门和媒体宣传报道。学院获评2021—2022年度科普工作先进单位，2人获评科普工作先进个人。

【实验室工作】

完成南望山校区基委楼、东区综合楼、未来城校区公教二楼共40余间实验室的教学仪器维修维护工作，为基础物理实验教学和专业物理实验教学提供保障。完成120个教学班近21万人学时的物理实验课程教学工作量，完成物理学、数学与应用数学、信息与计算科学3个本科专业的暑期实习实践。新增物理学专业校外实践基地1个。获评学校优秀实习指导教师2人，获评学校优秀实习学生3人。完成中央高校400万元的仪器修购计划，主要用于更换实验台凳、基础物理实验仪器更新、专业物理实验室仪器补充、科研实验室部分仪器设备更新补充、数学实验室及物理仿真实验室电脑更新、空调更换等，极大地改善了人才培养的硬件条件。开展实验教学资源库建设，完成"大学物理实验"慕课一期制作并上线运行，慕课二期已获学校教学项目资助。《物理演示实验》教材已进入出版流程；《大学物理实验》教材获学校教学工程项目资助。2023年度，获批教学项目3项，实验技术研制项目2项。加强实验室安全检查，结合学院实验室的安全风险点，实验中心每月落实安全巡查制度，为实验室正常运转提供安全保障，全年学院无安全事故发生。

【学生工作】

数学与应用数学专业本科生党支部获评学校学生党支部风采大赛二等奖，"弘扬科学精神　助力科学普及"获评学校学生党支部十佳微党课，党支部书记娄震获评十佳党员好故事，微视频《地大守望者》获评湖北省关心下一代工作委员会最佳微视频。"大我"志愿服务队获评学校暑期社会实践活动一等奖，"砥砺奋'晋'"团队获评学校暑期社会实践活动二等奖，"蒲公英"计划团队和巍巍太行团队获评学校"学习之路"暑期社会实践活动三等奖。1人获评学校暑期"三下乡"社会实践优秀指导老师。4个班级获评学校"先进班集体标兵"，3个班级获评学校"先进班集体"，4个团支部获评学校"五四红旗团支部"，4个宿舍获评学校百佳宿舍。在研课题5项，其中，湖北省教育厅哲学社会科学研究项目1项，湖北省辅导员工作精品研究课题1项，湖北省高校人文社会科学重点研究基地——大学生发展与创新教育研究中心科研开放基金项目1项，学校教学改革研究项目1项，学校"一院一品"党建品牌项目1项。全年发展学生党员54人，转正党员55人，接收入党申请书147份，接收入党积极分子120人，确定发展对象76人。

（撰稿：王希成；审稿：于晓舟）

珠宝学院

【概况】

珠宝学院下设4个教学行政机构：宝石系、首饰系、实验中心、学院综合办公室；2个研究中心：湖北省人文社科重点研究基地"珠宝首饰传承与创新发展研究中心"、湖北省珠宝工程技术研究中心；2个对外服务部门：珠宝职业教育中心、中国地质大学珠宝检测中心。获批建设2个国家级一流本科专业：宝石及材料工艺学（国家特色专业）、产品设计（珠宝首饰设计方向）；设有4个硕士学科方向：宝石学、材料工程、设计学、艺术设计;设有1个博士点:宝石学。

珠宝学院现有正式职工48人(男27人,女21人),其中专业教师39人,党政管理人员8人,专业技术人员1人。专业教师中博士生导师9人,教授13人(含特任),副教授14人(含特任),获博士学位31人,硕士学位11人。获得各类相关专业证书的教师36人,占专业教师的97.2%。柔性引进国家级人才1人,聘用客座教授6人,兼职博士生导师2人。

学院党委在校党委的坚强领导下,以习近平新时代中国特色社会主义思想为指导,团结带领教职员工紧紧围绕立德树人根本任务,坚持党对学院工作的全面领导,持续推进各项事业快速发展取得新成效;加强党的创新理论武装,筑牢师生思想建设根基;加强党建双创,增强基层党组织政治功能和组织功能;落实意识形态工作责任制,守牢安全稳定底线;深入推进全面从严治党,持续加强师德师风建设。

2023年,珠宝学院招收全日制硕士研究生70人,博士研究生7人,本科生130人,毕业全日制硕士研究生69人,博士研究生5人,本科生127人。毕业生总体就业落实率96.02%。全年组织3期入党积极分子培训班、3期发展对象培训班,培养入党积极分子83名、发展对象40名,发展预备党员34名,办理预备党员转正49名,转出党员49名,转出党员组织关系回执率74.07%。

2023年,学院教师获批纵向项目16项,合同经费189.2万元,纵向项目申报数量较去年增长33%,合同经费与去年持平;横向项目14项,合同经费411.2万元,横向项目申报数量较去年增长133%,合同经费增长175%。纵向到账经费173.15万元;横向到账经费344.15万元。学院师生发表中英文论文80余篇,其中高级别文章17篇,《人民日报内参》录用2篇。牵头制定获批《增材制造用银及银合金粉末》国家标准。学院申请专利8项,获发明专利授权13项。"一种多高能束增强原位测量增材制造中蒸气反冲压的方法"等两项专利转让费达40万元。

2023年,尹作为讲授的"珠宝玉石鉴别与评价"获批国家级一流本科课程;陈全莉讲授的"翡翠交易与评估"等3项入选湖北省一流课程;裴景成通识课"中国特色珠宝玉石与矿晶鉴赏"等2项获批校线上线下混合式一流课程建设项目,任开《錾花工艺》等2本教材出版,切实发挥一流本科的示范引领作用。鲍蕊等3位老师获得2022年校级教师本科教学质量评价优秀,舒骏获校第十四届青年教师教学竞赛二等奖,潘少逵获校级优秀实习指导教师,鲍蕊等4位老师被评为本科生优秀论文指导老师,教师执教能力有效提升。

研究生培养过程管理更加规范。课程师政类2个项目获学校研究生课程建设项目立项,新增硕士生指导教师3人,陈涛获2023年优秀硕士论文指导教师,杨明星、沈锡田获2023年优秀博士学位论文提名论文指导教师,曹楠获2023年校优秀硕士论文,刘玲、周青超获2023年校优秀博士学位论文提名论文,硕士研究生优质生源率2023级达72.86%,新建1个研究生实训基地,导

学院基本情况

师队伍、研究生培养水平及生源质量明显好转。

2023年成功引进校级地大学者(校青年优秀人才A类)1人。博士后进站2人。顺利完成了聘期考核及人才考核工作。12名教职工聘期考核全部合格;1名柔性人才、5名全职人才年度考核全部合格。赖潇静老师获湖北省楚天学子称号。陈全莉高聘为四级教授;潘少逵高聘为六级副教授;刘丹认定为讲师九级;汤凡渺首聘为讲师十级。

提升社会服务能力,显现学院的社会责任和担当。继续教育持续发力,提升教学管理服务水平,直面新的挑战,圆满完成职业教育培训工作。2023年度学院GIC职业教育培训开办培训班172期(校内52期、校外120期),培训学员4343人(校内1167人、校外3176人),发放GIC课程证书共计3858张。珠宝检测直面困难,努力适应新形势。顺利完成省市级抽查、委托鉴定任务及投诉处理工作千余次,湖北省金银首饰商会工作步入正轨,珠宝检测中心的管理逐步走入正常轨道。

加强国际合作与交流,稳固占领国际珠宝学术前沿阵地。2023年国际珠宝学术年会暨全国珠宝科技与艺术行业产教融合共同体(职教集团)成立大会在青岛上合之珠国际博览中心成功举办。学院与巴基斯坦白沙瓦工程技术大学、莫斯科大学、中英教育集团香港金融管理学院协议开展GIC职业教育等。

【重要工作进展及成果】

序号	重要工作进展	成果
1	认真落实课程建设方案,推进教学理念更新、优化教学内容,创新教学方法,严格考试考核,切实发挥一流本科课程的示范引领作用	尹作为讲授的"珠宝玉石鉴别与评价"获批国家级一流本科课程;陈全莉讲授的"翡翠交易与评估"、舒骏讲授的"中国玉器概论"、周琦深讲授的"宝石学实践2"入选湖北省一流课程;裴景成讲授的通识课"中国特色珠宝玉石与矿晶鉴赏"、舒骏讲授的"中国玉器概论"获批校线上线下混合式一流课程建设项目
2	学院已连续2次(第46届、第47届)入选世赛中国集训基地,成绩斐然	获批第47届世界技能大赛中国集训基地
3	根据国务院办公厅及湖北省教育厅有关文件精神,学院成立专班,积极开展珠宝现代产业学院申报工作,服务湖北突破性发展优势产业、新兴特色产业和现代产业体系	获批湖北省珠宝现代产业学院; 被湖北省教育厅推荐到教育部审批国家级

续表

序号	重要工作进展	成果
4	科研成果持续增加,效果明显	尹作为牵头项目"先进光纤激光器关键技术研发及其增材制造应用"获批中国轻工业联合会科技进步奖二等奖;学院牵头制定《增材制造用银及银合金粉末》获批国家标准
5	积极推进职业教育、高等教育、继续教育协同创新,探索三教统筹协同创新路径	尹作为牵头获批教育部的《珠宝类专业三教统筹协同创新》,全国只有50家
6	有效提升学院主办期刊《宝石和宝石学杂志(中英文)》在珠宝领域的影响力	《宝石和宝石学杂志(中英文)》入选T3
7	参加各种珠宝设计加工项目比赛,进一步强化技能人才的水平和核心竞争力,激发珠宝技能人才的创新创造活力	在2023年全国行业职业技能竞赛上,任开和杨少武、学生韦玮代表湖北省参赛,分别取得首饰设计师赛项职工组一等奖(冠军选手)、学生组一等奖的佳绩
8	聚焦人民群众对美好生活的向往,立足科技创新和文化自信,面向地方经济,助力地方珠宝产业发展	与深圳市罗湖区人民政府签约,助力深圳建设成"世界宝都";与河南省方城县人民政府签约,评审方城县获国家"中国培育钻石之都"产业聚集区称号;与广东省四会市人民政府签约,挂牌共建研究生实习基地

(撰稿:叶洪波;审稿:薛保山、尹作为)

公共管理学院

【概况】

2023年是全面贯彻党的二十大精神、学校第十三次党代会精神的开局之年,是公共管理学院(简称公管学院)创新能力跃升之年。这一年,学院在学校党委和行政坚强领导下,全院师生员工共同努力,深入学习贯彻习近平新时代中国特色社会主义思想,以公共管理学科提档升级和法学学科创新发展为目标,坚持创新驱动,坚持开放合作,坚持推进有组织创新,构建学院发展新格局,进一步推进学院高质量发展,学院事业发展蒸蒸日上,综合实力明显增强。

中国地质大学(武汉)公共管理学院兼备管、工、法三大学科门类,以"追求卓越、以质图强"为导向,秉承"人才立院、开放活院、实干兴院、创新强院"的发展思路,以"努力

学院基本情况

培养兼具中国情怀和国际视野,通晓政治思想、法治理念、管理哲学和管理技能,德才兼备的复合型创新人才"为使命,致力于"卓越公管、开放公管、和谐公管、幸福公管"建设。

学院师资力量雄厚,现有教职员工92人,其中教师78人,学院现有教授(含特任教授)23人,副教授(含特任副教授)45人,博士研究生导师27人,硕士研究生导师73人;具有博士学位的教师73人,85%的教师有出国学习经历;拥有国家"万人计划"哲学社会科学领军人才、文化名家暨"四个一批"人才、国家社科基金重大项目首席专家、自然资源部"首席科学传播专家"、自然资源部高层次科技创新人才工程科技领军人才、湖北省"最美社科人"等优秀高层次人才。

学院现设有4个系(公共行政系、土地资源管理系、法学系和应急管理系),2个教育中心(MPA教育中心和J.M教育中心),1个省部级重点实验室(自然资源部法治研究重点实验室);现有公共事业管理、行政管理、法学、土地资源管理、土地整治工程和应急管理6个本科专业,资源管理特色突出。学院拥有公共管理一级学科博士学位授予权和公共管理博士后科研流动站,具有法学一级学科硕士学位授予权和公共管理(MPA)、法律硕士(J.M)、资源与环境专业学位、自然资源与国土空间规划交叉学科学位授予权。近年来,各学科和专业建设取得长足发展。2013年,公共管理一级学科被评为湖北省重点学科;最新一轮学科评估中,公共管理获得B+。土地资源管理、行政管理分别于2019年和2020年入选国家级一流本科专业建设点,法学专业于2022年入选省级一流本科专业建设点,应急管理专业为湖北省特色专业建设点。

【学思践悟,主题教育走深走实】

学院党委切实扛起主体责任,学院班子成员、美丽中国讲师团成员(1名老师入选武汉市委讲师团)带头宣讲习近平新时代中国特色社会主义思想,学院领导带头讲授党课,组织中心组集中学习13次,主题党日活动10次,覆盖全院党员师生。举办院领导接待日和师生午餐会,听取基层声音,解决实际问题。创新学习教育方式方法,组织党员赴英山开展主题教育实践活动、赴江夏灵山将军山矿区实地感悟习近平生态文明思想,做到实践研学全覆盖。大兴调查研究,学院领导班子广泛开展调研,学习先进经验,寻求破解学院高质量发展难题之策,形成调研报告7份,助力学院事业发展。通过列出清单、深挖根源、集中攻关和形成合力,使检视整改见行见效。

【夯实基础,党建"双创"开花结果】

着眼支部长远发展,依托专业开展学生党支部纵向设置,厘清支部"双创"思路,规范学院党支部运行机制,凝练支部特色,打造品牌。公共管理专业博士研究生党支部入选学校第二批党建"双创"工作项目培育创建的党组织名单,1名研究生入选研究生党员标兵,实现党建"双创"新突破。学生党支部风采大赛荣获一等奖。"一院一品"党建品牌项目——走近时代先锋大赛,不断创新演绎形式、内容,以实际行动践行"为党育人、为国育才"初心使命。创新党建活动形式，与天门市人民检察院、湖北今天律师事务所等开展联合党支部活动，增强党建活动效果。

【优化布局，应急管理高位启航】

为更好对接国家战略与行业需求，促进学科优化布局与学科生态体系完善，整合校内外相关办学资源，组建成立应急管理系。承办应急管理本科专业高校联盟会议暨第三届应急管理本科专业建设研讨会、应急管理学科发展研讨会等系列学术交流活动，不断提升学科影响力；与湖北省应急管理厅、武汉市应急管理局、宜昌市应急管理局等政府部门强化科研合作，增强社会服务能力；与黄鹤应急救援队、铁四院、蓝帆医疗等共建龙泉街道应急管理实习基地、巴东山地应急救援基地，深化产教融合；筹建"巨灾情景构建与智慧应急实验室""湖北省应急管理创新研究中心"等省部级重点实验室，打造应急管理创新高地。秉承时代使命，应急管理系正以昂扬之势，主动面向国家重大需求，全力为"平安中国"建设提供地大方案、贡献地大智慧。

【强化创新，学科建设成效突出】

以各学位点的建设为抓手，不断深化研究生培养教育机制改革，面向国家战略和社会需求，培养具有创新能力的高层次人才，提高人才培养质量。优化各学位点的学科方向、师资力量，学科建设成效显著。2023年顺利通过公共管理学一级学科博（硕）点专项核验，法学专业、法律（法学）以及MPA学位授权点通过合格评估。协助完成资源与环境专硕专项评估工作。设立研究生教育教学改革研究项目3项，课程与精品教材建设项目5项（其中教材2项，课程思政3项）。完成7个专业的培养方案修订工作：公共管理博士、硕士培养方案，自然资源与国土空间规划博士、硕士培养方案，法学、法律（法学）、MPA硕士培养方案。作为参与单位完成2个资源与环境、自然灾害与应急管理专业的培养方案修订工作。

【久久为功，教学成果不断涌现】

增强教学单位的办学主体意识，提升学院教育教学工作质量意识，形成有特色的基层教学组织理念与文化。教学创新成果不断涌现，2名老师获国家级教学成果奖1项，1名老师获湖北省第九届优秀教学成果特等奖，1个团队成果获湖北省第九届优秀教学成果二等奖，3门课程获批湖北省一流课程，4门课程答辩通过获学校推荐申报国家一流课程，教育部产学合作协同育人项目2项，校级教学改革研究项目9项。

【精心培育，队伍建设成果显著】

以提高人才队伍整体质量为导向，加强创新人才培养力度、高层次人才聚集力度、中青年骨干培育力度、省部级团队建设力度。柔性引进兼职教授（研究员）3人，1人入选湖北省楚天学者，1人入选湖北省人大立法顾问，1人入选湖北省人大常委会预算工委专家成员。1人获评学校"研究生良师益友"，3人获评学校"优秀班主任"，1人获评学校"优秀辅导员"。年内学院高聘教授1人，副教授4人，晋升六级职员1人，新增博导3人，硕导4人。2人获评"地大学者"青年拔尖人才。"国土空间规划治理与城乡发展"导学团队获评学校研究生示范导学团队。

【守正创新,"三全育人"硕果累累】

学院坚持立公心、成善治、育先锋的思政育人理念,引导学生树立天下为公的情怀,把稳思想引领的"指南针",助力学生夯实善治以管的本领,锤炼成长奋进的"地质锤",激励学生争当中国之治的先锋,打磨朋辈示范的"放大镜"。师生共创频频斩获佳绩。学院团队获"挑战杯"大学生课外学术科技作品竞赛全国二等奖1项、湖北省一等奖1项;荣获全国大学生专业学术竞赛特等奖3项、一等奖1项。院团委获评湖北省暑期"三下乡"优秀组织单位(学校首个二级团委获评),"南望铸安"团队入选团中央全国大学生"乡村振兴"千支志愿服务团队、武汉市科技助力乡村振兴项目、获评湖北省优秀团队,1名指导老师获评湖北省优秀个人。班团共建夯实组织堡垒。学院团委获评学校五四红旗团委,本研学生会获评学校标兵学生会/研究生会;3个班级获评学校先进班集体标兵;1人获校科技论文报告会特等奖,10人获校科技论文报告会一等奖;学院获评学校科技论文报告会、"成长与发展"主题班会等优秀组织单位。

【埋头苦干,科研实力保持强劲】

2023年,学院获评"2023年度国家社会科学基金管理工作先进单位"和"2021—2022年度科普工作先进单位"。获批各类基金项目21项,其中国家社科基金领军人才项目1项,国家社科基金重点项目1项,国家自然科学基金项目4项(其中面上3项)、国家社科基金一般项目2项,教育部人文社科基金项目2项,省级项目11项。新增合同总项目61项,总合同经费3225万元,到位经费2800万元,发表科研论文总计110篇(T1以上16篇),出版专著6部,科研获奖24项。举办高水平学术会议6场,获得国内发明专利/软件著作登记权5项。科研平台建设富有成效,学院作为共同发起单位成立湖北省国家治理研究会,中国国土经济学会"学术基地"在学校揭牌,中国国土经济学会国土空间规划专业委员会落户学院,自然资源部法治研究重点实验室评估结果为"优秀"。

【善作善成,MPA教育品牌凸显】

MPA核心课程"社会组织管理",入选全国首批MPA研究生在线示范课程建设计划。组织参加湖北省公共管理案例大赛,荣获二等奖2项,获奖数量位居湖北高校前三。主动走出去,加大对外宣传力度,MPA第一志愿考生人数显著增长,增幅超过70%,生源质量持续向好。运用学院教师近几年的科研成果和研究领域的新理论、新方法,突出MPA研究生培养的地大特色,新开设12门特色选修课。加强论文选题、开题、撰写、预答辩、答辩、送外审等关键环节规范管理,论文质量不断提高。主办湖北省MPA教指委年度工作会议暨MPA教育管理工作会议。如期完成MPA学位授权点中期评估。

【服务社会,公管智库彰显力量】

发挥专业优势,打造新型智库。今年,向上级提交各类智库建议11份,其中被国家领导人批示1份、中央网信办采用1份、国务院办公厅采用1份。湖北发展智库"湖北医药研发成功经验与启示"恳谈会在学校成功举行。参与"自然资源与林草执法关系问题"调研，新增2人入选湖北省法学法律人才库。自然资源部法治研究重点实验室"土地利用保护政策制度研究"荣获"CTTI2023年度智库研究优秀成果"特等奖，其代表性成果《关于健全粮食安全和耕地保护制度的思考》《新时代耕地保护战略研究》得到自然资源部主要领导的肯定性批示。

【开放办学，交流合作精彩纷呈】

访学项目有序推进，组织本科生参加学院与国际教育学院共同资助的"美国天普大学等暑期访学"项目。赴欧洲参加欧洲地理科学联盟2023年年会，与慕尼黑工业大学、巴塞罗那大学共同探讨合作意向。全年签订校地合作办学协议9份，与巴彦淖尔市气象局、湖南省洞口县、内蒙古五原县等签订全面合作战略合作协议，与天门市人民检察院、巴东县人民法院共建法学教育实践基地，一批高校优质生源基地、大学生实习实训基地、大学生就业创业基地和高技能人才深造基地相继挂牌，为科学研究、人才培养、社会服务、政产学研融合、联合党建提供重要依托。

【重要工作进展及成果】

1. 党建双创开花结果

依托专业开展学生党支部纵向设置，厘清支部"双创"思路，规范学院党支部运行机制，凝练支部特色，打造品牌。

1个党支部入选"双创"培育创建名单。

1名研究生入选研究生党员标兵。学生党支部风采大赛荣获一等奖。

2. 应急管理高起点建设

为促进学科优化布局与学科生态体系完善，整合校内外相关办学资源，组建成立应急管理系。

承办应急管理本科专业高校联盟会议暨第三届应急管理本科专业建设研讨会、应急管理学科发展研讨会等系列学术交流活动，不断提升学科影响力；与湖北省应急管理厅、武汉市应急管理局、宜昌市应急管理局等政府部门强化科研合作，增强社会服务能力；与黄鹤应急救援队、铁四院、蓝帆医疗等共建龙泉街道应急管理实习基地、巴东山地应急救援基地，深化产教融合；筹建"巨灾情景构建与智慧应急实验室""湖北省应急管理创新研究中心"等省部级重点实验室，打造应急管理创新高地。

3. 科研实力保持强劲，平台建设取得新突破

学院获评"2023年度国家社会科学基金管理工作先进单位"和"2021—2022年度科普工作先进单位"。获批各类基金项目21项，其中国家社科基金领军人才项目1项，国家社科基金重点项目1项，国家自然科学基金项目4项（其中面上3项），国家社科基金一般项目2项，教育部人文社科基金项目2项，省级项目11项。新增合同总项目85项，总合同经费3225万元，到位经费2900万元。发表科研论文总计110篇（T1以上16篇），出版专著6部，科研获奖24项。举办高水平学术会议6场，获得国内发明专利/

软件著作登记权5项。学院作为共同发起单位成立湖北省国家治理研究会，中国国土经济学会"学术基地"在学校揭牌，中国国土经济学会国土空间规划专业委员会落户学院，自然资源部法治研究重点实验室评估结果为"优秀"。

（撰稿：李继杰；审稿：张宽裕）

计算机学院

【概况】

截至2023年底，计算机学院有教职工151人，其中专任教师125人，教授35人，副教授69人，博士生导师34，硕士生导师128人；欧洲科学院院士1人，国家杰青2人，国家级人才1人和国家级青年人才3人，自然资源部科技领军人才1人，国际电气与电子工程师协会会士2人，科睿唯安全球高被引科学家1人，世界计算机电子领域TOP科学家1人和爱思唯尔中国高被引学者4人，2023年斯坦福大学全球前2‰顶尖科学家9人，湖北省创新群体3个，湖北省科技创新团队1个，湖北省名师1人和省部级人才13人。

学院设有地学信息工程博士点，计算机科学与技术、信息安全、地学信息工程、软件工程以及电子信息（计算机技术、软件工程领域）硕士点，计算机科学与技术、空间信息与数字技术、信息安全、软件工程、数据科学与大数据技术、智能科学与技术6个本科专业和计算机科学与技术（大数据方向）中美国际合作办学本科专业。计算机科学与技术专业在第五轮学科评估位列B档，软件工程专业位列C+档。"计算机科学与技术""软件工程""空间信息与数字技术"入选国家级一流本科专业建设点；"信息安全"入选湖北省一流本科专业建设点；"软件工程"入选教育部"卓越计划"、教育部"专业综合改革试点"，获得工程教育专业认证，"信息安全""空间信息与数字技术"成为湖北省"专业综合改革试点立项"专业，"计算机科学与技术""网络工程"和"空间信息与数字技术"专业入选湖北省高等学校战略性新兴（支柱）产业人才培养计划本科项目。学院现有在校生本科生1801人、硕士研究生972人、博士研究生92人。

现设有计算机科学与技术系、计算机应用系、信息安全系、软件工程系、数据科学与大数据系、智能科学与技术系6个系，学院建有地理信息系统国家地方联合工程实验室、自然资源信息管理与数字孪生工程软件教育部工程研究中心、地理信息系统软件及其应用教育部工程研究中心、智能地学信息处理湖北省重点实验室、智慧地质资源环境技术湖北省工程研究中心、全空间智能信息处理技术及系统湖北省中试基地、"地学大数据"湖北省引智创新示范基地、武汉市科普基地等国家及省部级科研平台。学院是"资源定量评价与信息工程"自然资源部重点实验室、"长江三峡库区地质灾害"教育部研究中心、国家工程实践教育中心、"地理信息系统"国家工程技术研究中心的共建单位。现任党委书记李国昌、院长张洪艳。

【党建工作】

学院以习近平新时代中国特色社会主义思想为指导，深入贯彻落实党的二十大精神和学校十三次党代会精神，坚持和加强党的全面领导，全面贯彻党的教育方针，落实立德树人根本任务。

坚持"学研查改"一体化，认真开展学习贯彻习近平新时代中国特色社会主义思想主题教育和学校第十三次党代会精神贯彻落实。院领导、党委委员、系室主要负责人讲党课率100%。问题查摆12个，整改落实率100%。

调整学生党支部设置，纵向设置率100%。完善党员干部联系师生制度、院领导接待日制度，首次举办入党积极分子"最美笔记"风采展。第10届"支部书记讲党史"活动影响力显著增强。

学院党委、博士生党支部通过学校首批"标杆分党委""样板党支部"培育创建验收，计算机应用系党支部验收获评"优秀"。在学校第二批党建"双创"工作项目培育创建中，软件工程系党支部入选"样板支部"，空间信息工程研究生党支部入选"研究生样板党支部"，张文钧同学入选"研究生党员标兵"。

【师资队伍建设】

全职引进国家级青年人才张洪艳教授，引进王玥玮、陈宏宇、甄慧翔3位特任副教授。曾德泽晋升三级教授，颜雪松和黄绍广晋升教授，万林、李新川、许瑞、刘佳、徐永洋、张咏珊、张军强等7人晋升副教授，谌一夫、宋志明晋升副研究员。王力哲教授当选2023智慧城市先锋榜领军人物，张洪艳教授当选第十一届中国高校GIS创新人物，曾德泽教授当选中国计算机学会（CCF）新一届理事，陈伟涛入选自然资源部科技领军人才。王力哲、蔡之华、李军、张洪艳、曾德泽、蒋良孝和龚文引等7人入选斯坦福大学发布的全球前2‰顶尖科学家"生涯影响力榜单"，王力哲、蔡之华、李军、张洪艳、曾德泽、蒋良孝、龚文引、唐厂、卢超等9人入选"年度影响力榜单"。王力哲、李军、张洪艳、蒋良孝等4人入选爱思唯尔2022年"中国高被引学者"榜单。李军教授上榜科睿唯安2023年度"全球高被引科学家"名单。

【学科建设】

据2023年11月官方数据，学校计算机学科进入ESI全球机构排名前1.53‰，居第115名，较去年提升15名。2023软科中国最好学科排名中，软件工程位列全国21名，首次进入前20%。自然资源信息管理与数字孪生工程软件教育部工程研究中心建设计划通过教育部组织的专家论证并进入建设期。构建了国家—教育部—湖北省多层级、重点实验室—工程研究中心—中试基地全链条的创新平台体系。成立信息科学创新研究院，统筹管理现有科研平台，协同推进学院有组织科研，服务学院高质量发展。

【科学研究】

全年新增到账经费4177万元，其中纵向到账经费3404万元，横向到账经费773万元，总到账经费比2022年增加777万元，增幅23%。新增国家重点研发计划课题1项、军委科技委173项目课题1项，获批国家自然科学基金9项，其中面上项目5项、青年基金3项、国际（地区）合作与交流项目1项，申报成功率达到28％；获批湖北省重点研发计划项目2项。

高水平科研成果增长明显。全年发表SCI检索论文220篇，其中T1论文80篇，T2论文86篇，T3论文41篇，T4论文13篇。发表CCF论文151篇，其中A类论文27篇，B类论文68篇，C类论文56篇，CCF论文总量比去年增加76篇，增幅超过100％。新增ESI高被引论文15篇，出版学术专著10本。获批国家发明专利82项。获自然资源科技进步二等奖1项，其他各类学会、协会和地方科研奖项21项。

代表性科研成果不断涌现，王力哲教授研发的"地质一号"高光谱对地观测智能卫星研制进展顺利，戴光明教授开发的航天专业工具CSTK软件平台进入国家重要产品目录，李军教授的最新研究成果《一种空间转录组数据的定量模式识别框架》被高水平学术期刊Nature Communication接收，张洪艳教授发布了中国首幅1m分辨率土地覆盖产品SinoLC-1。

承办大型国际国内学术会议3场，包括国家自然科学基金委员会交叉科学部第三届青年学术研讨会、第7届国际亚太互联网—网络时代信息管理和大数据联合会议（APWeb-WAIM 2023）等。

【教育教学】

对标高水平大学，完成本科大类专业培养方案、计算机科学与技术（学硕）、软件工程（学硕）和电子信息（专硕）培养方案的修订工作；深化研究生考试招生改革，制定《关于加强研究生培养过程质量监控及提高学位论文质量的规定》，全面开展"双一流"研究生全英文课程群建设，建立研究生学术交流机制；出台《计算机学院国际合作班英文学士学位论文写作规范》，完成国际合作班首届毕业生毕业选题和保研工作，邀请日本会津大学李鹏教授作中日"3+2"本硕联合培养项目宣讲；《中国地质大学（武汉）-金山办公"CS CAMP"人才培养训练营》入选教育部35项供需对接就业育人优秀案例之一。

开展本科课程思政精品课程、思政优秀教学案例培育工作，全面开展"双一流"研究生全英文课程群建设。获第二届全国高校计算机课程思政教学案例设计大赛一等奖3项、湖北省精品课程1项，省级教学成果奖二等奖2项、第十一届高校GIS论坛"优秀教学成果奖"1项。

【学生工作】

学科竞赛生态不断优化。制订学科竞赛列表，学生参与度逐年提高，50％以上的本科生参加科研项目及学科竞赛。全年共孵化近300个竞赛项目，其中本科生70余项、研究生210余项，获批大学生创新创业训练计划项目31项。230余名学生参加了美国大学生数学建模比赛、中国国际互联网＋大学生创新创业大赛、国际大学生程序设计竞赛（ICPC）等国内外创新创业大赛50余项，获省级以上奖项145项，国家级以上奖项95项，其中国际级一等奖3项、二等奖11项、三等奖2项；国家级特等奖1项、一等奖

17 项、二等奖 26 项、三等奖 43 项；省级一等奖 8 项、二等奖 15 项、三等奖 16 项。

招生就业取得优异成绩。普通类和中外合作办学类专业湖北省内招生录取分数分别为 614 分、604 分，分别高于湖北省批次线 89 分、79 分，较往年同期有大幅增长。2023 届毕业生就业率达到 97.03%，其中研究生就业率连续 12 年 100%。

思政教育成果不断涌现。学院获评第四届研究生教育教学管理工作先进集体，李欢欢获评研究生教育教学先进个人；蔡之华团队获评研究生卓越导学团队，胡成玉获评"研究生良师益友"、团队获评研究生优秀导学团队，龚文引获评"卓越青年研究生导师"；4 名博士、1 名本科生获得国家留学基金委资助。院团委获评 2023 年度湖北省大学生社区实践计划优秀工作单位、学校"五四红旗团委"，"计科先锋宣讲团""计科先锋实践团"分获 2023 年度湖北省暑期社会实践"优秀项目""优秀团队"。学院学生会获评学校"标兵学生会"，石俊杰获评"十大标兵学生"，周汝霖获评"十佳团属新媒体达人"。李欢欢入选学校"向阳宣讲团""指南针讲师团"，王太茂获评"优秀辅导员"，叶亚琴获评"十佳班主任"，武云获评"就业工作先进个人"。学生调研报告《关于数字赋能下红色实践育人路径探索的调查研究——以计科先锋团队十年红安实践为例》入围团中央 2023 年度"三下乡""返家乡"社会实践优秀调研报告。

(撰稿：石剑峰；审稿：李国昌)

体育学院

【概况】

学院现设有公共体育系、体育系以及大学生体质测试中心、群众体育竞赛训练中心、高水平运动管理中心、体育实验教学中心等 7 个三级机构。学院现有教职工 49 人，专任教师 37 人，教授 11 人，副教授 14 人，其中获博士学位 13 人，在读博士 5 人，76.2% 的专职教师具有硕士以上学位。学院现有国家体育荣誉奖章获得者 1 人，国际健将级运动员 1 人，国家健将级运动员 3 人，国家级裁判 4 人。2023 年新晋升教授 1 人，副教授 1 人。

学院现有体育学一级学科硕士点和体育硕士专业学位，以及社会体育指导与管理（户外运动方向）本科专业。2023 年体育学院共招收研究生 54 人，本科生 50 人。体育学院在籍学生 376 人，本科生 207 人，硕士研究生 169 人，应征入伍 1 人，毕业研究生就业率 93.94%，本科毕业生就业率 100%，其中升学率 29.79%。

1. 党建和思想政治工作

从主题教育一开始，学院党委围绕"教育强国建设""全面从严治党""学科专业建设"等 6 个主题教育目标要求，开展 30 余家企业、高校的调研，切实推动主题教育持续往深里走、往实里走、往心里走。全年共计召开学院党委会 11 次和党政联席会议 29 次，贯彻以刀刃向内的自我革命精神，坚持边学习、边对照、边检视、边整改,紧密结合学校巡视与2022年度党风廉政建设考核反馈的问题,查找梳理初步形成了领导班子问题清单,明确了整改措施、整改目标、整改时限、责任人和责任单位,并对问题清单实行动态管理,按期对账销号。

2023年在学校党委领导下,选聘1位副院长,调整学院领导以及三级机构的分工。为促进学院课程思政建设,把握好体育教材建设与选用的阵地,调整了学院课程思政建设与教材审查工作组成员。努力拓宽宣传渠道,全年在新华社等主流媒体报道学校学院体育工作100余次。

2023年体育系党支部获批校级样板支部立项。全年发展党员20人,推优入党40人;党员发展完成率达100%,党组织关系转接率达100%。2个学生党支部获学校党支部风采大赛三等奖。组织杭州亚运会马拉松冠军学子回校座谈,黄晓玫书记、王焰新校长、李建威副校长与冠军学子见面,鼓励他们攀登自然界、科学和人生的高峰。

2. 教学工作

学院修订和完善了2023版的本科培养方案;组织教师积极参加学校教学改革立项工作,共有2个项目获批校级教学立项,有2项上报教育厅参加省级教学立项评审;按照学校要求修改完善了学院今年研究生推免工作文件,顺利完成了本科生推免工作;院教育教学和实习工作扎实推进,户外综合实习、水上运动综合实习、户外救援实习等工作顺利圆满完成,其中2位教师获评优秀实习指导教师,5名本科生获评优秀实习学生;组织4位教师参加湖北省创新教学大赛。

3. 学科与科研工作

2023年体育学院共获批国家级和省部级课题10余项、发表高水平期刊论文10余篇。学院大力开展研究生科研活动,支持并鼓励学生参加全省、全国及世界科研论文报告会,成都FISU世界学术大会上学院师生入选专题报告6篇、线下墙报3篇;第一届湖北省体育科学大会学院师生共入选专题报告论文17篇,书面交流3篇,墙报交流20篇;第十三届全国体育科学大会中共入选61篇论文,其中专题报告41篇(教师5篇,研究生33篇,本科生3篇)、墙报交流12篇和书面交流8篇。

4. 学生工作

制定《体育学院学生日常管理指南》,坚持将安全教育融入专业教学过程和日常管理,严格执行校外兼职、校外实习相关管理制度,规范学生校外训练、兼职、实习行为。

2023届本研就业去向落实率96.5%,本科生就业去向落实率100%,研究生就业去向落实率91.3%。

【重要工作进展及成果】

《退伍不褪色,志愿情更长》获评教育部思想政治工作司、中央网信办网络社会工作局组织的第六届全国大学生网络文化节和全国高校网络教育优秀作品推选展"工作案例类"二等奖;2023年出版《特色体育人的探索与实践》论文集。

学院今年在课题申报上有跨越式发展,共获批4项国家级课题,其中,樊荣老师申报的"运动员心理坚韧性研究"获批国家社科基金后期资助重点项目,这是学院首个国社科重点项目,也是学校首个国社科后期资助的重点项目。2023年,学院科研经费达到575.05万元,其中纵向177万元、横向398.05万元。

(撰稿:李铭;审稿:庞岚、李元)

艺术与传媒学院

【概况】

2023年是全面贯彻落实党的二十大精神的开局之年,是实施"十四五"规划承前启后的关键一年,艺术与传媒学院(简称艺媒学院)师生以习近平新时代中国特色社会主义思想为指导,全面落实党的二十大精神和立德树人根本任务,围绕学校第十三次党代会提出的新目标新任务,扎实推进学科建设、人才培养、科学研究和社会服务等各项工作并取得显著成效。

学院现设有新闻传播系、音乐系、视觉与媒体设计系、环境与设计系4个教学单位,1个实验教学中心,1个综合办公室;有广播电视学、音乐学、环境设计、视觉传达设计、数字媒体艺术5个本科专业;有新闻传播学、设计学2个一级学科硕士点,1个艺术硕士学位授予点(MFA),1个环境规划与设计(归属环境科学与工程学)二级学科博士点。其中,广播电视学为国家级一流本科专业建设点,设计学为湖北省重点学科。学院现有教职工76人,其中专任教师63人、教授5人、副教授36人,"地大学者"学科骨干人才2人。2023年,学院共有在校生1392人,其中本科生968人、研究生424人。

学院以实验教学场地、室内展演场馆、写生采风基地、联合实习基地等为载体,有力支撑人才培养工作。目前,学院拥有总价值达1200多万元的实验教学设备和能容纳600人的专业音乐厅,在黄山、婺源、庐山、秭归、巴东、恩施和太行山等多地设有写生采风和实习基地,与中央电视台、中国矿业报社、湖北日报传媒集团、湖北省广播电视总台等单位共同开展学生实习实践活动。

【全面加强党的建设,坚持党建引领发展】

加强理论武装,筑牢思想根基。2023年,围绕全面学习贯彻党的二十大和学校第十三次党代会精神及有关决策部署,以深入开展学习贯彻习近平新时代中国特色社会主义思想主题教育为主线,以"六组联学"活动为重要载体,学院召开党委理论学习中心组学习9次,创编《艺媒习理》理论学习月刊7期,推出《"艺"路有我 "媒"好前行》主题教育系列报道37篇。学院师生创作的部分优秀作品入选《画说廉洁》"清廉地大"文创作品集,于2023年正式出版发行。

统筹做好安全与发展工作。学院与各三级单位签订了《平安建设目标管理责任书》《消防安全责任书》《保密责任书》《党风廉政建设责任书》,组织消防专题培训。加强全面从严治党"四责协同",与全体教职工签订《教职工思想政治与师德行为承诺书》,认真落实"一岗双责"。落实意识形态工作责任制,对所属网站、微信公众号、视频号、电子屏等宣传阵地信息发布实施"三审三校"。

学院基本情况

【不断深化教学改革,本科专业建设取得新进展】

修订完善 2023 版本科人才培养方案,以学校本科专业自评估工作为契机,不断深化教学改革。学院"双一流"建设工作取得积极进展。学院广播电视学专业入选国家级一流本科专业建设点;积极推荐本科课程参加湖北省一流本科课程遴选,3 门课程获批入选;新闻传播系张梅珍老师获省级教学成果二等奖,新闻传播系李静老师获批湖北省教学研究项目,环境设计系龚斌老师获产学研合作创新成果优秀奖;学院教师获批 4 项学校本科教学研究改革立项。

加强教学质量监督和基层教学组织建设。进一步完善学院教学评价体系,修订教师同行评价细则,完成同行评价工作。新闻传播系张梅珍老师获评学校"卓越教师奖"。视觉与媒体设计系张孜颖老师获学校第十四届青年教师讲课比赛人文社科组一等奖。利用学科建设经费和中央高校改善基本办学条件项目资金,完成专业教学配套房屋装修和设备采购工作,提升实验教学支撑保障能力。

【持续加强过程管理,全面提升研究生工作质量】

严格招生考试工作,提升生源质量。开展设计学硕士招生考试方式改革,通过调整考试科目、优化考察范围与重点、丰富内容与题型、匹配细化评判标准、衔接后续复试形成等举措,有效降低了招考环节廉政风险。2023 年,学院共完成硕士生招生 115 人,博士招生 3 人。在校园开放日活动中,学院经过筛选,共发放 63 个合格证,共接收 62 名推免生。

严控研究生过程管理,增强培养质量。学院 2023 年春、秋 2 个学期共开设研究生课程 41 门次,选课人数 1500 余人次。通过教育部学位与研究生教育评估工作平台完成了 154 篇毕业论文送审工作,共 43 篇论文获评学校优秀硕士论文。学院全年共授予硕士学位 154 人。全年新增博士生导师 2 名、硕士生导师 6 名,审核通过硕士招生资格导师 1 人。学院地学科普传播导学团队获评学校"首届优秀导学团队",团队负责人张梅珍教授获学校第九届"研究生的良师益友"荣誉称号。

【强化学科特色,稳步推进科研发展】

学科建设稳步推进。设计学和新闻传播学 2 个一级学科学位点按照学校培育学科立项资助要求,将学科建设任务逐项分解,在实验室设备、高水平著作出版、国内学术会议方面初见成效。完成新闻传播学学科优化调研和论证,按照学校关于学科 D 类优化调整意见要求,通过广泛调研和深入论证,进一步明确了学科优化调整方向、发展目标、建设思路、改进举措;召开校外同行专家评审会,完成新闻传播学硕士学位授权点自评估工作。

深化学术交流与合作。学院先后邀请陈国栋、练春海、朱时慧、尤里·迪登科、叶卡捷琳娜·斯古斯尼琴科、荣先明、朱浒、朱建华、佟文西等 30 位来自国内外不同专业的专家教授,走进"名家论坛"和"艺媒讲坛",在拓宽师生学术视野的同时,促进了各学科专业之间的交叉融合。

2023年,学院科研项目获批立项12项,其中一般横向项目8项,纵向项目4项;发表T5以上学术论文21篇,其中T1论文2篇,T3论文1篇,T4论文8篇,T5论文4篇,出版专著、教材各1部。学院教师参加各类学术会议55场。2023年10月,学院作为主办高校之一举办首届"艺术与设计"中韩博士生国际学术大会。

【坚持思想引领,落实落细学生工作】

建立"周四理论研讨会"平台,面向学生党员、入党积极分子开展党的二十大精神学习和宣讲,累计开展30余次,参加学习、宣讲1500人次。组织带领星空合唱团参加空军预警学院毕业出征晚会,各学生党支部走访红色旧址、红色建筑,观看红色电影,丰富活动形式,增强支部凝聚力。

做好"智慧团建"工作。2023年,学院团委获评"五四红旗团委"、研究生会获评"标兵研究生会"、"CUG艺媒人"获评"十佳团属新媒体平台"、161202团支部等7个团支部获评"五四红旗团支部"、广播电视学本科生卢宣竹同学获评"十大标兵学生"、多名学生获评校"优秀共青团干部""优秀共青团员",视觉传达设计专业本科生张雅馨等6人获评"百名好支书、好班长"、161211班和161221班获评"先进班集体标兵"、北三学园24栋415宿舍、北二学园18栋401宿舍获评"校级百佳宿舍",视觉传达设计专业本科生邬惠阳、环境艺术设计专业本科生陈智捷获评"百佳宿舍长"。

学院师生参加赛事成果丰富。学生参加2023年大学生创新创业项目申报,获批实践项目立项1项、学术科研专项3项。学生参加第15届全国大学生广告艺术大赛获得国家级优秀奖3项及湖北省一等奖2项、三等奖3项、优秀奖9项。推荐10项学生作品参评"致美"奖学金优秀作品奖。

加强招生与就业工作。通过宣讲团、招生宣传视频、线上直播、QQ群等方式加大招生宣传力度。制定《艺术与传媒学院2023届毕业生就业工作实施方案》,2023年召开就业工作专题会议5次、学生就业推进会8次,就业培训"艺堂"论坛24期,2400余人参与其中,40余人参与学院第二届辅导员见习营。截至2023年12月1日,学院本科生毕业237名,总体就业率82.70%;研究生毕业146人,总体就业率91.78%。

【不断务实创新,着力构建学院特色美育体系】

学院组建专业团队开展"第二美育课堂"。面向全校开设26门美育课程,服务公共艺术教育。2023年7月,"九里阳光"艺术支教团前往新疆生产建设兵团第六师红旗农场学校开展艺术支教活动,成功入选2023年"推普助力乡村振兴"全国大学生暑期社会实践志愿服务活动,获评中国青年报2023大学生社会实践成果"千校千颂"网络展示活动优秀实践项目。

依托"南望文苑"等4个美育名师工作室,赴多地开展美育活动交流和讲座。"七彩"美育课堂开展了一系列美育体验营、美育训练营等多层次、多维度的实践活动。"CUG美育识堂"公众号运营已超过37个月,2023年共发布推文71篇,浏览量达到1.5万。依托学院专业特色,支持建设"地心引力"文创工作室,精心策划"23文创纪系列"等精美文创作品。

学院承办以"厚植家国情怀,涵养进取人格"为主题的湖北省第八届大学生艺术节优秀文艺节目声乐专场展演,被校内外多家媒体报道。师生原创音乐剧《青春之骄》入选全国第七届大学生艺术展演评选。26名师生登上央视《合唱先锋》。举办"南望未来·艺熠生辉"百场文艺展演和系列美术展,吸引地球科学学院等18个学院参加、数百名师生参与、上千名观众观看。

(撰稿:李伟娜;审稿:晋曦)

马克思主义学院

【概况】

马克思主义学院是湖北省首批重点马克思主义学院。学院现设有习近平新时代中国特色社会主义思想概论、马克思主义基本原理、毛泽东思想和中国特色社会主义理论体系概论、中国近现代史纲要、思想道德与法治、形势与政策、研究生思想政治理论课等7个教研部(室)和思想政治教育系等教学机构,设有湖北省中国特色社会主义理论体系研究中心地大分中心、党的建设与社会治理研究中心、新时代思想政治教育创新发展研究中心、乡村文化发展研究院等科研平台。建有中国近现代史虚拟仿真实验室以及红安档案馆、英山乌云山村、湖北电信党校及山西临猗县等实践教学基地。

学院具备"学士—硕士—博士"完整的人才培养体系。建有马克思主义理论一级学科博士后科研流动站。现有1个一级学科博士点(马克思主义理论),1个一级学科硕士点(马克思主义理论),1个本科专业(思想政治教育)。其中,马克思主义理论一级学科、思想政治教育二级学科为湖北省重点学科。学院坚持以习近平新时代中国特色社会主义思想研究为主体,以马克思主义基本原理和思想政治教育原理研究为支撑,在红色文化与中共党史党建、生态文明理论与实践、中外思想政治教育比较等研究领域形成了鲜明特色。

学院现有教职工55人,其中专任教师48人,含教授11人,占比23%;副教授16人,占比33%;讲师21人,占比44%。教师中85%以上拥有博士学位,20余人拥有海外留学经历。学院现有博士生导师10人,硕士生导师30人,另有兼职导师28人。国家级人才计划入选者2人,全国思想政治理论课年度影响力人物入选者2人,湖北省宣传文化人才"七个一百"工程入选者1人,"湖北省中青年马克思主义理论家培育计划"入选者17人,"湖北省优秀青年社科人才"入选者1人,学校"地大学者"2人,学校教学名师1人。2023年新聘青年教师3人。

2023年学院在校全日制学生379人,其中本科生171人,硕士研究生129人,博士研究生79人。2023届毕业生就业率为95%。本科生就业率100%,保研率达到30%。在上研的学生中,90%的毕业生进入

学院基本情况

"985"高校深造，100%的毕业生进入"985""211"知名高校深造。80%的毕业生去向为高校、行政事业单位和国有企业。

【以高质量党建引领高质量发展，推进"大思政课"教育基地建设】

与时俱进办好"大思政课"，持续推进"逸夫博物馆＋宜昌秭归实习基地""大思政课"实践教学基地建设，牵头武汉工商学院、武汉生物工程学院、五峰县教育局、五峰县高级中学、五峰县实验初中、中国地质大学附属学校等10家成员单位创建"红绿蓝"大中小学思政课一体化共同体，打造地大品牌"大思政课"。

【深入落实"习近平新时代中国特色社会主义思想概论"课建设，推进思政课提质增效】

协助制定并落实《关于加强"习近平新时代中国特色社会主义思想概论"课建设的实施方案》，坚持推进"主题党日＋集体备课"，推动党支部活动与"概论"课教研活动深度结合。联合本科生院发布"概论"课专项课题创新"32＋4＋4＋8课程体系＋主题式教学研究"，在全校"概论"课开展"学习二十大·筑梦向未来"主题社会实践活动。持续完善"8＋5"（8门思政必修课加5门思政选修课）本科思政课课程群体系建设。品牌思政课"国土安全"入选人民网2023年高校思政课改革创新典型案例，"国土安全虚拟仿真实验"获批湖北省一流本科课程，团队教师获评全国国家安全教育教学风采展示"优秀风采教师"，《中国青年报》以《永攀珠峰的背后》为题对课程作专题报道，"国土安全品牌思政课信息化建设"获批全国第二批高校数字思政精品项目，获第六届"我心中的思政课"全国高校大学生微电影大赛一等奖1项。

【科研成果彰显特色，学术研讨精彩纷呈】

在习近平新时代中国特色社会主义思想、中外思想政治教育比较、生态文明理论与实践、中共党史党建、乡村振兴与社会治理等领域的研究优势和特色进一步彰显。获批各级各类科研项目近20项，新增国家社会科学基金项目重大项目1项，教育部人文社会科学研究青年基金项目1项，农业农村部（国家乡村振兴局）招标项目3项，湖北省社会科学基金重大项目1项，湖北省委党建工作领导小组办公室课题1项，湖北省高校马克思主义中青年理论家培育计划（第十批）项目1项，湖北省教育厅哲学社会科学研究项目2项、专项任务项目（思想政治理论课）2项。项目总经费160余万元，较2022年度增幅明显。学术论文、咨政报告和专著量质并举，凸显高级别高水平导向。其中T1期刊论文4篇，T2期刊论文2篇，T3期刊论文16篇。在《中国社会科学报》刊发《将红色文化融入思政课实践教学》专题论文4篇。14篇咨政报告获得省部级领导批示或单位采纳，其中《人民日报》（内参）2篇，《光明日报》（内参）1篇，教育部采用上报供有关领导同志参阅3篇。在人民出版社、社会科学文献出版社等出版《当代德国政治教育理论研究》《二战后德国战争赔偿史》《井冈山市脱贫攻坚的实践、经验与展望》《高校实践育人理论探究与模式创新》4部高水平著作。获得湖北省高等学校人文社会科学研究优秀成果奖1项,武汉市第十八次社会科学优秀成果奖1项。举办湖北高校"大思政课"建设研讨会、10余场名家论坛及6期南望山倚马工作坊活动,打造学术品牌。

【多措并举,本硕博人才培养质量显著提升】

生源质量持续提高。本科生生均入学分数在学校文科专业居前列。全年招收本科生50人,硕士生47人,博士生17人,同等学力博士生8名。接收推荐免试研究生8人,入选"本科—硕士—博士"一体化培养研究生2人。授予博士学位17人、硕士学位40人、学士学位33人。1篇硕士学位论文被评为校级优秀硕士学位论文,2篇本科生毕业设计被评为校级优秀学位论文。3名博士后顺利出站,2名博士后完成中期考核,新增2名博士后进站。

【贯彻"三全育人"体系,学生工作取得实绩】

1个党支部被推荐参与全国"样板支部"参选,1个党支部入选学校"研究生样板党支部"。1个团支部获评学校"五四"红旗团支部标兵,学院研究生会获评标兵研究生会。1个团队获评学校十佳大学生志愿服务团队,1个项目获评学校优秀大学生志愿服务项目。1个班级获评学校先进班集体标兵,1个班级获评学校优秀毕业班级。学院获评"挑战杯"优秀组织单位、科技论文报告会优秀组织单位。学生全年课堂出勤率98%以上,成绩合格率、四六级通过率一直位居学校前列,平均学分绩点3.5以上。本科生转专业转出人数为0,转入人数为2人。3个团队获大学生创新创业训练计划项目立项资助。1名同学入选学校"李四光计划"。攀登者项目获评"互联网+"创新创业大赛国赛银奖,2名同学参与的团队分别获得大学生创新创业大赛银奖、铜奖。1个团队获评"挑战杯"优秀团队,1个团队获评"挑战杯"大学生学术作品竞赛省赛一等奖,3名同学参与的团队获得"挑战杯"大学生学术作品竞赛国家级二等奖和三等奖。1名同学被推荐参加全国高校大学生马克思主义理论学习夏令营。2名同学参加湖北省"青马工程"学习。1名同学获评学校十大标兵学生,1名同学获评优秀研究生标兵,被授予青年"五四"奖章,2名同学获得国家奖学金。

【深入开展理论宣讲,加强湖北省理论热点面对面实践基地建设】

"按照六点合一"要求加强湖北省理论热点面对面实践基地建设,围绕习近平新时代中国特色社会主义思想以及党的二十大等精神,组织师生16人赴学校"理论热点面对面"实践基地湖北省英山县开展4场党的二十大精神宣讲,并开展入户宣讲,受到当地干部群众的热烈欢迎。连续6年获评为湖北省优秀实践基地,调研团队多次被评为湖北省大学生优秀调研团队,提交的报告连续6年被评为湖北省理论热点面对面示范点优秀调研报告。学校宣讲队举办夏令营、组织农村留守儿童进高校参观学习的做法被收录到《推动理论宣讲深入人心——湖北"理论热点面对面"实践基地调研报告》中,在《党建》2023年第10期登载。学校作为骨干队伍之一的湖北省理论热点面对面"百马"宣讲队获中宣部2023年基层理论宣讲先进集体奖。

【"红色"系列活动持续加强，品牌特色深入人心】

持续推进"红色经典"读书会、"红色之旅"社会实践、"红色之理"党建论坛、"红色之声"理论宣讲等"红色"系列品牌活动。2022年10月至2023年11月，开展第13期红色之声宣讲活动，宣讲353场，覆盖总人数达44 092人。2023年11月，第14期红色之声宣讲活动以"学习'习思想'，勇担新使命；学习二十大精神，争做新时代青年"为主题，组建17个团队，已陆续开展宣讲活动。开展红色之旅社会实践活动，有6支团队奔赴全国各地开展调查研究，其中获评学习之路主题社会实践答辩报告会校级一等奖团队2个，共同缔造专项一等奖1个并推荐到省赛。持续开展"红色经典"和"红色之理"党建论坛，与公共管理学院、高等教育研究院共同推进主题教育学习和基层组织建设。参加中南联盟高校"导航杯"11项实践教育活动，并主办其中的"中国式现代化"党史知识竞答大会，获一等奖4个、二等奖4个、三等奖5个。

（撰稿：胡雪黎、姚晟；审稿：汪再奇）

李四光学院

【概况】

李四光学院（简称李院）以中国著名的地质学家、中国科协第一任主席李四光先生名字命名，2012年4月，在教育部、国土资源部共同指导下，中国地质大学（武汉）和中国科学院共同携手成立"C^2科教战略联盟"。同年8月，教育部、中国科学院在京联合签订"科教结合协同育人行动计划"，李四光学院也应运而生。学院由中国地质大学（武汉）与中国科学院大学、中国科学院地质与地球物理研究所、精密测量科学与技术创新研究院、地球化学研究所、广州地球化学研究所、古脊椎动物与古人类研究所、南京地质古生物研究所、地球环境研究所、空天信息创新研究院等单位合作共建。旨在通过整合校内外相关优质教学科研资源，培养独立思考、自主表达、崇尚学术、勇于探索的拔尖创新人才，推进知识发现、技术创新、人才培养的协同发展。

2023年是学校深入推进"十四五"规划的关键一年，李四光学院在本年度中，以习近平新时代中国特色社会主义思想为指导，深入学习贯彻党的二十大精神，加强党的全面领导；坚持立德树人根本任务，深入推进学校"十四五"规划和"大地学""新地学"课程体系建设，以学院特色的"科教融合"育人模式为抓手，统筹推进理科领域拔尖人才培养，在统筹拔尖计划2.0基地与地球科学菁英班的育人资源后形成合力，进一步完善"科教结合协同育人"模式，同时创新性开展了一系列扎实有效的工作，尤其在人才培养方面，取得了地球科学领域拔尖创新人才培养在博雅通识化培养以及精专个性化培养的新进展，为学校拔尖创新人才的培养提供了更加创新生动的方案。

在2023年的各项工作中，抓好课堂与实践教学的主渠道，将课程思政融入日常教

学院基本情况

学，汇聚校内外优质师资，营造全员育人氛围，不断增强"三全育人"意识，体现"三全育人"实效。全年共开展地球科学导论课五讲，协同育人菁英讲堂三讲，圆满完成4个年级、4个专业、140余人次的三大基地野外实习教学工作。同时以党会、团会为主阵地，扎实做好价值引领。

结合党的二十大精神，在全体学生中开展多样的学习活动，切实把思想和行动统一到党的二十大精神上来，把力量凝聚到党的二十大确定的各项任务上来，激励学院青年学子踔厉奋发、勇毅前行。学院根据《关于认真学习贯彻落实学校第十三次党代会精神的通知》（地大党发〔2023〕39号）工作要求，结合学院实际，在全体本科生中深入开展"学习二十大 奋进新征程"主题教育活动。其中包括"听党话、跟党走，争当新时代好青年"征文演讲活动、和本科生院教职工党支部开展"结对领航"参观校史馆活动、持续开展"读原著、学原文、悟原理"读书系列交流活动；通过开展知识竞赛、主题征文、走访红色革命遗迹等活动，加强宣传引导，引领青年学子感党恩、听党话、跟党走。形成以学生党建为龙头、支部引领为特色的思想政治工作模式。全年顺利发展9名学生党员，顺利转正预备党员11名，在学生群中形成广泛向党组织靠拢的政治意识；对标"七个有力"，强化学生党支部政治建设和组织领导力建设，探索激发学生党支部创新活力。

以党建带团建，开展主题教育，以"活力团支部"评选、"百生讲坛"申报、"青年大学习"学习为团支部建设的有力抓手，以评促建、以学促建，推进习近平新时代中国特色社会主义思想和党的科学理论进支部、进团课、进社团、进网络。完善本科生党团支部与班级"三位一体"融合建设机制，引导青年学子坚定新时代中国特色社会主义理想信念，培育和践行社会主义核心价值观。

开展特色育人方案，推进"五通融合"。结合《关于完善"五通融合"立德树人体系落实时代新人铸魂工程的实施方案》（地大党发〔2023〕41号），制定学院"五通融合"工作方案，强化政治引领，将思政工作融入教育教学和管理服务过程中，促进学生全面发展；以"厚实基础、关注前沿、科教融合、协同育人"的指导理念，注重打牢地学学科和专业基础，专注开展"走进中科院"等系列教研结合活动，拓宽学术视野，用高水平科研成果支撑和反哺教育教学和人才培养。

【重点工作】

1. 抓好主渠道主阵地建设，丰富完善育人体系

2023年，支部以主题教育为统领，带领20名党员、102名入党积极分子、9个团支部共计222名共青团员积极开展理论学习和社会实践活动，取得突出成绩。全年共吸收发展了9名预备党员，转正11名预备党员，以"学习贯彻党的二十大精神"为主题，开展8次线下大型支部主题党日活动，打造"学习型"党支部，实现理论学习制度化、常态化，做到教育党员有力；同时，支部还开展了形式多样的学习活动，如党的二十大知识竞赛、党史知识竞赛、观看"2023年全国两会"

直播等,并积极占领网络新媒体阵地,传播正能量,营造一种自觉学习、勤于学习、善于学习、乐于学习的良好氛围,做到在青年中的有力宣传。

以党建带团建,开展主题教育,以"活力团支部"评选、"百生讲坛"申报、"青年大学习"学习为团支部建设的有力抓手,以评促建、以学促建,推进习近平新时代中国特色社会主义思想和党的科学理论进支部、进团课、进社团、进网络。完善本科生党团支部与班级"三位一体"融合建设机制,引导青年学子坚定新时代中国特色社会主义理想信念,培育和践行社会主义核心价值观。

2.以科研实训培育优良学风,完善奖励资助体系

2023年,学院成功申请50万元的学生科研经费,并制定《李四光学院大学生研究训练(Student Research Training,SRT)计划立项资助办法》,于2023年成功开展首批19个项目的立项,首批资助总经费达134 000元。以《李四光学院大学生研究训练(Student Research Training,SRT)计划立项资助办法》为依据,学院在学生科创实践方面取得了新突破,将"每一位李院人必须主持或参与过一项科研项目"落实落细,大一至大三学生科研项目参与率达80%以上。同时,2023年,学院领导班子积极走访中国科学院广州地球化学研究所、中国科学院南京古生物研究所以及中国科学院地质与地球物理研究所等联合培养单位,从基础课教学、实践教学、创新素质和创新能力提升等方面进行探索和改革,并重新签订合作协议,打造科教结合2.0时代。

以改善素质能力短板为目标,制定提升方案优化提升路径。优化制度,发挥激励作用。进一步完善《李四光学院学生综合素质测评方案》《李四光学院英才工程实施方案》《李四光学院综合素质提升方案》,全年累计发放综合素质提升奖励经费116 000元,充分激发学生自我提升自我发展的积极性。2023年全年圆满完成奖励资助工作,共评选出国家奖学金2人,国家励志奖学金10人,地大英才奖学金8人,周大福奖学金1人,国家助学金57人,感恩中国近现代科学家奖学金1人、助学金1人,学院学子连续两年摘得感恩中国近现代科学家荣誉,这既是对学院思想引领和资助育人的成效肯定,也是对学院人才培养的认可。2023年,学院圆满完成本科生家庭经济困难认定工作和国家助学金评选工作,共计66名同学完成认定,覆盖率达23%,发放助学金金额217 800元。全年累计完成170余人次,70余万元的国家级、校级、院级奖励资助经费发放,奖助学金覆盖率达70.2%。2023年,学院共计28人次获得国家省级奖项,如2023全国大学生测绘学科创新创业智能大赛、2023易智瑞杯中国大学生GIS软件开发竞赛、全国大学生英语竞赛、全国大学生数学建模大赛等。同时,学院黄啟亮同学获得学校第三十四届学生科技论文报告会校级一等奖。

3.创新拔尖人才培养方式,提升人才培养质量

建立"招生—培养—就业"联动机制。从制度建设、工作要求等方面将招生就业工

作举措落到实处。按照学校招生工作要求,成立学院本科招生工作领导小组,设立招生咨询热线,开放在线咨询平台,切实做好招生咨询服务。修订完善学院招生宣传素材,参加"美丽中国 宜居地球"招生宣讲直播活动。通过指导学生开展"我把地大带回家""给高中母校的一封信""我的大学喜报"等多种实践活动,并拍摄全新招生宣传片,宣传菁英班育人特色,吸引优质生源。从新生入学教育开始引植生涯规划和就业指导理念,将高质量就业升学目标贯穿于教育教学全过程。做好就业指导和定向帮扶,引导学生明确发展目标,树立规划意识。通过宣讲就业政策、提供就业信息、讲解就业流程招聘要点等方式,帮助学生树立自信。据统计,2023级新生录取分数超生源地当地一本线平均150.83分,超学校在该生源地提档线16.34分,为近五年最高。同时截至目前,学院2023届毕业生就业率已达86.83%,2024届毕业生中已有33名学生完成推免。

4.拓展跨校跨国育人资源,发挥朋辈育人优势

2023年暑期,以拔尖计划暑期学校为契机,学院牵头组织举办首期中国地质大学(武汉)神农架大九湖地区综合科考暑期学校,共召集来自西北大学、中国海洋大学等高校的26名学生参加,是学校拔尖创新人才实践育人的新探索。同时,学院也积极选派学生参与兄弟高校的暑期学校,2023年,选拔6名拔尖基地和地球科学菁英班的学生赴中国海洋大学参加暑期学校,登上了东方红3号,是一堂生动的"海洋强国"大思政课;选拔10名拔尖基地和地球科学菁英班的学生赴中国石油大学参加暑期学校,暑期学校的开展不仅使学院的育人资源由科教结合转变为与科研院所和其他高校的双向融合,更让学生们在此过程中认识到其他高校优秀的学生,在朋辈育人方面展现出全新的优势,也是学院转换育人时空、拓展育人资源的成功体现。

2023年暑期,阔别许久的国际经典地质路线野外实习再次开展,李四光学院联合地球科学学院,共选派7名学生分别赴意大利阿尔卑斯山脉、澳大利亚西澳沿岸以及泰国进行海外经典地质路线实习,并制定《李四光学院学生出国(境)交流学习项目资助管理办法(试行)》,为学院后期大范围推广国际化工作打好基础。

5.强化工作体制管理机制,筑牢安全稳定防线

健全学院工作例会制度、工作月报制度、人才培养研讨会制度以及师生交流制度。2023年,在院长谢树成院士的主持下,学院重新启动暂停八年的联合培养工作年会工作,召开"科教结合 协同育人"工作研讨会,来自中国科学院大学及联合培养的八大中科院所的老师均前来参会。同时,学院多次组织人才培养研讨会、班主任座谈会、师生午餐会、人才培养方案研讨会、课程建设研讨会等。如通过邀请数理学院教学副院长黄刚教授与李四光学院兼职副院长、班主任、学务指导老师进行座谈会,将李四光学院和珠峰班数理基础的任课老师、课程要求充分对接,实现了师资优化配置。继续申

请"拔尖创新人才科教融合专项经费",用于珠峰班、地球科学菁英班学生科研训练的智慧科创实验和自习室的建设,目前除2022年建设完成的东教楼B404、405两个智慧教室外,学院在2023年成功申请到东教楼B座四楼406—412场地,目前已分别建设成智慧录播教室、学生自习室以及师生谈心室等,大大改善了珠峰班、地球科学菁英班的教学物理空间条件。

(撰稿:马丽敏;审稿:单华生)

未来技术学院

【概况】

2023年,在学校党委、行政的正确领导下,未来技术学院奋力推进人工智能、新一代信息技术与地球科学深度融合,围绕培养资源与环境领域多学科交叉的未来技术领军人才这一中心任务,不断创新学生培养模式,稳步推进学院各项工作开展。

持续强化理想信念之魂。全面贯彻党的二十大精神,扎实开展习近平新时代中国特色社会主义思想主题教育活动,引导师生厚植家国情怀。完善学生党建工作,组建4个党支部,规范党员发展流程,开展"六个一"领航计划,充分发挥网络育人作用,组建学院宣传工作组,创建"未来技术学院信息平台",抓住线上宣传主阵地,在安全管理工作体系建设、宿舍安全文明建设、网络安全建设、线下安全教育等方面,不断开展各项宣传和教育活动。

学生规模继续扩大。2023年,未来技术学院以"电子信息类(未来技术学院)"在学校本科生招生目录中招生,录取新生61人。此外,完成了本年度本科生补充遴选工作,10名学生转入学院学习,录取15名博士研究生和59名硕士研究生,学生总规模达到335人。

着力推进学生培养模式创新。首批探索与猜想计划项目在2021级本科生中开始实施,经过学生立项申请,专家评审,16个项目获准立项,对项目组每位学生给予2万元经费支持,实现了2021级学生全覆盖。探索"以研代学"课程,不断完善《未来技术学院"以研代学"实施细则》,保障"以研代学"课程的有效开展。复杂系统智能感知与控制技术导师团队申请开设"地质与海洋装备控制技术""深部钻探工艺学"两门"以研代学"课程。实施产学研协同工业实践,根据学生专业学习的需要,组织2021级共48名本科生分别前往浙江中控技术股份有限公司、陕西地矿第一地质队有限公司、武汉超算中心等17家单位和企业公司开展实习。2022级学生顺利开展了北戴河地质认识实习。

不断提升学生创新能力和水平。首次举办未来技术前沿论坛,参与人次超过800人,覆盖全院学生,营造了良好的学术与科技创新氛围。建立学院创新支持体系和荣誉体系,促进和鼓励学生创新创业,设立了"未来技术创新奖学金",奖励额度最高可达到20 000元。首次评选"智能地球探测奖学金",为科技论文报告会、企业实践等活动设

学院基本情况

置了各类荣誉。2023年，学院4名学生获评国家奖学金、5人获评国家励志奖学金、6人获评地大英才奖学金、12人获评社会类奖学金（其中获智能地球探测奖学金10人，人均奖金5000元）。积极组织学生参加各类创新大赛，共获得包括全国大学生数学建模竞赛二等奖、"创青春"创业计划竞赛全国铜奖在内的国家级奖项36人次、省部级奖项25人次、校级奖项120余人次。

积极开展本科生国际交流。不断拓宽国际实习的渠道和基地，以地大-东京工科大学为基础，联合日本产业技术大学、东京都立大学，以及日本电气股份有限公司（NEC）、菊田制造等高校和企业建设国际实习实践基地。与日本国际职业能力育成协会签署国际实习协议，继续推进国际实习平台建设。申请获批日本"樱花计划"，全额资助10名学生赴日参加为期10天的国际实习，同时，申请本科生院国际实习专项经费和学院"双一流"经费，全额资助20名本科生一起组团赴日。2021级本科生参加国际实习人数占比50%。

推进学院建设和管理工作。为学习优秀的经验和措施，学院前往哈尔滨工程大学、浙江工业大学、宁波大学等高校进行调研学习交流。到浙江中控技术股份有限公司、宁波工业物联网研究院、厦门三烨清洁科技股份有限公司等企业交流，落实《产学研协同工业实践》的相关安排。完善院务会议制度，严格执行院务会和院办公会议决策制度，实行财务预算制度，实行学院工作月报制度，建章立制，加强学院管理，细化落实学院各项管理工作制度，不断推进学院管理规范化。学院办学条件不断提升，完成南望山校区双创中心学院院区维修工作并顺利入驻，积极推进"SupOS工业大数据平台与辅助设备"等6个"教育部设备购置与更新改造财政贴息贷款项目"的执行，启动了未来城校区学生创新基地建设，积极拓展基地建设空间，建立"地大-中控联合创新实践基地"，为本科生提供稳定、可持续、高质量的产学研协同工业实践平台。

【重要工作进展】

1. 未来技术学院入驻双创中心

4月10日，未来技术学院新院区基础维修工程通过学校验收，交付学院。经过近两个月的进一步筹备，基本具备学院运行条件，6月19日，未来技术学院正式入驻新院区。新院区位于宝谷创新创业中心三层，使用面积962.31m^2，主要包括智能化技术实验室、工业互联网实验室、学生研究室、学术报告厅、院行政办公室等功能区。智能化技术实验室和工业互联网实验室是未来技术学院依托学校在地球科学、资源能源探测等领域的优势和影响，与浙江中控技术股份有限公司联合共建的两个实验室，使用面积约480m^2，目前，设备购置工作基本完成，进入设备和软件服务调试阶段，预计9月份正式面向全校开放使用；学生研究室使用面积约174m^2，设置约60个卡位，可供学院学生日常学习和研讨；学术报告厅可容纳约80人进行教学科研等研讨交流；学院行政办公室除为学院办公室提供必要的办公场所外，还为学院兼职领导和导师设置有不固定的工位,为导师们来院指导学生提供服务。

2.未来技术前沿论坛成功举办

2023年12月14日下午,未来技术学院第一届未来技术前沿论坛闭幕式在东区双创中心未来技术学院学术交流中心举行。至此,首届未来技术前沿论坛成功举办。本届论坛自10月19日开幕,成功举办10余场高质量、多层次的学术交流活动,围绕学科交叉与应用,邀请来自爱丁堡皇家学院、厦门大学等国内外知名高校的7名专家学者,开展6期"学科交叉前沿论坛",引领学生了解未来科技发展方向。论坛设置了"探索论坛"与"创新论坛",66名本科生、30余名研究生参加,围绕地球探测、人工智能等领域,开展科技论文报告会,并在校级评选中荣获一等奖1项、二等奖3项、三等奖4项。论坛还邀请了优秀学生做客"卓尔朋辈沙龙",围绕暑期实习实践、学习竞赛交流经验,充分发挥朋辈榜样在学风建设中的重要作用。论坛还注重人文教育,设置了"星火讲堂",邀请马克思主义学院高翔莲教授围绕党的二十大精神带来思想政治理论讲座,推进思政教育与专业教育深度融合。

3.本科生产学研协同工业实践有力推进

产学研协同工业实践,是未来技术学院本科生个性化培养的重要举措。7—8月,2021级共有48名本科生在学院或导师团队的组织下开展了"产学研协同工业实践"实习。其中,26名学生由团队导师刘振焘副教授和辅导员陈思静带队赴浙江中控技术股份有限公司开展了为期两周的企业实践;"环境水科学大数据"团队由导师王全荣教授带队前往陕西地矿第一地质队有限公司开展为期两周的实习;"数字孪生智能油气藏"团队由首席科学家龚斌教授带队前往特雷西能源科技(杭州)有限公司开展为期10天的实习;"未来城市泛在感知与智能管控技术"团队有3名学生被导师安排到武汉达梦数据库有限公司开展实习;来自不同团队(培养专业大部分为计算机科学与技术)的6名学生,由"矿物新材料与智能医用微纳机器人"团队的导师傅梁杰教授带队前往武汉超算中心开展实习;有5名学生由各自团队的导师带队前往中国地震台网中心、上海邦定智慧科技有限公司、千里眼环境监测有限公司、无锡钻通工程机械有限公司、武汉京天电器有限公司等公司开展实习。

4.本科生国际实习圆满完成

8月20日—29日,未来技术学院组织29名本科生(原计划30名,因1名学生生病未能成行)前往日本东京高校企业开展为期10天的国际实习。实习期间,同学们聆听了由东京工科大学、东京都立大学、中央大学等高校学者主讲的学术报告5场,到东京工科大学、东京都立大学等高校工学部实验室访问交流,到菊池制作所等企业观摩学习,了解日本技术成果转化模式。同学们还游览了日本未来技术馆,体验了日本的风土人情,也传播了中国文化,开拓了国际视野,提升了科研素养。实习伊始,在日本出席学术会议的王焰新校长看望了全体学生,并提出了殷切希望。本次国际实习,由日本学术振兴社全额资助10名学生,其他学生由未来技术学院和本科生院共同资助。

(撰稿：李儒胜；审稿：陈鑫)

教育研究院

【概况】

2023年，教育研究院以习近平新时代中国特色社会主义思想为指导，深入学习贯彻党的二十大精神和学校第十三次党代会精神，扎实推进学习贯彻习近平新时代中国特色社会主义思想主题教育，抢抓"十四五"机遇，加强学院内涵建设，推动学院事业高质量发展。

教育研究院下设教育学系、心理学系、高等教育研究所、发展与教育心理研究所、综合办公室等三级机构。教育学学科拥有教育学、教育经济与管理专业2个专业；心理学学科根植于大学生心理健康教育实践，与武汉市精神卫生中心达成战略合作协议。学院拥有湖北省高校人文社科重点研究基地"大学生发展与创新教育研究中心""湖北省创新人才与创新发展研究中心""湖北省人才评价中心地大测评基地""心理科学与健康研究中心""湖北省高校心理健康教育示范中心""湖北省级研究生工作站"等教学、科研创新平台。教育部政策法规司与学校合作共建"高校治理研究中心"，挂靠教育研究院。

学院有教职工24人，其中专任教师18人，包括教授4人、副教授12人、讲师2人，博士生导师3人，享受国务院政府特殊津贴专家1人，兼职导师46人。全日制在读研究生202人，其中教育学专业53人、教育经济与管理专业56人、心理学专业93人。截至2023年12月31日，学院2023届毕业生初步就业率95.77%。

【聚焦政治引领，持续推进全面从严治党】

1. 扎实推进学习贯彻习近平新时代中国特色社会主义思想主题教育。深入学习领会习近平总书记在主题教育工作会议上的重要讲话精神，聚焦"学思想、强党性、重实践、建新功"总要求，领导班子成员坚持以上率下，带头开展学习调研，落实主题教育各项要求。举办"主题教育读书班"开展学习研讨，面向师生共作9次专题党课或报告。建立处级领导干部问题清单，已基本整改到位。以学院改革发展短板问题为导向，开展调研并形成5份调研报告，推动学院高质量发展的工作思路更加明确。

2. 持续有效促进党建与业务"双促双融双提升"。切实加强对基层党建工作的领导和保障，夯实建强基层战斗堡垒。开展强基固本行动。实施品牌创建行动。加大力度指导、培育样板支部。持续发力健全完善"融合式"基层党建工作体系，促进思想融合、组织融合、目标融合、过程融合、机制融合，以"融合"促"提升"。坚持党建与业务工作同部署、同推进、同落实。

3. 学生思政工作有新成效。一是强化党组织建设。常态化制度化开展研究生党支部委员的学习教育。与学校全国党建工作样板支部环境学院"张国旗班"党支部、湖北省高校首批"研究生样板党支部"培育创建单位华中师范大学教育学院硕士研究生第一党支部开展联学共建活动。通过扎实开展思想政治教育，全体党员政治态度坚定，认真学习贯彻党的二十大精神，充分发挥党员的带头作用，努力做党的二十大精神学习的引领者、传播的先行者、贯彻的践行者。

2023年共发展党员19名，转正党员15人，转入党员30人，转出32人，完成28名入党积极分子确定，确定发展对象19人，其过程严格按照相关制度进行，程序规范。

二是提升团学工作。学院特别重视团学干部培养与团员意识教育工作，不断创新和丰富团学干部培训形式，全方位提升团学干部综合素质。教育学、教育经济与管理专业2021级团支部在学校"五月的鲜花"2022年度五四评优活动获得学校"五四红旗团支部标兵"荣誉称号。

2023年，学生社会实践活动的参与面、覆盖面、受众面不断提高，建立学生社区志愿服务队，建立规章制度，开展常态化的志愿活动，服务团学组织实践育人成效明显提升。

【提升内部治理能力，推动学院高质量建设】

1.完成学院"十四五"事业发展规划中期检查，对"十四五"规划实施效果和各项任务落实情况进行了全面检查与分析总结，查找短板、理清思路、提出对策。

2.谋实事优化办学办公条件。学院办公用房调整到位，教职工工作环境得到极大改善。研究生自习室升级改造工作完成，配备现代化学习设施，并形成较为完备的使用管理制度，学生学习条件得到优化。

3.立足学院优势助力学校稳定繁荣。一是认真落实时代新人铸魂工程方案，落实健康心态和积极心理品质培育行动；参与研究教育家精神，为建设主题鲜明的引领教育体系提供支持。二是高质量完成大学生心理健康工作。全年分两批分别完成12 173名学生（春季）、24 076名学生（秋季）的心理健康普查工作。今年因心理问题复学评估共29人次，危机评估或干预共23起。秉持及早预防、及时疏导、快速干预的工作原则，心理学系师生有效控制心理危机事件，保障学生身心健康和生命安全，助力学校安全稳定。

【"五育并举"融合育人，落实立德树人根本任务】

1.以榜样力量为示范，充分发挥榜样引领作用。在勤奋好学、学术科研、志愿服务等领域涌现出一批先进个人。通过充分发挥榜样的示范效应，努力营造崇尚先进、学习先进、争当先进的良好氛围。

2.以学术卓越为目标，深入开展优良学风创建。学院以"严在地大"作为质量建设标准，多措并举在学生中强化校风学风建设。学院已组建5支研究生导学团队，强化导师育人职责。举办9期学术沙龙。共有4个团队参加中国地质大学（武汉）第十四届"挑战杯"课外学术科技作品竞赛，13个团队参加第九届中国国际"互联网＋"大学生创新创业大赛，69名同学参加学院2023年科技论文报告会。在第十四届"挑战杯"课外学术科技作品竞赛中，1个团队获红色专项赛道一等奖;在科技论文报告会中,2位同学获校级一等奖、8位同学获校级二等奖、8位同学获校级三等奖,成果显著(表1)。

表1 2023年教育研究院学生获奖情况统计表

序号	获奖内容	奖项	获奖人	级别
1	全国心理情景剧大赛"朋辈的故事"	优秀剧目奖	丁钟、高琛、程升威、陈兴、高昂、欧阳午、杨雅迪、葛静喜、项静	国家级
2	华为杯2023研究生数学建模大赛	三等奖	黄琬喻	国家级
3	湖北省教育经济学会年会	一等奖	马思齐	省级
4	湖北省教育经济论坛	二等奖	陈燕	省级
5	湖北省教育经济论坛	三等奖	黄琬喻	省级
6	第六届湖北省"我梦见——楚天创客"大赛	铜奖	胡中银、薛舒允、李洁、曾悦龙、陶逸飞	省级
7	湖北省心理学会2022—2023年学术年会优秀论文	一等奖	解瑾	省级
8	湖北省心理学会2022—2023年学术年会优秀论文	二等奖	纪樱格	省级
9	湖北省心理学会2022—2023年学术年会优秀论文	二等奖	李孟秋	省级
10	湖北省青少年校园足球联赛(大学组)女子校园组	第六名	朴彦熹、曹红艳、刘梦雪、罗佳蓓、黄欣琪、张馨心、张水木、徐妍珍、谷玥、魏晓、杜乐彤、李嘉宇、邵晴晴、陈雅婷、赵楚瑄、吕璐	省级
11	学校暑期"三下乡"社会实践论文报告会	一等奖	"心动力"成长夏合营团队:欧阳静雯、刘玉林、边晓宁、刘梦婷、徐妍、张华、刘煜莹、刘紫萱、管圆圆、秦丹蕾、吴凯歌、唐晴、王荣、李双玲、杨茜茜、王灶格、张令昌、徐旺、付罗萱、吴文熠、丁涛	校级

续表

序号	获奖内容	奖项	获奖人	级别
12	"挑战杯"大学生课外学术科技作品竞赛	一等奖	徐妍、吴文熠、丁涛、王靖萱、余欣然、李佳伦	校级
13	学校心理情景剧大赛	一等奖	丁钟、高琛、程升威、吴辰媛、陈兴、高昂、欧阳午、杨雅迪、葛静喜、项静	校级
14	学校"提案大赛"评比	一等奖	白子君、方一楠、程升威、罗名凯	校级
15	全国大学生心理与行为在线实验精英赛校级选拔赛	二等奖	纪璎格、李孟秋、李洁、金致君、雷镇榕	校级
16	"互联网＋"大学生创新创业大赛校赛	三等奖	徐琳、印仕荣、吴洋婷、薛舒允、胡云云、张梦雨、苏靖伊	校级
17	学校心理情景剧大赛	二等奖	吴洋婷、薛舒允、徐琳、苏靖伊、金轶斌、张梦雨、薛吉澳、张婷、王义巧、王菲	校级
18	"学习二十大 永远跟党走 奋进新征程"时政分析大赛	三等奖	栾雨欣、黄婉瑜、廖曦之、罗承威	校级
19	学校第十七届时政分析大赛	三等奖	徐铭泽、袁玉蔓、程升威、胡云云、黄超凡	校级
20	第十六届"走近时代先锋"大赛	三等奖	王子浩、余清韵、王艳琴、王英格、宋代伊、杨吉、张丹霞、周姗、谷琴、牛心茹	校级
21	学校暑期"三下乡"社会实践论文报告会	三等奖	青说·青听:杨曦、杨俊婷、杨茜茜、张博楠、盛佳欣、温红扬、王杨辉	校级
22	学校暑期"三下乡"社会实践论文报告会	三等奖	川豫渝鄂团队:王菲、王义巧、张婷、姚一龙、马思齐	校级
23	学校暑期"三下乡"社会实践论文报告会	三等奖	京海特别调查组:高捷璇、孙雨洪、贾隽殊、姜伟、徐妍	校级
24	学校第三十四届学生科技论文报告会	一等奖	薛舒允	校级

续表

序号	获奖内容	奖项	获奖人	级别
25	学校第三十四届学生科技论文报告会	一等奖	李洁	校级
26	学校第三十四届学生科技论文报告会	二等奖	赵颖	校级
27	学校第三十四届学生科技论文报告会	二等奖	姜伟	校级
28	学校第三十四届学生科技论文报告会	二等奖	高捷璇	校级
29	学校第三十四届学生科技论文报告会	二等奖	丁钟	校级
30	学校第三十四届学生科技论文报告会	二等奖	李孟秋	校级
31	学校第三十四届学生科技论文报告会	二等奖	王菲雨	校级
32	学校第三十四届学生科技论文报告会	二等奖	黄琬喻	校级
33	学校第三十四届学生科技论文报告会	二等奖	马思齐	校级
34	学校第三十四届学生科技论文报告会	二等奖	史莹莹	校级
35	学校第三十四届学生科技论文报告会	三等奖	胡云云	校级
36	学校第三十四届学生科技论文报告会	三等奖	邱宇涵	校级
37	学校第三十四届学生科技论文报告会	三等奖	姚一龙	校级
38	学校第三十四届学生科技论文报告会	三等奖	何丽华	校级
39	学校第三十四届学生科技论文报告会	三等奖	严依文	校级
40	学校第三十四届学生科技论文报告会	三等奖	叶紫莹	校级
41	学校第三十四届学生科技论文报告会	三等奖	韩卓颖	校级
42	校运会女子跳高	第八名	黄琬喻	校级
43	"一二·九"冬季长跑	女子团体总分第6名	方桥芬、戴书凝、袁玉蔓、谢思琪、李晓羽、廖曦之、徐以一、闫亚丽	校级
44	中国地质大学(武汉)委员会组织部夏令营	优秀营员奖	谢博宇	校级

3.以社会实践为平台,拓宽育人渠道。学院在抓好德育工作的基础上,美育、体育工作坚持以文化人,以体育人。2023年,学院师生在"学习二十大,永远跟党走,奋进新征程"主题歌咏活动中荣获第四名和校级三等奖。7名同学参加了学院2023年寒假社会调查报告会,9个团队参加学院2023年暑期社会实践报告会,其中2个团队获2023年暑期社会实践报告会校级常规专项实践团三等奖,1个团队获践乡村振兴专项实践团一等奖,1个团队获挑战杯专项实践团三等奖。

4.以基础工作为保障,提升育人实效。第一,落实就业工作一把手责任制,积极落实《教育研究院毕业生就业工作促进办法》(教研院〔2022〕17号),定期召开领导班子会议和全体教师会议讨论研判研究生就业形势,院领导专门赴深圳蓝天教育集团、深圳市信锐网科技有限公司等开展访企拓岗活动,院领导亲自认领就业困难学生促就业,形成了全员关心就业的浓厚氛围。第二,召开毕业生就业动员会、推进会,组织毕业年级研究生选修生涯规划课、参加就业培训,全过程指导参与研究生就业。第三,组建毕委会、建好校友微信群,邀请优秀毕业生和优秀校友通过线下分享会形式介绍不同行业的就业技巧与注意事项。第四,学院努力搭建平台,邀请深圳市蓝天教育集团、顺丰集团来院开展专场宣讲会,并积极与学校就业指导处对接,举办海南洋浦外国语学校专场招聘会,积极组织学生参加学校2024届毕业生秋季双选会等,及时提供就业信息,为研究生就业提供了全方位的信息保障和服务支持。第五,举行毕业典礼暨学位授予仪式,召开毕业生座谈会,进行毕业生党员廉政教育。

【整合学科资源,提升教学科研能力和水平】

1.科研平台建设再突破。

(1)心理学团队联合学校应急团队参与申报省人文社科重点研究基地工作,凝练方向,进一步整合资源。大学生心理健康教育中心内部期刊《创伤与危机干预》创刊。

(2)大学生发展与创新教育研究中心行政班子和学术委员会进行调整。中心主动对接国家建设发展的新形势、新要求,从研究方向、团队建设,打造品牌等方面都进入新阶段。

2.学术创新取得显著进展。

(1)科研项目取得新成绩。张巍副教授获批2023年国家社科基金年后期资助项目,陈翠荣教授获批教育部高等学校科学研究发展中心项目,侯志军教授和陈彪研究员获批中国高等教育学会2023年度高等教育科学研究规划课题,刘隽颖副教授获批省社科基金一般项目(后期资助项目)(表2)。

表2 2023年教育研究院科研项目立项一览表

序号	项目名称	负责人	项目来源	资助经费/万元
1	"双一流"建设背景下交叉学科研究生培养路径优化研究	余桂红	省教育厅哲学社会科学研究项目	
2	"一体两翼"的家校协同高校心理健康教育体系构建研究与实践	谭玉鑫	省教育厅高校学生工作品牌	
3	教学成为学术之道:我国大学教学改革的制度重构	刘隽颖	省社科基金一般项目(后期资助项目)	

续表

序号	项目名称	负责人	项目来源	资助经费/万元
4	大数据视角下高校创新创业教育教学模式研究	陈翠荣	教育部高等学校科学研究发展中心	2
5	在你我之间:精神分析的主体间重构	张巍	国家社科基金	25
6	服务高等教育强国建设的高水平行业特色高校治理体系构建研究	陈彪	中国高等教育学会	1
7	高校融媒体中心内容生产与传播策略研究	侯志军	中国高等教育学会	1
8	疫情常态化情境下大学生心理安全感的变化及促进方案	王煜	湖北省教育厅	0.8
9	推动高校党建与高等教育事业发展深度融合路径研究	侯志军	全国党建研究会高校党建研究专业委员会	1.2
10	非营利性民办高校高质量发展的制度创新研究	柯佑祥	教育部(2023年到账)	3
11	用户体验和需求调研项目委托	李林	企事业单位委托项目	3.5
12	河南省社旗县货架产业集群研究	储祖旺	地、市、厅、局等政府部门项目	24
13	"双一流"建设背景下交叉学科研究生培养机制研究	余桂红	校级研究生教育教学改革研究项目	1
14	世界一流大学研究生教学能力培养机制研究	刘隽颖	校级研究生教育教学改革研究项目	1
15	高校治理现代化指数指标体系研究	陈彪	高校治理研究中心	3
16	高校治理现代化:理论逻辑与实践路径	余桂红	高校治理研究中心	3
17	比较视域中的大学绿色教育实施路径探析	蒋洪池	大学生发展与创新教育研究中心	2

学院基本情况

续表

序号	项目名称	负责人	项目来源	资助经费/万元
18	主体间视角下的大学生品德发展研究	张巍	大学生发展与创新教育研究中心	0.8
19	性别角色威胁对自我刻板化的影响	宋静静	大学生发展与创新教育研究中心	0.2

（2）科研成果丰富。2023年，师生在各类学术期刊上发表论文50多篇，张巍副教授、宋静静副教授、陈彪副研究员的论文分别发表在 Psychoanalytic Psychology（T1）、Archives of Sexual Behavior（T1）、Peer j（T2）和 Sustainability（T4）等期刊上，研究生肖莎为第二作者的论文发表在《中国高等教育》（T2）期刊上（表3）。蒋洪池教授、陈翠荣教授、黄满霞副教授出版了专著（表4）。

表3　2023年度教育研究院师生论文成果一览表

序号	论文名称	作者	发表会议/刊物名称（级别）
1	建设教育强国　服务高质量发展	侯志军	中国社会科学报（T4）
2	大学创新治理变革的趋势与行动	侯志军	国家教育行政学院学报（T3）
3	高校地方研究院建设的困境及超越	侯志军	北京教育（高教）
4	New century landscape of psychoanalysis: A visual analysis based on CiteSpace	张巍	PSYCHOANALYTIC PSYCHOLOGY（T1）
5	Parental emotional neglect and academic procrastination: the mediating role of future self-continuity and ego depletion	宋静静	Peer J（T2）
6	Negative association between harsh parenting and life satisfaction: negative coping style as mediator and peer support as moderator	宋静静	BMC Psychology（T4）
7	新闻报道对犯罪和好人刻板印象形成与改变的影响	宋小青（学）、白晶（学）、李林（一般）、宋静静（通讯）	心理技术与应用（T5）

续表

序号	论文名称	作者	发表会议/刊物名称(级别)
8	大学生心理健康素养与专业心理求助行为	贾亚菲(学)、孙斌(学)、周文琪(学)、候金波、李闻天(外)、宋静静(一般)、刘陈陵(通讯)	中国心理卫生杂志(T3)
9	基于语音的抑郁检测研究综述	刘振焘、向春妮(学)、刘陈陵、钟宝亮(外)、黄海、彭志昆、吕筑、丁钟	信号处理(北大核心)
10	树立教育数字化转型三大支柱助力实现中国教育现代化	蒋洪池、姚一龙	中国社会科学网刊
11	21世纪印度高等教育国际化现状与困境分析	马红雷(学)、蒋洪池	教书育人(高教论坛)
12	高校学生管理过程中学生主体性偏离的影响机制研究——基于三所地方普通本科高校的扎根理论分析	刘永亮、柯佑祥、谢冬平	中国人民大学教育学刊(T3)
13	美国顶尖文理学院跨学科人才培养路径及支撑机制研究	陈翠荣、姚妹媛、胡玉辉	黑龙江高教研究(T3)
14	英国顶尖大学本科教育改革:理念、路径及保障——基于四所世界一流大学的分析	陈翠荣、杜美玲、胡玉辉	中国高校科技(T4)
15	中国高等教育数字化良好转型生态系统构建研究	吴书光、陈翠荣	临沂大学学报
16	What Ratio of Warmth to Competence is Ideal for Likable Friends	宋静静、刘燕芬(学)、李俊南(学)	ARCHIVES OF SEXUAL BEHAVIOR(T1)

续表

序号	论文名称	作者	发表会议/刊物名称（级别）
17	挪威博士学位完成率：时代表现、影响因素与提升措施	余桂红、张晨谨	学位与研究生教育（T2）
18	老院长高元贵高等教育思想及办学实践	余桂红	中国地质大学出版社
19	美国高校学生事务从业者胜任力标准的内容、应用及启示	李晓楠、储祖旺	思想教育研究（T4）
20	Examination of Higher Education Teachers' Self-Perception of Digital Competence, Self-Efficacy, and Facilitating Conditions: An Empirical Study in the Context of China	Wang, ZR, Chu, ZW	Sustainability（T4）
21	网络直播下青少年价值观塑造的现实境遇及治理对策	杨学文、李祖超、刘旭	湖北社会科学（T4）
22	留守儿童学业韧性的保护性因素	汪传艳、朱峰、张岚	现代基础教育研究（CSSCI）
23	抑郁症自我污名量表在大学生群体中的修订	刘琼乡、孙斌、袁彩红、周文琪、周春燕（一般）、刘陈陵（通讯）	心理技术与应用（T5）
24	儿童期逆境与中学生抑郁和焦虑情绪的关系	刘玉林、欧阳靖雯、张华、周春燕（通讯）	中国学校卫生（T4）
25	儿童期逆境与中学生自杀风险的关系	刘梦婷、张淑芳、周春燕（通讯）	神经损伤与功能重建（T5）
26	Does Financial Investment, Disciplinary Differences, and Level of Development Impact on the Efficiency of Resource Allocation in Higher Education: Evidence from China	陈彪（第一作者）陈燕（第二作者）黄琬喻（第四作者）王潘雨（第五作者）	Sustainability（T4）

续表

序号	论文名称	作者	发表会议/刊物名称(级别)
27	基于自然教育的小学科学课程创新与实践路径	陈燕(第一作者) 陈彪(通讯作者)	环境教育
28	中国资源环境经济研究现状、热点与趋势——基于CiteSpace的可视化分析	陈彪(第一作者)	中国国土资源经济(T4)
29	新时代生态文明教育助力中国式现代化	陈彪、陈燕	中国社会科学网(T4)
30	高校网络舆情治理的形象修复策略运用与优化路径研究	杨曦、李门楼	网络安全技术与应用
31	Childhood maltreatment and suicide risk: the mediating role of self-compassion, mentalization, depression	黄满霞、侯金波	Journal of affective disorders(T1)
32	大学生网络受欺负对抑郁的影响：一个多重中介模型	谢如月、刘连忠、黄海(通讯)、谈笑	神经损伤与功能重建(T5)
33	边缘型人格障碍患者的身份紊乱与创伤后同一性建构	钟沁玥、黄满霞(通讯)、吴和鸣	中国临床心理学杂志(T3)
34	教育价值观对农村留守儿童学业成绩的影响：自我控制和学校归属感的作用	宋炜玲(学)、刘玉林(学)、周春燕(通讯)	中国健康心理学杂志(T5)
35	The effect of short-form video addiction on undergraduates' academic procrastination: a moderated mediation model	黄海(通讯)	Frontiers in Psychology(T2)
36	Childhood Maltreatment and Mentalizing Capacity: a Meta-analysis	杨林桦、黄满霞(通讯)	Child Abuse & Neglect(T1)
37	基于自然教育的小学科学课程创新与实践路径	陈燕(第一作者)	环境教育
38	疫情时期大学生社会支持与主观幸福感关系——医学背景的调节作用	秦丹蕾(第一作者)	心理学进展

续表

序号	论文名称	作者	发表会议/刊物名称(级别)
39	孤独感的心身机制及疫情下有效干预方式	熊佳妮（第一作者）	心理学通讯(T5)
40	近二十年来国内知识产权人才培养研究可视化分析	王家乐（第一作者）	中国高校科技(T4)
41	欧盟绿色低碳教育探析	肖莎（第二作者）	中国高等教育(T2)
42	家庭社会经济地位与儿童抑郁症状的关系：多重中介效应分析	谭玉鑫（第一作者）	中国临床心理学杂志(T3)
43	Development of the panic response scale and the predicting factors during the COVID-19 pandemic	谭玉鑫（第一作者）	Psychology Research and Behavior Management(T3)
44	中学生孤独感与抑郁的关系：一项交叉滞后研究	纪璎格（第一作者）	湖北省心理学会2022—2023年学术年会赋能共同富裕与美好生活：心理学的理论与实践论文摘要集
45	latent classes of adverse childhood experiences and related factors among Chinese middle school students	纪璎格（第一作者）	智能协同修复2023年心理创伤与危机干预学术研讨会会议手册
46	Adverse Childhood Experience and Internalizing Problems The Moderating Role of Difficulties in Emotion Regulation	纪璎格（第二作者）	智能协同修复2023年心理创伤与危机干预学术研讨会会议手册
47	感知算法自主性支持对网约车司机工作投入的影响研究	金致君（第一作者）	第二十五届全国心理学学术会议
48	零工经济时代下感知算法控制对网约车司机离职倾向的影响机制研究	金致君（第一作者）	第二十五届全国心理学学术会议
49	PTSD睡眠障碍的睡眠多导图特征总结	雷镇榕（第一作者）	中华医学会第二十一次全国精神医学学术会议暨第十七次全国儿童青少年精神医学大会

续表

序号	论文名称	作者	发表会议/刊物名称(级别)
50	正念干预进食障碍的心理机制	雷镇榕（第二作者）	中华医学会第二十一次全国精神医学学术会议暨第十七次全国儿童青少年精神医学大会
51	噩梦症状的心理干预:随机对照试验的 meta 分析	雷镇榕（第一作者）	中国医师协会第十九届精神科医师年会
52	自成一格还是随波逐流？消费者类型对可持续奢侈品购买意愿的影响	李洁（第二作者）	2023年第十一届华人学者营销学会学术年会
53	抓大放小 vs. 循序渐进——慈善广告颜色类型对孤独个体捐赠意愿的影响	李洁（第二作者）	2023年中国高等院校市场学研究会学术年会
54	中学生自伤与抑郁的交叉滞后分析	李孟秋（第一作者）	湖北省心理学会
55	叠音沟通策略对 AI 客服互动效果的影响	薛舒允（第二作者）	2023年 CMIC 第十一届中国市场营销国际学术年会
56	生成式人工智能赋能高校教学下的伦理冲突	程升威（第一作者）	教育争鸣
57	Efficacy of Psychosocial Interventions to Reduce Affective Symptoms in Sexual and Gender Minorities: A Systematic Review and Meta-analysis of Randomized Controlled Trials	杨雅雯（第一作者）	BMC psychiatry
58	"理论＋实践"双轨驱动式乡村红色教育的探索——以中国地质大学研究生支教团项目为例	徐妍	中国高等教育学会大等素质教育研究分会2023年会暨第十一届大学素质教育高层论坛（录入会议集，但未发表）
59	中医医院护士遭受工作场所性骚扰的检出率、特征和相关因素分析	袁梦迪（第一作者）	湖北省性学会
60	The Psychological Network of Loneliness Symptoms Among Chinese Residents During the COVID-19 Outbreak	袁梦迪（第二作者）	Psychology Research and Behavior Management

续表

序号	论文名称	作者	发表会议/刊物名称(级别)
61	家庭社会经济地位对流动儿童问题行为的影响——父母支持的中介作用	王玲果（第一作者）	中华家教
62	新高考改革背景下"等级赋分制"政策研究	郎平（第一作者）	教学与管理

表4 专著、教材成果一览表

序号	专著、教材名称	作者	出版社
1	文化视野中一流大学学科生态生成机理与治理策略	蒋洪池	光明日报出版社
2	英美研究型大学跨学科研究生培养体系研究	陈翠荣	华中科技大学出版社
3	看见与被看见（译著）	黄满霞	中国轻工业出版社
4	中国近现代高等教育大事记（参编）	刘隽颖	福建教育出版社

3.启动非学历教育招生工作。为贯彻落实国家战略需要,满足中小学、中职中技、高职院校专业教师对学历提升的要求,扩大学校及相关专业的影响力,学院和远程与继续教育学院申请启动同等学历申请硕士学位研究生招生工作。2个专业确认报名人数54人。

4.学术交流不断加强

（1）举办高水平学术论坛（表5）。

表5 2023年"南望教育讲坛"开展情况汇总

期数	时间	主讲人	主题	主讲人单位
2023年第1期（总15期）	4月21日	张新平	学做孟、墨那样的"后学"	南京师范大学
2023年第2期（总16期）	6月8日	付卫东	如何撰写政策咨询报告	华中师范大学
2023年第3期（总17期）	11月24日	余东升	工程教育改革与教研论文写作	华中科技大学
2023年第4期（总18期）	12月15日	郭永玉	用两维度四类型框架思考问题	南京师范大学

（2）举办多场全国性高水平学术会议。9月23日,学院主办的新时代高校教育智库建设研讨会召开。会议以"分享经验,共谋发展,服务决策"为主题,旨在共同促进我国

高校教育智库建设与发展,切实发挥高校教育智库在建设教育强国、科技强国和人才强国过程中的助推器作用。研讨会邀请了来自教育部、地方教育行政主管部门和相关高校共30余位专家学者。9月22日—24日,学院主办的心理创伤与危机干预学术研讨会召开。研讨会以"智能·协同·修复"为主题,旨在探索人工智能、人因工效学、心理学、精神卫生学、教育学等相关领域的交叉融合,分享国内外在此领域的最新成果和经验,推进应急心理服务全覆盖,提高对危机事件的协同干预能力。来自中国科学院、清华大学、中南大学湘雅二医院等高校、医院的近200位专家学者参会。

【助力乡村振兴,提升社会合作与服务能力】

1. "心动力"成长夏令营2023年分赴湖北巴东、云南楚雄,为260多名乡村青少年开展教育实践活动与心理辅导课程,落实"大中小学心理健康教育一体化"向农村辐射,助力农村孩子的心理健康成长。2023年,"心动力"成长夏令营被共青团湖北省委推荐评选团中央大学生暑期"三下乡"社会实践优秀团队,并获全国"三下乡"社会实践优秀单位称号。

2. 主动走访联系湖北省红十字心理救援队、巴东县教育局、楚雄市教育体育局等拓展社会合作。

3. 对第25届、26届研支团成员举办了乡村学校心理健康教育专题培训。

4. 参加省应急厅安全生产日的宣传活动,展示学校创伤心理与危机干预团队成果。

5. 学院与中南财经政法大学开展合作,选派教师进行专业授课。

(撰稿:童宇、陈彪;审稿:徐绍红、柯佑祥)

高等研究院

【概况】

中国地质大学(武汉)高等研究院(简称高研院)为学校直属的独立运行的科研与学术创新平台管理机构,独立的研究生培养单位。高研院紧密围绕学校"美丽中国 宜居地球"战略和"双一流"建设任务,坚持"四个面向",以地球系统科学理论为指导,强调基础研究和行业共性关键技术突破,聚焦学科前沿,倡导学科交叉融合,围绕国际前沿重大科学问题和国家重大需求开展探索性和原创性研究。

高研院是国家级和教育部科技平台的集聚地,是学校科技创新的特区,是学校承接和完成自然资源调查和地质调查任务的主体,是地球系统科学原创性科技创新的策源地,是学科交叉、融合、汇聚的先导区,是跨学科研究中心、拔尖创新人才培养和高水平国际科研合作交流的示范区;是具有全球视野的国家战略科技领军人才和战略科技力量培养高地,是支撑学校建设地球科学领域世界一流大学的重要科技创新基地。

高研院实行"高研院统筹规划管理、科技平台独立运行"的矩阵式运行管理体制,统筹负责党建、思政、人事、大型仪器设备共享、研究生管理、群团工作等非学术事务管理工作。

学院基本情况

科技平台独立运行，各科技平台负责人均由知名学者担任。科技平台具有独立的学术相关事务的人、财、物等管理职权，接受学校统筹管理监督。国家级科技平台运行方式按照国家相关政策执行。

科技平台主要包括：国家地理信息系统工程技术研究中心、湖北巴东地质灾害国家野外科学观测研究站、地质调查研究院、地质探测与评估教育部重点实验室、紧缺战略矿产资源协同创新中心、纳米矿物材料及应用教育部工程研究中心、构造与油气资源教育部重点实验室、地下水质与健康教育部重点实验室。

主要开展地球系统科学前沿科学研究与共性技术研发，推进科技创新与行业发展协同互动，聚焦大数据、人工智能、新材料等与地球科学的交叉融合，谋划跨学科研究中心。加强在全球变化、防灾减灾、深地深海、微区地球化学、地球生物学等领域建立国际合作科技平台，与国际知名研究型大学和著名研究机构共建国际研究中心和国际联合实验室。

【党建工作】

1. 全面贯彻落实党的路线方针政策和学校党委决策部署，扎实开展主题教育、党的二十大精神以及学校第十三次党代会精神的学习。党委与巴东县沿渡河镇党委、野三关镇党委、溪丘湾乡党委开展党建联学联建，推动各教工、研究生党支部与巴东葛藤坪乡政府、湖北省地质调查院、武汉沌口同德社区开展联合主题党日活动。全年围绕主题教育、学校第十三次党代会、落实"十四五"规划和"双一流"建设中的重点问题，聚焦高素质人才培养、新一轮找矿突破战略行动等方面凝练确定调研选题，提交调研报告11份，处级党员干部、支部书记讲党课34次，查摆整改问题31项，解决师生急难愁盼问题13项，将全心全意为师生服务的宗旨落实在具体实际行动中。

2. 持续推进党建"双创"工作，国家野外站教工党支部通过首批全省高校党建样板支部验收；国家地理信息系统工程技术研究中心党支部入选第二批学校党建工作"样板支部"；地矿国重教工党支部书记工作室、生环国重教工党支部书记工作室入选学校"双带头人"教师党支部书记工作室；地矿国重"地心·使命"研究生党支部入选学校"研究生样板党支部"。

3. 严格落实意识形态工作责任制，加强意识形态阵地管理，筑牢"三微一端"等阵地，全年度未发生一起涉及意识形态领域的负面事件。组织开展安全治理"三查一演练"专项工作，对实验室安全常抓不懈，组织首届高研院平台的"安全在我心"安全知识竞赛，全面提升师生的安全红线意识。大力支持工会工作，召开高研院第一届全体教职工大会，组织羽毛球、篮球、冬季健身月等系列文体活动，丰富师生课余文化生活。

4. 落实党风廉政建设责任制。结合高研院实际，进一步推进、落实《高等研究院风险防控制度》，组织完成了8个平台、4个办公室风险排查登记和廉政风险防控措施制定工作。接受校党委督导组督导检查，对督导组给出的加强党风廉政建设、聚焦人才培养等意见建议进行落实整改,赴各科研平台宣讲仪器设备购置、硕博研究生招考等政策8次。推动班子成员"一岗双责"和纪委监督责任一体落实,明确领导班子和各平台单位负责人在党风廉政建设中的职责和任务,定期开展责任制落实情况监督检查,实现了党员零违纪目标。

【研究生培养】

1.专业博士点和交叉学科博士点建设不断完善:聚焦国家工程领域人才需求,加强"资源与环境"专业博士学位点和交叉学科博士点建设,推进学科交叉融合。在研究生院的支持与指导下,组织学位点点长,围绕工程博士和交叉学科博士人才培养需求,完成招生、培养、学位授予等全链条规章制度的制定。2023年共录取84位来自全国资源与环境领域重点单位的技术骨干和工程管理骨干,录取为"资源与环境"工程博士研究生。录取5名交叉学科博士研究生。

2.全面推进"高研攀登计划",实施构建"党建引领、一个科报会、两台晚会、两大集中教育、多种体育竞赛"的院本化研究生工作框架,组织召开高等研究院2023届研究生毕业典礼、第一届迎新文艺汇演,高研院3v3篮球赛、乒乓球赛、羽毛球赛等系列文体活动;完善党员"1+1+1"帮扶,充分发挥优秀党员、朋辈示范引领作用,先进研究生标兵不断涌现,1人获评2022—2023年度"中国大学生自强之星",1人获"第十三次李四光优秀学生奖提名奖",获2023年全国鲲鹏应用创新大赛铜奖1项,获第四届全国大学生化学实验创新设计大赛特等奖1项。

3.完善领导班子—辅导员研秘—导师多级督导就业工作机制,实施就业"优质服务"工程,针对毕业困难学生开展精准化就业帮扶、学业帮扶。学院各级班子成员开展"访企拓岗"10余次,组织开展"梦之启航"校企合作系列活动3次,就业市场拓展调研涉及11家单位。高质量完成研究生"心理健康"工作站建设,组织心理健康、防诈骗讲座2次,针对学校心理测评筛查出的重点关注学生,进行全覆盖一对一访谈,汇总问题8类,分门别类进行处理和解答,对各类风险隐患早识别、早预警、早发现、早处置,全力保障研究生安全稳定。

【重大任务】

1.统筹推进国重优化重组:按照国家的总体部署,根据重组国家重点实验室体系方案,学校对现有的2个国家重点实验室优化重组工作进行了布置和分工,同时整合学校科技资源,谋划新的全国重点实验室。受教育部委托,按照学校的安排,2023年5月高等研究院组织召开地学领域教育部系统全国重点实验室指南编制研讨会(图1),20所部属高校和6所中国科学院的领导与专家出席会议并研讨,协商地学领域教育部系统全国重点实验室指南建设。会议形成的指南建议于6月初报呈教育部。

2.发力找矿突破战略行动:深度参与国家战略行动,集全校科技资源,成立工作领导专班和专家组,完善工作机制。明确中国地质调查局各大区中心和部分资源大省对接负责人,具体组织对接交流工作,有组织地走访包括自然资源部地质勘查司和矿业

图 1　2023 年 5 月,牵头组织召开地学领域教育部系统全国重点实验室指南编制研讨会

权司、地调局资源评价部和总工室、各大区中心在内的近 20 家单位。

3. 统筹协调:积极参与深层地热资源开发(中石化集团新星石油公司牵头)、放射性矿产资源(东华理工大学牵头)、岩溶水资源与安全利用(中国地质科学院岩溶地质研究所牵头)3 家全国重点实验室建设。

4. 平台突破:组织学校相关单位完成"地下水质与健康"教育部重点实验室申报书编写论证,2023 年 3 月获批。争取各类资源,不断提质国家野外观测站、GIS 国家工程中心。

【重大活动】

1. 国家自然科学基金委员会交叉科学部第三届青年学术研讨会:10 月 23 日—24 日,国家自然科学基金委员会交叉科学部第三届青年学术研讨会在武汉举行(图 2)。会议由国家自然科学基金委交叉科学部主办、学校承办。校长王焰新院士、副校长王力哲教授,以及来自全国 110 余所高校与科研单位的 300 多位青年学者参加会议。交叉科学部常务副主任陈拥军研究员主持开幕式。

图 2　10 月 23 日—24 日,国家自然科学基金委员会交叉科学部第三届青年学术研讨会

2. "安全在我心中"实验室安全知识竞赛:12月7日,高等研究院在未来城校区弘雅堂举办了第一届"安全在我心中"实验室安全知识竞赛(图3),旨在推进科研平台实验室安全常态化教育,全面提升师生的安全红线意识。

图3　12月7日,高等研究院举办第一届"安全在我心中"实验室安全知识竞赛

(撰稿:常虹;审稿:张基得)

国家地理信息系统工程技术研究中心

【概况】

国家地理信息系统工程技术研究中心(National Engineering Research Center for Geographic Information System)(简称GIS工程中心),以中国地质大学(武汉)为依托单位,武汉中地数码科技有限公司、中国科学院地理科学与资源研究所为合作建设单位,于2013年4月由科技部批准建立,2017年8月通过科技部验收,是从事地理信息系统技术研发的公益性学术研究机构,是我国地理信息系统关键技术研发、技术成果转化、产品应用推广、产业示范的重要基地。

GIS工程中心以建设国内领先、国际先进的GIS技术创新平台为目标,开展GIS前沿技术体系研究、关键共性技术研究、工程化成套技术研究及其支撑环境建设和重大行业应用示范。工程中心的研究和业务范围涵盖GIS理论与核心技术研究、软硬件平台产品研发、遥感大数据处理、工程应用、技术培训和产业孵化。一直以来,GIS工程中心不断突破自主可控GIS关键共性技术,努力追赶国际先进水平;不断提高核心竞争力,提升工程化水平;培养了一大批高层次GIS工程技术人才,提升了GIS工程化开发能力和水平。

GIS工程中心现有"资源与环境"和"电子信息"工程硕士专业学位授权点以及"测绘科学与技术"博士学位授权点，下设地理环境感知、地理空间认知、地理仿真决策和软件应用4个研究所。目前，GIS工程中心已经形成了一支由双聘院士、国家杰青等高层次人才领衔，测绘科学与技术、计算机科学与技术、地理学和软件工程等多学科交叉，且具有宽广理论基础、关键核心技术和扎实工程实践的地理信息科学与技术国家队。

【学术事迹】

2月：中国地质大学（武汉）国家地理信息系统工程技术研究中心陈能成教授团队在地球科学领域 TOP 期刊 *Earth's Future*（SCI 一区 TOP，IF＝8.852）上发表了题为 *Urbanization Amplified Asymmetrical Changes of Rainfall and Exacerbated Drought：Analysis Over Five Urban Agglomerations in the Yangtze River Basin，China* 的研究成果。

3月：中国地质大学（武汉）国家地理信息系统工程技术研究中心陈能成教授团队在地球科学领域期刊 *International Journal of Geographical Information Science*（SCI 二区，IF＝5.152）上发表了题为 *An integrated process-based framework for flood phase segmentation and assessment* 的研究成果。

3月：中国地质大学（武汉）国家地理信息系统工程技术研究中心陈能成教授团队在遥感领域 TOP 期刊 *ISPRS Journal of Photogrammetry and Remote Sensing*（SCI 一区 TOP，IF＝11.774）上发表了题为 *Two-step fusion method for generating 1 km seamless multi-layer soil moisture with high accuracy in the Qinghai-Tibet plateau* 的研究成果。

3月：中国地质大学（武汉）国家地理信息系统工程技术研究中心肖文教授团队在遥感空间信息领域 TOP 期刊 *International Journal of Applied Earth Observation and Geoinformation*（SCI 一区 TOP，IF＝7.67）上发表了题为 *3D urban object change detection from aerial and terrestrial point clouds：A review* 的研究成果。

8月：全球智慧城市峰会暨第三届国际城市信息学会议在香港理工大学举行，学校国家地理信息系统工程技术研究中心研制的城市时空信息感知基站硬件产品，荣获全球智慧城市技术创新奖铜奖。该项工作由中心主任陈能成教授带领，武张翔教授为核心成员。

【产业动态】

2月16日，阿里巴巴集团来中心交流合作。阿里巴巴集团湖北省政府行业总经理陈晓泉以及达摩院产品专家胡朵朵一行来国家地理信息系统工程技术研究中心开展遥感科研以及应用交流。

5月19日—21日，第十八届中国地理信息科学理论与方法学术年会在广西桂林召开，国家地理信息系统工程技术研究中心主任陈能成教授率队参加本次会议，并在会上作了题为《智慧城市综合感知关键技术与系统》的大会报告（图4）。

图 4 陈能成教授作报告

11月23日,"2023城市基础设施智能化创新技术大会"在武汉开幕。国家地理信息系统工程技术研究中心为大会指导单位(图5)。

图 5 2023城市基础设施智能化创新技术大会召开

本次大会以"数智赋能,守护城市生命线"为主题,围绕城市生命线、水务、燃气、港口/园区等基础设施领域,结合当前信创产业发展趋势,共同探讨城市基础设施高质量发展路径。

12月15日,举办2023全国城市大气环境遥感监测与智慧治理高峰论坛(图6)。

中国地质大学(武汉)、国家地理信息系

统工程技术研究中心、地理信息系统国家地方联合工程实验室、湖北省测绘地理信息学会、湖北省测绘行业协会于2023年12月15日—16日在武汉融通中南花园酒店联合举办2023全国城市大气环境遥感监测与智慧治理高峰论坛。

图6 举办2023全国城市大气环境遥感监测与智慧治理高峰论坛

（撰稿：彭静；审稿：郑祺）

湖北巴东地质灾害国家野外科学观测研究站

【概况】

湖北巴东地质灾害国家野外科学观测研究站围绕国家防灾减灾重大需求，聚焦大型涉水滑坡监测与防治的前沿科学问题与关键技术问题，进一步完善了滑坡地质灾害观测指标体系和观测技术方法，加强有组织科研和科技资源共享，实现了滑坡研究理论创新、大型地下洞室原位试验和"天-空-地-深"四维立体观测系统的有机融合，在巨型滑坡多场关联监测的方法与技术上取得了重要进展。2023年，在湖北省科学技术厅基础研究平台绩效考核和科技部对2021年批准建设的69个国家野外科学观测研究站评估中均获得"优秀"，为我国三峡库区、青藏高原、湘鄂渝山地等地质灾害多发区域的重大工程建设防灾减灾提供了关键科技支撑。

一、强基提质，以高质量党建引领国家野外站高质量发展

国家野外站坚持党建引领，把党支部建在野外站一线，不断加强党支部自身的组织建设、思想建设和文化建设，着力推进党建与科研双融双促，把党建优势转化为事业发展优势。2022年成功入选全省首批高校党建工作样板党支部培育创建单位，2023年度顺利通过湖北省委教育工委组织的创建验收。在今年初高等研究院党委开展的党支部书记抓党建工作述职评议考核中,党支部书记熊承仁教授获评"优秀"等次。

二、擎旗奋进,学术研究与科技创新再获佳绩

本年度,国家野外站科研人员发表三大检索论文86篇,其中SCI检索74篇(一作或通讯作者38篇)、EI检索12篇(一作或通讯作者6篇),授权国家发明专利18项,申请国家发明专利6项。承担各类科研项目32项,纵向项目9项,合同经费共计259万元,横向项目23项,合同经费1 347.806万元,合同经费共计1 606.806万元,实到科研经费1 027.196 4万元。1项研究成果发表在国际综合性期刊《自然·通讯》Nature Communications。唐辉明教授荣获"湖北省先进工作者"称号。熊承仁教授荣获"巴东优秀科技工作者"称号。刘清秉、马俊伟入选"地大学者"青年拔尖人才岗位。唐辉明、Timothy Kusky和窦杰3人入选美国斯坦福大学和爱思唯尔发布的"全球2%顶尖科学家(中国内地)榜单2023"。

三、凝心聚力,学术委员会年度会议为国家野外站发展谋篇布局

2023年,国家野外站学术委员会年度会议如期召开(图7)。中国科学院崔鹏、彭建兵、杨树锋、周成虎、戴永久等院士通过线上线下相结合的方式参加会议,共同为野外站创新发展建言献策。与会专家围绕国家野外站监测体系建设、科技创新和示范服务等方面进行了重点讨论,充分肯定了国家野外站的建设成效和年度工作,并对后续发展提出了建议,希望巴东国家野外站突出水库滑坡品牌特色,总结成果,形成标准规范,以服务我国重大工程建设,也为国家部署新的野外站提供了宝贵经验。

四、品牌引领,多形式学术研讨汇聚新质生产力

本年度联合巴东县人民政府成功举办第四届巴东国际地质灾害学术论坛(BIGS2023)。来自25个国家和地区、90余所高校和企事业单位的500余名专家学者齐聚巴东,聚焦全球变化,共商水库地质灾害防治。本次论坛以全球变化与水库地质灾害为主题,规模系历年最大。论坛由学术研讨、技术培训、研究生展板竞赛和野外考察四部分组成。论坛的举办受到国际地质灾害学界的广泛关注,在介绍我国地质灾害研究与防治经验方面发挥了积极作用,产生了重要的国际学术影响。

积极与国内外高校及研究机构开展交流合作,坚持"111创新引智基地学术讲座""BIGS学术会议""巴东讲堂""青年学者沙龙""研究生论坛"五位一体的特色学术活动,全年举办8场学术报告,参会总人数超过2000人,以不同的交流形式推动了国家野外站科研人员与研究生学术交流,努力打造具有国际视野的学术交流基地。国家野外站设立开放基金,本年度共计15位分别来自8家科研院所的青年科研工作者获得资助,鼓励科研人员围绕国家野外站主要研究方向,开展具有重要科学意义的前沿研究和技术探索。

图7 召开国家野外科学观测研究站2023年度学术委员会会议

图8 举办第四届巴东国际地质灾害学术论坛

五、整合优势,积极推进科技创新蓄能合力

做好实验设备维护和新增设备管理工作,多方筹措资金引进大型先进科研仪器,补充配套设备和工具,维护升级原有仪器设备。进一步明确实验室分工与责任,将实验

室安全任务逐级落实到人，建立实验室安全工作检查与通报制度。

依托"中央高校改善基本办学条件专项"资金520万元，开展"地质灾害防治创新实训中心"建设，整合配置原有实验室软硬件资源，升级现有地质灾害观测体系、更新室内与原位试验仪器、搭建地质灾害建模与分析系统、开发智慧型地质灾害预测预警平台，力求建成设施完备，配套齐全，能够满足基础教学、专业训练和创新实践三位一体的现代化综合创新实训中心（图9）。

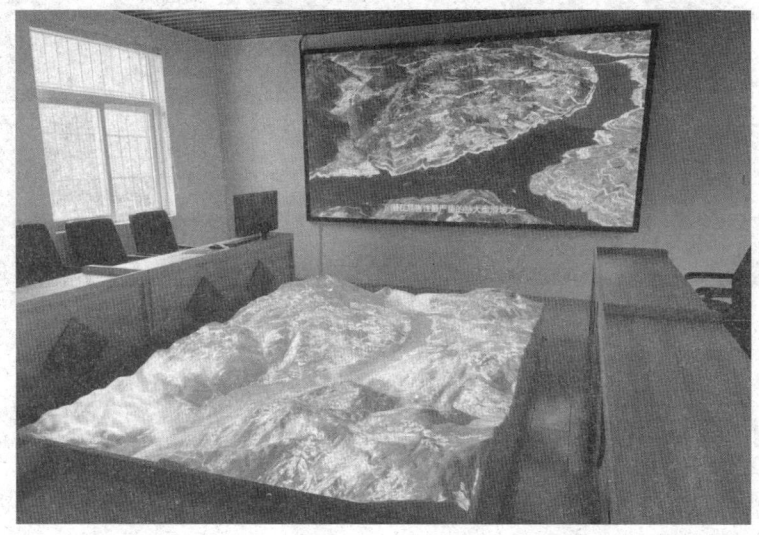

图9 实训中心

六、矢志创新，坚持将科技成果服务经济社会发展

依托全国科普教育基地擦亮地质灾害科普品牌。一是推动了全民防灾减灾科学知识的普及。在"世界地球日""5·12防灾减灾日"等时间节点，联合巴东县科协、县自然资源和规划局，组织科普志愿者到学校开展科普教育活动；参加巴东县野三关镇初级中学第三届科技节开展科普讲座。二是营造了防灾减灾的良好社会氛围。为巴东县科协机关干部和圣德国学幼儿园教师讲解地灾科普知识，为巴东县消防队官兵作"典型重大地质灾害案例与应急救援"科普报告，邀请巴东县科协和信陵镇组织机关干部和社区地灾巡查员参观巴东野外综合试验场，联合沿渡河镇新时代文明实践所开展防灾减灾科普教育培训。三是打造校内地质灾害科普亮点。在国家野外站办公楼下开辟专门区域建设科普角，定期推出科普园地专栏，2023年编辑制作科普角地质灾害科普活动24期（图10）。

图 10　科普角

（撰稿：熊一璇；审稿：龚松林）

地质调查研究院

【概况】

中国地质大学（武汉）地质调查研究院（简称地调院）主要负责学校地质调查项目的承担和管理工作，同时承担地质调查科学研究和硕士、博士研究生等高层次人才培养工作，是学校地球科学领域服务行业和社会的重要平台。地调院拥有原国土资源部颁发的 9 个领域的甲级地质勘查资质，自然资源部颁发的地质灾害危险性评估、地质灾害防治设计和勘查 3 个甲级资质，以及湖北省自然资源厅颁发的乙级测绘资质，通过了质量管理体系、职业健康安全、环境管理体系第三方认证，是中国地质调查局院校地质调查院能力建设评估 A 级单位，已经形成了一支结构合理、学科齐全、优势明显的专兼结合的公益性高校地质调查研究队伍。

2023 年地调院紧跟国家重大战略需求，积极组织研讨，探索深度参与国家新一轮找矿突破战略行动的突破点和切入点，努力为提升我国能源和战略性矿产资源安全保障能力作出地大贡献。

【科技工作：科学筹划、加强联络、主动作为、谋求发展】

服务国家重大战略需求。地调院作为牵头单位组织实施学校"国家新一轮找矿突破战略行动"，以更好地服务国家重大战略布局和社会发展需求为导向，在深部成矿与矿产预测理论创新，重要成矿区带（含油气盆地）资源能源地质调查，绿色勘查、监测与检测技术，矿山地质环境监测与生态修复，高层次地质科技创新人才培养等5个方面进行了科学部署。深入对接各大区地质调查中心和湖北、江西、新疆、内蒙古、黑龙江、福建、浙江等地质调查院及相关大型矿业企业，寻找学校服务找矿突破战略行动的切入点（图11）。

积极拓展新领域。面对自然灾害综合风险普查项目大量缩减、新一轮找矿突破战略行动未落地等实际情况，2023年度地调院16名专职科研教师积极进取和拓展新领域，作为项目负责人承担自灾普查项目、横向地灾项目、地调协作项目、国家自然科学基金项目、湖北省自然科学基金项目、地勘基金项目、重点研发计划等各类科研项目近70项，实际到位总经费1 156.54万元，人均科研经费全校第一。其中，自然灾害综合风险普查项目经费为343.35万元，自然科学基金、重点研发子课题等科技类项目286.4万元，地调、地勘、服务类项目526.79万元。区域重点基金子课题、重点研发项目子课题、湖北省自然科学基金等科技类项目增幅明显。

图11　积极谋划参与第三次全国土壤普查工作

科研创新喜结硕果。2023年，地调院16名专职科研教师以第一或通讯作者发表论文共计20篇，其中T1论文1篇、T2论文10篇、T3论文6篇、T4论文3篇。获得自然资源科技进步奖一等奖1项、二等奖1项，非金属矿科学技术奖1项（图12）。组织召开了"战略性金属矿产找矿突破理论、方法技术与实践"学术论坛，参加国内学术会议7人次、国际会议1人次。

图 12 获奖证书

深入对接行业部门。地调院作为牵头单位,在学校和高等研究院的领导下,组织相关院系(平台)和科研团队积极谋划深度参与国家新一轮找矿突破战略行动,以更好地服务国家重大战略布局和社会发展需求为导向,在深部成矿与矿产预测理论创新,重要成矿区带(含油气盆地)资源能源地质调查,绿色勘查、监测与检测技术,矿山地质环境监测与生态修复,高层次地质科技创新人才培养等5个方面进行了科学部署。深入对接中国地质调查局和各大区地质调查中心,以及湖北、江西、新疆、内蒙古、云南、福建、浙江等相关地勘单位,努力寻找学校服务找矿突破战略行动的切入点(图13)。

图 13　深入对接地调单位

科研助力科普宣传。地质调查研究院和湖北省自然灾害综合风险普查领导小组办公室联合开展"5·12"防灾减灾科普宣传活动,详细介绍了全国自然灾害综合风险普查工作内容、成果类型及应用,湖北省历史灾情、减灾能力、重点隐患及自然灾害风险特征(图14)。2023年7月,地调院实验室参与全国台联海峡两岸和平小天使活动,协助小天使们在实验室进行课题研究(图15)。2023年夏,自驾车队未经批准进入罗布泊无人区全部遇难,遗体找到时已碳化的新闻受到社会各界的广泛关注,8月2日地调院教师阮班晓受湖南卫视《新闻大求真》全民科普栏目邀请参与了该节目录制,并通过在罗布泊进行地质勘探工作的经历及专业知识向大家进行了讲解(图16)。

图 14　科普宣传

图 15　实验室活动

图 16　阮班晓教授参与节目录制

学院基本情况

资质体系有效运行。顺利完成"质量管理体系""职业健康安全管理体系"和"环境管理体系"三体系运行、维护及年审工作;与相关学院通力合作,顺利完成三体系年审及地灾资质换证复审工作,保证了地灾资质类项目的顺利开展。地灾、地勘、测绘资质运维良好,2023年地调院管理的科研项目共计立项86项,合同经费4639万元,实到经费4397万元。其中纵向项目立项16项,合同经费315万元,实到经费1086万元;横向项目立项70项,合同经费4324万元,实到经费3311万元。

【专注研究生培养改革,培养质量不断提升】

加强研究生导师队伍建设。制定《中国地质大学(武汉)地质调查研究院研究生导师选聘与招生资格审核工作实施细则》,大力配合学校顺利完成研究生导师遴选、研究生导师招生资格审查工作;贯彻新时代教育评价改革要求,积极探索推行"双导师制""多导师制"等。

积极开展研究生课程建设。对专职教师承担的"地质调查基础与前沿""地质调查技术与方法""资源与环境案例评价分析""军事地质概论""工程伦理""Introduction to Environmental Science Lab"等研究生课程开展课程研讨、内容优化、师资配备;拟增开"自然灾害调查与风险评估""自然灾害学"等研究生新开课程。

在稳定规模的同时加大学术培养力度。本年度研究生招生规模的继续保持稳定,2023级新入学硕士研究生57名、博士研究生8名,其中与地调局联合培养"双导师制"

学生11名;举办高质量研究生科报会,科报会获评校级奖励27人(一等奖6人,二等奖8人,三等奖13人);研究生科研学术水平不断提高,2023年研究生共发表论文17篇,其中10篇T2、6篇T3、1篇T4;认真落实"卓越地质师班"人才选拔,提供高质量研究生生源,今年我院通过"卓越地质师班"选拔推免研究生8人。

【加强实验中心建设】

实验中心通过抓质量、保安全、促效益等手段,安全平稳地保证了实验测试工作正常开展。全年共完成130万元的测试任务(与去年持平),检测样品数6087件(水环4487件,岩矿1600件)。实际上账金额41.9万元(因外单位送样量增加,实际上账金额比去年略有增加)。

积极参加全校计量认证换证复审工作,着力提升实验测试质量与能力。自2022年底,全校计量认证换证复审各项准备工作开始,地调院实验中心积极参加该项工作,共主动承担南望山校区两大类,80个项目/参数的测试能力验证任务。实验中心按照学校统一部署,完成了仪器计量校准、检定,标准样品清理及采买更新,测试方法验证,内审文件清理和补充,实验室布局调整及标识整理更新工作,组织管理评审和校内互审两次,集中学习和现场培训5次。并通过自学,包括授权签字人周宏老师在内的4人参加认证换证复审理论考核,成绩全部优良。计量认证换证评审专家组在学校现场检查并进行现场盲样测试核查。地调院承担的能力验证工作共接到抽取的盲样样品及留样样品自测4项8个样品,测试结果与盲样结果一致。专家组对地调院计量管理情况基本满意,对地调院测试登记的完整性进行了表扬。

加强新进设备安装调试工作。完成电感耦合等离子体质谱仪试运行阶段技术参数与性能的查验、方法测试、样品检测与数据比对等工作,并顺利通过大型仪器验收。完成土体动态环剪仪的安装调试,各项技术指标均达到和满足论证和设计要求。利用ICP-MS和离子色谱仪进行实验技术开发,建立了水质As、I元素形态分析方法。扩展了业务范围和能力。

【积极推进非学历教育】

积极服务行业单位人才培养需求,全年共承担四批次非学历教育培训班,分别为中国地质调查局自然资源综合调查指挥中心培训66名学员、中国地质调查局油气资源调查中心培训25名学员、中国人民解放军＊＊BD培训25名学员、中交第二航务工程局有限公司培训40名学员。全年共完成非学历教育培训费收入130.5万元。通过认真筹备,周密组织,授课教师耐心细致的授课,授课效果和培训组织满意度评分均达到95分以上,且在培训过程中均未发生安全问题。

(撰稿:蔡晓萍;审稿:吕占峰)

地质探测与评估教育部重点实验室

【概况】

地质探测与评估教育部重点实验室(简称实验室)瞄准国家JMRH战略,围绕资源、能源、信息等重大国家战略需求和JS特殊需要,以ZC地质环境和战略地质资源保障为研究对象,积极推进JS地质学科建设,开展GF领域关键技术研究,为国家GF领域提供ZC地质环境及战略地质资源保障。同时承担硕士、博士研究生等高层次人才培养工作,组建了8个特色交叉学科科研团队。

2023年是实验室完成建设期验收评估后正式运行的第二年,也是国家实施"十四五"规划承上启下的关键之年,实验室在科学研究、科研队伍、人才培养、开放合作、保密管理等方面取得了显著进展。

【以JMRH战略为牵引,GF科研成效显著,民口项目获得新进展】

实验室依托学校在地球科学领域的优势,聚焦实验室研究方向,紧跟国家战略服务需求,积极推进项目申报(图17)。2023年,实验室继续联合JG科研单位、部队、高校等单位开展科研合作和协同创新,申报承担国家或地区GF和JMRH科研任务课题。2023年,实验室科研人员新增GF科研项目立项36项,比去年增加10项,合同经费1978万元,比去年增加443万元,同比增长29%;实到经费1736万元,同比增长45%。2023年相比以往,实验室不仅在GF科研方面取得了长足发展,而且在民用专项也取得了重大突破,项目总经费近295万元。实验室总经费达2271万元。

【重视科研团队建设,科研队伍硕果累累】

2023年实验室科研队伍取得了显著成果。实验室主任蒋少涌教授荣获2023年国

图17 高原能源保障项目申报研讨会

际经济地质学家协会区域副主席讲习奖（Regional Vice President Lecturer）（图18）。王力哲教授、陈占龙教授等团队完成的"军事地质地理信息人才培养模式创新实践"成果，荣获第十一届（2023）高校GIS论坛"优秀教学成果奖"。实验室申报的"军事地质学专业全日制研究生教育内部质量保障体系建设研究"研究生教育教学改革研究项目获批。欧阳桂崇教授、唐颖哲教授荣获2023年中国卫星导航定位协会卫星导航定位科技进步奖一等奖。实验室朱红巍副教授、韩峻副教授、赵军利实验师完成的《核领域战略博弈推演系统创意设计方案》荣获国防大学国家安全学院与中国指挥与控制学会联合举办的"战略博弈推演系统创意设计邀请赛"优秀方案（二类）荣誉。实验室副主任陈伟涛教授等带队参加中国指挥与控制学会举办的"地方高校兵棋推演大赛"荣获湖北赛区一等奖、二等奖（图19）。实验室副研究员赵健楠老师利用我国"祝融号"火星车数据发现火星近期水活动特征，研究成果发表于T1期刊 *Geophysical Research Letters*，受到《长江日报》、央广网、环球网、中国新闻网等媒体广泛关注报道。

【强化学生高质量培养，人才培养成效显著】

实验室不断加强研究生导师队伍建设，认真落实GF特区关于人才引进、评聘、考核、导师遴选等重要工作。2023年先后2次按照学校文件要求进行人才考核以及召开专门会议，顺利完成研究生导师遴选、招生资格审核工作。

实验室重视人才培养，组织召开了2023年度研究生培养方案计划修订工作会议，突出JS和GF建设实际应用需求，强化研究生招生、培养、就业等全过程管理。2023年在JS地质学方向招生博士研究生7人，学术型硕士研究生5人；在电子信息、材料与化工、资源与环境、土木水利4个专业方向招收专业型硕士生共22人。2023年，实验室毕业博士生3名、硕士生7名，10名毕业生均顺利就业。

图18 蒋少涌教授荣获2023年国际经济地质学家协会区域副主席讲习奖

图19 各类奖证

学院基本情况

实验室2021级博士生张志军以第一作者出版《中巴公路沿线地质环境遥感调查与影像识别》专著1部。2021级1名硕士研究生获得国家奖学金。2023级研究生获中国指挥与控制学会举办的兵棋推演大赛湖北赛区一等奖1项。实验室研究生积极参与学校科技论文报告会，荣获校级特等奖1项，校级一等奖1项，校级二等奖2项，校级三等奖4项；1名博士研究生获国家留学基金委资助，研究生参加国内学术会议9人次、国际会议1人次。研究生以第一作者发表论文共8篇，其中T1论文2篇、T2论文5篇。实验室积极落实学校招生政策，提高生源质量，录取推免研究生1人。

四、持续推进合作与交流，打开GF科研共享共赢新局面

实验室积极与JW、军队院校、JG单位领导和知名专家学者加强联络沟通，并邀请相关领导、专家莅临学校为中青年科研人员做专题报告，拓展学术视野和科研合作渠道。实验室毛少华研究员在武汉市木兰湖试验场组织召开了"风环境下大型舰船溢油流淌燃烧"交流研讨会，中国科学技术大学、华中科技大学、海军工程大学、应急管理部天津消防研究所等多家单位代表参会。此外，实验室还举行了"地球上的生命之水最初来自小天体吗？""区域与全球地磁场建模研究进展""高原能源保障项目申报研讨会"等专题学术报告或项目交流研讨会。

实验室加强与GF单位的合作交流，促进GF科研合作与平台建设，加强与JW科技委等单位的交流沟通和需求对接，提升实验室GF影响力和服务保障能力。实验室毛少华研究员在GF纵向项目申报方面取得重大突破，代表学校首次参与海军"十四五"预研项目申报，并深度参与下一代水面水下战略型号科研规划申报、科研实施方案制定。

此外，实验室赵健楠研究员依托国家重点研发计划青年科学家项目"火星含水矿物探测及其指示的宜居环境"在地探实验室组织召开"火星光谱大气传输"学术研讨会，11个单位的26位专家学者参会，并围绕火星含水矿物探测现状、遥感光谱大气校正和反演算法、火星气象与大气动力学等内容开展报告交流和研讨(图20)。实验室青年骨干教师毛少华研究员、林科副研究员、袁峰副研究员自发组织地探讲坛学术科研活动，为实验室师生开展《舰船研制中数字化转型思考》《船舶的历史、设计与建造》学术报告，激发学生从事科研的兴趣(图21)。

五、持续规范实验室保密管理，有力保障学校GF科研顺利开展

实验室是涉密科研生产单位，同时为学校GF项目提供保障支持。2023年，实验室在校领导、保密办、先进技术研究院、信息化工作办公室等指导与支持下，进一步完善安全保密制度，规范安全保密过程监督管理，按照教育部重点实验室建设要求面向师生开展保密宣传教育，推动实验室保密工作科学规范开展。目前，实验室已实现安防监控全面覆盖，保密部位隔离完善，标语警示规范完备，门禁权限独立设置，防区入侵感应报警，涉密科研流程规范。

图20 "火星光谱大气传输"学术研讨会

图21 地探讲坛学术科研活动

学院基本情况

经过近两年工作的筹备,在实验室保密工作领导小组指导下,实验室荣获2020—2021年度"保密先进集体",实验室赵军利实验师兼职保密员认真履职,荣获2020—2021年度"保密先进个人荣誉"。

(撰稿:赵军利、蔡显兰;审稿:李正汉)

紧缺战略矿产资源协同创新中心

【概况】

紧缺战略矿产资源协同创新中心(以下简称中心)是面向国家矿产资源战略目标,建设集理论创新、技术研发和人才培养于一体的国际一流的创新基地。中心主要由中国地质大学(武汉)牵头,联合湖北省地质局、中国冶金地质总局中南局、长江大学、中国地质调查局武汉地质调查中心、中国地质科学院、湖北煤炭地质局、湖北三鑫金铜股份有限公司等单位组成协同创新体,主要围绕国家和地区发展中矿产资源重大战略需求,针对制约地质找矿的关键科学和技术问题,以湖北省及邻区的长江中下游成矿带、秦岭-大别成矿带、江南成矿带中紧缺战略金属矿产(铜、富铁、铅锌、锰、铌钽、稀土、锂等)为重点,设立"地质过程与成矿背景""成矿作用与成矿规律""深部探测技术与方法""矿产绿色勘查与开发""专家智库咨询与决策服务"5个研究平台,以及14个创新团队。

2023年度,中心以国家重点研发计划为牵引,开展重要成矿带成矿地质背景、深部矿产预测与评价理论方法、深部探测与信息技术研发;着力围绕学校"双一流"建设目标,在科学研究中开拓进取,获批项目和课题数再创历史新高。同时,进一步推动与湖北地勘行业政产学协同创新,基于湖北省自然资源厅地勘处在关键矿产基础研究与勘查等方向性任务,紧紧围绕湖北省国家级矿业开发基地建设和长江及汉江流域环境修复等重大工程的发展需求,积极主动推进科技创新和科学普及工作,有效汇聚学科、人才、平台等优质资源,针对紧缺战略矿产找矿突破的关键科学问题和核心技术,在新一轮找矿突破行动中作出应有的贡献。

【重要活动与事件】

1.保障国家重大战略需求,推动国家重大项目高质量发展。2023年3月1日,中心主任蒋少涌教授承担的科技部国家重点研发计划"战略性矿产资源开发利用"专项"钴镍成矿规律与高效勘查技术示范研究"项目(以下简称"镍钴矿项目")启动会暨实施方案论证会在武汉召开(图22),同年11月,"镍钴矿项目"2023年度工作进展学术交流会在武汉召开(图23)。项目实施以来,已经对国内外50余个矿床进行野外考察,在成矿理论方面取得重要成果,找矿勘查与评价工作初显成效,基于我国钴镍资源供给现状,开展钴镍成矿规律和找矿勘查的研究,增强我国钴镍资源供应保障能力和可持续发展。与会专家认为:在项目执行的一年中,找矿勘查工作正在进行,取得了较好的成效。以蒋少涌教授为首席科学家的专家组,始终是国家"找矿战略行动"中的主力军之一,战略性关键矿产对国家经济发展至关重要、对战略性新兴产业不可或缺。

图 22　国家重点研发计划"战略性矿产资源开发利用"项目启动暨实施方案论证会

图 23　国家重点研发计划"战略性矿产资源开发利用"项目年度工作进展学术交流会

2. 围绕湖北地勘行业重点难点问题，携手相关协同单位联合攻关。2023 年 12 月 12 日，中心主任蒋少涌、专职副主任李正汉全程陪同省自然资源厅党组书记、厅长吴祖云前往十堰市竹山县调研，十堰市副市长周智勇，市自然资源和规划局局长贺德斌，竹山县委书记汪正义，县委副书记、县长王丽媛参加调研（图 24）。在得胜镇庙垭村和麻家渡绿松石小镇，蒋少涌教授针对鄂西北竹山—竹溪地区铌钽-稀土资源基地和绿松石情况展开现场交流，并作了《铌-稀土储量概况及展望》专题报告。

3. 产学协同助推学科和专业建设，着力提高人才培养质量。中心与青海省地质调查局自然资源部高原荒漠区战略性矿产勘查开发技术创新中心、吉林大学国家地球物理探测仪器工程技术研究中心三方签署了战略合作协议（图 25）。本次开展深度合作，有助于充分发挥各方资源及科研优势，就高原荒漠覆盖区关键金属矿产研究、地质调查研究、矿产资源勘查评价、重大地质科学问题研究、人才培养等方面开展战略合作，真正实现产学研用一体化相结合，对于协同创新中心推进绿色勘查和产学协同育人具有重要意义。同时期待三方坚持面向国家重大需求，在基础理论、资源勘查和人才培养等方面开展务实合作，推广和转化青海省战略性矿产勘查开发的重要平台，同时希望在今后的实践工作中同心协力，在地质科技创新方面取得新成果。

图24 蒋少涌教授与自然资源厅吴祖云厅长一行赴十堰考察

图25 中心与青海省地质调查局、吉林大学签署三方战略合作协议

4. 以学术交流为平台,提升学科国际影响力。中心开展"矿产资源大家谈"系列学术讲座,先后邀请了英国南安普顿大学 Martin R. Palmer 教授(图26),俄罗斯科学院地质与矿物研究所 Nadezhda Tolstykh 研究员(图27)、Chayka Ivan 博士(图28)、中国科学院海洋研究所 Vadim Kamenetsky 研究员,塔吉克斯坦国家科学院 Sharifjon Odinaev 助理研究员,Jovid Aminov 助理教授等外籍专家来学校作学术交流,选取典型地质路线共同开展野外踏勘,推进国际科研合作。还邀请了中国石油勘探开发研究院朱光有教授、中国地质调查局成都地质调查中心李文昌研究员作专题报告,促进产学研合作。

图 26　英国南安普顿大学 Martin R. Palmer 教授学术报告会

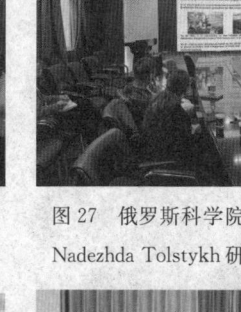
图 27　俄罗斯科学院地质与矿物研究所 Nadezhda Tolstykh 研究员学术报告会

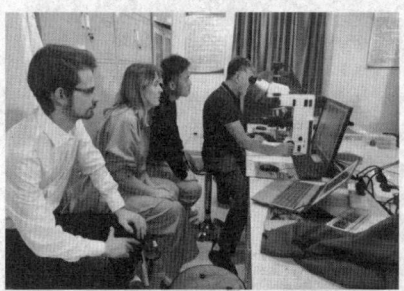
图 28　俄罗斯科学院地质与矿物研究所 Chayka Ivan 博士实验模拟

图 29　德国地学研究中心 Rolf Romer 教授来校学术交流

（撰稿：徐佳；审稿：李正汉）

纳米矿物材料及应用教育部工程研究中心

【概况】　纳米矿物材料及应用教育部工程研究中心(简称中心)面向国家在生态环境、能源及生命健康等领域的重大需求，瞄准国际矿物功能材料技术前沿，依托学校地球科学学科优势与特色，聚焦铝系矿物、石墨等战略性矿产，围绕矿物微结构与功能设计、生态环境矿物材料、先进储能矿物材料、生物医药矿物材料等领域开展科学研究与技术研发，助力美丽中国、健康中国建设。中心现有专职固定研究人员 13 人(含博士后 2 人)。2023 年，中心以"良好"成绩顺利通过教育部评估，在技术研发能力、支撑学科发展与人才培养能力及行业影响力和贡献力等方面均有显著提升。中心牵头制定的两项矿物材料领域国家标准《累托石》(GB/T 43488—2023)和《滑石粉》(GB/T 15342—2023)正式发布，获评全国非金属矿产品及制品标准化工作先进单位；牵头获批国家重点研发计划政府间国际科技创新合作专项和战略性科技创新合作专项各 1 项；"黑滑石生物医药特性研究"获评2023年非金属矿科学技术奖一等奖；杨华明教授获评2023年度建材行业十大科技突破领军人物，董雄波副研究员入选中国科协第九届青年人才托举工程，博士后Tariq入选科技部"外国青年人才计划"，引进的东京大学博士后刘磊入选湖北省百人计划。中心牵头组织编写矿物材料丛书《矿物材料科学基础》《矿物材料制备技术》《矿物材料性能与测试》等已由科学出版社出版。

【科研进展】

聚焦非金属矿行业发展，不断拓展创新链。在学校的指导下，相关单位积极协同、配合，中心顺利完成教育部科技与信息化司组织的评估，获评"良好"。中心作为全国非金属矿产品及制品标准化工作委员会中南地区工作组，重点提出制定生物医药矿物材料、环境矿物材料、新能源矿物材料等战略性新兴产业急需的国家/行业/团体标准的规划建议，并协调组织实施。杨华明教授团队牵头制定的两项矿物材料领域国家标准《累托石》（GB/T 43488—2023）和《滑石粉》（GB/T 15342—2023）正式发布；8项行业和团体标准已完成立项计划，相关编制工作持续推进；学校获评全国非金属矿产品及制品标准化工作先进单位。中心获批学校"先进矿物材料实验室"，依托该实验室已向中国合格评定国家认可委员会（CNAS）申请"矿物材料国家CNAS实验室"，目前各项工作正有序推进。

聚焦国家重大战略需求开展科学研究。陈莹副教授获批国家重点研发计划战略性国际合作重点专项"天然纳米结构微流控组装制备新型抗菌止血复合材料的研究"（2023YFE0202600）；傅梁杰教授获批国家重点研发计划政府间国际合作重点专项"煤系高岭土高值化加工利用的关键技术及应用示范"（2023YFE0100300）。2023年，获批国家自然科学基金各类项目4项。杨华明教授牵头获批的国家重点研发计划战略性矿产资源开发利用专项"面向高端应用的萤石和铝系矿物高效提纯与材料制备技术"（2022YFC2904800）于11月在学校举行了年度进展交流会。唐爱东教授获批的国家重点研发计划战略性国际合作重点专项"黏土矿物基锂硫电池正极材料的性能调控与微结构解析"（2022YFE0201300）进展顺利。

强化国际科技交流与合作。Muhammad Tariq Sarwar（巴基斯坦籍博士后）获批国家自然科学基金外国学者研究基金项目"Construction of nanoclay-based composites for the efficient treatment of wastewater"（学校首个该类项目）。中心获批科技部高端外国专家引进计划项目"改性纳米黏土用于废水中痕量药物分子的高效去除研究"（G2023155001L）；科技部国际合作司"发展中国家矿产资源高效开发利用国际培训班"获批立项。

积极破解矿物材料相关行业与区域重大科技难题。中心与陕西煤业化工集团有限责任公司、中原环保股份有限公司、湖北绿洲源科技有限公司、湖北新洋丰农业科技股份有限公司、福建龙岩高岭土股份有限公司、江西上饶黑滑石产业研究院等单位，围绕地方特色非金属矿资源开展基础研究及成果转化工作。全年新增授权矿物材料相关发明专利20项。中心与苏州中材非金属矿工业设计研究院有限公司和上饶黑滑石产业研究院联合申报的"黑滑石生物医药特性研究"获评2023年非金属矿科学技术奖一等奖(单位排名第一)。杨华明教授获评2023年度建材行业十大科技突破领军人物(图30)。

图30　2023年度建材行业十大科技突破领军人物

【人才、团队建设】

2023年,董雄波副研究员入选中国科协第九届青年人才托举工程；巴基斯坦籍博士后Tariq入选科技部"外国青年人才计划"；中心引进的东京大学博士后刘磊博士入选湖北省百人计划。中心多名教师担任 Clay Minerals、Applied Clay Science 等国内外学术期刊的编委,在中国非金属矿工业协会、中国硅酸盐学会矿物材料分会等相关协会/学会任职。

【开放运行情况】

2023年,中心牵头主办了第十六届中国非金属矿科技大会(《中国矿业报》专题报道此次会议提出的主题"把非金属矿工业打造成国家重要支柱产业")(图31)、第三届全国矿物材料学术与技术交流会,与武汉理工大学、武汉科技大学、湖北三峡实验室等单位共同主办"2023武汉矿冶与材料绿色低碳发展学术大会"等多个矿物材料领域有影响力的全国性学术会议。

中心牵头组织材化学院、地学院、数理学院等学院老师编写的矿物材料丛书教材《矿物材料科学基础》《矿物材料制备技术》《矿物材料性能与测试》等已由科学出版社出版。中心联合材化学院、数理学院等教师获批学校中央高校优秀青年团队。

图 31 2023 年度非金属矿科学技术奖

（撰稿：刘卉；审稿：胡波）

地质过程与矿产资源国家重点实验室（GPMR）

【概况】

实验室面向地球科学和技术前沿及矿产资源国家重大需求，聚焦重大地质事件与大规模成矿作用、成矿复杂系统与矿产资源预测评价两大核心科学问题开展前沿性和创新性的基础及应用基础研究，形成了四大主要研究方向：①岩石圈物质组成结构和演化与成矿地质背景；②层圈相互作用和成矿作用动力学；③成矿系统与矿产资源预测评价；④实验分析与探测技术。

实验室在板块俯冲与物质循环、特提斯构造岩浆演化与复合成矿系统、极端地质事件非线性预测理论和隐伏矿预测方法技术、高精度非传统（金属）同位素和激光剥蚀微区分析方法、高温高压实验模拟等方向取得了有重要影响的原创性研究成果；指导华北、西北、西南地区多个重要成矿带的成矿预测取得重大突破，为形成新的矿产资源战略基地作出了突出贡献。

培养了一批具有国际视野的杰出人才和多学科交叉研究团队。实验室主任成秋明院士是国际地质科学联合会（IUGS）前任主席，提出并成功设立了 IUGS"国际大科学计划"平台。实验室已成为固体地球科学领域具有重要国际影响和具有解决国家重大战略需求能力的国家级实体平台。

实验室目前拥有包括 63 位国家高层次

人才在内的科学研究队伍,其中有 5 位中科院院士、9 位海外高层次人才、10 位教育部国家级人才、15 位杰青、30 位优青。实验室具有独立二级行政单位编制、物理空间边界、相对独立的人事及财务权利,实行研究生和博士后独立培养和联合培养模式,具有国际一流的实验室设备和创新环境以及专门的技术研发与支撑力量。

【主要进展】

1. 加强基层党支部建设

在学校党委统一部署下,地矿国重党支部深入学习贯彻习近平新时代中国特色社会主义思想,贯彻落实党的二十大会议精神,深入学习领悟和贯彻学校第十三次党代会会议精神。推动党员干部职工进一步增强"四个意识"、坚定"四个自信"、做到"两个维护"。

2. 认真组织、全力冲刺国家重点实验室优化重组工作

国家重点实验室优化重组是实验室的重中之重,是学校的大事。按照科技部、教育部部署,在学校统一领导下,实验室集中力量编写《全国重点实验室组建方案》和汇报PPT,全力冲刺优化重组工作。5月5日,高等学校地学领域全国重点实验室指南编制研讨会在中国地质大学(北京)举行,5月27日,地学领域教育部系统全国重点实验室指南编制研讨会在中国地质大学(武汉)举行,20所部属高校和6所中科院的领导与专家出席会议并研讨。围绕实验室优化重组工作,召开4次由南北两地校领导、部门负责人、实验室主任、副主任、学术团队负责人、青年学术骨干参加的优化重组工作专班会议。

3. 原始创新能力不断提升

实验室人员 2023 年度以第一作者单位发表自然指数(Nature Index)期刊论文共 30 篇,其中 2 篇 *Nature Communications*、1 篇 *Nature Geoscience*、1 篇 *Science Advances*、5 篇 *Earth and Planetary Science Letters*、7 篇 *Geochimica et Cosmochimica Acta*、3 篇 *Geology*、3 篇 *Geophysical Research Letters*、7 篇 *Journal of Geophysical Research:Solid Earth*、1 篇 *Analytical Chemistry*。其中学生作为第一作者的有 10 篇。11 位固定研究人员入选爱思唯尔 2022"中国高被引学者"榜单。

4. 承担国家重大/重点项目有新突破。

实验室固定研究人员获批自然科学基金委创新研究群体项目1项;获批科技部国家重点研发计划项目4项、青年项目1项;获批国家自然科学基金委重点项目2项,获批自然科学基金委国际(地区)合作与交流项目2项;获批自然科学基金委国家重大科研仪器研制项目1项;获批国家自然科学基金委面上项目13项,地矿国重实验室被授予2023年度国家自然科学基金管理工作先进单位。

5. 高层次人才队伍建设取得重要进展

2023 年度,实验室新增国家自然科学基金委优秀青年科学基金项目获得者 2 位;新增国家自然科学基金委海外优青项目获得者 2 位;新增国家万人计划青年拔尖人才 1位;新增自然资源部高层次青年科技创新人

才1位；实验室一研究团队入选湖北省创新研究群体；新增湖北百人1位。破格高聘研究员1位。

6. 国内外学术交流稳步推进

2023年3月9日—11日，由实验室承办的第八届"亚太地区激光剥蚀和微区分析研讨会"在武汉成功举办。来自中国、日本、瑞士、俄罗斯等国家的高校及科研机构共计220余名学者和学生代表参会。4月9日—13日，由中国矿物岩石地球化学学会变质岩专业委员会主办，实验室承办的"第十届变质岩专业委员会2023年学术研讨会"在湖北宜昌成功举办。12月22日—24日，由中国矿物岩石地球化学学会实验矿物岩石地球化学专业委员会主办，实验室承办的"第十届实验矿物岩石地球化学专业委员会暨2023年深地科学前沿与进展"学术研讨会在湖北汉川顺利举办。2024年1月6日—7日，固体地球科学联盟重点实验室2023年度学术委员会会议在北京举办，实验室主任成秋明院士代表实验室汇报2023年度重要进展，左仁广代表实验室进行学术汇报。

7. 学术影响力进一步提高

2023年度，实验室固定人员成果荣获高等教育本科国家级教学成果二等奖1项；1个团队获得2022年度湖北省科学技术奖励自然科学奖二等奖；1人当选国际应用地球化学家协会副主席并候任主席；1人获国际经济地质学家协会Regional Vice President Lecturer奖；1人获湖北省有突出贡献中青年专家称号；2人获第19届侯德封矿物岩石地球化学青年科学家奖；1人获第5届高山青年科学家奖；1人获第三届中国孙枢奖；1人获科普中国星空计划优秀创作者奖；1个团队获中国分析测试协会科学技术奖CAIA奖一等奖。

8. 研究生培养成果丰硕

由金振民院士和周炼教授共同指导的博士研究生童铄云与加拿大国家研究中心杨璐研究员合作，分别对铅和铪同位素的丰度值进行了准确测定，发表的测定结果入选国际纯粹与应用化学联合会"最佳测量值"。1名研究生获评由共青团中央、全国学联主办的2022—2023年度"中国大学生自强之星"；2位硕士、1位博士获得国家奖学金；2位获得高山奖学金。

9. 仪器开放共享与平台建设进展顺利

2023年，大型仪器对外服务收入566万元。利用"双一流"建设经费购置场发射电子探针顺利安装，周美夫教授团队的多接收等离子体质谱投入运行；完成教育部"设备更新改造贷款财政贴息项目"——"大型高分辨率二次离子探针"实验室基础装修工作。2023年ICP实验室参加了全球分析地球化学实验室测试水平检验（GeoPT53），全球共有100个实验室参加比对，ICP实验室报道的40种微量元素合格率100%，49种主量和微量元素合格率98%，测试结果名列前茅。这是实验室连续18年参加国际盲样对比并继续保持国际领先水平，扩大了实验室的国内外影响力。

10. 作为主要单位参与学校CMA计量认证换证工作

承担学校主要的盲样检测任务70个类

别,为学校顺利通过 CMA 计量认证作出了重要贡献。

11. 对外开放及科普活动惠及大众

实验室接待 2023 年青少年高校科学营营员、云南省有色地质局专家等来访参观共超过 700 人次。实验室人员肖龙围绕嫦娥五号月球探测和月球的奥秘、火星的奥秘开展科普教育,在多地(湖北、江苏、广东、云南、四川等)开展数十场线下科普活动。

(撰稿:翁华强;审核:巫翔)

生物地质与环境地质国家重点实验室

【概况】

生物地质与环境地质国家重点实验室于 2005 年纳入教育部重点实验室建设,2011 年纳入科技部国家重点实验室建设,并在 2015 年顺利通过第一次评估。实验室以地质生物和环境为关键词,从研究地质历史角度解决生态危机发生的过程与致因、事件与后果、预警与应对,从而服务国家的生态安全战略,并为处理当今生物与环境、人与自然的关系提供不可替代的科技支撑。实验室拥有 3 个国家创新研究群体、4 位院士和 39 位国家级人才。实验室有固定人员 178 人,其中研究人员 143 人,技术人员 29 人,专职管理人员 6 人。143 名研究人员中,具正高职称 103 人,副高职称 40 人;45 岁及以下研究人员 89 人,占比 62%。现有在读研究生 194 人,其中博士研究生 63 人,硕士研究生 131 人。实验室的重要任务之一是培养人才,包括对年轻科研人才和研究生人才的培养,同时兼顾部分本科生的培养。

1. 人才工作

强化优秀青年科研人才是实验室立足之本,实验室极为重视年轻科研人才的培育工作。依托每月一次的"生环学社"活动,加强对年轻科研人才的引导。借助不同类型人才申报和答辩工作,对年轻科研人才进行正面影响。本年度人才工作取得新的突破,谢树成主任获 Alfred Treibs 奖,2 人当选国际学会会士,1 人当选国际学会主席,7 人入选国家级人才计划。实验室成立人才工作小组,主动与海外名校和科研机构的优秀青年科学家建立联系,定期给他们发送实验室改革成果和纪念品,以真诚吸引他们回国效力,服务生环、成就自己。2023 年度引进海外优青 1 名(梁任星),特任研究员 1 名(方谦,入选湖北省楚天特聘教授),实验技术人员 1 名(仇鑫程),为实验室中坚力量提供后备军。同时实验室大力招募优秀博士后加入实验室,本年度共吸引博士后 8 名(孙福宁、张佳、程晓钰、王北辰、韩明贤、杜勇、裴羽、陈品),其中 5 名博士后先后获得了博新计划 A、B、C 类及海外博新计划,博后占比由去年的 14.5% 提高到 25%,为实验室注入了大量年轻血液。

2. 研究生工作

2023 年实验室继续开展生环"网谱通享动"特色研究生活动,共计组织或协助开展研究生活动 10 次,进行相关新闻报道 14

次,进一步调动和增强了生环室研究生的活力和凝聚力。其中,"生环网"除进行常规活动报道外,增设"研途有样"栏目,采访了生环室表现突出的研究生6人,他们就研究生期间的亲身经历和经验进行了分享;"生环通"共计组织超100人的科普接待3次,包括地学院本科生参观、中国光谷科创日活动、全国青少年高校科学营地大分营活动,此外还成立了生环室研究生安全巡查小组,为"安全生环"增添重要一环;7月至10月组织了第一届"生环通"研究生科研摄影展,收到34名同学的46份摄影作品,经过线下展览和线上投票评选出若干幅获奖作品,在公众号和生环室进行了优秀作品展播;"生环享"组织分享活动3次,8名优秀研究生进行了科研与写作、毕业事项面对面、高水平论文发表经验的分享;"生环动"除协助高研院组织了迎新暨开学典礼外,于12月策划开展了"趣·生环"运动会,8个趣味运动项目共计50余名生环室的师生参加了比赛,运动会在欢声笑语中顺利举行。回顾2023年的研究生活动,在实验室多位老师、研究生会和研究生们的支持与配合下,活动顺利开展,也让我们在开展活动之外总结经验、持续思考如何组织更有益于研究生成长、让研究生乐于参加同时满含"干货"的特色活动。

3. 本科生工作

实验室延续优良传统,继续广泛宣传,吸纳优秀本科生生源,成立本科生工作小组,将实验室本科生基金管理办法细化优化。开设本科生的"地球生物学前沿实验方法和培训"选修课,接待珠峰班为期一周的实验培训课程,接待地学院新生参观实验平台,以及组织专家去地学院、环境学院和材化学院进行生环推介活动,大大提高了研究生生源质量,吸引14位推免研究生来生环深造。

【重要工作进展及成果】

1. 人才培养与荣誉

谢树成院士、董海良教授当选国际地球化学会士

谢树成院士获美国地质学会荣誉会士称号

谢树成院士荣获国际有机地球化学领域最高奖——阿尔弗雷德·特雷布斯奖(Alfred Treibs Award)

顾延生教授全票当选国际植硅体学会主席(任期2024年至2026年)。这是首次由亚洲地区学者担任该学会主席。

罗根明教授获第19届侯德封矿物岩石地球化学青年科学家奖

孙启良教授入选2023"海洋强国青年科学家"

宋海军教授获国家杰出青年科学基金项目资助

黄春菊入选万人计划领军人才

朱宗敏入选教育部长江学者特聘教授

宋虎跃入选青年拔尖人才计划

戴兆毅入选海外优秀青年人才计划

2. 获奖

实验室获6项2022年度湖北省科学技术奖。黄咸雨教授团队主持完成的项目"季风引发的长江中游全新世水热关系和水碳

关系"、夏帆教授团队主持完成的项目"基于仿生智能微/纳界面的痕量生物分子检测"获得自然科学奖一等奖。

3.学生培养

宋海军教授指导的博士研究生代旭获第十二次李四光优秀博士研究生奖；龚一鸣教授和纵瑞文副研究员指导的本科生刘一龙获第十二次李四光优秀大学生奖；田力副研究员指导的硕士研究生刘羽初获第十三次李四光优秀学生奖提名奖。

宋海军教授和肖异凡副研究员共同指导完成的作品《最大灭绝事件中海洋动物的新发现与幸存策略》获得第十八届"挑战杯"主体赛全国二等奖。

宋海军教授和楚道亮副教授指导的博士生和本科生获得2023年全国鲲鹏应用创新大赛铜奖。

朱振利研究员带领学生团队于第四届全国大学生化学实验创新设计大赛斩获特等奖。

（撰稿：侯建湘、倪倩、周文凤、胡军、刘涛；审稿：袁松虎）

财务与资产管理

财务工作

【概况】

2023年末,学校的总资产为643 341.24万元,比年初减少10 790.82万元,减少1.65%;各项负债总额为236 726.08万元,比年初增加20 471.42万元,增长9.47%;年末净资产为406 615.16万元,比年初减少31 262.24万元,减少7.14%。资产负债率36.80%,比年初增长3.74%。

资产变动情况。本年资产的变动主要表现为流动资产减少、非流动资产增加、受托代理资产减少,整体表现为减少。主要原因:一是货币资金41 495.13万元,比年初减少30 509.78万元,下降42.37%。主要为购置新校区二期土地,事业养老及年金增加,疫情放开后,差旅费、会议费、培训费等增加,导致资金流出量增加,货币资金减少。二是其他应收款净额9 618.49万元,比年初减少1 888.90万元,下降16.41%。主要为加强对暂付款的清理,差旅费等借款减少。三是长期股权投资24 164.72万元,比年初增加1 784.13万元,增长7.97%。主要为本年度以科技成果作价增加投资、确认投资收益、上缴利润、确认国有资本经营预算投资。四是固定资产净值431 651.51万元,比年初增加9 314.18万元,增长2.21%。固定资产原值增加主要为房屋及构筑物增加21 157.87万元,设备购置增加21 916.12万元,累计折旧增加34 570.12万元,导致净值增加。五是在建工程30 148.78万元,比年初增加11 192.17万元,增长59.04%。南望山教师周转公寓、新校区二期购地款等基本建设项目,以及印刷厂楼群改造和改善基本办学条件专项资金支持的学生宿舍维修三期、艺媒国重纳米楼维修工程等发生支出,增加在建工程12 296.92万元。

负债变动情况。本年负债的变动主要表现为预收账款、预提费用、长期借款增加,其他应付款、受托代理负债等减少,整体表现为增加。主要原因：一是预收账款113 114.23万元，比年初增加15 117.54万元，增长15.43%，本年科研支出少于收到的科研经费，导致尚未确认收入的预收科研经费增加。二是其他应付款56 615.93万元，比年初减少3 521.04万元，下降5.86%，主要为未确定用途的银行来款减少3 246.13万元。三是长期借款57 972.80万元，比年初增加7 972.80万元，增长15.95%，本年度增加借款8 000.00万元，归还本金27.20万元。

净资产变动情况。本年净资产的变动主要为累计盈余减少31 262.24万元，减少7.14%，主要原因：学校资金需求较大，本年度费用发生额高于收入发生额，本年盈余为负数，转入累计盈余后，累计盈余减少。

收入预算执行情况。2023年，学校实际取得收入320 631.28万元，比上年增加7 365.63万元，增长2.35%。主要原因：债务预算收入减少4.2亿元、财政拨款收入增加1.28亿元、事业收入增加0.97亿元、非同级财政拨款收入增加1.26亿元、其他收入增加1.43亿元，总收入体现为增加。

实际取得的收入比教育部批复学校收入总预算减少8 635.85万元，预算执行率97.38%。一般公共预算拨款和政府性基金预算拨款收入100%完成。事业收入比本年预算收入增加3 781.51万元，收入预算完成103.35%，主要是由于本年度教育事业收入比预算数减少3 895.80万元，科研事业收入比预算数增加7 677.31万元。其他收入比本年预算收入减少11 417.36万元，收入完成率81.56%。

支出预算执行情况。2023年学校实际总支出350 381.91万元，与2022年增加了16 157.41万元，增长4.83%。主要原因：商品和服务支出相比2022年增加24 090.30万元，增长26.31%，资本性支出比2022年减少15 821.90万元，下降21.95%。

实际支出比教育部批复学校支出总预算减少57 920.82万元，支出预算完成85.81%。基本支出人员经费支出比本年预算支出减少21 164.96万元，支出完成率88.36%，主要是因为年初预算包含了机关事业单位养老保险改革需补缴的学校往年应交未交的养老保险和职业年金，本年度该项工作尚未确定，未形成相关支出。基本支出公用经费支出比本年预算支出减少10 092.07万元，支出完成率86.96%，主要是因为贴息贷款项目未支出完毕。项目支出比本年预算支出减少25 663.79万元，支出完成率82.67%，主要是因为年初预算自筹基建包含了新校区和老校区基本建设相关的支出，本年度基建项目支出比年初预算数减少1.76亿元，科研项目支出比年初预算数减少0.80亿元。

【重要工作进展及成果】

提升资金筹措能力。聚焦资源拓展，拓宽创收渠道。一是强化现有渠道筹资工作。积极争取中央财政拨款，2023年，学校生均经费等基本拨款额度增加4 772.03万元，中央高校改善基本办学条件等六大专项拨款额度增加3 306.56万元，增幅较为明显。创新工作思路，积极争取地方政府专项支持，获得湖北省和武汉市"双一流"建设资金8800万元。二是深挖内部潜力。推进收入分配管理改革。修订学校《收入分配管理实施办法》，引导和激励各单位充分利用教育资源，拓宽创收渠道，增加学校收入。提高专业学位硕士研究生学费标准并列入2024级硕士研究生收费目录清单，每年将为学校增加收入达3000余万元。始终锚定在校生"零欠费"工作目标，实现学宿费收缴率由2020学年的89.19%上升至2023学年的96.09%。三是深化科研经费管理改革。宣传贯彻落实学校新出台的科研经费管理改革制度，释放科研"放管服"制度红利，进一步激发科研增收活力。2023年科研确认收入超目标大幅增长：全年科研收入7.82亿元，较2022年增加1.14亿元，增长率达17.06%。

提高资源配置能力。全面推进深化资源管理改革落到实处，实质性推动学校建设高质量发展。一是修订学校《预算管理办法》，完善预算管理的根本遵循，助推预算管理改革。二是推进预算管理一体化，提升财政专项资金执行。2023年，学校资金执行总进度99.82%，其中基本支出100.00%，项目支出99.33%（其中中央高校改善基本办学条件等六大专项支出100%）。三是执行零基预算管理，盘活存量资金。严格执行零基预算管理，树牢"过紧日子"思想，落实两个"一律收回"：年度安排的运行经费、有考核期限的专项经费，在年度结束和考核期满后一律收回；清理僵尸项目，核实确认无法支出或无须支出的项目余额一律收回。2023年全年累计收回预算结余指标7 452.75万元。四是做好滚动项目库建设。经教育部评审，2024年改善基本办学条件专项子活动均符合立项条件，评审金额达1.91亿元，审减率2.31%，创历史新低。

增强风险防控能力。坚持"科学规划、问题导向、协同治理、分阶段推进"的原则，做好财经风险防控工作。一是持续推进学校"管理制度化、制度流程化、流程信息化、信息透明化、监管常态化"内部控制体系建设，通过撰写内部控制报告，及时发现和科学解决问题。修订出台学校《收入分配管理实施办法》《预算管理办法》《国有资产管理办法》等一系列管理制度，通过向制度要效能，提高学校财经风险防控能力。二是狠抓资金流动性管控。深挖内部资金潜力，增强学校宏观调控能力。持续加强资金风险预警分析，按月编制《货币资金分析报告》，及时向校务会专题汇报并提出应对建议，通过加大资金流动性监管与调度，合理规划学校资金，使得资金流动率达到最大化，规避资金流动性风险，守好学校"钱袋子"。

保障服务师生质效。持续落实以高标准的服务质量和效能带动高水平的财经治理能力。一是强化"专人对口服务"工作机制。继续面向全校各学院和管理服务机构，实施"专人对口服务"工作机制，通过线上和线下相结合的方式联系对口服务单位，掌握服务单位的需求，做好财务、资产、采购招标等专业服务工作，切实提升精准服务和提高服务质量。二是优化财经服务质量。通过校内综合预算布置会讲解、部门内部业务培训、成立宣讲团深入学院宣讲、新进职工财经辅导培训、教代会财经工作报告等方式，宣讲财经相关制度和学校财经运行基本情况；同时优化《财务报销指南》《借款办理指南》等，解答师生们提出的具体报销疑问，实现财经工作公开透明。

扎实推进智慧财务。持续推进信息化建设，提升为师生办事能力，实现"师生少跑腿，财务数据多跑路"，让师生把更多的精力和时间投入到学习与工作中。2023年，部门完善移动审批系统、会计凭证影像化系统，完成差旅平台建设，启动采购管理信息系统二期开发建设并正式投入运行，组织办公用品常用物资电商平台建设方案调研和论证，推进财务系统与科研系统充分对接，升级全面预算绩效管理系统，进一步提升信息化办事效率；细化部门网站建设，更新和改版"地大财经"微信公众号，启动"智能客服"建设，增强对外宣传能力，争取师生的理解和支持。

【相关附表】

收入情况。2023年学校总收入320 631.28万元，具体构成如表1所示。

支出情况。2023年学校总支出350 381.91万元，具体构成如表2所示。

净资产情况。2023年末，学校净资产406 615.16万元，比年初减少31 262.24万元，减少7.14%，具体变动如表3所示。

表1 2023年收入构成表

项目	金额/万元	比重/%
收入总计	320 631.28	100
一、财政补助收入	153 538.78	47.89
二、事业收入	116 591.38	36.36
三、债务预算收入	8 000.00	2.50
四、非同级财政拨款预算收入	18 087.37	5.64
五、其他收入	24 413.75	7.61

表2 2023年支出构成表

项目	金额/万元	比重/%
支出合计	350 381.91	100
一、基本支出	227 967.02	65.06
人员经费	160 665.54	45.85
公用经费	67 301.48	19.21
二、项目支出	122 414.89	34.94
其中:基本建设类项目	8 093.00	2.31

表3 2023年净资产变动情况

项目	年初余额/万元	年末余额/万元	变动额/万元	变动率/%
净资产合计	437 877.40	406 615.16	−31 262.24	−7.14
累计盈余	437 787.40	406 525.16	−31 262.24	−7.14
专用基金	90.00	90.00	0.00	0.00
职工福利基金	0.00	0.00	0.00	0.00
学生奖助基金	0.00	0.00	0.00	0.00
其他专用基金	90.00	90.00	0.00	0.00

(撰稿：肖维帅、彭佳；审稿：杨从印、高莹莹、杜碧威)

国有资产管理

【概况】

2023年末，学校资产总计账面数643 341.24万元(已扣除固定资产累计折旧281 934.16万元)，其中流动资产110 372.12万元，占17.16%；固定资产净值431 651.51万元，占67.10%；在建工程30 148.78万元，占4.68%；长期投资24 422.46万元，占3.80%；无形资产42 784.83万元，占6.65%；受托代理资产3 961.54万元，占0.61%(表1、表2)。

表1 国有资产来源构成情况

序号	项目	金额/万元	备注
	资产总计	643 341.24	已扣除固定资产累计折旧金额
一	负债	236 726.08	含预收账款113 114.23万元、长期借款57 972.80万元
二	净资产	406 615.16	

表2 国有资产明细构成情况

序号	项目	金额/万元	备注
	资产总计	643 341.24	
1	流动资产	110 372.12	
2	固定资产	431 651.51	已扣除累计折旧
3	在建工程	30 148.78	
4	无形资产	42 784.83	土地使用权
5	对外投资	24 422.46	
6	受托代理资产	3 961.54	

学校土地资产面积总计 1 475 345.21m²，账面价值 42 784.81 万元。

学校新增固定资产 43 492.44 万元（账面原值）。其中，新增房屋及构筑物 21 157.87 万元，占 48.65%；新增设备 21 524.26 万元，占 49.49%；新增文物和陈列品 11.11 万元，占 0.03%；新增图书档案 274.81 万元，占 0.63%；新增家具和用具 387.03 万元，占 0.89%；新增特种动植物 137.36 万元，占 0.31%。全年处置固定资产账面原值共计 9 679.35 万元（表3）。

表3　固定资产明细构成情况

固定资产类别	期末账面数			
	数量	原值/万元	净值/万元	占比/%
合计	—	713 585.67	431 651.51	—
一、房屋及构筑物	—	424 277.95	315 228.60	73.03
其中：房屋（平方米）	1 500 187.05	357 873.56	286 961.72	66.48
二、设备	154 637	249 314.78	85 422.80	19.84
其中：1. 车辆	31	999.32	106.52	0.02
2. 单价100万（含）以上（不含车辆）	167	41 800.70	27 084.74	6.27
三、文物和陈列品	2385	1 334.19	1 334.19	0.31
四、图书档案	2 323 974	18 817.43	18 817.43	4.36
五、家具和用具	150 927	17 939.46	8 734.90	2.03
六、特种动植物	3994	1 901.86	1 901.86	0.43

【重要工作进展及成果】

健全管理制度。按照近年来上级国有资产管理政策要求，结合学校实际情况，2023 年修订和制定学校《国有资产管理办法》《所属企业经营绩效考核暂行办法》《公用房定额管理实施办法》《水电定额管理实施办法》《仪器设备管理办法》《大型仪器设备开放共享管理实施办法》等系列国有资产管理文件制度，进一步完善学校国有资产监管制度体系。

规范过程管理。一是按照预算一体化管理要求，进行车辆和大型仪器设备等重要资产的配置预算申报。二是规范房屋出租出借管理，聘请专业评估机构对学校现有房屋租金水平进行科学评估后公开招租，经校务会审议决定后，通过教育部国资监管平台进行房屋出租出借行为报备。三是严格履行资产处置相关规定，资产报废核销等处置行为履行校务会决策和报教育部备案等规范程序。

推动资产盘活利用和开放共享。一是深入调研，理清闲置资产的数量和形成原因，通过校内调剂和帮扶捐赠等方式盘活闲置资产，2023 年共盘活闲置资产 1365 台件，资产原值241.44万元。二是推动大型仪器设备开放共享,主动对接科技部网络平台,加强对外有偿服务,提高设备使用效益。

(撰稿:高为;审稿:杨从印、彭磊)

经营性资产管理

【概况】 资产经营公司是经教育部批准,中国地质大学(武汉)独资的国有经营性资产管理公司,组建于2007年6月,注册资本19 647万元,承担所属企业管理主体责任,是学校经营性资产管理、对外投资和股权管理的唯一归口单位。截至2023年12月底,公司直接控、参股一级企业14家。其中,全资企业2家,参股企业12家。资产总计34 351.48万元,所有者权益合计25 991.53万元,股权资产19 048万元。

2023年,在学校党委行政的领导下,公司更名为地大(武汉)资产经营有限公司,调整产生新领导班子。按照"党支部建在园区"的要求,设立宝谷创新创业中心和资环院公司2个功能性党支部,发展预备党员1名。公司党总支始终将党建工作融入企业生产经营各环节,将党建工作写入公司章程,在企业治理体系中明确党组织的职责和作用,加强制度建设,完善所属企业法人治理结构,以党建促共建,以共建促合作,以合作促发展。

2023年,公司加强对所属企业动态监管,确保国有资产安全完整、保值增值。坚持以管资本为主,围绕内部控制、重大交易、新增企业、经营和监管4个重点领域加强所属企业动态监管。通过梳理30余项内控制度,调整10余家所属企业董、监事委派人员,完善所属企业创办、监管及退出机制,加强对所属企业动态监管。坚持脱钩剥离与培育创办同时推进,动态调整存量企业。完成知识产权作价投资创办湖北省长江生态环保产业技术研究院有限公司、武汉中地大智慧城市研究院有限公司、中地大(宜兴)功能材料与环境研究院有限公司的报批及注册程序。完成舟山捷奥地探海洋科技有限公司、山东中地大生态环境研究院有限公司注销,武汉中地依舸科技有限公司挂牌转让,格罗夫氢能源科技集团有限公司与武汉地质资源环境工业技术研究院有限公司脱钩剥离的审批程序(表1)。

表1 资产经营公司所属一级企业统计表

序号	企业名称	注册资本/万元	备注
1	中国地质大学出版社有限责任公司	800.00	出版传媒
2	地苑科技发展(北京)有限责任公司	45.00	后勤服务
3	武汉地质资源环境工业技术研究院有限公司	67 600.26	科技园
4	浙江中地大科技有限公司	5 882.35	科技园

续表

序号	企业名称	注册资本/万元	备注
5	武汉中地大科技园有限公司	1 000.00	科技园
6	武汉中地数码科技有限公司	5 000.00	技术中心
7	武汉地大华睿地学技术有限公司	1 500.00	技术中心
8	武汉中地黄金实业有限责任公司	1 000.00	实训基地
9	中地大海洋(广州)科学技术研究院	1 000.00	新型研发中心
10	武汉中极氢能产业创新中心有限公司	8 500.00	技术中心
11	山东雷泽生物科技有限责任公司	3 900.00	成果转化
12	中地大(宜兴)功能材料与环境研究院有限公司	1 000.00	新型研发中心
13	武汉中地大智慧城市研究院有限公司	1 000.00	新型研发中心
14	湖北省长江生态环保研究院有限公司	5 000.00	新型研发中心

【重要工作进展及成果】

延续地大基因,推动双创中心高效运营。投资 8000 万元建设宝谷创新创业中心投入运营,可经营性房产建筑面积扩大至 24 000 m^2 ,综合实力显著提升。立足产教融合,延续地大基因,严选入驻企业,高效运营宝谷创新创业中心,为科技型企业提供良好的发展空间,促进校企合作,推动产业发展。入驻率 90% 以上,70% 以上与学校密切合作。同时,引进金融、法律、基金等多家机构为企业提供全方位服务。作为洪山区基地建设标准化、规范化的典型案例,受到各级领导关注,湖北省、市、区各级领导先后十多次来访调研,对中心立足产教融合的招商及运行模式给予充分肯定,《长江日报》等媒体多次专版报道,成为引领学校产业发展的亮丽名片和区校协同发展的典范。

坚持创新驱动,赋能产业升级和经济发展。聚焦战略抓引领,立足创新促发展,聚焦战略性新兴产业和未来产业优化产业布局,深度挖掘能够引领行业发展的优秀科研成果进行产业化,重点培育以新型研发机构为主要形式的科技型企业,加速科技成果转化,服务地方经济高质量发展。2023 年,将学校 29 项科技成果作价 2410 万元,与地方政府和企业共同发起创办了湖北省长江生态环保产业技术研究院有限公司、武汉中地大智慧城市研究院有限公司、中地大(宜兴)功能材料与环境研究院有限公司。所属企业成绩斐然,武汉地质资源环境工业技术研究院有限公司顺利通过省级科技企业孵化器认定,公司及旗下多家公司获光谷"瞪羚企业"称号。武汉中地数码科技有限公司正式推出新一代全空间智能 GIS 升级之作 MapGIS 10.6 Pro。武汉中极氢能产业创新中心有限公司获中国合格评定国家认可委员会(CNAS)认可证书。中部知光技术转移有限公司成功入选武汉市 2023 年专精特新中小企业服务机构和中小企业服务专家名单。

（撰稿：雷艳；审稿：胡文勤）

审计工作

【概况】

审计处紧紧围绕学校《2023年工作要点》和工作部署，紧扣"改革攻坚年"主题，立足经济监督，聚焦主责主业，全面提升内部审计工作质量，扎实做好常态化"经济体检"，以有力有效审计监督服务为学校事业高质量发展护航。

【制度建设】

加强内控制度建设。为充分发挥经济责任审计在加强干部监督管理中的预警作用，起草制定学校《领导干部经济责任告知制度》；为进一步规范工程审计监督程序，在全面总结经验的基础上，启动了学校《工程管理审计办法（试行）》《建设工程项目跟踪审计实施办法》《基建项目竣工财务决算审计办法（试行）》《工程合同审核办法（试行）》制度的修订工作，不断完善审计业务制度体系。

【领导干部经济责任审计】

通过周密部署、精心组织、及时沟通、逐一核实、当面反馈，稳步推进学校干部经济责任审计工作。全年共完成外国语学院、学校办公室、校园规划与基建处、后勤保障部、未来城校区管理办公室、武汉中地大资产经营有限公司等12个单位的领导干部经济责任审计，审计总金额573 671万元，达历史新高。提出审计建议166条，均得到被审计单位采纳和认可，在促进领导干部提升履职尽责能力，增强法治规矩意识，提升单位内部治理能力等方面发挥审计作用。

【经济责任审计回访】

坚持做好审计整改"后半篇文章"，采用集中汇报形式对去年领导干部经济责任审计情况进行回头看，以问题清单、责任清单、整改清单的"三单一报"方式推动审计整改工作，建立工作台账，要求被审计单位逐项销号，实施动态管控，督促落实整改要求与措施。今年完成了对工程学院、经济管理学院、党委组织部、人力资源部和图书档案与文博部5个单位审计项目的整改回访，进一步推动了二级单位健全内控制度体系，为审计成果转化为治理效能奠定了基础。

【工程项目管理审计】

坚持关口前移，做好重点工程"双编双审"，积极参加项目建设管理部门组织的限额以内项目招标工程量清单及控制价论证会，进一步修改完善影响学校经济利益及有风险的合同条款、内容，提高了合同审核效率和防范风险能力，充分发挥了审计监督作用，维护学校合法权益。全年完成工程量清单和招标控制价编制审核8项，审核总金额约8915万元。全年开展各类合同审核项目共56项，其中校园规划与基建处送审合同审核项目41项，后勤保障部送审合同审核项目11项，未来城校区管理办公室送审合同审核项目3项，信息化工作办公室送审合同审核项目1项，涉及合同金额约9915万元。

【建设工程跟踪、结算和竣工决算审计】

全年实施跟踪审计项目4项，分别是南望山校区教师周转公寓项目、学生宿舍（三期）——研3、研4维修项目、教学科研用房维修（二期）——艺媒、国重及纳米楼维修项目、教学科研用房维修（三期）项目，共涉及合同金额约21 861万元，送审总进度款11 402万元，审定进度款9156万元，审减约2246万元。全年完成结算审计项目64项，送审金额16 243万元，审定金额14 329万元，审减金额1914万元，审减率11.78%。全年开展竣工财务决算项目共9项，其中教学综合楼、新校区学生活动中心均已基本审定，决算审计总金额约70 829万元。同时，积极配合财务部门完成教育部对学三组团项目竣工财务决算的审批工作。

【银行对账单"双签"和科研项目审计（签）】

为进一步贯彻落实教育部、财政部对银行对账单实行"双签"制度的相关精神，完成了2022年第四季度和2023年前3个季度学校银行账户的审签工作，认真细致审核银行对账单和银行存款余额调节表数据，对学校账户的管理提出建议，督促对账差异原因分析和修正，加强对学校资金管理，完善内部控制，防范资金风险。将审计业务与学校信息化体系建设相融合，继续优化科研结题审计审签的工作流程，全年完成了7个科研项目结题财务验收审计委托，51个科研项目的结题审签工作，积极落实科研"放管服"政策，耐心热情地为科研教师顺利结题、申请项目提供审计服务，发挥审计工作在学校教学科研中的监督服务职能。

（撰稿：吕雅峥；审稿：孙雅静）

采购与招标管理

【概况】

2023年采购与招标管理工作紧扣学校"改革攻坚年"主题，优化完善采购制度，加强采购过程管理，夯实信息化建设和队伍建设"两项基础"，提高采购招标工作服务保障学校高质量发展的能力。

【重要工作进展及成果】

全年采购完成情况。2023年共完成学校统一采购项目167项，包括货物96项、工程21项、服务50项，总采购金额达3.16亿元，其中政府采购金额1.91亿元，含货物1.55亿元、工程0.98亿元、服务0.63亿元。

强化采购预算及执行。一是作为学校预算管理一体化"政府采购专项组"的牵头单位，积极协同各采购归口管理部门，明确分工、落实责任，打通政府采购各个关键环节，组织完成2023年学校政府采购预算及计划的编制、上报、调整，协同完成合同备案、履约验收备案，在中国政府采购网发布采购公告，推动预算管理一体化。二是主动加强内部协同，反复梳理预算调整、政府采购、资金支付等环节中存在的衔接不畅问题，研究解决工作中面临的难点，确保预算一体化顺利进行。三是加强工作研究、注重总结经验、提炼工作成果，在《中国政府采购报》上发表题为《预算管理一体化来了，高校政府采购如何做？》的文章。

加强采购过程管理。一是加强采购意

向公开，政府采购项目实施采购前至少提前一个月发布采购意向公告。二是加强采购需求管理，起草采购需求管理实施方案，落实采购用户对需求的完整性、合理性的主体责任，严格实行招标文件多人审查，避免歧视性和倾向性，确保实现采购项目目标。三是加强评标组织管理，做到事前提醒、事中监督，发现问题及时制止。四是加强重点环节管理，发现异常及时介入，特别是重点项目、财政专项经费项目和有质疑投诉的项目，坚持集体研判后进行决策，避免出现廉政风险，造成资金、人力或时间的浪费。五是加强档案资料管理，及时将采购过程材料上传采购系统进行审核并留存纸质材料。通过强化采购全过程管理，确保采购活动规范有序，提升采购工作效率。

推进信息化建设。一是推进采购管理信息系统二期建设。围绕"提质增效"目标，在"一期"的基础上进行优化，新增3个功能模块，使学校采购更贴合国家政策，提升采购工作规范性，同时减少老师跑腿和工作中的重复审核，促进数据共享，提高办事效率。

二是研究推动办公用品常用物资电商平台建设。调研多所兄弟高校和有关电商平台，积极借鉴有关经验。

优化采购服务。一是积极组织人员参加中国教育会计学会高校政府采购分会组织的各类学习、培训和交流，参加地矿海油电教育部直属高校财务工作研讨会，增长了见识，开阔了视野，提升了能力。二是积极开展调查研究，密切与兄弟高校的联系和交流，赴华中科技大学、重庆大学、西南大学等高校调研预算一体化推进、采购需求管理落实等情况，通过电话、微信等形式调研兄弟高校在中小企业政策实施、非基建工程项目招标组织等方面先进经验做法，不断提升学校采购管理水平。三是积极开展采购政策宣传，在全校预算布置会宣讲采购政策和预算编制要求，开展财务与资产管理部和后勤保障部采购业务宣传培训，夯实采购规范化管理的认识基础。四是内部定期开展政府采购政策学习和经验交流，深化认识，统一思想，提高政策理论水平和业务工作能力。

（撰稿：姜忠保；审稿：杨从印、胡军华）

办学支撑体系建设与保障服务

实习基地建设

【概况】

学校实习实践教学基地始于1954年北京周口店实习站的建立，现有周口店、秦皇岛、秭归、巴东4个野外教学实习基地。

在几十年的建设中，各校外教学基地已成为面向全国、服务于社会，集实践教学、技能培训和科学研究于一体的全方位实践教学基地。成千上万名学生在实践中增强认知、锤炼本领，得到系统的专业训练。目前，各基地除保障本校教学科研活动外，可面向社会承接业务，提供野外实践教学、红色教育、中小学研学游、会议等多个领域的服务保障。

周口店科教基地位于北京市房山区周口店镇，建于1954年，占地面积9400m²。每年有来自中国科技大学、南京大学、西北大学、中南大学等10余所大学师生在基地开展实践教学活动，被誉为"地质工程师的摇篮"。基地现有教师宿舍24间，学生宿舍66间，多功能教室8间，可同时容纳600余名师生开展野外实践教学活动。

秦皇岛科教基地位于河北省秦皇岛市，建于1984年，占地面积近30 000m²，建有阶梯式多媒体教室2个，教室8个，学生用电脑教室2个，地质教学陈列室1个。后勤服务设施配套齐全，每年暑期接待近千名学生实习。

秭归科教基地位于湖北省宜昌市秭归县，建于2004年，占地面积66 700m²，毗邻三峡大坝、屈原故里，建有丰富齐全的教学、科研、生活配套设施，包含综合楼1栋、学生公寓2栋、专家楼1栋、教学实验楼1栋、食堂1栋、运动场、试验场，可同时容纳1300余名师生。

巴东科教基地位于湖北省恩施土家族苗族自治州巴东县，建于2014年，占地面积18 240m²，包含综合实验楼1栋、教学楼1栋、办公楼1栋、食堂1栋、宿舍楼3栋、操场等,此外还投资建设有湖北巴东地质灾害国家野外科学观测研究站,对了解和观测巴东地质灾害情况,深入研究地质工程、水文地质,都有切实帮助。基地可同时接待300余名师生,为高校野外实践教学、会议接待、中小学研学等活动提供充足的后勤保障。

【重要工作进展及成果】

1. 秭归科教基地

秭归科教基地全年共接待11 788人。其中,武汉大学、中南大学、塔里木大学等高校实习4665人,校内实习2076人,会议培训2663人,研学2384人。

为有效改善师生教学生活环境,提升运行保障水平,后勤保障部充分调研师生意见需求,按照学校部署,配合校园规划与基建处于2022年底启动秭归科教基地维修(一期)项目。项目施工面积约15 927m^2,总投资约950万元,于2023年6月完工。项目内容包括:实验楼防水改造、外墙粉刷、运动场地面软化、学生公寓内外墙粉刷、地面刷漆、宿舍门换新等,改造后大大改善了师生教学生活环境。

此外,后勤保障部在基地学生公寓南、北栋连通大厅设置学习角并配备打印机,每栋1、3、5层配备一台直饮水机,每层配备两台洗衣机,开展宿舍内用电插座改造,逐步改善学生实习期间住宿生活环境。

与此同时,后勤保障部充分利用现有场地,将秭归基地实验大楼后方原本杂草丛生、碎石遍布的11亩(1亩≈666.67m^2)荒地,改造为集休闲景观、劳动教育、科普研学为一体的多功能场所,为劳动实践课程提供新的教学操作空间。

2. 巴东科教基地

巴东科教基地全年共接待966人。其中,东华理工大学、长江大学等院校实习115人,校内实习512人,会议培训及零星接待339人。

后勤保障部致力于逐步完善巴东科教基地食堂、宿舍等场所的生活设施、电器设施配备;持续修缮基地基建设备,美化绿化基地环境;改造巴东科教基地沿江路园区一栋宿舍楼,增加202个床位,提升基地接待容量。

文华楼标本库拆除期间,后勤保障部回收了库中的部分标本,转运投放至巴东科教基地,后续将建设陈列室,在基地内布展陈设岩石标本,用于研学科普。

3. 周口店科教基地

周口店科教基地全年共接待946人。其中,中国科学技术大学、东北大学、内蒙古科技大学等院校实习168人,校内实习778人。

由于建站久远,周口店科教基地多处基础设施建设老化。2023年初,后勤保障部联合校园规划与基建处等相关单位,前往周口店实地调研,经过翔实、缜密的前期摸排,筹措50余万元,于2023年5月开展地下主供水管道维修、倒塌院墙修缮等一系列基础设施维修改造工作,并于学校2023年度暑期实习开始前顺利完工,按时开站。

7月底,京津冀地区遭遇持续强降雨袭击,累计降雨量突破历史峰值,导致周口店地区不同程度受灾,时逢第二批实习学生进站报到期间,对学校第二批实习造成较大影响。受暴雨影响,周口店地区积水严重,路面毁坏、公交停运。同时,基地也一度面临断水断电断网等紧急情况。灾情发生后,校领导高度重视,多次强调要做好各项后勤保障和安全工作。基地全体后勤员工克服困难,积极应对,有力完成了各项后勤保障任务。

灾情发生后,周口店镇官地村党支部书记杜富来到周口店实习基地,代表学校实习区域涉及的有关行政村村支两委,慰问在站实习师生,表达了对实习师生的关怀和对学校实习工作的支持。

副校长李建威代表全校师生对周口店受灾群众表示慰问,对建站69年来周口店镇历届党委政府以及广大老百姓对学校周口店野外教学实习所给予的大力支持与帮助表示感谢。

4.秦皇岛科教基地

秦皇岛科教基地全年共接待校内实习1605人。

2023年,处理淘汰一批秦皇岛科教基地老旧破损实习教具,包括反光马甲200件、罗盘120个、放大镜117个、教学麦克风与扩音器29个;就基地管理制度、住宿、就餐、教具领取、生活服务等方面制作了《秦皇岛基地实习期间服务指南》,帮助师生迅速了解基地情况,方便师生在站生活。

5.实习基地劳动教育

为推进科教基地思政资源的挖掘、研究与展示,后勤保障部抓住暑期大学生实习实践教学契机,在秭归、巴东、周口店3个科教基地开展劳动教育,组织来自地理与信息工程、地球科学、李四光、工程等学院的学生,参与到光盘行动监督、后厨帮工、绿化养护、室内外环境卫生维护等实践项目中。与往年相比,今年增设"莳花人"实践项目,同时将"退寝如初"宿舍文明劳动教育活动的参与范围扩展到来站的每一位学生,2023年暑期实习期间,秭归科教基地寝室退寝合格以上占比70%。

后勤保障部充分挖掘校外科教基地蕴含的劳动与生态教育资源,依托学校和自身平台优势,发挥后勤服务育人功能,持续推动具有地大特色的后勤服务劳动育人体系发展,动员兄弟高校及合作单位参与到基地特色劳动教育项目中,不断扩大科教基地劳动教育活动的品牌影响力。

2023年,秭归科教基地和学校逸夫博物馆联合入选全国首批"大思政课"实践教学基地;学校被评为中国教育后勤协会第一批"后勤服务育人劳动教育示范基地"。

(撰稿:吴雪宁;审稿:徐岩)

教学实验室建设

【概况】

2023年,实验室与设备管理处持续优化教学实验室管理,不断完善教学实验室建设体系,着力打造具有学校特色的实验教学平台,构建"四横四纵"实验教学平台体系,强化实验教学中心内涵建设,奋力提升实验教学质量,加强实验教学示范中心、虚拟仿真实验教学中心、虚拟仿真实验教学项目资源建设,逐步推进智慧实验室建设,稳步推进公共及通用仪器设备校级公共平台建设,大力实施大学生开放创新实验室建设计划,开展学院实验中心绩效评价,加强多层次实验队伍建设。学校现有本科教学实验中心 24 个,教学实验室 470 个,总实验面积 92 794m²;现有教学仪器设备 81 405 件,原值 169 795.07 万元,其中单台(套)10 万元(含)以上的仪器设备 2336 件,原值 91 021.35 万元。本年度新增仪器设备 7180 件,原值 18 670.45 万元,减少仪器设备 2106 件,原值 1 824.7 万元。

【教学实验室建设】

2023 年利用中央高校改善基本办学条件专项资金和国家设备更新改造贷款财政贴息项目专项资金完成学校公共教学实验室和专业教学实验室建设项目共计 110 项,其中中央高校改善基本办学条件设备购置项目 14 项、国家设备更新改造贷款财政贴息项目 94 项、校内专项预算项目 2 项,累计投资预算为 18 808.264 498 万元,有力地改善了学校公共教学和教学实验室条件。联合基建、后勤等部门完成第二批 22 个高标准实验室建设,适时启动工程(业)实训中心建设。完成 2024 年中央高校改善基本办学条件设备购置项目立项申报 12 项,评审金额 5 563.04 万元。完成 3 个国家级实验教学示范中心 2018—2022 年阶段性总结自评并顺利通过专家进校考察评估。积极培育校内虚拟仿真课程资源,健全项目遴选机制,做好二级单位申报各级各类一流本科课程的服务保障。严格按照立项、审批、执行、验收评估、入库等流程,推进实验技术研究、实验教材和大学生开放基金项目管理。完成教学实验室物联网一期项目建设,及时启动后期项目建设。

【实验室运行保障】

制定学校《实验室安全管理办法》《实验室安全分级分类管理办法(试行)》等制度,参与编制《学校突发环境事件应急预案》;开展实验室气体安全培训、实验室基础急救知识培训、实验室"安全生产月"活动、实验室安全教育宣传周系列活动、实验室安全知识竞赛等各类实验室安全宣教活动;组织实验室安全准入教育,分别针对本科生、研究生和新入职教师开展定制化实验室安全准入教育培训,让实验室安全观念入脑入心,守牢校园安全底线。加强管制类危化品和危废物管理,全年审批办理易制毒化学品备案证明 313 份,易制爆化学品备案 191 份;审核并发放危险废弃物包装物、废液桶等 5000 余个;全年共完成 4 次收储和转运工作,处置固体废弃物 32.911t,废液 18.421t,合计 51.332t。做好教学实验室设备维修、实验材料分配及各类信息数据统计上报等工作,保障实验教学的顺利开展和实验室的平稳运行。

【重要工作进展及成果】

3 门虚拟仿真实验课程获批国家级一流本科课程,5 门虚拟仿真实验课程获批湖北省一流课程认定。2023 年共组织实验教材评审立项 13 项,资助金额为 28.5 万元;组织实验技术研究项目评审立项 16 项,资助金额为69万元，完成实验技术研究项目结题验收13项，其中4项验收结果为优秀；完成教学实验室开放基金评审立项249项（含4项创新实验团队项目）、验收226项，产出论文51篇，专利61项、获奖26项。组织实验技术人员积极申报湖北省高校实验室工作研究会课题，4项获得立项资助，1项被推荐至省教育厅立项，累计组织300余人次参加各级各类培训。2023年武汉市公安局洪山区禁毒工作委员会授予学校"洪山区易制毒化学品使用先进单位"荣誉称号。

2023年学校参加科技部大型科研仪器开放共享工作绩效评价考核，考核结果为"良好"，再次获得"后补助"资金奖励。

学校获评2023年湖北省高等学校实验室工作研究会先进单位。

（撰稿：王长虹、张敏、李明、陈少才、鲁群志；审稿：田永常、王耀峰）

[附录]

附表1　2023年中国地质大学（武汉）教学实验室基本情况表

学校代码	实验教学中心/个	实验室房屋使用面积/m²	仪器设备			教学实验项目数	教学实验时数	教学任务			
			合件	金额/万元	其中精密贵重仪器			合计 人时数	博士研究生	硕士研究生	本科生	专科生
					合件	金额/万元						
10491	24	92 794	81 405	169 795.07	313	46 153.27	3048	43 398	4 405 234	18	165 096	4 240 120	0

（注：表头为"合计人时数｜博士研究生｜硕士研究生｜本科生｜专科生"）

附表2　2023年中国地质大学（武汉）教学实验室建设项目一览表

年份	全校公共教学实验室建设项目		中央高校改善基本办学条件设备专项		学院专业教学实验室建设项目		合计/万元
	项目数/个	金额/万元	项目数/个	金额/万元	项目数/个	金额/万元	
2023	8	1 829.290 5	14	3 834.159 798	88	13 144.814 2	18 808.264 498

设备管理

【概况】

目前学校库存设备15.44万台(套)、原值约23.81亿元,其中教学科研仪器设备11.77万台(套)、原值约21.05亿元。2023年,学校设备采购总金额79 326.69万元。其中:完成招标采购项目203个,合同金额61 715.77万元,涉及国外进口设备项目72个,金额34 189.79万元;国内设备项目131个,采购金额27 525.98万元。完成非招标设备采购合同1746份(含部分材料采购),金额17 398.08万元,其中国内采购合同1672份,金额15 401.63万元;进口采购合同74份,金额1 996.45万元。政府采购方面,全年共采购央采目录内设备79批次,总金额212.84万元。2023年办理设备采购免税文件186份。

1. 设备材料资产管理

全年完成设备类资产入库审核6107单,总金额61 027.19万元。全年完成6批次设备处置,含未到期1批,对外捐赠1批。审批221份申请,涉及设备4518台(套),原值约4286万元,残值收入39万余元。加强设备资产绩效管理,全年完成2次设备类资产集中盘活工作,共涉及12个二级单位;严格落实"中央行政单位通用办公设备配置标准",对学校管理服务机构行政办公设备保有量进行统计,按配置标准严格审批新购置设备数量。全年完成低值易耗(耐用)品入库审核6402单,合计金额4 067.10万元;为实习基地增补实习三大件460件,价值约7.2万元,为各学院配送教学实习材料30余批次,价值约7.8万元。

2. 大型仪器设备开放共享

加强大型仪器设备开放共享管理,与科技部共享网络平台对接的仪器有170台(套)仪器,年平均运行机时1 523.09小时/年,对外服务平均机时308.34小时/年,仪器对外服务收入429.73万元。组织开展"大型仪器设备开放共享及管理绩效提升"专题调研,借鉴先进经验,推进学校仪器设备"1+N"管理制度的修订,出台《仪器设备管理办法(修订)》《大型仪器设备开放共享管理实施办法(试行)》《大型仪器设备资源有偿管理实施细则(试行)》《大型仪器设备购置论证实施细则(试行)》《大型仪器设备绩效评估实施细则(试行)》等5个制度。强化大型仪器全生命周期管理,组织完成2次集中申购论证评审,通过25台套设备购置论证,预算合计5 411.6万元;组织完成大型仪器设备验收评审会共计11场,验收设备27台套,资产原值4 213.15万元;定期督促长期借款未验收的大型仪器设备的验收工作;持续做好设备入库后的平台入网宣传工作,开展平台宣讲活动及平台服务反馈座谈会。尝试开展大型仪器开放共享创新项目孵化,有效激发实验技术队伍科学仪器或关键部件原创研发动力,提升学校大型仪器设备开放共享效益,共有4项仪器设备自主创新类项目和3项管理服务创新类项目通过立项评审,资助金额为49万元,此项举措被科技部共享平台"亮点"引用。

3. 检验检测服务

检验检测能力实现提档升级。本年度共开展了2次标准更新，完成592条标准查新；根据现有人员配备和仪器情况及市场需求，完成检验检测能力范围调整，取消568个参数，扩增2个参数；新增28台套检测仪器，全年完成计量仪器检定（校准）139台套；参加自然资源部检验检测能力验证，获得1项测量审核合格证书。2023年完成国家计量认证资质认定现场考核评审，参加现场考核的检测人员共20人，完成了九大类21种产品287个参数的考核。

【重要工作进展及成果】

在今年科技部大型科研仪器开放共享绩效评价考核工作中，学校考核结果为"良好"，并持续获得"后补助"资金奖励。学校分析测试中心顺利通过国家计量认证资质复查换证评审，重新修订并发布2023版"质量手册－程序文件－作业指导书－记录文件"四级文件体系，其中《质量手册》共计86页，《程序文件》含31个文件，共计169页，各类记录表格包含78个表格，作业指导书166份。

（撰稿：杜琳、韩涛、王赞、刘定兰、牛玉光；审稿：杨茜、王耀峰）

网格信息化建设

【概况】

2023年，信息化工作办公室按照教育部要求做好教育新型基础设施建设和教育数字化转型，深入贯彻落实学校第十三次党代会精神，围绕学校进一步深化改革意见、"十四五"发展规划目标、《提升信息化建设水平改革方案》《信息化建设与管理服务能力提升行动计划》以及2023年工作要点，遵循"师生为本，应用为王，服务至上，示范引领，安全运行"信息化建设理念，进一步深化数据治理，强化数据赋能，整合与优化教学资源平台和学习空间，提升信息化建设成效和师生服务体验，加快推进服务学校人才培养和科研创新及资源合理配置的数字化转型。

持续做好支部党建和班子建设工作。信息化工作办公室党支部现有党员18人，支部始终把政治建设摆在首位，深入学习贯彻落实党的二十大精神，在习近平新时代中国特色社会主义思想的指导下，引领广大党员干部牢固树立"四个意识"、坚定"四个自信"、做到"两个维护"，不断教育党员坚定政治信仰，提高政治能力、严守政治纪律和政治规矩，以党的政治建设为统领推进学校网络与信息化事业发展。

持续推动数据赋能和服务能力提升。组织召开全校数字化转型推进会暨网信领导小组扩大会议，成立学校数字化转型专项工作组，健全信息化工作协同机制，明确重点任务，加快推进学校数字化转型工作。健全信息化项目全生命周期管理制度体系和工作机制；深化数据治理工作，进一步夯实"三库三中心"的数据管理和数据服务的支撑作用，促进数据资产的不断形成，强化数据赋能；优化网上厅办事服务，推动线上线下服务深度融合；完善一体化综合服务门户，不断改善师生上网体验。

持续增强信息化基础设施保障能力。信息化基础设施是教育现代化的重要组成部分，是高校人才培养的重要支撑，坚持通过信息技术升级教学设施、科研设施和公共设施，促进学校物理空间与网络空间一体化建设，并完善主动服务响应和常态化巡检制度，不断增强信息化基础设施保障能力。做好网络改造和常态化巡检、维护等工作，为师生创造安全稳定的校园网络环境；围绕"一云两地三中心"的数据中心，不断完善云平台的建设服务；完善科学计算公共服务平台对外服务。

持续完善网络安全管理与运行机制。围绕"全面加强网络安全保障，健全覆盖全生命周期的网络安全保障机制"的工作要求和《2023年度网络安全工作要点》，不断完善网络安全巡检、应急演练、渗透测试、安全保密等网络安全管理与运行机制。

【基础设施建设】

完成5G无边界校园网建设工作。"5G无边界校园网"是智慧校园基础设施中的重要一环，5G智能用户管理网关的研发是积极探索高校教育网络治理创新应用模式的重要成果。信息化工作办公室牵头打造的"5G泛在化生态文明教育建设"应用，在第六届"绽放杯"5G应用征集大赛中，从全国六万多个项目中脱颖而出，获得湖北省一等奖、全国三等奖。

做好基础网络改造，为师生创造安全稳定的校园网络环境。完成教学办公区老旧网络改造（四期）项目，包含学生宿舍56栋、62栋、安保部、北区安保宿舍等楼宇，涉及信息点位1500个、网线使用量88 000m、室外光缆敷设2200m，改造完成后实现了三网分离，将百兆网络升级为千兆网，使网络结构更加清楚稳定、网速更加快捷。

不断完善云平台的建设服务。云平台共计服务于50个学校二级单位，本年度新增业务系统79个，共计承载304个业务系统，本年度新增云主机356台，共计运行998台云主机，数据存储系统达到904.53TB。

【信息化建设】

健全信息化项目全生命周期管理制度体系和工作机制。加强信息化建设目标、建设内容的统筹和建设质量的监管，健全信息化建设管理制度，完成智慧校园1+3建设方案，组织召开20余次信息化项目会议，完成50余个项目的论证与验收工作，推进项目建设成效落到实处。

深化数据治理工作。进一步夯实"三库三中心"的数据管理和数据服务的支撑作用，促进数据资产的不断形成，强化数据赋能。实现19个部门90个系统数据对接，采集数据322 259 647条，建设标准模型710个；提供数据服务接口657个，包含1.7万个数据项，受理数据使用申请1039次；为17个部门56个系统提供数据服务；强化数据安全管理，安全态势评分达87分。

优化网上厅办事服务，推动线上线下服务深度融合。网上厅已入驻184项办事服务，同比新增46项，为师生办结事项8975次。

完善一体化综合服务门户，不断改善师生

上网体验。2023年信息门户访问量为2 977 148人次;企业微信年访问量为2 352 148人次;上线WPS正版软件,使用人员达7000余人,使用文档数量160余万份,数据存储量6.9TB。

【网络安全】

2023年学校总体网络安全情况良好,未发生重大网络安全事件。全年共处理网络安全通报事件94起,教育系统网络安全工作管理平台安全监测预警子系统通报事件30起,教育行业网络安全平台通报事件29起,湖北省网络与信息安全信息通报中心通报事件4起,学校自查事件31起。坚持一日三巡,全年365天24小时无间断值守,落实重要时期7×24小时网络安全保障任务累计113天。

完成信息系统和网站漏洞扫描任务121次、复检45次,共下发系统整改通知书265份,邮件提醒督促漏洞整改工作265封。发布网络安全运行月报12期。组织开展了2023年度网络安全蓝军行动,进一步排查学校网络安全与信息化的风险隐患,加强学校安全防护能力。开展网络安全应急演练2次。将网络安全素养培训纳入学校中层干部教育培训内容,组织培训活动1次。在校园网络安全宣传周期间面向全校组织开展专题宣传活动。

【网络运行维护】

2023年校园网出口带宽从21GB扩容到24GB,其中联通6GB,电信8GB,教育网10GB。联通网出口流量平均2.37Gbps,峰值5.29Gbps;电信网出口流量平均1.3Gbps,峰值5.98Gbps;教育网出口流量平均3.89Gbps,峰值14.58Gbps。学校总体出口带宽持续高位运行。两校区互联上行(至南望山校区)带宽1.14Gbps,两校区互联下行(至未来城校区)带宽5.34Gbps,基本满足师生用网需求。

坚持主动服务响应机制,主动发现问题、解决问题,涉及全域性、区域性的重大问题90%以上都被及时发现和提前解决。全年共计处理各类校园网服务事件共计4865起。全年为校内相关单位提供技术支持30余次。全年提供视频会议及重大活动保障工作共计182余次;提供各类业务专项网络保障100余次,涉及研究生入学考试、元旦嘉年华、迎新、考试、招生录取、学术会议、重要活动、交流、行政会议、培训等;保障各类视频会议82余次,做好两校区视频会议系统、教育部视频会议系统的网络保障和技术支持工作。

【高性能计算】

2023年,高性能计算平台共有CPU计算节点112台,GPU计算节点6台,存储节点13台。高性能计算平台可提供CPU算力493.06Tflops,GPU FP64 Tensor算力149.80Tflops,存储能力1140TB。目前平台活跃用户214个,截至2023年12月,共提交作业185 827个,CPU核时数25 153 456.35核*时、GPU卡时数4 925.02卡*时,用户体验得到一定程度的改善。

(撰稿:闫飞;审稿:吴春明)

图书文献工作

【概况】

本年度共入藏各类图书 55 509 册,其中南望山校区 28 959 册,未来城校区 26 550 册。接收各界人士捐书 1122 册,接收纸质硕博毕业论文 3325 本,订购中文期刊 417 种,接收现刊 10 156 册。2023 年底馆藏图书共计达 636 418 种 1 875 235 册,其中中文图书 1 684 283 册,外文图书 64 864 册,过刊 126 088 册;可用数据库 117 个,其中中文数据库 53 个,外文数据库 64 个。全年开通试用数据库 24 个。

南望山校区全年开馆 329 天,101 万余人次入馆,未来城校区全年开馆 329 天,81 万余人次入馆。全年合计借阅图书 47 469 册次,归还图书 46 109 册次,其中自助借阅比例 97.76%,自助归还比例 97.19%。共计完成查新报告 196 份,代查代检 3557 人次,ESI 高被引论文和学科分析报告 17 份。本校硕博论文传递 84 人次,共 284 篇,湖北省科技信息共享服务平台共传递文献 175 次。全年开设 20 个班次的文献信息素养课程,总计 2442 人上课,学生信息素养教育的覆盖面与影响力进一步提升。

【学科情报服务不断深化】

全年发布《学科发展动态分析简报》6 期,完成《基于 ESI 的中国地质大学(武汉)学科分析报告》2 份,完成各类学科分析报告 9 份,包括环境学院学科建设报告、自动化学院学科建设报告、材化学院学科建设报告、基于文献计量学的时滞系统鲁棒控制研究学科发展动态分析报告、学校动植物学科发展态势分析、学校生物/生物化学学科发展态势、学校数学学科发展态势分析、学校物理学学科发展态势分析、学校大气科学学科发展态势及热点前沿分析报告等。

【知识产权服务卓有成效】

如期完成了国家知识产权信息公共服务网点的年度考核工作。完成《大气科学专利分析报告》《2022 年全国地学类高校专利申请对比分析报告》《2022 年中国地质大学(武汉)专利申请分析报告》《2022 年度湖北省双一流高校专利布局对比分析报告》《自动化学院专利分析报告》《城市综合管廊污水处理产业专利导航报告》《高校知识产权信息服务标准支撑项目:中国地质大学(武汉)调研报告》等 7 项专利报告。开展专利检索培训,并完成了面向自动化学院的专利技术主题检索报告 20 份。完成矿区污染治理、水体污染治理专题库 1 万 5 千余条数据的更新。向国家知识产权局报送学校 2023 年度知识产权信息服务中心工作优秀案例、数据开发进度报告 5 项。与科发院知识产权与技术转移中心、中部知光开展业务合作,配合开展了中国地质大学(武汉)"中部知光"杯第四届大学生专利发明大赛。开展知识产权信息服务以及专利相关的培训 15 场,包括专利资格培训、专利信息服务专题培训、部门自行组织的专利业务培训等。

【阅读推广活动有声有色】

举办了以"开卷知往 悦向未来"为主

题的第七届书香文化节,以倡导地大学子"爱读书、多读书、读好书"为目标,表彰了十大借阅之星、十大跑馆达人以及荐购达人。举办线上线下活动、讲座27次共计69场,阅读推广的活动形式包括名家导读、名篇诵读、主题书展、知识竞赛、书画展、短视频制作大赛、新年祝福活动等,吸引了万余名师生参与,浓厚了书香校园氛围。

【育人功能不断彰显】

两校区图书馆所有阅览室全面实行全周无差别开放,提供早7:30至晚10:30的7×15小时服务,最大限度地满足师生借阅和学习需求。充分发挥各终端通告屏的育人功能,全年推送中国古代重要科技展系列海报、宪法宣传日海报和新书推荐海报等共34幅。未来图书馆持续优化服务,2023年共为教师约70人次提供了研修间定向开放服务,师生累计使用研修间43 000余人次。未来图书馆一楼报告厅全面对外开放共享,面向生环国重、材化学院、经管学院、科发院等单位作为重要活动举办场地近10次。

(撰稿:刘安璐、郭晓宁、侯祖兵、梁胜男;审稿:帅斌、邓云涛、张峰)

[附录]

附录1　2023年度经费馆藏情况

经费情况/万元			图书流通情况	阅览室情况	纸质馆藏总量/万册					年人均藏量/册
书刊费	设备费	其他	流通量/册数	阅览人次/万人次	图书/万册		期刊/万册			
					中文	外文	中文	外文	187.5	55 509
1760	1600	0	170	47 469	182	168.4	6.4	8.33		4.28

年度经费总计

期刊工作

【概况】

2023年期刊社7本期刊全年出刊48期，共刊出论文1082篇。期刊所获荣誉和奖励有10项，包括《地球科学》荣获"第五届湖北出版政府奖"；《地球科学》Journal of Earth Science双双入选"中国国际影响力优秀学术期刊"；《地球科学》Journal of Earth Science《中国地质大学学报（社会科学版）》三刊入展中国期刊协会举办的第二十九届北京国际图书博览会（BIBF）"2023中国精品期刊展"；《中国地质大学学报（社会科学版）》荣获"全国高校精品社科期刊"和"2023中国国际影响力优秀学术期刊"称号；《安全与环境工程》荣获2023年度湖北省科协"科技创新源泉工程"优秀科技期刊；《地质科技通报》编辑部荣获2023年湖北省科技期刊编辑学会"改革创新先进集体"。

期刊编辑所获荣誉有6项，包括宋衍茹荣获"湖北省科学技术期刊编辑学会学术贡献奖"；姚戈荣获"湖北省科学技术期刊编辑学会青年编辑英才奖"；朱蓓独著论文《高校学术道德建设中学术期刊作用刍议》获编辑学术沙龙"非晓杯"学术征文优秀奖；朱蓓荣获第四届"渝出版"学术交流会暨期刊编辑知识竞赛三等奖；刘江霞等荣获湖北省科学技术协会湖北省优秀科技论文（2021—2023）和2023年度中国高校科技期刊建设示范案例库"优秀编辑"。

期刊的影响力不断提升，《地球科学》Journal of Earth Science连续4年被《世界期刊影响力指数（WJCI）报告》收录，分别列地球科学综合类第24/129、32/129位（较去年分别上升1位和17位），世界影响力指数均位于Q1区，在入选的18种中国期刊中分别排名第2位（中文版期刊居首位）和第3位；《地质科技通报》在《世界期刊影响力指数（WJCI）报告（2023版）》中由地质学Q2区首次进入地质学Q1区；《宝石和宝石学杂志（中英文）》2023年7月被国际重要数据库Scopus收录。

据美国JCR报告，Journal of Earth Science 2023年的影响因子为3.3，影响因子学科排名为75/202，进入Q2区，总被引频次上升至2729次。据《2023中国学术期刊影响因子年报（自科版）》，《地球科学》《地质科技通报》《安全与环境工程》《宝石和宝石学杂志（中英文）》四刊的复合影响因子排名以及CI值（影响力指数）排名均有所上升。

【服务学科建设】

Journal of Earth Science出版130篇文章，校内文章占比约为23.5%；《地球科学》出版317篇文章，校内文章占比约为32.5%；《中国地质大学学报（社会科学版）》出版72篇文章，校内文章占比约为9.7%；《地质科技通报》出版194篇文章，校内文章占比约为27.0%；《安全与环境工程》出版180篇文章，校内文章占比约为25.0%；《工程地球物理学报》出版96篇文章，校内文章占比约为14.6%；《宝石和宝石学杂志（中英文）》出版93篇文章，校内文章占比约为41.9%。

【办刊能力建设】

启动编委换届,充分发挥人才强刊战略。《地球科学》Journal of Earth Science 两刊完成了编委会换届和第二届青年编委招募,于4月25日采用线上线下相结合的方式召开了编委会,并按照学科方向建立编委/青年编委专家群,定期研讨相关学科热点、开展选题策划;《工程地球物理》于6月成立了新的一届编委会,制定相关制度,发挥编委的引领和指导作用;《地质科技通报》于3月22日召开了第十届编委会第一次会议,会议采用线上线下结合的方式召开。

召开青年编委座谈会/见面会,激发青编办刊活力。为充分激发青年编委的办刊活力、发挥青年编委的作用,《地球科学》编辑部自组建第一届青年编委以来,通过多途径走访青年编委,广泛召开青年编委座谈会/见面会,与青年编委的交流基本实现全覆盖。编辑部以走访、邀约的形式与校内的青年编委座谈,借助参加学术会议(如地球科学联合年会、第十届全国成矿理论与找矿方法学术研讨会)的空隙邀约校外/外省的青年编委参加座谈,向青年编委汇报期刊发展现状,听取青年编委对期刊的发展建议和意见,通过面对面地有效交流,促进了青年编委对期刊的深入了解,激发了青年编委的办刊热情。

举办系列学术论坛,提升期刊学术影响力。《地球科学》编辑部2023年组织举办"青年学者线上系列论坛"12期,论坛通过地球科学视频号、腾讯会议、地学之家、寇享学术等线上平台的直播,平均参会人次达2000+。其中,2月11日,《地球科学》编辑部联合中国地质大学(武汉)资源学院组织召开"战略性矿产资源研究与勘查进展青年学者论坛",本次论坛采用线下线上相结合的形式,8位矿床学领域的青年才俊齐聚惠宾楼会议室,分享了各自近期研究成果。

搭建同行交流平台,交流先进办刊经验。3月28日,期刊社协办了"第一届楚天卓越科技期刊发展研讨会暨英文科技期刊建设高端论坛",本次会议采用线上线下结合的形式举行,180余名代表线下参会,《地球科学》微信视频号吸引了1700余人次线上参会;6月16日,期刊社组织了"高起点新刊 The Innovation 专家经验交流会",陈科研究员通过具体实例分享了 The Innovation 的发展历程,对期刊概况、编辑会组成、投审稿流程、出版质量把控、全媒体平台宣传等方面进行了详细介绍;7月5日,《海洋地质与第四纪地质》和《海洋地质前沿》副主编刘锐、《华南地质》执行主编于玉帅率队莅临地大期刊社进行座谈,交流先进办刊经验。

创新审读工作理念和方法,提升期刊编校质量。期刊社邀请校外审读专家对本社的7本期刊进行审读,并组织召开"高校期刊审读工作创新与实践研讨会",邀请审读专家作了以"期刊审读工作的创新与实践"为主题的主题报告,并就审读工作的难点与解决方案展开了讨论,为推动高校期刊审读工作的持续发展迈出了坚实的步伐。

深入科研一线,开展调查研究和科技论文写作培训。7月13日,期刊社应中国石油塔里木油田勘探开发研究院邀请,听取该院生产和科研现状、开展科技论文写作培训与交流,助力生产一线优秀的研究成果第一时间发表在祖国大地上。

引入先进技术,持续加强信息化和数字化建设。《地质科技通报》开启了网络首发,加入了OSID计划;《安全与环境工程》使用了"善锋参考文献校对软件"以提高工作效率,且调整了微信公众号设置、更新栏目设计、丰富公众号发布内容;《中国地质大学学报(社会科学版)》启动对在线稿件管理系统以及网页的全面升级,采购更新了校对环节使用的黑马智能校对软件,同时开始尝试使用方正XML一体化数字出版平台,与国家哲学社会科学文献中心签订了期刊论文优先发布的合作协议,与长江文库签订了数字许可合作协议。

(撰稿:谢晓红;审稿:王淑华)

出版工作

【概况】

2023年出版社全年组织申报选题356种,出版图书399种,获得奖励(资助)45项(其中国家级22项、省部级18项),版权输出图书1种,在2023年度图书出版单位社会效益评价考核中,得分93.5分,评价等级为优秀,全年营收和利润双提升,国有资产保值增值,职工收入稳中有升,实现了社会效益和经济效益的有机统一。

【服务贡献】

组织2023年实验教材出版工作宣讲会,加强实验教材建设。继续实施教材出版基金资助,围绕"十四五"高等教育规划教材建设,"双一流"和一流本科专业建设主动对接本科院系,提前谋划学校相关专业教材立项建设,全年出版校本化教材49种。持续打造中国地质大学智库丛书,2种图书成功获批湖北省公益学术著作出版专项资金资助。成功举办学校首届科普作品创作与出版研讨会,成立了学校科普专家委员会,启动第二期地球科学科普图书创作与出版基金资助项目申报工作,4种科普图书获得资助,全年出版科普图书7种,1种图书入选自然资源优秀科普图书,2种图书入选湖北省优秀科普作品,1人获评学校科普工作先进个人,出版社获评学校科普工作先进单位。

【内部治理】

修订了《关于加强和规范出版社合同管理的有关规定》《样书及文创产品样品管理办法》《财务管理办法》《国有资产管理办法》《差旅费管理办法》《商务接待管理办法》《考勤管理办法》《职工文体活动支出、职工集体福利支出管理办法》《公章使用管理制度》9项制度,优化云因系统出版管理流程,强化全过程多环节约束,提升了内控管理的科学化。定期进行库房盘存及滞销残损图书报废工作,科学处理损耗,降低储运成本。加强精细管理,实施季度考核,多次召开生产调度调研会,适时调整书号管理,确保生产经营工作有序高效进行。出版社党总支成功入选学校第二批党建"双创"工作项目"标杆党总支部"培育创建。

【团队建设】

新组建"宝玉石及自然资源类高等职业教育教材项目小组"和"普通本科（含研究生）教育教材项目小组"2个集策划生产营销为一体的创新发展项目小组，促进跨部门业务融合，进一步激发干事创业能力。系统开展教育培训，制订了《职工年度培训计划》，有计划地组织职工参加各类学术会议。打造"地大出版名山讲坛"，全年举办讲坛4期，组织职工论坛1期，8名职工进行学习交流，分享体会见解，提升了职工的整体素质和能力。编辑公开发表学术论文8篇，其中EI 1篇、中文核心1篇，1人通过湖北省出版专业副高职称评审，1人通过湖北省出版专业中级资格考试，1人获第六届湖北省出版发行营销银案奖。积极参加学校篮球赛、乒乓球赛等活动，校运动会取得教职工女子团体第四名的好成绩。

【业务拓展】

大力开展市场调研、积极开拓市场，了解学术前沿、开发作者资源、策划系列选题。出版社全年共签订出版合同263个，合同金额达1800余万元。新加入全国珠宝科技与艺术行业产教融合共同体、全国数智时尚工美行业产教融合共同体、全国翡翠珠宝行业产教融合共同体等3个产教融合共同体，发挥桥梁纽带作用。22种图书入选首批"十四五"职业教育国家规划教材名单目录。作为学校视觉标识开发经营的唯一官方授权单位，积极开发多品类文创产品，成功举办了第四届校园文创设计大赛，完成数字藏品平台建设，面向全校师生发布1万份数字藏品，承办或协办学术会议5场。

【图书销售】

积极拓展新媒体业务，实现线上线下同步推广，积极主动开展教材推广工作，加大整体营销、分类营销工作力度，根据业务板块的不同特点，区分执行营销策略。全年完成图书销售收入569万元，同比增长7%，实现图书销售收入连续3年增长。

【品牌建设】

全年获得各项奖励（资助）45项，其中国家级22项、省部级18项。22种教材入选首批"十四五"职业教育国家规划教材名单，5种教材入选人社部全国技工教育规划教材，1种图书荣获湖北出版政府奖，1种图书入选自然资源部优秀科普图书，2种图书入选湖北省优秀科普作品，2种图书入选2023年度国家级优秀海洋图书，6个项目获湖北省公益学术著作出版专项资金资助，1种图书荣获第九届中华印制大奖银奖。完成了1种图书的版权输出工作，实现出版社图书走出去"零"的突破。向学校滨海研究院捐赠图书441册，价值4.93万元，助力学校对口帮扶滇西应用技术大学珠宝学院，2023年再次捐赠图书680册，价值4万元。

（撰稿：易帆；审稿：江广长、余江涛、蒋海龙）

[附录]

附表1 出版社图书获得省级以上奖助信息一览表

编号	书名	申报单位联系人	项目名称
1	矿物名称词源	易帆	第九届中华印制大奖银奖
2	至暗历劫——显生宙五次生物大灭绝	张林	第七届长江读书节十佳荆楚图书提名奖
3	吉林省矿产资源潜力评价系列丛书(9册)	出版社	2022年出版物印装产品质量检测"20种印制精品"
4	汽车发动机电控技术(第2版)	桂文婷、张大新、蒋海龙	2022年全国技工教育规划教材
5	建筑装饰设计	张大新、蒋海龙、张旭	2022年全国技工教育规划教材
6	新媒体运营工具运用	聂玲勇、张旭、蒋海龙	2022年全国技工教育规划教材
7	After Effects CC影视后期制作	桂文婷、蒋修能	2022年全国技工教育规划教材
8	数控首饰雕刻实训	张旻玥、阎婧	2022年全国技工教育规划教材
9	"雪龙"啊,你慢些游——南极科学考察科普丛书之"南极探秘"	张旭	2023年农家书屋重点出版物推荐目录
10	"雪龙"啊,你慢些游——南极科学考察科普丛书之"别样人生"	张旭	2023年农家书屋重点出版物推荐目录
11	地下水与地热能	王凤林	2023年农家书屋重点出版物推荐目录
12	地下水与地表水	周蒙	2023年农家书屋重点出版物推荐目录
13	探秘火星	张林	2023年湖北省优秀科普作品
14	寻找古植物王国:一场穿越2.5亿年的地质学旅行	彭琳	2023年湖北省优秀科普作品,自然资源部优秀科普图书
15	湖北省土地质量地球化学调查成果丛书(2册)	唐然坤	2023年度湖北省公益学术著作出版专项资助项目
16	鄂东地区地质灾害机理与预警研究丛书(2册)	段勇	2023年度湖北省公益学术著作出版专项资助项目

续表

编号	书名	申报单位联系人	项目名称
17	中国化石村	韦有福	2023年度湖北省公益学术著作出版专项资金资助项目
18	荆楚藏珍——考古中的湖北	易帆	2023年度湖北省公益学术著作出版专项资金资助项目
19	寻找古植物王国：一场穿越2.5亿年的地质学旅行	彭琳	2023年自然资源优秀科普图书
20	地基与基础工程施工	张大新	首批"十四五"职业教育国家规划教材名单
21	钢筋翻样及加工	王欢、崔岩	首批"十四五"职业教育国家规划教材名单
22	建筑设备安装计量与计价	桂文婷、苏童	首批"十四五"职业教育国家规划教材名单
23	建筑工程经济基础	徐阳	首批"十四五"职业教育国家规划教材名单
24	建筑工程测量（第2版）	张大新、李锦峰	首批"十四五"职业教育国家规划教材名单
25	建筑工程计量与计价（第2版）	吴明霞、宋花	首批"十四五"职业教育国家规划教材名单
26	建筑识图与构造	徐阳	首批"十四五"职业教育国家规划教材名单
27	汽车钣金技术	张大新、宋花	首批"十四五"职业教育国家规划教材名单
28	汽车保养技术	吴明霞	首批"十四五"职业教育国家规划教材名单
29	汽车美容技术	吴明霞、蒋修能	首批"十四五"职业教育国家规划教材名单
30	汽车维修技术	桂文婷、宋花	首批"十四五"职业教育国家规划教材名单
31	幼儿行为观察与引导	宗宝琴	首批"十四五"职业教育国家规划教材名单
32	幼儿园环境创设	宗宝琴、吴明霞	首批"十四五"职业教育国家规划教材名单
33	幼儿急症救助与突发事件应急处理	聂玲勇	首批"十四五"职业教育国家规划教材名单
34	幼儿生活照护	吴明霞	首批"十四五"职业教育国家规划教材名单

续表

编号	书名	申报单位联系人	项目名称
35	幼儿卫生学（第四版）	宗宝琴	首批"十四五"职业教育国家规划教材名单
36	宝石矿物肉眼与偏光显微镜鉴定（上） 宝石矿物肉眼与偏光显微镜鉴定（下）	张斐明 彭琳	首批"十四五"职业教育国家规划教材名单
37	玉石雕刻工艺	张玉洁	首批"十四五"职业教育国家规划教材名单
38	珠宝首饰的品质与价值评估（第2版）	张玉洁	首批"十四五"职业教育国家规划教材名单
39	钻石鉴定及分级	龙昭月	首批"十四五"职业教育国家规划教材名单
40	首饰制作工艺（第2版）	张玉洁	首批"十四五"职业教育国家规划教材名单
41	饰用贵金属材料	龙昭月	首批"十四五"职业教育国家规划教材名单
42	长江经济带环境地质和生态修复	唐然坤	第五届湖北出版政府奖
43	玉器设计与工艺	张斐明	2023年全国高职高专院校图书馆优秀图书
44	宝石矿物肉眼及偏光显微镜鉴定（上）	张斐明	2023年全国高职高专院校图书馆优秀图书
45	宝石矿物肉眼及偏光显微镜鉴定（下）	彭琳	2023年全国高职高专院校图书馆优秀图书

附录2　2023年出版社个人荣誉

序号	荣誉名称	获奖时间	获奖级别	获奖人员
1	湖北省出版发行营销案例奖	2023年8月	协会级（湖北省出版物发行业协会）	李应争
2	中国地质大学建校70周年校庆工作先进个人	2023年6月	校级	段勇
3	中国地质大学建校70周年校庆工作先进个人	2023年6月	校级	王凤林
4	2021—2022年度科普工作先进个人	2023年12月	校级	余江涛
5	2021—2022年度科普工作先进个人	2023年12月	校级	舒立霞
6	2022年度平安建设工作先进个人	2023年7月	校级	范明

附录3 2023年出版社职工发表论文情况

序号	论文题目	发表期刊	见刊时间	期刊级别	论文作者
1	地质类图书中常见典型编校问题探析	新闻研究导刊	2023年1月	非核心	张燕霞、张晓红
2	"互联网+"时代下中小出版社融合发展研究	中国报业	2023年7月	非核心	张燕霞
3	Three-dimensional magnetotelluric modeling in the spherical and Cartesian coordinate systems: A comparative study	Earth and Planetary Physics	2023年7月	ESCI CSCD EI	Qi Han, Xiangyun Hu
4	高校出版社教育领域深度融合发展思路探究	新闻研究导刊	2023年9月	非核心	韩骐、张晓红、王凤林
5	科普图书出版市场营销策略与传播途径探索	新闻研究导刊	2023年12月	非核心	舒立霞、江广长
6	出版工作中责任编辑的职责和素养	中国报业	2023年1月	非核心	杜筱娜
7	新媒体背景下出版图书统筹出版融合发展探析——以专业型出版社为例	新闻研究导刊	2023年2月	非核心	杜筱娜等
8	三峡库区白水河滑坡位移与裂缝分形特征	地质科技通报	2023年10月	中文核心期刊	谢媛华等

档案工作

【概况】

2023年是全面贯彻落实党的二十大精神的开局之年,是实施"十四五"规划承上启下的关键一年。档案馆全面贯彻落实党的二十大精神和湖北省第十二次党代会精神,深入贯彻落实学校第十三次党代会精神,认真贯彻落实学校"十四五"规划和中长期发展规划,紧紧围绕学校工作的总体部署和图书档案与文博部2023年工作要点,结合新《档案法》精神,持续深化改革、创新发展,切实履行"为党管档、为国守史、为民服务"的使命,充分发挥"存凭留史、资教育人"和文化育人功能,进一步优化学校归档工作,提高档案管理水平,提升档案服务利用效率,为学校"双一流"和研究型大学建设提供有力支撑。

【档案收集指导取得新进展】

在学校大部制改革举措的背景下,为确保归档工作有序进行,根据学校机构调整和职能分工,重新编制和调整部门号,全面更新归档单位档案员及档案工作分管领导信息,进一步搭建学校档案工作网络。2023年总计入库档案20 703件,17 732盒/卷。加大专题及专项档案收集整理工作力度,2023年度新增七十周年校庆档案、2020文明校园材料档案以及2023年学校第十三次党代会档案三个专题档案的收集整理工作。经与相关单位反复磋商,确定了未来城校区基建档案的分类和整理方式,目前未来城校区基建档案已完成初步整理,共计核对整理未来城校区基建档案共计1670盒7554件。

【档案库房建设和档案服务利用取得新成效】

根据上级安全和保密工作要求,修订完善《档案数字化安全管理制度》《保密档案库房管理规定》和《保密档案借阅管理制度》,并上传至档案馆规章制度栏目内。为促进内部学习,上传《中华人民共和国档案法》《高等学校档案管理办法》《湖北省档案管理条例》《档案数字化外包安全管理规范》《关于进一步加强档案安全工作的意见》至档案馆政策法规栏目内;上传《档案馆建筑设计规范》《电子档案移交接收操作规程》《纸质档案数字化规范》《档案著录规则》至档案馆档案标准栏目内。

为确保档案入库后分类存放,本年度调整了库房布局,完成行政档案9000多盒、教学档案44 000多盒的移架工作。清理2022年和2023年新入库的2022年教学档案,对1270盒的档案重新进行顺架工作。重新制作档案架标签。对综合库房行政档案9000多盒、教学档案近46 000盒的定位数据进行了初步统计;对财务库房财务处2019—2021年凭证5500余盒,医院财务室2020—2022年凭证365盒的定位数据进行了初步统计;对基建库房2019—2021年基建档案248盒的定位数据进行了初步统计。

探索将档案与史料资源进行一体化管理,并进行了初步整合。根据实际情况合理规划库房使用,按史料分类设立库房,并将珍贵史料设立专门库房保管,目前设立史料库房、实物库房、珍贵古籍库房、人物档案库房、殷鸿福院士人物档案专用库房、专用整理间等。本年度对史料进行了3次大型移库,移库史料达6000余盒。

持续面向师生提供高质量的档案服务利用,全年112人次查阅综合档案480卷,查阅财会档案116人次。借出6人次57卷;教学档案现场办理270人次、线上服务办理5937人次;成绩英文翻译712人次890件,学历学位翻译489人次1196件;全年专利转出16件。办理学信网教育部学位中心认证1094人次,档案服务邮箱办理湖北省教育厅就业指导中心认证39人次,档案服务平台线上认证203人次;借阅地质报告(图)558份(幅),办理地资测绘资料借阅证和介绍信各24份;办理远程与继续教育学院毕业生学员登记表认定存档备案表99份,学士学位证书认定存档备案表11份。远程服务系统平台新增7个服务项目,新增1个打印模版,改进2个打印模版,进一步提高了档案工作效率和服务水平。

主动发挥档案校史存凭资政作用,服务学校事业发展。配合学校专项工作要求,针对学校重要资产权属问题,开展考据工作,深入查找、梳理关键节点和核心文件,为学校决策层提供了脉络清晰、论据详细的《周口店土地、房屋资产档案及史料考据报告》《秦皇岛北戴河实习基地国有资产权属问题档案史料考据报告》考据报告,为后续相关工作的推进奠定了坚实的基础。

【档案信息化建设不断加强】

全年完成约49.5万页综合档案、33万页学生档案数字化加工。加强对档案远程利用系统的维护更新,与校友与社会合作处的平台进行了重新链接,提供网页端链接界面和手机端业务办理。对业务系统中的部分字段进行修改,对信息发送功能进行了升级,避免二次点击报错不能登陆的问题,并申请SSL安全证书与安装部署。对前期完成的文书档案数字化成果进行全面的数据检查和清理工作,完成了行政党群档案1952—2016年案卷数据的挂接,并对前期归档入库的12类文书档案(2016—2021)进行了部分分类调整,分别对应调入到7个门类(教学、科研、基建、设备等)中去,共计242卷(盒)506件,对其已经完成的数字化电子数据进行更名修改和数据归类工作,并对应备份在相应门类的电子分类文件存储里面,同时做好相应的多份数据存储。完成研究生答辩材料中成绩单提取3457份,完成毕业生信息表信息提取4730份,完成JX1414网络生13 548份成绩单文件名合成与替换处理,完成招生名册和毕业名册以及学位信息数据的人名信息加工处理,合计约1.5万人姓名信息处理,上传系统数据库,以方便全文检索利用。加强数据安全管理,针对前期档案数据不定期进行更新备份和多重介质备份。

【不断优化学生档案管理水平】

学生档案管理不断创新工作思路,完善各项学生档案工作制度。为保障毕业生权益,2023年与学校就业指导处联合启动遗留学生档案按原籍寄发工作,共寄出363件。根据人力资源社会保障部"形成完整的高校毕业生档案"的工作要求,启动"基础材料补齐"工作,在学生档案进入毕业政审阶段前,全面清查学籍基础材料和政治面貌材料,参照《干部人事档案工作条例》告知及时敦促学生及培养单位补齐学生人事档案基本材料。落实毕业生档案规范转出要求,在原有"毕业归档工作下沉"机制的基础上,主动担当、高效作为,根据毕业去向登记信息,形成《高等学校毕业生档案转递单》,随毕业档案材料一并完成归档密封后,按规定转出档案。保证新生档案尽快完成清点交接工作,减轻培养单位工作压力,加快新生档案交接流程。全年共转出毕业生档案8925件,全年完成8164件学生档案和2096件党员材料清点交接入库上架。

【史料征集整理编研工作成果丰硕亮点突出】

2023年共征集史料2000余件,其中包括《北京地质学院院刊》《武汉地质学院大学生学刊》《中国地质学发展小史》、月球样品证书、中国共产党中国地质大学(武汉)第十三次代表大会会议资料、光明日报"红旗初心"特刊、留学生鲁比的篆刻作品、中国地质大学校训印章(手工篆刻)、国务院副总理曾培炎同志对新一轮全国油气资源评价工作的重要批示、中共湖北省委优秀共产党员荣誉证书、湖北省高校优秀教学成果一等奖证书等。

积极开展名人档案的征集工作,与校友合作处对接温办捐赠的温家宝相关人物档案移交入馆。征集孙连发、杨森楠老师等相关人物档案入馆;拟写了《关于收集彭建兵院士名人档案的请求函》。

开展殷鸿福院士名人档案的征集整理工作。2023年年初,殷鸿福院士向档案馆表达了捐赠史料的意愿,综合档案科工作人员上门与殷院士沟通,并陪同其参观档案馆库房,介绍目前人物档案建档整理情况,根据与殷院士协商意见制定了具体的收集整理方案,并分4次上门征集证书、实物、照片、图书、文件等人物档案2000余件。目前已初步完成约980件殷鸿福院士人物档案的基础录入工作。

对征集的校史史料按照整理著录的相关规定进行系统化规范整理、著录。本年度整理史料7190件,其文献类4525件、实物类49件、声像类2616件;新建名人档案全宗3个,整理名人档案2597件。对2022年史料数据进行梳理、整合,并上传至校史史料管理系统,以利于后期史料的查询与利用。已完成对6000余册馆藏地学古籍史料使用书签吊牌编写档号,以防后期古籍在利用过程中标签纸脱落导致实物与数据无法一一对应。完成史料脊背的打印、切割、粘贴工作计5600余盒。

[附录]

附录1 2023年档案馆馆藏情况

指标名称	计量单位	数量
1.纸质档案	—	—
全宗	个	1
案卷	卷	65 232
以件为保管单位档案	件	106 203
总排架长度	米	5634
2.电子档案	GB	537
3.其他载体档案	—	—
照片档案	张	31 009
录音磁带、录像磁带、影片档案	盘	4404
4.其他馆藏资料	—	—
纸质资料	册	120 549
电子资料	GB	2
5.馆藏档案数字化	GB	3 871.1

（撰稿：高放、王雪雪、梁和成、赵雅婷；审稿：帅斌、邓云涛、刘治国）

博物馆工作

【概况】

2023年逸夫博物馆在习近平新时代中国特色社会主义思想的指引下，深入学习贯彻落实党的二十大精神和学校第十三次党代会精神，坚持内涵式发展，全面优化提升业务水平，着力建设地学特色鲜明的国家二级博物馆，更好地为广大师生员工、海内外校友和社会各界服务。在学校党委的坚强领导和社会各界的大力支持下，博物馆不断创新开展高质量科普活动，举办特色展览，大力拓展社会服务功能，博物馆与学校的社会影响力不断提升。

【深入开展主题教育活动】

博物馆全体党员深入学习和贯彻习近平新时代中国特色社会主义思想，赴广东韶关、湖南汝城等地开展主题教育实践活动，弘扬老一辈地质科学家精神，传承红色精神，加强业务交流，提高服务能力，助力图档文博事业高质量发展。与施甸二中党支部开展联合"支部主题党日"共建活动，探索出以支部共建为纽带，以科普合作为平台，携手点亮孩子心中的梦想，实现乡村振兴的新模式，有力地促进了施甸县域科教水平的持续提高。博物党支部充分发掘自身优势资源,以深入学习贯彻习近平生态文明思想教育和弘扬科学家精神为主要方向,创新设计展陈内容,打造新时代"大思政课"沉浸式课堂,成为学校思政学习教育和校园文化建设的新亮点。专门针对偏远山区和乡村的中小学生制定落实习近平新时代中国特色社会主义思想铸魂育人宣传教育机制,通过支部共建、"云上科普"、专家讲座、送展进校园、标本捐赠等各种形式,将习近平生态文明思想、学校新时代地质文化、"美丽中国宜居地球"战略思想等送到乡村,获批学校第二批党建工作样板党支部。

【加强建设优质景区】

1.硬件条件持续改善

完成博物馆公共区域重新粉刷;展厅灯光升级改造完成;启用新游客中心和售票厅;有线网络重新布线完毕;新增游客热水洗手台;完成磁悬浮地球仪维修等日常维修200余处;新增展厅展柜30个。博物馆硬件条件不断改善,给游客提供了更加舒适安全的参观环境。

2.创建平安景区成功

按照省文旅厅《湖北省平安景区创建活动实施方案(试行)》(鄂文旅发〔2022〕16号)文件要求,重点完善安全管理规范,日常工作风险化解到位,健康管控得力,应急管理有效。经武汉市文化和旅游局实地考察、检查材料,博物馆获湖北省"平安景区"称号。

3.宣传工作成效显著

博物馆高度重视自身的形象建设和宣传工作,在博物馆对外宣传方面取得显著成绩。博物馆网站浏览量14万余次,全年发布网站、微信公众号、微博文章143篇,其中"学习强国"《人民日报》《中国自然资源报》《湖北日报》、光明网、凤凰网以及新华网等主流媒体发文132篇报道博物馆展览和科普创新工作,极大地提升了博物馆和学校的社会影响力。

4.服务能力不断彰显

与洪山区退役军人事务局签订拥军优抚合作协议,对全国退役军人实行免票入馆。全年接待游客22.88万人,其中中小学生团队研学人数10.14万人。全年累计提供专业讲解近700次,为近2000名新生提供了优质的讲解服务,解答各类信息咨询1000余次,圆满完成校庆讲解接待任务。抓好博物馆志愿者队伍的建设,新建逸夫博物馆社教团,目前社教团学生志愿者已达31人,通过培训提高志愿者服务水平,增强志愿者团队的凝聚力。学生志愿者中1人获得全国科普讲解大赛二等奖,1人获得湖北省科普讲解大赛三等奖,1人获得武汉市科普讲解大赛二等奖。

【持续加强藏品资源建设】

1.采集、征集和接收捐赠藏品

以采集、征集、社会捐赠等方式加强馆藏资源建设,加大推动校友捐赠标本的宣传工作力度,年内王焰新、陈刚、曲梅兰、薛重生等校友和社会人士捐赠5批次、31件标本。

2.国家岩矿化石标本资源共享平台建设

不断提升藏品研究水平,完成科技部直属国家科技基础条件平台的《国家岩矿化石标本资源共享平台》任务，研究鉴定典型岩石、矿床、古生物等2000块标本，采集相关图像、中英文名称、特征描述等文字数据，为地学领域科学研究、专业教学、科学普及提供服务。

3. 藏品信息化建设

依托学校信息化专项智慧博物馆（一期）项目，对博物馆40件馆藏陨石、化石、宝玉石、矿物标本，完成三维图像数字化，提升了博物馆藏品管理和展示的数字化、信息化程度。

【举办特色展览】

举办《芳华难忘 启航未来——校友捐赠藏品展》，展出校友捐赠的70余件珍贵藏品，弘扬地大人的爱校荣校精神。9月16日，参加在中国科学院武汉植物园磨山园区举行的以"心中最靓的宝"为主题的2023年湖北省科普亮宝会展览活动，博物馆的"大地宝藏"展览展出鹦鹉嘴龙、恐龙蛋化石、剑齿象腿骨化石、孔雀石、石英晶簇等馆藏宝贝，吸引上万市民前来参观，并在"心中最靓的宝"网络投票中名列前茅。全国科普日、科技活动周等主题日期间，博物馆科普巡展走进了荆州沙市区洋码头景区、武汉城市职业学院、武汉市第二聋哑学校、汉阳七里小学、思桥东湖城幼儿园、心流儿童之家等9所学校和文化景区，惠及8000余人。

【科普工作成效显著】

（1）获评全国自然资源教育基地、2023年度湖北省十佳科普教育基地、全国"科创筑梦"助力"双减"科普行动优秀单位、洪山区少先队校外实践教育基地等荣誉称号。

（2）逸夫博物馆科普团队推出的2件科普作品获评生态环境部"生态环境优秀科普作品"，申报的一批化石及科普作品入选中国古生物化石保护基金会"中国美丽化石"，2篇作品获得中国自然博物馆学会地学博物馆专业委员会"博物馆中的宝藏"征文活动三等奖。

（3）志愿者讲解员姜昕荣获全国科普讲解大赛二等奖、全国自然资源科普讲解大赛一等奖、湖北自然资源科普讲解大赛一等奖、武汉市科普讲解大赛二等奖，志愿者讲解员张欣婷获湖北省科普讲解比赛三等奖；逸夫科普讲解队被授予"洪山区科技志愿服务队"；新建逸夫博物馆社教团，科普育人能力不断彰显。

（4）承办第54个世界地球日主题宣传周活动、海峡两岸和平小天使活动、科学精神与人文情怀——武汉科技工作者融合赋能大讲堂启动仪式、全国城市净塑捡跑万人行武汉站活动、中华传统文化体验坊："石"刻准备着等特色科普活动，将科普服务与中外文化交流、环保公益宣传和两岸和平等重大社会主题有机结合，提升了科普服务社会的影响力。

（5）积极开展科普扶贫活动，助力教育"双减"。与中国地质大学研究生支教团等学生团体密切合作，采用提前邮寄课程资源包和远程视频连线的形式，为云南楚雄、施甸，湖北巴东等地的600余名中小学生送去了5场科普活动，培养学生对地球科学的兴趣。

逸夫博物馆全体职工将不忘初心，肩负

起立德树人的历史使命，焕发出更为强烈的历史自觉和主动精神，扎实推进国家二级博物馆和国家AAAA景区的建设，不断推进学校"双一流"建设，为新时代文化事业发展贡献智慧和力量。

（撰稿：彭磊；审稿：帅斌、邓云涛、邢作云）

校史馆工作

【概况】

2023年，校史馆坚持校史文化铸魂育人初心，积极服务学校文化引领与价值创新战略规划，锚定国内高水平校史馆建设目标，多措并举，不仅顺利从试运行阶段过渡到规范有序运行状态，还在开放服务、基地建设、编研展览、数字赋能、场馆升级以及队伍建设等方面取得重要突破和长足发展，成为对外宣传展示学校历史文化的新名片。

【竭力做好校史参观服务】

校史馆全年保持有序开放，用心做好参观接待服务。师生共提供团队讲解300余场，总计讲解时长超过200小时，覆盖总人数逾2.2万人，接待了湖北省省长王忠林、教育部副部长翁铁慧等政府领导，新华社等主流媒体，三峡集团等重要企业，马永生等院士学者，中国石油大学（华东）等兄弟高校，加利福尼亚大学河滨分校等国际合作单位。同时，注重面向青少年群体开展主题教育，先后对接了海峡两岸和平小天使交流团队、全国青少年高校科学营，接待研学青少年超过3000余人次，社会效益尤为明显。

【成功获批全国科学家精神教育基地】

2023年5月30日，中国地质大学校史馆获批全国科学家精神教育基地，跻身获批的全国8家高校校史馆之列，成为学校弘扬科学家精神、推进大学文化建设和助力落实立德树人根本任务的重要阵地。校史馆传承弘扬以李四光、池际尚等为代表的"爱国奉献、艰苦朴素、求是创新、勇攀高峰、知行合一"的地质科学家精神，大力开展研究与宣教活动，着力构建以校史馆为核心、以全国科普教育基地、全国"大思政课"实践教学基地为依托，"一元多级"的科学家精神教育格局。基地获批后，还顺利通过中科协、省科协组织的多轮考核。

【精心组织史料编研与展陈工作】

成功展出"馆藏地学图书文献精品展"。12月初，"中国地质大学馆藏地学图书文献精品展"正式开展，并同步召开校史专题布展非正式研讨会。清华大学、天津大学、武汉大学、华中科技大学等高校校史专家学者出席开展剪裁仪式，对展览作出高度评价，还就校史专题布展议题展开深入研讨。展览设置了"珍品——楮墨流辉""印迹——学脉绵延""期刊——黌门纳海"3个展区，通过展出学校晚清至改革开放期间的部分地学图书文献精品，让经典跨越时空铸魂育人，为师生提供了一场文化盛宴。

此外，积极盘活档案史料资源，积极开展资政服务。对周口店、北戴河实习基地土地、房屋资产档案进行考证，为学校重要资产的产权归属认定提供可靠依据。还结合学校事业新亮点与校史研究新发现，进行展陈更新,"学院风采展"经优化成为馆内常设专题展陈。

【积极探索数字赋能校史育人工程】

顺应信息时代大势,多维启动并完成线上平台建设。实现了校史馆官方网站、科学家精神教育基地专栏、网上校史馆、团队参观预约系统、校史馆导览系统等重要平台的开发上线和稳步运行,并改版升级了微信公众号"南望兰台",积极探索"线上+线下"24小时在线模式,将育人平台从实体场馆拓展至云端。

此外,成功申报学校信息化项目"数字文物开发　红色基因赓续——校史与地质科学家精神教育平台建设"。依托该项目,将开展馆藏精品文物数字化工作,建设校史与地质科学家精神教育基地数字展厅和数字展览系统、一体化展览展品资源管理及发布后台,致力于构建"全国首个地学特色红色基因库+资源管理平台+一站式应用平台"新模式。

【持续提升场馆服务水平】

为使陈设施充分满足访客需求,保障场馆资产设备及人员安全,校史馆持续完善场馆功能,硬软件水平优化升级。安装了电子及实体导览系统、安全风险提示牌、入馆人流统计系统、智能门锁、校友交流厅照明灯具等,增加了休息座椅与储物柜;精心制作了校史馆宣传折页;定期对电梯、玻璃幕墙等区域开展安全排查,力争解决电梯井溢水断电、展厅漏雨等安全隐患,力求为访客提供更为舒适安全的观展环境。

【扎实推进学生队伍建设】

管理指导校史志愿讲解队和"南望兰台校史研习社"学生社团,锻造了一支能力强、专业精、具有高度责任心与良好合作氛围的优秀团队,通过师生配合推动校史馆日常工作有序开展,也成为学生接受教育培训实践的第二课堂。

一是建立了学生社团内部管理制度,使讲解队、值班团队的管理科学规范可操作。二是组织了多场专题培训,提高了讲解团队的业务能力。三是采取了有效的激励措施,申请勤工助学岗位等,提高了团队工作的积极性。四是与数学与物理学院合作筹建石榴子讲解分队,吸纳少数民族预科班同学加入讲解团队,打造有民族特色的讲解品牌。五是指导社团管理及开展招新、交流、项目申报等活动,规范社团管理,提高社团活力。

此外,校史馆还积极开展宣传报道工作,完成《坚守地质报国初心　以科学家精神涵育时代新人》教育部简报专题投稿,撰写《校史馆:传承地质报国的精神血脉》等3篇专题新闻稿并刊登在学校官网。还积极接待来访,并赴外参观学习:与华中科技大学等十余所高校校史工作队伍座谈交流,赴西安交通大学等多所高校进行主题调研。

2023年学校第十三次党代会顺利召开,吹响了凝心聚力、继续改革攻坚的号角。没有等出来的精彩,只有闯出来的辉煌。未来,校史馆将继续在学校党委、行政的领导下,锚定国内高水平校史馆目标,勇担文化育人使命,为建设好地大人共同的精神家园奋楫扬帆!

(撰稿:苏玉微、刘欣;审核:帅斌、邓云涛、刘治国)

校园规划与基本建设

【校园总体规划修编工作】

校园规划与基建处根据学校总体发展目标，充分尊重学校已形成的空间格局、尊重环境生态和校园文化，结合城市建设上位规划编制完成《校园总体规划》（2021—2035）《新校区二期项目（"中约大学"中国校区）基本建设发展规划》，力求校园环境与周边城市环境整体协调，功能有机融合。

【"十四五"规划任务】

校园规划与基建处推进新校区二期征地及国有建设用地土地储备证办理相关工作，已支付1.1亿元的用地补偿款，获得了洪山区规划局提供的临时规划设计条件及用地红线。新校区二期临时围墙工程除局部不具备施工条件之外已基本合围。

南望山校区教师周转公寓项目的保障性租赁住房补助政策已落实，共向洪山区政府为学校争取3629万元政策补助资金。

西区新建学生宿舍项目已获取《教育部关于中国地质大学（武汉）南望山校区西区新建学生宿舍项目可行性研究报告的批复》（教发函〔2023〕122号），并在报规报建阶段取得明显进展。

校医院维修改造项目的消防专项图审、博物馆维修项目联合图审已办理完成。

新校区一期剩余6栋单体的不动产权证书办理圆满完成，至此，新校区23个建设项目全部完成竣工验收备案，并完成办理所有单体建筑的不动产权证书（33本）。

【工程项目建设进展】

校园规划与基建处坚持科学谋划、综合施策，全年实施各类基建、维修项目共计415项。其中：基建项目6项（新建项目1项，新校区基础设施配套项目1项，续建项目4项）；维修项目409项（中央高校改善基本办学条件专项维修项目7项、二级单位自筹资金维修改造项目41项、学校日常公共维修项目361项）。

印刷厂楼群维修改造（校史馆）项目已获取项目联合验收合格意见书及竣工验收备案表，并完成项目资产转固工作。南望山校区教师周转公寓项目完成主体结构封顶。校医院维修、校医院体检中心、学生宿舍维修（三期）、教学科研用房维修改造（二期）如期完工。秭归产学研基地维修（一期）、学生宿舍维修（二期）、校园基础设施维修（六期）—东区弱电管线入地及围墙整治设计采购施工一体化等均已完成结算审计。

【投资计划与资金执行】

在专项资金项目申报评审方面，校园规划与基建处严格按照规定时间节点精心组织2024年中央高校改善基本办学条件专项申报及评审，并根据评审结果更新完善十四五"校园大修项目库"。今年通过教育部专项评审的2024年度大型修缮项目共7项，评审金额为7 512.16万元。

在资金执行方面，校园规划与基建处注重效益为先，联合学校相关部门统筹做好年度项目的资金计划安排，通过事前、事中、事后全过程管理，严格把控项目工程造价。

2023年度资金总执行金额20 544.78万元。其中,基建项目14 594万元,维修项目5 957.78万元。截至12月中旬,中央基建投资总执行率100%,中央高校改善基本办学条件专项资金总执行率100%。

(撰稿:闫艳艳；审稿:李鹏翔)

未来城校区运行管理

【概况】

2023年,未来城校区运行管理以满足入驻单位事业发展需要和师生员工学习工作需求为出发点和落脚点,贯彻"以稳为基、稳中求进"的总基调,认真履行沟通协调、资源管理、服务保障和属地联络等职能,围绕"改革攻坚年"主题,通过加强系统谋划、创新工作方法、深入调查研究、强化服务监督等方式,有序推进未来城校区服务保障水平和运行实效进一步提升。

【制度体系不断健全】

起草并推动学校发布《关于进一步加强未来城校区管理运行工作的若干意见》(地大发〔2023〕20号),为未来城校区管理运行提供制度保障；着眼顶层设计与工作实践相结合,制定部门大物业联席会工作机制,推动跨科室沟通、布置、协作、督办工作职能落地见效。

成立安全生产领导小组,完善安全生产检查与日常检查工作机制,规范项目检查标准,以常规检查与重点检查相结合的方式,定期开展安全检查,针对涉及校区运行的九大方面制定班子成员值周巡查制度,每周开展重点检查,全年开展值周检查18次,专项检查4次,对发现的问题通过整改落实形成闭环管理,及时消除隐患。

成立采购项目论证小组,所有报主任办公会采购议题必须经过充分论证,努力实现资源配置效益最大化和效率最优化。全年完成学校统一采购项目6项,授权范围内的部门统一采购和招租项目共19项,签订学校授权范围内合同127份,重大合同16份,合计143份。

完善部门内务手册修订工作,更新部门采购、合同、维修等10余条工作实施细则；依托钉钉办公系统,理清采购、合同、印章、财务、文书、资产管理等相关工作流程,实现部门业务全部线上办理,同时加强痕迹管理,提升审批效率；指导服务商制定饮水机、洗衣机、通勤车等管理流程及操作规范,让制度管理全覆盖。

【服务质量持续提升】

将服务理念全面贯彻到日常工作中；定期开展学院走访、师生座谈,上门倾听入驻单位和师生需求,通过校领导接待日、服务大厅1号窗口、服务监督平台等方式收集师生意见,邀请医院、本科生院、图书馆、信息化工作办公室等部门参与服务监督平台回复,通过部门例会通报督办,全年回复师生各类咨询投诉1100余条,切实提升校区综合服务品质。

以师生切实需求为出发点和落脚点,增设2趟教职工通勤车、5趟学生通勤车,开设节假日返乡通勤车,增加教职工通勤车沿途

2个停靠站点2趟停靠车次;联系属地交通部门,增设南门公交车停靠点,完善周边配套公共交通,方便学生出行;根据季节变化、师生口味及时调整食堂窗口菜品,全年共更新15个特色餐饮窗口;对保障窗口开展专题调研,确保两校区同质同菜同价,增加3~4元低价类菜品区域,做好基本保障菜品供应服务;通过为学生班车建设专门候车亭、对学二组团电动车充电进行改造、开展宿舍漏水专项维修等工作,提升师生幸福感。

顺利完成全年教学保障任务,实现全年教学服务零事故;为大型会议接待、毕业典礼、就业双选会、文艺晚会、运动会、电影放映等涉及校区场馆使用的各类活动提供现场保障,全年保障人次约5万人次;开放东门、南门出行通道,方便师生出行,以"宣、劝、导、增、便"等手段开展校园秩序治理工作,有效改善校园交通秩序。配合机关党委,开展未来厅考勤工作,指派专人承担两校区文件传递,每天2趟文件转运,全年工作零失误。

依托信息化服务手段,采用"线上+线下"两种方式进行人脸数据信息采集,5天内完成3119名毕业生的退宿手续办理及房屋清扫工作,1天内完成1671名研究生新生入住工作;开发通勤预约小程序,让车辆调度更精准,解决高峰用车不足问题;联系安全保卫部共同开通线上车辆门禁审核,两校区实现车辆门禁数据同步申请、同步审核、同步授权,全年办理校园车辆门禁授权审核960单;升级体育馆预约系统,方便师生预约体育活动场馆;上线未来城校区线上报修平台,提升处置效率,跑出维修服务新速度。

【校园安全防线牢固】

实行班子成员值周巡查制度,部门全体成员参与未来城校区24小时值班值守任务,确保校区在夜间和各重要时间节点运行平稳有序。

积极联系校内外有关部门,联合部署校园安全工作,在重要节点邀请属地公安部门到校驻点,确保校园安全稳定;与安全保卫部及属地公安部门在校内开展专项安全教育6场、一同接警521起、查处交通违规409起、受理师生监控录像调取151次,挽回学校和师生财产损失共计30余万元。

坚持"预防为主,防消结合"原则,将消防设备巡检与演练培训融入日常工作,确保设备与人员保持最佳状态;要求电力、电梯、教学、太阳能、安防等设备维保服务商在校驻点,按照定时巡查、按时维护、及时检修的工作机制,定期对校内1000余台设备开展维护,筑牢校园设备安全防线;聘请有资质的专业检测单位开展年检,准确掌握校区固定消防设施运行情况;为各楼栋、实验室、商铺补充灭火设备500余件;全年累计完成设施设备专项巡检13 000余次,综合巡检17 400余次,顺利通过消防管理单位常规检查和武汉市消防"双随机"检查。

坚持餐饮督查日常巡检和专项、专业检查相结合,引入第三方检测机构到学校开展食品安全检查;按照《2023年湖北省餐饮服务食品安全监管工作要点》,本年完成食堂互联网+明厨亮灶监管平台及校区快检室建设;将校区三家承包经营食堂的食品经营许可证经营主体名称由各承包食堂更换为学校，确保校园食品安全及各项管理规章制度符合上级主管部门要求；严格做好通勤车辆消杀和检查，全年共计开设教职工通勤车、接驳车、学生班车及专项班车 27 000 余台次，总里程 363 500 余千米，切实做到车辆准点发车、按时到达，守护师生车轮上的安全。

按照计划和实际需求对宿舍、食堂等重点区域开展灭"四害"工作，针对公共区域开展专业消杀，全年累计作业面积达到 1186 万 m^2。

【资产管理细化精准】

完成《未来城校区公用房明细表》，一院一册登记，为缓解入驻单位用房紧张提供决策依据。加强资产库存盘点调剂功能，联系设备处、后保部、材化学院等单位开展资产调剂，全年完成固定资产及耗材入库 68 项。

严格执行学校财务结算制度，通过年初周密预算，年中对照检查，年末全面决算，定期进行资金执行率统计分析，保证有计划、有步骤地合理使用运行经费；结合业务需求，完善校区退费流程，建立台账，确保账实相符；加强食堂、太阳能热水等供应商付款结算机制，强化催收时间节点，确保结算日结月清；通过续签租金谈判、对外开放场馆使用等方式，合法合理增加门面租金、自助售卖机协作费、场馆使用收入，多渠道为学校创收，全年水电回收 716 万元，综合收入 936 万元，总收入 1652 万元。

【节能降碳成绩斐然】

对地下室灯具、停车场闸机、场馆中央空调等用电设备进行优化管控，在不影响师生使用习惯和体验的前提下减少照明、严格控制中央空调水温及输出功率，实行配电房变压器并行工作，根据电力负荷调整投入并联的变压器台数，减少电能损耗，提高运行效率，全年节电 167 万度；依托节水合同，通过管网漏损控制、非常规水利用、数字化平台管理等方式及时排查漏水点，控制校区管网漏损率在 5.85%（优于标杆高校漏损率≤8% 的标准），充分利用镜湖湖水替代绿化灌溉、路面清洗和公教楼冲厕用水，实现全年节水 13 万 t。

建设节水宣传教育展厅；面向全体学生开展"宿舍节水大赛"系列活动，通过节能宣讲、知识问答、节水评比等环节，推动节能宣传工作入心入脑；配合环境、经管等学院在华中地区率先开设"碳中和概论""碳足迹核算"等课程，助力学校培养"双碳"人才；增设分类垃圾桶、设置废旧电池回收点、废旧衣物回收点，让师生参与环保实践，为校区节能贡献力量。

以校区获批"近零碳校园试点示范项目"为契机，着力将近零碳理念融入学校教育、技术创新、校区规划、基础设施建设、服务外包考核评价之中，分批分步开展单体绿色建筑评定，本年已完成体育馆绿色建筑运行星级认证初步评定工作；校区荣获生态环境部"绿色低碳公众参与示范基地"，成为湖北省本年度唯一入选单位，也是全国唯一入选高校；协同南望山校区开展节水标杆高校建设，秉持"节水意识强、节水制度完备、节水器具普及、节水标准先进、监控管理严格"

的工作理念,以96分高分通过验收,成为全省首家"节水标杆高校"。

【育人途径更加丰富】

成立未来城校区团工委,配合校团委在未来城校区开展元旦嘉年华、高雅艺术进校园、滴答音乐节等师生喜闻乐见的文化活动,激发校园活力;指导未来之声传媒社学生社团开展"致敬劳动人""未来城校区节水大赛"等活动,将服务育人工作落实落地;充分利用"未来城校区"微信公众号发布服务信息,全年粉丝突破14 000人,关注人数较去年提升78%,全年发布原创推文50篇,公众号互动人次达24.9万人次,成为未来城校区最具影响力的新媒体平台之一;依托部门特点与校团委合作,持续开展劳动志愿服务,根据时间节点丰富劳动志愿服务形式,如5月钓鱼节、6月摘枇杷、端午包粽子等活动,全年举办劳动志愿服务约30次;以三组团1栋、2栋为试点,建设集学生交流、学习、休闲于一体的多功能场所,拓展学生生活新空间,助力学生成长成才。

【属地联络日趋紧密】

以武汉新城建设为契机,与东湖高新区属地单位加强联络,助力学校融入地方发展;以"党建共同体"为契机,与左岭街道共同筹备光谷马拉松,强化沟通对接、深化务实合作;科教同育共智,与武汉东湖新技术开发区管委会共同主办"2023年中国光谷科创开放日暨东湖高新区科技活动周"活动;安全齐抓共管,配合东湖高新区消防救援大队开展2023年武汉东新区消防安全重点单位火灾防控工作推进会,配合左岭消防站开展武汉市消防救援实战化演练考核;与未来科技城建设管理办公室联系,在未来城校区筹备专场招聘会,助力毕业生就业;联系左岭卫生院,为校区师生上门提供市场稀缺的9价HPV疫苗接种服务,解决师生接种需求。

(撰稿:谢晓;审稿:王文起)

房产管理

【概况】

2023年,后勤保障部全面贯彻落实党的二十大精神和学校第十三次党代会的决策部署,加快推进学校房产资源绩效管理改革,积极构建完善学校房产管理体系,全力以赴抓好各项工作任务落实。

2023年,学校校舍总建筑面积1 439 823m^2,占地面积1 475 345m^2,容积率0.97。其中教学科研及辅助用房建筑面积512 409m^2,行政办公用房建筑面积60 988m^2,生活用房建筑面积498 536m^2,教工住宅建筑面积120 463m^2,其他用房建筑面积247 427m^2。

深化管理改革,健全制度体系。通过充分调研、反复论证,广泛征求意见、严格修改审议,《中国地质大学(武汉)周转房管理办法(修订)》《中国地质大学(武汉)公用房定额管理实施办法(试行)》正式发文出台,均自2024年1月1日起执行。

优化顶层设计,推进信息化建设。房产管理系统优化升级,配合管理政策落实,完善业务流程,实现定制化角色和数据管理;

实现居住证明网上办理,使业务流程便捷简化,全年共办理120余次;完善可视化公房统计展示功能,基于校园一张图实现不同级别、不同维度的公房数据可视化展示与统计。

加强日常管理,落实基础工作。结合学生检查、物业服务中心检查等多种形式加强房产管理,全年共检查公用房8766间次、周转房居住情况316户次;着力排查家属楼安全隐患,处理老化基础设施,整改高空悬物现象;做好出租出借公用房监督管理,与劳动服务中心协调博物馆门面分割、天街和北区浴室开水房门面腾退等事宜;妥善处理购岱家山庄教职工校内住房腾退事项,做好岱家山庄剩余房源去化工作;全年收取周转房租金约1500万元,公用房房产资源使用费约29万元;为3015人发放住房货币化补贴9000余万元。

【重要工作进展及成果】

1. 推进房产资源绩效管理改革

经广泛调研,结合学校实际对拟定的《周转房管理办法(修订)》《公用房定额管理实施办法(试行)》进行调整,经十余次修改成型。

在全校范围内就两个办法征求意见建议,并深入各二级单位调研,各单位原则上同意两个办法内容。两个办法经学校第2023-1次房产管理委员会、2023-9次及2023-11次校务会审议通过,正式发文。办法出台后,组织召开宣讲会向全校各二级单位广泛宣传解读政策,推进办法落地执行。

2. 开展安全隐患建筑拆除工作

按照学校指示,牵头文华楼标本库和海卓厂房拆除工作,其间,协调相关单位加紧清空遗留物品,多次通告教职工拆除事宜,确保拆除工作顺利推进。目前,文华楼标本库已经拆除;海卓厂房拆除事项已通过学校审批,即将拆除。

3. 改善提升教职工居住品质

提升维修标准,改局部修补为全屋粉刷,改木质、铁质窗户维修为更换铝合金窗,还对铝芯线和腐蚀渗漏的铸铁水管进行更换以及封闭阳台等,避免因基础设施老化带来的安全隐患,适当改善教职工居住条件。2023年按此标准整体修缮周转房150套,达到拎包入住标准。

4. 稳妥推进原汉口校区房屋征收等相关工作

在原汉口校区房屋征收工作组的指导下,后勤保障部持续推进11套学校房屋的征收手续办理、腾退工作,以及落实红房区"比照房改"政策相关工作,经多次与征收指挥部协调沟通,形成征收及腾退处理建议;为红房区和周转房住户集中办理"比照房改"购房款缴款及货币化住房补贴退还手续,为48人发放搬迁过渡费;制定《原汉口校区享受"比照房改"政策周转房住户选房办法》等。

[附录]

附录1　2023年校舍情况　　　　　　　　　　　单位：建筑面积 m²

序号	分类	项目名称	南望山校区	未来城校区	实习站点	小计
1	教学科研及辅助用房	教室	52 131	33 738	5986	91 855
2		图书馆	24 500	21 680		46 180
3		实验室及实习场所	158 757	87 002	13 286	259 046
4		科研用房	10 229	62 330		72 559
5		体育馆	18 486	19 834		38 320
6		会堂	2001	2448		4449
						512 409
7	行政办公用房	校级	15 465	13 118		28 583
8		院系	30 827	1578		32 405
						60 988
9	生活用房	本科生学生宿舍	138 044		13 143	350 821
10		研究生学生宿舍	67 938	108 759		
11		留学生宿舍	22 937			
12		食堂	22 214	15 137	2267	39 618
13		生活福利及附属用房	29 419	35 074	2581	67 074
14		聘用工宿舍	6538			6538
15		教工单身宿舍	21 530	6491	6465	34 486
						498 536
16	教工住宅	教工住宅	120 463			120 463
						120 463
17	其他用房	幼儿园用房	4543			4543
18		附属中小学用房	10 604			10 604
19		商业服务门面	48 257	2674		50 931
20		其他（博物馆、档案馆、产业、人防、地下车库等）	78 160	103 189		181 349
						247 427
	合计		883 044	513 052	43 728	1 439 823

（撰稿：左美婧；审稿：徐岩）

后勤保障

【概况】

2023年，后勤保障部在学校党委、行政的正确领导下，坚持以习近平新时代中国特色社会主义思想为指导，深入学习宣传贯彻党的二十大精神，紧紧围绕学校总体工作要求，落实学校第十三次党代会决策部署，以"改革攻坚年"为主题，以"铸精细、重品质、强治理、保安全"为工作主线，不断提升后勤管理效率、服务质量和保障能力，较好地完成了全年各项工作任务。

坚持和加强党的全面领导，切实发挥党建引领作用。后勤党委认真贯彻落实中央重大决策部署和学校党委重要工作安排，履行党建工作主体责任。持续推进党建与后勤业务工作相结合，探索构建"党建＋"工作机制，打造优质党建品牌。坚持以党的创新理论凝心铸魂，推动主题教育见行见效。坚定不移推进全面从严治党，持续不断净化政治生态。扎实开展党风廉政教育，持续筑牢廉洁思想防线。筑牢安全生产底线，维护校园安全稳定。发挥群工团组织作用，凝聚强大发展合力。持续深化"三全育人"，增强劳动教育育人实效。学校入选首批全国高校"后勤服务育人劳动教育示范基地"。

以绩效管理为抓手，优化公共资源配置体系。完善周转房、公用房、社会合作服务保障用房等房产管理制度，深入推进房产管理改革。建立校院两级分担水电管理模式，推动实施标准配额、超标付费制。持续改善校园水电基础设施。完善固定资产管理制度，强化固定资产管理，推动固定资产资源配置联通共享，提高固定资产使用效益。规范公务用车管理，切实提高公车服务保障能力。加强各基地基础设施建设，持续改善基地服务环境。在保障好野外实践教学工作基础上，积极开拓培训、会议及中小学研学游接待服务。秭归科教基地入选全国首批"大思政课"实践教学基地。

以服务品质提升为导向，不断提高民生保障能力和师生幸福指数。在全省高校率先实现食品安全智慧化监管，全面提高校园食品安全防控与治理水平。改善校园就餐环境，建立多样化餐饮服务标准，打造校园餐饮品牌，提高校园餐饮服务水平。改善学生住宿条件，将宿舍文化、生活服务等育人项目融入社区建设，推进"一站式"学生社区综合管理模式建设。深化"节水标杆高校"建设，多措并举推动绿色生态校园建设。学校节能工作得到省、市两级管理部门认可，后勤能源管理团队荣获全国教育后勤系统"2022年度'最美后勤人'"，"2024—2026年公共机构水效领跑者"项目成功获得湖北省机关事务局批准，并获推荐参加全国公共机构水效领跑者评选。以"便民、快捷"为目标，持续提高校园便民服务水平。

以高效治理为牵引，全面提升后勤内部治理能力。以ISO9001质量管理体系标准为基础，深入推进服务规范化、标准化体系建设，通过质量管理体系外审并获得认证。完善内控管理制度，健全财务内控体系，细化关键环节的风险控制措施。建立各中心收支全面预算管理体系，落实"过紧日子"要求，提高资金使用效率。加快数字化后勤建设，全面强化数字赋能增效。深化人事制度改革，进一步完善以管理岗位、专业技术岗位、职员职级岗位为基础的人事制度改革架构和工资体系，优化管理干部成长通道，强化后勤专业化人才队伍建设。

【重要工作进展及成果】

1. 坚持和加强党的全面领导

完善制度建设，进一步修订《"三重一大"决策制度实施细则》《党政联席会议事规则》《后勤党委会议事规则》。全年召开后勤党委会11次、党政联席会议17次。积极组织推进党建"双创"工作，接待服务中心党支部顺利通过学校首批"样板支部培育创建单位"项目验收，物业服务中心党支部入选学校第二批"样板支部培育创建单位"。制定《后勤党委关于深入开展学习贯彻习近平新时代中国特色社会主义思想主题教育的实施方案》和《主题教育计划安排表》，持续开展理论学习教育，共1145人次参与学习。围绕师生员工"急难愁盼"，奔赴13个省市，调研29所兄弟高校，形成调研报告15篇，使调研成果转化为推动发展的有效举措。发挥群工团组织作用，积极组织员工参加活动，取得校运会"教职工男子团体总分第二名""教职工女子团体总分第二名"等佳绩。

2. 坚定不移推进全面从严治党

修订《后勤纪委工作办法》，制定《后勤党委全面从严治党责任清单》，推动全面从严治党向基层延伸。积极配合接受干部离任经济责任审计，扎实开展"一校一策"后勤系统社会化服务管理规范化治理、学校后勤领域专项治理、校党委巡视巡察整改专项督查、"借培训之名进行公费旅游"专项清查等，推动整改落实，提高防控能力。清理学校及后勤层面规范性文件75个，其中建议修订19个，废止15个，已完成修订9个。接受中纪委驻教育部纪检监察组关于推进廉政风险防控机制建设相关工作调研，得到监察组充分肯定。贯彻落实党风廉政建设主体责任，先后组织专题教育18次，参培人员3000余人次，不断推动广大干部员工自省、自警、自律。

3. 持续增强劳动教育育人实效

坚持立德树人根本任务，持续深化三全育人工作创新，构建"2＋4＋5"新时代高校劳动教育体系，形成"3创新＋3融入"劳动教育模式，建设低碳校园、创建节水标杆高校、打造校内外协同共育的劳动教育平台。学校入选首批全国高校"后勤服务育人劳动教育示范基地"。完成347名大学生劳动教育理论必修课教学任务，深挖后勤劳动教育资源，新增9项劳动教育活动体验，常态化开展20余项劳动体验项目，首创劳动月、劳动技能比赛等专题教育场景，利用暑期在科教基地开展劳动教育活动，全年活动覆盖3000余名学生，着力打造劳动育人精神家园。

4. 着力优化公共资源配置体系

出台《周转房管理办法（修订）》，制定《公用房定额管理实施办法（试行）》，出台《社会合作服务保障用房维修管理办法（暂行)》,制定《水电定额管理实施办法》。完成校园基础设施(六期)配电室维修改造、南望山校区西区及附校供水管网改造、11栋家属楼远传水电表计升级改造。增设末端计量设施。完成东区架空弱电线缆入地及围墙改造项目。制定《房屋及构筑物的入库、处置实施细则(试行)》。启用固定资产"入库验收单"电子签章审批。全年共调剂闲置家具资产918件,资产原值421 809元,提高固定资产使用效益。新购置大巴车1台,报废老旧车辆5台,做好公务用车管理和运行台账。完成秭归科教基地维修(一期)建设、周口店科教基地基础设施修缮,持续改善基地服务环境。

5. 不断提升校园服务品质

完成11所食堂"互联网+"明厨亮灶智慧食安平台建设项目,完成北区食堂天然气改造,提升校园安全保障。以新一轮食堂大宗物资采购管理工作为抓手,有效提升学校食堂餐饮服务质量。制定《饮食服务中心食堂合作经营档口管理实施细则》。完善"4D"现场管理,树立具有高校特点"4D"后厨样板。改善湖馨园就餐环境,提高校园餐饮服务水平。配合完成52栋、研3/4栋宿舍改造,做好组合家具配备和旧家具的处置工作,优化学生住宿标准,升级生活服务设施,改善住宿条件。开展水电节能、垃圾分类等宣传教育活动,营造创建节能低碳校园氛围。推进校园生态景观改造,试点校园"公园化"景观建设,提升景观文化育人品位。在校内投建新能源汽车充电站5个,覆盖73个车位,增设电动车充电桩624个,有效地缓解了充电难的问题。充分发挥社区服务功能。完成校园27家社会合作服务保障用房维修升级。完成接待客房、餐厅及会议室基础设施改造,提高会议、住宿、用餐一体化服务水平。

6. 全面提升后勤内部治理能力

对后勤质量管理体系运行进行全覆盖检查,落实整改建议项17个。建立多维服务质量监督体系,全年开展了25期后勤保障部领导班子带队服务质量检查工作、7次大规模安全检查活动,建立安全生产工作台账,实现安全生产"零事故"。全年完成后勤维修项目22 403个,接受"后勤服务监督"建议、投诉、表扬及咨询707条,师生满意度达到95%。完善内控管理制度,出台《后勤保障部引进社会合作实体监督管理办法》《后勤保障部往来账款管理细则》《后勤保障部现金管理实施细则》《后勤保障部各中心收入管理规定》。制定《2023年后勤保障部培训计划》,组织开展管理能力综合素质集中培训9场,951人次参加;后勤工作技能集中培训29场,2668人次参加;选派25名管理干部赴浙江大学全国干部教育基地进行学习,着力提升员工政治思想素质和专业技能水平。

7. 加快数字化后勤建设

完成学生宿舍管理系统与人脸识别门禁二期项目,南望山校区49栋学生宿舍楼人脸识别门禁建设全覆盖,实现两校区数据互通、安全预警、数字迎新等功能。完成南望山校区98间多媒体教室设备改造项目、96间标准化考场升级改造。建设完成南望山校区户外场地线上申请系统、会议室线上申请系统、课表自习室查询系统。完成菜鸟驿站数字化升级，打造了"1分钟极速取、营业时间延长至24点"的取件服务新标准。完成房产管理系统功能升级，实现了学校房产数据电子化、系统化。推进CUGers生活服务圈服务评价模块建设，线下164个商业门面/柜台一店一码全覆盖，健全服务量化评估体系和考核机制。

8.深化人事制度改革

进一步完善以管理岗位、专业技术岗位、职员职级岗位为基础的人事制度改革架构和工资体系，开展新一轮定编定岗工作，使总岗位数缩减11个，建立后勤专业技能序列岗位180个，改善后勤结构性人才缺乏问题，为青年人才特别是技术型人才提供了展示才能的舞台。完成2023年度新进管理与技术人员职员职级聘任、高聘及主任助理试用期考核工作，优化管理干部成长通道，最大程度激发管理队伍的干事创业的活力。完成2023年后勤保障部管理研究课题申报组织工作，立项22项。

（撰稿：王苗；审稿：徐岩）

医疗保障

学校医院作为医疗保障单位，承担了南望山校区、未来城校区和汉口校区4万余名师生员工和社区居民的常见多发病防治、社区居民儿童计划免疫、突发公共卫生事件、灾害事故紧急医疗救援等工作。校医院设有内、外、妇、儿、中医、康复、护理、检验、药剂、公共卫生等10余个科室，病床40张，各种仪器40余台套。医院现有职工87名，其中正高级职称人员3名，副高级职称11名，主治医(药、技)师38人，初级职称25人。

【基础医疗】

2023年，在学校党委的正确领导下，医院干部职工始终把师生生命安全和身体健康放在第一位。医院全年共计接诊110 450人次，其中南望山校区78 677人次，未来城校区13 239人次，汉口校区2937人次。供应药品及耗材600余种，抢救急诊重症病人22例，开展心电图检查1700余人次，B超检查2910人次，CT检查587人次，C13幽门螺杆菌检查309例，放射影像检查8133人次。出具高质量检验报告27 619份，静脉输液4204人次，门诊换药5551人次，外科门诊手术209例。为重大活动提供医疗服务480余天，服务2万余人次。基础医疗服务能力、服务效率不断提高，有力保障和服务教学科研、满足师生健康需求。

【健康教育】

教育引导是提高健康意识的前提。一年来，在新生中开展心肺复苏等卫生应急知识教育，在本科生中开设2门健康教育选修课程，受益学生达1440人。以主要负责人亮点工作为抓手，积极开展健康教育宣传，普及卫生健康知识，邀请中部战区总医院、湖北省中医院等三甲医院专家来校坐诊，联合本科生院、团委、工会、老干处等部门开展健康教育宣传，举办社区居民健康知识讲座13场。开展社区高血压、糖尿病、骨科疾病、中医养生等慢性病义诊、健康咨询，受益人群达5800余人次。全年发放健康宣传等资料17种，共计16 000份，开展孕产妇中医宣教、产后恢复评估及健康指导201人次。微信平台向教职工、学生推送各类疾病预防知识34期，努力为师生提供全方位、全周期的健康服务。

【服务管理】

医院坚持问题导向，进一步完善制度措施。组织召开学校卫生健康领导小组第三、四次会议，制定《传染病防治管理办法》，修订《教职工公费医疗管理办法》《学生基本医疗保障实施办法》，进一步健全学校医疗服务管理制度，全面保障师生利益。历时200余天，分期完成了门诊楼、住院楼的设计、搬迁、改造等，教育部改善办学条件项目基本完成，服务环境大幅改善。体检中心建设项目楼宇基本建成。智慧医院信息化建设项目启动，医院新增X线计算机断层扫描成像系统（CT）、盆底康复治疗仪、口腔牙椅等80余套设施设备，就医服务环境大幅改善。坚持以服务师生，服务患者为本，将公费医疗报销服务频次调整为每月报销，服务地点迁至南望厅，安排36次师生公费医疗报销。未来城校区医院各科室均已正常开诊，两校区同质化医疗服务有序推进。

【社区卫生服务】

持续做好家庭医生签约服务，加强重点人群健康服务、健康管理。截至2023年底，社区建档30 396人。完成高血压随访2728人次，糖尿病随访984人次，65岁以上人员体检及健康管理804人次，对29 215名社区居民进行定期随访、提供医疗服务。对门诊诊断及社区散发传染病网络直报、监控和登记182例，开展肺结核密切接触者症状筛查163人次，新生肺结核筛查8905人；加强对辖区20例严重精神障碍患者的管理。累计一类、二类疫苗接种3112剂次。全年进行HIV快检450人次。完成3岁以下儿童健康管理105例，妇检1327人次，两癌筛查237人，孕期随访338人次。全年完成健康体检12 533人次，心脑血管疾病一体化防治筛查6000余人次，为"健康地大"作贡献。

【显著成效】

2023年，刘欣获评武汉市"优秀家庭医生"称号；王燕获"洪山区预防接种异常反应知识竞赛个人三等奖"；刘艳华获"湖北省首届医学检验人才知识竞赛"优秀奖；唐林静获评"洪山区优秀管理者"；蒋巧辉获评"洪山区优秀护士"；桑娟获评校"工会优秀干部"；夏红芳获评校"工会优秀工作个人"，孟莎莎获校"工会积极分子"荣誉称号；李敏、方芳、夏红芳、周琦、陈芳、樊仁为等收到患者感谢信；马慧敏、孟莎莎获得多名患者赠送的锦旗；医院第二党支部获评学校先进党支部。

（撰稿：唐霞、雷晓庆；审稿：王海花、何晓玲）

社区建设

【概况】

地大社区隶属武汉市洪山区关山街道，

是以中国地质大学(武汉)为依托的高校型社区,受中国地质大学(武汉)和武汉市洪山区关山街道办事处的双重管理,并在街道办事处的指导下,开展社区居民的社会保障与民政服务工作。社区在职员工13人,所辖面积1.1km^2(110hm^2),共有3个小区(南望山庄小区、喻家山庄小区、东区家属区),住宅楼63栋,住宅面积30余万平方米,现有居民3232户,居民人口9616人,在校学生近32 670人。社区内设有一站式综合服务大厅、居家养老服务中心、党员活动室、法律咨询室、文体活动室、图书资料室、计生服务站、市民学校、国际化社区文化交流服务中心等多种类型活动室,满足居民的文化和娱乐生活需求。

强化党建引领,筑牢红色战斗堡垒。2023年地大社区党总支深入学习党的二十大精神,积极落实党组书记从严治党主体责任和党组成员"一岗双责"制度,把党员凝聚在一线。积极落实党风廉政建设,有序推进各项党建工作。今年开展党员学习20次,书记讲党课2次,"老党员讲党史"专题党课1次,多方位多角度开展理论学习,引领辖区党员、干部不断学史明理、学史增信、学史崇德、学史力行。党总支获得2023年度"优秀社区党组织"荣誉称号。

深化廉洁意识,落实监督责任。进一步拓宽党员受教育渠道,采取听讲座、讲党课、谈体会、外出参观学习等方式,将党史学习教育与实践活动紧密结合。在社区3个党支部建立党员服务驿站,强化党建信息平台,充分利用党员QQ群、微信群等方式公开公示政府、学校、社区两委会动态。定期召开民主生活会,认真开展批评与自我批评。健全民主议事和决策机制,集思广益,民主决策,自觉接受组织和群众的监督,增强基层党组织战斗力。社区积极响应《洪山区2023年清廉村居建设重点项目工作方案》文件精神,被列入2023年洪山区清廉社区示范点。

强化精准服务理念,圆满完成各项民生保障工作。社区内现有60岁以上老年人1354人,其中60至79岁老人1109人,80至89岁老人217人,90至99岁老人27人,100岁以上老人1人,为245位80岁以上高龄老人发放生活津贴,为7位90岁以上高龄老人申办政府购买居家服务补贴;全面落实国家二孩政策,为9位符合计生政策社区居民申请并发放独生子女年老父母退休一次性补助,为7户符合计生政策社区居民申请并发放独生子女保健费,提供免费的优生优育体检11对,对社区现有特扶家庭4户(独生子女伤残)、失独家庭2户进行结对帮扶;核对发放重度残疾人护理补贴和困难残疾人生活补贴13人,办理居民医保免缴手续5人;全年办理《退役军人优待证》申请35人,目前制卡成功26张;为退役军人优抚人员年审2人、企业军转干部慰问金核对及发放1人、伤残退役军人年审及换证1人;社区退伍军人服务站完成区级星级评定(三星);办理就业失业证23人,正在享受社保补贴人员14人,实现失业人员再就业7人;办理居民医保62人次,办理或暂停灵活就业人员医保社保15人次,办理退休年审63人次。

【重要工作进展及成果】

1. 稳步推进国际化社区建设

社区发挥主阵地作用,针对国际化社区居民需求多样化特点,搭建社区文化交流平台,加强中外人员交流,着力打造开放包容、多元融合、和谐美好的具有武汉特色的国际化社区。一是打造国际化社区廉心站,站内设置监察工作联络站、手工作品展示柜、廉政文化图书室、书画文化墙,加强了社区廉洁文化建设,营造风清气正的良好氛围。二是与国际教育学院续签合作协议,共同开展《中华优秀传统文化体验坊》系列活动7场,文化交流途径丰富,持续打造开放包容、多元融合、幸福美好的国际化特色社区。三是切实发挥全员共治的积极作用,召集社区党员和中外居民、志愿者、社会组织参与社区自治,实现社区共治、共建、共享。

2. 不断完善社区治理

社区将东区家属区划分成6个网格并指派6名网格员,坚持日常巡查,及时收集、实时上报社情民意,跟踪问题整改,做好矛盾纠纷分级分类化解,协助开展群防群治,充分发挥网格员作用,做到琐事不出网格、小事不出社区。全年社区处理咨询类案件216条,调解居民纠纷,为居民办实事72人次。

在城市容貌整治工作中,社区从实际出发,抓主抓重,对重点区域和薄弱环节加大整治力度。全年联合学校下沉党员、志愿者在3个小区开展清洁家园活动8次,在居民中树立"城市是我家,建设靠大家"的信念,有效改善居民环境。

3. 主抓平安建设

落实安全生产责任,以"平安建设为人民、建设平安靠人民、平安成果惠人民"为理念,在辖区内营造"平安洪山,人人参与"的浓郁氛围。大力开展禁毒、防诈骗宣传活动,进一步提高居民防范意识;组织社区律师每季度开展法律宣传、讲座,咨询百余次,发放宣传单2000余份;联合辖区警务室、小区物业开展消防安全大检查6次,瓶装液化气大检查1次;向全校居民发布"致居民朋友的一封信"。

在信访维稳帮教工作中,社区着力收集反馈社情民意、化解矛盾、维护稳定,坚持群众利益无小事,做到件件有着落,事事有回音,目前社区刑满释放人员4人,邪教成员3人,其中1人已在2020年9月份成功转化,2人在社区监管中,无去市赴省进京上访案件发生。

【便民服务零距离、惠民活动暖人心】

为有效开发、整合利用社区公益慈善资源,助推"五社联动"机制创新发展,营造"人人慈善、人人受益"的良好氛围,社区成立慈善基金,通过文艺汇演等活动募集资金15 000余元;在3个小区举办惠民便民服务活动6场,为居民免费提供包括修伞、缝补、磨刀、配匙、修鞋、理发等服务项目,让更多的居民在家门口就能享受到便民利民的服务。

在喻家山庄1栋北面修建电动车车棚1个,极大地缓解了小区电动车停车难、充电难问题;聘请专业机构对小区游乐场进行翻新,有效地提高了游乐场安全性和舒适度;

在学校新建新能源汽车充电站5个，覆盖车位73个，有效地缓解了校内新能源汽车充电难的问题；对社区服务大厅进行整体升级改造，改善了服务环境。

（撰稿：张周望；审稿：徐岩）

基础教育

【概况】　学校基础教育主要由幼儿园、小学、初中组成，由附属学校统一管理。2023年，附属学校共有在校生2213人，60个教学班。其中：幼教部有18个教学班（南望山校区15个班，未来城校区3个班），在园幼儿505人；中小学部有42个教学班，在校学生1708人。附属学校共有在编教师77人（含人事代理25人，非事业编制16人）。其中，中学职工38人，小学职工25人，幼儿职工14人。在编教师中，有国家级优秀教师1人，省级骨干教师1人，武汉市学科带头人2人。洪山区名师1人，洪山区学科带头人12名，中学高级教师22名。劳务派遣员工118人。

2023年附属学校党总支牢记为党育人、为国育才初心使命，教育引导全校党员干部和教师深入学习习近平新时代中国特色社会主义思想，团结带领班子成员认真贯彻执行党组织领导的校长负责制，充分发挥党组织把方向、管大局、作决策、抓班子、带队伍、保落实的领导职责，确保党的教育方针和党中央决策部署在附属学校得到贯彻落实。2023年3月30日，附属学校召开第七次党员大会，完成总支换届工作，新一届党总支由张瑞生、黎义波、袁杰、周良军、罗红兵、陈文雄、袁海霞等同志组成。上半年完成幼儿园班子换届，任命丁媛和袁海霞同志分别担任南望山、未来城两个校区幼儿园园长。制定附属学校教师队伍建设"十四五"规划和教师队伍更新计划，评选附属学校师德师风标兵6人，推荐大学师德师风标兵1人。组织师生参观武汉红巷活动，加强与大学离退休五支部的紧密联系，发挥退休老教师育人作用，形成了党团队、工会、关工委的育人合力。

持续推进中小幼思政一体化建设，强化意识形态和舆情管控工作，严格执行教材"一科一版"、教辅"一科一辅"、校园课外读物"凡进必审、凡荐必审"制度。落实党总支主体责任和纪委的监督责任，构建起一级抓一级、层层抓落实的党风廉政建设责任体系。在干部教师中广泛开展廉洁从教，严禁从事有偿家教的教育活动。强化廉洁意识教育，敦促党员干部筑牢拒腐防变的思想防线。

2023年附属学校荣获洪山区教育教学立功单位、区教学常规管理先进学校、区教学质量提升单位、区绩效综合考评立功单位。中考普高升学率75%，创历史新高。荣获中国地质大学（武汉）校园文化建设优秀成果奖，获中国地质大学（武汉）教职工运动会男子团体总分第一名，女子团体总分第三名。教工男子乒乓球队荣获大学团体赛冠军，教工男子篮球队获大学篮球赛甲级组冠军。未来城校区幼儿园于2023年3月2日顺利开园，办园成绩彰显，被高新区教育局列为2024年武汉示范园创建单位。南望山校区幼儿园通过武汉示范园复查。附属学校积极开启国际理解学校项目的筹备工作，推进国际友好学校的建设和发展，已与马来西亚的半岛国际学校达成初步友好合作交流意向，于2024年1月19日与马来西亚的半岛国际学校线上签署《友好学校协议》。

【教师队伍】

全年招聘中小学非事业编骨干教师5人，劳务派遣教师5人，幼儿园教师10余人。学校先后邀请国家基础教育中心外语教研中心常务理事罗之慧、湖北省特级教师沈爱华等多名专家到附属学校开展培训。张瑞生获大学七十周年校庆先进个人。方海兵被评为洪山区"四有教师"，多名教师获评洪山区杏坛新秀和"教育教学能手"。刘媛获2023年湖北省青教赛一等奖，常振阳荣获武汉市教育教学信息化大赛微课一等奖，王金峰在第八届全国中小学优秀体育教学录像课比赛中获三等奖，乔皓霖获武汉市初中语文新课程新教材优质课比赛一等奖。唐雪梅获区学科与信息技术融合信息化大赛一等奖，徐芹获区信息技术整合课比赛一等奖。区进取杯、三新杯比赛，我校程吟、尹书丽、刘晓琴、王金峰分别获区一等奖，伍小伟、王金峰分获洪山区体育教学优质课比赛一等奖。

【教育教学】

积极落实"双减"工作，实行一、二年级语数无纸化评价，提升三至六年级学生作文素养，强化一至六年级计算能力，加强三至六年级英语朗诵，开展七八年级"英语沙龙"活动。组织"经典中国诵读"、参加武汉市楚才作文比赛、组队洪山区首届小学生围棋竞赛。制定课后服务实施方案，课后课程服务范围全覆盖，课后服务内容实行"1+X"，以教师辅导学生完成作业为主，学生自愿选择参加，发展学生个性特长。开展学区教联体"四同"主题教研和"践行新课标"主题教研活动，推动学校特色课堂建设。2023年洪山区英语学科研究员示范课暨专题讲座在我校顺利举行，李燕主讲展示课。学校主动融入国家教育扶贫战略，派尹书丽、常振阳和董海燕、陈爱丹、刘晓琴、潘明望等教师分两次赴云南省施甸二中开展同课异构交流。张莉、刘益、常振阳老师送教至湖北省建始县。陈悦老师的课题"中华优秀传统文化融入小学音乐课堂教学的实践研究"通过洪山区教育规划办组织的开题论证。

【素质成果】

2023年，伍小伟老师带领附校篮球队获洪山区中学生联赛季军。601班黄清骁获得区男子六年级垒球第一名，803班陈怡彤获洪山区初中女子铅球第一名，杨雅丹获羽毛球基本功个人赛甲组女单第一名。章荟言获区艺术小人才器乐比赛一等奖，陈思危获区艺术小人才舞蹈比赛一等奖。大学教职工运动会开幕式，附属学校表演《少年中国说》，展现学生积极阳光自信的精神风貌，节目被选中参加武汉电视台迎春晚会节目的录制。组织参加"世界儿童 画和平"暨2023国际儿童节美术作品展征集活动。获2023年武汉市"红领巾讲解员"大赛优秀组织奖，少先队红领巾争章活动成为湖北省标杆单位。

【德育工作】

我校孙茜老师带领的五(1)中队在湖北省"红领巾奖章"争章活动中表现突出,被评为"全国红领巾中队"。学校组织开展两次家长讲堂活动,73名不同专业领域的优秀家长,走进教室,奉献了内容丰富、创意无限的专题课。完善"三位一体"教育,注重学校、家庭、社会教育资源整合,鼓励家长积极参与家校合作,召开家长会,关心倍爱生,组织"爱心家访"活动,举行"纸短情长·情满中秋"书信比赛,开展一年级新生开笔礼活动等,促进学生的健康成长。邀请湖北大纲律师事务所熊茂垠主任来校进行防欺凌、防诈骗法治专题讲座,邀请学校法制副校长、喻家山派出所姜瀚警官来校开展"拒绝校园欺凌,共建和谐校园"的法制教育讲座,以案说法、以法论事,通过现场演示、问答互动等方式,极大地激发了学生学习法律的热情。

【幼教工作】

两所幼儿园致力于以"和"文化为精神引领,努力发展和完善"和美"团队文化、"和雅"环境文化、"和乐"教育文化。南望山幼儿园聚焦师德师风建设,加强园本培训,开展"躬身教坛、强国有我"师德师风培训,重温《幼儿园教师职业道德规范》,签署《地大幼儿园教师师德师风承诺书》。开展"坚守初心,做新时代大先生"主题演讲,注重正面感召,形成强大正能量,增强教师职业的责任感、自豪感和使命感。

未来城幼儿园积极创设户外游戏区域,满足幼儿活动需求,激发幼儿自发、自觉、自主、自由地开展游戏活动,保证幼儿自主发展和自由发挥。规范班级常规管理,使每一个环节的活动都能激发幼儿兴趣、愉悦幼儿情感、丰富幼儿知识、提高幼儿技能服务,扎实促进幼儿在各项活动中得到发展。坚持以游戏为基本活动,让幼儿获得游戏性体验,在轻松愉悦的游戏氛围中,学会基本的生活技能。开展"健康体能"活动等。

(撰稿:陈文雄;审稿:张瑞生)

机构与干部

学校领导班子成员

党 委 书 记：黄晓玫
校长、党委副书记：王焰新
党 委 副 书 记：王焰新　王林清　唐忠阳（兼纪委书记）　王　甫
副 　 校　 长：王　华　刘　杰　刘勇胜（—2023.07）李建威　王力哲
党 委 常 委：黄晓玫　王焰新　王　华　王林清　刘　杰　刘勇胜（—2023.07）
　　　　　　　王　甫　李建威　王力哲　储祖旺（—2023.07）　陈文武（2023.07—）
校 长 助 理：蒋少涌

中共中国地质大学（武汉）第十二届委员会委员名单

（—2023.07，按姓氏笔画排序）

王　华　王　甫　王力哲　王林清　王焰新　成金华　刘　杰　刘勇胜　李建威
张　玮　张宏飞　周爱国　胡圣虹　胡祥云　殷坤龙　唐　勤　唐忠阳　黄晓玫
蒋少涌　喻芒清　傅安洲　储祖旺　解习农

中共中国地质大学（武汉）第十三届委员会委员名单

（2023.07—，按姓氏笔画排序）

王 华　王 甫　王力哲　王文起　王林清　王焰新　邬海峰　刘 杰　李建威
杨从印　吴元保　张 玮　陈文武　周建伟　赵葵东　胡兆初　胡守庚　胡祥云
侯志军　徐绍红　高复阳　郭上江　唐忠阳　黄晓玫　章军锋

中共中国地质大学（武汉）第十二届纪律检查委员会委员名单

（2023.07—，按姓氏笔画排序）

王 芳　成金华　李宇凯　杨从印　余 敬　张吉军　陈文武　高 芸　唐 勤
唐忠阳　黄 菊　隋 红

中共中国地质大学（武汉）第十三届纪律检查委员会委员名单

（2023.07—，按姓氏笔画排序）

刘世勇　阮一帆　孙雅静　李宇凯　李红丽　陈 慧　周 刚　郭秀蓉　唐 勤
唐忠阳　瞿祥华

中共中国地质大学（武汉）第十三届纪律检查委员会书记、副书记名单

书　记：唐忠阳
副书记：唐　勤

中国地质大学（武汉）学术委员会委员名单

任　委　员：童金南
副主任委员：李建威　王力哲　章军锋　宁伏龙　胡守庚
委　　　员：(按姓氏笔画排序)
　　　丁华锋　马　瑞　王　华　王占岐　王国灿　文国军　甘义群　史建波
　　　成金华　关庆锋　孙　军　李　军　严春杰　杨明星　杨华明　吴　亮
　　　吴元保　沈传波　张宏飞　张奇华　张峻峰　张梅珍　张仲石　陈　鑫
　　　宋海军　巫　翔　余家国　罗银河　周建伟　周爱国　於世为　郑建平
　　　赵来时　胡圣虹　胡兆初　胡祥云　袁松虎　夏　帆　夏庆霖　高翔莲
　　　郭上江　曹卫华　董　范　蒋少涌　程　胜　焦玉勇　储祖旺　谢树成
　　　赖旭龙　蔡之华　熊　熊

教学科研机构中层干部

学院	职务	姓名
地球科学学院	党委书记	周　刚
	院长	章军锋（—2023.06）　吴元保（2023.06—）
	副院长	吴元保（—2023.06）　朱宗敏　赵军红（2023.09—） 罗根明　王伟（2023.09—）　徐亚军（2023.09—）
	党委副书记	章军锋（—2023.06）　吴元保（2023.06—）　赵得爱
资源学院	党委书记	高复阳
	院长	李建威（—2023.04）　严德天（2023.04—）
	副院长	赵葵东　严德天（—2023.04）　朱红涛　沈传波
	党委副书记	李建威（—2023.04）　谭文伦
材料与化学学院	党委书记	黄　菊（—2023.04）　梁本哲（2023.04—）
	院长	胡兆初
	副院长	公衍生（—2023.12）　李国岗　周　炜（—2023.12） 周成冈　靳洪允（2023.12—）　夏开胜（2023.12—） 杨华明（兼）
	党委副书记	胡兆初　余江涛（—2023.11）　白振洋（2023.11—）

续表

学　院	职　务	姓　名
环境学院	党委书记	李素矿（—2023.11）　姜明敏（2023.11—）
	院长	史建波
	副院长	孙自永　柴　波　谢先军
	党委副书记	史建波　王海锋
工程学院	党委书记	李红丽
	院长	焦玉勇
	副院长	王亮清　倪晓阳　窦　斌　罗学东　章广成
	党委副书记	焦玉勇　高晓东
地球物理与空间信息学院	党委书记	马彦周
	院长	熊　熊
	副院长	顾汉明（—2023.01）　罗银河　吴　柯（—2023.01） 蔡红柱　严　哲（2023.01—）　陈丽霞（2023.01—）
	党委副书记	熊　熊　黄金波
海洋学院	党委书记	成　军
	院长	孙　军
	副院长	姜　涛　陈　刚　孙启良　宫　勋
	党委副书记	钟　苹
机械与电子信息学院	党委书记	瞿祥华
	院长	丁华锋
	副院长	李　波　文国军　罗　杰　黄田野
	党委副书记	于晓舟（—2023.06）　吴　迪（2023.06—）
自动化学院	党委书记	董浩斌（—2023.03）　朱荆萨（2023.03—）
	院长	曹卫华
	副院长	陈　鑫　宗小峰　熊永华　陈略峰
	信息技术教学实验中心主任	熊永华
	党委副书记	曹卫华　王向东
经济管理学院	党委书记	杨昌锐
	院长	杨树旺（—2023.06）　於世为（2023.06—）

续表

学　院	职　务	姓　名
经济管理学院	副院长	肖建忠　於世为（—2023.06）　郭　锐　程　胜　王广民
	MBA教育中心主任	杨树旺（—2023.06）　於世为（2023.06—）
	MBA教育中心副主任	郭　锐（兼）
	MPcc教育中心主任	杨树旺（兼—2023.06）　於世为（兼2023.06—）
	MPcc教育中心副主任	郭　锐（兼）
	党委副书记	杨树旺（—2023.06）　李少杰（—2023.09）　李纪亮（2023.11—）
外国语学院	党委书记	刘世勇
	院长	张峻峰
	副院长	杨红燕　张伶俐　周宏图
	教育部出国留学培训与研究中心副主任	孙来麟（正处级—2023.01）　赵英科（2023.01—）
	党委副书记	张峻峰　胡文勤（—2023.11）　余尚蔚（2023.11—）
地理与信息工程学院	党委书记	许德华（—2023.04）　孙莉（2023.04—）
	院长	王绍强
	副院长	关庆锋　王伦澈　徐景田　宋小青　陈能成（兼）
	党委副书记	王绍强　武彦斌（—2023.11）　熊　程（2023.11—）
数学与物理学院	党委书记	吴太山（—2023.04）　于晓舟（2023.04—）
	院长	郭上江
	副院长	张光勇　黄　刚　张保成　魏周超
	党委副书记	郭上江　徐　超
珠宝学院	党委书记	薛保山
	院长	尹作为
	副院长	郝　亮　周琦深　张荣红　陈全莉
	党委副书记	尹作为　陈汉英
艺术与传媒学院	党委书记	郭秀蓉（—2023.04）　晋　曦（2023.04—）
	院长	何清俊（2023.01—）
	副院长	张梅珍　杨　喆　袁　玥　彭　静
	党委副书记	何清俊（2023.01—）　边建华

续表

学　院	职　务	姓　名
公共管理学院	党委书记	张宽裕
	院长	胡守庚
	副院长	才惠莲（—2023.10）　龚　健　王　忠　李世祥 朱江洪　吕凌燕（2023.10—）
	MPA教育中心副主任	王　忠
	党委副书记	胡守庚　龚　丽
计算机学院	党委书记	李国昌
	院长	张洪艳
	副院长	刘　刚　张冬梅　胡成玉　陈云亮　曾德泽
	党委副书记	张洪艳　傅　苑（—2023.06）　林小艳（2023.06—）
马克思主义学院	党委书记	汪再奇
	院长	阮一帆
	副院长	陈　军　孙文沛　李海金　邹海峰（兼）
	党委副书记	阮一帆　徐　胜（—2023.06）　武彦斌（2023.06—）
体育学院	党委书记	庞　岚
	院长	李　元
	副院长	刘良辉　李　伦　游茂林（—2023.02）　邹师思（2023.02—）
	党委副书记	李　元　朱　军
教育研究院	党总支部书记	徐绍红（兼）
	院长	柯佑祥
	副院长	蒋洪池　刘陈陵
	党总支部副书记	陈　彪（兼）
高等研究院/高等研究院党委（国家地理信息系统工程技术研究中心、教育部长江三峡库区地质灾害研究中心、地质调查研究院、紧缺战略矿产资	院长	刘勇胜（兼2022.05—）　王力哲（兼2023.02—）
	党委书记	赵来时（—2023.10）　张基得（2023.10—）
	常务副院长兼地质调查研究院院长	胡圣虹（—2023.04）　章军锋（2023.04—）
	副院长	刘　征　吕占峰　龚松林　李正汉　郑　祺　胡　波 翁华强（兼）　侯建湘（兼）　孙博文（2023.11—） 娄筱叮（校内挂职—2023.05）

续表

学 院	职 务	姓 名
源协同创新中心、地质探测与评估教育部重点实验室、沉积盆地与能源资源重点实验室(筹)、纳米矿物材料及应用教育部工程研究中心、地下水质与健康教育部重点实验室挂靠；2023年6月2日前，地质过程与矿产资源国家重点实验室、生物地质与环境地质国家重点实验室挂靠高等研究院）	副书记	高翠欣
	国家地理信息系统工程技术研究中心主任	陈能成（正处级）
	国家地理信息系统工程技术研究中心专职副主任	郑 祺（兼）
	教育部长江三峡库区地质灾害研究中心办公室主任	龚松林（兼）
	地质调查研究院副院长	吕占峰（兼）
	紧缺战略矿产资源协同创新中心专职行政副主任、地质探测与评估教育部重点实验室专职行政副主任	李正汉（兼）
	沉积盆地与能源资源重点实验室(筹)专职行政副主任	侯建湘（兼—2023.06） 刘 征（兼2023.06—）
	纳米矿物材料及应用教育部工程研究中心主任	杨华明（正处级）
	纳米矿物材料及应用教育部工程研究中心专职副主任	胡 波（兼）
	紧缺战略矿产资源协同创新中心主任、地质探测与评估教育部重点实验室主任	蒋少涌（兼）
	地下水质与健康教育部重点实验室副主任	孙博文（兼2023.11—）

续表

学　院	职　务	姓　名
碳达峰碳中和创新发展研究院	执行院长	刘　珵
	副院长	张　祎　侯建湘（兼）
李四光学院	常务副院长	单华生
	副院长	张建和（兼）　罗银河（兼）　朱宗敏（兼）　宋小青（兼） 黄　刚（兼 2023.02—）
未来技术学院	常务副院长	陈　鑫
滨海研究院	副院长	王肖戈（2023.06—）
新能源学院		
地质过程与矿产资源国家重点实验室（于 2023 年 6 月 2 日调整建制，变更为独立二级机构；2023 年 6 月前挂靠高等研究院）	副主任（正处级）	巫　翔（2023.09—）
	办公室主任（副处级）	翁华强
生物地质与环境地质国家重点实验室（于 2023 年 6 月 2 日调整建制，变更为独立二级机构；2023 年 6 月前挂靠高等研究院）	副主任（正处级）	袁松虎（2023.09—）
	办公室主任（副处级）	刘　征（—2023.06）　侯建湘（2023.06—）
内蒙古研究院（成立于 2023 年 9 月 14 日）	执行院长	李素矿（2023.11—）

管理与服务机构中层干部

部门	职务	姓名
学校办公室(与校长办公室、保密委员会办公室、综合改革与政策法规办公室合署,维护稳定工作办公室、督查督办工作办公室挂靠)	主任	侯志军(—2023.03) 张 玮(2023.03—)
	综合改革与政策法规办公室主任兼保密委员会办公室主任	李宇凯(2023.03—)
	督查督办工作办公室主任	张 玮(兼2023.03—) 侯志军(兼—2023.03)
	学校办公室副主任	李宇凯(兼2023.03—) 李周波 邓云涛(—2023.11) 单红峰 王 芳(兼—2023.11) 姜明敏(—2023.11) 胡 燕(2023.11—) 程 旬(2023.11—) 黄 蕾(兼2023.11—) 夏云娇(校内挂职—2023.12)
	保密办公室副主任	王 芳(—2023.11) 黄 蕾(2023.11—)
党委组织部(与党校合署,机关党委挂靠)、党委统战部	组织部部长(兼机关党委书记、兼党委党校常务副校长)	陈文武
	统战部部长	陈文武
	正处级专职组织员	梁本哲(—2023.04) 刘国华(—2023.04) 魏海勇(2023.04—)
	组织副部长	冷再心 孙 莉(兼—2023.06) 何建新(—2023.06) 张建华(2023.06—) 胡 肖(2023.06—) 龙 涛(兼)
	机关党委副书记(兼党委党校副校长)	孙 莉(—2023.06) 胡 肖(2023.06—)
	统战部副部长	曾 希 蒋怀柳(兼)
	副处级专职组织员	徐家忠 林小艳(—2023.06) 王 强(2023.06—)
	党委党校校长	黄晓玫(兼)

续表

部门	职务	姓名
党委宣传部	部长	储祖旺（—2023.03） 侯志军（2023.03—）
	副部长	陈华文 魏海勇（—2023.06） 吴仁喜 尚东光（2023.06—） 王猛猛（校内挂职—2023.12）
	学校新闻发言人	储祖旺（兼—2023.09） 侯志军（兼2023.09—）
纪委办公室（与监察处、巡察办合署，监督检查室挂靠）	纪委办主任兼巡察办主任、监察处处长	唐 勤
	正处级专职组织员	傅 苑（—2023.04）
	纪委办公室副主任	陈 慧 高艳丽（兼2023.06—） 郭 龙（校内挂职—2023.05）
	监察处副处长	晋 曦（—2023.06） 徐 胜（2023.06—）
	监督检查室主任	陈 慧（兼）
	巡察办公室副主任	高艳丽
本科生院（与党委学生工作部合署，党委武装部、李四光学院挂靠）	院长	王 华（兼—2023.02） 李建威（兼2023.02—）
	常务副院长	周建伟
	学生工作部部长	邬海峰
	副院长	邬海峰（兼） 张建和 王 莹（—2023.11） 肖梦琼 苏洪涛 蒋怀柳 朱 继 何卫华（2023.11—） 孟 霞（校内挂职—2023.05）
	学生工作部副部长	蒋怀柳（兼） 朱 继（兼）
	党委武装部部长	邬海峰（兼）
研究生院（与党委研究生工作部合署）	院长	赖旭龙（兼—2023.02） 王力哲（兼2023.02—）
	常务副院长	王力哲（—2023.04） 赵葵东（2023.04—）
	研工部部长	王 甫（—2023.04） 许德华（2023.04—）
	研究生院副院长	王 甫（兼—2023.04） 许德华（兼2023.04—） 成中梅 王 蕾 洪 军 刘 珩（—2023.11） 易 明（2023.11—） 王 任（校内挂职2023.09—） 杨 雪（校内挂职2023.09—）
	研工部副部长	蒙冕模（校内挂职2023.09—）

续表

部　门	职　务	姓　名
学生就业指导处	处长	严　嘉（—2023.02）　吴堂高（2023.02—）
	副处长	沈　波　陈华清（校内挂职—2023.12）
科学技术发展院（与先进技术研究院合署，学术委员会挂靠、地球科学科普研究与创作中心、湖北省地球科学基础学科研究中心挂靠）	院长兼先进技术研究院院长	刘勇胜（兼—2023.02）　王力哲（兼2023.02—）
	常务副院长	胡祥云
	副院长	郭海湘　黄祥嘉　吴春明（—2023.11） 单华生（—2023.11）　段平忠（兼） 李鹏飞（2023.11—）　肖　平（2023.11—） 宋虎跃（兼2023.11—） 伏海蛟（校内挂职—2023.05） 刘恩涛（校内挂职2023.09—） 李　妍（校内挂职2023.09—） 邹俊鹏（校内挂职2023.09—）
	先进技术研究院常务副院长	李　晖
	先进技术研究院副院长	杜　胜（校内挂职—2023.05） 吴云龙（校内挂职2023.09—）
	学术委员会副主任	段平忠
	地球科学科普研究与创作中心主任	胡祥云（兼）
	地球科学科普研究与创作中心常务副主任	单华生（兼—2023.11）
	地球科学科普研究与创作中心副主任	邢作云（兼）　胡　肖（兼—2023.06） 吴春明（兼2023.11—）
	湖北省地球科学基础学科研究中心副主任	宋虎跃（副处级2023.11—）
发展规划与学科建设处	处长	徐绍红
	副处长	陈　彪　周延菲　许　瑞（校内挂职—2023.05）

续表

部门	职务	姓名
人力资源部（与党委教师工作部、党委人才工作办公室合署）	部长兼党委教师工作部部长、人才办主任	夏 帆（—2023.06） 郭上江（2023.06—）
	人力资源部副部长	张晓红 路金阁 刘治国（兼—2023.06） 龙 涛 王 芳（兼 2023.06—） 徐 枫（校内挂职—2023.05）
	教师工作部副部长	刘治国（—2023.06） 王 芳（—2023.06） 魏海勇（兼—2023.06） 冷再心（兼）
	人才办副主任	张晓红（兼） 路金阁（兼） 龙 涛（兼）
财务与资产管理部（国有资产监督管理委员会办公室、国有经营性资产监督管理委员会办公室、采购与招标管理中心挂靠）	部长	杨从印
	国资办主任、经资办主任	杨从印（兼）
	副部长	马晓霞（—2023.11） 刘晓华 彭 磊 胡军华 齐世学（—2023.06） 高莹莹（2023.06—） 杜碧威（2023.11—）
实验室与设备管理处	处长	马 腾（—2023.03） 王耀峰（2023.03—）
	副处长	杨 茜 田永常 陈卫明（校内挂职—2023.05）
国际合作处（与国际教育学院、港澳台事务办公室合署，孔子学院工作办公室、丝绸之路学院、中约合作办学办公室挂靠）	处长兼院长	甘义群
	副处长	范 铭
	港澳台事务办公室主任	甘义群（兼）
	国际教育学院副院长	许 峰 范陆薇
	丝绸之路学院院长	王焰新（兼）
	丝绸之路学院执行院长	甘义群（兼）
校友与社会合作处（深圳研究院、浙江研究院挂靠）	处长	陈华荣
	副处长	胡 肖（—2023.06） 袁 江 张延平 王 莹（2023.06—） 王肖戈（兼 2023.06—） 王 强（兼—2023.06） 朱祺琪（校内挂职—2023.12）
	浙江研究院院长	田熙科
	浙江研究院副院长	王肖戈（—2023.06）
	深圳研究院副院长	王 强（—2023.06） 王肖戈（2023.06—）

续表

部 门	职 务	姓 名
校园规划与基建处	处长	王耀峰（—2023.03） 李鹏翔（2023.03—）
	副处长	宋中华 陈 胜 张 磊（兼2023.11—）
	未来城校区二期建设办公室主任	张 磊（2023.11—）
信息化工作办公室	主任	吕国斌（—2023.04） 吴春明（2023.04—）
	副主任	李振华 李 琪 黄玉金（校内挂职—2023.05）
审计处	处长	李宇凯（—2023.04） 孙雅静（2023.04—）
	副处长	曹桂华 韩 静 孙雅静（—2023.04） 丁 为（2023.11—）
离退休工作处/离退休工作党委	书记	李门楼
	处长	蔡楚元（—2023.03） 刘国华（2023.03—）
	副书记	张信军
	副处长	张志毅（—2023.06） 齐世学（2023.06—） 刘华荣（校内挂职—2023.05）
安全保卫部	部长	代清风（—2023.04） 何建新（2023.04—）
	副部长	郭敬印 彭冠军
后勤保障部/后勤党委	书记	徐 岩（—2023.04） 黄 菊（2023.04—）
	部长	王文起（—2023.03） 徐 岩（2023.03—）
	副部长	卢 杰 刘清华 傅艾平 林 芸 贺亚锋
未来城校区管理办公室	主任	张 玮（—2023.03） 王文起（2023.03—）
	副主任	马红祥 罗勋鹤 高莹莹（—2023.11） 李雨竹（2023.11—）
资源环境科技创新基地暨新校区建设指挥部（2023年4月28日机构撤销）	指挥长	刘 杰（兼—2023.06）
	副指挥长	李鹏翔（正处级—2023.06）
	总工程师	钱同辉（正处级—2023.06）
	建设部主任	陈 胜（—2023.06）
校庆工作办公室（2023年7月16日机构撤销）	主任	储祖旺（兼—2023.09）
	常务副主任	吴堂高（正处级—2023.09）
	副主任	张建华（—2023.04） 陈 茹（校内挂职—2023.05）

续表

部门	职务	姓名
工会（与妇委会合署）	工会主席	王　甫（兼）
	妇委会主任	朱勤文（兼）
	常务副主席兼常务副主任	喻芒清（—2023.04）　郭秀蓉（2023.04—）
	副主席	杨世清
团委（学生艺术教育中心挂靠）	书记	朱荆萨（—2023.04）　朱　丹（2023.04—）
	副书记	吴　迪（—2023.11）　郭小玉 刘明辉（2023.11—）　吴文兵（校内挂职—2023.05）
远程与继续教育学院/远程与继续教育学院党总支部（自然资源管理学院挂靠）	院长	隋明成
	远程与继续教育学院党总支部书记	隋明成
	副院长	刘雪梅　王　兴　刘东杰 王永桂（校内挂职—2023.05）
	自然资源管理学院院长	隋明成（兼）
	自然资源管理学院副院长	刘雪梅（兼）　王　兴（兼）　刘东杰（兼）
图书档案与文博部/图书档案与文博党委	图书档案与文博党委书记	帅　斌（—2023.11）　邓云涛（2023.11—）
	图书档案与文博部部长	刘先国（—2023.10）　帅　斌（2023.10—）
	图书档案与文博部副部长	张　峰　明厚利　邢作云　刘治国
出版社/出版社党总支部	社长兼书记、总编辑	毕克成（—2023.04）　江广长（2023.04—）
	副社长	江广长（—2023.04）　余江涛（2023.07—）
期刊社/期刊社党总支部	社长兼书记	王淑华
	副社长	王开明
附属学校/附属学校党总支部	校长	黎义波（副处）
	书记	张瑞生（副处）
医院/医院党总支部	书记	王海花
	院长	何晓玲
	副院长	杜鹏辉　魏从兵
武汉中地大资产经营有限公司/武汉中地大资产经营有限公司党总支部	书记兼董事长	鲁　元（—2023.04）　孙劲松（2023.04—）
	总经理	孙劲松（副处级—2023.04） 胡文勤（副处级2023.07—）
	副总经理	张本敏（—2023.06）　程　伟 马晓霞（2023.07—）

机构与干部

学校外派挂职中层干部

	职 务	姓 名
外派挂职干部	武汉工程科技学院党委书记、教育督导专员	高 芸(挂职—2023.12)
	驻叶卡捷琳堡总领馆领事(一等秘书)	张基得(—2023.06) 孙来麟
	福州大学党委常委、副校长	夏 帆(挂职2023.06—)
	竹山县副县长、湖北省竹山县扶贫工作队队长(省直驻农村工作队队长)	李 杰(挂职)
	中央教育工作领导小组秘书组秘书局副处长	朱 丹(挂职—2023.09)
	中央教育工作领导小组秘书组秘书局	李少杰(借调2023.08—)
	教育部办公厅督查处	尚东光(借调—2023.07)

(撰稿:郭倩;审稿:冷再心)

2023年学校发布规章制度

序 号	文 号	发文名称	发文日期
1	地大党发〔2023〕1号	关于印发《落实二级纪委监督责任实施办法（试行）》的通知	2023年1月9日
2	地大党发〔2023〕8号	印发《关于开展违规吃喝问题专项整治工作方案》的通知	2023年2月28日
3	地大学校办发〔2023〕2号	关于印发《中青年骨干教师公派出国研修管理办法（修订）》的通知	2023年3月10日
4	地大党发〔2023〕10号	关于印发《教材建设与选用管理办法（2023修订版）》的通知	2023年3月21日
5	地大党发〔2023〕16号	关于印发《教职工荣誉体系管理规定（试行）》的通知	2023年4月8日
6	地大学校办发〔2023〕7号	关于做好学校《2023年工作要点》重点督办事项的通知	2023年4月14日
7	地大党发〔2023〕26号	印发《关于深入开展学习贯彻习近平新时代中国特色社会主义思想主题教育的实施方案》的通知	2023年4月25日
8	地大学校办发〔2023〕8号	关于印发《2023年干部素质能力提升计划》的通知	2023年4月26日

续表

序 号	文 号	发文名称	发文日期
9	地大学校办发〔2023〕9 号	关于印发《人事代理制职工管理补充规定》的通知	2023 年 4 月 27 日
10	地大学校办发〔2023〕10 号	关于印发《青少年学生读书行动实施方案》的通知	2023 年 5 月 6 日
11	地大发〔2023〕9 号	关于印发《"资源环境科技创新基地"暨新校区二期("中约大学"中国校区)基本建设发展规划》的通知	2023 年 5 月 6 日
13	地大学校办发〔2023〕11 号	关于印发《两校区文件转接服务实施细则(试行)》的通知	2023 年 5 月 22 日
14	地大学校办发〔2023〕17 号	印发《关于加强"习近平新时代中国特色社会主义思想概论"课建设的实施方案》的通知	2023 年 6 月 18 日
15	地大学校办发〔2023〕18 号	关于印发《本科专业自评估实施方案》的通知	2023 年 6 月 22 日
16	地大党发〔2023〕34 号	关于发布《中国地质大学(武汉)章程》的通知	2023 年 6 月 30 日
17	地大学校办发〔2023〕24 号	关于印发《师德集中学习教育实施方案》的通知	2023 年 7 月 4 日
18	地大发〔2023〕18 号	关于印发《国有资产管理办法》的通知	2023 年 7 月 13 日
19	地大学校办发〔2023〕28 号	关于印发《所属企业经营绩效考核暂行办法》的通知	2023 年 7 月 19 日
20	地大学校办发〔2023〕27 号	关于印发《教职员工准入查询工作实施办法》的通知	2023 年 7 月 20 日
21	地大发〔2023〕19 号	关于印发《预算管理办法(修订)》的通知	2023 年 7 月 21 日
22	地大党发〔2023〕41 号	印发《关于完善"五通融合"立德树人体系落实时代新人铸魂工程的实施方案》的通知	2023 年 8 月 9 日

2023 年学校发布规章制度

续表

序 号	文 号	发文名称	发文日期
23	地大学校办发〔2023〕30号	关于印发《外派人员管理办法(试行)》的通知	2023年8月9日
24	地大党发〔2023〕42号	印发《关于开好学习贯彻习近平新时代中国特色社会主义思想主题教育专题民主生活会的实施方案》的通知	2023年8月21日
25	地大学校办发〔2023〕31号	关于印发《银龄教师支援西部计划实施方案》的通知	2023年8月26日
26	地大学校办发〔2023〕32号	关于印发《2024届本科毕业生推荐免试攻读研究生工作方案》的通知	2023年9月18日
27	地大党发〔2023〕47号	关于印发《中层领导干部廉政档案建设与管理办法(试行)》的通知	2023年9月22日
28	地大学校办发〔2023〕35号	关于印发《周转房管理办法(修订)》的通知	2023年9月25日
29	地大学校办发〔2023〕36号	关于印发《学生宿舍住宿管理办法》的通知	2023年9月25日
30	地大学校办发〔2023〕37号	关于印发《保密委员会工作规则》的通知	2023年9月28日
31	地大学校办发〔2023〕38号	关于印发《保密责任制实施方法》的通知	2023年9月28日
32	地大党发〔2023〕53号	关于印发《关于加强二级党组织全面从严治党"四责协同"工作的实施办法》的通知	2023年10月25日
33	地大党发〔2023〕54号	关于印发《巡察工作规划(2023—2027年)》的通知	2023年11月1日
34	地大党发〔2023〕55号	关于印发《贯彻落实中央八项规定精神及实施细则的实施办法》的通知	2023年11月1日
35	地大学校办发〔2023〕46号	关于印发《大学生基本医疗保障实施办法》的通知	2023年11月21日
36	地大学校办发〔2023〕48号	关于印发《教职工公费医疗管理办法》的通知	2023年12月13日

续表

序号	文　号	发文名称	发文日期
37	地大学校办发〔2023〕49号	关于印发《公用房定额管理实施办法(试行)》的通知	2023年12月13日
38	地大学校办发〔2023〕51号	关于印发《收入分配管理实施办法(试行)》的通知	2023年12月19日
39	地大学校办发〔2023〕53号	关于印发《水电定额管理实施办法公用房定额管理实施办法(试行)(试行)》的通知	2023年12月22日
40	地大学校办发〔2023〕54号	关于印发《楼宇、道路、广场、景观命名规范管理规定(试行)》的通知	2023年12月22日
41	地大党发〔2023〕67号	《关于持续推进重点领域专项治理工作的通知》	2023年12月24日
42	地大学校办发〔2023〕52号	关于印发《消防安全管理规定》的通知	2023年12月25日
43	地大学校办发〔2023〕55号	关于印发《入校施工单位安全管理暂行办法》的通知	2023年12月25日
44	地大学校办发〔2023〕57号	关于印发《教职工疗休养工作实施办法》的通知	2023年12月26日

2023年学校发布规章制度

表彰与奖励

建校70周年校庆工作先进个人、校庆突出贡献校友会和校友

地大发〔2023〕11号

一、校庆工作先进个人

1. 教学科研机构人员(60人)

地球科学学院：刘建华　余淳梅　秦　傲
资源学院：王小明　吴　超　霍少孟
材料与化学学院：李　珍　余江涛　龚灿芳
环境学院：刘凤莲　孟庆达　罗明明
工程学院：王　灿　王　俊　高晓东
地球物理与空间信息学院：王　静　顾汉明　高凌峰
海洋学院：陈　刚　钟　苹　韩　瑞
机械与电子信息学院：杜　育　郝国成　陶安东
自动化学院、未来技术学院：宋恒力　吴　涛
经济管理学院：陈永佳　努尔夏提·居勒提　赵　谦
外国语学院：张伶俐　张峻峰　戴　薇
地理与信息工程学院：李　洋　武彦斌
数学与物理学院：王希成　魏周超
珠宝学院：陈汉英　张荣红　沈锡田

公共管理学院:王　莉　彭　珂

计算机学院:马　钊　张军强　颜雪松

体育学院:何鹏飞　陈　爽

艺术与传媒学院:余　磊　徐　莉　程璜鑫

马克思主义学院:胡雪黎　钱　源

李四光学院:李若萌

教育研究院:陈　彪　童　宇

远程与继续教育学院:左　杨

国际教育学院:张愫恒　罗金刚

高等研究院:叶永昊　翁华强

附属学校:张瑞生

2.学生(62人)

地球科学学院:曲晨昊　林　雨

资源学院:王玉成　王逸飞　余司琪　李恒一　徐振宇

材料与化学学院:杨嘉仪

环境学院:李喆　杨川钰

工程学院:王　冠　王清晨　李云杨　史靖韬

地球物理与空间信息学院:陈威帆

海洋学院:郭　锋

机械与电子信息学院:王可一　孔铁儒　何　乔　廖柯言

自动化学院:王义博　宋紫琴　郭琳炜

经济管理学院:冯苇婷　吴恺文　吴　涛　夏益骏　鲁佳琪

外国语学院:李若愚

地理与信息工程学院:杨陟扬　张祖铭　苟选宁

数学与物理学院:黄　帆　熊佳宇

珠宝学院:周文馨　赵安然

公共管理学院:汤佳鹏　刘慧彤　赵宇航　陶汪伟　高佳怡

计算机学院:郭鹏顺

体育学院:王怡杰　任冠贤　陈冬晴　薛世贸

艺术与传媒学院:王雪蓉　刘倢利　吴乐曈　张宇晨　赵大宇　郝文竹

马克思主义学院:王鹜菲　陈雅文

李四光学院:赵鹏宇

教育研究院:王艺璇　杨俊婷　金　薇　相博文

国际教育学院：DOSSA JEAN-TYCHIQUE S GBELIHO   MAQSOOD UR RAHMAN
高等研究院：张家伟

3.专项工作组(66人,按姓氏笔画为序)

丁苗苗　丁春艳　丁继国　王　方　王风林　王俊芳　王　诲　王艳波　王　焱
邓云涛　甘　咪　朱冬元　朱　峰　朱密华　刘　欣　刘振焘　刘　睿　闫艳艳
许　峰　孙博文　李　伦　李　杰　李周波　李　悦　苏玉微　杨　叶　杨贵仙
吴仁喜　吴　迪　何利君　张玉贤　张　祎　张　健　张　浩　张　睿　张　霞
张　鑫　陈华文　陈　茹　陈　磊　林　芸　罗文旭　周　迪　胡　肖　段　勇
姜力维　姜　珊　贺亚锋　袁　江　袁　玥　高莹莹　高　雅　郭小玉　郭敬印
黄祥嘉　章　帆　屠傲凌　彭　鑫　游　萌　谢晓红　窦　斌　蔡楚元　熊思沂
熊　程　魏海勇　瞿祥华

二、校友校庆突出贡献奖

1.校友会(26个,按省份代码、国别、类别为序)

北京校友会　河北校友会　山西校友会　辽宁校友会　吉林校友会　黑龙江校友会
上海校友会　苏州校友会　浙江校友会　福建校友会　山东校友会　河南校友会
湖北校友会　湖南校友会　广东校友会　广西校友会　海南校友会　川渝校友会
云南校友会　陕西校友会　甘肃校友会　青海校友会　老挝校友会　美国校友会
加拿大校友会　中石化校友会

2.校友(20人,按姓氏笔画为序)

马永生　马　骉　王国栋　卢禄华　刘宏波　李忠荣　宋明春　陈　海　邵家斌
范江浩　周红桥　侯启军　施修春　郭　晖　梁庆国　寇克让　程　亮　熊友辉
熊　伟　黎观城

"五月的鲜花"2022年度五四评优活动先进集体和先进个人

地大学校办发〔2023〕16号

一、五四红旗团委(6个)

地球科学学院　机械与电子信息学院　经济管理学院　公共管理学院　计算机学院
艺术与传媒学院

二、五四红旗团支部标兵(10 个)

地球科学学院:010212 珠峰班团支部
环境学院:"张国旗班"团支部
地球物理与空间信息学院:060211 团支部
自动化学院:231205 团支部
经济管理学院:080203 团支部
外国语学院:091201 团支部
地理与信息工程学院:114203 团支部
公共管理学院:172201 团支部
马克思主义学院:181201 团支部
教育研究院:教育学与教经管专业 2021 级团支部

三、标兵学生会(5 个)

地球科学学院学生会　资源学院学生会　机械与电子信息学院学生会
公共管理学院学生会　计算机学院学生会

四、标兵研究生会(6 个)

海洋学院研究生会　经济管理学院研究生会　地理与信息工程学院研究生会
公共管理学院研究生会　艺术与传媒学院研究生会　马克思主义学院研究生会

五、十大标兵社团(10 个)

逸夫科普讲解队　材料与化学学院地子归社团　明德风·爱心助学团　中乐相声社
启明星盲校支教团　灵韵笛箫社　最美夕阳红敬老志愿团　法律协会　大学生龙狮团
书画协会

六、十大标兵学生,授予青年五四奖章(10 人)

卢宣竹　石俊杰　左　睿　华祎梓　吕骏腾　孙嘉良　郑一楠　洪　宸　翟丹阳
燕庆龙

七、优秀研究生标兵,授予青年五四奖章(10 人)

(一)博士研究生(4 人)

赵　赫　王卉婷　张妍婷　陈超洋

(二)硕士研究生(6人)

盖龄杰　王　优　李　强　刘金润　刘雯丽　朱　悦

八、五四红旗团支部(含团支部标兵)(128个)

地球科学学院(5个)
010212珠峰班团支部　x11204团支部　010192团支部　研2022级资环团支部
研2022级地表团支部

资源学院(7个)
020201团支部　020221团支部　021216团支部　021213团支部
2022级石油工程系研究生团支部　2022级资源信息工程系研究生团支部
2022级盆地矿产系研究生团支部

材料与化学学院(7个)
031225团支部　031215团支部　033212团支部　031205团支部　034201团支部
1202202团支部　1202005团支部

环境学院(9个)
"张国旗班"团支部　041211团支部　042212团支部　04H224团支部　04H226团支部
046221团支部　2022级学硕五班团支部　2022级专硕四班团支部
2022级学硕三班团支部

工程学院(12个)
050201团支部　05A223团支部　05D226团支部　051214团支部　052203团支部
05T226团支部　05T225团支部　052212团支部
2021级硕研安全1班团支部　2021级硕研安全2班团支部
2022级硕研安全2班团支部　2022级硕研工岩2班团支部

地球物理与空间信息学院(5个)
060211团支部　06D224团支部　064202团支部　1042102团支部　1042203团支部

海洋学院(2个)
242201团支部　24H211团支部

机械与电子信息学院(11个)
07D226团支部　07D22B团支部　07D211团支部　072211团支部　072212团支部
071201团支部　072201团支部　074201团支部　2022-1团支部　2021-1团支部
2021-3团支部

自动化学院(8个)
231205团支部　23Z227团支部　8042203团支部　231212团支部　231201团支部
21级专硕4班团支部　自动化学院未来技术21级1班团支部　博士团支部

经济管理学院(10个)
080203团支部　08E227团支部　08E225团支部　088211团支部　089202团支部
082201团支部　08G211团支部　08S211团支部　2021级学硕工商管理班团支部
2022级学硕工商管理班团支部

外国语学院(3个)
091213团支部　091201团支部　2022学硕班团支部

地理与信息工程学院(9个)
11D225团支部　114212团支部　115211团支部　117213团支部　114202团支部
114203团支部　2022级硕士2班团支部　2021级硕士6班团支部
2021级硕士3班团支部

数学与物理学院(4个)
12y221团支部　122211团支部　122201团支部　22级物理学研究生支部

珠宝学院(3个)
珠宝学院鉴定专业2021级1班团支部　珠宝学院鉴定专业2020级1班团支部
珠宝学院研究生2022级设计专业团支部

公共管理学院(6个)
172201团支部　17G221团支部　178211团支部　17G212团支部
研公管专业21级团支部　研资环专业21级团支部

计算机学院(10个)
192212团支部　111213团支部　19c229团支部　194202团支部　191212团支部
19G211团支部　19c225团支部　19c222团支部　2022级专硕第一团支部
2022级学硕团支部

体育学院(2个)
131212团支部　2021级研究生团支部

艺术与传媒学院(7个)
161202团支部　169211团支部　161211团支部　161221团支部　16s221团支部
2022级研究生新闻传播学团支部　2021级研究生交互设计学2班团支部

马克思主义学院(2个)
2022级马克思主义理论团支部　181201团支部

表彰与奖励

李四光学院(1个)

201202 团支部

高等研究院(3个)

生环国重 2021 级硕士研究生团支部　　GIS 中心 2021 级研究生一班团支部

国家野外站 2022 级研究生团支部

教育研究院(1个)

教育学与教经管专业 2021 级团支部

附校团总支(1人)

附校 903 团支部

九、优秀共青团干部(934人)

地球科学学院(42人)

吕　涛	喻　蝶	雷雯媛	王玉婷	刘诗睿	罗睿尧	王嘉颖	彭建伟	赵一帆
李诗伟	谢彧晗	万永康	张欣婷	黄　蓉	卓宝华	杨佳树	任星龙	李雅婷
周东阳	崔方昱	石伊莎	方　博	方以轩	刘国庆	李佳晴	汪　冉	况志伟
郎文松	梁　璐	袁书勋	蔡欣豫	南航宇	邱晓婷	顾　凯	田秦珠	吴　雯
胡　昊	李　阳	魏紫晨	高鸣远	刘为先	陈湘民			

资源学院(57人)

王宪国	刘　越	程梦鑫	陈　宇	安冬琦	高　原	刘哲凡	王凯驭	刘文萍
穆嫒荷	焦　旸	简佩洋	胡舒铠	付华帅	匡霁阳	张　蔚	杨　喆	王超逸
黄顺馨	李恒一	符亦飞	明　萌	唐　果	孔祥骞	彭春香	孙雨田	同晓锋
杜璐宇	赵彼希	梅振宇	周纪红	张煜晨	李宛珊	朱锦豪	妥致忠	谢易利
李　祥	汤忠勇	伍　亮	黄思杏	莫　兰	王玮龙	方　一	张铭轩	田澜希
林　清	汪伟民	张芸洁	朱庆圆	张晨光	李　响	赵　晴	韩炳旭	张阿芮
张　昭	郭雅杰	郑　帅						

材料与化学学院(59人)

崔　昊	宋雨昊	刘涵月	吴英琪	邹靖凡	王广源	王英旭	张与焓	张静濛
周浩哲	吴思宇	余　阳	管克婷	陈　涵	邓子旋	梅语馨	刘泽倩	黄令仪
栗婷婷	杨明玉	乔　宇	王　记	储迎宇	黄惜贤	姚佳琪	张旻宇	田　斌
谭羽彤	周靖昂	刘璨然	许路嘉	吴佳俊	王丁宁	毛宇舟	张浩然	向荣华
冯程浩	杨　葳	袁龙昭	张津瑜	崔小丽	何华威	刘　静	陶　慧	王静楠
许　超	易苏严	韩润如	马瑞奇	张海驿	朱子琪	李芊芊	梅子吟	黄金平
林凯杰	杜炬炜	王钰越	杜雪薇	邹毅臻				

环境学院(54人)

路力豪	董雨莎	刘闫旭	但烨梓	汪　晶	薛梦晨	庞海旭	吴昱萱	吴　冰	
彭锦蓉	赖天诺	周欣雅	张绎晴	马梓烨	赵梦菲	李松蔓	高天靓	莫茜栩	
罗欣阳	李鸿雨	许　涵	卢逸凡	季玉轩	孟秋含	邓　睿	卢鹏宇	刘　洋	
王　倩	田力文	周　童	付文轩	郭　锋	周志浩	刘丹丹	郑　洋	李明霞	
费迎响	刘艳丽	蔡　勤	林宇航	马蒙蒙	王　燚	江宏林	向　璇	杨　伦	
陈　航	易佳佩	李晨希	郭　庆	卢秀颖	张　磊	刘思怡	丁　晨	胡依宁	

工程学院(91人)

潘永峰	熊梓妍	黄心蔚	张　秒	段凯悦	林昭亦	张寒康	崔晨昊	隋景玉
刘　成	刘　畅	苏雯洁	王　策	胡睿扬	刘子畅	刘宇航	徐　亮	刘思琪
刘锦超	张启航	周星晨	高堂哲	何于璐	杨乙飞	邹欣辑	肖　娴	向　斌
朱　丽	史高圆	李卫来	刁欣阳	张建辉	杨润馨	王生国	郭子怡	张桐铭
邹康林	朱晓涵	杨　芮	朱思雨	刘芷鸣	王筱祥	朱星博	周昱恒	张　琦
陈泰江	闻　棋	易书帆	毛　珍	徐凤婷	何成刚	王倩倩	洪志凯	刘亚美
朱宇航	何　苗	于妍妍	王子霖	陈　杰	温　浩	牛梓儒	方　熠	朱香港
李东阳	赵博文	姜鑫煜	肖艺琦	李永双	郑豪宇	金铁斌	胡　波	郭志豪
王桂江	李　希	李昊阳	梁卓然	任天浩	孔德伟	陈一佳	吴海涛	陈　城
陈梦琳	尚佩茹	李云杨	岳莉娅	王晨漉	李泽涵	王思贤	马朝月	胡　爽
余宙骄子								

地球物理与空间信息学院(33人)

李　燚	潘文康	张铭宇	郭子祥	陈　丰	张　磊	陈术莉	张菁玲	赵伊凡
胡霞丽	孟一帆	肖皓文	邹宜航	侯燕燕	毛月荷	李　佩	南　舒	仲　朔
朱明涛	樊诗雯	韦建地	陆添胤	丁宇航	刘　畅	罗　爽	罗江南	寇乐静
王彤彤	王　晨	郭骁玮	代琳颖	潘　健	郭奇明月			

海洋学院(14人)

郭航成	金　铠	李心怡	孔令博	刘　宇	张子阳	郑力卓	何远鹏	刘淑臣
秦瑞昊	张彩云	李皓悦	宋晶晶	孟嘉馨				

机械与电子信息学院(64人)

周思瑶	张春阳	杨曜先	杨新琪	杨晓清	徐子超	王思达	王　硕	罗培松
刘　鑫	吴丁一	周明杨	李雨雷	刘　强	陈浩文	刘薛峰	曾浩然	吉奕宣
李南都	李芊凝	余亚宸	陈楷夫	王晨辉	王盈盈	吴修远	徐东升	叶　涵
张世富	赵雪莹	周欣雨	钟颖凯	金欣伟	马　腾	徐　俊	王梓欣	李清扬

张顶	郑烨	罗祉睿	唐雅雪	黄英傲	孙瑜涵	彭龙科	王宇	郭翰林
隆沁希	吴田浩	马瑞博	邓畅畅	董天枢	鲁同成	王逸豪	闫樨霖	刘千一
杜萌	罗文秀	李辉	钟旭洲	吴承睿	王叶梓	王皓文	李闯	蔡丹
艾麦提·艾萨								

自动化学院(49人)

岳思铭	李瑞婕	高升	骆良桐	孙思远	郭轩卓	赵旋玉	王腾飞	刘琦
王昕玥	邵昀	谢佳骏	李卓函	应俊	高尚	初锦涛	陈梦媛	黄湜睿
陈佳茵	李浩东	夏鑫诚	唐珥飓	王佳瑶	蔡泇樟	徐卉	左晓宇	赵炫茗
李成成	周瞳	张胜伟	姜世林	卫玉浩	朱欣睿	陈其康	丁家钰	马心怡
王璐莹	郑少龙	宋飞达	陈文虎	吕紫溶	赵庆璞	魏凡	宋昆	申健
王紫蔓	余欣然	汪钊毅	崔馨天					

经济管理学院(72人)

李宇哲	罗若丹	孙士毅	杨静	潘彦锟	张梅梅	谢寒琪	郝晓宁	郭瑞
侯森雨	王晓虎	贾梦欣	余诗雅	彭鑫颖	李凌玉	李若萱	何梅丽	张茗姝
贾一晗	余欣芸	陈锦晗	吴隆曼	许龙跃	李子寒	武琳曼	王一丹	李乔
裴珈悦	尚家瑜	谢馨仪	雷梦媛	张博文	孙瑜	胡怀钰	朱文慧	薛政煜
刘晨	李家兴	田林	王一丹	李娅	任兆浩	赖可桢	程浩	鲁佳琪
宋璧呈	王锘然	李京锡	刘箬缇	丁艳楠	陈宁远	潘晓娜	张宇	宋承硕
郑泽楷	梁梦珂	曾英姿	车佩娟	陈姗姗	郭永颖	韩玉霜	金玲	李乐彤
刘佳	刘帅华	刘璇	饶嘉豪	孙培源	吴瑛祖	杨佳琳	杨柳	刘佳

外国语学院(25人)

葛静喜	卢玉娇	钟子晗	谢怡	任红霖	叶荣凯	曾心	王文韬	张子文
沈婧怡	竺新月	田悦宏	钱雨晨	谭国聪	袁晨茜	薛依凡	马可	魏颖
冯乐璇	刘瑞琦	郭文静	王建宁	钟佳	王孔成	刘向莲子		

地理与信息工程学院(25人)

范佳薇	魏萌	田益瑗	陈静	黄伊宁	李思宇	孟子腾	赵坤	王警
陈文慧	周正	范欣雨	马睿	王佳怡	童川博	马睿滢	龚楠	周柯东
梁琳	江俊池	公丽	李会婷	陈颖	王子叶	彭熔		

数学与物理学院(39人)

方云锋	韦素娴	邓旺	向嘉瑜	杨梦莹	杨辉宇	索浩赟	毕镡月	刘新翔
张江辉	张煜琛	李肇雯	梁娟	王欣	李星兵	王若扬	乔成财	李成强
郭心蕊	龚柯月	李文涛	常贺瑞	刘婕	米虹锦	吴易泽	王艺莹	许晓颖

艾语嫣　李紫薇　陈安琪　王梦玲　王　璐　刘欣月　娄　震　王　顺　梅　刚
杨　雨　张鸿宾　潘润超

珠宝学院(21人)

张　影　王欣悦　郭　钰　瞿新月　项晨梦　王嘉欣　李箐纾　朱冰冰　张　启
武嘉欣　刘颖洁　于洋翊　万璐璐　朱莞蓉　韦　玮　王柯懿　陶逸飞　常　远
董亮洁　管益涛　杜兆阳

公共管理学院(46人)

王　夏　李　蕊　梁靖汶　宋宇涵　谢欣谣　崔　影　何健瑄　李翊政　郑　权
姚　瑶　赵　莹　林玉洁　王　婕　段佳文　张家豪　姜志鸿　黄　盟　刘宇晟
刘慧彤　李　翔　杨紫涵　邱文哲　沈姝然　陈　苗　郭明春　唐凯锐　于馨媛
黄子萌　曹旻瑄　彭梓恒　温家琦　管音舒　谢孟君　王　艺　代富梅　李涵斐
谭思思　王诗涵　谷　琴　胡怡乐　黄冰清　刘　星　田　蜜　刘　安　陈芳丹
席凯轩

计算机学院(91人)

焦馨怡　胡　洋　贺子康　舒佳豪　朱　琳　王雪滢　李敬元　俞永幸　金林垣
陈艺铭　程　锋　耿乐乐　唐乾海　麦思颖　吕　敏　刘崧溱　霍奥林　朱国强
刘凯悦　赵晨曦　胡文常　潘子怡　周汝霖　赵飞越　胡婧涵　程亚男　蔺宇飞
蓝锡林　石绣文　石俊杰　那　青　刘博宁　李雨萌　何向洋　王德良　苏毓泽
秦成军　岑佳歆　杨林霈　杨书睿　徐率航　杨芷依　郭绪浩　许凯怡　朱瑞东
卢　悦　延笑宇　杨参军　汝玄皓　田　振　朱子晴　琚　川　付志豪　杨青霖
孙雨樾　李婉雪　罗　艳　李梦萍　张　程　陈雨桐　邵泉森　张时雨　张世龙
路　锐　邹　雅　张新欢　王圣溶　李常俭　管浩澄　李伟杰　胡茸竺　冯鹏芸
唐杰辰　陈亦雯　叶佩雯　马海川　潘卓阳　王紫萱　史兴同　徐　成　孙友轩
刘　呈　罗　聪　张唯一　杨梦冉　江　波　黄康林　王昱博　周　愈　高凯南
易周子安

体育学院(11人)

许淑贤　刘宝科　孙彦强　薛世贸　王恩涛　李怡莹　徐元昊　徐泽意　梁豪迪
刘凯旋　邓　悦

艺术与传媒学院(52人)

丁泽伟　汪林钦　杨洁欣　樊丛蓉　陈嘉欣　杨璐颖　陈　欣　张玄烨　王诗烙
苏子悦　桂熙妍　刘佳雨　杨　森　戴宇轩　杨舒涵　杨茂澜　杨莹星　朱金川
李熙璇　林　函　钱成果　史汶佩　刘森聪　冯柯欣　王　越　黄　馨　刘武科

闫宇轮　汤　畅　张馨淼　黄伟宸　宦雨辰　罗智霖　郭　曦　周雅文　常梦旗
徐璐珈　陈树博　范雨萱　程玉臧　毛子琪　李梦圆　杨贝涵　孙子迪　殷辰夕
贾庭荣　许诗意　王欣一　李夏飞　卢宣竹　彭飞仪　高恬泽惠

马克思主义学院(8人)

肖　松　杨锦程　卢景懿　谭思懿　常路育　张书萱　杨振亮　刘　丹

李四光学院(4人)

范俊豪　余驰驰　刘　童　吴　桐

高等研究院(17人)

陈志逸　聂佳欣　陈　璐　王思佳　王革凡　郭知承　卢星月　夏清云　胡　盈
张　欢　王　锐　林科伊　张乐相　徐溪清　郑艺文　江　园　姚圣姿

教育研究院(6人)

武泰民　王　晶　蔡雨岑　杨俊婷　胡箫吟　丁　钟

后勤团工委(2人)

柏　松　王　苗

机关团工委(3人)

张　磊　李鹏飞　姜力维

附校团总支(2人)

佟悦琳　王睿晗

学生组织(47人)

王子涵　朱忠悦　刘海鹏　黄绍勃　赵晟贺　原方雨　刘月涵　徐静怡　陈　旭
徐子晴　蔡维萍　王宇欣　王诗雅　姚金伶　胡　沁　王梦雨　范潇予　王祎漫
原蕙瑜　屈丹妮　李明渊　邓雪琪　刘庆颖　孙佳怡　刘鑫雨　陈扬铭　项　静
常丹睿　彭少琪　卫妍卓　李雨飞　何泳键　张　凡　高　意　程　昱　鲍媛媛
谭语嫣　李彦瑾　曾高节　文　捷　黄仲文　张明亮　李彩玉　蔡笃培　李常荣
张　奥　刘佩林

十、优秀共青团员(826人)

地球科学学院(31人)

胡虞洲　顾　铱　陈风平　彭天柱　胡思锐　周俊源　梁馨心　郝明芳　张　典
黄栋婷　申晓然　陈清源　王　莹　敖　冉　郝力师　张家赫　李孝文　李文元
蒋　康　毋雅京　宋显浓　刘同辉　吴学洪　罗　磊　侯　晏　蒋　悦　陆婉玲
张红苗　刘付兴　张同乐　谢袁杨辉

资源学院（41人）

王统荣	薛 娇	李演晨	李 彬	曹芷萱	卞恺歌	刘雪松	蔡卓程	谢 添
曹靖宗	苏士琅	秦 彬	梁思疑	刘艺恒	刘 甜	龚德平	徐前伟	孙岳璐
覃煜婷	张远远	熊宇思	吕仕程	廖敏惠	王立皓	宋广朋	彭婧琪	杨博伟
罗 涛	张超梦	钞 楠	周雨航	郑 何	师子贤	杨帆帆	许 莹	宁耀玲
陆泽语	白国帅	李 攀	幸 鑫	张启扬				

材料与化学学院（45人）

王含彤	胡盛捷	刘子婷	范 钰	张 鹏	邱钰博	高明凯	熊欣悦	姚传棋
赵梓浩	曹赵睿	程 爽	吕庭雅	朱涵熙	田 蕊	宋文卓	赵欣雨	高子成
李传福	薛玉容	孙 杰	刘嘉勇	张婷婷	吴婷芳	陈惠琳	窦慧敏	吴俊超
陶星辰	包文欣	冯 力	刘 杨	商志伟	吴小登	吉凯悦	李佳倩	刘孟凡
芦雨薇	王 冀	许 源	张典志	安 苗	陈 铭	李亚男	张 威	赵 婧

环境学院（51人）

答世华	张方彦	董亦陈	陈俊祺	李东炜	葛 慕	赵 佳	夏佳怡	朱诗豪
柴家颖	郭孟越	张彤彤	仝元熙	兰 田	陶慧玲	韩雪婷	曹馨予	苑亦菲
张 璐	刘思琪	李仲丹	胡誉文	马娴哲	杨 蕊	范雅欣	韩 鹏	谢晓涵
孙炜栋	王重皓	王田园	凡亚玲	任飞飞	赵浩然	张小艳	丁 怡	马晶晶
徐羽辉	宁君娜	孙晶晶	赵毅夫	姜 薇	张 玲	岳天鸿	周 余	巩可昱
崔梦杰	徐 睿	吴 艳	宋文涛	远沂霖	伍燕梅			

工程学院（78人）

刘子铭	张一鸣	周佳慧	陈 茜	尹欣桐	周威圳	郝梓程	耿志鹏	李 卫
付宇强	冉哲楠	冯晨锐	周挺乐	闫友东	谢 炀	纪欣浩	王 明	孙雨茜
王永凯	刘程伟	叶润泽	何柳星	付雲龙	朱希欣	王惟豪	孙王超	王思杰
王 柔	谭 坤	向可可	马 静	吴亚欣	谢哲涵	李昭洋	王鑫燚	郭云青
陈文钰	黄灵慧	范世军	刘美辰	刘景宸	刘嘉玙	杨凌辉	李梦然	陈 妍
王海涛	周佳瑜	陈力博	张云鹏	王宗琴	吴 晗	刘智琪	代 维	李亚博
姚存勖	徐 俊	黄德崴	钟 杰	邵晴晴	王林康	吕 豪	赵旭剑	朱宗林
刘石山	孙义贤	钟光兰	钟 宇	张继奎	蒋恭华	王鑫杨	王雪紫	穆贵琳
任颖博	赵志睿	万小青	阳东锦	李奇龙	韩冰玉洁			

地球物理与空间信息学院（31人）

王苗靖	陈泓燊	郭琬亭	张煜茹	王良震	伍 雯	赵 为	宗 福	孙亦馨
刘景欣	樊星辰	裴璇子	张 恒	罗晗宁	苏天泽	刘 泽	来臣森	耿永森

赵家琛　徐升博　郑舒荟　闫　浩　宋子瑜　宋燕妮　谭远林　陈玥璇　李素怡
康雪倩　韩沛东　赵　辉　王少聪

海洋学院(13人)
赵　旭　陈胜鹏　严伊杰　樊志远　陈子涵　王雅楠　陈欣月　夏清泉　吴虞熙
刘佳钰　刘　正　王江源　孟小暄

机械与电子信息学院(65人)
周昊冉　张晓童　何　婷　李昌婧　纪佳骏　张家辉　李锦添　罗榆清　秦启儿
王一鸣　唐　婷　郭昊林　张　峰　王立新　王　柯　汤国庆　庞亚文　万　芊
张蕊洁　陆何雨　吴丽婷　张奥迪　高钰博　禹　博　王艳红　刘佳硕　李运通
田孜博　冯玉玺　朱嘉奕　方天扬　陈姿邑　任雅芝　马欣宇　秦安康　王　玮
孙樱之　马亚宁　游泽钰　向光宇　胡浚岚　杨心悦　王碧瑶　陈启航　马　宁
陈力恺　王　垒　付　景　侯泽良　邝　雄　许　鑫　张　杨　刁冠中　王泽栋
尹俊林　王　菲　王胜甜　周　超　蒙洁婷　赵　静　杨柳清　王　宁　蔡亲奋
周明月　刘　璇

自动化学院(49人)
袁煦洋　马　正　王豪鹏　刘瑾瑾　吴　帅　张威威　周占翔　钟子沛　汪　胜
韦中华　高保康　张　淼　张云耀　许瑞奇　左欣怡　万宇溪　徐增智　张　令
郑欣怡　李志成　赵梦鑫　程烁坤　张苡政　肖伟博　何伊雯　魏奕扬　周瑞菲
王思宇　杨雅淇　李晨瑞　张博文　赵李朗　吴玉明　徐　畅　孙嘉春　成诗辉
邃雅琪　王洪鹏　郑　彪　贺　江　熊宇轩　张祥祥　常旭康　许　航　李慧苗
李雯迪　毕乐宇　陈　虎　王辰轩

经济管理学院(68人)
区歌阳　覃素颖　耿恩宇　牛嘉琛　刘彤彤　吴嘉蕙　付雪洁　王　威　王弘晨
周俊章　周琳瑗　李泽辰　崔连鹏　简德奇　欧阳航　吕丙燕　胡沄清　黄齐珍
曹福一　王思怡　吕昕桦　赵祥茹　罗佳怡　李琛硕　杨翙萌　王鑫雨　鲁佳奕
何　硒　陈佳峻　丁子洲　何美玲　姜智颖　陈　汉　陈慧宇　贾雅雯　孟乐年
李晓玲　贺佳怡　邱　亚　翁梽洋　赵博安　龙子欣　冯　雨　高丽娟　黄晓玲
江　娅　李　坤　李宜璋　李昭燕　刘佳楠　刘映月　聂欣欣　帅正华　宋　晶
孙思琪　田　硕　王靖萱　吴文熠　徐子立　杨梦莹　张润梓　周雨婷　周子妍
胡丽布尔·阿吾斯别克　余甫文鑫　夏益骏　李欣宇　玛伊热·伊德日斯

外国语学院(17人)
赵彬琪　刘奕钦　薛添元　陈晓红　楚文心　肖　红　夏贝贝　罗雨佳　蔡佳彤
刘海焱　李双雪　樊　昊　王紫璇　彭　璟　李　欢　叶　杨　朱彦霏

地理与信息工程学院(58人)

郭佳硕	赵华晨	赵燊鑫	郭佩欣	鲁明蕾	万依林	贺禹皓	孙俊钰	马楚瑞
陈泓嘉	魏梦婷	沈妙心	杨敏洁	胡静雯	汪 鑫	祝翰林	梁紫桥	何祖航
张昕芮	周文海	李智涵	尉 锐	郭逸超	胡颖彤	闵 雯	王星耀	邹一铭
焦一博	龙玉宇	徐梓茗	叶昱彤	魏登胤	李锦鲜	宋佳语	杨立言	张斯涵
刘 畅	胡茜妮	杨 洁	龙维佳	黄晴泓	李鹏飞	宋承文	章玉希	郭倩钰
曾晓伟	孙慧敏	黄宇航	肖翠玉	张一皓	钟 静	张宇恒	师兆伦	杨天宇
贺 蓉	黄子涵	陈 璇	苏丽亚•热依木江					

数学与物理学院(29人)

苦金铁	吴茜茜	安冠桦	肖焕武	寇恒毅	曾祥麒	付欣如	张雪岩	李嘉祥
闵征伟	田雪雯	陈虹羽	江 倩	洪剑飞	吴思琪	陈鸿昊	付少坤	李诗琪
计贝劼	李荷怡	胡啸岩	庞紫娟	徐一帆	杨思璇	涂雅晴	虞雯霞	李欣阳
欧阳倩妤	糖沙拉•巴哈提							

珠宝学院(17人)

张欣然	乔沐风	李佳珊	张楚婷	袁嘉婧	黄滢嘉	李紫怡	林巧媛	谢林燕
唐雪莉	张可心	张文曦	顾一露	关恒睿	田静琳	蔡滨旭	黄慧敏	

公共管理学院(42人)

牛思怡	庞宇航	林 莺	李兆洁	杨晨光	齐忆莲	刘京洋	黄继青	吴雨珊
李俊纬	王贝贝	谢泽宇	李焕正	李梦瑶	李瑶柯	冉启林	卢家宝	陶胜权
杨雅洁	叶容容	徐昀琪	庹维笑	刘豪富	张若莹	行 璐	韩正康	童 年
刘悦文	温姝菀	康 然	韦俨芸	边永捷	包兴艳	陈潘愉	顾文雯	殷瑞敏
游 丽	吴 迪	徐铭浩	唐丹丹	王泽花	彭 晨			

计算机学院(76人)

董 帅	李 想	杨家鹤	王雅楠	储德立	钱晓楠	王瑞雪	刘漪雯	陈 星
卢昱东	张远智	陈文键	陈子芳	肖腾涛	李雯玥	刘江涛	李天屹	李苗苗
曹世杰	金圣杰	朱 萌	叶礼鸣	祝馨平	邹瑞泽	黄可欣	叶子钰	赵红民
易文俊	李祯宁	杨泽懋	武瑞锋	刘宇阳	郑浩辉	张再筵	吴妍妍	胡 翰
艾逸伦	夏宇豪	彭祥瑞	王成林	梁皓钧	蔡依菲	王诗敏	肖宇涵	刘亿超
瞿家祥	韩帅兵	胡晶莹	许梓薇	朱子恒	王 哲	陈子阳	欧阳聪	谭 瑶
杨孟姣	李 力	戴 艳	郝孟甚	廖孟伟	刘慧敏	郑诗语	符来恩	李绍枝
杨青青	曾云飞	石美琳	刘剑聪	宋云朋	陈志刚	王小凤	张 迈	邹 源
杨 凯	杨世腾	张 勉	肖双林					

体育学院(9 人)

施民玥　宋　淑　乔禹铭　徐　旺　王佳琳　王　滔　李椒椒　李永恩　周子钰

艺术与传媒学院(33 人)

杨耀玮　李怡静　罗羽淇　舒朝仪　张莉敏　杨小茹　胡佳慧　孙钰婕　陈　茜
章艺彤　董乐乐　尚瑞萱　郭嘉鑫　王文杰　周旭垚　徐　昕　王　悦　高　源
于　凡　张敏瑞　郑梦婕　乔宇晗　张冬萌　王　琦　赵佳桐　李雨晴　金煦婷
李怡雯　陈　幸　宋冉恬　朱怡涵　曹慧娴　邹桂珍

马克思主义学院(8 人)

王子涵　田一茜　赵晨希　曾亚楠　刘婧雅　赵继刚　张书缘　钟绍斌

李四光学院(7 人)

贾子沐　曾竑堃　王静怡　刘世峰　夏　庆　张嘉杰　王煜洲

高等研究院(22 人)

杨　帆　李全可　尚丽雯　王凯玥　黄书鑫　熊瑞涵　张　希　钱萌宸　谢露璐
李嘉舜　黄泰来　江　盛　王旭阳　蔡　鑫　何雨健　刘朝晖　张子燕　张余茜
梁志强　金　戈　彭禹杰　王　帅

教育研究院(6 人)

汪钰婷　刘　庆　秦欣玮　陈　燕　叶芷妤　欧阳靖雯

后勤团工委(1 人)

彭宏宇

附校团总支(2 人)

罗致远　张馨冉

校级学生组织(27 人)

向德锋　刘志鹏　郭心怡　马安然　黄啟亮　丁雅昕　李依庭　史高圆　张成林
方　格　熊佳颖　谢　琰　王新月　郭鹏顺　侯超馨　王润柯　徐崇钊　陈忠铄
颜田露　王艺真　张善鑫　张睿莹　刘双羽　聂丰泽　吴婷婷　兰欣烨　许　焯

十一、百名好支书/好班长(100 人)

地球科学学院(4 人)

孙家淮　陈　俊　王子贝　范俊昌

资源学院(5 人)

胡恩源　陈　丹　高才洪　章　玲　邹鑫鑫

材料与化学学院(6 人)

孙　错　杨嘉仪　李雅茜　夏玉璧　李伊峰　李乃竹

环境学院(6人)

杨凯歌　冯雪岚　朱逸飞　吴宇童　马　浩　张雨菲

工程学院(10人)

毛语涵　巩祥林　刘　璇　强雨娴　高瑞楠　王天齐　王佳轩　杨占森　何思睿　赵天宇

地球物理与空间信息学院(4人)

黄　河　郑　浩　庞思敏　孟凡宇

海洋学院(2人)

文康靖　陈子睿

机械与电子信息学院(9人)

蔡佳骏　高玉磊　郭晓豫　徐永坤　王梓晨　许力文　王愿齐　杜昊樾　徐　菡

自动化学院(6人)

路康帅　马海书　成柏霏　李晨希　查奕枫　梁一凡

经济管理学院(9人)

王梦媛　韩昊霖　刘晨曦　武园伊　石瑾怡　杨梦泽　赵　雪　王子钰　李思怡

外国语学院(2人)

金晓倩　黄珍妮

地理与信息工程学院(6人)

李文倩　鲍澜华　章　婕　卞陈陈　夏迎兵　赵　娜

数学与物理学院(4人)

孙艺嘉　王茂荣　周鉴萌　张丽娜

珠宝学院(3人)

李龙宇　赵天豪　张懿佳

公共管理学院(5人)

程子豪　梁耀楠　陈雅培　文江龙　许茗棋

计算机学院(9人)

向　婷　刘轩豪　温芷萱　郭嘉乐　涂云鹏　谢　芸　吴奕志　孔令欣　梁子怡

体育学院(1人)

翟成宾

艺术与传媒学院(6人)

张雅馨　冷清秋　杨诗韵　吕晗月　朱欣语　贾奕璇

马克思主义学院(1人)

何彦贴

李四光学院(1人)

粟　延

附校团总支(1人)

方海兵

十二、"挑战杯"大学生创业计划竞赛专项奖(4项)

(一)优秀组织单位(8个)

环境学院　工程学院　机械与电子信息学院　自动化学院　经济管理学院　珠宝学院
计算机学院　马克思主义学院

(二)优秀指导老师(50人)

刘　鹏	谢先军	潘欢迎	马传明	李　平	陈　鑫	周　莉	王向东	刘振磊
黄兰华	戴光明	王茂才	李欢欢	傅　苑	窦　斌	向龙斌	文　新	蒋国盛
郑　君	黄田野	程　卓	袁　泉	杜　育	孙仲鸣	尹作为	汤凡渺	汪晓玥
徐　可	吴文兵	刘　浩	梁荣柱	刘子源	于晓舟	郭良杰	卓　越	张光辉
苗发盛	倪晓阳	陈　军	孙文沛	姚　晟	周克清	郭小玉	徐　方	曹卫华
郭　锐	郝　亮	陈汉英	李少杰	郭海林				

(三)优秀团队(16个)

环境学院

炭合环境,"炭"索未来:功能性环境修复生物炭——农业废弃物资源化利用

获奖情况:"挑战杯"全国大学生创业计划竞赛金奖、湖北省"挑战杯"大学生创业计划竞
　　　　　赛金奖

获奖团队:程毅康　冯　宇　刘子源　华祎梓　刘铭颖　孟一帆　陈鑫鑫　安德鹏
　　　　　刘　佳　唐　瑞　王　倩　罗敬文　李嘉欣　何梅丽　朱　悦　钟　一

指导老师:刘　鹏　谢先军　潘欢迎　马传明　李　平

自动化学院

智地有声——"海百合"智能音乐情感机器人

获奖情况:"挑战杯"全国大学生创业计划竞赛银奖、湖北省"挑战杯"大学生创业计划竞
　　　　　赛金奖

获奖团队:王　棋　肖　哲　刘欣然　卫　晶　李泽婧　张舒炳　林玮伦　余青阳
　　　　　沈晶晶　李　佟　李肖珂　郑泽楷　闫博浩　王林坤　唐　德

指导老师：陈　鑫　周　莉　王向东　刘振焘　黄兰华

计算机学院

星陈科技——卫星应用产业仿真设计解决方案引领者

获奖情况："挑战杯"全国大学生创业计划竞赛银奖、湖北省"挑战杯"大学生创业计划竞赛金奖

获奖团队：崔祥森　杨　博　李嘉欣　顾伟超　张　磊　雷培迪　马瑞华　余倩倩　胡致远

指导老师：戴光明　王茂才　李欢欢　傅　苑

工程学院

零碳地热——地热资源全方位开发服务者

获奖情况："挑战杯"全国大学生创业计划竞赛铜奖、湖北省"挑战杯"大学生创业计划竞赛金奖

获奖团队：樊　涛　贺念慈　肖　鹏　周睿智　李　婷　梁晓琪　陈　豆　夏杰勤　李　鹏　徐　超　钟　涛　冯雪杨

指导老师：窦　斌　向龙斌　文　新　蒋国盛　郑　君

机械与电子信息学院

定芯——室内外融合高精度定位导航

获奖情况：湖北省"挑战杯"大学生创业计划竞赛金奖

获奖团队：罗榆清　李锦添　张恒恒　陈　黎　施金颖　吕金池　李文丰　周静怡　王正阳　秦寒冰

指导老师：黄田野　程　卓　袁　泉　杜　育

珠宝学院

古琢新秀——非遗工艺与古着服饰融合创新领跑者

获奖情况：湖北省"挑战杯"大学生创业计划竞赛金奖

获奖团队：余岚馨　吴金津　刘博文　高　雨　方雨佳　唐菁璐　张奕驰　乔宇晗　汪大江

指导老师：孙仲鸣　尹作为　汤凡渺　汪晓玥　徐　可

工程学院

固邦岩土——海岸桩基工程的高效缔造者

获奖情况：湖北省"挑战杯"大学生创业计划竞赛银奖

获奖团队：王宗琴　张云鹏　杨晓燕　王崧贤　邱同宇　刘　卓　席睿辰　王天威　杨济源　赵成祥　周盛涛　梁艾西　张璐璐　王立兴　岳嘉诚

指导老师:吴文兵　向龙斌　刘　浩　梁荣柱　刘子源

机械与电子信息学院

观音——中国天然气输气安全引领者观音

获奖情况:湖北省"挑战杯"大学生创业计划竞赛银奖

获奖团队:陈奕璇　田佳乐　胡东哲　秦启儿　胡芯蕊　周均花　赵　桢　过雨旸
　　　　　林　杰　杨晓清　万　芊

指导老师:程　卓　黄田野　于晓舟　杜　育

工程学院

稳步科技——老年跌倒防护智能解决方案

获奖情况:湖北省"挑战杯"大学生创业计划竞赛银奖

获奖团队:寇俊辉　黄　灿　陈斯琪　蔡丽云　刘元心　吴铭渝　贾彦平　谢馨仪
　　　　　罗佳敏　李沛霖　蔡明勋　张家乐　宁远博

指导老师:郭良杰　卓　越　张光辉　苗发盛　倪晓阳

珠宝学院

"新"数字化首饰品牌

获奖情况:湖北省"挑战杯"大学生创业计划竞赛银奖

获奖团队:金千龙　林嵩晖　王馨羽　麥亦淳　蔡佳真　蔡书弦

指导老师:汪晓玥　汤凡渺

马克思主义学院

乡悦助农——创新共享农庄新模式

获奖情况:湖北省"挑战杯"大学生创业计划竞赛银奖

获奖团队:刘雯丽　宋涵彬　刘茂森　黄子恒　彭赞美　李庆豪　李莹洁　姬聪聪
　　　　　曹　鸿　丁汝佳　刘茂森

指导老师:陈　军　孙文沛　姚　晟

工程学院

纳能绿建——自调温相变节能板材革新者

获奖情况:湖北省"挑战杯"大学生创业计划竞赛银奖

获奖团队:鲁江涛　翟丹阳　何　苗　印　恋　徐天培　汪林钦　贺　婷　吴晓丽
　　　　　王可一　公凯利　周梦清　杨　柳　郑文浩　罗瑊瑊　韩翔宇

指导老师:周克清　郭小玉

工程学院

本垚科技——全固废"磷"添加环保材料

获奖情况:湖北省"挑战杯"大学生创业计划竞赛银奖

获奖团队:徐静波　陈堂江　许　劲　王鹏鹏　刘亚美　江　源　童　浩　张晓哲
　　　　　李双成　刘典彬　张玉良　查明妍　吴　艺　温明明　尚依纯

指导老师:徐　方　文　新

自动化学院

"灯塔"智能家居心理调节领航者

获奖情况:湖北省"挑战杯"大学生创业计划竞赛铜奖

获奖团队:李昕衡　陈　聃　周紫璇　樊　华　冯凯丽　马凝珂　谢琨淮　孙闻珂

指导老师:刘振焘　曹卫华

经济管理学院

Daniel——新时代个性化珠宝市场引领者

获奖情况:湖北省"挑战杯"大学生创业计划竞赛铜奖

获奖团队:胡雅雯　张芳源　蒋振宇　刘佳宜　刘玉溪　涂育荣　李娇阳　李　诗
　　　　　朱天羽　吴美银

指导老师:郭　锐　郝　亮　陈汉英　李少杰　刘子源

工程学院

安危冷暖——"冷库安全保障先锋"

获奖情况:湖北省"挑战杯"大学生创业计划竞赛铜奖

获奖团队:周政文　杨文琳　宋　扬　蒋恭华　陈湛文　胡芯蕊　张潇月　牛智杰
　　　　　王翼龙　彭晓晔　张　丹　苏海滨　于子彤　孙泽霖　钟光兰

指导老师:郭海林　文　新

(四)优秀工作者(8人)

陈俊男　王艺霖　李欢欢　张怡悦　杜　育　汤凡渺　姚　晟　努尔夏提·居勒提

十三、百生讲坛专项奖(3项)

(一)活力团支部(4个)

环境学院:"张国旗班"团支部

地球科学学院:010192团支部

地理与信息工程学院:2020级硕1团支部

资源学院:020191团支部

(二)优秀主讲人(2人)

任 阔　张越鹏

(三)优秀微团课(3人)

李姝慧　杜育文　新

十四、大学生志愿服务专项奖(4项)

(一)十佳大学生志愿服务团队(10个)

明德工程·志愿者协会　公管志愿服务银行　材料与化学学院志愿者协会
经济管理学院志愿者工作部　计算机学院"服务E时代"志愿者协会
国旗卫士专业志愿服务团队　最美夕阳红　大学生红十字会团队　逸夫科普讲解队
夏心续梦公益社团

(二)优秀大学生志愿服务项目(5个)

译术行者——红色文化国际译介志愿服务　重唱非遗,振兴乡村
缘芯制地——创新地质灾害风险科普新模式　绿芽公益科普志愿活动
"星"语心愿,让盲童"看见"美丽中国

(三)优秀大学生志愿服务指导老师(5个)

张峻峰　单湉艺　张怡悦　侯亚飞　努尔夏提·居勒提

(四)十佳大学生志愿服务个人(10个)

张　奥　周佳贺　黄绍勃　范潆予　李　疆　丁艳楠　陈晓红　陈长泰　黄晓聪
毛宇舟

十五、美育工作专项奖(3项)

(一)话剧《大地之光》排演突出贡献奖(22人)

廖山美　陈梦琳　赵博羽　董张驰　蒋萧宇　吴媛媛　杨俊峰　杨青霖　敬玄睿
房钰斐　仇金宇　刘馨玙　田　林　彭书凡　陈平坷　江　正　高琳芝　罗　新
黄伟峰　李骏熙　李欣茹　王鹜菲

(二)"五月的鲜花"全国大中学生文艺汇演突出贡献奖(5人)

马　雪　卢宣竹　石浩华　吴恺文　匡琳靖

(三)优秀文艺骨干(42人)

黄　威　程勇慧　韦汉其　朱清桐　许淑颖　陈梦渔　吴　仪　石京浩　陈宁宁
雷　晨　刘文天　马鸿瑜　彭　颖　尚祉余　宋明宇　王丽芳　王一璇　熊紫涵
张骏菲　张文卉　肖予涵　余砺寒　张钰清　杨川毅　肖婷敏　陈　卓　曹佳伟
陈文澈　胡锦英　杨蕊菡　贾世媛　王杏霖　胡宇飞　杨陟扬　宋赐毅　白子萌
朱夏俐　曾　骞　赵安然　陈威帆　叶力帆·阿帕力　木提汗·赛肯

十六、社团工作专项奖(2项)

(一)优秀社团指导教师(10人)

秦　傲　侯亚飞　高晓东　陈　波　努尔夏提·居勒提　王广兴　李姝慧　刘　琦
胡　凯　罗文旭

(二)优秀社团骨干(18人)

陈晓红　邓青杨　董雪薇　蒋益民　康怡轩　李书杰　刘慧如　潘霏霏　彭子睿
史靖韬　孙　皓　王登科　王慧敏　王思达　吴紫城　行高冰　赵　雪　赵嘉庆

十七、团属新媒体专项奖(3项)

(一)十佳团属新媒体平台(10个)

CUG经管新生代　地理信工学院　CSer在地大　环境小水滴　资源人　南望公管人
地球科学学院　地大工程学院　地大材化人　CUG艺媒人

(二)团属新媒体平台优秀指导教师(10个)

徐天宜　李天琪　李祥瑞　耿　婧　刘明辉　李姝慧　黄志炜　王　焱　李桂娇
曾戈晖

(三)十佳团属新媒体达人(10个)

周汝霖　陈宇琪　王　越　储迎宇　赖可桢　李梦圆　李述亦　陈良杰　丁　乙
贾丰玮

十八、第二次大学生长江源科考专项奖(4项)

(一)第二次大学生长江源科考先进个人(12人)

申添毅　苗世鹏　肖国桥　邹司雅　江　聪　李小斗　李江敏　焦弘睿　何鹏飞
曾正阳　魏海勇　卢　杰

(二)第二次大学生长江源科考突出贡献集体(10个)

本科生院　研究生院　人力资源部　科学技术发展院　远程与继续教育学院　出版社
中部知光技术转移有限公司　环境学院　经济管理学院　体育学院

(三)第二次大学生长江源科考突出贡献奖(2人)

陈　刚　李龙敏

(四)第二次大学生长江源科考特别贡献奖(5人)

李长安　祁士华　周建伟　董　范　张　永

2023届先进毕业班和优秀毕业生

地大学校办发〔2023〕19号

一、先进毕业班(共计33个)

地球科学学院(2个):010192班　x11194班

资源学院(1个):020191班

材料与化学学院(2个):033191班　031193班

环境学院(2个):041191班　042193班

工程学院(2个):052191班　055192班

地球物理与空间信息学院(2个):061193班　060191班

海洋学院(1个):241191班

机械与电子信息学院(2个):071191班　075194班

自动化学院(2个):231192班　231194班

经济管理学院(2个):080192班　083191班

外国语学院(1个):092191班
地理与信息工程学院(2个):114191班　114193班
数学与物理学院(2个):122192班　121191班
珠宝学院(1个):141193班
公共管理学院(2个):173191班　175191班
计算机学院(2个):111191班　191191班
体育学院(1个):131191班
艺术与传媒学院(2个):161191班　161192班
马克思主义学院(1个):181191班
李四光学院(1个):201192班

二、优秀毕业生(共计869名,其中本科生510名,研究生359名)

地球科学学院(共计32人)

本科生(17人)

| 王语奇 | 何智浚 | 孙永芳 | 吴秀静 | 李建伟 | 孙　涛 | 熊修远 | 喻　蝶 | 蔡芳森 |
| 胡虞洲 | 林　雨 | 吕　涛 | 孙继尧 | 孙佳瑞 | 孙家淮 | 吴喆涛 | 聂错凝 | |

研究生(15人)

| 辛友志 | 张越鹏 | 王婷婷 | 吕会莉 | 韦猛闯 | 陈志承 | 朗文松 | 曲晨昊 | 朱玉晴 |
| 郭建芳 | 叶佳鑫 | 张　欣 | 马佳怡 | 赵　赫 | 宁文彬 | | | |

资源学院(共计48人)

本科生(24人)

姚泽贤	李林梓	张行凯	黄程欣然	孟亚琪	李佳明	李浩然	徐瑞林	王才鸿
程　吉	赵海斌	胡　强	董　洋	周佳伟	陈新宇	冷红程	雷文辉	赵　旭
刘晖鹏	高旭东	杨　锐	徐　爽	于　涛	祁巽峰			

研究生(24人)

陈　杨	刘　睿	宋文睿	丁　浪	彭宇虓	赵德峰	石爱红	淡凯波	曾海涛
宋凡悦	赵陆挺	杨　黎	杨　梦	左廷娜	王　珍	程茂策	陈家旭	彭　虎
李国猛	刘　涛	曹小丽	李琪琪	赖　明	陶世林			

材料与化学学院(共计44人)

本科生(23人)

李　怡	隋俊霖	孙启培	李国正	蒋尤祺	简烁锋	甘宇飞	高方宇	王月辉
尹　舸	杨诗伟	何　博	王泽慧	冯梦露	许依玲	黄晓聪	邵鸿博	柴鹏程
杨慧莉	黄　洁	易莉勇	汪自泉	唐忠意				

研究生(21人)

海　亮　　裴德轩　　谭晓玲　　王一川　　蒋文莲　　李显卫　　斛志福　　张　靖　　许　银
孔苗苗　　汪　琛　　覃铃玲　　匡诸君　　张旺龙　　吴桂秋　　苗思苑　　徐　磊　　张　强
殷威威　　肖　托　　吴海燕

环境学院(共计**60**人)

本科生(30人)

陈鹏飞　　马　涛　　吉国文　　黎曙毓　　张安福　　徐皓杰　　许诗滢　　何子琦　　刘铭颖
党婧萱　　谭健基　　华祎梓　　陈　云　　柴江琦　　王韵涵　　姚　瑶　　马凡凡　　李小斗
边舟悦　　蔡子延　　肖林海　　贾　松　　张东明　　范一洲　　甘宇昊　　龚学梓　　刘继轩
吕　楠　　闵睿盈　　于保江

研究生(30人)

白　会　　董天一　　张思晗　　洪　瑾　　栗倩倩　　张　玲　　李月枰　　夏锦萱　　周　君
张正煊　　张馨心　　程晓钰　　董佩云　　孙师格　　张开心　　蔡婷婷　　姜　薇　　高伟康
熊耀劲　　吴　艳　　吴丹阳　　蒋书凝　　郭金芝　　蔡　昕　　赵培培　　刘　睿　　伍燕梅
严　璐　　罗佳蓓　　薛博强

工程学院(共计**79**人)

本科生(49人)

孔　政　　王俊薇　　李俊良　　李　冉　　蒋银龙　　宋坤明　　陈　豆　　包雅婷　　白雪峰
陈源龙　　刘志伟　　余思琴　　郭云涛　　李新纪　　蔡志蓝　　赵胜南　　杨　犀　　李俊霖
吴俊俞　　李帛林　　熊　伟　　詹振宇　　刘　昊　　台　硕　　王鹏鹏　　徐静波　　饶　李
许　杨　　李　杰　　潘永峰　　黄婷婷　　李学鸿　　毕航波　　刘　傲　　张大宇　　张馨之
姚振宇　　汪东婷　　郑　璇　　白欣悦　　张如阳　　张峰瑜　　刘培涵　　邓小明　　覃湘琳
李加滨　　夏明蕾　　黄　灿　　翟丹阳

研究生(30人)

宋成彬　　王超哲　　薛　曼　　李　海　　黄柳松　　王　杰　　霍　昊　　李艳梅　　樊　涛
崔泽恒　　樊志远　　金必晶　　王娴建　　邓才莹　　张　旭　　郭　静　　倪顺程　　裴康辉
吴　诗　　杨　阳　　陈文露　　朱香港　　牛梓儒　　林　巍　　李　昂　　孔繁盛　　刘　浩
孙文昌　　韩辰错　　栗志斌

地球物理与空间信息学院(共计**31**人)

本科生(16人)

安德鹏　　黄　河　　闫行健　　陈浩岩　　方　铭　　黄润林　　孙晨昊　　李俊斌　　孙齐翔
王舜杰　　夏靖禹　　徐　也　　赵林轩　　朱芙瑶　　朱明涛　　仲　朔

研究生（15 人）

付誉超　金西正　刘　桐　王紫薇　陈海洋　吴　双　徐　顺　周未平　姚金玺
汤文杰　王青叶　占燕婷　张兴晨　杨　聪　金　垚

海洋学院（共计 11 人）

本科生（4 人）

郭航成　操时逸　赵　旭　吴祈顺

研究生（7 人）

陈继发　马晓晨　夏　凯　程　聪　饶炜博　罗兴碧　魏子谦

机械与电子信息学院（共计 68 人）

本科生（50 人）

曾子津　程　宇　丁驰洋　何梓芊　罗子昂　邱娇玲　魏雪姚　郑文浩　曾　婉
陈巧兰　崔豪宇　邓　杰　邓清晨　丁　伟　丁　莹　侯宇凡　李佳鑫　李一帆
梁浩越　林　杰　刘晓旭　潘　信　沈奥诚　史展天　宋鹏武　谭宇欣　王廷柱
吴懿轩　武远正　颜莹莹　阳晨彤　燕庆龙　杨晨浩　张　欣　赵睿思　黄玥玥
刘名琦　刘奕龙　裴婧汝　石俊杰　苏绮淇　唐超群　徐静雯　姚佳奇　张树堂
周　晴　雷长江　张苇笛　罗昌盛　陈亚豪

研究生（18 人）

孙富强　门晓坛　张仕忠　呼彩娥　何　珥　周　康　王国燕　张秋月　许坤婷
王瑱祺　刘　毅　谷志威　刘　丹　李　良　吴诗静　祁靖烨　刘金润　王梦桐

自动化学院（共计 45 人）

本科生（28 人）

郑一楠　陶梓兴　陈世鹏　陈梓炫　王珺璟　向逸雯　张宇一　刘诗雨　叶　洋
刘学文　王思远　郭思雨　钱　浩　尹　皓　张　川　张奕驰　李云龙　刘　洋
蒋光辉　范豪辉　张　弛　陈　聃　陈力子　汪子尧　陈世浩　白睿豪　罗　澍
沈　玥

研究生（17 人）

肖　肖　柯贤福　韩梦婷　刘博文　王泽华　张　斌　龚　鑫　章　越　程　鑫
纵冠宇　孙凌志　赵昌峰　段文浩　张杏林　吴楷文　梅启程　黎育朋

经济管理学院（共计 85 人）

本科生（59 人）

邓　茜　黄　博　贾志洋　邝昌芹　拉巴旦增　李　璐　李双雨　刘煜希　陆子蕊
罗　皓　普　叶　吴恺文　夏益骏　叶思怡　张　艳　柯浩勇　王琛凤　周慧敏

李政辉	马　锐	王铭铭	魏振坤	张芳源	唐睿智	陈晓雪	靳一鸣	王文静
李庆豪	曹晓逸	刘玉溪	尹艳悦	谢坤宏	周心怡	张佳妮	祝陈嘉禾	张运睿
吴雪纤	余欣芸	陈银波	赵成祥	陈可舒	郭倩男	王艳苋	郭志刚	陶雨婕
谢琨淮	池淑婷	郭思琪	袁　亮	贾雅雯	乐　天	刘瑾沂	刘一恒	朱珍玉
徐萌超	郑咏杰	李禹葳	宋文韬	周晓洁				

研究生(26人)

熊伟伟	邓雅婷	李子晴	廖云倩	刘　璇	代琦瑶	杨祥程	杨小慧	张祖萌
杜辰楠	乐权权	刘　孟	任兰心	荣金玉	孙艺欣	王　玲	付志豪	胡婧怡
贾维东	李欣然	尉晓勋	林　浩	孙培源	王麟翰	魏　冬	杨梦莹	

外国语学院(共计18人)

本科生(10人)

| 鞠冉冉 | 金唯一 | 高宇慧 | 王文韬 | 宗　仪 | 徐希元 | 张依晴 | 李智媛 | 陈晓凡 |
| 赵含乐 | | | | | | | | |

研究生(8人)

| 冯　月 | 郭昕彤 | 李秋玲 | 王武杰 | 王伶俐 | 何家雯 | 宋敬骏 | 闻婧雯 | |

地理与信息工程学院(共计59人)

本科生(33人)

谷思莹	王禹熹	崔　恒	畅清艳	张正旭	宫程宇	俞　慧	苏海瑞	冯子怡
何晨曦	李子琪	祁婧娇	王立增	陈柏舟	吴娇娇	张星怡	黄中宇	陈　毅
杨　婕	徐佳丹	柏志怀	尚霆锋	叶国立	王新源	王浩然	于睿涵	许　睿
王　岚	李小朋	李毅超	王鹤源	任思思	王泽堃			

研究生(26人)

戴薇薇	张嘉文	梁宇云	杨　阳	蔡舒同	王　睿	宋　珍	胡　磊	窦　奇
朱灿明	马欣悦	李　雄	汪友军	王树竹	孙　鑫	蒋宇翔	杨丽帆	梁帅博
李　芹	邓湘文	崔轶伦	冯星昱	李宝光	刘　林	李双良	张圣卿	

数学与物理学院(共计28人)

本科生(18人)

| 王歆怡 | 唐纯一 | 万骏鹏 | 李诗宇 | 高　伟 | 琚苏婷 | 周思婕 | 王　佩 | 郑贵文 |
| 程赐杰 | 王智鼎 | 王张佳 | 周文奇 | 颜嘉彤 | 田进龙 | 杨宇婷 | 陈　玉 | 胡　榕 |

研究生(10人)

| 吕春玥 | 黄江旭 | 刘　珂 | 郑子岳 | 刘煜淳 | 潘润超 | 潘昊然 | 刘欣颖 | 张鸿宾 |
| 钱　坤 | | | | | | | | |

珠宝学院（共计 21 人）

本科生（14 人）

| 刘润瑄 | 胥　源 | 张昕璐 | 席治林 | 石倩茹 | 赵庄羽 | 胡贺文 | 张博雅 | 郑一梦 |
| 马钰芊 | 金千龙 | 孙册简 | 毛梓艺 | 莫绮璇 | | | | |

研究生（7 人）

| 曾宇欣 | 赵希雅 | 王　晴 | 贾隽雯 | 邝演锋 | 刘太巧 | 杨燕菱 | | |

公共管理学院（共计 54 人）

本科生（32 人）

张雪雨	白令海	向裕婕	彭心力	谢　媛	黄文俊	蔡宇超	樊益绮	翟一帆
孟思家	贾博雅	唐凤兰	汤玉洁	罗佳敏	邢佳宜	胡学湉	鹿恒凡	王英格
翁婷婷	孙嘉良	陈明娜	胡东哲	刘栗凤	莫豫锋	覃奕龙	陈雨蛟	韩　超
彭昕明	陶继令	童文仪	张国燕	张雯迪				

研究生（22 人）

曾　济	豆中元	张玉婷	李晓铮	蔡泽坤	邓集琼	尹　萌	余　健	潘义承
冉梦婷	韩　鹏	张博文	李世清	程　璋	李　译	曹　霞	方嘉利	李慧赐
文爱家	陶汪伟	张云慧	张　贺					

计算机学院（共计 84 人）

本科生（62 人）

史　阳	孔　翔	朱国强	任　帅	柴文岳	杨家乐	高　尚	蒋振邦	谷曼苏
王殷飞	其木格	宋明轩	龚子瑄	方知雨	唐宁远	高天弘	李辰星	梁雄壮
熊振轩	陈　露	乔晓晓	周忆芯	赵起萌	沈牧言	张柏川	李　腾	霍奥林
管仁祥	饶骁扬	蒋廷恺	段　苗	金梦楠	贾　然	许纹赫	代子玉	岑楚川
张雨欣	刘晨曦	张宇坤	凌静雯	崔永川	张邱德	李钰彤	张　哲	万晶晶
董均坚	钟俊涛	倪雨婷	许　鹏	张雪媛	王宇辰	白文涵	杜慧琳	杨思洁
余　磊	肖腾涛	付宇涛	赵文鹏	樊嘉昊	滕德淋	李欣宜	陈柯帆	

研究生（22 人）

张静炎	樊润宇	陈子琪	王善霖	李　瑞	余　想	张晓涵	黄思奇	谭雪峰
黄远祥	郑道远	王超凡	王　俊	刘子瑜	曾林芸	张　欢	张东方	李水佳
李　玮	董铠睿	雷俊烨	曾子寅					

体育学院（共计 10 人）

本科生（4 人）

| 张乃方 | 薛文浩 | 李怀君 | 位鹏鹏 |

研究生（6人）

徐杰忠　沈　晨　胡戈意　肖晓媚　潘　鸿　龚小芹

艺术与传媒学院（共计38人）

本科生（24人）

刘冰滢　林钰滢　柳子依　胡文皓　黄洁明　李　乐　石　切　姜芊芊　崔珍睿
郝文竹　王一骄　王恩泽　吴禹翰　杜俊彦　李一平　赵依婷　闫思颖　宋佳宁
刘　冰　王艺伟　马凝珂　保　悦　柴沈露　汤皓婷

研究生（14人）

周　悦　王雪蓉　余　跃　陈侣蓉　王薇烨　张　巍　刘诗言　程　瑞　雷杰茗
杨　亚　张　振　赵梦霄　张昂霄　陈文琦

马克思主义学院（共计10人）

本科生（4人）

左　睿　耿学栋　陈子怡　侯玲玲

研究生（6人）

李亚静　陈文华　许卓思　刘术兵　周儒峰　刘　丹

李四光学院（6人）

本科生（6人）

林雯洁　宋有朋　王晓雅　夏庆　杨延晨　周逸恒

教育研究院（6人）

研究生（6人）

汪钰婷　朱　欣　马红雷　相博文　徐　娜　王利佳

高等研究院（22人）

研究生（22人）

王　帅　王　伟　崔钰琼　程　萍　吴贝贝　杨明春　吴　凡　许艺林　杨雪倩
薛江凯　张远征　郑艺文　王　昊　廖秀红　刘　颖　杜　勇　余　岳　谭昊言
曹佳乾　郭浩佳　罗银锋　彭宇林

国际教育学院（共计10人）

本科生（3人）

CONIDIA GABRIELA DA SILVA
NADEEM RASEM A AL-MASRI
NONG THI LAN HUONG

研究生(7人)
MAQSOOD UR RAHMAN
MUHAMMAD AFAQ HUSSAIN
ALLOU KOFFI FRANCK KOUASSI
JEAN PIERRE NAMAHORO
MARIAMA JANNEH
DIEGO ARMANDO PINZON NUNEZ
JEAN-TYCHIQUE S GBELIHO DOSSA

第十四届青年教师教学竞赛结果

地大学校办发〔2023〕21号

一、个人奖项

(一)特等奖

地球科学学院:楚道亮

地球物理与空间信息学院:黄倩

经济管理学院:徐媛

公共管理学院:向敬伟

(二)一等奖

地球科学学院:范若颖

资源学院:付乐兵

海洋学院:蒋浩宇

机械与电子信息学院:许洁

经济管理学院:郭聖煜

外国语学院:刘彩虹

地理与信息工程学院:杨雪

数学与物理学院:黄昌盛

艺术与传媒学院:张孜颖

(三)二等奖

地球科学学院:蒋钰鑫

资源学院:孟庆帮

材料与化学学院:李勇

环境学院:蒋永光　谢风华

工程学院:刘志超　闫雪峰

地球物理与空间信息学院:彭荣华

机械与电子信息学院:钟梁

经济管理学院:王飞

地理与信息工程学院:董宇婷

数学与物理学院:谢宜龙

珠宝学院:舒骏

计算机学院:赵济

体育学院:董良山

马克思主义学院:王惠林

二、优秀组织奖

工程学院

地球物理与空间信息学院

2023年优秀博士、硕士学位论文作者及指导教师名单

地大学校办发〔2023〕22号

一、优秀博士学位论文作者及指导教师名单(10人)

序号	作者姓名	导师姓名	博士学位论文题目	培养单位
1	宁文彬	蒂姆科斯基	华北克拉通冀东杂岩内新太古代蛇绿混杂岩的厘定及其地球动力学启示	地球科学学院

续表

序号	作者姓名	导师姓名	博士学位论文题目	培养单位
2	王婷婷	郑建平	桐柏造山带早古生代壳幔相互作用过程:来自弧岩浆岩和橄榄岩的证据	地球科学学院
3	范高华	李建威	华北克拉通北缘东坪金-碲矿床地质-地球化学特征及成矿机制	资源学院
4	杨贵	梁玉军	BixMoyOz基光催化材料的构筑及其降解水体典型抗生素的研究	材料与化学学院
5	许银盛	王圣平	钒酸锂电极材料的 knock off 扩散机制、结构设计及电化学行为	材料与化学学院
6	李昺	唐辉明	考虑离散元建模参数不确定性的滑坡运动过程概率评价方法研究	工程学院
7	杨小舟	罗银河	基于面波与体波数据联合反演的川滇地区壳幔横波速度结构研究	地球物理与空间信息学院
8	张东方	戴光明	星载光子计数激光雷达浅海测深关键技术研究	计算机学院
9	黎育朋	曹卫华	面向复杂地质钻进过程的故障检测与预警研究	自动化学院
10	杜勇	宋虎跃	华南早三叠世异常碳-氮-硫生物地球化学循环及其控制机理	生物地质与环境地质国家重点实验室

二、优秀博士学位论文提名论文作者及指导教师名单(30人)

序号	作者姓名	导师姓名	博士学位论文题目	培养单位
1	金思敏	David Bryan Kemp	Volcanism and hydroclimate during the Paleocene-Eocene Thermal Maximum	地球科学学院
2	李东东	罗根明	华南和华北中元古代晚期生物群演化和环境背景	地球科学学院
3	赵佳伟	肖龙	锆石的冲击变质变形特征:基于希克苏鲁伯撞击构造的研究	地球科学学院

续表

序号	作者姓名	导师姓名	博士学位论文题目	培养单位
4	陈文汉	黄春菊	早侏罗世Pliensbachian晚期至Toarcian早期大洋氧化还原演化和环境变化	地球科学学院
5	程适	洪汉烈	亚热带气候条件下花岗岩风化成土过程主要矿物及地球化学演化特征	地球科学学院
6	李俊瑜	曹淑云	滇西红河-哀牢山剪切带新生代构造—岩浆演化及应变局部化过程	地球科学学院
7	徐珍	殷鸿福	晚二叠世—中三叠世植物演化及其环境效应	地球科学学院
8	张泽	黄春菊	上新世—更新世气候转型期轨道尺度亚洲季风演化及对全球变化的响应	地球科学学院
9	张德海	王国灿	东天山哈密盆地白垩纪以来构造-气候-地表过程研究	地球科学学院
10	王祥发	章军锋	俯冲碳酸盐再循环及其对华北克拉通岩石圈地幔改造的高温高压实验研究	地球科学学院
11	王鹏聪	朱宗敏	微生物对磁铁矿形成和改造的影响及其地质与环境意义	地球科学学院
12	钱煜奇	肖龙	月球风暴洋克里普地体的年轻火山活动	地球科学学院
13	马盈	蒋少涌	武夷山成矿带造山型金矿床的年代学、地球化学与成因机制研究	资源学院
14	刘涛	蒋少涌	赣东北灵山岩体岩浆-热液演化与铌钽成矿机制研究	资源学院
15	苏建辉	赵新福	南秦岭早古生代碱性岩-碳酸岩岩浆作用及铌—稀土成矿机制	资源学院
16	段冲	娄筱叮	聚集诱导发光多模块探针的构建及其在细胞器靶向递送和治疗中的应用	材料与化学学院
17	黄婧	李珍	外场增强TiO_2基复合光阳极的光电化学性能研究	材料与化学学院
18	严璐	谢先军	红树林湿地有机质驱动的生源要素演化过程研究	环境学院

续表

序号	作者姓名	导师姓名	博士学位论文题目	培养单位
19	罗利川	梁杏	岩溶水系统识别及水文过程模拟研究——以香溪河岩溶流域为例	环境学院
20	程晓钰	王红梅	中国南方喀斯特洞穴甲烷汇的微生物作用研究	环境学院
21	赵雅宏	马保松	混凝土排水管道CIPP修复内衬结构受力特性及试验研究	工程学院
22	李丽霞	契霍特金	中深井微生物自修复固井水泥浆实验研究	工程学院
23	黄国疏	胡祥云	多参数约束关键地热属性识别及精细评价：以雄安新区为例	地球物理与空间信息学院
24	徐昱	李波	滑带多场参数原位监测体系构建及关键技术研究	机械与电子信息学院
25	刘玲	杨明星	中国出土绿松石产地溯源关键技术及其应用	珠宝学院
26	周青超	沈锡田	拉长石的高温铜扩散机理与工艺研究及其在改色和鉴定上的应用	珠宝学院
27	梅启程	佘锦华	关于提升等价输入干扰方法扰动抑制性能的研究	自动化学院
28	陈继发	陈刚	基于深度学习的高分辨率遥感影像海岸带地表覆盖分类研究	海洋学院
29	廖秀红	胡兆初	激光剥蚀溶液进样技术及其在地质与环境样品元素、硼同位素分析中的应用	地质过程与矿产资源国家重点实验室
30	张远征	周爱国	潜流带沉积物降解乙草胺的作用机制及其碳同位素解析	地质调查研究院

三、优秀硕士学位论文作者及指导教师名单（98人）

序号	作者姓名	导师姓名	硕士类型	硕士学位论文题目	培养单位
1	窦宇航	刘金铃	学历硕士	武汉市湖泊沉积物的地球化学特征及其环境指示意义	地球科学学院

表彰与奖励

续表

序号	作者姓名	导师姓名	硕士类型	硕士学位论文题目	培养单位
2	何治林	邓浩	学历硕士	义敦地体北缘晚二叠世镁铁质岩变形、成因及大地构造意义	地球科学学院
3	张笛	曹凯	学历硕士	青藏高原东部理塘断裂带新近纪构造变形过程及其动力学意义	地球科学学院
4	李博	李宝庆	学历硕士	广西上二叠统煤系中锂的赋存状态、富集机理和浸出试验研究	资源学院
5	贾悦锐	刘强虎	专业硕士	珠江口盆地白云西区始新世"对向拆离型复合洼陷"成因机制及沉积充填响应	资源学院
6	潘婷	左仁广	学历硕士	基于多源数据的卷积神经网络模型构建及其在岩性填图中的应用	资源学院
7	汪雪萍	左仁广	专业硕士	基于勘查地球化学数据的卷积神经网络模型构建与岩性识别	资源学院
8	王涛	杨锐	学历硕士	四川盆地东溪地区五峰—龙马溪组页岩超临界甲烷吸附机理研究	资源学院
9	郭亮亮	荣辉	专业硕士	钱家店铀矿床中铀矿物的赋存状态、地球化学特征及其对成矿的约束	资源学院
10	季浩	李艳军	专业硕士	赣西北甘坊复式花岗岩体岩浆—热液过程及锂成矿作用	资源学院
11	季泽龙	刘晓峰	学历硕士	峡东地区成冰系地层划分与沉积相研究	资源学院
12	刘顶	高强	专业硕士	基于$\gamma\text{-}Al_2O_3$固体pH缓冲特性的异相钴基催化剂的制备及其活化PMS性能研究	材料与化学学院
13	王一川	张孝进	学历硕士	基于金纳米粒子表面主客体相互作用的模拟酶及其性能研究	材料与化学学院
14	罗灿	王欢文	学历硕士	面向钠金属负极应用的矿物载体研究	材料与化学学院

续表

序号	作者姓名	导师姓名	硕士类型	硕士学位论文题目	培养单位
15	孔苗苗	杨志红	专业硕士	蒙脱石基柔性膜的刺激响应及智能驱动行为研究	材料与化学学院
16	吕伊宁	李勇	专业硕士	白光型Ln-MOF传感阵列对水中多组分抗生素的识别分析	材料与化学学院
17	张靖	赵凌	学历硕士	钙钛矿电催化剂的结构设计及其析氧性能研究	材料与化学学院
18	张子硕	李辉	学历硕士	基于自组装单分子层的电化学适配体传感器的表面性质及检测性能研究	材料与化学学院
19	张旺龙	张孝进	专业硕士	功能分子调控的水凝胶界面粘附及其应用	材料与化学学院
20	罗慈慧	黄羽	专业硕士	基于可控浸润性界面的光子晶体传感器制备及其检测性质研究	材料与化学学院
21	郭金芝	石良	学历硕士	微生物胞外还原碘酸根的分子机理	环境学院
22	熊耀劲	杜尧	学历硕士	典型冲湖积平原地下水系统中厌氧铁铵氧化过程的识别与控制因素研究	环境学院
23	蔡昕	李双林	学历硕士	初夏塔斯曼海—南大洋混合遥相关型对盛夏东亚降水的影响	环境学院
24	赵培培	张伟军	专业硕士	基于高分辨率质谱的污泥基溶解性有机物的分子组成与化学多样性研究	环境学院
25	高伟康	马丽媛	专业硕士	产酸和产碱微生物对辉锑矿释放的机理研究	环境学院
26	吴丹阳	赵树云	学历硕士	冬季中高纬度大气季节内振荡对京津冀地区霾污染的影响	环境学院
27	甘馥硕	周佳庆	学历硕士	流态演变与流体性质对岩石裂隙非线性渗流影响机制研究	工程学院

续表

序号	作者姓名	导师姓名	硕士类型	硕士学位论文题目	培养单位
28	周梦清	周克清	专业硕士	光响应型阻燃聚氨酯泡沫构筑与油水分离应用研究	工程学院
29	陈文露	丁彦铭	学历硕士	铝工业典型危废与固废热解特性研究	工程学院
30	张志伟	吴文兵	专业硕士	新建隧道上穿诱发既有盾构隧道纵向变形机制及失效概率分析	工程学院
31	栗志斌	龚文平	学历硕士	基于多源监测数据的基坑岩土参数概率反分析方法研究	工程学院
32	刘雨欣	吴琼	专业硕士	干湿循环－渗流联合作用下巴东组粉砂质泥岩强度劣化机理研究	工程学院
33	郭利国	周佳庆	专业硕士	不同流态下粗糙岩石裂隙溶质运移机制与传输过程预测研究	工程学院
34	梁劲	胡新丽	学历硕士	基于脱湿的马家沟滑坡滑带土非饱和抗剪强度研究	工程学院
35	樊涛	郑君	专业硕士	回灌冷却作用下高温砂岩孔渗特征与损伤机理研究	工程学院
36	邓才莹	马保松	学历硕士	PE管与原位固化内衬复合结构的外压承载性能研究	工程学院
37	高琦	陈保国	学历硕士	EPS板减载条件下高填方箱涵长期受力特性与减载效果评价	工程学院
38	李师毓	吴琼	专业硕士	考虑异性结构面震动劣化的强震区软硬互层顺层岩质斜坡动态稳定性研究	工程学院
39	王一鸣	宋先海	学历硕士	浅地表多模式瑞雷波频散曲线多目标优化反演研究	地球物理与空间信息学院
40	金垚	董燕妮	专业硕士	基于流形测度学习的高光谱图像降维与分类方法研究	地球物理与空间信息学院
41	靖剑坤	严哲	学历硕士	基于PSF建模的三维地震断层及溶洞智能识别方法研究	地球物理与空间信息学院

续表

序号	作者姓名	导师姓名	硕士类型	硕士学位论文题目	培养单位
42	占燕婷	吴柯	专业硕士	基于CNN与GCN的高光谱遥感图像分类研究	地球物理与空间信息学院
43	刘桐	陈涛	学历硕士	基于生成对抗网络的样本扩充策略在滑坡识别中的应用	地球物理与空间信息学院
44	唐榕馗	杨叶涛	专业硕士	基于自监督的城市大规模场景点云语义分割研究	地球物理与空间信息学院
45	陈海洋	汪玲玲	专业硕士	深度学习算法在地震相自动划分中的应用研究	地球物理与空间信息学院
46	刘红蕾	汪利民	专业硕士	基于交通类地震背景噪声的多分量面波成像研究及应用	地球物理与空间信息学院
47	曾嘉	吴志超	专业硕士	矢量型孤子分子偏振动力学研究	机械与电子信息学院
48	冯诗洁	黄田野	学历硕士	克尔谐振腔中偏振复用型腔孤子的研究	机械与电子信息学院
49	谷志威	葛明峰	学历硕士	非线性群集拉格朗日力学系统的分层分布式优化	机械与电子信息学院
50	张润华	刘德刚	学历硕士	H型钢切割机器人离线编程系统设计与实现	机械与电子信息学院
51	高梦洁	肖拥军	学历硕士	国家公园环境教育途径、游客特征与环境教育感知——基于SOR框架的组态分析	经济管理学院
52	李安然	翁克瑞	学历硕士	基于个体敏感性的社会影响力最大化问题研究	经济管理学院
53	温阳	肖建忠	学历硕士	企业化石能源资产搁浅风险对投资者决策的影响分析——基于中国A股上市公司的证据	经济管理学院
54	魏思思	何霜	专业硕士	《水风险不容忽视：全球水的供应、质量和风险现状——南非视角》(第五章)英译汉翻译实践报告	外国语学院

续表

序号	作者姓名	导师姓名	硕士类型	硕士学位论文题目	培养单位
55	邓湘文	王伦澈	学历硕士	城市景观多维扩展对城市热环境影响的数值模拟研究——以武汉为例	地理与信息工程学院
56	白鸿炳	钟敏	专业硕士	基于重构陆地水储量变化的长江流域近40年蒸散发估算	地理与信息工程学院
57	窦奇	解清华	学历硕士	基于广义极化SAR目标分解的作物覆盖区土壤湿度反演方法研究	地理与信息工程学院
58	金晓慧	胡超涌	学历硕士	东亚季风区2.8ka BP事件的变化特征及其驱动机制研究	地理与信息工程学院
59	汪友军	彭星	学历硕士	基于协方差矩阵优化的TomoSAR林下地形反演研究	地理与信息工程学院
60	武金阳	宋妍	学历硕士	1982—2022年中国陆地高分辨率太阳法向直接辐射数据集重建及变化特征研究	地理与信息工程学院
61	李俊璐	陈旭	学历硕士	中国东部季风区典型泥炭地的硅藻多样性时空格局	地理与信息工程学院
62	王睿	刘超	学历硕士	地方意义视角下旅游地社区居民空间认知研究	地理与信息工程学院
63	吴贝贝	陈占龙	专业硕士	面向越野机动的多层次通行环境模型与多目标路径规划算法研究	地理与信息工程学院
64	黄江旭	汪垒	学历硕士	液滴撞击非等温表面动力学特性的格子Boltzmann建模与仿真	数学与物理学院
65	张鸿宾	张保成	学历硕士	类比黑洞中的辐射屏蔽效应	数学与物理学院
66	郑子岳	陈欢	学历硕士	中子星非径向振荡和引力波辐射的研究	数学与物理学院
67	李文斌	李超群	专业硕士	基于鲁棒逻辑回归的标签真值推理算法研究	数学与物理学院
68	范大帅	易鸣	专业硕士	植物microRNA及其靶标预测算法研究	数学与物理学院

续表

序号	作者姓名	导师姓名	硕士类型	硕士学位论文题目	培养单位
69	曹楠	陈涛	专业硕士	天然及优化处理海蓝宝石的鉴定方法研究	珠宝学院
70	朱鑫卓	彭红燕	学历硕士	科学传播内容对公众态度转变的影响研究——基于Rasch模型	艺术与传媒学院
71	余跃	徐青	专业硕士	大遗址建设控制地带乡村景观更新设计研究——以屈家岭遗址屈岭村为例	艺术与传媒学院
72	王薇烨	徐莉	专业硕士	欧普艺术在海洋环保主题海报设计中的应用研究	艺术与传媒学院
73	张铧月	刘秀珍	专业硕士	化身认同视角下儿童AR科普图书游戏化设计研究	艺术与传媒学院
74	张贺	罗辉	学历硕士	基于共担原则的省际碳排放绩效目标分解与考核评估	公共管理学院
75	田雨	刘越岩	专业硕士	基于LADM的三维地籍数据库概念模型构建	公共管理学院
76	周凌云	方世明	学历硕士	"多校划片"政策对城市住宅价格的影响研究：来自北京市海淀区和西城区的准实验证据	公共管理学院
77	李瑞	龚文引	学历硕士	模型驱动的学习型模因算法求解绿色分布式柔性作业车间调度问题	计算机学院
78	曾子寅	谢忠	专业硕士	基于深度学习的大规模三维点云场景语义分割关键技术研究	计算机学院
79	王俊	唐厂	学历硕士	基于聚类的高光谱遥感影像波段选择方法研究	计算机学院
80	陈子琪	蒋良孝	专业硕士	基于众包数据特征的标记集成算法研究	计算机学院
81	杨子潇	陈麒玉	学历硕士	基于生成对抗网络的软硬数据协同三维地质模型自动重建方法	计算机学院

续表

序号	作者姓名	导师姓名	硕士类型	硕士学位论文题目	培养单位
82	黄思奇	曾德泽	专业硕士	边缘云中面向云原生应用的服务间通信优化	计算机学院
83	侯绍薇	陈军	学历硕士	以人民为中心的绿色生活方式建构研究	马克思主义学院
84	王诗豪	郑世祺	学历硕士	基于事件触发的多智能体系统完全分布式协调控制	自动化学院
85	章越	王亚午	专业硕士	介电弹性体驱动器动力学建模与轨迹跟踪控制	自动化学院
86	张斌	姜晓伟	专业硕士	多通讯约束下的网络化控制系统最优跟踪性能研究	自动化学院
87	赵昌峰	刘欢	学历硕士	基于电磁感应/磁异常的近地表未爆弹主动式成像探测方法研究	自动化学院
88	郭林坤	宋俊磊	专业硕士	基于曲面拟合和时频分析的三轴加速度计解耦	自动化学院
89	姜雨萱	陈珺	专业硕士	基于深度学习的遥感图像建筑物提取方法研究	自动化学院
90	纵冠宇	魏龙生	专业硕士	面向RGB-D显著目标检测方法研究	自动化学院
91	周从艳	姜涛	学历硕士	不同沉积环境中海洋沉积物光释光测年之环境剂量研究	海洋学院
92	夏效禹	赵恩金	专业硕士	波浪作用下人工块体斜坡堤数值模拟研究	海洋学院
93	胡梦蝶	庞岚	学历硕士	基于CIPP评价模式的硕士研究生课程思政评价指标体系构建研究——以D大学为例	教育研究院
94	刘玉林	周春燕	学历硕士	农村中学生的希望感及其干预研究	教育研究院

续表

序号	作者姓名	导师姓名	硕士类型	硕士学位论文题目	培养单位
95	黄开旗	李超	学历硕士	碳酸盐结合态氯作为古海洋盐度指标研发及其在 Shuram 事件中的应用	生物地质与环境地质国家重点实验室
96	刘琦灵	田力	学历硕士	华南早一中三叠世始鳍龙目新材料的系统分类和演化研究	生物地质与环境地质国家重点实验室
97	邢腾	宋虎跃	学历硕士	沉积岩石中不同氮组分的同位素差异及古环境应用	生物地质与环境地质国家重点实验室
98	师崇文	袁松虎	学历硕士	黏土中三氯乙烯的电动强化微生物降解机理	生物地质与环境地质国家重点实验室

2022年度平安建设工作先进集体和先进个人

地大学校办发〔2023〕25号

一、先进集体名单(16个)

海洋学院　体育学院　马克思主义学院　国际教育学院　学校办公室　党委宣传部　本科生院　研究生院　信息化工作办公室　实验室与设备管理处　离退休工作处　安全保卫部　后勤保障部　未来城校区管理办公室　医院　附属学校

二、先进个人名单(71人)

地球科学学院:赵得爱

资源学院:刘一茗

材料与化学学院:公衍生

环境学院:刘凤莲

工程学院:谢帮华

地球物理与空间信息学院:王　静

机械与电子信息学院:郝国成

自动化学院:张晓锋

经济管理学院:李少杰

外国语学院:刘世勇

地理与信息工程学院:赵晓振

数学与物理学院:王希成

珠宝学院:张荣红

公共管理学院:李姝慧

计算机学院:闫维蓉

艺术与传媒学院:单湉艺

体育学院:李春卉

马克思主义学院:姚　晟

教育研究院:童　宇

李四光学院:李若萌

未来技术学院:陈思静

学校办公室:王艳波　刘庆庆

党委组织部、党委统战部:郭　倩　王艳平

党委宣传部:许小康　张　浩

纪委办公室、党委巡察办:黄梅娇　屈　璐

本科生院:排孜丽亚·艾尼完　宁　蒙　候金波

研究生院:王斯韵　王小龙

发展规划与学科建设处:周延菲

人力资源部:杨玮莹　马　岩

财务与资产管理部:姜忠保　杜碧威

实验室与设备管理处:陈少才　牛玉光

国际合作处(国际教育学院):罗文旭

校友与社会合作处:张　琦

校园规划与基建处:史立冉

信息化工作办公室:李　琪　高　浪

审计处:韩　静

离退休工作处:胡书林　叶　青

安全保卫部:彭冠军　叶　波

后勤保障部:周志强　王　冲

未来城校区管理办公室:申亚崴　陈　凡

新校区建设指挥部:刘世斌

表彰与奖励

校庆工作办公室：朱　峰

工　　会：陶章元　赤　诚

团　　委：陈文婷

远程与继续教育学院：王群星

高等研究院：侯建湘　赵勇军

图书档案与文博部：张　川

出版社：范　明

期刊社：谢晓红

武汉中地大资产经营有限公司：陈姚朵

医院：王海花　杜鹏辉

附属学校：刘　毅　刘立新

2022年本科教学卓越奖评选结果

地大学校办发〔2023〕26号

一、卓越教师奖

地球科学学院　佘振兵

资源学院　沈传波

材料与化学学院　周　炜

环境学院　柴　波

工程学院　贾洪彪

地球物理与空间信息学院　陈丽霞

海洋学院　陈　刚

机械与电子信息学院　徐林红

自动化学院　安剑奇

经济管理学院　李江敏

外国语学院　高永刚

地理与信息工程学院　刘修国

计算机学院　蒋良孝

艺术与传媒学院　张梅珍

二、卓越新秀奖

地球科学学院　王军鹏

工程学院　吴　琼

外国语学院　姚夏晶

数学与物理学院　吴　妍

体育学院　方　银

三、卓越团队奖

材料与化学学院　分析化学教学团队

首届研究生卓越导学团队等评选结果

地大学校办发〔2023〕45号

一、研究生卓越导学团队

资源学院　构造－成藏年代学导学团队

环境学院　环境水文地质导学团队

海洋学院　陆海空间探测与评估导学团队

二、研究生的良师益友

地球科学学院：肖　龙　冯庆来　苏玉平

资源学院：李建威　王　华　葛　翔

材料与化学学院：杨　明

环境学院：邓娅敏

工程学院：刘天乐

海洋学院：陈　刚

机械与电子信息学院：文国军

自动化学院：张传科

经济管理学院：郭　锐

地理与信息工程学院：朱祺琪

数学与物理学院：郭上江

公共管理学院：胡守庚

计算机学院：胡成玉

体育学院：李　伦

艺术与传媒学院：张梅珍

2022—2023学年度学生奖学金、先进集体和优秀个人评选结果

地大学校办发〔2023〕56号

一、"本科生国家奖学金"获奖学生名单（157人）

地球科学学院
张　典　程博航　黄　晴　季　佳　申晓然　郝力师

资源学院
吴佳桁　龚德平　张庆腾　陈文强　符亦飞　张远远　杜璐宇

材料与化学学院
陈晓蕊　周浩哲　孙群越　王永杰　王丽欣　邓哲贤　李乃竹　田　蕊　刘子婷

环境学院
孙文锦　邓　睿　张昕源　王　怀　余平平　单　钰　董雨莎　但烨梓　赵　佳

工程学院
李梦然　周航靖　刘景宸　黄　川　王子俊　刘梦娟　刘　璇　郭云青　蒋宏宇
韩子健　阮继斌　王惟豪　王生国　朱星博　宋逸漩　叶润泽

地球物理与空间信息学院
张　恒　宋　扬　杨程皓　孟一帆　蔡锌帆　管闻雷

海洋学院
郭　睿　梁泽辉

机械与电子信息学院
李锦添　王　柯　徐子超　汤国庆　李芊凝　龙之瑶　朱嘉奕　黄　陈　邓新宇
陈力恺　尤绍烽　李家瑶　张志超　马　誉　王　玮

自动化学院

刘虹良　刘瑾瑾　汪　鑫　张云耀　万宇溪　钟子沛　吴紫城　魏奕扬　魏莘远

经济管理学院

周欣然　温静怡　乐怡珅　胡姿彤　梁艾西　陈锦晗　闫博浩　尚文男　宋璧呈
于子彤　薛政煜　蔡丽云　陈雅雯　廖诗清　杨　帆

外国语学院

赵彬琪　曾　心　袁晨茜

地理与信息工程学院

宋佳语　李锦鲜　马睿滢　杨敏洁　魏梦婷　沈妙心　陈文慧　祝翰林　胡静雯
郭逸超　王星耀　李诏天

数学与物理学院

闵征伟　李星兵　刘新翔　张丽娜　朱　曼　刘宸睿

珠宝学院

张文曦　杨　洋　朱莞蓉　韦　玮

公共管理学院

王绅云　行高冰　杨晨光　黄　盟　卢家宝　彭琳林　于馨媛　谢泽宇

计算机学院

蔺宇飞　董　帅　王学海　耿乐乐　凌　利　王雅楠　钱晓楠　蔡依菲　彭祥瑞
杨家鹤　张再筵　吴昊宸　许凯怡　杨青霖　张秋立

体育学院

马云琴　于昌龙

艺术与传媒学院

赵佳桐　朱欣语　杨梦琪　金煦婷　林芷莹　杨璐颖　杨诗韵　阮嘉皓

马克思主义学院

王子涵

李四光学院

刘逸然　周博为

未来技术学院

张　彤　赵李朗

二、"研究生国家奖学金"获奖学生名单（179人）

地球科学学院

杨劭晨　刘建华　吴　杰　李文元　成　创　林　雨　宋显浓　牛　超　丁　妍

资源学院

谢卫东 师子贤 王德涛 徐 赛 余 慧 张启扬 白庭安 崔子昂 卢 奥
张芸洁 王诗琪 蒋兴念

材料与化学学院

车华超 胡振原 谢玉华 胡 锋 梁雪莹 撒 科 谢 斐 高双印 樊晋源
刘佳乐 俞心如

环境学院

施文光 陈 君 张 彧 徐雨潇 崔 燕 车金凝 张琦蓓 韩 鹏 易佳佩
孟 越 孙晶晶 张 楠 刘红妮 孙朋博 刘 健 刘美慧

工程学院

王立兴 王 铁 窦晓峰 夏杰勤 许 劲 王学灏 王昌昊 盛诞杰 阳东锦
王鑫杨 胡 哲 龚国才 李晨晴 崩兴涛 张继奎

地球物理与空间信息学院

汪天池 谢亚男 黄鲸珲 李 晟 王 晨 谢金凤 张 傲 戴秀清

海洋学院

刘大榕 梁弘健 冉俊林 陈文锐

机械与电子信息学院

龚 宸 付 景 王胤元 李德胜 侯泽良 穆英朋 翟宇皓 刘思胜 杨亚琦

自动化学院

游 乐 彭晓洁 杨傲雪 范烜赫 阳青锋 宋飞达 谢林蓉 樊鹏阳 徐志超
钟菲莉 李浩宇

经济管理学院

苏 慧 赵雨佳 张周益 贺念慈 黄晓玲 刘 佳 郑天琦 张 淦 朱羽璇
邓明婕 牛金叶 阮晟哲

外国语学院

高 意 杜熙熙 张亦庚

地理与信息工程学院

陆云波 曹梦丹 牛佳韵 郭紫锦 杨立言 崔欣雨 王官政 肖翠玉 张梅琳
张斯涵

数学与物理学院

李玉曦 徐一帆 崔静易 李 新 张光辉 吴纯泰

珠宝学院

陈超洋 黄赵颖 张骏钰莹 王雁琳

公共管理学院

殷瑞敏　李帅呈　杨圣兵　张馨月　刘悦文　顾紫菱　谢谨谦　赵春云

计算机学院

张文钧　明　飞　石美琳　计　强　任丽娟　饶世杰　赵耀伍　袁卓铭　何　潇
邹　鑫　吴　雪　冯雨婷　崔祥森　管延松

体育学院

叶　星　陈帅男　张祖浩

艺术与传媒学院

陈佳玥　田　金　史汶佩　杜心宇　熊　澈

马克思主义学院

肖雨彤　肖尚任

未来技术学院

宿　鑫　周西子

教育研究院

陈　燕　袁梦迪　薛舒允

高等研究院

曾韬睿　张妍婷　许　莹　蒋立维　周诗桐　江　盛　王一安　李青林　李全可
刘朝晖　韩晓艺　唐雅宁

三、"本科生国家励志奖学金"获奖学生名单（573人）

地球科学学院

戴　群　武　越　陈　旭　姜　浩　杨　僚　梁馨心　谢袁杨辉　任　阔　林艳婷
万成民　王玉婷　张佳和　万永康　任星龙　张明亮　郝　瀚　黄　洋　许佳静
朱慧冉　陈文静　康玉豪　赵柏仪　熊信辉　张世博　方以轩　张诚玉　余孝乐

资源学院

王亚梅　刘雨欣　简佩洋　孙岳璐　童婉莹　曹靖宗　方　豪　刘　甜　李爱霞
黄顺馨　马寻华　柯　达　文　强　王悦颖　妥致忠　梅振宇　何韵冰　张志香
高　原　刘　越　刘文萍　刘斐凡　李演晨　冯晓康　张　蔚　陈　坤　王润柯
高昊宇　段青山　彭春香　石骏鹏　沈榆将　田正军　曹芷萱　安冬琦

材料与化学学院

张　涵　艾陈斌　王英旭　赵云娜　谈　秀　白云芳　涂诗描　栗婷婷　刘慧如
尤郁郁　杨明玉　奚修睿　江蔺韬　牛若婕　熊欣悦　窦慧敏　周雨琪　李泽众

吴思宇　谭羽彤　孙佳宝　刘汉生　兰　馨　孙　杰　陈惠琳　储迎宇　秦海杰
程　爽　张婷婷　姚佳琪　吴婷芳　曾盈盈　信　浩　李佳阳　王　涵　吴函聪
程雯婷　陈维民　田浩林

环境学院

马　浩　潘天硕　余诗慧　杨　蕊　柴家颖　张彤彤　赖天诺　于　萍　李清清
姜　帆　李冰雨　朱文琪　赵梦菲　吴　冰　李晓萍　陈娇玲　朱逸飞　李钰灿
韩慧敏　吴雪晴　魏雅慧　张运禹　刘撼霆

工程学院

王振平　王瑜楷　邹欣辑　谷钰坤　何祖敬　杨凌辉　刘美辰　巩祥林　梁佳钰
周朕子　马雅婷　徐茂岩　何华罗　李云杨　徐才校　甄　钰　李添乐　周威圳
杨　杰　赵天宇　张　秒　朱春燕　宁新越　廖泽平　韩艺冰　何于璐　王雅馨
朱　雨　杨　错　谢　翔　苏雪雯　魏　超　刘锦超　刘思琪　郑文凯　刘宇航
程　杨　魏　栓　牛双和　刘　成　李晓晨　王鑫燚　朱震宇　张　静　宋梦洁
邓传杰　邓阳光　王思贤　黄慧静　谢哲涵　黄灵慧　张佳乐　李昊阳　韩　非
聂丰泽　郭子怡　向可可　谢　添　舒银森　盛亚伦　董亚楠　曾照佳　王　嘉
黄存康　张英进　童宋金　王思杰　侯世娇

地球物理与空间信息学院

李　佩　王　威　刘芯宇　华罗泽　关泽雨　陈良宇　王亚达　刘　泽　张煜茹
吴瑞杰　田　睿　刘水生　郭忠超　侯燕燕　罗晗宁　李　想　陆佳欣　孟凡宇
刘　爽　叶　享　陈　丰　李依雯　潘文康　张天翔

海洋学院

田　茵　陈欣月　张云泽　李沁已

机械与电子信息学院

刘　强　范璐迪　陈楷夫　吴丽婷　邓雪琪　孙思莎　宋业远　雷宇鸣　马　腾
雷　琪　尹嘉伟　黄　睿　程方亮　张永琪　刘子凯　张转红　冯玉玺　方喻乐
赵　鑫　汪文静　唐　婷　李炳煜　谷　乐　吴珂莹　范剑飞　周　勇　刘海鹏
杨　鹏　杨晓清　刘思颖　王笑笑　徐东升　曹立琳　郭晓豫　陈方科　章　珊
刘　燕　王文浩　张　瑶　孙昱恒　叶万泽　肖心雨　禹　博　王晨辉　牛子杰
吴田浩　杨隽锋　陈启航　冉　敏　胡晓雯　史梦雯　游泽钰　秦安康　桂诗阳
平晨康　马东旭　吕美婷　周　丽　曾明运　马瑞博　许闰春　马思瑶　孟庆雨

自动化学院

王豪鹏　李梦昕　黄绍勃　李瑞婕　汪　胜　张　森　马海书　陈思敏　刘舒婷

宋紫琴　陈梦嫒　陈佩文　徐增智　何盛全　章铭涵　郑欣怡　郭松鑫　陶柳江
范颖华　董佳颖　王惠玉

经济管理学院

黄　颖　上官可昕　雷梦嫒　武琳曼　李子寒　孟小雅　宋奕好　王　雪　朱　恒
王思怡　刘　晨　薛梦晨　宋乐轩　侯森雨　宋琪琳　李思怡　曾　睿　张　希
裴晶怡　布陶知　张茗姝　何梅丽　林　硕　黎秋井　丁一鸣　何金玲　牛嘉琛
孙冰倩　周雪妍　杜莉莎　白若熙　张钰佳　雷　蕾　李晓玲　熊俊凤　杜佳文
梁颖琪　杨　瑞　郭　瑞　王子涵　苏海滨　王　朔　刘晨曦　梁潇水　梁梦珂
许龙跃　贾心雨

外国语学院

陈晓红　楚文心　金晓倩　马一鸣　蒋　洋

地理与信息工程学院

龚　楠　陈玉玲　叶昱彤　冉耘博　曾亦凡　于杨潇飒　万科君　谢宇瀚　徐梓阳
桑童心　刘言奥迪　蓝黎武　罗正生　章　婕　郑　通　周　正　孟子腾　智文泓
胡宇飞　卓星语　翁　方　周远卓　黄　坤　陈启语　王琮睿　何祖航　张　瑞
沈冽勇　周文海　姜家政　叶久阳　李思宇　尉　锐　杨明斯　黄佳佳　张昕芮
李亚男　李传祥　李天虹　马骁驰　吴博涵　胡颖彤　张晋赫　杨舒仪　李振超
张思嫒　殷雨婷　焦一博　张　磊　闵　雯　王　斌

数学与物理学院

谭倩倩　蒋洪涛　肖佳慧　付欣如　张雪岩　张江辉　张煜琢　郭启鹤　王双莹
王一淼　姚　冰　刘茂威　许晓颖　王艺莹　江　倩　乔成财　吴思敏　王馨涓
邓　旺

珠宝学院

武嘉欣　张琬宜　王唯嘉　侯超馨　王欣悦　项晨梦　尹铭玉　雷虔熠　苏霖霞
李　爽

公共管理学院

张宸玮　邱诺曦　董　思　赵康亭　钟　婷　崔　影　陈明雁　戴思雨　王　婕
陈雅培　王欣怡　范潆予　李焕正　李梦瑶　孙　璐　白雨婷　唐　晓　李晓琴
李梓涵　姚　瑶　刘豪富　夏天顺　郑　权　高　硕

计算机学院

张瑞弛　施立豪　蓝锡林　刘志鑫　李婉雪　吴志鹏　刘佳俊　付志豪　赵婉茹
王　哲　刘天豪　卢昱东　叶辰勋　王亚美　麦思颖　李　博　李　想　王佳毅

李法增	李 赟	岑佳歆	闫子丫	朱轩宇	李 枫	张文然	陈英科	任庆达
张 斌	吴 翔	潘鹤文	赵籽萌	洪 爽	陈锦文	章子萱	刘佳豪	马永彪
徐梦雪	苏 驰	石绣文	杨林霈	李苗苗	郭嘉乐	赵昊楠	张 琦	杨书睿
陈婉铃	郭洋利	田 振	延笑宇	符人予	王德良	方文军	胡婧涵	张婉怡
罗 艳	梁苑琪	赵焕嘉	何岩峰	叶子钰	石 玲	叶 蓓	姜力凡	刘祯慧

体育学院

| 徐 旺 | 徐泽意 | 李世豪 | 邓云轩 | 王靖韬 | 陆璐琪 | 尹柃又 |

艺术与传媒学院

张 璇	蔡育超	冷清秋	邓语晨	冯柯欣	王 悦	赵立堃	王 甜	蔡 伟
李怡静	邹桂珍	陈嘉欣	周洋帆	张莉敏	施金颖	李怡雯	谢 艳	唐鑫苹
杨小茹	高琳芝	刘亭亭	闫宇轮	谢知言	范雨萱	张子仪

马克思主义学院

| 田一茜 | 肖 松 | 谭思懿 |

李四光学院

| 陶昊杰 | 孙冉菲 | 雷云开 | 熊凯熙 | 朱晓迪 | 陈 瓒 | 刘世峰 | 张泉林 | 董琼璘 |
| 梁舒灵 |

未来技术学院

| 周春阳 | 吴远丰 | 徐 襄 | 谢佳佳 | 李晨瑞 |

四、"中国地质大学英才奖学金"获奖学生名单（660人）

（一）校长奖学金（179人）

地球科学学院

| 黄明琰 | 石伊莎 | 吴攸攸 | 刘逸菡 | 张家赫 | 李泓宇 |

资源学院

| 胡舒铠 | 章 玲 | 曾佳慧 | 苏士琅 | 李宛珊 | 徐前伟 | 李 文 | 覃煜婷 |

材料与化学学院

| 石 乔 | 周靖昂 | 朱猛猛 | 余 斌 | 宋雨昊 | 黄旭升 | 蔡 维 | 梅语馨 | 胡盛捷 |
| 邹靖凡 | 王广源 |

环境学院

| 刘 洋 | 李秋汶 | 吴宇童 | 李 喆 | 侬 娅 | 李鸿雨 | 马梓烨 | 田力文 | 郭志雄 |
| 杨凯歌 |

工程学院

李泽涵　赵宇辰　张文腾　李　希　毛语涵　任天浩　郭志豪　梁卓然　尚佩茹
杨润馨　邱天孜　董雪薇　刘芷鸣　李卫来　郭倍嘉　赵袁鑫　王天齐　何柳星

地球物理与空间信息学院

郭子祥　买鸿轩　魏茂盛　吕朝杰　李明渊　庞思敏　何思颖

海洋学院

朱　婕　王雅楠　邹奕博

机械与电子信息学院

王思达　刘佳硕　曾浩然　吴修远　杨新琪　蔡佳骏　蔡丁辉　徐永坤　钟颖凯
叶　涵　田淑铭　刘力华　郭翰林　杨心悦　隆沁希　罗祉睿　彭龙科　李　尹

自动化学院

荆雨彤　宋京岳　杜嘉怡　谢佳骏　成柏霏　朱忠悦　孙子誉　王义博　徐　卉
杨思源　周鑫毅

经济管理学院

宁小苡　谢馨仪　王燕纯　陈　黎　马歆怡　刘　敏　陈雅轩　裴珈悦　沈语嫣
刘亚鹏　应　悦　杨艺恬　李　娅　潘　敖　肖亚兵　谢佳辰　石瑾怡

外国语学院

卢玉娇　钟子晗　项　静

地理与信息工程学院

戴昊旻　兰欣烨　袁　林　赵　娜　张　鹏　魏登胤　欧阳远坤　李智涵　肖婉莹
王芷韵　赵　坤　翟敏晶　彭子宜

数学与物理学院

李嘉祥　孔凯文　田雪雯　张欣雨　何雨炎　李成强　杨辉宇

珠宝学院

张　启　郭　钰　艾鑫晨露　张芳雅　雷金嘉

公共管理学院

周佳贺　宋宇涵　段佳文　彭梓恒　邱文哲　李　蕊　姚盼盼　朱永娣　徐静怡

计算机学院

周汝霖　储德立　李　航　胡　洋　章珂瑄　陈　星　朱　琳　王雪滢　刘轩豪
刘崧溙　靳博原　张　程　李汉麒　陈铭科　高凯南　孙灵军　金子潇　孙雨樾

体育学院

施民玥　熊　政

艺术与传媒学院
杨茂澜　陈树博　杨舒涵　李梦涵　陈子扬　李梦圆　刘武科　张馨淼　曹慧娴
李四光学院
吴　桐　赵天谊
未来技术学院
张　敏　王思宇

（二）院士奖学金(150人)

地球科学学院
王　莹　方　博　王林坤　资　豪　彭建伟
资源学院
李　冉　廖欣悦　焦　旸　秦广川　鲁　豫　程名哲　谢　添
材料与化学学院
刘星辰　游鑫榆　李传福　王　斐　陶星辰　乔　宇　赵思淼　冯程浩　张旻宇
环境学院
张　鑫　谢子轩　魏宗恒　陶慧玲　李　翔　仝元熙　汪艺凡　赵　哲
工程学院
金艺航　何思睿　杨　珉　寇启花　向延康　马　飞　蔡欢欢　周嘉乐　周星晨
刘　畅　崔晨昊　王音智　张民勋　谢　倩　程嘉乐
地球物理与空间信息学院
肖皓文　王伯瀚　张婉彤　林之恒　苏天泽　孙亦馨
海洋学院
张彩云　周嘉铭
机械与电子信息学院
周昊冉　安　晨　郭昊林　戴瑞铭　王正阳　吉奕宣　倪文程　刘　鑫　董丹妍
刘腾飞　何永鑫　张　峰　化文正　赵仁庆　王晓西
自动化学院
陈泓旭　吴　哲　冯　恂　杜中明　李卓函　杨定洋　廖志豪　占鹏飞　李　想
经济管理学院
郑泽楷　王　敏　刘鑫冉　逯文瑶　陈佳峻　彭佳昕　耿恩宇　武园伊　何美玲
孟乐年　潘彦锟　翁梽洋　杨　静　蔡　绮
外国语学院
薛添元　许　珂　罗雨佳

地理与信息工程学院

王芊卓　贺　怡　林甜甜　万依林　鲍澜华　黄一飞　肖怡炫　黄郅杰　曹　彬
赵传成　柳彦希

数学与物理学院

郭心蕊　魏炳元　黄　帆　曾诗柔　刘　璇　吴茜茜

珠宝学院

刘颖洁　薛佳怡　苏　晴　万璐璐

公共管理学院

马妍妮　张镕霈　杨紫涵　陈潞镓　王贝贝　刘慧彤　李俊纬

计算机学院

张瑾涵　陈艺铭　王家美　雷孟奇　秦浩然　李铂浩　王紫璇　谢轶威　李泽文
李高瑞　胡　翰　崔嘉琦　刘亿超　李杭梦　杨芷依

体育学院

刘泽正　王恩涛

艺术与传媒学院

杨　森　钱成果　郑熙程　刘雨婷　林　函　彭　颖　朱思思　高　源

马克思主义学院

张雨冰

李四光学院

张言榛　贾子沐

未来技术学院

宗子鸣

(三)创新奖学金(37人)

资源学院

唐　果

环境学院

李应保　祖成意

工程学院

阙川林　许鑫蓉

地球物理与空间信息学院

魏　煜

海洋学院

刘绪鸿

机械与电子信息学院

赵怡欣　罗榆清　李家豪　吴湘钰　肖毅斌　孙闻珂　赵晋菘　闫　璐　张宇恒
谢阳均　程玉玲　尹昱航

自动化学院

陈涵毅　杨　任　李沛恒　崔继凡

经济管理学院

胡福兆　叶美莲　雷雨濛　杨俊豪　曹一迪　梁　宸

数学与物理学院

欧宗满　周川博

珠宝学院

张楚婷

公共管理学院

高佳怡

计算机学院

谢明睿　马金戈

艺术与传媒学院

钱炫宇　韩华茜

（四）自强之星奖学金（40人）

地球科学学院

罗睿尧　严乙钦　张文龙

资源学院

付颖丽　周纪红

材料与化学学院

赵文佳　高明凯　李梓睿　韩映炼

环境学院

刘心艺　王丫旗　庞海旭

工程学院

周佳瑜

地球物理与空间信息学院

杨嘉诚　韩文杰　刘昊东

海洋学院

马嘉祥

机械与电子信息学院

黄杜杜　叶宇晗

自动化学院

高　尚　施　静　程　超　汪昱臣　肖伟博

经济管理学院

温明明　许　诗　陈慧宇

地理与信息工程学院

吕培鑫　李樟炫

数学与物理学院

葛凤淼　张小妮　杜雨晴

珠宝学院

冯可盈

计算机学院

余鸿伟　钱　旭　常忠珂　苏逸飞

艺术与传媒学院

张婷婷　曹　欣　宋欣冀

(五)学习进步奖学金(73人)

地球科学学院

朱　蕊　柴佳欣　毛昊天

资源学院

胥志鹏

材料与化学学院

刘利斌　姚传棋　杜　鹃　申　傲　黄　琛　高煜臻　唐浩明

工程学院

黄　乐　于泽淼　黄农富　王奇奇　范世军　韩有功　安保霞　黄俊文　吴容立　崔阳弛　旦支罗布　魏宏禹　贺志轩　别泽胤

地球物理与空间信息学院

付超凡　毕钦奕　魏可雨　刘容睿　吴琦辉

海洋学院

陈　扬

机械与电子信息学院
李志鹏　肖峰峰　杨　翊
自动化学院
杨玉龙　戴欣怡　谌雅阑
经济管理学院
王　萌　阙函宇　张奕为　陈黄琦
外国语学院
张　雯　孙庆涛
地理与信息工程学院
于鸿宇　林玉雯　江陈鑫　高钰洁　黄英俊　李逸丹　何　威　曲墨玉　向旭阳
数学与物理学院
高　敏　张博涵
珠宝学院
周仕怡　张灵睿
公共管理学院
肖荣华　覃耀萱　毛龙秋
计算机学院
李泽博　梁美慧子　郭芸菲　郭婷婷　路金洋　邹联河　来金芳
体育学院
林子奔
艺术与传媒学院
罗　烽　程苏雪
马克思主义学院
沈奕菲　张　予
李四光学院
王煜洲
未来技术学院
谢正扬

(六)社会实践奖学金(31人)

地球科学学院
申泽润

资源学院

刘　欣

环境学院

李述亦　刘娇阳　史馨怡　答世华

工程学院

高　歌　梁小龙　刘奕燊

机械与电子信息学院

刘　泽　田孜博　李芳焰

经济管理学院

张之夏　宋承硕　谢伟艳　赵艺帆　李静怡　刘亚楠　王岳冉

外国语学院

李籽静

地理与信息工程学院

邓青杨　任斐然　梁馨月　杜志超　李香婷

数学与物理学院

杨纤纤

公共管理学院

吴焯怡

计算机学院

俞永幸　庞晓梅

艺术与传媒学院

郭嘉鑫　熊佳颖

（七）服务之星奖学金（86人）

地球科学学院

陈　俊　杨佳树

资源学院

陈　丹　邹鑫鑫　柯章策　李恒一　谢易利

材料与化学学院

杨　葳　孙　锴　张嘉怡　王含彤　刘雨凯

环境学院

胡誉文　张绎晴　颜雨星　郭景怡　吴昱萱

工程学院
胡雯杰　欧阳梁子　黄　磊　杨　芮　龚思宇　刁欣阳　张建辉　李绮汶
地球物理与空间信息学院
张铭宇　吴　优
海洋学院
樊志远
机械与电子信息学院
高玉磊　余亚宸　何洋秋　张春阳　王盈盈　邢佳宁　王　宇　陈维瑞
自动化学院
刘健健　杨子轩　于玥瑄　张志成
经济与管理学院
左冰倩　彭鑫颖　鲁婧文　李怡洁　农惠媛　张丁于
外国语学院
田悦宏　任红霖　蔡佳彤
地理与信息工程学院
李孔嘉　熊翰林　王子骁　杨金桥　杨智权
数理学院
谭伟新　杨梦莹
珠宝学院
张鑫芸
公共管理学院
段紫晨　谷木子　罗名凯　刘思瑶　杨成薇　李兆洁　邓凌云
计算机学院
韩帅兵　赵景然　程　锋　王　晗　吕　敏　茹金华　阮俊杰　王宇程　唐乾海　徐子晴　张洪菖　阿尔叶可·沙尔山别克　艾波塔·波拉提别克　艾逸伦
体育学院
陈立郅
艺术与传媒学院
李欣雨　罗　熙　肖佳悦
马克思主义学院
何彦贴
李四光学院
曾竑堃　余驰驰

未来技术学院
俞沐坤

(八)艺术之星奖学金(12人)

材料与化学学院
杨嘉仪
环境学院
杨蕊菡
海洋学院
雷　晨
自动化学院
季　卓
经济管理学院
刘怡博　李晋娜
数学与物理学院
张文卉
珠宝学院
吕佳玥　蒋宇萌
艺术与传媒学院
陈　幸　黄欣怡　徐京春

(九)体育之星奖学金(17人)

地球科学学院
王晶晶
资源学院
黄瑶曼　熊宇思
环境学院
赵　雪　段云帆
工程学院
甘有俊　马浩暄
自动化学院
刘师晨

地理与信息工程学院
卫炳男
数学与物理学院
袁玉华
珠宝学院
徐亦理
公共管理学院
尹全昕　李佳航　梁靖汶
体育学院
谢冬婷
李四光学院
翟灵睿
未来技术学院
陈雅婷

(十)文学之星奖学金(1人)

材料与化学学院
刘涵月

(十一)少数民族学生奖学金(24人)

资源学院
买尔比亚·依代都拉　热孜万古丽·阿不都克热木　达吾兰·亚尔买买提
环境学院
古丽地亚尔·买买提
工程学院
苏倩倩　阿布都沙拉木·塔里甫　艾柯代·赛买提
机械与电子信息学院
艾麦提·艾萨　马　龙　潘静芸　向光宇　母文成　马亚宁
经济管理学院
胡丽布尔·阿吾斯别克　马晓玲　玛迪娜·也尔肯别克
地理与信息工程学院
张学梅　苏丽亚·热依木江　努尔特列克·巴合别尔干　黄诗颖

公共管理学院
奴尔西瓦克·努尔巴合提　杨佳玉
计算机学院
向　婷　杨参军

(十二)创业之星奖学金(10人)

资源学院
李园平
工程学院
梁卓然
海洋学院
张彩云
自动化学院
毕乐宇　贺文朋　宁子昊
经济管理学院
韩　月　张　康
公共管理学院
任泰锟
体育学院
李泽轩

五、"本科生社会奖学金"获奖学生名单(306人)

(一)殷鸿福与金钉子奖学金(1人)

环境学院
许　涵

(二)殷鸿福与金钉子奖学金(团体)(1人)

地球科学学院
孙孝元　刘雨婷

(三)锐鸣校友奖学金(20人)

地球科学学院
赵一帆　黄栋婷　谢彧晗　卓宝华　占诗冉　陈风平　雷雯媛　周明骏　彭天柱
戴思杰

地球物理与空间信息学院

刘思雨

海洋学院

黄嘉铭

机械与电子信息学院

万　芊

自动化学院

侯雅馨

地理与信息工程学院

田益瑗

数学与物理学院

常贺瑞

珠宝学院

张宇璇

公共管理学院

吴雨珊

艺术与传媒学院

许诗意

马克思主义学院

铁子佳

（四）感恩中国近代科学家奖学金（12人）

地球科学学院

张　典

工程学院

张启航

海洋学院

宣　睿

自动化学院

骆良桐

经济管理学院

蔡丽云

公共管理学院
徐　扬
计算机学院
金圣杰
体育学院
刘泽正
艺术与传媒学院
高恬泽惠
马克思主义学院
卢景懿
李四光学院
周博为
未来技术学院
丁家钰

（五）汉普康欢奖学金（20人）

资源学院
何　柳
材料与化学学院
王　斐　李卓男　储迎宇
环境学院
刘子涵　姚　阔
工程学院
肖　娴
地球物理与空间信息学院
李家铭　赵　为
海洋学院
施皓程
机械与电子信息学院
何　婷
自动化学院
曾梦凡

经济管理学院
宋思梦
地理与信息工程学院
倪宸睿
数学与物理学院
刘慧琳　白湘楠
珠宝学院
孙长恒
公共管理学院
李雨霏　王　夏
马克思主义学院
阳艺嘉

（六）1988届地质—地化系校友奖学金（2人）

地球科学学院
孙孝元　顾　铱

（七）赵鹏大奖学金（1人）

资源学院
刘　彤

（八）天图奖学金（6人）

资源学院
明　萌　赵彼希　梁思凝　孙雨田　董　洋　高旭东

（九）同心奖学金（40人）

环境学院
段舒赛　卢逸凡　李仲丹　白美花　万洁莹　贾改虹　万　燕　潘燏婷　梁海燕
郭孟越　袁佳佳　李成坤　李可欣　罗茂春　何嫒嫒　王　倩　孟思羽　莫茜栩
陈茈萱　李　柔　刘志远　陆莹莹　邹奇慧　梁纤纤　周　莉　刘　磊　杨　涛
关焱鑫　顾佳祥　马德林
地球物理与空间信息学院
郭忠超

海洋学院

马嘉祥

机械与电子信息学院

商凤阳

计算机学院

赵飞越

经济管理学院

周俊章　吴昌奇

材料与化学学院

张静濛

工程学院

付宇强　欧润华

自动化学院

陈鹏旭

(十)水科学之星奖学金(5人)

环境学院

夏佳怡　罗佩云　魏　维　韦初灿　万国卿

(十一)宇驰奖学金(13人)

1. 宇驰全面发展之星

环境学院

张　璐　金玉洁　马娴哲　张子蔚　任倩倩　岳彦博　赵楚瑄　高天靓　张佳佳

2. 宇驰创新团队

环境学院

刘子涵

3. 宇驰国际交流之星

环境学院

曹馨予

4. 宇驰学习进步之星

环境学院

吴　双　楼梦鎏

(十二)82级水文创新奖学金(6人)

环境学院
左晓彤　彭锦蓉　孟秋含
工程学院
耿志鹏　苗宇芃　王善成

(十三)054072班校友奖学金(3人)

工程学院
邹依念　韩亦诚　苏子萱

(十四)占志斌校友特等奖学金(3人)

工程学院
龚祝存　王舒敏　李　昕

(十五)占志斌校友励志奖学金(3人)

工程学院
隋景玉　苏雯洁　黄骏奎

(十六)中力岩土创新奖学金(14人)

工程学院
熊梓妍　熊紫涵　李昭洋　王泽宇　马　静　张　同　汪芷嫣　刘庆颖　王筱祥
环境学院
陈帅宇　黄傲翔　张译之　陈家应　闫雍堂

(十七)梓亮奖学金(3人)

工程学院
杨晓林　荆俊楠　吴世伟

(十八)钻探薪火奖学金(4人)

工程学院
徐一帆　陈茜　陈泽鑫　谭书豪

(十九)11791校友奖学金(5人)

地球科学学院
王子贝　周东阳　门溪川　刘丹娜　徐汝凝

(二十)鲲鹏奖学金(3人)

地球科学学院
李诗伟　韩欣瑶　范俊昌

(二十一)粤地质越优秀奖学金(14人)

地球科学学院
刘雨婷　孙建昊
环境学院
张雨菲　刘　玲　卢鹏宇　王浩宇　左世帅
资源学院
王雨乐　程梦鑫　匡霁阳
工程学院
王晓涛　马义望
地球物理与空间信息学院
裴璇子　耿永森

(二十二)安百拓奖学金(3人)

工程学院
史靖韬　夏益文　刘孟豪

(二十三)李万亨奖学金(10人)

经济管理学院
余　锐　李　乔　李　越　周均花　吕昕桦　谢寒琪　谭诗莹　谢重阳　姚世洋
张佳瑶

(二十四)锦冠励志奖学金(5人)

经济管理学院
李家兴　张佳沐　贾一晗　胡怀钰　韩　倩

(二十五)周大福奖学金(50人)

一等奖(5人)
公共管理学院
李　菲
经济管理学院
罗佳怡　刘佳瑜
珠宝学院
瞿新月　唐雪莉

二等奖(16人)
计算机学院
史佳涛　朱子恒　吴奕志
地球物理与空间信息学院
廖丹迪
公共管理学院
李　俭
经济管理学院
赵　雪　邱　亚
珠宝学院
张东岩　崔雨彤　崔绮轩　郑培涛
资源学院
陈嘉好
地理与信息工程学院
申佳莹
自动化学院
田新雨
工程学院
代昱波
艺术与传媒学院
史爱君

三等奖(29人)

地球科学学院

张慈东　张璐璐

地球物理与空间信息学院

徐轶嵩　贾欣源

工程学院

韩　笑　黄齐俊　岳莉娅

公共管理学院

张可鑫　葛　誉　曹旻瑄

经济管理学院

易心兰　王鑫雨　张力丹　赵晓君　赵昊辰

李四光学院

祖晨曦

艺术与传媒学院

高子又　周雅文

珠宝学院

曹静雯　肖能毅　梅浩淼　李箐纡

资源学院

韩贻皓　畅晨然

自动化学院

徐智轩　肖　纯

环境学院

张骏菲

计算机学院

陈俊逸

未来技术学院

马安然

(二十六)自动化学院校友奖学金(13人)

自动化学院

王　棋　王新宇　马　正　田　骥　李　霖　金　睿　靳伦武　陈佳丽　邓明豪
杨梦婷　王伊欣　王　琪　张晋源

(二十七)自动化学院测控技术与仪器专业校友奖学金(6人)

自动化学院
唐玥瑶　王昕玥　安昊哲　刘子循　张仁军　陈佳茵

(二十八)华测导航协同育人奖学金(2人)

地理与信息工程学院
潘霏霏　周芷君

(二十九)072941班校友奖学金(2人)

机械与电子信息工程学院
邹　婷　商凤阳

(三十)智能地球探测奖学金(10人)

未来技术学院
史高圆　胡嘉业　朱欣睿　陈鑫雨　孙佳怡　张博文　葛云聪　鲁　涛　陈其康　邓凌昀

(三十一)凌久电子奖学金(8人)

机械与电子信息工程学院
黄　俊　纪佳骏　宋德浩　方天扬　王晨旭　邢健博　秦启儿　何　乔

(三十二)太合创新奖学金(18人)

资源学院
蔡卓程　蒋森　吕骏腾

机械与电子信息学院
刘薛峰　陈奕璇　张晓童　廖柯言　李昌婧

工程学院
周佳慧　刘昊　高堂哲　章源　李沛霖　陈金泽

自动化学院
陈奕衡　王子轩

地球物理与空间信息学院
裴璇子　李家铭

六、"研究生社会奖学金"获奖学生名单(34人)

(一)郝诒纯奖学金(1人)

资源学院
雷秀芳

(二)佳源奖学金(8人)

地球科学学院
杨　芬
环境学院
蔡思颖　郭　旭
工程学院
代　天　米丰溢
经济管理学院
曹　妍　曾仕波
生物地质与环境地质国家重点实验室
郭　镇

(三)锐鸣校友奖学金(5人)

地球科学学院
常　欢　张运轩
资源学院
王会敏
地球物理与空间信息学院
李朋磊
计算机学院
崔哲思

(四)校研84级奖学金(5人)

资源学院
张浩翔
材料与化学学院
张余祥

地球物理与空间信息学院
王跃跃
自动化学院
陈文虎
艺术与传媒学院
闫玥霖

（五）太合创新奖学金（15人）

资源学院
苟启洋　吴云柱　陈新远
工程学院
王崧贤　杜　铖　龚　诚
地球物理与空间信息学院
方文倩　余新皓　倪　昌
机械与电子信息学院
耿梅杰　胡如意　王逸豪
自动化学院
毕乐宇　刘　翔　杨成林

七、优秀国际学生名单（14人）

（一）汉语进修生（1人）

BETIZHE OSMANOVA AKOVA（贝甜）

（二）本科生（4人）

LANDU CHRISTIAN ZANGA（张航）
YESSY LIANA PUTRI（冯巧平）
JABEZ NJERU KITHU MURIITHI（柯仁）
KWANG KHAM SAI（赛永康）

（三）硕士研究生（4人）

XAYYAKONE PHETPASEUTH（周竞轩）
MISS CHANISARA SRIMUANG（黄美珍）

SAIF UR REHMAN(孙海)

PRINCE DUAH(王为善)

(四)博士研究生(5人)

SHOROUQ MOHAMMAD F. ALSHAWABKEH(苏晨)

ADAMU BALA(安达慕)

MUHAMMAD ANAS(安洋)

DALAL MOHAMMED ALI MAHYOOB AL-ALIMI(戴莲)

KHIZAR ABBAS(阿巴斯)

八、校级先进班集体、校级先进班集体标兵名单(104个)

(一)校级先进班集体标兵(20个)

地球科学学院(2个)

010202班 010212班

资源学院(3个)

020201班 020211班 020221班

材料与化学学院(1个)

030201班

地球物理与空间信息学院(1个)

060201班

机械与电子信息学院(1个)

072211班

自动化学院(2个)

231205班 231201班

经济管理学院(3个)

080201班 080203班 084222班

外国语学院(1个)

091213班

数学与物理学院(1个)

121201班

公共管理学院(2个)

172201班 178211班

计算机学院(1个)

191212班

艺术与传媒学院(1个)

161211班

马克思主义学院(1个)

181201班

(二)校级先进班集体标兵单项奖(6个)

学风建设单项(2个)

海洋学院241201班　环境学院04H226班

文化建设单项(2个)

工程学院05A223班　机械与电子信息学院074201班

文艺体育单项(1个)

艺术与传媒学院161221班

社会服务单项(1个)

公共管理学院171221班

(三)校级先进班集体(78个)

地球科学学院(3个)

010211班　010222班　01D224班

资源学院(2个)

021223班　022222班

材料与化学学院(5个)

031214班　033211班　031211班　031225班　03L222班

环境学院(5个)

041201班　042201班　04H221班　041212班　042211班

工程学院(9个)

05D223班　055212班　055202班　054211班　053201班　051212班　05T224班　051214班　050201班

地球物理与空间信息学院(3个)

06D224班　060211班　060220班

海洋学院(1个)

241212班

机械与电子信息学院(7个)

07D222班 07D225班 07D227班 072201班 072212班 075211班 07D223班

自动化学院(3个)

23Z227班 231212班 231215班

经济管理学院(7个)

086201班 088211班 086212班 081221班 083221班 086222班 088221班

外国语学院(1个)

092211班

地理与信息工程学院(7个)

11D211班 11D225班 11C222班 113212班 117213班 114203班 114213班

数学与物理学院(3个)

122211班 121211班 12s221班

珠宝学院(1个)

142221班

公共管理学院(2个)

172211班 175221班

计算机学院(8个)

194212班 196211班 19C225班 111202班 19C223班 194202班 111211班 19C228班

体育学院(1个)

131221班

艺术与传媒学院(4个)

16S221班 161222班 161212班 169211班

马克思主义学院(2个)

181211班 181221班

李四光学院(3个)

201221班 201222班 201202班

未来技术学院(1个)

220212班

九、第八届中国国际"互联网+"大学生创新创业大赛优秀团队名单(11个)

(一)国赛银奖项目优秀团队(3个)

1.《修砷养源－原位修复劣质地下水技术全球领航者》

团队成员:邱洋 许涵 熊俊风 孙文锦 刘家宜 程毅康 冯宇 王宗星

　　　　　　袁岭迤　田一茜　刘子涵　张彤彤　蔡子延　刘子源　李舒奕

2.《炭合环境－致力于从源头开展地下水－土壤协同治理,助力乡村振兴》

　　团队成员：程毅康　冯　宇　刘子源　华祎梓　陈鑫鑫　雷雨濛　罗敬文　孟一帆
　　　　　　蔡子延　王　倩　刘　佳　王宗星　韩　鹏　章怡婧　陈奕璇

3.《攀登者－中国新时代攀登精神公益传播第一团》

　　团队成员：陈　晨　魏运军　刘术兵　许卓思　常路育　罗　磊　张书缘　李　琼
　　　　　　侯玲玲　黄晓月　陆梦瑚　王思奇　陈雯杰　李香泞

（二）国赛铜奖项目优秀团队（8个）

1.《纳能绿建——自调温相变节能板材革新者》

　　团队成员：翟丹阳　蔡明勋　谢哲涵　王　策　吴瑞龙　牛吉彬　杨文琳　汪林钦
　　　　　　王音智　徐天培　王可一　彭泽宇　刘芯宇　石正粤　徐　骄

2.《视声科技——中国天然气压气站安全监测引领者》

　　团队成员：陈奕璇　田佳乐　胡东哲　秦启儿　胡芯蕊　周均花　赵　桢　过雨旸
　　　　　　万　芊　林　杰　杨晓清　陈楷夫　王正阳　华祎梓

3.《蔚洋能效——船舶最佳纵倾节能软件国内开创者》

　　团队成员：施皓程　周鑫祎　王　铎　曹世杰　金真宇　梁泽辉　叶美莲　姬　烨
　　　　　　熊崇伶　李　想　苏天泽　张钰茹　黄曾添　郭晓珂　李　疆

4.《高原"薯光"——用小土豆铺就高原农民致富路》

　　团队成员：扎西次仁　孙　涛　李建伟　熊修远　任　阔　扎桑顿有　邵顺伟　李晨曦

5.《双碳战略下基于工业大数据的钢铁冶金铁前工序绿色智能制造》

　　团队成员：章　文　任　艺　王书樵　梁静杰　阳青锋　谢林蓉　章卓夫　位海洋
　　　　　　陈鑫哲　李辉航　吴美银　王　琰

6.《110—220kV高压设备多功能检修机器人》

　　团队成员：黄贝诺　贺文朋　胡宸昱　李诚宇　王行澳　孙一仆　肖　哲　蔡明勋
　　　　　　黄润林　静思琪　胡芯蕊　梅义胜　李炜俊　邹文栋

7.《Groundwater Monitoring and Integrated Data Processing》

　　团队成员：栗　赫　彭　捷　苑亦菲　王鋆迪　冯　曦　朱文龙　胡铭睿　程毅康

8.《The Explorer of Carbon——Pioneer of Rural Carbon Trading System》

　　团队成员：苑亦菲　程毅康　樊韶辰　冯雨萌　牛曦漫　潘　妍　孙华苷　王　岩
　　　　　　夏泽骅　易丰镐　曹馨予　彭　捷　栗　赫　钱俊飚　朱文龙

十、中国国际大学生创新大赛(2023)优秀团队(8个)

(一)国赛银奖项目优秀团队(4个)

1.《地巡科技——未来地下城市管廊安全监测领航者》
团队成员:陈奕璇 秦启儿 胡东哲 尚祉余 陈楷夫 彭颖 吕丙燕 李思怡
雷琪 乐怡珃 谢泽宇 耿恩宇 卓星语 何家明

2.《精"智"入微——多型号微波滤波器智能精密调试开创者》
团队成员:毕乐宇 任泰锟 郭琳炜 杨文琳 曾国依 王绍然 胡小蔓 白若熙
温静怡 徐扬 吴昊虞 杨昌帅

3.《地下水清洁卫士——守护地下"生命动脉" 保障乡村饮水健康》
团队成员:韩鹏 宋璧呈 张叶琳 杨艺恬 陆煜迪 车金凝 郭庆 骆子健
姜雅奇 闫雍堂 刘子涵 尹自豪 杨丁华 张奥 张林

4.《10—220kV高压设备等电位带电作业机器人平台》
团队成员:贺文朋 胡宸昱 宁小苡 张丹 鞠传颖 陈俊霖 李诚宇 黄贝诺
陈金戈 闻博昱 欧慧民 张顺 张浩阳 符浩 喻子仪

(二)国赛铜奖项目优秀团队(4个)

1.《海洋游兵——海表风浪流一体化观测解决方案颠覆者》
团队成员:张彩云 王雅楠 刘绪鸿 桑宇阳 郑思婷 何星浩 刘胤彤 孟小雅
周静静 刘雨婷 刘亭亭 施皓程 周鑫祎 杜泽鑫

2.《绿材汇安——高效阻燃聚氨酯创新先锋》
团队成员:梁卓然 张佳乐 汪芷嫣 高佳怡 杨文琳 程珂沁 李则穰 何慧芬
刘颖婷 吴凌志 陈俊伟 梁安然 翟丹阳

3.《地热行者——深部地热资源勘探领航者》
团队成员:杨健 安德鹏 孟一帆 黄鲸珲 赵为 谢馨仪 宋奕好 孙冰倩
张婉菀 张启 温姝尭 李思琪 于凡 耿士茹 马寅中

4.《启明星——国内首创三维特色无障碍绘本赋能视障儿童认知能力发展》
团队成员:张康 丁艳楠 龚玉娜 蔡育超 杨文琳 靳玉洁 王诗坤 魏运军
王忆阳 范丹彦 程晨

2022年度本科教学质量评价受表彰和奖励教师名单

地大学校办发〔2023〕60号

一、2022年度各学院本科教学质量评价排名前10%的教师名单

地球科学学院

王军鹏[4]　李益龙　徐旺春　袁爱华　王　岸　韩凤禄　平先权　夏　彬　冯庆来
王连训　彭松柏

资源学院

杨　峰　张晓军　谭　俊　付乐兵　谢丛姣　魏俊浩　魏启荣　孙华山　王敏芳
王　华　王小明　滕长宇　杨宝林　王　任

材料与化学学院

周　炜　帅　琴　赵　凌　田　欢　欧阳磊　马　睿　高鹏程　李　辉　王群英
彭月娥　韩　波

环境学院

侯新东　陈　蕾　李俊霞　杨晓菁　邢新丽　陈文岭　成建梅　周建伟　孙蓉琳[5]
江　聪

工程学院

卢春华　吴文兵　窦　斌　雷　刚　丁　兰　田　红　方长亮　郑明燕　张伟丽
欧阳辉　潘秉锁　吕加贺　高　辉　蔡记华

地球物理与空间信息学院

陈　涛　黄　倩　李振宇　曹雪莲　刘　营　师学明　李媛媛

海洋学院

张　成　姜　涛　任建业　廖远涛

机械与电子信息学院

郝国成[6]　刘　勇　张文颖　雷　波　高　翟　刘德刚　许　洁　童志伟　周　峰

自动化学院

李丹云　安剑奇[4]　葛　健　王庆义　杜　胜　袁　艳[6]　宋俊磊　刘　欢

经济管理学院

徐德义　程　胜　郭聖煜　石　咏　李利华　余　敬　吕　婕　程　欣　张意翔

张　尧　柯小玲　李江敏[4]　何晨琛　马莉丽

外国语学院

张　璐　张云霞[5]　吴锦文　熊秦怡　吴雅琦　严　瑾　陈　凤　金　虹

地理与信息工程学院

孙　杰　高　伟　黄海军　郑贵洲　张　唯　陶明辉　肖国桥　季军良　徐景田[8]
胡超涌

数学与物理学院

罗中杰　杜秋姣　张自强　郭　刚　余绍权[7]　陈　欢　吴　妍　黄昌盛　郭　龙[4]
彭　湃　陈荣三

珠宝学院

鲍　蕊　陈全莉　裴景成

公共管理学院

柴　季　李世祥　朱江洪　罗　辉　龚　健　渠丽萍　黄　砺

计算机学院

陈云亮　张夏林[4]　马　钊[7]　吴亦奇　薛思清　胡成玉　杨林权　杨　鸣　翁正平
张志庭[7]　许　瑞　李桂玲

体育学院

游茂林　黄　静　刘良辉　刘华荣[4]　姜　睿

艺术与传媒学院

尚媛媛　沈　晨　李　静　陈　茹　杨　青　刘　军　程瑱鑫　张孜颖

马克思主义学院

郭关玉[5]　王晓南　高翔莲[7]　何　英　阮一帆　王　碧　王海锋

注：姓名后所标数字为该老师在学院教学综合评价连续排名前10％的次数。

二、2020—2022年度各学院本科教学质量评价连续三年排名前10％的教师名单

地球科学学院　袁爱华

材料与化学学院　周　炜　赵　凌　高鹏程

海洋学院　姜　涛

机械与电子信息学院　郝国成

自动化学院　袁　艳

经济管理学院　李利华

外国语学院　吴锦文

地理与信息工程学院　高　伟　郑贵洲
数学与物理学院　杜秋姣　彭　湃
公共管理学院　李世祥
计算机学院　陈云亮

院士、高层次人才计划入选者

中国科学院院士（12人）

赵鹏大　殷鸿福　翟裕生　李曙光　金振民　莫宣学　王成善　郝　芳　王焰新
成秋明　谢树成　邓　军

中国工程院院士（1人）

孙友宏

国家、省部级高层次人才计划入选者

国家杰出青年科学基金获得者29人次

蒋少涌(2000)	李小凡(2000)	郝　芳(2001)	童金南(2003)	王焰新(2004)
郑建平(2004)	吴　敏(2004)	成秋明(2005)	谢树成(2005)	余家国(2006)
刘勇胜(2011)	何　勇(2011)	杨华明(2012)	李建威(2013)	章军锋(2014)
夏　帆(2015)	吴元保(2016)	胡兆初(2017)	李　超(2018)	王力哲(2019)
赵军红(2020)	袁松虎(2020)	史建波(2020)	张仲石(2021)	巫　翔(2022)
宁伏龙(2022)	李　军(2022)	黄河清(2022)	宋海军(2023)	

国家优秀青年科学基金获得者 38 人次

胡兆初(2013)	黄春菊(2013)	赵葵东(2014)	蒋宏忱(2014)	丁华锋(2014)
左仁广(2015)	袁松虎(2015)	郑 勇(2015)	罗银河(2016)	宋海军(2016)
曹淑云(2017)	汪在聪(2017)	娄筱叮(2017)	马 瑞(2017)	蔡建超(2017)
朱振利(2018)	赵新福(2018)	朱宗敏(2018)	於世为(2018)	宗克清(2019)
王 墩(2019)	李长冬(2019)	文 章(2020)	李建慧(2020)	张传科(2020)
董志文(2020)	杨江海(2021)	李 辉(2021)	张伟军(2021)	刘 双(2021)
刘春生(2022)	刘成利(2022)	董燕妮(2022)	王全荣(2022)	孙启良(2022)
马 强(2023)	熊 庆(2023)	张留洋(2023)		

国家"百千万人才工程"入选者 8 人

郝 芳(2004)	王 琪(2004)	吴 敏(2004)	郑有业(2006)	谢树成(2009)
郑建平(2014)	李建威(2014)	焦玉勇(2017)		

教育部"新世纪优秀人才支持计划"入选者 29 人

谢树成(2004)	刘勇胜(2005)	李建威(2005)	蒋国盛(2005)	吴元保(2006)
成建梅(2006)	成金华(2006)	晏鄂川(2007)	马 腾(2007)	刘修国(2007)
吕万军(2008)	王红梅(2008)	余 敬(2008)	何卫红(2009)	刘 慧(2009)
胡兆初(2010)	赵军红(2010)	黄春菊(2011)	李 超(2011)	章军锋(2011)
於世为(2012)	蒋良孝(2012)	蒋宏忱(2012)	宁伏龙(2013)	朱振利(2013)
左仁广(2013)	郭海湘(2013)	付丽华(2013)	袁松虎(2013)	

湖北省"高端人才引领培养计划"入选者 1 人

谢树成(2012)

湖北省"新世纪高层次人才工程"入选者

第一层次(4 人)

王焰新(2002)	童金南(2005)	刘勇胜(2011)	谢 忠(2012)

第二层次(22 人)

吴信才(2002)	唐辉明(2002)	张宏飞(2002)	童金南(2002)	解习农(2002)
谢树成(2002)	成金华(2002)	王 华(2002)	张克信(2002)	郑建平(2002)
谢 忠(2002)	陈 刚(2002)	冯庆来(2005)	龚一鸣(2005)	章军锋(2011)
赵军红(2011)	刘修国(2011)	李 超(2011)	谢淑云(2011)	胡新丽(2012)
宁伏龙(2012)	沈传波(2015)			

院士、高层次人才计划入选者

2023年学校十大新闻

1. 学校圆满召开第十三次党代会,吹响了加快建设地球科学领域国际知名研究型大学的号角

7月8日—9日,中国共产党中国地质大学(武汉)第十三次代表大会召开,选举产生新一届党委和纪委。党委书记黄晓玫代表中国共产党中国地质大学(武汉)第十二届委员会作题为《砥砺奋进 开拓创新 加快建设地球科学领域国际知名研究型大学》的工作报告,明确了新时代新征程的光荣使命、战略路径、建设目标和重点任务,以更高水平开放、更深层次改革、更高质量创新,加快建设地球科学领域国际知名研究型大学。

2. 深入开展学习贯彻习近平新时代中国特色社会主义思想主题教育,以高质量党建引领高质量发展

学校深入开展学习贯彻习近平新时代中国特色社会主义思想主题教育,牢牢把握"学思想、强党性、重实践、建新功"总要求,坚持统筹联动、以学铸魂、领题深研、笃行实干、开拓创新,以高质量党建引领高质量发展。党建示范高校建设扎实推进,一批基层组织入选湖北省高校党建示范标杆院系、样板支部和"双带头人"教师党支部书记工作室培育创建,组织、宣传、统战工作获"湖北省巾帼建功先进集体""全省宣传思想工作先进集体""民盟思想政治建设和宣传工作先进集体"等多项荣誉,团委获评"全国五四红旗团委"。全面从严治党纵深推进,第十三届党委巡察工作启动,"清廉地大"建设取得新成效。学校章程修正案通过教育部审查并依法核准,入选湖北省依法治校示范校创建名单。

3. 深入推进时代新人铸魂工程,人才自主培养取得新成效

学校持续完善"五通融合"立德树人体系,入选全国首批"大思政课"实践教学基地,时代新人铸魂工程建设取得新成绩。成立卓越工程师学院、新能源学院。修订完成新一轮人才培养方案,2项成果获国家教学成果二等奖,新增23项省级教学成果奖,14门国家级、27门省级一流本科课程、2门省级课程思政示范课程。牵头组建"地学类专业实践教学联盟",成立长江教育创新带人才培养与科技创新合作体。"六员六导"思政队伍建设扎实推进,导学思政走深走实。"美丽中国　青春建功——大学生长江大保护行动计划""多方协同干预模式下的导学关系紧张个案辅导"入选教育部高校思政工作精品项目。获批"长江国际创客学院"省级双创学院、"珠宝现代产业学院"省级现代产业学院,就业率和就业质量持续提升。"一站式"学生社区初步形成"2＋6＋N"育人新格局。校友张水昌、杜时贵、殷跃平当选两院院士。7位地大人获"全国三八红旗手""全国五一劳动奖章""中国青年女科学家奖"等荣誉。1人获评"湖北省教育工作先进个人"。

4. 聚力推动"十四五"规划落实,第二轮"双一流"建设取得重要进展

聚力推进"十四五"规划落实,召开战略发展委员会第三次工作会议,组织开展规划执行中期检查,主要指标和任务中期进展良好。学校首次进入地球科学学科领域ESI全球机构排名前1‰,成为国内拥有ESI前1‰学科的16所高校之一;环境/生态学领域进入前1‰。在全国第五轮学科评估中,A类学科增至3个,B＋学科增至4个,17个学科实现提档进位,学科生态支持优化。对标国家战略和区域经济社会发展需求,全力推动"双一流""6＋3"项目建设。开展第二轮"双一流"建设中期建设成效评估,学校整体建设和地质学、地质资源与地质工程一流学科建设中期成效获评"显著"。新增"资源环境大数据工程"新工科专业,应用经济学获批设立博士后科研流动站。

5. 深化人才强校战略,创新动能和人才活力不断增强

第九届国际青年学者地大论坛成功举办。新增国家级领军人才5人,国家级青年人才16人。谢树成院士荣获国际有机地球化学最高奖,当选国际地球化学会士、美国地质学会荣誉会士,王力哲教授获"2023智慧城市先锋榜领军人物"。矿产勘查教师团队入选第三批"全国高校黄大年式教师团队",矿床学课程组等3个团队获评省级优秀基层教学组织。吴敏教授团队入选战略性新兴领域"十四五"高等教育教材体系建设团队。罗根明、马强、汪在聪获侯德封奖;唐辉明教授荣获"湖北省先进工作者"称号,陈思获湖北省五一劳动奖章,汪在聪教授荣获"湖北青年五四奖章";张昊教授获小行星命名;孙启良教授入选2023"海洋强国青年科学家"。

6. 新型举校体制不断完善,科技创新能力进一步提升

学校坚持有组织科研,深度参与新一轮找矿突破战略行动。全年获批国家重点研发计划项目13项,自然科学基金项目228项,国家创新研究群体项目1项、国家重大科研仪器研制项目1项、国家杰青1项、国家优青3项、重点项目4项,科研项目实到经费较2022年增长15.6％。加强军民深度融合,项目经费首次突破亿元大关。获批地下水质与健康教育部重点实验室等3个省部级科研基地以及湖北省地球科学基础学科研究中心。地大学者在 Science 等多家国际顶级期刊上发表重要研究成果,20项科研成果获湖北省科学技术奖励,2项成果获高等学校科学研究优秀成果奖。学校入选湖北省新型培育智库,1项智库成果获2023年度智库研究优秀成果特等奖,获批2项国家社会科学基金重大项目、3项重点项目。

7. 开放办学迈上新台阶,社会合作持续深化

不断深化国际合作,获批"深地资源探测学科引智基地",中国—非洲地学合作中心非洲学院在学校揭牌成立。承办全国来华留学生博士论坛暨丝路博士论坛,"地大钢铁侠讲述中国故事"入选全国优秀来华留学生成果展,"重温丝路壮举"中外学生实践团受团中央表彰。与国际知名高校新签校际合作协议32项,续签14项。持续拓展国内合作,签署33项合作协议,与鄂尔多斯市人民政府共建内蒙古研究院,与自然资源部第二海洋研究所共建海洋学院,与华中师范大学、中南财经政法大学深化教育人才合作,与中石油天然气集团、三峡集团、紫金矿业、科大讯飞等企业开展战略合作。广州滨海研究院获批注册为国家自然科学基金依托单位。举办高水平学术会议34场,第12届全国环境化学大会参会人数逾万人。云南施甸、湖北竹山巩固脱贫攻坚成果,连续被中央和湖北省委农村工作领导小组评价为"好"最高等次,获得多项荣誉表彰。组建"抗震救灾专家服务团"奔赴抗震救灾一线。全球校友会增至56个,海内外校友与学校事业发展同频共振。

8. 地大学子在各类大赛捷报频传,青年榜样竞相涌现

7名地大校友随中国代表团出征杭州亚运会,获6金2银1铜。学子在第八届中国国际"互联网+"大赛中获3银8铜,在中国国际大学生创新大赛中获4银4铜,在第十三届"挑战杯"中国大学生创业计划竞赛中获金奖1项、银奖2项,捧得国赛"优胜杯",在第十八届"挑战杯"全国大学生课外学术科技作品竞赛中获特等奖1项,主赛道一等奖1项。荀启洋、张越鹏、黎育朋获评"中国大学生自强之星",刘亚旭当选进十九大代表,任阔上榜国家奖学金优秀代表名录,代旭、刘一龙、钱煜奇、刘羽初获李四光优秀学生奖。7人获评"长江学子"大学生就业创业人物,4项目入选全国大学生创新创业年会。

9. 深入贯彻落实习近平文化思想,文明创建与文化建设同向并进

启动"六个文明"创建,持续巩固和深化全国文明校园建设。原创话剧《大地之光》在澳门巡演,《北京,不会震》《勘探队员之歌》登陆首届全国地质文化艺术节,相关节目连续十年登上央视舞台,《素心若雪 壮志如山——纪念高元贵院长》出版发行,校史馆入选"科学家精神教育基地"。学校获评"2022年度全国科普日活动优秀组织单位""2023全国生态文明教育特色学校",新增1个国家级、3个省级、5个市级自然资源科普教育基地,多件作品获得中央网信办等网络文化表彰。时隔四年学校重启"元旦嘉年华","高雅艺术进校园"系列活动持续开展,《地质师》、Tiankong合唱团、湖北省武术队等走进校园。

10. 服务保障进一步加强，治理能力现代化水平不断提高

学校新一届全国人大代表和政协委员，省、市、区人大代表、政协委员和政府参事积极为推动经济社会发展建言献策、履职尽责。学校获评2022年度湖北省平安建设优胜单位，"南望厅"、未来城校区数据中心投入使用，实现"一网两厅"服务师生，信息化建设成果获评2023年数字教育标准优秀案例。民生实事重点工程稳步推进，获评全国首批后勤服务育人劳动教育示范基地、全省首家"节水标杆高校"，入选"绿色低碳公众参与示范基地"，食品安全管理模式广泛推广，后勤能源管理团队获评全国教育后勤系统"2022年度最美后勤人"。未来城校区幼儿园投入使用，校史馆获亚洲教育环境设计金奖。南望山校区教师周转公寓、教职工体检中心等基建项目推进建设，新校区二期建设正式启动。

（撰稿：尚东光、王俊芳；审稿：侯志军）

2023年大事记

一月

4日—7日 学校武汉市政协委员曹桂华、苏洪涛、宁伏龙、罗林波参加武汉市政协十四届二次会议。

6日 中国21世纪议程管理中心副主任陈其针一行来校调研。

8日 学校计算机学院朱静副教授在武汉市第十五届人民代表大会第二次会议上当选为第十四届湖北省人大代表。

9日 中国交通建设股份有限公司党委委员、副总裁周静波来校调研。

10日 学校发布《中国地质大学(武汉)2022年度十大新闻》。

本月 学校图书档案与文博部图书馆获评2022年度湖北省高等学校图书馆先进集体。

本月 学校资源学院石万忠教授牵头起草的《地质调查阶段海相页岩气选区评价技术规范》获批湖北省地方标准制定项目。

本月 学校纳米矿物材料及应用教育部工程研究中心杨华明教授团队牵头申报的全国建材行业重大科技攻关揭榜挂帅项目"新型靶向药物载体矿物功能材料的制备技术开发与示范"中榜,杨华明教授为项目首席科学家。

本月 学校国家地理信息系统工程中心在MAP杯数智农业大赛中获二等奖1项、三等奖1项。

本月 自然资源部科技发展司致信对学校充分发挥师资优势和组织优势,结合自然资源部帮扶地区实际需求与资源禀赋,协助开展农村科技帮扶工作表示感谢。

本月 湖北省科学技术厅批复支持学校牵头建设湖北省地球科学基础学科研究中心。

本月 学校地球科学学院钱煜奇博士、佘振兵教授、何琦博士在月球火山研究中取得新进展,相关成果在《自然·天文学》上发表。

本月 学校地质过程与矿产资源国家

重点实验室沈俊研究员联合研究美国、南非、英国等学者组成的团队，科研成果《二叠纪与三叠纪之交汞记录示踪火山全球效应》在国际期刊《自然通讯》上发表。

本月　云南省委、省政府致信对学校的乡村振兴工作表示感谢，并代表全省各族干部群众，向学校致以新春的祝福和节日的问候。

本月　湖北省政协第十三届一次会议和湖北省第十四届人民代表大会第一次会议分别在武汉召开。学校黄晓玫、丁华锋、葛继稳、曹淑云、娄筱叮、朱静等6位省政协委员和省人大代表参加会议，全国政协委员、无党派人士童金南，珠宝学院教授杨明星，党委组织部、统战部部长陈文武应邀列席会议。

二月

6日　学校海洋学院孙军教授团队研究成果《海洋变暖和酸化对赤潮异弯藻细胞内的C∶N∶P比例和大分子积累的影响》获《自然》旗下期刊《通讯—生物学》在线发表。

10日　学校地球科学学院宋海军教授团队主导、多个国内和国际科研机构联合研究成果《中生代一个新的特异埋藏化石库——贵阳生物群，揭示现代类型海洋生态系统》在Science杂志发表，并被该杂志进行亮点报道。

16日　学校党委召开党委理论学习中心组学习会议，专题学习习近平总书记在学习贯彻党的二十大精神研讨班开班式上的重要讲话精神。教育部高校党建工作联络员谢守成，校党委理论学习中心组成员等参加会议。校党委书记黄晓玫主持会议。

24日　学校生物地质与环境地质国家重点实验室陈中强教授团队研究成果《二叠纪—三叠纪之交大灭绝海洋生态系统的稳定与坍塌模拟》在国际期刊《当代生物学》发表。

24日　学校王焰新校长当选第十四届全国人大代表，童金南教授、丁华锋教授任第十四届全国政协委员。

27日　学校召开"凝心聚力共奋进　同心逐梦谱新篇"统一战线2023年度工作座谈会。

28日　学校领导班子和领导人员考核及干部选拔任用"一报告两评议"工作会议在南望山校区北区音乐厅召开。校长王焰新主持会议。

28日　谢树成院士当选国际地球化学会士。

本月　学校材料与化学学院牵头的国家重点研发计划高端功能与智能材料重点专项"高效低成本光催化制氢关键材料及应用"项目启动。

本月　学校首次获国家自然科学基金原创探索计划项目资助，项目由地理与信息工程学院王绍强教授主持。

本月　江苏省气象局副局长唐红昇一行来校会商合作事项，湖北省气象局副局长金琪参加会议。

本月　校党委书记黄晓玫、副校长王力哲一行前往国家电力投资集团有限公司湖北分公司开展访企拓岗，与公司党委书记、总经理邹振宇等座谈交流。

本月　校党委书记黄晓玫一行赴京看望住京离退休教职工代表并召开校情通报会。

本月　学校党委宣传部获评"全省宣传思想工作先进集体"。

本月　校长王焰新率队赴中国石化胜利石油管理局、山东省东营市开展访企拓岗，对接校企合作事宜。

三月

1日　学校蒋少涌教授牵头主持的国家重点研发计划专项"钴镍成矿规律与高效勘查技术示范研究"项目启动会暨实施方案论证会在武汉召开。

2日—3日　学校副校长王华一行前往竹山县调研乡村振兴及定点帮扶工作，竹山县委书记陈建平、县长王丽媛陪同调研。

2日　学校附属未来城幼儿园开园仪式举行。

3日　学校与自然资源部第二海洋研究所在杭州签署共建海洋学院协议。第二海洋所副所长郑玉龙、总工黎明碧，学校党委书记黄晓玫、副校长刘勇胜出席签约仪式。

4日—5日　全国政协十四届一次会议和十四届全国人大一次会议分别于3月4日和5日在京开幕。第十四届全国人大代表、校长王焰新，第十四届全国政协委员童金南、丁华锋参加会议并建言献策。学校干部师生高度关注两会盛况，通过网络、电视、广播等方式收听收看相关报道，聆听李克强总理作的政府工作报告，对两会的胜利召开反响热烈。

4日—5日　学校法学专业代表队荣获"2022年全国大学生环境资源模拟法庭大赛"全国一等奖，胡中华老师荣获"优秀指导老师"，陆荣森同学荣获"优秀选手"，取得学校参赛以来最好成绩。

7日　民盟湖北省委"三八"妇女节庆祝活动在学校举行。民盟省委妇女工作委员会委员及省直在汉基层组织百余名女盟员代表参加活动。校党委副书记王甫，党委组织部、统战部部长陈文武应邀参加庆祝大会。

7日　2022年全国高校教师国家安全教育教学视频征集与展示活动遴选名单出炉，学校"国土安全"思政金课教学团队成员王华教授、郭关玉教授作品入选全国高校教师国家安全教育教学视频展播。

10日—11日　江西省自然资源厅党组成员、省地质局党组书记宋斌一行来校调研。

11日　学校与洪山区政府举办2023年大学之城就业节启动仪式暨中国地质大学（武汉）校园专场招聘会，洪山区委常委、组织部部长刘华珍，区人大常委会副主任吕明新，副区长张俊峰，学校副校长王华等参加活动。

14日　河南省总工会党组成员、副主席、一级巡视员杨会卿来校调研，湖北省总工会一级巡视员刘晓林、湖北省教科文卫体工会主席胡东红陪同调研。

14日　学校与中国石油集团在京签署战略合作协议。中国石油集团董事长、党组书记戴厚良,总经理、党组副书记侯启军,副总经理、党组成员任立新,学校党委书记黄晓玫、校长王焰新、副校长王华、副校长李建威参加座谈会和协议签署仪式。

16日　2023年湖北省科技创新大会举行,学校20项科技成果获奖,其中作为牵头单位获奖14项,一等奖3项、二等奖3项、三等奖8项,作为参与单位获奖6项。

17日　学校召开全国两会精神传达报告会,第十四届全国人大代表、校长王焰新,第十四届全国政协委员、机械与电子信息学院院长丁华锋作报告,在校校领导、党委常委、校长助理、两委委员、全体中层干部、教师党支部书记代表,各民主党派、无党派人士代表,离退休教师代表、学生代表参加。党委书记黄晓玫主持学习报告会。

17日　第十四届全国人大代表、校长王焰新以《新征程　再出发　聚焦2023年两会》为题主讲"开学第一课"。

18日　广州南沙地大滨海研究院发展论坛暨开业活动在广州南沙视联科创谷举行。南沙区人大常委会主任李德球,南沙开发区党工委副书记谢伟、副区长陈国庆,中科院广州地化所彭平安院士,中科院南海所党委书记谢昌龙,广州海洋地质调查局党委书记严兴华,澳门大学区域海洋研究中心徐杰教授等,学校党委书记黄晓玫、校长王焰新,副校长王华、党委常委、宣传部部长储祖旺,广州南沙地大滨海研究院院长谢树成院士等参加活动。

19日　学校3个项目入围第十三届"挑战杯"中国大学生创业计划竞赛全国决赛,斩获全国金奖1项、全国银奖2项,金奖数位列湖北省第二,学校捧得大赛"优胜杯"。

20日　学校"全球胜任力"项目首期班开班仪式举行。

21日　教育部党组成员、副部长翁铁慧一行来校走访调研并指导工作,教育部高校学生司司长孙海波,湖北省教育厅党组书记、厅长周静陪同调研,校党委书记黄晓玫、校长王焰新参加调研。

23日　中国-非洲地学合作中心非洲学院揭牌仪式在学校举行。自然资源部党组成员、中国地质调查局局长、党组书记李金发,中国地质调查局副局长、党组成员徐学义,湖北省地质局党委书记、局长胡道银,湖北省自然资源厅副总督察文峰,中国地质调查局武汉地质调查中心副主任毛晓长,学校校长王焰新、副校长王力哲等出席仪式。

23日　湖北省气象局党组成员、武汉市气象局局长王丽一行来校调研。

25日　甘肃省人力资源和社会保障厅、甘肃省地质矿产勘查开发局、甘肃省有色金属地质勘查局、甘肃煤田地质局领导来校调研。

25日—26日　学校机械与电子信息学院张祥莉副教授、李杏梅副教授在第六届全国高等学校电子信息类专业青年教师授课竞赛中分获全国二等奖、三等奖。

28日　乌拉圭驻上海总领事马塞罗·马龙一行来校访问,湖北省外办美大处处长代平陪同。学校党委副书记王林清会见来宾。

28日　第一届楚天卓越科技期刊发展研讨会暨英文科技期刊建设高端论坛在学校举行,论坛由湖北省科技期刊学会主办,学校和中国知网湖北分公司协办。

29日　学校与安徽省地质矿产勘查局签署战略合作协议。安徽地矿局党委书记、局长朱学文,党委委员、副局长叶朝晖,安徽工业经济职业技术学院院长许卫,学校校长王焰新,党委副书记、纪委书记唐忠阳,参加签约仪式和合作座谈会。

29日　内蒙古鄂尔多斯市人民政府副市长孔繁飞来校调研,就进一步加强市校合作开展座谈。

29日　学校绘本《攀登者》在湖北省"争做中国好网民"工程暨第十五届网络文化节中获评湖北优秀网络文化作品。

29日　上海华测导航技术股份有限公司向学校捐赠30万元,用于在学校设立华测导航协同育人奖学金以及产学合作育人项目的实施。

29日　桂林理工大学党委副书记齐俊斌一行来校调研。

29日—30日　学校召开高素质人才培养专题系列座谈会。校党委副书记王林清,来自华中科技大学、武汉大学、华中师范大学、中南财经政法大学及烽火集团的7位校外专家等参加座谈会。

30日　中国海洋大学党委常委、校长助理、国内合作办公室主任周珊珊一行来校调研。

30日　学校与生态环境部土壤与农业农村生态环境监管技术中心在未来城校区签署战略合作协议。生态环境部土壤中心党委书记、主任洪亚雄与校长王焰新代表双方签署协议。

30日—31日　湖北省教育数字化转型暨5G应用现场会在十堰召开,学校作为工业和信息化部、教育部"5G+智慧教育"项目湖北唯一获批高校受邀参会。

31日　学校学子在第21届中国大学生游泳锦标赛中获1金1银。

本月　学校2005届法学专业校友黄文娟荣获全国三八红旗手称号。

本月　学校荣获中国科学技术协会评选的"2022年度全国科普日活动优秀组织单位"。

本月　由教育部国际司指导、教育部留学服务中心主办的第六届"我与中国的美丽邂逅"来华留学生征文暨短视频大赛获奖名单公布,学校贝宁籍学生大明的征文作品《责任》获大赛一等奖,越南籍学生阮庆玄、越南籍学生阮氏清娥、美国籍学生陈婉淇获特色奖。学校获大赛优秀组织奖,国际教育学院教师殷思琴获优秀指导教师称号。

本月　校党委书记黄晓玫、副校长王华一行前往烽火通信科技有限公司开展访企拓岗,与公司党委书记、董事长曾军,纪委书记周锡康及有关部门负责人座谈交流。

本月　学校获评教育部关工委2022年"读懂中国"活动表扬单位,获优秀征文1篇;获省教育系统关工委"读懂中国"活动最佳征文1篇、优秀征文3篇、最佳微视频1个、优秀微视频2个。

本月　中石化胜利油田分公司副总经

理、总地质师刘惠民,中石化集团公司高级专家王永诗,胜利油田勘探开发研究院、胜利勘探中心专家来校调研。

本月　学校离退休工作党委第七退休党支部(地学院退休教工党支部)被授予全省离退休干部"示范党支部"称号。

本月　学校党委组织部获评"湖北省巾帼建功先进集体"。

本月　学校23项教学成果获第九届湖北省高等学校教学成果奖,其中特等奖3项、一等奖6项、二等奖9项、三等奖5项。

本月　学校地球科学学院罗根明教授、马强教授、汪在聪教授荣获第19届侯德封矿物岩石地球化学青年科学家奖。

本月　由学校张仲石教授团队主导,多个国内和国际科研机构的联合研究成果《全球平均海平面上升改变大气和海洋环流》在《自然·地学》杂志发表。

本月　学校新闻作品在2022年度湖北省高校新闻奖评选中获一等奖9项、二等奖7项、三等奖1项。

本月　学校退休教师刘金保创作的《御街行·中华飞天梦》在"喜迎二十大　建功新时代"全国职工诗词原创作品征集活动中被评为优秀作品。

四月

1日—2日　学校师生应邀第五次参加中央广播电视总台《合唱先锋》节目录制。

3日　教育部中南地区高校第79期中层干部培训班学员来校考察座谈。

4日　童金南教授团队研究成果《马里诺雪球地球晚期中纬度存在海洋真核藻类的宜居环境》在《自然·通讯》杂志在线发表并被选为亮点论文进行报道,同时被《科学》杂志网站第一时间报道。

6日　中国地质大学(北京)党委书记雷涯邻、校长孙友宏院士、中科院院士王成善一行来校调研。

6日　学校举行第九届教职工代表大会第五次会议暨第十八届工会会员代表大会第五次会议,在校校领导、院士、党委常委、校长助理,300余名代表参加会议。

7日　教育部召开学习贯彻习近平新时代中国特色社会主义思想主题教育动员部署会,对直属机关和非中管直属高校开展主题教育进行动员部署。学校在南望山校区设立分会场,在校校领导、党委常委、党委各部门和各二级党组织主要负责同志参加视频会议。

7日　学校党委召开党委理论学习中心组学习会议,专题学习中央文件精神和习近平总书记关于老干部工作重要论述。

7日　学校组织20位住京离退休老同志回校参观交流。

8日　学校第九届教职工代表大会第五次会议暨第十八届工会会员代表大会第五次会议在弘毅堂闭幕。

8日　学校在南望山校区院士长廊及校友园举办"风吟华夏·春暖杏园"迎春灯会。

8日　公共管理学院学生团队科技作品《存量与减量规划视角下的土地利用结构优化对碳储量的影响——以湖北省武汉市为

例》在"国地杯"第四届全国大学生自然资源科技作品大赛中获全国一等奖。

8日—10日 学校作品《一国部长的地大情怀》《地大"钢铁侠"向世界讲述中国故事》入选第58·59届中国高等教育博览会全国优秀来华留学生成果展。

9日 学校参赛团队在第八届中国国际"互联网＋"大学生创新创业大赛冠军争夺赛及同期活动中获银奖3项，铜奖8项。

15日 中国法学会副会长、国务院法制办原副主任、原国家土地副总督察甘藏春一行来校交流访问。

16日 学校环境学院周建伟教授牵头、多学院参与申报的"武汉市江夏区灵山工矿废弃地生态修复与产业转型"项目，获2022年产学研合作创新成果优秀奖。

16日 学校代表队在武汉马拉松名校赛积分成绩评比中获优胜奖。

18日 学校校友会在武汉市洪山区优化营商环境大会上获评"2018—2022年度招商引资及重大项目工作先进单位"。

18日—19日 学校党委书记黄晓玫一行赴长沙、西安两地开展调研活动，先后走访中南大学、西北大学、长安大学等高校。

19日 《中国科学报》在头版头条的位置刊发新闻《6亿多年前"雪球地球"上有"活水"》，深入报道学校童金南教授团队最新研究成果。

20日 学校召开学习贯彻习近平新时代中国特色社会主义思想主题教育动员大会，对全校深入开展主题教育工作进行动员和部署。

20日 "第54个世界地球日"主题宣传活动周启动仪式在校举行，该活动由湖北省科学技术厅、湖北省自然资源厅、湖北省科学技术协会指导，学校主办。

20日 中国地质大学"红绿蓝"大中小学思政课一体化共同体建设启动仪式暨第一次联席会议在学校召开。

21日 学校举行吴福元院士荣誉教授聘任仪式暨学术报告会。

21日—23日 学校师生在第六届全国油气地质大赛中取得佳绩，获特等奖1项、一等奖4项、二等奖5项、三等奖4项,研究生学术论坛"优秀展板"1项,7人获评优秀指导老师。

22日 学校与应急管理部国家自然灾害防治研究院在京签署战略合作协议。国家自然灾害防治研究院党委书记杨思全与学校校长王焰新代表双方签署战略合作协议。

22日 第十二次、第十三次李四光优秀学生奖颁奖大会在北京大学举行。学校地球科学学院2018级博士研究生代旭获第十二次李四光优秀博士研究生奖,地球科学学院2017级本科生刘一龙获第十二次李四光优秀大学生奖,地球科学学院2017级博士研究生钱煜奇获第十三次李四光优秀博士研究生奖,生物地质与环境地质国家重点实验室2019级硕士研究生刘羽初获第十三次李四光优秀学生奖提名奖。

23日 校党委书记黄晓玫,校长王焰新,党委副书记王林清,党委副书记、纪委书记唐忠阳,副校长李建威一行赴中国地质大学(北京)调研。

23 日—25 日　学校党委书记黄晓玫一行赴北京、山西两地开展调研活动，先后走访北京林业大学、中国石油大学(北京)、山西大学等高校。

25 日　学校举办学习贯彻习近平新时代中国特色社会主义思想主题教育专题读书班开班仪式。

25 日　学校与中国地质环境监测院签署战略合作协议。环境监测院党委书记、副院长刘同良，副院长褚洪斌，学校校长王焰新，副校长王力哲等参加签约仪式和合作座谈会。

26 日　世界知识产权日宣传活动暨高校国家知识产权信息服务中心揭牌仪式在学校南望山校区图书馆举行。

27 日　2023 年湖北省劳动模范和先进工作者名单揭晓，学校地质工程学科首席教授唐辉明荣获"湖北省先进工作者"称号。

27 日　青海省生态环境厅厅长汤宛峰一行来校调研。

27 日　教育部直属高校基本建设管理第十二调研组来校开展基本建设管理实地调研。

27 日　学校 1988 届地质学专业李海兵、2011 届地球化学专业姚宾宾获 2023 年"全国五一劳动奖章"。

28 日　美国加州大学河滨分校代表团来校访问并与学校签署合作协议。加州大学河滨分校副校长马可·普林斯瓦克，学校副校长李建威，双方相关单位代表参加座谈。

29 日—30 日　全国高校地球科学院(系)学生骨干论坛在校举行，来自 22 所高校和科研院所的地球科学院(系)的学生党员和学生会组织骨干齐聚地大。

本月　肖龙教授获中国星空计划 2022 年度"优秀创作者"奖。

本月　海洋学院师生演唱录制的原创歌曲《我和我的老师》在"牢记时代使命，唱响青春旋律"2022 年度全国校园歌曲创作推广活动中获评全国校园歌曲优秀作品。

本月　学校张洁老师带领的师生团队制作的微电影《星火》在教育部高校思政课教学指导委员会主办的第六届"我心中的思政课"全国高校大学生微电影展示活动中获全国一等奖。

本月　学校召开自然资源部国土碳汇智能监测与空间调控工程技术创新中心成立揭牌仪式暨"南望碳汇"学术论坛。

本月　学校湖北巴东地质灾害国家野外科学观测研究站基础研究平台绩效考核在 2022 年湖北省基础研究创新基地建设年度评估中获评全省优秀，位列全省野外科学观测研究站组第一。

本月　学校获评 2022 年度湖北省平安建设优胜单位。

本月　学校图书档案与文博部申报的"'传承红色基因　建设书香校园'中国地质大学(武汉)校园书香文化节项目"获评湖北省阅读推广示范项目。

本月　资源学院李思田教授荣获第二届"中国沉积学终身成就奖"。

本月　长江产业投资集团党委副书记、总经理黎苑楚一行来校调研。

本月　学校科普宣传片《"水映千峰

江湖武汉"——武汉市4400年地质环境演化与城市变迁》在武汉市规划馆展映,并获"武汉发布"播出。

本月 教育部公布2022年度普通高等学校本科专业备案和审批结果,学校申报的"资源环境大数据工程"专业获批备案。

本月 学校机械与电子信息学院学生团队在2022年湖北省电子设计竞赛中获得全省本科组最高奖项——"TI杯"。

本月 肖龙教授团队研究成果《火星近期水活动:来自祝融号着陆区乌托邦平原横向风成脊的证据》以封面文章形式发表在《地球物理研究通讯》。

本月 学校未来城校区数据中心正式投入使用。

本月 学校机械与电子信息学院李昌平老师主持的"机械设计制造及其自动化专业'虚实结合'实践教学平台构建"入选2022年度教育部产学合作协同育人项目优秀项目案例。

本月 学校与中国石化石油物探技术研究院签署战略合作协议。物探院院长、党委副书记杨勤勇、副院长刘定进、中石化集团高级专家魏嘉,学校副校长刘杰、李建威,双方相关单位负责人参加签约仪式和合作座谈会。

本月 学校团委荣获"全国五四红旗团委"称号。

五月

4日 学校本科生任阔《人民日报》入选"2021—2022学年度本专科生国家奖学金获奖学生代表名录"。

4日 学校举行学习贯彻习近平新时代中国特色社会主义思想主题教育专题读书班研讨会,教育部直属高校主题教育第八巡回指导组组长陈治亚、指导组成员曾欢欢,教育部高校党建工作联络员谢守成,学校党委理论学习中心组成员、主题教育领导小组办公室相关单位负责同志参加。校党委书记黄晓玫主持会议。

4日 学校青年学子连续十年登上央视文艺节目《奔跑的青春——2023五四青年节特别节目》,与全国广大青年共同唱响新征程上的青春赞歌。

6日 学校学子在2023年全国游泳冠军赛中斩获佳绩,体育学院2018级本科生孙佳俊在男子50m蛙泳决赛中获金牌并创造新的亚洲纪录,体育学院2018级硕士研究生闫子贝在男子50m蛙泳决赛中获铜牌。

6日 中国艺术科技研究所副所长兼演艺装备系统技术文化和旅游部重点实验室主任庹祖海一行来校座谈交流。

8日—11日 第6届IEEE工业信息物理系统国际会议在武汉召开,本次会议由学校承办。

11日 湖北万润新能源科技股份有限公司向学校捐赠50万元用于培养新能源产业方向、具有创新精神和实践能力的优秀国际学生。

11日 学校与河南省地质局合作座谈会举行。河南省地质局党组书记、局长石迎军,一级巡视员秦春梅,二级巡视员邵养涛,校党委书记黄晓玫，党委常委储祖旺等双方单位相关负责人参加。

11日　中国地质大学环境/生态学首次进入ESI全球机构排名前1‰，这是学校继地球科学、工程学后，第3个进入ESI全球排名前1‰的学科，标志着学校"双一流"学科建设取得重要成效。

11日　湖南第一师范学院副校长曹兴一行来校调研。

12日　学校4项目入选第十五届全国大学生创新创业年会，校党委书记黄晓玫、副书记王林清、副书记王甫、副校长李建威以及相关部门负责人一行赴年会现场看望慰问参会师生。

12日—13日　校党委书记黄晓玫一行赴江苏、山东两地开展调研活动，先后走访中国矿业大学、中国石油大学（华东）。

13日　第四届"经济地理"优秀青年学者发展论坛在学校举行。

15日　学校师生走进山东省地矿局第六地质大队，与济宁市人民政府、山东省地矿局开展"学思想、强党性、重实践、建新功"联学联建活动，山东省委主题教育第十三巡回指导组到会指导。

17日　省委副书记、省长王忠林到学校调研高等教育、科技创新、高校毕业生就业创业等工作。

17日　新华社"新锐青年说"暨媒介素养提升计划在学校举行。

18日　学校举行第十二届中华民族文化交流展演。

18日—21日　学校地球物理与空间信息学院师生代表队在第八届全国大学生"创新杯"地球物理知识竞赛中分获重磁电勘探组全国一等奖、固体地球物理组全国一等奖、地震测井勘探组三等奖。

19日　沈阳农业大学副校长吴东立一行来校调研。

20日　学校举办第九届"国际青年学者地大论坛"主论坛。

21日　学校王志宇同学获第十八届湖北省高校主持人邀请赛冠军。

22日　校长王焰新走进晋城一中开展招生宣传。

26日　《人民日报》刊发学校校长王焰新院士署名文章《不断增进最普惠的民生福祉》。

27日　中国地质大学（北京）党委副书记林善园一行来校调研座谈。

本月　学校与中国石油大学（北京）举行合作座谈会。中国石油大学（北京）副校长、克拉玛依校区党委书记、校长梁永图，学校副校长王华参加座谈。

本月　学校地球科学学院教授汪在聪入选2023年"湖北青年五四奖章"名单。

本月　学校湖北巴东地质灾害国家野外科学观测研究站在科技部建设考核评估中获评优秀。

本月　学校3部作品入选2023年湖北省优秀科普作品。

本月　学校逸夫博物馆获得中国科协青少年科技中心、中国青少年科技教育工作者协会颁布的2022年"'科创筑梦'助力'双减'科普行动"全国优秀单位。

本月　民盟地大委员会获评"民盟思想政治建设和宣传工作先进集体"称号。

本月　湖北省委农村工作领导小组通报了 2022 年度省直单位定点帮扶和省内区域协作考评结果，学校获评"综合评价好"的最高等次。

本月　学校在第十三届市场调查与分析大赛中获一等奖 3 项、三等奖 8 项。

本月　学校在第九届全国大学生能源经济学术创意大赛中获一等奖 2 项、二等奖 4 项、三等奖 5 项，并获优秀组织单位称号。

本月　学校巴基斯坦校友会成立。

六月

2 日　湖北省高等学校后勤管理研究会在校召开，来自全省 130 所高校的 270 余名后勤部门主要负责人参加会议。

2 日　学校党委召开理论学习中心组专题读书班，学习领会和贯彻落实总书记重要讲话精神，以上率下，先学先悟，推动主题教育走深走实。教育部直属高校主题教育第八巡回指导组组长陈治亚、成员刘国栋出席会议，学校党委理论学习中心组成员和相关单位负责人参加学习。

10 日　学校与紫金矿业集团在福建厦门签署战略合作协议。校党委书记黄晓玫、副校长刘杰与紫金矿业集团常务副总裁林泓富、副总裁阚朝阳等出席签约仪式。

12 日　学校在南望山校区北区音乐厅召开 70 周年校庆表彰大会。

12 日　学校"传扬红色经典　融汇中外精粹"70 周年校庆专题交响音乐会在南望山校区北区音乐厅举行。

13 日　学校与中国长江三峡集团有限公司举行合作签约仪式。三峡集团董事长、党组书记雷鸣山，副总经理、党组成员王良友等，学校党委书记黄晓玫、校长王焰新、副校长王华、党委副书记王林清、副校长刘杰、党委副书记王甫及相关部门负责人参加签约仪式。

19 日　"强国建设，我献青春"荆楚"长江杯"第一届大学生视频创作暨直播大赛活动新闻发布会暨启动仪式在学校举行。

21 日　学校张昊教授获小行星命名。

25 日　2023 年毕业典礼暨学位授予仪式在南望山、未来城两校区同步举行。校长王焰新以《强基与致远》为题，寄语 2023 届毕业生。

25 日　学校 2023 届毕业生座谈会暨大学生志愿服务西部计划志愿者出征仪式举行。

28 日　校长王焰新、副校长刘杰一行赴石首一中举行"优秀生源基地"授牌仪式。

30 日　学校承办第十次全国微分方程定性理论会议。

本月　学校校友刘娟获第十八届"中国青年女科学家奖"。

本月　教育部印发《教育部关于同意中国地质大学（武汉）章程部分条款修改的批复》，对学校章程修正案予以正式核准。

本月　学校在第十届中国工程机器人大赛暨国际公开赛中斩获佳绩，获一等奖 12 项、二等奖 6 项、三等奖 6 项，其中机器人移动项目双轮竞速赛获得全国冠军、机器人移动项目六足竞走赛获得全国亚军、卡通动漫项目卡通设计赛获得全国季军。

七月

1日　第三届长江保护与绿色发展高端论坛在学校举行,本次论坛以"美丽长江:协同治理与低碳发展"为主题,校长王焰新院士,中国地理学会副理事长鹿化煜教授,中国地理学会长江分会主任、中国科学院南京地理与湖泊研究所副所长段学军研究员参加开幕式并致辞。

2日　2023年中国国土经济学会学术年会在学校召开,本次年会以"中国式现代化与国土经济高质量发展"为主题,科技部原副部长刘燕华,学校校长王焰新院士,中国科协科学技术创新部副部长许光洪,中国国土经济学会主席柳忠勤,中国社会科学院生态文明研究所党委书记杨开忠,中国国土经济学会理事长肖金成等参加年会。

4日　首届中国学位与研究生教育大会在武汉召开。校长王焰新带队,携自主研发的智能音乐机器人"海百合"等多项展品参展。

6日　学校项目"南望地心聚合力　集智增慧谱华章"获全省高校统战工作"十佳品牌"。

8日　中国共产党中国地质大学(武汉)第十三次代表大会在南望山校区弘毅堂隆重开幕。大会主题:以习近平新时代中国特色社会主义思想为指导,全面贯彻落实党的二十大精神和湖北省第十二次党代会决策部署,传承和弘扬优良办学传统,落实立德树人根本任务,砥砺奋进、开拓创新,以更高水平开放、更深层次改革、更高质量创新,加快建设地球科学领域国际知名研究型大学,为建设教育强国、以中国式现代化全面推进中华民族伟大复兴作出新贡献。党委书记黄晓玫代表中国共产党中国地质大学(武汉)第十二届委员会作题为《砥砺奋进　开拓创新　加快建设地球科学领域国际知名研究型大学》的工作报告。

9日　中国共产党中国地质大学(武汉)第十三次代表大会胜利闭幕。大会选举产生了中国共产党中国地质大学(武汉)第十三届委员会和纪律检查委员会,黄晓玫等25人当选新一届党委委员,唐忠阳等11人当选新一届纪委委员。表决通过了关于中国共产党中国地质大学(武汉)第十二届委员会报告的决议和中国共产党中国地质大学(武汉)纪律检查委员会工作报告的决议。闭幕式由党委副书记、校长王焰新主持。

12日　谢树成院士在第33届国际地球化学大会上荣获"阿尔弗雷德·特雷布斯奖",该奖项是国际有机地球化学领域的最高奖项,谢树成院士是该奖项设立45年来首位获此殊荣的华人科学家。

17日　教育部颁发2022年度高等学校科学研究优秀成果奖(科学技术)获奖证书,学校科研成果获自然科学奖二等奖1项、科学技术进步奖二等奖1项。

20日　学校地球科学学院地球化学系教师党支部书记工作室、材料与化学学院材料系第二党支部书记工作室、工程学院安全工程系党支部书记工作室3个工作室入选湖北省高校"双带头人"教师党支部书记工作室培育创建名单。

29日—30日　学校地理与信息工程学院学子在2023年全国大学生测绘学科创新创业智能大赛总决赛中获得单项特等奖2项、一等奖4项、二等奖8项,2名教师获优秀指导教师奖。

30日　学校学子在2023年世界泳联世锦赛中斩获佳绩。体育学院2020级研究生闫子贝先后在男女混合4×100m接力、男子4×100m混合泳的预赛中出场,帮助中国队杀入决赛,最终摘得1金1银,个人在男子100m蛙泳比赛中获得第6名;体育学院2023级研究生孙佳俊在男子50m蛙泳决赛中获得铜牌,并在男子4×100m混合泳比赛中助力中国队获得银牌。

本月　学校7名学子获评"长江学子"大学生就业创业人物。

本月　学校毕业生欧阳永棚获得中国教育发展基金会2022年"全国高校毕业生基层就业卓越奖"。

八月

2日　学校经济管理学院团队在第十三届全国电子商务"创新、创意及创业"挑战赛中获常规赛全国总决赛特等奖、最佳创新奖、最佳创意奖,李江敏、朱镇获最佳指导老师奖。

7日　学校参赛团队在第九届中国国际"互联网+"大学生创新创业大赛湖北省复赛中获8金、4银、12铜,金奖总数位列湖北省高校前列,获奖总数再创历史新高。

8日　学校自然资源部法治研究重点实验室在自然资源部评估中结果为优秀,被纳入自然资源部科技创新平台管理序列。

8日　校党委书记黄晓玫、副校长王力哲带队走访广州海洋地质调查局,与局党委书记、局长许振强等交流座谈。

11日　湖北省委常委、武汉市委书记郭元强来校调研校地融合推进产学研一体化发展情况。

11日　中国地质大学(武汉)内蒙古研究院成立暨揭牌仪式在鄂尔多斯生态环境职业学院举行。

15日　生态环境部公布2022年绿色低碳典型案例获选名单,中国地质大学(武汉)未来城校区入选为"绿色低碳公众参与示范基地",成为湖北省本年度唯一入选的单位,也是全国唯一入选的高校。

16日　学校1997级行政管理专业校友高崚当选中国羽毛球协会副主席。

21日—22日　学校材料与化学学院参赛团队在第四届全国大学生化学实验创新设计竞赛中获特等奖。

21日—27日　学校山河网络工作室网络绘本《地质灾害研究与防治纪事》获新华网、光明网、中国新闻网、科学网、湖北日报网、极目新闻客户端、大武汉客户端、巴东文旅微信号等媒体报道。

21日—24日　校党委书记黄晓玫、副校长王华一行赴新疆乌鲁木齐、库尔勒等地开展调研，先后走访中石化西北石油局、中石油塔里木油田公司、新疆生产建设兵团教育局和新疆亚新煤层气投资开发有限公司等单位。

24日　云南省保山市委书记杨军率代表团来校考察交流。

25日　学校获第十届"东方杯"全国大学生勘探地球物理大赛优秀组织奖，地球物理与空间信息学院代表团队获一等奖3项，为学校在历年参赛中取得的最佳成绩。

27日　2023年国际经济地质学家协会颁奖典礼在英国伦敦举行，学校蒋少涌教授荣获"国际经济地质学家协会区域副主席讲习奖"。

30日　学校经济管理学院团队获得第九届全国大学生统计建模大赛本科生组全国一等奖、二等奖和三等奖各1项，李金艳、王林珠老师获得优秀指导教师奖。为学校在历年参赛中取得的最佳成绩。

30日　生态环境部公布生态环境科技成果科普化典型案例和优秀科普作品入选名单，学校2件科普作品获评"生态环境优秀科普作品"。

本月　学校公共管理学院的参赛队伍获第七届全国大学生不动产估价技能大赛特等奖1项、二等奖1项；学校王占岐、龚健、姚小薇、杨建新、柴季5人获评优秀指导教师；学校获评优秀组织单位。

本月　学校资源学院李建威教授牵头，联合相关单位共同申报的项目"高水平团队引领资源类专业群建设的实践与创新"，荣获高等教育本科国家级教学成果二等奖。

九月

1日　学校公共管理学院本科生团队作品《停前种稻展新貌，三生创优惠万家——湖北省黄梅县停前镇片区2023年高标准基本农田建设规划设计》在第三届全国大学生土地整治与生态修复工程创新设计大赛中荣获特等奖。

4—6日　学校分析测试中心通过国家计量认证资质复查换证评审。

6日　学校党委书记黄晓玫以《仰望星空　脚踏实地　做知行合一地大人》为题，为2023级本科新生讲授"开学第一课"。

7日　学校与浙江省地质院举行战略合作框架协议签署仪式。浙江省地质院党委书记、院长邵向荣，副院长张根红、叶忠华，学校校长王焰新院士，副校长王华，党委副书记王林清，以及双方相关单位负责人参加签约仪式。

7日　学校召开学习贯彻习近平新时代中国特色社会主义思想主题教育总结大会。校党委书记黄晓玫代表学校党委作主题教育总结报告，教育部直属高校主题教育第八巡回指导组组长、中南大学原党委副书记陈治亚到场指导并讲话。教育部直属高校主题教育第八巡回指导组副组长、西安电子科技大学原党委副书记、纪委书记任应坤，第八巡回指导组成员刘国栋、曾欢欢、高鹏出席会议。校长王焰新主持总结大会。

8日　由中央网信办主办的2022中国正能量网络精品征集展播活动揭晓结果，由湖北省委网信办报送,学校主创的绘本《山河作证》入选网络正能量图片,获评网络创作领域的最高荣誉——2022中国正能量网络精品。

9日 第六届"福思特杯"全国大学生资产评估知识竞赛在学校未来城校区举办,学校在本科及以上组中获得特等奖。

11日 2023级研究生开学典礼举行。典礼在南望山校区弘毅堂设主会场,各研究生培养单位通过网上直播设分会场同步举行。校长王焰新以《正德厚生 精进至善》为题为研究生新生讲授"开学第一课"。

11日—12日 校党委书记黄晓玫带队赴云南走访调研。

17日 首届国际大气环境遥感学会年会在学校开幕。

19日 学校逸夫博物馆获评"2023年度湖北省十佳科普教育基地",外国语学院刘芳副教授获评"2023年度湖北省十佳科普达人"。

20日 校党委书记黄晓玫带队赴青海开展矿区生态综合整治调研。

21日 学校与北京市房山区人民政府在京签署战略合作框架协议。学校党委书记黄晓玫、党委副书记王林清、副校长刘杰,房山区委书记邹劲松、区委副书记、区长阳波,区领导张明智、周同伟、李进伟、靳璐,教育部政策法规司副司长、房山区副区长王大泉参加签约仪式。

25日 学校与华中师范大学战略合作协议签约暨专家互聘仪式在华中师范大学科学会堂一楼报告厅举行。华中师范大学党委书记夏立新,校长郝芳华,副校长任友洲、彭双阶,校党委副书记陈迪明,学校党委书记黄晓玫,校长王焰新,副校长王华,党委副书记、纪委书记唐忠阳,副校长李建威等出席。

25日,2023级大学生军训汇演暨开学典礼在南望山校区西区操场举行。校长王焰新作题为《初心如磐 勇攀高峰》的讲话。

25日 学校与云南省有色地质局举行合作座谈会。

26日—27日 学校在第六届"绽放杯"5G应用征集大赛湖北区域赛决赛中荣获一等奖1项。

30日 "奋斗筑梦新时代,深情守候地大人"2023年度校友值年返校暨1993届校友毕业30周年返校活动在弘毅堂举行。

本月 熊程获评"湖北省教育工作先进个人"。

本月 学校出版图书专著获第五届湖北出版政府奖。

本月 学校荣获"第十批中央和国家机关、中央企业援疆干部人才优秀团队"称号。

本月 武汉市科学技术协会补充学校智能地学信息处理湖北省重点实验室、地球探测技术实验教学中心、海洋地质资源湖北省重点实验室、地理与信息工程学院、自动化学院5个单位为武汉市科普教育基地。

本月 学校校史馆获亚洲教育环境设计金奖。

本月 学校当选第七届中国联合国协会团体会员。

本月 学校生物地质与环境地质国家

重点实验室陈中强教授团队与英国布里斯托大学迈克·本顿教授团队合作相关成果《贝叶斯模拟分析揭示二叠纪—三叠纪之交大灭绝后双壳类并没有驱使腕足动物的衰败》发表在国际著名期刊《自然·通讯》。

十月

5日—14日 学校党委书记黄晓玫带领代表团前往法国、希腊、保加利亚，访问三地高校、使馆。

6日—7日 中石化西北石油局副总经理曹自成一行来校交流，参加塔西南地区新领域勘探潜力评价与目标优选技术交流推进会。

8日 第19届亚运会在杭州落下帷幕，7名校友随中国代表团出征杭州亚运会，斩获6金2银1铜。

8日 学校海洋学院副院长孙启良教授荣获2023年"海洋强国青年科学家"。

9日 第六届全国科学实验展演汇演活动暨2023年湖北省科学实验展演汇演决赛在学校举办。

12日—13日 第十六届中国智慧城市大会召开，学校副校长王力哲教授当选"2023智慧城市先锋榜领军人物"，并作题为《城市空间信息支持城市可持续发展目标》的报告。

13日 由学校工程学院承办的"非连续变形分析专委会"被国际岩石力学与岩石工程学会授予杰出专委会奖，是2019年至2023年任期内唯一获奖的专业委员会。

14日 测绘地理学科产教协同育人联盟成立大会暨研讨会在学校未来城校区召开。

14日 学校校友李致新续任中国登山协会主席。

15日 学校谢树成院士在美国匹兹堡召开的美国地质学会成立135周年年会上被授予GSA荣誉会士。

17日 吉林大学副校长边铁一行来校调研。

17日 校党委书记黄晓玫带队赴湖北广播电视台调研座谈，湖北广播电视台（集团）党委书记、台长、董事长王彬，党委委员、副台长张慧莉陪同调研座谈。

25日 学校与中南财经政法大学战略合作协议签约暨专家互聘仪式在南望山校区举行。中南财经政法大学党委书记侯振发、校长杨灿明，党委副书记申祖武、陈狮，副校长刘仁山，学校党委书记黄晓玫、校长王焰新，副校长王华、党委副书记、纪委书记唐忠阳，副校长李建威等出席。

25日 在第十八次李四光地质科学奖颁奖大会上，李光明、朱锦旗、周明岭、张世殊四位校友获李四光地质科学奖野外奖，肖克炎校友获李四光地质科学奖科研奖，谢玉玲校友获李四光地质科学奖教师奖。

27日—31日 学校在第十八届"挑战杯"全国大学生课外学术科技作品竞赛中获得12个奖项，其中特等奖1项。

28日 全国来华留学生博士论坛暨丝路博士论坛在学校召开。

29日 中国地质大学宁波校友会第一

次会员代表大会暨成立仪式在浙江省宁波市地质大厦举行。

30日—31日　学校原创话剧《大地之光》首次在澳门大学上演。

30日—31日　校党委书记黄晓玫一行赴澳门大学、澳门科技大学交流访问，参访澳门科学馆，亲切看望慰问澳门、珠海校友。

本月　由学校主办的期刊《地球科学》再获得湖北出版政府奖，这也是该刊第4次荣膺该奖项。

本月　学校"国家级大数据工程技术人员培训机构"入选人力资源和社会保障部湖北省数字技术工程师培育项目第二批国家级培训机构。

本月　学校作品《廉洁清风沐校园》入选第八届高校廉洁教育系列活动"清心妙语"创意征集优秀作品。

本月　学校工程学院团队在第十四届中国岩石力学与工程学会科学技术奖评选中荣获自然科学一等奖、自然科学二等奖与科技进步二等奖。

十一月

3日　学校与中国电信湖北分公司签署战略合作协议。校党委书记黄晓玫、副校长王华，中国电信湖北分公司总经理张敏、副总经理尹冰琳等参加签约仪式。

4日　学校学子作品《零碳未来式，"碳"望绿美乡村——湖北省大悟县红畈村国土空间碳平衡分析》在第五届全国大学生土地国情调查大赛中获全国特等奖。

5日　学校与石首市人民政府签全面署合作协议。石首市委书记王敏，市委常委、常务副市长黄健，市委常委、副市长程鹏，学校校长王焰新，党委副书记、纪委书记唐忠阳，校长助理吕一兵参加签约仪式。

8日　学校与山西省山阴县委签署全面合作协议。山阴县委书记王世杰，县委副书记张文平，县委常委、组织部部长舒晓海，县人大常委会副主任郭东申，副县长于介澜，学校校长王焰新院士，副校长王华以及双方相关单位负责人参加签约仪式。

10日　逸夫博物馆志愿讲解员、学校地球科学学院2020级博士生姜昕获得第十届全国科普讲解大赛二等奖。

10日　学校应急管理系揭牌仪式暨应急管理学科发展研讨会召开。来自应急管理部国家自然灾害防治研究院、湖北省应急管理厅、武汉市应急管理局、武汉经济技术开发区应急管理局、武汉市硚口区应急管理局等单位，中共中央党校（国家行政学院）、武汉大学等高校，武汉市黄鹤应急救援队，以及学校有关职能部门、公共管理学院师生等160余名代表参加会议。

20日　湖北省委常委、统战部部长宁咏来校看望中国科学院院士谢树成并召开党外人士座谈会。

21日　山东省地质矿产勘查开发局党委常委、副局长张辉一行来校调研。

22日　学校与京山市人民政府签署合作项目协议。京山市委副书记、市长何洪涛，副市长曹建国，京诚投资集团董事长陈朝晖，学校校长王焰新，副校长王力哲以及双方相关单位负责人参加签约仪式。

22日　三位地大校友当选两院院士：中国石油勘探开发研究院教授级高级工程师张水昌当选中国科学院院士；宁波大学教授杜时贵、中国地质环境监测院（自然资源部地质灾害技术指导中心）研究员殷跃平当选中国工程院院士。

23日　学校首届卓越导学团队创建表彰暨2023年导师集中培训（第三期）举行。

25日　校长王焰新，副校长王华等一行赴十堰市竹山县调研乡村振兴和定点帮扶工作。竹山县委书记汪正义，县委副书记、县长王丽媛陪同调研。

26日　校长王焰新，副校长王华、刘杰一行赴随州市随县调研。

27日—29日　学校获全国首批后勤服务育人劳动教育示范基地，后勤能源管理团队获全国教育后勤系统"2022年度最美后勤人"称号。

30日　学校法治工作推进会暨迎接湖北省依法治校示范校评估检查动员会召开。

本月　学校自动化学院控制科学与工程博士生第一党支部，连续三年涌现出三位"中国大学生自强之星"，入选湖北省首批高校党建工作样板支部培育创建单位。

本月　学校获批新增设1个博士后科研流动站，2人入选"国家博士后创新人才支持计划"，1人入选"湖北省博士后卓越人才跟踪培养计划"，36个项目获国家博士后基金资助和湖北省博士后创新岗位资助。

本月　首届全国学生（青年）运动会闭幕，学校在羽毛球、游泳和田径3个项目上获得1金1银2铜及多项决赛前八名。

本月　学校主办的第二届盐湖战略资源成矿理论、勘查技术及开发利用技术深度研讨会在武汉举行。

本月　学校第十三届党委第一轮巡察正式启动，2个常规巡察组和1个专项巡察组分别完成巡察进驻工作。

本月　由资源学院梅廉夫、邱华宁、沈传波教授领衔的构造—成藏年代学导学团队，获评学校首届研究生卓越导学团队。

本月　学校留学生获第二届中非青年创新创业大赛一等奖2项、二等奖1项。学校获评最佳组织奖、优秀创新创业导师奖。

本月　学校地质过程与矿产资源国家重点实验室博士研究生童铄云与加拿大国家研究中心杨璐研究员合作，发表的对铅和铪同位素的丰度值测定结果入选国际纯粹与应用化学联合会"最佳测量值"。

本月　学校在全国大学生数学建模竞赛中荣获各类奖项共计67项，其中国家一等奖1项、二等奖6项，省级一等奖11项、二等奖22项、三等奖27项。

本月　学校入选湖北省新型培育智库。

本月　世界期刊影响力指数（WJCI）报告（2023版）发布，《地质科技通报》由之前的地质学Q2区首次进入地质学Q1区，WJCI值2.125。

十二月

1日—2日　学校学生团队作品《多元视角下山水林田湖草生态保护修复工程绩

效评价研究——以三峡库区秭归县为例》获全国大学生自然资源科技作品大赛全国特等奖。

2日　中国（武汉）静文化博览会暨全国静文化论坛开幕式在学校举行。

6日　湖北省科技厅党组书记、厅长冯艳飞一行在学校未来城校区调研国家重点实验室建设发展情况。校党委书记黄晓玫、党委副书记王林清、中国科学院院士谢树成等参加调研活动。

3日—6日　学校珠宝学院师生团队在第三届全国工业设计职业技能大赛中分获首饰设计师赛项职工组一等奖（冠军选手）、学生组一等奖，张荣红教授被评为"优秀教练"，学校被授予"冠军选手单位"。

8日　全国大学生"三下乡""返家乡"社会实践总结暨"实践青春"主题分享活动举行，学校"一带一路"十周年中外学生实践团受邀分享实践故事，全国仅5支社会实践团队受邀分享。

11日　学校与中国自然资源航空物探遥感中心签署全面合作协议和"地质一号"遥感卫星工程合作协议。自然资源部党组成员、中国地质调查局党组书记、局长李金发来校调研并见证协议签署。

16日　湖北高校大思政课建设研讨会在学校举行。

19日　湖北省人大常委会副主任、省总工会主席刘雪荣一行来校调研，省总工会党组成员、经费审查委员会主任汪胜全，校党委书记黄晓玫、党委副书记王甫等陪同调研。

20日　学校举行谢玉洪院士荣誉教授聘任仪式。校长王焰新、副校长王华、原副校长姚书振及双方相关单位负责人等参加仪式。

25日　新疆生产建设兵团自然资源局党组书记、局长黄然一行来校调研。

26日　纪念高元贵院长逝世30周年座谈会暨《素心若雪　壮志如山——纪念高元贵院长》出版发布会在校举行。

26日　学校娄筱叮教授主持申报的"活细胞蛋白质分析"项目获得2023年中国分析测试协会科学技术奖一等奖。

28日　学校举行卓越工程师学院成立大会。湖北省教育厅党组成员、副厅长周启红，湖北省委组织部、湖北省自然资源厅、湖北省人民政府国有资产监督管理委员会，理事单位领导及代表，学校校领导黄晓玫、王焰新、王林清、刘杰、唐忠阳、王甫、李建威、党委常委、组织部部长陈文武，校长助理蒋少涌、吕一兵等参加活动。

28日　学校纳米矿物材料及应用教育部工程研究中心杨华明教授团队牵头制定的两项矿物材料领域国家标准《累托石》（GB/T 43488—2023）和《滑石粉》（GB/T 15342—2023）正式发布，并将于2024年7月1日开始实施。学校为两项标准的第一起草单位。

28日　学校举行2023年度科技工作会议。在校校领导、院士、党委常委、校长助理、各教学科研单位负责人、相关管理和服务单位负责人及教师代表参加会议。

31日　校党委书记黄晓玫、校长王焰新

发布《2024年新年献词：向高峰攀登》。

31日 2024元旦嘉年华活动在南望山、未来城两校区同步举行。校党委书记黄晓玫、校长王焰新分别在未来城校区、南望山校区发表新年讲话，为全体师生和伟大祖国送上美好祝福。

本月 学校逸夫博物馆获评2023年全国科普日优秀组织单位。

本月 学校环境学院顾延生教授全票当选国际植硅体学会候任主席，这是首次由亚洲地区学者担任该学会主席。

本月 学校科研团队成果《古元古代前陆序列记录了造山样式和表生环境变化》在国际期刊《自然·通讯》发表。

本月 2023年度国家社会科学基金后期资助暨优秀博士论文出版项目立项名单公布，学校6个项目入围，获批数量位列湖北高校第4位，并首次获批后期资助重点项目。

本月 自然资源部发布《2022年度自然资源科学技术奖获奖成果公告》，学校团队获自然资源科技进步奖二等奖3项；学校作为参与单位，获自然资源科技进步奖（找矿奖）一等奖2项、二等奖2项，获自然资源科技进步奖二等奖3项。2名教师、2名校友、1名在校博士研究生获自然资源青年科技奖。

本月 学校地质过程与矿产资源国家重点实验室左仁广教授当选国际应用地球化学家协会副主席并候任主席，是首位担任该协会副主席和候任主席的中国学者。

本月 学校青年教师余万科教授、董雄波副研究员入选第九届中国科协青年人才托举工程入选者名单。

本月 学校自动化学院2019级控制科学与工程专业博士研究生黎育朋荣获2022—2023年度"中国大学生自强之星"称号。

本月 学校"'国土安全'品牌思政课信息化建设"入选第二批高校数字思政精品项目。

本月 学校团队在中国国际大学生创新大赛（2023）中获银奖4项、铜奖4项。

（撰稿：张冰、宁蒙；审稿：胡燕）

2023年媒体地大

一、纸质媒体、网络类

媒体名称	标题	作者			日期
中国新闻网	中国科研人员重新解译月球年轻玄武岩矿物组成	马芙蓉			1月13日
长江日报	以中国式现代化建设美丽中国	杨丝涵	沈培荣	侯娅	1月14日
长江日报	努力做构建新发展格局、推动高质量发展的践行者	武囊萱			1月14日
中国矿业报	在找矿实践中发现科学问题——记中国地质大学（武汉）焦养泉研究团队	陈华文			1月17日
长江日报	10年持续关注，见证地大教授成功登顶珠峰科考	邹谨	张琳		1月19日
湖北日报	地大500名留学生沉醉"中国年"	张歆	罗文旭	王俊芳	1月24日
中国地质大学（武汉）月球火山研究取得新进展	殷茵			1月31日
武汉晚报	"湖北新认定6家省重点实验室4家由在汉高校独立建设"	谭芳	粘来霞	李杰	2月1日
武汉晚报	月球"死"于何时？地大月壤团队有新发现 20亿—12亿年前月球可能还存在火山喷发	陈晓彤			2月3日
长江日报	有火山喷发就意味着它"还活着" 地大博士研究月壤，发现月球12亿年前还有火山活动	陈晓彤			2月3日

续表

媒体名称	标题	作者	日期
武汉科技报	4万件标本再现生命演化历程	盛 甜 肖 凯 徐 燕	2月6日
新华网	中国地大（武汉）师生用艺术演绎地质人青春和热血	李富强 隋吉祥 刘安璐	2月8日
中国自然资源报	地大（武汉）研究团队重新解译全月年轻火山物质组成并校正各火山单元年龄	陈文婷 吴 迪	2月8日
新华社	远古发现	2.5亿年前化石宝库现世：展现史上最大生物大灭绝后的新世界	殷 茵 孙彦钦	2月10日
人民日报客户端	我国又添一个新的特异埋藏化石库：贵阳生物群	李 伟	2月10日
科学网	历时8年研究，40岁生物学教授今日首发Science！	魏海勇 王俊芳	2月10日
光明日报客户端	贵阳生物群：史上最大生物大灭绝后的新世界见证者	徐可莹	2月10日
中国新闻网	马芙蓉 魏海勇	中国科学家发现2.5亿年前贵阳生物群	锐 魏海勇	2月10日
湖北日报	地大研究团队重大发现：贵阳生物群！	陈晓彤 王俊芳	2月12日
动静专访	宋海军：贵阳生物群是新世界最早见证者	陈思思	2月13日
中国矿业报	逸夫博物馆"云上科学营"助力"双减"	徐 燕 隋吉祥 韦仕莉	2月13日
中国科学报	中生代最古老化石见证生物大灭绝后新世界重建	李思烨 魏海勇 王俊芳	2月13日
湖北日报	地大学者主导发现2.5亿年前化石宝库	张 歆 魏海勇 王俊芳	2月25日
新华社	专家揭示大灭绝中生物多样性锐减或成为生态系统即将崩塌前兆	李 伟 马芙蓉	2月25日
中国新闻网	科研人员揭示大灭绝中海洋生态系统演化历程	王俊芳 程晓龙	2月25日
长江日报	生物多样性锐减或导致生态系统全面崩塌	陈晓彤 王俊芳	2月27日
中国科学报	生物多样性锐减可能是第六次生物大灭绝前兆	温才妃	2月28日
楚天都市报	这位"全马"爱好者曾割肝救母	徐 平 龚志铭	2月28日
湖北日报	古生态系统是怎样崩塌的？地大团队用模拟技术解密	张 歆 王俊芳 程晓龙	3月1日
中国自然资源报	为增储上产贡献科学力量	陈华文	

续表

媒体名称	标题	作者	日期
长江日报大武汉客户端	全球地震频发，地球进入"震动模式"了吗？	陈晓彤 王俊芳	3月1日
长江日报	长江大保护成代表委员关注焦点	杨丝涵 徐佳	3月4日
长江日报	设立"长江日"推动全民保护长江	汪甦 徐佳	3月4日
中国矿业报	"永不落幕"的地学科普盛宴	何清岭 陈华文	3月5日
科技日报	促进科技评价更科学更合理	吴纯新	3月6日
楚天都市报	建议设立"长江日"调动全民参与	陈倩 胡迪凯 王桐燃	3月6日
中国科学报	童金南委员：需加强生态环境危机基础研究	冯丽妃	3月6日
中国科学报	王焰新代表：重视深部地热资源的开发利用	温才妃	3月6日
湖北日报	地大与企业联合开展志愿服务	过丹婷 宗若慧 冯晓宇	3月6日
农民日报	设立公众"长江日""深化长江大保护"	乐明凯	3月7日
科技日报	"增设环境资源界别正当其时"	陆成宽	3月7日
长江日报	在高水平科技自立自强必由之路上奋力奔跑	顾杰 何春阳 黄雪松 李霞 佳 刘晨玮 谭芳	3月7日
中国科学报	强化"科技引擎"让中国式现代化动能更强劲	冯丽妃	3月7日
中国青年报客户端	丁华锋委员：建立校企学分互认"双元制"解决大学生就业"痛点"	赵广立 杨洁 韩杨眉	3月7日
中国青年报客户端	丁华锋委员：建议多举措引导大学生创业者回乡"创业"	杨洁	3月7日
湖北日报	地大留学生欢庆"三八"国际妇女节	张鸿 屠傲凌 罗文旭	3月7日
江西日报	看"微笑天使"畅游长江	陈月飞 范乐东 夏胜为 卞晔 杨宏斌 熊以琳	3月8日
人民法院报	绿色是底色 "言值"促"颜值"	罗书臻	3月8日

续表

媒体名称	标题	作者	日期
人民日报海外版	国之大计,教育事业基础牢(民生共话)	孙亚慧、李贞	3月8日
光明日报	加强基础研究 夯实科技自立自强根基	陈海波、夏静	3月8日
湖北日报	让"关键变量"成为"最大增量"	晋浩天、崔兴毅	3月8日
经济日报新闻客户端	王焰新代表:加强深部地热资源勘查开发	周寿江、许旷、柳洁	3月8日
湖北日报	知识践行文明 传承雷锋精神	张鸿、汪晓明	3月8日
中国社会科学网	中国地质大学(武汉)师生热议两会	明海英、刘庆庆、许小康	3月8日
中国青年报	如何打牢科技"地基"	张茜、邱晨辉、杨洁、张渺	3月10日
中国青年报	环境资源界委员"群聊"说了啥	刘世昕、张艺、杨洁、刘昶荣	3月10日
农民日报	鼓励青年学子返乡创业"能人"	乐明凯	3月11日
湖北日报	老外看盛会:依托科教资源"汇聚地""锻造创新人才""强磁场"	曼雯、吴云赫	3月12日
科技日报	打造人才方阵,"双一流"建设人加速跑	岳靓	3月13日
湖北日报	推动全流域一体化保护母亲河	童金南	3月13日
中国教育报	高校如何助力科技自立自强	黄璐璐	3月13日
中国教育报	教育、推进强国建设的战略支撑	刘博智	3月13日
中国气象报	全国人大代表、中国地质大学(武汉)校长王焰新:强化气象基础研究打造五位一体化科技人才贯通培养机制	李悦	3月13日
光明日报	促进"四链"深度融合	夏静、张锐、严德勇	3月14日

2023年媒体地大

续表

媒体名称	标题	作者	日期
湖北日报客户端	中国地质大学(武汉)助力云南省施甸县开展首期国家职业资格初级攀岩社会体育指导员培训工作	张文军 张建国	3月15日
中国石油报	中国石油与中国地质大学(武汉)签署战略合作协议	徐远晨	3月15日
中国科学报	1篇《科学》论文历时8年,他们是如何"开窃"的	徐司莹	3月16日
21财经	走向深蓝:广州南沙新添地大滨海研究院	陈梦璇	3月18日
中国青年报	基础研究减负还要过几道坎	张 航 曹 芳 张 渺 杨 洁	3月20日
南沙新区报	南沙地大滨海研究院揭牌	许 哈	3月21日
光明日报	着力建设世界重要人才中心和创新高地	邓 晖	3月22日
贵州日报	打开2.5亿年前的"地质宝盒"	金秋时	3月23日
长江云	中国—非洲地学合作中心在汉成立 王忠林李金发共同为中心揭牌	谢 珍 陈华文	3月23日
中国矿业报	浅议自然资源类高校科普文学人才培养	陈华文	3月27日
长江日报	在科学研究一线,武汉这些"90后"正在挑大梁、当主角!	谭 芳 陈 洁 陈晓彤 汪 洋	3月27日
中国教育报客户端	中国地质大学(武汉):让"小社区"彰显"大作为"	董鲁皖龙 熊 程 朱佳斯	3月28日
中国新闻网	教学课堂搬到野外 大一学生开启地质认知之门	陈华文	3月28日
极目新闻	清明怀思祭英烈!大学生和小学生同上一节思政课	肖 杨 杨志华 黄小敏	3月30日
长江日报大武汉客户端	为秦岭更新地质档案,他跋山涉水七年只做这一件事	陈晓彤 庞伟红	3月31日
湖北画报	严守当头守底色 三位一体促发展——中国地质大学(武汉)持续推进卓越学风建设	孙彦钦 赵靖萱 曹 魏	4月1日
新华每日电讯	湖北:加快推动发展方式绿色转型	侯文坤	4月4日

续表

2023年媒体地大

媒体名称	标题	作者	日期
光明日报客户端	地大研究团队提出6.35亿年前"雪球地球"新模型	张 锐 孙彦钦 赵婧萱	4月5日
长江日报大武汉客户端	地大团队在神农架找到与"雪球地球"有关的……	周 劼 孙彦钦 赵婧萱	4月5日
中国新闻网	科学家研究发现雪球地球时期中纬度存在开阔水域	孙彦钦 赵婧萱 马芙蓉	4月5日
中国自然资源报	野外教学开启地质认知大门	陈华文	4月5日
央视新闻客户端	中国地质大学研究团队提出6.35亿年前"雪球地球"新模型	彭 照	4月5日
长江日报大武汉客户端	面对父亲的雕像,他又多了一重身份:校友	汪 洋	4月5日
学习时报	池际尚:地质学与岩石学界的奠基石	胡秀荣	4月6日
科技日报	我研究团队提出6.35亿年前"雪球地球"新模型	吴纯新 孙彦钦 赵婧萱	4月6日
新华网	地大研究者提出"雪球地球"模型假说6.3亿年前"雪球地球"新模型	李 伟	4月6日
湖北日报	中国地质大学(武汉)提出6.35亿年前中纬度地区存在开阔水域	张 歆 孙彦钦 赵婧萱	4月6日
中国科学报	缅怀英烈 传承精神	温才妃 屠傲凌 王海锋	4月6日
湖北日报	绘本《攀登者》获评湖北优秀网络文化作品	李德重	4月7日
湖北日报	师生自制千盏花灯迎春	张 歆 陈文婷 王俊芳	4月9日
新华网	中国地质大学办迎春灯会打造文化育人品牌	吴 迪 陈文婷	4月10日
中国科学报	6亿多年前"雪球地球"上有"活水"	张晴丹	4月19日
中青报客户端	中国地质大学(武汉)少数民族学生赴红安开展实践教育活动	托平尼亚孜	4月19日
中国教育报客户端	地学与艺术交融:一本科普书再现2.5亿年前的植物世界	陈华文	4月19日
中国环境报客户端	再现2.5亿年前植物世界,这本书地大学子画了三年	陈华文 王琳琳	4月20日
长江日报大武汉客户端	难忘一课!海军老战士为青年学子讲述红色故事	唐婧妮 王 晴	4月21日
湖北日报新闻客户端	43所高校科协在汉共话建设发展	韩晓玲 张 晨	4月22日

续表

媒体名称	标题	作者	日期
烟台晚报	高校师生耗时三年 手绘远古植物图书	陈华文	4月23日
湖北日报	开卷知任 阅向未来	张 鸿 徐 燕 刘安路	4月24日
中国矿业报	中国地质大学(武汉)启动第54个世界地球日主题宣传周活动	李德重 徐 燕 陈 晶 隋吉祥 何清海	4月25日
长江日报	地大团队找到火星近期水活动最新证据	陈晓彤 余淳梅 孙彦钦	4月26日
中国科学报	科学家发现火星近期水活动新证据	温才妃 余淳梅	4月26日
新华社半月谈	大汉绝后,地球如何重获生机,听贵阳生物群讲"地球复苏"故事	李 伟	4月27日
新京报	火星横向风成脊表面裂隙或存石膏,研究团队发现火星水活动新证据	张建林	4月27日
湖北日报	在汉央企、高校团建共建:凝聚青春力量争当时代先锋	李文伍	4月29日
湖北日报	火星是否宜居,有来自"祝融号"的新消息——地大研究团队发现火星近期水活动新证据	张 歆 余淳梅 孙彦钦	4月29日
人民日报客户端	团聚青春力量 争当时代先锋！在汉央企高校共同举办团建共建活动	强郁文	4月30日
湖北日报客户端	服务国家需求 扎根滑坡灾害研究 地大教授唐辉明荣获"湖北省先进工作者"称号	王俊芳 李 悦 熊一璇	5月1日
武汉科技报	地大(武汉)找到火星水活动新证据	汪 满 任 文	5月1日
极目新闻客户端	扎根滑坡灾害研究,地大唐辉明教授荣获"湖北省先进工作者"称号	肖 杨	5月2日
新华网客户端	中国地大创设"青春场域"引领时代青年	朱荆萨 吴 迪 郭小玉	5月3日
光明日报客户端	国家需要,就是我们的研究方向——唐辉明扎根滑坡灾害研究四十载	张 锐 王俊芳 李 悦 熊一璇	5月4日
光明日报客户端	中国地质大学(武汉)研究团队发现火星近期水活动新证据	张 锐 余淳梅 孙彦钦	5月6日

2023年媒体地大

续表

媒体名称	标题	作者	日期
湖北日报	以大学文艺助力文化强国建设	陈华文	5月9日
湖北日报客户端	地大4位学子荣获我国地球科学领域学生最高奖项	宁泽政 黄薇霞 谭芬芳 谭书铭	5月9日
武汉晚报	四名地大学生获李四光奖	周劭 宁泽政 谭芬芳 谭书铭	5月10日
中国青年报	勇攀珠峰的背后	唐艺草 高佑泽惠 雷宇	5月16日
中国矿业报	西部荒原上的地质找矿人	陈华文	5月16日
湖北日报	"城市净塑捡跑行"武汉站启幕	张鸿 徐燕 陈晶	5月18日
长江日报	中俄科学家探路冰上丝绸之路	周劭 王俊芳	5月18日
中国矿业报	整合三方优势 培育发展动能	张继勇 景利年	5月18日
新华社	地大领衔研究团队研究证明火星北部曾经存在海洋	李伟	5月18日
湖北日报	发挥特色优势 提升综合实力 加快建设地球科学领域世界一流大学	杨念明	5月18日
中国青年报客户端	最新研究证明火星北部曾经存在海洋	朱娟娟 王俊芳	5月18日
人民日报客户端	"祝融号"发现证据,地大研究团队证明火星上曾存在海洋	强郁文	5月18日
极目新闻客户端	"祝融号"火星车发现火星古海洋证据,地大研究团队研究证明火星北部曾经存在海洋	肖杨 王俊芳	5月18日
新华视点	证实了,火星北部曾存在海洋	李伟	5月18日
中国教育新闻网	中国地质大学(武汉)研究团队最新研究证明火星北部曾经存在海洋	程墨 王俊芳 丁诗敏	5月18日
中国新闻网	中外科研人员研究证明火星北部曾经存在海洋	马芙蓉 王俊芳	5月18日

续表

媒体名称	标题	作者	日期
中国科学报	"祝融号"发现火星古海洋证据	温才妃 王俊芳 梁睿华	5月18日
长江日报	地大团队研究证明火星北部曾经存在海洋	周劼 王俊芳 梁睿华	5月19日
中国日报网	Evidence indicates ocean once existed on Mars	Liu Kun Wang Songsong	5月19日
央视新闻客户端	新发现！火星北部曾存在海洋	冯成 孙丽鹏	5月19日
武汉晚报	"""祝融号"发现的奇怪""石头""原是沉积岩！地大团队找到火星古海洋证据"	周劼 王俊芳 梁睿华	5月19日
光明日报	地大领衔研究团队研究证明火星北部曾经存在海洋	李伟	5月20日
湖北日报	全球首次发现火星古海洋原位探测证据	张歆 王俊芳 梁睿华	5月20日
湖北日报客户端	8所高校师生相聚地大 民族文化交流展演异彩纷呈	程晓龙 排孜丽亚	5月20日
极目新闻客户端	民族团结共奋进！地大民族文化交流展演异彩纷呈	肖杨 程晓龙 排孜丽亚	5月20日
科技日报	火星北部平原曾经存在过海洋	吴纯新 王俊芳 梁睿华	5月22日
中国教育报客户端	中国地大（武汉）：民族文化交流展演异彩纷呈	程墨 程晓龙 排孜丽亚	5月22日
长江日报大武汉客户端	第十二届中华民族文化交流展演在地大举行	程晓龙 排孜丽亚	5月22日
湖北日报客户端	湖北省内15所高校主持人角逐"金话筒"	高雅 程晓龙	5月24日
山西日报	王焰新院士作客省地勘局"地高大讲堂"作讲座	李全宏	5月25日
武汉晚报	从未想过因为踩跑板上下课出圈 "追风"老师分享跟大学生相处趣事	陈静茹	5月25日
原平时讯	王焰新带队来我市考察调研	栗丽霞 楮晨	5月25日
楚天都市报	24岁研究生捐献器官让4人重生	郑晶晶 赵雪纯 常宇	5月25日
人民日报微信公众号	请记住他！年仅24岁	田豆豆 常宇 彭继承	5月25日
人民日报	不断增进最普惠的民生福祉	王焰新	5月26日
党员生活	这场"英雄会"在汉召开	祝璇	5月28日

续表

媒体名称	标题	作者	日期
湖北日报	追英雄之光 燃青春之歌	田佩雯 梁薯华 王海锋	5月29日
新京报	24岁隆星辰离世后捐献器官救多人	郭懿萌	5月29日
新京报	中国地质大学教授陈刚：登顶珠峰不是目的，我向往的是毫米级数据	朱清华	5月29日
光明日报客户端	全国高校"英雄支部"相聚地大共商高校党建	夏静 刘翔君 梁薯华 王海锋	5月29日
湖北日报客户端	中国地质大学（武汉）进小河村工作队：大手牵小手 科普迎六一	张莹 吴杰	5月29日
武汉科技报	一"碳"究竟	戴小良 任文	5月30日
武汉科技报	火星北部平原曾有过海洋	梁薯华 陈映萌	5月31日
中国教育报	在教育科学战线主题教育大格局中带头彰显高校担当高校特色高校贡献	王俊芳 高崧哲	6月1日
新华社	隆星宇，一路走好！	姚羽 王宜玄	6月1日
湖北日报	科技创新为中国式现代化创造美好未来	王成龙	6月2日
光明日报	高校师生：科研激情 在九天绽放	刘博超 邓晖	6月5日
中国教育报	协同课程思政 创新环保法知识传授	张艳芳 蔡林	6月5日
中国教育报	把准高校在四链融合中的"位"与"为"	许杰	6月6日
地球	聆听化石故事 走进远古世界	徐燕	6月11日
湖北日报	地大志愿者走进鄂州农村小学"播种"科学	孙宁涛	6月11日
湖北日报客户端	巴东沿渡河：防灾减灾在路上 科普宣传不停歇	吴冬华	6月14日
光明日报	中国现代化的中国特色及其文化意蕴	韩美群	6月14日
湖北日报客户端	地质大学办主题教育文艺汇演	张鸿	6月15日
湖北日报客户端	党建引领 夯实大学主题教育思政课堂	张鸿 屠傲陵 熊程	6月15日
长江日报	武汉全民健身运动会市民体验季走进地大攀岩馆	朱文秀 胡健	6月15日

续表

媒体名称	标题	作者	日期
中国矿业报	中国地质大学（武汉）研究团队证实团队火星北部曾经存在海洋	张 王俊芳 梁睿华	6月16日
中国矿业报	中国地质大学（武汉）举办主题教育文艺汇演	张 鸿 屠傲凌 王俊芳 樊丛蓉	6月20日
湖北日报客户端	地大海洋学院"导师超市"上线 六二学生可自由选导师	张 陈 杨 波 燕 陈徐	6月24日
湖北日报客户端	中国地质大学（武汉）校长寄语毕业生：追求更有眼界与境界的人生	朱娟娟	6月25日
湖北日报客户端	感恩母校 奔赴未来	张 鸿 屠傲凌 罗文旭	6月25日
湖北日报客户端	从"青苑娃"到科研者 地大毕业生成长故事打动人心	张 散 孙彦钦 王俊芳 张玉贤 任 苏	6月25日
中新网湖北	中国地质大学（武汉）举行2023年毕业典礼	孙彦钦 王俊芳	6月25日
湖北日报客户端	从"青苑娃"到科研者 地大毕业生成长故事打动人心	张 散 孙彦钦 王俊芳 张玉贤 任 苏	6月25日
湖北日报客户端	强基固本，方能行稳致远 地大校长深情寄语毕业生	张 散 孙彦钦 王俊芳 张玉贤 任 苏	6月25日
长江日报大武汉客户端	中国地质大学王焰新院士寄语毕业生：愿你们越过万水千山，归来仍是少年！	陈 玲 孙彦钦 王俊芳 张玉贤 苗 沈冰冰 翟浩琳 鲁燕子	6月25日
湖北日报	"五融工作法"推进党建与业务互融互促	杨昌锐 李少杰	6月25日
武汉晚报	布依族"放牛娃"成长为科研工作者	陈 玲 孙彦钦 王俊芳 张玉贤	6月26日

2023年媒体地大

续表

媒体名称	标题	作者	日期
长江日报大武汉客户端	"不服周",卢旺达留学生5年内拿到硕士和博士学位	陈 玲 孙彦钦 王俊芳 张玉贤 张 苗 沈冰冰 翟浩琳 鲁燕子	6月26日
人民网	中国地质大学(武汉)举行2023年毕业典礼暨学位授予仪式	孙彦钦 王俊芳 张玉贤 普 坤 黄邹杰	6月26日
光明日报客户端	中国地质大学(武汉)举行2023年毕业典礼暨学位授予仪式	孙彦钦 王俊芳 张玉贤 张 锐	6月26日
武汉科技报	武昌"科普灌万家"活动开场	朱大贤	6月26日
湖北日报	以数字物流助力打造物流蓝海市场	杜坤开 江 翠	6月27日
湖北日报	古植物世界的恢弘图景	陈华文 刘星月	6月27日
长江日报	不负总书记嘱托的年轻人：追光，发光！	陈 智 栾嘉雯 李慧紫 胡 昕 高 翔 孙 诗 张启山 武柳青 张学敏 谢小琴 王俊芳	6月28日
中国组织人事报	深学实干 地质报国	许小康 王俊芳 李周波	6月28日
中国青年报	殷鸿福院士：坐热"冷板凳"，淬炼"金钉子"	张子航 吴仁喜 雷 宇	6月30日
长江日报	体育专业学生也能参与登山科考地质考察	陈 玲 吴仁喜 王俊芳 孙彦钦	7月1日
长江日报	高校和产业精准对接是地方经济弯道超车重要路径	陈晓彤 吴 瞳	7月4日
中国矿业报	锻造地质调查铁军	刘妍慧 陈华文	7月4日
中国自然资源报	"深耕钾锂找矿"	陈华文	7月5日

续表

媒体名称	标题	作者	日期
CHINA DAILY	China's "Spider-Man" shares his passion for speed climbing and the pursuit of even greater heights	陈 雪	7月5日
武汉晚报	浩瀚太空中多了一颗"张昊星"	陈 浩 王俊芳	7月7日
湖北日报	链接中非智慧 聚合科技力量	李 杰 丘剑山	7月7日
中国科学报	中非专家呼吁科技创新引领合作发展	文 李思辉 罗智森	7月11日
湖北日报客户端	"心动力"夏令营帮助乡村青少年克服"成长的烦恼"	张 歆 周思颖 徐 妍 王俊芳 任 苏	7月12日
光明日报客户端	中国地质大学（武汉）：加快建设地球科学领域国际知名研究型大学	张 锐 孙彦钦 王俊芳	7月13日
央视新闻客户端	华人科学家首获国际有机地球化学最高奖	冯 成 孙丽鹏	7月14日
光明日报客户端	中国地质大学（武汉）谢树成院士荣获国际有机地球化学最高奖	张 锐 刘 邓	7月14日
湖北日报	地大谢树成院士荣获国际有机地球化学最高奖	张 歆 王俊芳	7月14日
扬子晚报	张晓鸿：坚守新能源的"科研世界"	文浩源	7月15日
中国自然资源报	"谢树成院士荣获国际有机地球化学最高奖"	刘 邓	7月19日
三峡晚报	岗上有约 值得一游	李争艳	7月20日
湖北日报	巴东黄土坡 获评"地质文化村"	黄 华 吴谭谆	7月20日
榆林日报	武汉学子定边支教	王雨乐 李爱霞	7月21日
中国自然资源报	地大学生暑期社会实践 开展长江出海口水环境水生态调查	陈 波	7月26日
湖北日报	四百余项目擂台决胜摘金夺银	方 琳 史 凡	8月1日
中国自然资源报	海峡两岸和平小天使交流活动（武汉站）在地大（武汉）逸夫博物馆举行	徐 燕 陈 晶 彭 晶 王俊芳	8月2日

续表

媒体名称	标题	作者	日期
人民政协报	2023年海峡两岸和平小天使交流活动侧记	修菁	8月5日
长江日报	鄂元强到洪山区调研	刘林德 黄琪	8月12日
鄂尔多斯日报	中国地质大学（武汉）内蒙古研究院揭牌成立	呼群 李彦松	8月12日
内蒙古日报	450位专家学者为草原牧区和黄河流域高质量发展建言献策	张慧玲 韩昭隼	8月13日
21世纪经济报道客户端	近零碳校园样本：中国地质大学（武汉）未来城校区获选生态环境部"绿色低碳公众参与示范基地"	吴文汐	8月15日
长江日报	做出中国人自己的东西	吴瞳	8月18日
湖北日报网	地大师生绘制绘本 呈现地质灾害研究与防治故事	张歆 龚松林	8月22日
中国新闻网	武汉一高校师生绘述地质灾害研究与防治故事	龚松林	8月22日
光明日报	高校博物馆在研学中的守正与创新	郑衣	8月22日
光明日报客户端	中国地质大学（武汉）师生用绘本讲述地质灾害研究与防治故事	龚松林 张锐	8月23日
新华网	科学研究画出来：地大（武汉）用绘本呈现地灾研究与防治故事	龚松林	8月23日
中国国防报	校园老兵争当青春榜样	陈一琛 何武涛	8月24日
湖北日报	第四届巴东国际地质灾害学术论坛举办	张歆 鲁腾 吴谆谆 熊一璇	8月28日
湖北日报	潜坡体内有个"大胃镜"	张歆 鲁腾 龚松林 刘昌龙	8月28日
湖北日报	绿松石安全开采从此有章可循	张乐克 张雪燕	8月29日
楚天都市报	三对双胞胎兄弟一起上地大	肖杨 梅雨菲 王俊芳	8月30日
楚天都市报	地大学霸情侣一起保研武汉大学	肖杨 徐康宁	8月31日

续表

媒体名称	标题	作者	日期
湖北日报客户端	一家三代地质人,四川小伙传承父辈衣钵入学地大	张歆 王俊芳 屠傲凌 肖琴心	9月4日
武汉晚报	第三代也考取地大地质类专业	陈玲 王俊芳	9月5日
长江日报	四川小伙立志投身中国地质事业	陈玲 王俊芳	9月5日
湖北日报	新生报到	张鸿 屠傲凌 程宇	9月6日
中国青年报	谢树成院士：勇闯"无人区",探索"0到1"	雷宇	9月8日
湖北日报	湖北人团队入选"全国高校黄大年式教师团队"	方琳	9月10日
神州学人	求学路上的丝路情谊	邹耀遥	9月10日
湖北日报	多所高校举办教师节庆祝活动	张鸿	9月11日
新华社客户端	远古发现｜科学家揭秘2.52亿年前的海洋生物"统治之争"	屠傲凌 熊翔鹤	9月11日
中国自然资源报	地大(武汉)研究成果获全球智慧城市创新奖	李伟 武文垚	9月12日
中国新闻网	科学家解码2.52亿年前海洋生物统治地位转换之谜	马芙蓉	9月12日
中国石化报	全国首座易捷校园折扣店开业	熊海 陈艺婷 王苏亮饶	9月13日
湖北日报	腕足类动物为何丧失海底家园	张歆 王俊芳	9月14日
科技日报	2.52亿年前海洋"霸主"之谜破解	吴纯新 王俊芳	9月14日
中国科学报	海洋生物"霸主""易位之谜"获揭示	温才妃 王俊芳	9月15日
中国青年报	湖北高校新生开启"云生活"	冯宁萱 雷宇	9月18日
楚天都市报	难忘那一幕	饶梦缘	9月19日
党员生活	以主题教育成效助力教育强国建设——专访中国地质大学(武汉)党委书记黄晓玫	肖晗 许小康 李周波 吴仁喜	9月20日

续表

媒体名称	标题	作者	日期
中国教育报	"大思政"背景下提升大学生创新创业能力	陈昭颖 班西艳	9月25日
湖北日报	首个省属国企创新工作白皮书发布	肖丽琼 张 晶	9月25日
长江日报	武汉女博士生牛笛获攀岩速度接力银牌	王佳箐	10月5日
武汉晚报	"汉马冠军"问杰创造了历史	马万勇	10月6日
长江日报	何杰摘得中国队首枚亚运男子马拉松金牌	马万勇	10月6日
云南日报	施甸：花生敲起农民钱袋子	李建国 朱 庆	10月8日
中国社会报	德国老年照护体系的嬗变与启示	罗丽娅	10月9日
湖北日报	20支代表队同场竞技共享"科普盛宴"	张 歆 孙彦钦 肖琴心	10月10日
贵州日报	加快构建现代化乡村产业体系	冯天浩 张洪昌	10月11日
光明日报	多维度讲述中国绘画的新故事	陈华文	10月12日
湖北日报	以现代理念塑造古城文旅	雷雨 汪 璐	10月16日
山西日报	第四届五合地学研讨会聚焦能源资源安全保障	李全宏	10月16日
中国教育报客户端	共建"一带一路"，这些教育瞬间，你不能错过……	杜润楠	10月18日
长江日报	习近平主席宣布八项行动 武汉"筑路人"备受鼓舞	陶常宁 龚 萍 汪文汉 陈 玲 李 琴 万建辉 黄 莹 叶诗雨 宁叶子 曹 雪 胡玲玲 胡 艳 张 科 徐 晨 王俊芳 欣冉	10月19日
三峡日报	宜昌G348三峡公路入选国家级名单	何冠夫 王银坏	10月19日

续表

媒体名称	标题	作者	日期
中国社会科学网	新时代生态文明教育助力中国式现代化	陈彪 陈燕	10月19日
楚天都市报	气象专家现场"破译"气候密码	向一帆 王荣鹏	10月21日
人民日报	多样亦多彩 科普正当时	范昊天 黄晓慧 陈圆圆	10月23日
中国社会科学网	为世界经济注入新动能——中国地质大学（武汉）师生热议习近平总书记在第三届"一带一路"国际合作高峰论坛上的演讲	明海英 王俊芳	10月23日
中国教育报	古代文学为向对植物界有独钟	陈华文	10月25日
长江日报	东湖：守正创新打造世界名湖创新文化	东湖创新文化课题调研组	10月25日
湖北日报客户端	科研实践已有五十多年 地大创办新专业：资源勘查+大数据	张歆	10月25日
长江日报	中润趣谷打开"水陆空"全运动模式	陶清 方文伯	10月25日
中国教育报	拒绝校园"酒文化"不能含糊	张川	10月26日
运城晚报	深入临猗 调研农产品基地建设情况	李鹏	10月27日
兰州日报	以高质量科普服务科技强国建设	中国科普网 新华社 湖北日报	10月27日
湖北日报客户端	亚运冠军领跑高校运动会	张歆 王俊芳 肖琴心	10月27日
半岛都市报	2023年国际珠宝学术年会在上合示范区举行	张超 姜方梅	10月27日
农村新报	浅析土地权属调整在高标准农田建设中的重要性	王海娟 胡守庚	10月28日
人民日报	湖北武汉推进媒体深度融合发展	田豆豆 陈世涵	10月29日
大理日报	2023中国户外运动产业大会举行平行论坛探讨"户外运动标准与安全发展"	杨艳玲	10月30日
澳门日报	话剧《大地之光》澳上演 讲述李四光一生	富子梅	10月30日
南方日报	校地合作推进资土资源开发	陈泽铭 罗文燕 刘文峰 曾伟林	10月31日

续表

媒体名称	标题	作者	日期
泰州晚报	泰州籍专家获李四光地质科学奖	侯继军	10月31日
青春湖北	这个"学霸"宿舍,全员保研!	地球科学学院	10月31日
长江日报	推动"三区"深度融合发展 打造"武汉环大学经济带"标杆	李建华 周庭择 余 卫 向 智 田 聪 李沁雪 程 丹 饶文治	11月1日
中国社会科学报	建设教育强国 服务高质量发展	侯志军	11月1日
湄洲日报	科学家精神宣传系列活动在澳门圆满结束	李赛芳 刘 刚	11月2日
科技日报	科学家精神宣传系列活动在澳门圆满结束	李赛芳 刘 刚	11月2日
人民政协报	"科学大师名校宣传工程"十周年主题活动将启动	王 硕	11月2日
湖北日报	老专业生出新气象"新芽"发在产业上	陈 熹 张 歆 刘 进	11月2日
中国青年报	演员在表演话剧《大地之光》	朱 丹 霍少孟	11月2日
光明日报客户端	中国地质大学(武汉)师生接力11年演绎李四光精神	张 宇 朱 丹 霍少孟	11月3日
湖北日报客户端	地大原创话剧《大地之光》澳门上演	杜 宇 朱 丹 霍少孟	11月3日
南方都市报	失散4亿多年的古鱼兄弟惊现4000公里之外 "罪魁祸首"竟是板块漂移	黄亚岚	11月4日
科学网	原创话剧《大地之光》澳门上演 师生接力11年演绎"李四光"	李思辉 杜 宇	11月5日
湖北日报	探讨城市湿地保护与发展	成格兴 刘逸鹏 孙 姝	11月6日
武汉晚报	内沙湖是城市湖泊生态修复典范	明眺生 孙 姝	11月6日
武汉科技报	东湖科学城再添一国之重器	张宇驰 高 翔	11月6日
湖北日报	古云梦泽曾是中国最大的淡水湖泊群	海 冰 张 歆	11月6日

续表

媒体名称	标题	作者	日期
湖北日报	从古云梦泽到千湖之省	海冰 张歆	11月6日
i自然网站	原创话剧《大地之光》澳门上演 地大（武汉）师生接力11年演绎李四光精神	朱丹 霍少孟	11月7日
科技日报	《大地之光》在澳门大学演出	杜宇 吴纯新	11月7日
山西日报	为大规模开发利用高温地热核路领跑	郑莉 张华	11月8日
荆楚网	以习近平文化思想为指引落实立德树人根本任务	贺皓 傅安洲	11月8日
湖北日报	城市湿地保护与发展论坛在汉成功召开	汪再奇 刘逸鹏	11月9日
贵州都市报	"守护黔龙"问世	孙姝	11月9日
光明日报	人水城共融共生	金秋时	11月9日
湖北日报	在鄂高校6个学科居全国第一	顾延生	11月9日
长江日报	加快洪山大学之城转型升级步伐	方琳 东华	11月9日
新华网	中国最古老恐龙胚胎蛋窝研究揭示恐龙蛋起源	中共洪山区委宣传部	11月10日
科技日报	贵州发现全球最早"龙蛋共存"龙蛋化石群	连迅 王俊芳 孙彦钦	11月10日
新华网	中国地质大学一博士生党支部谱写"青春接力曲"	陆成宽	11月10日
中国船舶报	中国高校包揽软科全球船海学科排行榜前三	王向东 韦仕莉	11月10日
新华网	距今约1.9亿年的恐龙胚胎蛋窝研究揭示恐龙蛋起源	周川	11月10日
武汉晚报	中国科研人员发现最早恐龙蛋壳为革质蛋壳	赵彩琳	11月10日
陕西科技报	2023油气田勘探开发国际会议（IFEDC）成功举办	中国新闻网	11月10日
人民网	挑战《自然》结论，中国科研团队发现最早的恐龙蛋并非"软壳蛋"	林加恩	11月10日
中国科学报	中国最古老恐龙胚胎蛋窝研究揭示恐龙蛋起源	木胜玉	11月11日
武汉科技报	玩转机器人 提高青少年科学素质	李思辉 王俊芳	11月13日
		刘佳	

续表

媒体名称	标题	作者	日期
武汉科技报	探究地质奥秘 感悟生态文明	张杏	11月13日
贵州日报	"守护黔龙"正式命名	金秋时	11月13日
科技日报	武汉江岸岱家山科创城 建设数智勘探装备产业基地	吴纯新 刘梦雅	11月14日
长江日报	武汉一批干部亮出手机 号迎接好"汉"归来	李佳 吴瞳 栾嘉雯	11月14日
长江日报	想要回家再出发，就像当年"闯深圳"	吴瞳 栾嘉雯 李佳	11月14日
长江日报	"回汉投资兴业就如一粒种子在校友心里生根发芽"	吴瞳	11月14日
湖北日报	中国选手分别获得男女组年度总冠军	张诗秋 彭迎兵	11月14日
东方城乡报	筑牢"长牙齿"耕地保护硬措施的制度基础	宋小青	11月14日
中国青年报	稻七成受访大学生困惑如何找准人生方向	张子航	11月14日
学习强国	以赋能训促提升 中国地质大学（武汉）组织全校党员干部、教师、大学生开展专题网络培训活动	国家教育行政学院	11月15日
中国教育报	为梦想插上科学的翅膀	林焕新	11月15日
南方都市报	腕足类"统王"为何丧失海底家园？竟是海水升温窒息而亡	黄亚岚	11月16日
长江日报	宝安双创中心近半企业含"地大基因"	范畴 孙彤	11月16日
中国自然资源报	树立绿矿"智用"新标杆	曹凤恺 栾嘉雯	11月16日
长江日报	万鸟聚集场面震撼 孩子们齐诵《白鹭》	李少升 杨幸慈	11月18日
湖北日报	武汉学者首次提出恐蛋或蛋起源于革质蛋	张歆 王俊芳 孙彦钦	11月18日
湖北日报	第十二届全国环境化学大会在汉举办	张歆 邓娅敏 宁薇	11月18日
长江日报大武汉客户端	第十二届全国环境化学大会在汉举行，柴之芳院士获颁环境化学终身成就奖	陈玲 王俊芳 焦思勤 邓娅敏 宁薇 刘春生	11月19日

续表

媒体名称	标题	作者	日期
中国环境报	第十二届全国环境化学大会在武汉召开	邓娅敏 宁薇 刘春生 王俊芳 焦思勤	11月20日
i自然网站	第十二届全国环境化学大会在武汉举办	邓娅敏 宁薇 刘春生	11月20日
中新网湖北	第十二届全国环境化学大会在汉举办	邓娅敏 宁薇 刘春生 王俊芳	11月20日
中新网湖北	第十二届全国环境化学大会在武汉召开	邓娅敏 宁薇 王俊芳 焦思勤	11月20日
极目新闻	第十二届全国环境化学大会在武汉召开	肖杨 邓娅敏 宁薇 刘春生 王俊芳 焦思勤	11月20日
中国教育报	第十二届全国环境化学大会在武汉召开	程墨 邓娅敏 宁薇 刘春生	11月20日
光明日报	第十二届全国环境化学大会在武汉召开	张锐 邓娅敏 宁薇 刘春生	11月20日
科技日报	第十二届全国环境化学大会在武汉举办	吴纯新 邓娅敏 宁薇	11月20日
武汉科技报	宝石能变什么样的魔术？	甘雨晴 陈映琦	11月21日
湖北日报	从"后来居上"到"乘势而上"	余姝满 文峥 祝金华	11月21日
湖北日报	加强党外代表人士队伍建设 推进高校统战工作创新发展	许旷 杨卫东	11月21日
中国自然资源报	第十二届全国环境化学大会在武汉召开	邓娅敏 宁薇 刘春生	11月22日
中国科学报	中国古生物学会第31届学术年会在南京开幕	沈睿	11月27日
光明日报	推进科教协同育人 培养拔尖创新人才	单华生 李鹏飞 李若萌	11月27日

2023年媒体地大

续表

媒体名称	标题	作者	日期
现代快报	海内外古生物学家 齐聚南京共探"远古之谜"	储希豪	11月27日
中国青年报	拥有"大胸怀"就不会纠结"小郁闷"	雷宇 张子航	11月28日
少年科普周刊	一块沉积岩藏着武汉沧海陆变迁	甘雨晴	11月28日
长江日报	发挥长江文化的世界传播价值	马梦娅	11月28日
科技日报	全力奔赴"世界光谷"新征程	吴纯新 吴非	11月28日
湖北日报	武汉加快建设 长江国家文化公园示范区	严芳婷	11月29日
长江日报	这场大面积停电事件应急演练处置高效	宋磊 夏瑜	11月30日
山西日报	山阴与中国地质大学(武汉)签署全面合作协议	袁兆辉	11月30日
湖北日报	建设人与自然和谐共生的美丽湖北		11月30日
湖北日报	让音乐教育与德育教育相得益彰	徐佳	11月30日
长江科技报	聚智聚力加快"两个优势转化"全力推动发展量质并进	钟磬如	12月3日
武汉科技报	恪守科学精神 厚植人文情怀	丁莹 肖凯 胡彤	12月4日
中国绿色时报	第七届湖北生态文化论坛举办	董家圣	12月4日
中国青年报	让科学家精神走进青年心田	邱晨辉	12月4日
科技日报	用科学家精神铸魂育人	代小佩	12月4日
中国石化报	"数智十"开辟油气效益增产新赛道	王福全	12月4日
包头日报	我市专家入选首届"国家卓越工程师"拟表彰对象名单	郭健	12月5日
武汉晚报	"中国好人"余意带领村民致富	余睿	12月5日
湖北日报	巴东创造地质灾害20年零伤亡奇迹	胡汉昌 刘长松 张泉 鲁腾 田径	12月6日

续表

媒体名称	标题	作者	日期
中国政府采购报	首届在鄂高校政采论坛举办	马金朊	12月8日
中国石油报	如何高质量完成冬供大考?	欣世为	12月8日
中国教育网	中国地质大学(武汉)加快推进IPV6规模化部署和应用		12月8日
湖北日报	长江中游城市群"双一流"高校联盟成立	张歆 杨光亚	12月9日
新华日报	为新一轮找矿突破战略行动贡献高校力量	蒋钰鑫 秦傲	12月10日
武汉科技报	探索新模式 激活新动能	丁莹 李志翔 王青 张澄 唐燕海 李响 翟璋欣	12月11日
武汉晚报	月球熔洞建人类基地设想在汉发布	杨佳峰	12月18日
人民网	湖北:讲好用好新时代"大思政课"	宋欣泽 李胜蓝	12月19日
长江日报	中国航天员登月后任哪? 武汉教授畅想——在月球熔洞里盖"寒宫"	杨佳峰	12月19日
人民日报客户端	一键预约打卡"百校百馆"湖北省大思政课实践教学平台上线	田豆豆	12月20日
湖北日报	刘雪来看望慰问联系服务的专家全力做好服务保障让专家人才专心科研舒心生活	顾丹莉	12月20日
楚天都市报	一键预约走进"百校百馆"湖北省大思政课实践教学平台上线	肖杨 邹丹雨 梁烨	12月21日
楚天都市报	百校百馆我来行 一键预约很简单	肖杨 邹丹雨 张屏 刘雪琪 赵颖 曾佳乐 陈志远 梁新	12月21日
湖北日报	一键预约走进"百校百馆"我省大思政课实践教学平台上线	文新	12月22日
大同日报	打造地热资源开发利用新示范	纪元元	12月25日

续表

媒体名称	标题	作者	日期
中国科学报	立足国家能源战略 聚焦碳中和校园建设探索人才培养新范式	尚东光 张 川	12月26日
大众日报	力戒"四种形式主义"	刘婧雅 黄少成	12月26日
湖北日报	凝聚追光力量 奋楫造光前行	辛 莉 武思琴	12月26日
中国矿业报	朱训向中国地质大学(武汉)捐赠岩矿标本	王 铺 徐 燕	12月26日
长江日报	"协山水而盛"为武汉城市未来发展的必然选择	李长安	12月27日
湖北日报	天门检察内外协作提升公益诉讼质效	王 洋 陈 涛	12月27日
长江日报大武汉客户端	16家高校科研院所企业结盟 现场发布《武汉宣言》	陈 玲 霍少孟	12月28日
中新网湖北新闻	16家单位合力推进长江教育创新带人才培养与科技创新	马芙蓉 王俊芳 彭 鑫 霍少孟	12月28日
科技日报	科教协同攻关页岩气与煤层气安全高效绿色开发新技术	吴纯新 霍少孟 彭 鑫	12月28日
湖北日报	成立4年 培养硕博约180名 这家合作体发布宣言总结经验	张 歆 霍少孟 王俊芳 彭 鑫	12月28日
光明日报客户端	学界业界共论"页岩气与煤层气安全高效绿色开发关键技术"科教产教融合发展	张 锐 霍少孟 戴思雨 彭 鑫	12月28日
湖北日报	"宜居地球并非与生俱来——读《地球的过去与未来》	陈华文	12月29日
中国科学报	为地球的前世今生"画像"	陈华文	12月29日
中国矿业报	朱训向中国地质大学(武汉)捐赠岩矿标本	曾思红 徐 燕	12月29日
中新网湖北	中国地质大学(武汉)成立卓越工程师学院	孙彦钦 游 萌	12月29日
中国教育报客户端	中国地质大学(武汉)成立卓越工程师学院	程 墨 孙彦钦 王 任 傅文婕	12月29日

续表

媒体名称	标题	作者	日期
人民网	16家单位合力推进长江教育创新带人才培养与科技创新	霍少孟 王俊芳 彭鑫	12月29日
人民网	中国地质大学（武汉）成立卓越工程师学院	孙彦钦 王任 游萌 王俊芳 焦思勤 陈华文	12月30日
湖北日报客户端	地大成立卓越工程师学院	孙彦钦 王任 王俊芳	12月30日
长江日报大武汉客户端	破除"唯论文"倾向，培养卓越工程师，"地大方案"出台	陈玲 孙彦钦 王任	12月30日
光明日报	中国地质大学（武汉）成立卓越工程师学院	张锐 孙彦钦 王任 游萌 彭心端	12月31日
湖北日报	科学家红毯秀 聚荆楚之星	文俊 陈长丽	12月31日
农民日报	专家学者在湖北武汉研讨农田土壤修复	何红卫 乐明凯	1月1日
湖北教育发布	中国地质大学（武汉）成立卓越工程师学院	张浩 孙彦钦 王任	1月2日
环球时报	肖龙：火星上的"挖水"人	陈子帅 冷舒眉 王勇	1月2日

二、电视媒体

媒体名称	视频名称	日期
湖北日报	兔年全新开学季 解锁新学期的神秘"计划"	2月13日
中央电视台"新闻联播"	【新时代新征程新伟业——代表委员议国是】踔厉奋发 形成共促高质量发展合力	3月6日
中国教育报视频号	王焰新代表：加强我国深部地热资源勘查开发工作	3月7日
湖北电视教育频道	中国地质大学（武汉）迎春灯会惊艳来袭！	4月9日
山东卫视	中国地质大学（武汉）专家工作站在威海揭牌	5月15日

续表

媒体名称	视频名称	日期
湖北卫视	我国科学家研究证明火星北部曾经存在海洋	5月18日
湖北日报	湖北省内15所高校主持人角逐"金话筒"	5月24日
湖北教育新闻道	全国高校"英雄支部"相聚地大分享创建成果	5月29日
湖北电视教育频道	中国地质大学（武汉）2023年毕业典礼举行	6月26日
武汉教育新闻	中国地质大学（武汉）举行2023年毕业典礼	6月27日
湖北教育新闻	中国共产党中国地质大学（武汉）第十三次代表大会隆重开幕	7月9日
武汉教育电视台	2030年中国地质大学（武汉）将建成地球科学领域国际知名研究型大学	7月11日
湖北教育电视台	中国地质大学（武汉）校长王焰新院士签发首批录取通知书	7月25日
湖北电视教育频道	"勇毅笃行 引领未来"中国地质大学（武汉）2023年新进教师入职仪式举行	9月13日
武汉教育电视台	首届国际大气环境与遥感学会年会在汉召开	9月18日
武汉教育电视台	亚运会马拉松冠军何杰领跑高校运动会	10月30日
湖北电视教育频道	身边的"神仙宿舍"！同宿舍四小伙全员保研	11月1日
武汉教育电视台	第十二届全国环境化学大会在武汉召开	11月21日
湖北卫视	宁咏强调加强党代表人大工作队伍建设 推进高校统战工作创新发展	11月21日
湖北教育电视台	武汉市"科学精神与人文情怀——武汉科技工作者融合赋能大讲堂"启动式暨首场报告会在汉开讲	11月28日
湖北卫视	湖北百余所高校为受灾地区学生提供临时困难补助	12月20日
湖北卫视	"百校百馆"——湖北省"大思政课"实践教学平台上线	12月21日
湖北电视教育频道	16家高校科研院所企业联合发布《武汉宣言》，探索科教产教融合新思路	12月28日

（撰稿：王俊芳、张浩、南雅、江玫、焦思勤；审稿：尚东光）

2023年媒体地大

2023年教育部网站登载学校信息目录

序号	信息标题	刊登时间
1	中国科学院院士、中国地质大学（武汉）校长王焰新代表：促进"四链"深度融合	2023年3月14日
2	"宏志助航"促就业　精准帮扶暖人心——教育系统用心用情做好高校重点群体就业帮扶工作	2023年3月15日
3	中国地质大学（武汉）加快推进教育数字化转型发展	2023年3月29日
4	在教育战线主题教育大格局中带头彰显高校担当高校特色高校贡献——教育部非中管直属高校奋力推进主题教育走深走实综述	2023年5月31日
5	中国地质大学（武汉）"三个加强"做好校园安全工作	2023年6月19日
6	中国地质大学（武汉）以学习贯彻习近平新时代中国特色社会主义思想主题教育引领学校事业高质量发展	2023年9月4日
7	凝聚奋进力量　彰显高校担当——教育部直属高校主题教育取得扎实成效综述	2023年9月8日

（学校办公室）